沈仲圭医书合集

沈仲圭　原著
徐树民　金淑琴　整理

中国中医药出版社
·北　京·

图书在版编目（CIP）数据

沈仲圭医书合集/沈仲圭原著.—北京：中国中医药出版社，2017.4

ISBN 978-7-5132-3853-3

Ⅰ.①沈…　Ⅱ.①沈…　Ⅲ.①中医临床－经验－中国－现代　Ⅳ.①R249.7

中国版本图书馆CIP数据核字（2016）第309652号

中国中医药出版社出版
北京市朝阳区北三环东路28号易亨大厦16层
邮政编码　100013
传真　010 64405750
廊坊市三友印务装订有限公司印刷
各地新华书店经销
*
开本880×1230　1/32　印张30　字数648千字
2017年4月第1版　2017年4月第1次印刷
书　号　ISBN 978-7-5132-3853-3
*
定价168.00元
网址　www.cptcm.com

社长热线　010 64405720
购书热线　010 64065415　010 64065413
微信服务号　zgzyycbs
书店网址　csln.net/qksd/
官方微博　http://e.weibo.com/cptcm
淘宝天猫网址　http://zgzyycbs.tmall.com

序

沈仲圭（1901—1986）主任医师是我国著名的中医教育家、方剂学家、临床家。沈老1901年2月19日（农历辛丑年正月初一）出生于杭州。1918年拜杭州名医王香岩为师，1928年任教于上海南市中医专门学校，1930年任教于上海国医学院，1932年任教于上海中国医学院。抗日战争爆发后，于1938年，任重庆北碚中医院院长。新中国成立后，任教于重庆中医进修学校。1955年，应时任卫生部部长钱信忠之邀，与蒲辅周、任应秋先生等十大名医一起进京，调入卫生部中医研究院广安门医院内科工作，负责高干及外宾诊疗，深得海内外同道与患者的高度赞誉。

我与沈老的因缘，起于三十六年前。1978年由邓小平同志主持中央工作，恢复了我国自“文革”起中断了十余年之久的高考制度，招收了我国中医学专业首届研究生。我有幸以总分第一名的成绩被北京中医学院（现北京中医药大学）录取，离开故乡浙江嘉兴，来到北京中医学院首届中医研究生班求学。挚友河北景县薛近芳兄长知我至京，嘱我务必谒见沈仲圭老先生。近芳兄说：“沈老是杭州人氏，乃君之同乡。沈老德高望重，当常向沈老求教。”

1978年10月底，我首次去广安门医院内的家属

宿舍楼一楼沈府拜谒了沈老。沈老当年已是78岁高龄，虽离杭已半世纪之久，但仍乡音未改。沈老与我谈医、谈文、谈史，一见如故，分外亲切。师母万宝琴亦是杭州人氏，对我亲如家人。如此，我与沈老夫妇建立起了不是亲人胜似亲人的淳朴感情。回忆在京两年余的求学生涯，我常在节假日到沈老家中畅叙医理，求教学问。每每与沈老促膝长谈至黄昏，又共进由师母亲自下厨烹调的独具江南风味的家乡饭后，才恋恋不舍地向沈老夫妇道别。

沈老作为一代儒医，性格善良沉静，从医六十余载，研读古今中医典籍无数，治学严谨。先后出版著作二十余种，主要有《养生琐言》《诊断与治疗》《沈仲圭医论汇选》《食物疗病常识》《肺肾胃病研讨集》《中医经验处方集》《中国小儿传染病学》《中医温病述要》《临床实用中医方剂学》《医学碎金录》《新编经验方》《论医选集》《中医内科证治方汇》等著作。

沈老提出："医学理论必须时时和临床相印证，体会才能深刻。"20世纪60年代初，沈老参与并提出了治疗乙型脑炎的八种治法：一为辛凉透邪法，二为逐秽通里法，三为清热解毒法，四为开窍豁痰法，五为镇肝息风法，六为通阳利湿法，七为生津益胃法，八为清燥养阴法。沈老又总结自己治疗烂喉丹痧（猩红热）的经验，认为应该疏散清化并进，可选用普济消毒饮加减，以清火散风、涤痰解毒。沈老在积累大量温病治疗病案的基础上，形成了一套完整的学术思想，认为"伤寒、温病本是一体，不应另立门户"，而应"寒温一体，互相补充"。温病派所提出的不同方剂，足可以补张仲景《伤寒论》中的缺陷，充实热性病的治疗内容。

沈老擅长治疗内、妇科疑难病症，用药有和缓之风，他强调："治病之要，在于辨证、用药之是否中肯，而不在药物之贵贱。"他深入研究方剂学，提出"选药宜精良，配方须巧妙""用药如用兵，选方如遣将，务必谨守病机，灵活变通"，并擅长搜集民间的食疗单方，简便验廉，能起到很好的治疗作用，与药物疗法相互配合，相得益彰。

沈老自称"无一日不读书，无一日不执笔"，并身体力行，真正做到了这两句话。沈老还不耻下问，提携后学。1979年，他将亲笔书写的《银翘散的研讨》一文寄到北京中医学院，让我这位初出茅庐的学子提出修改意见，令我诚惶诚恐，万分感动。我认真查阅相关文献，再三思考，斗胆进言，供沈老参考。岂料沈老真的采纳了我的意见，对论文做了数处更订。

当年五月底，沈老罹患大叶性肺炎，发热咳嗽，痰多色白。恰逢我去广安门医院拜谒沈老，师母邀我为沈老辨证处方。我据其脉缓苔腻，断为痰热蕴肺，拟《千金》苇茎汤合《局方》二陈汤加减，以清肺化痰。沈老沉思再三，点头微笑，决定服我所拟之方。服药七剂，痰咳即止。再为沈老拟方，以《局方》参苓白术散出入，培土生金而复元。可见沈老作为一代名医虚怀若谷，对我这位后生小辈充分信任与尊重，到了以身相托的程度。

1980年秋，我即将研究生毕业。沈老又亲笔修书两封，分别寄给时任浙江中医学院院长的何任教授和浙江中医学院中药方剂教研室主任潘国贤教授，力荐我到该校任教。由此善缘，促成我于1980年12月底到浙江中医学院执教中医方剂学，迄今已三十四年矣！知遇之恩，难以忘怀。

2010年，本人提出应为当代中医界泰斗岳美中、沈仲圭先生出版全集，以弘扬学术，传诸后世。承蒙中国中医药出版社领导高度重视，策划编辑周艳杰做了大量具体工作，继《岳美中全集》出版之后，由徐树民兄长悉心整理的《沈仲圭医书合集》亦将问世。欣喜之余，缅怀沈老恩德，特将沈老生平及与我的善缘略记一二，聊以为序。

连建伟

2016年12月19日

于杭州老浙大无我斋

总目录

分目录

上卷　识病论医

肺肾胃病研讨集

中医温病概要

分 目 录

中国小儿传染病学

医学碎金录

入蜀论医选集

吴山散记

下卷　方药运用

临床实用中医方剂学

新编经验方

中医经验处方集

上卷　识病论医

肺肾胃病研讨集

医师李复光　参校

杭州沈仲圭　编述

肺腎胃病研討集

陶知服署

潘　序

我国学者，每多傲岸自诩，对他人学术，罕所许可，其能使群情翕服，众望攸归者，则非杰出之士，不能致之，医亦如是，而吾师沈先生仲圭，则其中杰出者也。予初未识先生也，曾避寇万州，与当地医士论医，有白无尘医师者，万医之先进也，其公子巨源语予曰：下江医士，避地八川者，多于过江之鲫，吾父所心折者，仅仲圭先生一人耳，予心识之。未几吟友李重人医师手一册示予曰：此当代之名著也，阅之，则为先生之《入蜀论医选集》。嗣复读江津梁乃津医师近著，其中推重先生者备至，并谓学术经验，均大过人。予始心仪先生，殆即所谓医中杰出者欤？不然，何以能使群情翕服，而众望攸归若是乎？何以诸公悉易其罕所许可之积习，而交誉先生乎？越岁，获读先生所著之《吴山散记》（由裘吉生辑入《珍本医书集成》）《医论汇选》《饮食疗法》，其说理也简而要，其辨证也明而细，其处方也精而当，学贯中西，尤能独揭精义，删尽肤词，使人读一字即得一字之益，且胥由经验而来，其方又皆卓著成效，与近今之所称著作者，阅其文，则浮词满纸，几不知其真意所在，或则稗贩西说，学为洋八股文字，及加详审，则又类乎抄胥者，判若霄渊，至是而益信先生，实为医中杰出者也。乃从先生问业焉；简牍往还，已历数稔，时雨所化，渐启蓬心，并因是而得知先生籍隶武林，湖山胜景，代毓英杰，先世用伯公笃信因果，乐善好施，今之武林门外，有梵宇岿然曰定光寺者，即用伯公所手葺者也。先生幼从名医王香岩前辈游，尽得其学，益发扬而光大之，慕先生名者，争相延致，于是历任上海中医专门学校、上海国医学院、中国医学院及浙江中医专科学校教授，门前桃李，遍布于大江南北，以及之江瓯海诸流域。抗战以还，负中医救护医院任务，相将入川，嗣任中央国医馆编审委员会委员，教育部中医教育专门委员会委员，北碚中医院院长，陪都中医院主任医师，均卓著令誉。是知梁乃津医师所称“学术经验均大过人”者，稽之上述事实，诚信而有征矣。兹以刊行《肺肾胃病研讨集》，嘱为之序，浅学如予，何敢著秽佛头，以自取戾，且尼山笔削，游夏固不敢赞一辞，惟感先生在远不遗，驰函见嘱；系寓诱掖奖劝之深心，而长者之命，尤难固辞，并知此集系以前刊医论汇选，销行未半，值岛夷猾夏，存书尽失，乃就其书，及《健康之道》一书，重行精选，复由任应秋医师附加评按，内容融会新旧，独标真谛，行文深入浅出，虽不知医者，亦能一目了然，加以学理与经验并重，所举方剂，胥著灵效，所谈养生，均便实行，更附食物疗病法一帙，尤为名贵，当世保身名哲，盍亦各手一编乎？谨不揣僭越，而为之序。

民国三十六年夏歙县潘慧振序于京师鹾署

张　序

天地之大德曰生，推生生之心，乃生生不息。孔子曰：未知生，焉知死。医者推割股之心，为人治疾，故有妙手回春之誉。伟从事司命，已三十余年矣。有济世之心，无行道之术，成汤之网虽开，蓄池之鱼尚少，退求其次，东涂西抹，发为言论，以求有裨于世，不负生而为人，无如宿业未消，终遭坎坷，欲灾梨枣，欲求覆瓿，尚不可得，况其他乎？曩著《医学小言》，蒙老友沈君仲圭，为余撰序，跂望甚殷，只因厄于境遇，依然搁置，又五六年矣。今也花甲将临，而吾老友朵云下降，告余曰：著有《肺肾胃病研讨集》，将届出版，并因伟之提倡素药篇，而深自忏悔，其虚怀若谷，吾佛如来之心，跃然见于纸上，真有伯才而遇子期之感。盖人身比之一小天地，仲景以六经分六因，无择以三因为病原，鞠通以三焦论温病，俱包括乎上下内外而言。今沈君之以肺肾胃研讨者，肺主最上，其法乎天；胃在中脘，其应在地；肾主命门，水火两交，其象应人。此科学之哲学，非盲目崇新者所能梦见，而沈君能以深入浅出之笔，发为妙论，真医学之功臣，著作之结晶也。有沈君之著作问行于世，如伟之腐化陈言，本可敝屣弃之，但有因必有缘，沈君之为我作序，其因也，今伟之复为沈君序者，其缘也，有此一段因缘，发展造物生生之心，不亦快哉！故不揣谫陋，缕述颠末而为之序。

时民国三十有六年农历六月大暑节常熟张汝伟序于申江寄庐

小　引

比年以来，躯体日渐羸弱，精神日见委顿，读畸隐居士“净土之资粮未备，而吾年已五十矣”之句，不禁悚然而惧！戚然而悲！原无执笔为文之逸兴。今岁春，院中同事王祖雄兄编印《中医经验处方精华》，劝余亦著一书。余心稍动，拟将十余年前在苏州刊印之《医论汇选》整理再版，嗣复变计，另编《肺肾胃病研讨集》，内容除甄录拙作《医论汇选》《健康之道》二书外，兼采古今名著，厘为五篇：曰肺劳病篇，曰肾亏病篇，曰胃病篇，曰有益于肺肾胃病之营养食物，曰附载。医疗与调养并重，学理与经验合参，编成自视，尚足供医家诊余之参考，病人调养之指导也。

畸隐居士曰：“今后之目的，果何在乎？欲居积，则多财非福。欲编书，则无益于己，亦无益于人，徒自苦耳。惟有发菩提心以救人，最为上策。救人先从医药入手，尽我心力，以救贫人之病。凡对于贫病，不可生厌弃心、怠慢心、吝啬心，宜生爱怜心、恭敬心、博施心。如贫病之人：来求医者日众，虽以每日之收入尽数施于贫人，亦无所惜（此医家之良箴也，愿与同道共勉之）。即此以为今后世间法之目的。”余一介寒士，居积原不可能，身心日弱，编书亦无其力。今后之目的，惟有加强应用医学之研究，以冀缩短治疗之时日，节衣缩食，以作救济贫病之需。本集镌版将竣，略叙编述之动机，及此后入世之方针。世之贤达，幸垂教焉。

时中华民国丁亥长夏沈仲圭识于卫生部陪都中医院

凡　例

一、本集专谈肺劳、肾亏、胃病等症疗养方法，故以《肺肾胃病研讨集》为题。

二、"吐血"为肺劳重候，故本集选方多而论述详。

三、"神经衰弱"常伴肾亏以俱来，而神经衰弱者常患"失眠"，故本集于斯二症，亦不厌求详，反复陈述。

四、本集胃病篇，除将常见胃病提出研讨外，肠病亦间及一二。

五、肺劳、肾亏、胃病俱属慢性，欲求痊愈，须注重调养，不能单靠药剂，本集于此，三致意焉！

六、本集第四篇专谈有益于肺肾胃病之几种营养食物，以示营养对慢性消耗病之重要。

七、本集第五篇附载第一篇食物疗法，颇有宜于肺肾胃病服食之单方，病者可细阅选用。

八、本集各篇除甄录拙作外，兼采古今医家名著，均标明姓氏，并将该篇文字低二字，以示区别。

九、肺、肾、胃等慢性病，固须注重营养，但营养非舍肉类莫属，五谷蔬果之营养价值，初不亚于肉类，《畸隐居士七十自叙》（中华书局出版）中言之綦详，病者阅之自明。且肉食必杀生、杀戮诸物之命，以求吾病之愈，病者清夜反省，于心忍乎？本集为病者消灾延寿计，将食养疗法中之肉食，尽量删除，并望病者戒杀放生，培养慈心，勿迷信肉食何如营养也。

十、编者任职医院，公余时间有限，率尔操觚，诸多未善，深望医界贤达，不吝指教，实为厚幸！

肺劳病篇

肺痨疗养纲要

尝阅沈炎南《肺病临床实验录》，见其投对症疗法使症状缓解后，辄以滋养强壮剂，为康复体力之图，此最合理之疗法也。缘结核菌在人体滋生繁殖，最易耗损吾人体力，有消耗病之称，故饮食宜注意营养，而药物舍滋养强壮剂莫属也。中药滋补名方，如六味地黄丸、保阴煎、集灵膏（人参、枸杞子、二冬、二地、牛膝、仙灵脾。血虚加当归，脾弱加白术。带下遗精者，去牛膝，加黄柏。大便易滑者，亦去牛膝，重加生薏仁。治痨嗽，去人参、牛膝，加元参、甘、桔。王孟英云：峻滋肝肾之阴，无出此方之右者）、大造丸（紫河车、龟板、黄柏、杜仲、牛膝、生地、天冬、麦冬、人参。夏月加五味子。女人去龟板，加当归。如遗精带下，并加牡蛎）、王母桃（冬术、熟地、首乌、巴戟、枸杞）、五福饮（党参、熟地、当归、白术、炙草）皆于肺肾阴虚之体，极为适合。饮食方面，如牛乳（骆龙吉有接命丹，即人乳和以梨汁以银罐炖饮）、蛋类、山药、米仁、莲子、芡实（以上四品，再加粟米、糯米、茯苓，共为末，加水煮，名六神粥）、落花生（富含维生素甲、乙①，取其仁，投沸水中泡之，去衣生食，日约三十粒，久服可增体重）、有色蔬菜等，皆于病

① 维生素甲、乙：分别为今之维生素 A、B。

体有益，原不必珍馐罗列，宰割鸡鱼，始为合乎营养也。精神方面，勉为笑乐，切戒恚怒，病榻无事，常读古人格言，养成博爱之美德，则肝气得平，躁怒自除，而心广体胖之境，可渐臻矣。他如空气宜流通，卧室宜清静，病人宜平卧，袒体曝日，静坐宁神，淡食能补（是谓禁盐疗法），绝欲保精。关于肺病疗养诸法，非片纸所能尽，病者可请高明之医师，详细指示，遵行勿辍，余以为结核菌不足惧，而肺结核病自有可愈之道也。

肺痨病浅说

肺痨病者，结核杆菌侵入肺部，而营其破坏工作也。该菌为极小之植物性微生物，非人目所能窥见，其耐冷热之力甚强，在百度表百度之干热中，能生存至一小时之久；在百度表六十度之湿热中，能生存至二十分钟之久；在冻冷中，不能减其生活。其为害于人类至大，如教育普及，卫生完善之美利坚，据其死亡统计，云死于结核病者，占全死亡数九分之一。在吾国则更多，竟有四分之一。其侵入人体，初不自觉，待各种症状，显露于外，而病根已牢不可拔矣。且结核之祟人，不限于肺部，若胃、肠、咽、喉、鼻、舌、骨、肾、膀胱、睾丸、淋巴、皮肤、关节等处，皆可发生结核病，不过临床所见，以肺结核较多焉耳。

国医治疗肺结核之方药，以吾所知，有两方一药，足资介绍。一为肘后獭肝散，獭肝一具，炙研为末，每服方寸匕。按《和汉药物学》云，獭肝治肺结核患者之咳嗽；吾友王润民称獭肝与童便，为肺结核专药，尝以此两物为主，佐以他药，治愈重笃之肺病。一为神灵汤，人参五分，桔梗四分，甘草两分，红花三分，茯苓三分，规那三分，桂皮三分，干燥蚯蚓两分，麝香、龙骨适宜（仲圭按：此为日人分量，国人服此，宜加重一倍半，方无病重药轻之嫌）。此方据日本庆应大学希川博士之试验报告，第一期肺病全治者，居百分之六十；第二期肺病全治者，居百分之二十一；第三期肺病全治者，居百分之十。肺病本属难治，三期尤无办法，此汤犹能十全其一，不可谓非良方矣。一为骨炭，用猪、羊、鸡、鱼（仲圭按：宜用大口鱼）等动物之骨，炙酥研末，混于食物中啖之。此因骨炭含有钙盐，对于肺部之炎症能消弭之，肺部之溃烂能干萎之，肺部空洞之四周能硬化之，故久久服用，不论何期肺病，皆有良效。

惟肺结核欲望全愈，重在调摄，单恃药物，殊难为力。所谓调摄者，即鲜洁之空气，滋养之饮食，充分之休息也。欲得鲜洁之空气，非转地高山海滨不可。若饮食疗养，可得言者，如鲥鱼、鳖肉之富脂肪；牛乳、鸡卵之易吸收；莱菔助消化，胃弱当餐；胡桃含单宁，遗精宜饵；藕汤治吐血，可代茶饮；菠棱疗贫血，堪供肴馔。其尤善者，莫如《寿亲养老新书》之黄雌鸡饭，与价廉物美之豆浆耳。惟投滋养品，当以病人之好恶为标准，苟病人不喜此物，而强进之，固属无谓，或滋养虽富，而消化困难者，亦当权衡病人之胃力，能否胜任，以定弃取也。

应秋按：肺病之疗养法有五，曰安静心身，以制止发热及病势之进行；曰致意饮食之营养，以图增进体力；曰转地疗养，脱离家庭之烦琐，常变更其新鲜环境；曰轻证无热时，宜作适度运动，以增加食欲，使精神爽快，睡眠酣适；曰行日光浴，人工太阳灯照射等，以使身体强壮。要之，皆宜由医生指导监督行之，庶几无过，盖肺病之疗效，固莫胜于养者，养之而不得其宜，失之尤也。

肺劳方续选

一、肺劳方续选

余于《新中华医药月刊》创刊号，曾精选治劳方八首，以见古今贤哲所定治劳方药，无不赏用甘润、甘寒。兹续选名方于下，以备采用，而资研究。

（一）滋补方举例

集灵膏《广笔记》

治一切气血两虚，身弱咳嗽者，无不获效。

人参、枸杞子各一斤，天冬、麦冬、生地、熟地各二十八两，怀牛膝（酒蒸）四两，熬膏。脾弱加白术四两或半斤；若带下遗精，去牛膝，加黄柏。大便易滑者，去牛膝，重加生薏仁。

（圭按）二地、二冬，久服恐有滋腻碍胃之弊，可加白术、薏仁、砂仁、陈皮之类，以助脾胃之健运。

补天大造丸《体仁汇编》

滋养元气，延年益寿，虚劳之人，房室过度，五心烦热，服之神效。

侧柏、熟地各二两，生地、牛膝、杜仲、天麦冬各两半，陈皮七钱半，炮姜二钱，白术、五味子、黄柏、小茴香、枸杞子各一两，紫河车一具，为丸。

（圭按）二冬、二地、杜仲、河车俱为强壮药，其功用偏于滋补肝肾。白术、陈皮、茴香俱为健胃药，意在辅助消化，以加强强壮药之吸收。侧柏、炮姜殆为止血而设。如阴虚火复盛者，去侧柏、炮姜、小茴、枸杞，加龟板、洋参。

（二）退热方举例

秦艽鳖甲散罗谦甫

治肺劳潮热，骨蒸盗汗。

鳖甲、地骨皮、银柴胡、青蒿、知母、秦艽、当归、乌梅。

（圭按）银胡、青蒿、知母、秦艽、鳖甲等为退虚性热之专药，古人多用以治骨蒸。本方去青蒿、知母、乌梅，加人参、炙草、紫菀、半夏，即秦艽扶羸汤，治同。

清骨散《证治准绳》

治骨蒸劳热。

银柴胡、胡黄连、秦艽、鳖甲、地骨皮、青蒿、知母、炙甘草。

（圭按）各药俱清劳热，效胜前方。但黄连、知、蒿性味苦寒，久服伤脾。古人所谓伐生生之气，为虚劳用药之大忌。另有柴胡清骨散，用柴胡、地骨皮、天麦冬、阿胶、猪脊髓、猪胆汁、知母、生地、白芍、鳖甲、童便，补阴清热，用意尤妙。

（三）止咳方举例

保和汤葛可久

治肺劳咳嗽，身热咽干。

知母、贝母、天冬、麦冬、薏仁、紫苏、甘草、桔梗、马兜铃、百合、阿胶、薄荷、紫菀、款冬、花粉、杏仁、当归、饴糖、生地、生姜。

（圭按）杏仁、贝母、紫菀、款冬、兜铃五味，俱为镇咳药。桔梗、甘草、天麦冬，则能润肺化痰。阿胶、当归为补血药。薏仁、百合、饴糖，为滋养药。因肺劳极易消耗体力，虽为止咳专方，仍以滋补品为辅佐也。

团鱼丸《证治准绳》

治骨蒸劳嗽。

贝母、知母、前胡、银柴胡、杏仁各一两，大团鱼一个。药鱼同煮，先食肉与汁，继将药渣焙干为末，用鱼骨煮汁为丸，如桐子大。

（圭按）本方清热止咳，尤有滋养身体，镇静神经之功用。团鱼即鳖，甲中含碳酸钙，久服可使病灶硬化，制止结核菌之蔓延，亦食疗良方也。

（四）止血方举例

十灰散葛可久

治卒然咯血。

大小蓟、扁柏叶、茜草根、棕榈皮、荷叶、茅根、山栀、丹皮、大黄。

（圭按）此方汇集止血祛瘀，清热凉血之品，颇有赏用之价值。惟宜生用（山栀、大黄除外）煎服，方奏肤功。因火焙为炭，药性尽失。近人以中药制炭，比附西药之血炭、木炭，实不同也。

安血饮时贤张腾蛟

治吐血初起。

龙骨、牡蛎、白及、三七、制大黄、鲜藕汁、鲜茅根。

喘加杏仁、苏子、赭石。去血过多欲脱，去茅根、藕汁，加人参、赭石。寒热往来，加柴胡、艾叶。口渴加花粉、麦冬。火甚加芩、连。痰多加瓜蒌霜。盗汗身热加桑叶，重用枣仁。咳逆加杏仁、五味。身痛腹满，大黄用生制各半。

（圭按）龙、牡含钙质，藕汁含单宁酸，白及含黏液质，均为止血要药。茅根清热降火，大黄导血下行，三七祛瘀生新，属佐使药。此方列药不多，厥功甚伟。

二、甘寒养阴之宜忌

所谓甘寒养阴者，即滋养剂之偏于凉性也。肺病患者何故宜用此类药物？谭君言之明白畅晓，其言曰：“盖肺劳症多数发热心烦口渴，不眠兴奋，干咳无痰，忌辛热品。西医对此种症状，大概治以镇静剂，中药治以甘润。或频于甘润之甘寒剂，或苦寒剂，缘中药此三者，亦略有镇静作用。”观此，可知多数肺劳患者之用药标准，舍甘寒养阴法莫属矣。然肺劳之见证，患者之体质，药物之个性，均参差而非一致。吾人临病，当顾及各方面情况，势难执死方以治活病，此甘寒剂对于肺劳，亦间有须加审慎之处也。谭君引张公让之言曰：“所谓甘寒，则玄参、麦冬、生地、石斛、兜铃之属，此种药虽稍能解热，镇静，止咳，而其短处，亦能败胃，胃肠机能减弱，则营养不足，病人必日见消瘦。若不停服，则胃气日败，病必不救。”张君斥责甘寒养阴之弊，为竭泽而渔，何痛恶之深耶？吾人主张以甘寒治劳，自有其应用之标准，非不顾一切，贸然投之，亦非全方甘寒，而无君臣佐使之配合也。且古今方剂皆有主治文，医者用方，必审谛其所列证候，与病人相符而后与之（此即证候治疗学，乃中医精华之所在）。稍有未合，即须加减（古今方剂，亦有方后附记加减法者）。复次，中医方剂，多系复方；非单刀直入，乃面面俱到。如六味地黄丸，熟地补肾，山萸补肝，山药补脾，泽泻泻肾，丹皮泻肝，茯苓泻脾，此补泻合用之例也。如健脾丸，人参、白术补脾，山楂、麦芽消食，陈皮、枳实行气，此消补合用之例也。如人参败毒散，以羌、独、柴、前、姜、薄发表清热，人参扶元补气，此寓补于散之例也。如集灵膏，以二地、二冬、枸杞甘润养阴，人参甘温培气，此气阴并补之例也。故甘润甘寒法，非全用甘润甘寒药也。配合之妙，灵活不泥。观前项所选各方之组织，盖可知其梗概矣。

节录裘吉生肺病之症状及其治疗法

吾国医籍有五劳、七伤等多项虚损名目，至俗称尤甚，如年幼者曰童子劳，怀妊者曰带子劳，潮热骨蒸者曰骨蒸劳，女子月事停止者曰干血劳，由会阴生疮结管致虚者曰漏底损，皆从病状以命名，而症之原因不及焉。西医发见结核菌侵入肺脏，故称肺病。现在患肺病者遍地皆是，多因病者不顾道德，到处吐痰，致传播日广。又一般青年男女，不讲卫生，体格多弱，自身抵抗力先已不足，病菌侵袭尤易。其症状，初起多先咳嗽，甚则咯血，后即潮热，盗汗，稠痰，面色无华，脉搏细数，胁旁隐痛，卧时或侧左或侧右，多咳。男则兼遗精，女则经水渐少，渐至停止。舌有被厚苔，或光绛无苔者。肌肉日削，呼吸日促。有急性者，一二月、数月即死，俗称百日劳是也。有慢性者，迁延至数年，亦有单吐稠如白沫之痰不吐血者。凡大便干燥，胃强能食者易治；大便泻泄，胃弱少纳者难治。故有上损过中，则不治之训。西医亦有结核菌搬肠之喻。盖脾胃为后天之本，脾胃一败，培补无方。凡治肺病之药，重用滋养之品，都是伤脾。如治脾胃必用香燥之药，又肺病所忌，故难治也。若照中医五行生克而论，肺属金，脾属土，土生金，则肺为子，脾为母。母健则子有维护之人，病得治自愈。如母亦病，即难堪也。语虽玄奥，理却可通。所以精治肺病之医，必不妄用苦寒之药，因苦寒败胃，胃一败，是医者反使其母子同病。服苦寒百无一生，服甘寒百无一死，二句话，先贤谆谆告诫后学，亦此意也。甘寒即滋养。凡西医用鱼肝油等，亦是滋养。滋养是壮水以济火而救肺，乃根本之治疗法也。余十八岁时即开始为人治病，即因自患肺病，为医者拒绝不治，自己用甘寒滋养之剂而愈，后遂由亲及友，咸以肺病求我诊治，五十年来，用此方法，治愈三期重症者不知其数，一二期轻病无论已。此非余之自夸，乃不过冀人信守忌用苦寒，专用甘寒之现身说法耳。西医对是症，除日光疗法、空气疗法外，尚无特效药物发明，我国医界应负重大责任，除此人类之大患。治疗之次序，举示于后。

药方。肺病初起，咳嗽日久，吐白沫之稠痰，尚未见血，不过夜寐时常有盗汗，日晡潮热，或患遗精，脉形细数，与感邪之脉浮数，痰色稠黄厚绿者有别，宜清肺宁嗽，用元参、川贝、破麦冬、百合、柿霜、炙紫菀、甜杏仁、海蛤壳、穞豆衣、地骨皮、新会白（上方如病者舌被厚苔，川贝改浙贝，破麦冬改破天冬或加炒米仁。如遗精隔十余日一次者，不足为患，隔三四日一次者，加芡实、金樱子。肺病初期，痰中先带血点，或血丝，或见满口血者，加仙鹤草、茜草根炭、侧柏炭、藕节。如病者舌无苔，光绛者，相火大旺，津液日涸，麦冬可改用带心，另用鲜石斛、中生地。无潮热者去地骨皮。潮热甚者加炙鳖甲。无盗汗者去穞豆衣。大便略见溏薄者去元参，加怀山药。夜寐不安，多梦纷纭者加煅龙齿、茯神。上药可服多剂）。

肺病咳痰兼血，或见满口鲜血，胁间隐痛，潮热日作，两颧至午后发红色无华，二期症状也。脉细数如刀锋，应用大生地、元参、破麦冬、炙紫菀、仙鹤草、川贝、侧柏炭、茜草炭、百合、甜杏仁、藕节、白茅根、山茶花炭（上方如吐血过多而不易止住者，可加十灰丸，童便分冲，倘再不止，加盐水炒牛膝，惟此味孕妇忌用。咳甚者，加冬虫夏草。呼吸迫促，喘息不堪者，加蛤蚧尾。有盗汗，遗精，潮热等状者，均如前方加减治之，随症改方，宜继续不间断服）。

肺病至肌肉尪羸，精神委顿，血虽不吐，而白沫之稠痰盈碗。夜睡则盗汗淋漓，日晡则潮热蒸灼，颧红皮晄，毛枯肤燥，在此三期危笃之候，只要大便不溏，胃纳尚佳，用大剂育阴潜阳之法，亦能救治。宜用生左牡蛎、地骨皮、穞豆衣、大生地、川贝、破麦冬、冬虫夏草、甜杏仁、炙鳖甲、钗石斛、百合、炙龟板（上方连进，如不见效，当多用血肉有情之品为药，如淡菜甘草水煎洗，紫河车甘草水煎洗，坎炁[①]等，其余加减，均宜照前二方，常常服，不间断）。

肺病为医者错认外感，误用辛温表散或苦寒败胃之品，致盗汗多而形神衰脱者，用大生地、川贝、茯神、穞豆衣、燕根[②]、煅牡蛎、煅龙骨、煅磁石、破麦冬、甜杏仁、百合、钗石斛、黛蛤散等（上方除专顾盗汗为法，余仍以清肺养阴法治之，如有以上三方所加减之见证，仍可照证加减，此不过备一个补偏救弊之法耳）。

---

① 坎炁：即脐带。

② 燕根：即燕窝之根脚。

肺病至各症皆瘥，咳嗽亦除，舌上有津，脉不细数，惟形瘦力惫，当大剂补益，以善其后。方中可略参温性之品，或长服六味地黄丸，或大熟地、大生地、破麦冬、破天冬、净萸肉、茯神、怀山药、生鸡金、钗石斛、丹皮、炙龟板、新会白、制女贞、旱莲草、百合等［上方如病者在病剧时患过便泻，可加炒於术、湘莲（去心）。如患过大咯血者，可加丹参、白归身。如嗽得过重，可加阿胶珠、甜杏仁。如病虽愈，而肝火旺，容易多怒者，可加生白芍、生打石决明。若夜寐不安，可加夜交藤、鸡子黄，再加蒲黄炭、血余炭，可除病根］。

【病家宜忌】

肺病重在摄养，除饮食亦须以滋养之品为主，烟酒大忌，葱、韭、蒜及刺激性物不可吃，勿多怒，夫妇隔房能离远不见更好。此老子所谓勿见所欲，使心勿乱是也。又曰："上士异寝，中士异床，下士异室。"凡已成肺病之人，相火本旺，欲念易动，即体格已弱，学养不易之下士也。故夫妇远隔为是！否则，见而易动，复强忍之，亦大碍精神，倘动而不获排泄，为害亦烈也。

余常劝病者将痰吐入盂中，每日烧去之，凡乡愚不信者，告以痰在泥土，病者要生根，即治愈亦防重覆。向来习俗说："瞎子瞎弦棒，碰着有晦气!"俾瞎子有路可走，不致受争先恐后之行路难，此法乃先民对乡愚以迷信补道德之不及。余亦引用此意，且痰在地上一任日晒风吹，化为尘末，病菌随尘飞扬，健者尚有抵抗之力，或能扑灭，而已成肺病者，一面用药治疗，一面病菌侵入，即治而初愈，一经受着尘中之病菌，岂不无重发之虑乎？

肺病有潜伏期，虽不求医服药，亦有一时康健如脱体者，此系自力抵抗病菌暂伏之候，往往忽视之，事事勿忌也，然再发时，病即进一步矣。

肺病患者，容易误听闲话，或说有人用草药治好，或说有人吃胎胞医好，均须戒之，因药入口易，出口难也。

【方考】

十灰丸：黄绢、藕节、艾叶、马尾、赤松针、蒲黄、莲蓬壳、油发、棕榈、棉花。六味地黄丸：熟地黄、茯苓、山药、泽泻、丹皮、山茱萸。黛蛤散：青黛、海蛤壳（煅），等分研。

【药义】

方中生鸡金、怀山药，合用，内有极珍贵之健脾剂“百布圣”成分。蒲黄炭、血余炭同用，内含特效杀灭结核菌成分，此为德医发明，余皆从日本医学杂志见得，惜书本不在手，未能注出发明者。

【临证须知】

诊治肺病第一特征即脉象细数。又临证时凡有咳嗽症求治者须仔细诊断。

肺病不但苦寒败胃之药禁用，即香燥劫液之品亦忌之。常有以白沫之痰为涎、为饮，用半夏者，是犹火上添油。有用橘红化痰，致成盗汗，因肺火燥，津聚于肺，遂成黏液白沫而排去之，如皮上被火炮灼，即水聚成泡，眼内炎成眵，鼻腔炎流涕，同一生理作用，而转成病理也。又肺主皮毛，肺虚之体，皮毛已松，故常有盗汗，今前者以半夏之辛燥助火，后者以橘皮之辛温发汗，本来求治，而反深其病也。

喻嘉言先生有肺病禁用参，以肺热还伤肺之训，颇有独到之见，应遵守之。因参性上提，愈使气上逆，反成喘急也。

向有为医者“伤寒不医头，虚损不医脚”之说。因为伤寒起头，日日转重，西医所谓待期疗法，其热一时不得退，病者即至亲亦必嫌医无效。虚损日久了到脚之时，虽竭尽心力医治，亦难讨好。临诊前，宜向病家说明之。

病家来诊，习惯上不肯吐痰于痰盂，须监视之，倘吐于地，即须抹净消毒，若用茶杯，尤当记着消毒。

肺病患者多属中年，故用药分量无老幼减用之例，即有老幼患者，重用亦无妨。

病者咯血瘥后，重咯时精神上很起恐慌，应多方安慰，否则有碍药力也。

【验案记要】

(1) 王庆同君三期重案　初诊，王君为余同乡兼至友章子梅君之婿，患肺病在西湖疗养院住医多日，一日症危，备舟在西兴拟返绍，由西湖抬至旗下，神色大变，遂住清华旅馆，接余诊治。一见面色惨白，脉已微细如蛛丝，呼吸亦微。余因察其两目神尚不散，且审知其镇静摄养工夫甚好，便亦不溏，遂于无法之中用一方挽救于万一：冬虫夏草、川贝、大生地、炙龟板、煅磁石、燕脚、破麦冬、煅龙骨、百合、甜杏仁、钗石斛、藕节一剂。二诊：病有转机，已能与其母亲用极轻微语调谈话，脉转细数，略较有神，惟咳痰甚多，潮热颧红。再用大生地、元参、川贝、地骨皮、炙龟板、炙鳖甲、破麦冬、藕节、蒲黄炭、血余炭、甜杏仁，一至三剂。三诊：脉尚细数，咳嗽稠痰不已，潮热盗汗，间时一作，以滋养剂进之。用大生地、破麦冬、地骨皮、炙鳖甲、穞豆衣、川贝、炙紫菀、甜杏仁、百合、黛蛤散、藕节，连服多剂。四诊：潮热盗汗均瘥，稠痰亦已减少，妇人接近，余询知其妻，遂告其母，令仍回母家，厥疾自痊，后果服后方十余剂而愈。今仍在上海银行界服务，身体已健。方用大生地、破麦冬、甜杏仁、百合、钗石斛、芡实、金樱子、茯神、炙紫菀、煅牡蛎、煅龙齿、新会白。

（2）王某肺病误表致剧证　初诊：民十四，杭州下板儿巷某药店东家王某，患肺病已二年，服萧山某医方，内有橘红，至十五剂，盗汗浸被，吐血盈碗，改求余诊。脉细数，气喘、潮热、声嘶、咽痛、舌绛，奄奄一息。余用大生地、元参、冬虫夏草、川贝、甜杏仁、燕脚、煅龙骨、煅磁石、炙龟板、炙鳖甲、百合、淡秋石。服三剂。二诊：血止汗住，咳嗽稠痰，潮热气喘均未已，舌绛，脉仍细数，神气略振。再以育阴潜阳为法，用大生地、元参、地骨皮、炙鳖甲、炙紫菀、川贝、百合、柿霜、炙龟板、鲜石斛、破麦冬、藕节。服五剂。三诊：脉渐缓和，舌亦有津，咳痰亦减，潮热已除，用前法等进一层补益。用大生地、大熟地、破麦冬、川贝、柿霜、甜杏仁、炙紫菀、炙龟板、炙鳖甲、蒲黄炭、血余炭、盐水炒新会皮，连服二十多剂。

以上病案不过记三期危证亦可治，轻证更易治疗可知。至余自己病时，治疗经过，本亦可记，因太冗长，故俟他日，另著一篇。此两案中，川贝等品，从前价目，照现时不及数千分之一，病者负担尚轻，在此几年，余之案中，少用冬虫夏草和川贝，皆以煅牡蛎、百合多用代之。

附　王心原脊椎刺戟疗法之研究

脊椎刺戟疗法，一名水灸疗法，为吾国古代灸法之一种，据父老传述，流传于民间，已有数百年之历史，此疗法对于一般慢性疾患，殊有相当之效果。

一、水灸之生理作用

水灸部位在背面脊椎部分，中医称督脉，即生理学上之中枢神经，亦即美国物理医家海特氏所谓神经过敏带是也。其生理作用，依照生理学、病理学、灸法学之观察，脊椎皮肤因受药物的刺激，使毛孔自然扩大，诱导血管扩张，于是血液循环因之旺盛，抗进[①]组织细胞之新陈代谢，而增加赤、白血球。一方赤血球制造血色素，一方白血球即起食菌作用，同时中枢神经即因药物刺激，引起反射作用，破坏病所之恶化细胞，补助内脏各器管之活动，促其自然治愈之机能。

二、水灸之医治作用

对于一般慢性疾患，如初二期肺结核、贫血性经闭、神经衰弱、消化不良、失眠、遗精，以及营养缺乏，施以水灸疗法，能使营养佳良，症状减退，渐臻治愈目的。

三、水灸疗法之方药

从民间调查及经验所得，以新鲜老虎脚迹草[②]一服，用食盐少许，和入烧酒适量，捣烂候用。

---

① 抗进：现通作亢进。

② 老虎脚迹草：味辛辣，微苦，有毒，不可内服，三四月生长荒野间，可向草药铺买。

四、水灸疗法之施用

将已经加盐与酒捣烂之老虎脚迹草，敷于颈椎骨至尾闾骨全部脊椎上，阔约寸许，俟三小时后，将药拂去，敷药部皮肤已略现潮红，至二十四小时，该局部即现水泡，内有透明黄色浆液。此项水泡，必须慎密保护，勿使擦破，待一星期间，水泡内浆液，渐次吸收，即干燥结痂而愈，但痂皮约一月始能自然脱去，不可用指甲撕剥。

五、水灸疗法之禁忌

各种热性病（如肺劳病有潮热者不忌）重证及极度衰弱者，或有肾脏炎及水肿性疾患均禁用。

按：古书方中有用白芥子、大蒜等敷治者，与此法相似，而不如此法之简效。又，在敷灸时，不可使病人受寒，古法无论水灸、火灸，有择五月端午午时者，或头伏、二伏、三伏者，是取气候温暖之意，但可不必拘泥。

肺病患者之饮食问题

一、此文之动机

近数月来，因专门诊治肺病、肾病，就诊病人，辄刺刺问何物宜食？何物宜忌？在智识阶级，虽可告以“肺病应注重营养，以谋身体之渐强，而增抵抗之本能。凡富滋养易消化之新鲜时馐，佥堪佐馔，不必过于忌口，致碍食欲。但辛辣刺激诸物，在所不宜耳。”若缺乏普通常识之人，不得不列举菜蔬名称，详为申说。既感麻烦，又觉费时，爰参考典籍，益以经验所得，将最重要者，分条录之。

二、宜食之物

1. 植物类　黄豆及其制品，绿豆，青豆，黑豆，扁豆。小麦，米仁，甘薯，苋菜，萝卜，红萝卜，海带，发菜，菠菜，小白菜，青菜，芹菜，莼菜，瓜，葛，蒜（剥取蒜瓣，放馒头内蒸食，味甘不辣）韭，胡葱，山药，百合，金针，木耳，石耳。

2. 水果类　柠檬，干葡萄，胡桃，椰子。落花生，叭哒杏仁（二物研烂，加糖冲服，治肺病咳嗽）。藕及藕粉，橘，梨，莲实，芡实，大枣，龙眼。

3. 滋养品　燕窝，银耳，豆汁，鱼肝油，麦乳精，葡萄汁，散拿吐瑾，肝膏。

三、忌食之物

1. 酒类及咖啡，绿茶（红茶含有消化酵素，且鲜刺激性，不妨少饮）。

2. 辛辣刺激之物。

3. 此外，谷粉、糖类、食盐，均须加以限制。

四、如何促进食欲

患肺病者，多数食欲减退，纳谷不香，究其原因，虽有多端（如结核毒素之影响，神经性消化不良，咳嗽，便秘，口及咽黏膜炎），但空气恶浊，睡眠欠缺，精神不快，亦足致之。故使病者终日生活于鲜洁之大气中，同时充足其睡眠，愉快其精神，虽终日安卧不动，食量仍能进步。然如何可使病人生趣盎然，不觉岁月之悠长乎？则惟有宗教之信仰（如念佛），良友之谈笑，美妙之音乐，佳良之图书，以调剂枯寂之环境耳。

五、营养疗法之意义

治疗肺病之法，不外亢进其组织之防御机能，使病灶被包于结缔组织而自然治愈而已。但欲达此目的，不得不先使其营养佳良。所谓营养疗法者，即使病人摄取多量富于滋养之食物，以养成其组织之活泼力也。但于摄取营养之际，不可漫无限制，宜以其食欲为标准。否则，胃肠内一时输入多量食品，非特不克营完全之消化，且将有损其机能焉。至于每日所进食品，宜从病人之嗜好。盖嗜好之食物，即其体中缺乏之营养成分也。惟久食一物，亦易生厌，故烹饪之变换，原料之选择，实占营养疗法上重要之位置。大抵早膳稠粥，中膳、夜膳软饭。上午九十时，下午三四时，如病人消化佳良，可少与点心，牛乳、鸡卵、肝油三者，诚为滋养妙品。然病人苟不喜此，不宜强与，可以豆汁、燕窝、银耳等代之。

应秋按：肺病迄无特效疗法。今日为世界所公认者，亦惟食养疗法之一端耳，愿读者注意及之。

附　肺痨病之食养疗法[①]

鄙人从小多病，故研究医学甚久，外家是世医，至于吾母

① 此系顾惕生先生十七年在上海中医专门学校之演说词，由陆渊雷先生笔记。

舅，已九世，其人今尚健在，故鄙人对于中医之趣味尤厚。今就生平经验所得，与诸君一商榷之。

国人喜奢华，恶俭朴，故自称中华，鄙视外人，谓之蛮夷戎狄。其实奢华则不耐劳，不耐劳而又不能绝对不劳，此华人之所以多痨病也。西人求痨病之故而不得，剖痨死之尸，则见肺有结核，于是归其原于肺，归其原于结核菌，其实致痨之原因不一，故古有五劳七伤之目。习于奢华而成痨者，其人不足惜，若乃膺大任、作大事，为社会服劳而成病者，其人乃剧可怜也。鄙人读书作事，倍于常人，身体本弱，加以过量之劳心劳力，岂能幸免？数十年来，咳嗽吐血，失眠瘦削，凡痨病应有之见症，十得八九。服药摄生，中西疗治，凡痨病应有之治法，亦十知八九。因自己之痨，留意他人之痨，因知痨病有必死之人，而无必死之病。何谓必死之人？如东南大学之刘伯明博士，聪明强干，冠绝侪辈，继郭秉文后，操持全校事务，若在常人已不胜其劳，刘博士犹能勤读不倦，会东南办暑期学校，有同乡旧生来学，鄙人劝其选读刘所授课目，其人殊不欲，问其故，则曰，刘死期且至，必不能卒授，选读何为。后不足一月，刘即发病，病一月而死，旧生之言不幸竟中。盖刘之为人，面目韶秀，演说时，语声之急，有如长江出峡，气不足以息，头汗淋漓，故旧生知其将死也。刘行路时吊脚跟，亦是夭相，心思视听，悉向外注，但知科学、哲学，不知养生，所谓必死之人也。亡儿某，亦死于肺痨。此儿貌既秀丽，复雅善修饰，衣服鲜洁，雪花香水，大有掷果资格，鄙人敝缊之袍，若与同行，人必以亡儿为“gentleman”，以鄙人为“boy”也。诸君须知，色美而衣鲜者，必病美人痨，决非寿者相，红颜薄命，不独女子为然。亡儿既具美人痨之相，复勤读不辍，夜间非一两点钟不睡，明晨七八时已满口“哀皮西提”矣，屡戒不悛。盖亡儿读于大学，将毕业，迷信科学，及痨病成，每咳嗽困顿，必求西医打针，每针五六元，贵至十余元，不吝，针后无效，不悔。鄙人劝其服中药，价廉而效宏，不听，彼固以为老父老朽，不知科学。及病日深，因求医之故，闻西医之言论日熟，常与鄙人言肺痨病之原因治法，滔滔不绝，闻者几疑为德国肺痨博士也。卒以听从西医之转地疗养法，死于牯岭。鄙人舐犊之私，至今痛心。若亡儿者，亦所谓必死之人。凡必死之人，虽不病，亦不得寿考。必死之人，虽不病重，亦不可治。中医诊法，有望、闻、问、切，《内经》论望色极详，多与麻衣相法符合。养生家主张收视反听，凡病人目光内敛，发声沉着者，其病必不死。

诸君须知，医学非科学所能驾驭，科学之上，尚有精神，若使徒有科学，则人将为无精神之器械矣。诸君整理中医，与其使中医成科学化，毋宁使中医成精神科学化。精神科学，中国本极发达，释道修养皆是也。鄙人久劳而不病，实赖修养。今先言科学方法之食养。古人极研究食养，一部本草，即一切病食养疗法之宝鉴。古人无所不食，故无所不知，本草者，食物经验之书也。凡动物犬齿多者宜肉食，门齿臼齿多者宜蔬食谷食。人类犬齿少，而门齿臼齿多，则知人类非肉食动物，本是蔬食谷食动物，故本草所载，草木居十之九，鸟兽虫鱼不过十之一。患肺痨病者，尤宜蔬食。释道戒肉食，故缁衣羽士，鲜有肺痨者，有之亦易于疗治。村野人蔬食而力大，城市人肉食而力小，故知蔬食最易恢复体力，于肺痨最宜，今人亦多知蔬食之益矣；抑蔬食不但易于恢复体力，尚有果报律在。彼科学的西医，但知头痛医头，脚痛医脚，辄以动物之肉食疗养肺病，其事乃大不妥，不知冥中果报，极重生命。医家不可不知鬼神，古医字从巫，巫医并称，医家但以医头医脚为能，则医道危矣。人莫不恶死而好生，动物亦莫不恶死而好生，今因肺痨而食动物之肉，死动物以求吾不死，有不达于天忌耶？惟戒杀可体天地好生之德，故死病可以不死。鄙人病痨而不知节劳，人为吾危，吾亦自危，然常戒杀，常安渡难关。刘伯明惟迷信科学，不信果报，亡儿亦然，卒之二人者，皆不得考终。

食养不皆蔬食，而以蔬食为主，若于痨病有大效者，偶用一二动物食品，亦未尝不可。鸡蛋最宜于肺痨病人，多数人所承认者也，佛家言鸡蛋是素，其生命尚未萌动，无痛苦之感觉，则谓之素可也。其次则淡菜，日名浅蜊，亦最富养料，小者良。日本某次博览会，陈列食养物品数十种，今仅记其数种，总之性味和平，易于恢复体力者，于肺痨最宜。如豆腐、油豆腐（日名油扬），凡豆类之食物，其次金针、木耳、石耳、石发。此外，咸芥菜卤治咳血甚效，须陈久者良，常州天宁寺有十余年陈卤，每年治痨病无算。咸雪里蕻治气喘亦效。当亡儿病痨时，鄙人亦患咳血，得陈芥卤，又连食雪里蕻十余日，病即大瘥。

大蒜能治肺痨，为世界医家所公认，惟气味臭恶，而肺痨病人多好洁，虽有良药，莫之肯尝。亡儿好洁甚，避臭菜如蛇蝎。不知好洁之癖，不病者足以造病，已病者足以速死。痨病人之肺结核，本至秽极恶之物，惟恶臭足以敌之，能常嗅溷厕中臭气最佳，溷厕中臭气即阿摩尼亚能消毒，治蛇毒奇效，蛇本好洁，投之溷中即死。有乡人被蛇螫，肿痛不可忍，旧生某，性好弄，戏取阿摩尼亚，命释稀洗患处，肿痛竟消，乃命以阿摩尼亚浴身，毒竟全愈。阿摩尼亚不但治毒，且能治虫，乡人患沙眼者，呼捉牙虫调水碗之村妇治之，每治得虫甚多，三治之后，永不复发；然以大竹竿搅溷中取臭，睁目视之，虽不捉虫，沙眼亦愈，故知溷中之阿摩尼亚臭气能杀虫。溷臭既能消毒杀虫，安有不愈肺痨者哉？然所见肺痨病人无不好洁，不但恶溷臭，且恶食蒜，若能食蒜，其病必可愈也。西人言蒜能兴奋胃液，胃液兴奋，则可抵抗肺痨无疑。臭菜中胡葱、韭菜皆含有铁质有机体，与大蒜相似，犹以韭菜为卓绝，吐血不止者，捣生韭汁和童便饮之，其血立止。里人相传腰痛不可忍者，食韭至一担，无不愈，鄙人任课于沪江大学，宿舍与教室相离甚远，每以得路为苦，乃日以韭菜下饭，竟健步如飞。蒜尚有微毒，韭则无毒，臭菜中治痨之品，不得不推韭菜为巨擘也。或疑食韭则口气溲溺俱奇臭，不免取厌于人，然吾人目的在作事耐劳，非供人作玩好，臭亦何伤？

作大事者不免劳，故最宜究肺痨之食养，食养不但选择食品，亦当研究煮食法。袁子才之《食单》，言煮食法最详。饭锅宜砂不宜铁，柴火宜桑树木炭，不宜煤与煤油，用树柴而系曾经任力之柯材亦不宜。鸡蛋宜于每晨粥锅上蒸食，朝夕宜食粥，粥须淡、须烂、须暖，又宜多饮热汤。鄙人渴时饮汤至一大壶，人或讥为牛饮，不知牛饮乃寿者相也。日常饮食，煮法务使极香极烂，食法务使乘热，此皆《食单》所言，而于肺痨病最宜。袁子才寿至八十余，有二子，皆七十后所生，良有以也。

药品治肺痨者，人言鱼肝油最佳，然鄙人服之不效，断除时且吐血。凡久服鱼肝油，断除时常吐血，所见甚多，然能自愈。羊油可代鱼肝油，见《万国药方》。鄙人咳作时，烘热羊油吞之，非常舒适，然久用亦不效。西医常称冷浴之益，鄙人试行冷浴，虽严冬亦入河，若无河之处，则淋以冷水，擦以毛巾，如是者八年，于病无益。本人盛称六味丸治肺痨之效，六味丸补肾，肾为肺之子，脾胃为肺之母，中医有补子补母之法，与西医头痛救头者不同，故中医是根本疗法，西医不过对症疗法。治肺痨病，健其胃为补母，益其肾为补子，补子则六味丸为最。

（仲圭按）六味丸平补肝肾，惜收效太缓，不如乌骨鸡丸更胜。如遗精者，则慈航居士之补尔肺丸，允称对症。

鄙人曾服六味丸九十余斤，本苦不寐，服丸后渐能寐，然服久而过量，其效亦减。日人又盛称何首乌治痨，鄙人亦尝试服。首乌与六味丸之主药地黄，皆含铁之有机体物，服首乌之法，每首乌一斤，加茯苓半斤，咳者加五味子半斤，欲求子者加枸杞半斤。中药不但令人愈病，且能令人有子，斯为奇也。初服即健啖倍常人，苦粳米饭不耐饥，须糯米饭方能果腹，其后多服，药力亦减，乃知治痨之法，药物不如食养。肺痨宜安睡，食韭多使人昏然酣寐，食韭而睡，最为食养之上法。然食养尚是科学上事，非精神上事，鄙人今受佛戒，断绝肉食，勇猛修养，精神大复，乃知食养又不如修养也。圣人不治已病治未病，言平时宜留意，勿使造病因也。今之学校有最坏风俗，即多食水果杂物也，上海有四大学以畅消水果杂食著名，东南大学有菜馆，学生大嚼以为乐，此皆造成肺痨病之良好方法。肺痨忌冷食，故最忌水果，西人酷嗜葡萄，故多胃肠寄生虫病。肺痨亦忌面食，因面于消化过程中常发酵也，亡儿病中，鄙人常戒其毋食水果与面，不听，听西医之言，大食水果面食，以此丧其生。盖多食水果则损饭，损饭则脾胃败，肺母伤矣。尝见兄弟二，皆美秀，皆嗜水果，皆以肺痨死，于是知肺痨宜朴素清淡也。

往者日本人迷信西医，奉德国人若神明，惟伤寒肺痨，德人所不能治者，始就汉医，今亦翻然知西医不如汉医，乃复竭力研究汉医矣。诸君习中医，其努力，毋落日人后也。

（仲圭按）此文对于肺痨“食养”言之綦详，但食养为自然疗法之一端，其他如鲜洁之空气，温和之阳光，长期之安静，闲逸之情绪，皆极重要，而不可忽略也。又顾先生因爱子服西药不起，其言论颇轩中轾西，实则疗养方法，西医完美多多，吾人当本“学术无国界”之言，择其善者而从之。

节录朱丹九信仰佛教治愈肺痨脏躁之实例

世界上宗教之种类甚夥，考其宗旨，皆不外趋善灭恶，陶冶性情，而达修齐治平之目的，故凡人民胥有信仰宗教之必要。余意宗教学中，持理最深奥，莫如佛，吾国文化最古，佛教因之盛传，其学说渊博，论理精纯，超乎任何宗教之上，一般未入门者，不得其要，用亦不彰，反觉无趣，遽诋之迂腐，如参学稍深，则于己于人，皆有利益，何患乎国之不治，天下之不靖耶？人称佛教为消极，而余却谓之积极，本篇衡余念年之经验，确知佛学于治疗学上，实有重要之价值在，兹先举例如下：

笔者禀赋素弱，多思善虑，早年曾罹肺结核，荏苒□载，近二期，调治甚久，鲜效。就治于申数医院，咸以肋膜过厚，易生愈着，不得施行人工气胸，嘱归里静养，并闻随从者言，左肺将成空洞，医皆谓不易治。余废然乃返，心怀消极，专事调摄，除服些少量维他命，间或注射钙剂外，余不参一药，终日静卧，不接谈，二月，病无进退。一日气候骤热，喘促汗泄，自知死期将近，但求安详而逝，毫无牵挂，家人为之治疗，幸渐缓解。一星期后，气候正常，病亦因平，又数月，辗转不起。一日家母卜于云林禅寺，了道老法师闻之，即赠与《佛法导论》及《学佛淡说》二书，嘱家兄不时讲读，余聆之颇恬适，稍后，食欲渐增，能坐起，病象大见起色。家母深以为余与佛有缘，喜甚，告知了老，蒙老人来舍谆谆开示，老法师学问深邃，语语切贴，所谓观机投教，对证发药，余谨领之下，欣喜万分，遽即谛信其法，矢志学佛，置色身于度外，茹素勤修，阅月，能起床，谈笑自若，饭可一盏。时已晚蝉鸣涩，枕簟生凉，时或信步于溪边林下，聊填呻吟之谱，颇自得，入晚新月挂帘，秋蛩初唱，端坐凝神，玩索真元，直是处身于净乐土，而寄身于常寂光也。嗣后日渐康复，为糊口计，不揣庸拙，重扫几席之尘。了老常谓余言："世间一尘一事，皆可会归实相，切莫耽俗而失真，又不可着真而弃中，汝根基深固，有后望焉。"余膺其言。越载，天台、华严、净土、唯识诸宗，皆能领略一二。是年季春，复透视沪上虹疗院，则向之浸润已愈，瘢痕形成矣。迄今十载余，未尝复发，体重已增至一百二十余磅，健饭如常。

又民二十九年，有歇私底里患者来诊，治疗半载，中西罔效，乃夫与余至友，彼俩执教于某中学，余即灌输其佛学思想，令研究天台教观。是年秋，患者阅及藏教析空体空诸法，豁然悟解，即抛却一切，朝暮礼诵，言行思想，前后判若二人，坚欲削发为尼，了脱尘缘。斯时病已衰其大半，乃夫婉言缓劝，翌年，病势全瘳，而空门之念不复提矣，迄今犹茹素念佛，不稍懈忽也。民三十一年，有男性奔豚患者，经商沪渎，迭治于各医院无效，一德籍医师，拟为之开刀，然亦不能保其全愈，后经友人劝归疗养。一日来诊，面色晦然，询其年龄二十九，家境清平，处与奔豚汤四剂小效，越日复诊，病反剧，余异之，询其妻，无所对，时太息，余知其故，善言开导，授以《保命集》《养性篇》等书，甫三月而渐愈。以上数例，皆余亲手所验，决无半言虚假，洵属心理疗法之铁证。

尝考生理学，有高氏（wirriam gcuene）谓："神经受刺激之变动，以击炸药使爆发之力为喻，谓虽一轻击，能使大宗炸药完全爆裂，或星星之火，足使大宗火药完全焚毁，神经受刺激亦即类是。"观此，可知内伤七情诸病，泰半属神经受刺激而生之变化，神经受刺激，久之机能不足，生活力衰减，分布于各脏器之交感神经，即呈衰弱或亢奋，而发现其固有之病态，如反射、痉挛、疼痛、郁血、麻痹等，《内经》论七情之变甚详，征之解剖、生理、病理，条条吻合，为医者早已深知，毋庸赘言。佛学之调摄心理，自有卓伟之明论，如《金刚经》有云："一切有为法，如梦幻泡影，如露亦如电，应作如是观。"又《华严经》云："若人欲识佛境界，当净其意如虚空，远离妄想及诸取，令心所向皆无碍。"原其理，即安静身心，使全身神经舒适，则脏腑正气自充，新陈代谢旺盛，分泌、排泄、吸收诸作用，循序不乱，营养日增，体力自健；反之，则作用有过强过弱之变，而脏腑有偏虚偏实之弊，体内废物等不克排除，当时受其第二次之刺激，（机械的）反应之结果，轻微者，渐能排出体外，如机能过弱，积留废物过多，则随其所留之所，发现种种症状矣。

（圭按）本篇原题《佛学与治疗学》载于《国医砥柱》[1] 五卷六七期。

---

① 《国医砥柱》：月刊。1937年创刊于北平，主编杨医亚。

吐血精警语

缪仲淳曰：治吐血有三诀，一宜行血不宜止血，行血则血循经络，不止自止，止之则血凝；二宜养肝不宜伐肝，养肝则肝气平，而血有所归，伐肝则肺虚[1]不能藏血，血愈不止矣；三宜降气不宜降火，气有余便是火，气降则火降，而气不上升，血随气行，无溢出之患矣。

《圣惠摘元》云：吐血水内，浮者肺血也，沉者肝血也，半浮半沉者心血也，各随所见，以羊之肺、肝、心蘸白及末，日日服之，最佳。盖白及性苦平，入肺经，有补肺，逐瘀，生新之功也。

吐血咯血，以葛可久十灰散为最佳。盖方中以栀子、侧柏、荷叶、茅根、大黄清血之热，大蓟、小蓟、茜根、丹皮破血之瘀，棕榈止血之溢，故虽烧灰，而无兜涩留瘀之弊。

暴吐血以祛瘀为主，而兼降火；久吐血以养阴为主，而兼理脾。盖失血以火证居多，延久则血亏也。

血证身热、口渴、脉大者，火邪胜也，其治难。身凉、不渴、脉静者，正气复也，其治易。

吐血证，血色鲜红属火，紫黑火极，晦淡无光，阳虚不能摄阴。

先咳痰，后见血者，为积痰生热，其病轻。先见红，后咳痰者，为阴虚火动，其病重。

古人谓血证多以胃药善后，盖营出于中焦，使胃强脾健，则

---

① 肺虚：当作肝虚，据《先醒斋医学广笔记》。

饮食之精微，皆化生气血之原料，故培养中宫，即所以补血也。

吐血之时，脉多洪大，吐血之后，乃见芤象。若吐血后，脉仍洪大者，往往不起。

应秋按：大量吐血之原因，多从空洞内小动脉瘤破裂而起，但亦有因肺组织内较大之血管，被蚀而断裂之故。至吐血之诱因，如过劳，如剧咳，如精神兴奋等均足致之。判断吐血之消长，与体温热度最有关系；若咯血前后无热，或虽有热而迅速退去，则必有止血恢复之望。恢复以后，出血灶周围之肺组织多梗塞。若发热增高或持续时，可断有周围重起感染而正在蔓延，故虽血止而病果亦恶；或竟使新病灶软化融合，成为空洞，而再度吐血不已也。

吐血良方

吾人治病，以寒热、虚实、表里、阴阳为诊断之纲领，诊断既确，然后选方投药，自有捷效可睹。若执方以试病，不但无效，或且遗害，此药房出售之成药与方书所载之验方，所以不可贸然服食也。虽然，苟其病单纯而不复杂，其方和平而非猛烈，投之当，则厥疾顿瘳，不当，于病亦无所损，在此种情形之下，固不妨一试戚友所传或方书所载之丹方也。鄙人悬壶杭垣，专治虚损各病，关于肺肾胃病，平时探讨有素，所集良方亦裒然成帙。今选录吐血良方十首，欲以纯正之方药，遍拯同胞之疾苦，斯则区区之愿望也。

1. 藕节、炒蒲黄、扁柏叶、丹皮、茅根各一钱，水煎，兑童便一盅，空心服。

（圭按）此方止血凉血，乃治吐血之正法也。

2. 八汁饮：甘蔗汁、藕汁、芦根汁各一酒杯，白果汁二匙，白萝卜汁半酒杯，梨汁一酒杯，鲜荷叶汁三匙，七汁和匀，炖热，冲入西瓜汁一酒杯，缓缓呷尽。

（圭按）此系甘寒止血法，吐血由于虚火者甚宜。

3. 茅根一握，艾叶五分，煎汤一碗，另以马粪一团，布包，入汤挤出浓汁，澄清服。

（圭按）茅根、艾叶，皆能止血，而性之寒热不同，今并用于一方，斯无偏寒偏热之嫌矣，马粪绞汁即马通汁，其止血之功，与童便相近，故《汉和处方学津梁》云，可以童便代之。

4. 生地丹皮汤：治脉数内热，咳嗽痰血。

怀生地四钱，丹皮、川贝（研）、麦冬各三钱，广皮三钱，炙甘草八分，沙参三钱，加蛤粉炒阿胶、扁柏叶各二钱。如属吐血，去麦冬，加荷叶一角，艾叶五分，或加童便一钟，藕节二钱。

5. 白及汤：治内伤吐血。

白及、茜草各一钱，生地四钱，丹皮、牛膝、广皮、归尾各二钱，加荷蒂五个。

（圭按）此方以止血为主，凉血降火行瘀为佐，用治内伤吐血，自有良效。

6. 蛤粉炒阿胶一钱，炒蒲黄五分，生地一两，治吐血不止。

7. 吐血神验方：专治吐血，百发百中。

生地一两，大黄末五分，先煎生地，后入大黄，调和，空服饮之，三日即瘥。

（圭按）以上两方，皆以生地为主药，考生地之治吐血，盖取其凉血而已，但凉血太过，每有瘀血内滞之弊，故此两方，但为一时急救之需，不可过服也。又，生地即今所称之鲜生地。

8. 治吐血成斗，命在须臾。

管仲末二钱，血余炭五分，侧柏叶捣汁一碗，将二药放碗内，重汤煮一炷香，取出待温，入童便一小盅，黄酒少许，频频温服，立止。

（圭按）此方之主药为柏叶，其味苦涩，功专止血，兼能滋阴，故吐血成斗，命在垂危，急服此方，亦能挽回也。

9. 八仙玉液：治阴虚咳嗽痰血最妙。

藕汁二杯，梨汁、蔗浆、芦根汁各一杯，生鸡子白三枚，人乳、童便各一杯，茅根（水煎浓汁）一杯（再同浆汁人乳炖滚）和匀，频频服之。顾松园曰，余尝用米仁、山药、麦冬各一两，白花百合二两，枇杷叶十片，煎浓汁一碗，冲入玉液，再加贝母末、真柿霜和匀，频频饮之，即垂危者，尚可延生。

10. 吐血神效丸：主治吐血、咳血、痰中带血、呕血及将入损途诸症。

西洋参一两，炙鳖甲四两，全当归一两，南沙参二两，茜草炭一两，侧柏叶三两，大生地三两，淮牛膝一两，大麦冬三两，丹皮炭二两，阿胶珠三两，棕榈炭一两。各药研细末，炼蜜为丸，如桐子大，每服一钱至二钱，早晚各服一次，开水送下。

（圭按）此方具止血清热养阴诸作用，失血之属阴虚火炽者，方为合拍。又此方最好用鳖甲胶五钱（去鳖甲）、阿胶三两（化水），和诸药末代蜜为丸。

肺痨咯血者可运动乎

“运动可以强身却病”，此语人人知之。盖无论何种运动，必消耗身体多量之细胞，消耗既多，有赖补充，补充之物，厥惟饮食，故运动后之食欲，较旺于平时，劳力者之食量，恒大于平人，是皆运动有促进新陈代谢机能，使身心日臻健全之明效也。然此就常人而言，患肺痨者则否，肺痨而至吐血者，尤须绝对禁止，即深呼吸亦不宜妄行，其故有三，分述如下。

1. 肺痨病人，形骸日渐消瘦，如再劳动肉体，施用精神，体力消耗愈速，抗病能力愈弱，西谚所谓“蜡烛两头点，必不能长久”也。

2. 肺中血管，既因咯血而破裂，若再运动，肺之涨缩必大，血之循环必速，不但血量增多，且细菌遗毒吸入血液，最易诱发潮热盗汗等症。

3. 人休息时，血之压力轻，行动时，血之压力重，压力过重，肺中已伤之血管必破，而咯血随至矣（以上略本胡宣明《痨病篇》语意）。

顾病人终日偃卧，易生烦闷之感，当有美妙动人之乐歌，逸趣横生之小说（最好倩人讲述，勿令病者自阅），调剂病中枯燥。每当风和日暖，可令病人移榻园庭，坦体晒胸，太阳之紫色光线，既可杀菌，花木之姹紫嫣红，又足怡情，此一箭双雕之法也。

肺病咯血期间，非但不可运动，凡过热之饮料，刺激性之食品，长时间之谈话，恐怖之意念，紧窄之内衣等，足以激动肺部，诱起咯血者，皆宜避免也。

充分之休息，滋养之食物，鲜洁之空气，为治痨三大要则，患者宜三致意焉。

应秋按：肺痨至于咯血，不但应当绝对平卧，休息身体，尤宜静养心神，不劳心，不烦躁，终日平心静气，方足有为。

肺劳咳嗽妙方

枇杷膏　丙子春初，因事访裘吉生先生，告余曰："肺劳咳嗽，莫妙于《验方新编》之枇杷膏，方以枇杷名，而药不止枇杷叶一味，仆[①]曩患肺病咳嗽时，长服此膏，获益非浅。"盖以枇杷叶、大枣为君，有清肺不碍脾，培脾不碍肺之妙，与其他治咳方不利于脾虚便溏者，判然有别。

（圭按）此方《潜斋医话》名为"杜痨方"，专治骨蒸劳热，羸弱神疲，腰脊酸痛，四肢萎软，遗精吐血，咳逆嗽痰，一切阴虚火动之症，轻者二三料全愈，重者四五料除根。若先天不足之人，不论男女，未病先服，渐可强壮，常服更妙，以其性味中和，久任无偏胜之弊，屡收奇效，勿以平淡而忽之。鲍氏《验方新编》云：咳嗽尤应验如神，据此，本方不仅为咳证妙方，阴虚之人，合宜长饵，且系果品合成，无酸辛之恶味，有可口之甘芳，虽妇人孺子，亦乐于服用。兹将原方列下，并诠注药性，俾病者知其立方之用意焉。

【药品】　枇杷叶五六十片（刷去毛，鲜者尤良）咳甚者加多，不咳勿用　苦平，清肺和胃，降火消痰。

建莲子四两（不去皮）　甘平，补心脾，涩精气，厚肠胃。

梨二枚（大而味甘者良，去心皮，切片）　甘微寒，凉心润肺，止嗽消痰。

红枣八两（同煮熟后去皮）　悦颜色。

炼白蜜一两（便燥多加，溏泻勿用）　甘平，补中润燥，止

① 仆：裘自称。

嗽滑肠。

【制法】 先将枇杷叶放铜锅内，甜水煎极透，去渣，以绢沥取清汁。后将果蜜同拌，入锅铺平，以枇杷叶汁淹之，盖好，煮半炷香，翻面，再煮半炷香，收瓷罐内。每日随意温热，连汁食之，冬月可多制，夏季须逐日制小料也。

【加减】 咳嗽多痰，加真川贝一两，研极细，起锅时加入，滚一二沸即收，吐血以藕节捣汁同煮。

肺病良药之一　白及

《重庆堂随笔》云："白及最黏，大能补肺，可为上损（即肺损）善后之药。如肺热未清者，不可早用，以其性涩，恐留邪也。惟味太苦，宜用甘味为佐，甘则能恋膈。又宜噙化，使其徐徐润入喉下，则功效更敏。其法以白及生研细末，白蜜丸，龙眼大，临卧噙口中；或同生甘草为细末，甘梨汁为丸亦可。若痰多咳嗽，久不愈者，加白前同研末，蜜丸噙化，真仙方也。"

（圭按）白及佐以三七或藕节，为末，水送服，均治肺病痰血，佐以巴旦杏仁，水调服，稍加冰糖，治肺病咳嗽吐血，以其内含植物性胶质，能减少气管之分泌液，增加血液之凝固力，为肺病之良药也。

肺病良药之二　鱼肝油

鱼肝油之效有四：体重增加；能耐寒气；不为风邪所中；不患咳嗽（此四项功效，为日人服肝油之成绩报告，见《强健身心法》102 页）。瘦弱之人，冬令服此，不惟补身，并使容光焕发，肌肤温润，惟服后起胃闭下痢者忌之。

附　鱼肝油之功用

1. 因含有维他命 A 与维他命 D。维他命 A，能增加呼吸器官之免疫性，并能增加人体各部之免疫性，小孩服之，能助其发育，肥胖。维他命 D，能增加人体中之钙质，钙质缺乏者，易于患咳血等证，并能使神经不安。

2. 鱼肝油是脂肪类，易于同化为人体中之脂肪，所以瘦弱之人最为相宜。

3. 鱼肝油是一种滋养品，可以代替饮食。标准之鱼肝油，每一钱可以代替九个鸡蛋，或一磅白塔油，然须在饭后三小时服之为最相宜。因鱼肝油之消化不在胃中，在饭后三小时，正是幽门开放，胃中食物进入小肠之时，在此时服之，鱼肝油即可直入小肠，不致留贮于胃内。

（按）寻常人言之，鱼肝油似乎阻碍消化，然按经验言之，服鱼肝油者，胃口反而渐渐增加（录《广济医刊》）。

肺病良药之三　冬虫夏草考

吴道程①《本草从新》曰："冬虫夏草，甘平，保肺益肾，止血化痰，已劳嗽，四川嘉定府所产者最佳，云南、贵州所出者次之。冬在土中，身活如老蚕，有毛能动，至夏则毛出土上，连身俱化为草，若不取，至冬则复化为虫。"唐秉钧《文房肆考》曰：《青藜余照》载，太史董育万宏偶谈，四川产夏草冬虫，根如蚕形，有毛能动，夏月其顶生苗，至冬苗槁，但存其根，严寒积雪中，往往行于地上，京师药铺，近亦有之，彼尚康熙时也，近年苏郡渐有。但古来本草及草木诸典故，从未及之，未详性味。近

① 吴道程：应作吴遵程。吴仪洛，字遵程，浙江海盐人。清代医家。著有《本草从新》《成方切用》《伤寒分经》等书。

吴遵程《从新》有此品，言保肺益肾，不知从何考据，余仍疑之，未敢轻尝，以意察之，其不畏寒而行雪中，则其气阳性温可知。应奎书院山长，孔老师讳继元号裕堂，系先圣裔，桐乡乌镇人，诚正人君子也。述伊弟患怯，汗大泄，虽盛暑处密室帐中，犹畏风甚，病三年，医不效，证在不起。适戚自川解组归，遗以夏草冬虫三斤，作肴炖食，渐至全愈。因信此物之保肺气，实腠理，确有征验。嗣后用之俱奏效，因信此品功用，不下人参。

《重庆堂随笔》王孟英曰：冬虫夏草，得阴阳之气既全，具温和平补之性可知，因其活泼灵动，变化随时，故为虚疟、虚痞、虚胀、虚痛之圣药，功胜九香虫。且至冬而蛰，德比潜龙，凡阴虚阳亢而为喘逆痰嗽者，投之悉效，不但调经种子有专能也，周稚圭先生云：须以秋分日采者良。

（仲圭按）此物近世中医多用于肺病。

肺病良药之四　燕窝之功用

燕窝系金丝燕所营之巢，以备产卵哺雏之用也，以其营巢之材料，纯由黏稠如阿拉伯树胶之唾液而成，故久浸水中，则膨大而柔软。此物入药，年代未远，方书著其功用，谓能养胃液，滋肺津，止虚嗽、虚痢，理膈上热痰。时医治虚损劳瘵，咳吐红痰，每以此物加入药剂，或劝病家煮食。惟据西医言，燕窝治病之功效，实微乎其微，不能与其高昂之代价相称。余意本品既系燕之唾液造成，似有裨于胃脏之消化，又以是项唾液，浓厚如胶，或可减少支气管之分泌而为滋养化痰药，促进血液之凝固而为止血药，惟功效既弱，自非长食不可矣。是物本草虽有载及，但记述简略，近人曹炳章等，皆有详细之论文，发表于早年医刊，论之甚详。

节录曹炳章燕窝考

【名称】　燕窝系雨燕科中之金丝燕，食海生物，所化之唾液吐出所营造之窝，故名燕窝，有毛者曰毛燕，无毛者曰光燕，又有暹逻燕、龙牙燕之分。

【科属】　金丝燕（Coilocalia Esculenta）为脊椎动物鸟类，鸣禽类，雨燕科，金丝燕属。

【产地】　天然燕窝，产于暹逻、南洋、婆罗洲、苏门答腊、纽几尼亚、马达加斯加、马来群岛、爪哇西伯里斯、印度及中国闽广沿海等处。《海岛逸志》云，海滨涯岸，石齿嵯峨，中多洞壑，海燕千百成群，巢于洞中，自万丹、吧城、三宝垅、竭力石、南旺、马辰、毛厘巴，实不下数十处，皆荷兰之有力者掌握。天然燕窝，营巢于海外断崖绝壁，如暹逻燕、毛燕是也。近来南洋、爪哇等处，以天然燕窝，采取甚艰险，有筑室饲养营巢，如龙牙燕、大峙燕是也。其色白嫩质松，因不见天日故也。

【形态】　金丝燕，体如夜莺，形似雨燕，其嘴足毛羽呈暗黑色，颊边有褐色之斑点，背部带绿色，间有金丝光，胸部现浅蓝色，腹部间白色，足短，翼之尖端，超过尾羽寸许，尾之大部分间白色，身材较小于普通之燕，此金丝燕之形态也。许心云：金丝燕是雨燕的一种，和家燕不同，脚很短，背部褐色，有金丝状的光泽，嘴的颜色黯褐，颊有褐色斑，翼尖比尾端长，尾白色，多产于婆罗洲、苏门答腊、纽几尼亚、马达加斯加等处，我国沿海地方，亦间有之。燕窝者，乃其唾液所营之窝也。

【成分】　据德国寇纳西氏曾把燕窝加以化学分析，结果便断定燕窝并非从海藻等所结成的，是从金丝燕口中所吐出来唾液结

成。分析成分，为

水分	14.40%
含氮物质	57.40%
碳水化物	22.00%
纤维	1.40%
灰分	8.74%

同时还可以明白燕窝的补性，全靠含氮物质的丰富罢了。考研究所得，胃液酸质及膵液酸质，分解消化燕窝，如消化煮过鸡蛋白之易。用之以饲动物。实验之结果，表示燕窝蛋白质，亦非佳滋养，不足代替其他紧要之蛋白，为饮物之原料云。

【效用】

1. 性味　味甘微咸，性平，气含蛋香气。

2. 效能　养胃液，滋肺阴，生津益血，润燥泽枯，壮阳益气，和中开胃，添精补髓，止嗽化痰，补而能清，为调理虚损劳瘵之圣药。病后诸虚，尤为妙品。一切病之由于肺虚，不能清肃下行者，用此皆可治其根源，因性能达下故也。

3. 主治　虚劳咳嗽痰血，化劳涎，已痨痢，久泻久痢。红色者能止小便数及血痢，老年虚疟不止，益小儿痘疹凹陷，小儿胎热日久不止，治虚疟。可入煎药，或单纯煮服。病邪方炽，舌有苔垢者勿投。

【配互】

1. 《岭南杂记》　燕窝入雅梨，加冰糖蒸食，治膈上热痰。

2. 《文堂集验方》　秋白梨一个（去心），入燕窝一钱，先用滚水泡，再入冰糖一钱，蒸熟。每日早晨服下，弗间断，治老年痰喘神效。

3.《救生苦海》 白燕窝二钱，人参四分，水十分，隔汤炖熟。徐食之，治噤口痢立效。

4.《试验方》 燕窝二钱，冰糖钱半，炖食数次。治老年疟疾及久疟小儿虚疟胎热。

5.《文堂集验方》 翻胃久吐，服人乳，兼吃燕窝而愈。

6.《经验方》 燕窝二钱，生黄芪二钱，煎浓汁服。治小儿气液不足，痘顶凹陷。

7.《逢原》 暴起咳嗽，吐血乍止，以白燕窝与冰糖同煮，连服，取其平补肺胃，而无截之患。惟胃中有痰湿者，令人欲吐，以其甜腻膈故也。

【发明】 海燕衔蚕螺、海粉、鱼、虫、小生物，经胃中甜肉汁酸汁，化为唾液，吐而作窝，得风日阳和之气，故其本质，味甘淡微咸，能使肺肾相生，俾胃气上滋于肺，而胃气亦得以安，为食补品中之最驯良者矣。养胃液，滋肺津，润燥泽枯，生津益血，止虚嗽虚痢，理膈上热痰，病后诸虚，尤为妙品。治高年虚嗽虚疟，小儿胎热及痘疹元虚顶陷者，为最效。今人以之调补虚损劳瘵，咳吐红痰，每兼冰糖煮食，往往见效。凡一切病由肺脾气虚，肝阳上扰，不能清肃下行，皆可治之，久任斯优。若阴火方炽，血逆上奔，虽服无济，以其性质幽柔，而无刚毅之力耳。《饮食辨》云：性能补气，凡脾肺虚弱及一切虚在气分者宜之。又能固表，表虚漏汗畏风者，服之极善。每枚可重在一两，色白如银，琼州人呼为崖燕，其力尤大。一种色红者名血燕，能治血痢，兼补血液。有表邪人切忌。《饮食辨》云：今人用以煮粥，或用鸡汁煮之，味虽可口，然已乱其清补之本性矣，岂能化痰耶？此皆关于燕窝效用宜忌之发明，服食者，宜注意之。

肾 病 篇

遗精浅说

遗精一病，患者至夥。吾友尤学周充《康健报》编辑，尝草《回首可怕之十年遗精》一文，刊诸该报，投函询问治法者，达二百余起，亦可见吾国青年罹是病之众矣。遗精之原因，有由伤寒愈后而起者，有由神经衰弱而起者，有由白浊、痔疮、肺结核、糖尿病而起者，种种不一。然其最大之病源，不外意淫、手淫、房劳过度之三端，而引诱青年犯此三种恶习者，实由描写肉感之戏剧、小说、图画等物，为其厉阶。故欲弭此病，提倡高尚娱乐，整顿社会风化，实为急不容缓之图。盖本病虽乏传染性，若一调查患者之人数，恐不亚于传染病之滋蔓也。本病初起，仅于梦中泄出少量精液，初无病状可言，但迁延日久，则头晕腰酸，体瘦胃呆，记忆不佳，作事易倦，阴茎不易勃起，交媾辄易早泄，种种虚象，纷至沓来。非唯生育无望，抑且身心日弱，壮志尽消，是诚青年之大敌，不可不加意防范也。仲圭习医有年，曾患是病，敬将经验有效之治疗卫生方法，分条列下，以供同病者之采择焉。

一、治疗

初病镇静神经，久病收敛精管，体弱者补血健胃，此治遗精之不二法门也。今本斯旨，选录中西效方如下。

（一）中方

封　髓　丹

治梦遗初起。

川柏（酒炒）三两，砂仁一两，甘草（炙）七钱，面糊丸，梧子大，每服一钱，盐汤下，日二三次。

金锁固精丸

治遗精日久。

潼蒺藜四两，牡蛎四两，龙骨二两，莲子四两，芡实二两，莲须二两，蜜丸，每服三钱，淡盐汤下。

（二）西方

1. 治梦遗初起　臭化钾[①]，每服一克，温水送下。

2. 治遗精日久　宜镇静剂与强壮剂并施。

二、卫生

谚有之曰："七分调养三分药。"言凡百病症，不能专恃药饵，忽略卫生也。矧遗精本是心病，尤当戒房事、绝妄想，方克收桴鼓之效。兹将东西医家公认之摄生法，撮要列下。

1. 正心修身，使欲念无发生之机会（性史为造成遗精之利

---

① 臭化钾：现通作溴化钾。

器，青年宜悬为厉禁）。

2. 寝具宜硬，下部勿使过于温暖。

3. 能行冷水浴最佳，如或不能，以冷水摩擦脊柱，洗涤阴部，日一二次。

4. 卧宜侧身屈膝，不可中夜改变姿势。

5. 晚餐勿饱啖，睡前毋饮茶汤，中夜倘有尿意，务须起而排泄。

6. 醒即兴起，切勿恋衾，如嫌睡眠不足，不妨午睡以补充之。

7. 禁食助阳之食品（如鳗鲡、鱼类、葱、蒜、姜、椒、葵、芥、浓茶、醇酒之属）。

应秋按：余不幸以医闻于时，凡医家病家以问题相难者，屡屡矣！以遗精问题相难者，尤屡屡矣！则余与尤学周君亦颇具同感，当时余对诸诘难者于题前解答两问题，大都认为满意，甚至因此解答而愈病者有之，兹节录于此，以按沈先生之文。第一，遗精是病乎？甲曰：一月二三次应是正常范围所许。乙曰：一星期二次亦为正常范围所许。余曰：皆非也，遗精后转觉通身轻快者，虽次数多亦正常；遗精后陷入颓闷者，虽次数少亦不得为正常，病与非病之分惟待乎人体之反应以判断之。第二，遗精危险乎？余曰：精虫与液体之损失，无所谓也，若精神与神经之影响，自当别论。或者因输精管之松弛，小便时常常带出精虫，而其人不自知，一无所觉，一无所苦。或者因前列腺肥大，入厕时有液体从尿道流出，遂自以为白昼遗精，神魂不定，因之百病丛生。其实流出之液体中，不必有精虫于其中。是知精虫之损失，并无危及生命之忧，而精神之不安，实有破坏健美之虞。虽然，前列腺肥大等，自亦非正常，有诊治之必要，惟毋以“见怪不怪，其怪自败”为格言而忽略一切。

遗精之自然疗法

遗精一证，几为青年普遍之病，友人圣从君尝谓作者曰，余之新朋旧友，无一人不与余同病（圣从有十年遗精之经过，载《康健报》）。盖世风日漓，人欲横流，目所睹，耳所闻，身所触，皆伤德诲淫之利器，以情窦初开，操守未坚之青年当之，能毋心猿意马，潜移默化乎？于是日之所思，夜有所梦，而遗精成矣。病之初起，除梦中泄出少量精液外，初无其他征象，矧病属秽亵，恐为人哂，恒不求医诊疗，惟购服市售遗精丸药，以为不二金丹，孰知是病原非专恃方剂所能根治，况不对病机，不合体质之真方假药乎。遂致迁延日久，耳鸣头晕，腰酸体疲，记忆锐衰，胃纳不旺等虚象，相因蜂起矣。夫以奋发有为之青年，从此不克展其鸿图，其影响于社会国家，为何如耶？作者研医有年，且曾病遗精，爰将经验有效之自然疗法，贡诸同病。

一、梦遗之自然疗法

有梦而遗，相火之炽，宜直折其火。今本斯旨，条列于下。

1. 每夜临睡，以冷水摩擦脊柱，镇静神经。

2. 睡前可行柔软体操，则肉体疲劳，一枕黄粱，自无遗泄之患矣。

3. 晚膳后勿饮茶汤，中夜如有尿意，务须起而排泄（精囊位于膀胱直肠之间，膀胱尿满，压迫精囊，每致遗泄）。

4. 禁食助阳之食品，如海参、鳝鱼、韭菜、胡桃、茴香等，皆能壮阳，切勿入口。

5. 多读伟人传记，勿阅言情小说，以洗刷方寸。孔子谓：非礼勿视，非礼勿动，非礼勿言，非礼勿听。实遗精之对症良药。

6. 睡时宜侧卧屈膝。蔡季通云：睡侧而屈，觉正而伸。此法不仅止遗，亦养生之妙法也。

二、遗精之自然疗法

无梦而遗，肾阴之虚，宜厚味填补，故以咽津法补真阴，擦兜法固滑脱，标本兼顾，奏效自宏。

1. 每日闲时，常以舌抵上腭，令口津充满，乃正体舒气，以意与目力，送至丹田，口复一口，数十乃止。此所谓以真水补真阴，同气相求，必然之理，较诸六味、左归诸丸，殊有霄壤之判，宜乎程钟龄称为人参果，陆定圃谓有能却病延年也。

2. 临睡时，一手兜外肾，一手擦脐下，左右换手，各八十一次，半月精固，久而弥佳。

3. 书云：精不足者，补之以味，如牛乳（潘纬云，冬季食黄牛乳，最补血脉）、鸡卵（打松，以牛乳冲食，最为滋养）、淡菜（或空心代点，或蒸入鸡卵作肴，治阴虚遗精，良验）、芡实（固肾涩精）、山药（滋阴涩精）等物，均滋补良品，可随意选食。

4. 避身心过劳，宜游山玩水（遗精延久，常致神经衰弱，宜约三五同志，领略胜景，以怡性情）。

治疗之范围颇广，药物特其一耳，近世医学进步，有渐由药物疗法趋向自然疗法之势。如饮食、空气、日光、安静诸疗法之于肺劳，断食疗法之于胃肠病，转地疗法之于神经衰弱，冷罨之于伤寒、温病，温泉浴之于皮肤病，热水浴之于感冒，皆效果彰彰，在人耳目，良以药物治病，易损元气，调养已疾，庶无流弊。且遗精本是心病，心病还须心药医，患者若不除妄念，绝手淫，纵日进知母、黄柏以清火，熟地、枸杞以补肾，芡实莲、须以涩精，终无济也。

应秋按：所述自然疗法，均一一确切合行，惟其中有两句术语，应为说明之："相火之炽"者，生殖器神经之虚性亢奋也；"折火"，即镇静之也。"肾阴之虚"者，生殖器神经衰弱之谓也；"填补"，即强壮之也。著者为行文方便，用之如此，非有他义。

附 政明遗精之静坐疗法与精神疗法

遗精病之，缠绵难愈，尽人皆知，但究非绝症，其病能否转机，对于一己之奋斗力，大有关系。如吾人抱治疗的决心，努力抵抗，则病魔虽厉，当亦无所肆虐矣！兹将静坐疗法及精神疗法述下：

每逢临睡前，先将窗户开放，换入新鲜空气，在室中端坐椅上闭目凝神（勿乱想），双手握拳，放于腿上（靠近腹部），闭口，从鼻中缓缓吸空气，俟所吸将绝，即稍用力将其送至丹田（即脐下一寸五分，送入时乃凭自己的意志力）；然后复开口，将所吸之气，从丹田内缓缓呼出，吸时默计数目，如从鼻吸入，再从口呼出，是为一息，再吸为二，如是计到十五为止。倘已计毕，可从鼻吸入，再从鼻呼出（不必送入丹田），默计如前，到三十方止。以上共计四十五次呼吸，即每晚需行之功课，如愿在清晨加行一次及增加呼吸之次数尤妙。惟修习中，贵能专心一致，又勿时行时辍，以免一曝十寒，则收效当必可观（轻病约一二月可望断根，重病需稍久）。此法简而有效，如针灸专家承澹安君之多年遗精疾患，均用本法得以痊愈，洵足取也。至修习精神疗法者，见效或有或无，有轻病久行方愈，或重病痊于片刻，何也？盖所以视其信仰力之深浅，及习行之勤怠而分其高下耳。以后为一种自修法，颇资参考。

睡时向右侧卧，舒放两足（梦遗者不必伸直，无梦遗者仰卧亦可），左手之拇指叠在掌中，以余四指握之为拳，伸臂置于腿上，右手则伸出食中二指（余指捏牢），用其指尖按在胸中凹处（须接触皮肤）。观钟几点，假设九时，则闭目默念“我十时以前必畅然睡去，而十时后我精必固，而遗精立愈”。如此默念约十遍左右，默念时务须专诚，念毕亦勿多想，可稍注意手指所按之处，而求睡魔焉。

（附注）凡阳痿、早泄、精神不足者，亦可照法施行，甚效，默念之句可按所期望的目的而加以变动（须简短明白，以利感应）。习行中尚须清心寡欲为要。

（仲圭按）梦遗证每夜临睡以冷水洗涤阴部，持续行之，颇有功效。

因遗精而成虚损之治方

遗精一证，无甚痛苦，且病属秽亵，羞为人道，往往迁延失治，酿成虚损。所谓虚损，即因精液频泄，睾丸产生之内分泌减少，全体机能渐呈衰苶[①]之状，尤以脑部所受之影响为剧，是曰

① 苶（niè）：疲惫。

神经衰茶（宜服养脑固精丸，见拙著《健康之道》）。全身机能衰茶，抵抗外界病毒之力减低，于是满布空间之结核菌，乘此弱点，直入肺叶，是曰肺劳，亦即秦越人所谓自下损上也。又遗精日久，阴茎之勃起与射精，皆起异常，精虫亦不活泼，故早泄阳痿常伴遗精以俱来，而嗣育艰难，乃其当然之结果也。病至于此，欲图救治，必须固涩其泄漏，镇静其心神，温补其肾阴，而缪仲淳之护元丸，缪松心之鱼菟固精丸，实其首选也。惟此二方之治疗范围，以滑精为主。其遗精之病势与肺劳等重者，则宜两面兼顾，或两方间服，不得专恃此丸，以肺劳属进行性之虚损，消耗体力甚速，不可不急起直追也。又西药有“溴化来岂丁丸”治此证亦效，可采用。至于脏器制剂赐保命，虽为根本疗法，但此物近年用者既多，仿制渐众，识者疑其无如许健壮牡牛睾丸，以供制造厂家之需，是言也，证之临床医师谓久用无显效之经验，殆非无稽之谈。本病除药疗外，须注重摄生，如减少晚餐分量，力求睡眠安稳，临睡以冷水洗阴部，晨起赴旷野行呼吸，皆其尤要者也。

护　元　丸

治滑精重症，闻妇人声即泄。

沙苑蒺藜、莲蕊须、彩龙骨（火煅赤，研极细，酒浸，焙干，水飞，蒸晒用）、牡蛎（醋煅）、白茯神、远志肉（去心）、线鱼胶，等分为末，山药糊丸，或加韭子、益智仁，以牛羊乳炼酥和丸，效更捷。

（圭按）莲须、龙、牡皆涩精药，茯神、远志乃安神药，沙苑、鱼胶填精又能固精，益智汪昂谓能涩精固气，韭子《别录》谓主梦中泄精，综观全方，以固涩精液之脱失为旨，而少佐以安神培肾之品。尝见《康健报》论见色流精之证，略云：见色流精，乃相火炽甚也，宜苦寒泻火，此言大误，遗精而至白昼见色即泄，或闻声即泄，此精管已至极度弛缓，舍亟投止涩药并长期禁欲外，别无良法矣。

鱼菟固精丸

治遗精白浊，病属虚损者。

蛤粉炒线鱼胶八两，沙苑蒺藜四两（人乳拌蒸，晒干，磨末，勿见火），菟丝子五两（酒煮，晒干，勿见火），龙骨四两，茯苓三两（生晒），远志二两，甘草（水泡，炒），丹皮三两（生晒），石莲三两（连壳去心，炒）。上八味，研细末，混和为丸。

（圭按）此丸药味与前方大都相同。惟前方各药等分，此则以线鱼胶为主，乃略异耳。二丸皆系厚味填精，温补止涩之味，如阴亏火旺，证兼湿热，胃纳呆滞，有一于此，即不相宜。

梦遗良方

《家庭常识》七集人体部有梦遗方：“熟地六两，云苓二两，山药四两，丹皮二两　莲须一两，龙骨（生研，水飞净）三钱，芡实二两，山萸肉四两，鱼鳔（蛤粉炒成珠）四两，共研末，蜜为丸。清晨晚间，淡盐汤送下三四钱，一料即见功效。”

（按）此方系六味地黄丸去泽泻，金樱丸去金樱子，加鱼鳔而成。益阴固精，双轮并进。盖治精关不固，虚象叠见之证。若梦遗，宜侧重清火，如封髓丹、大补阴丸之类，方为合拍也。

樗　柏　丸

治梦中遗精。

樗白皮一两，黄柏三两，青黛三钱，蛤粉五钱，神曲五钱，知母三两，牡蛎五两。为末，神曲糊丸，空心白汤下。

（圭按）有梦而遗者，属心火之炽；无梦而遗者，属真阴之虚，故其治疗，一以清火为主，一以滋补为主。唯泄脱之病，总宜固涩。本方以牡蛎、蛤粉、樗白皮收涩精管为君，又恐收涩之品，不宜梦泄，复重用知柏清相火，青黛泻肝火，火靖则精不妄泄，精固则阴可渐复。且蛎、蛤、樗皮虽固精而性俱寒凉，不比五味子之温酸，潼蒺藜之温补，不宜于梦泄。稍佐神曲者，恐苦寒之物，不利脾胃也。

阳痿概说

一、名称

一名阴痿，亦名阴茎勃起障碍。即当交媾时，阴茎之扩大不足，硬度减低，或全无奋亢力，因之不能插入女子膣①中之谓也。

二、原因

（一）一时性阳痿

如精神过劳，机能久废（如独身主义、佛教信徒，因生殖器官久废不用，致勃起力减弱或缺如），饮酒过量，睡眠缺乏，精神感应（如老人与少女交媾，自虑持久力不足）等。

（二）持续性阳痿

1. 由于生殖器之畸形者，如阴茎弯曲，阴茎短小，包皮狭

① 膣（zhì）：阴道。

小等。

2. 因于他种疾患而发者，如糖尿病、肥胖病、脊髓痨、肾脏炎、慢性淋疾、摄护腺①炎等。

3. 由药物饮料中毒者，如常服臭素②及烟癖酒癖过深之人。

4. 因脑或性神经衰弱者，如房事过度，脑力过用，或手淫、遗精等（因神经衰弱而成阳痿，为临床上习见之事实）。

三、症状

局部为阳物软弱无力，全身则现虚弱症状。

四、治疗

1. 赤脚大仙种子丸　全当归、肉苁蓉、莲蕊须、杜仲、菟丝子、淫羊藿、潼蒺藜、茯苓、破故纸、牛膝各八两，枸杞四两，猺桂心二两，线鱼鳔二斤，大天雄二枚（每枚重一两四五钱），每药一斤，用炼蜜十二两，开水四两，和丸，如梧子大。

2. 景岳右归丸　地熟八两，杜仲、山药、萸肉、杞子、菟丝子各四两，鹿角胶、全当归各三钱，附子、肉桂各二两，蜜丸。治阳衰无子。

3. 傅青主方　熟地一两，山萸四钱，远志、巴戟天、肉苁蓉、杜仲各一钱，肉桂、茯神各二钱，白术五钱，人参三钱，水煎服。治阳痿不举。

4. 《准绳》龟鹿二仙胶　龟板五斤，鹿角十斤，枸杞子一斤十四两，人参十五两，熬胶，大补精髓。

---

① 摄护腺：即前列腺。
② 臭素：即溴素。

【附记一】上列四方，概括言之，以补阳（附子、天雄），滋阴（山萸、熟地、杞子、巴戟天、菟丝子、杜仲、龟板、潼蒺藜、鱼鳔胶），补命门（淫羊藿、苁蓉、破故纸、肉桂、鹿胶）兼以固精（莲须、山药、山萸、潼蒺藜），补脾（白术、山药、党参），养心（远志、茯神）为目的，对于神经衰弱之阳痿（惟阳痿兼有遗精者，宜慎用）、阴茎短小之阳痿，皆可选用。

五、摄生

1. 食滋养之食料。

2. 为规律之运动（如球术、拳术、郊行、乘马皆可，惟须有一定之时间，持续之恒心，及勿使太过为要）。

3. 保精神之安静。

4. 杜淫猥之言行。

5. 行局部之冷浴（以冷水灌注生殖器及脊柱，然后以毛巾拭干）。

【附记二】患阳痿者，每焦灼忧悒，若撄沉疴，此大误也。考阳痿非死证，充其量，不过丧失床第之欢耳。夫床第之欢，为使神经感觉愉快之一种方式，并非舍此方式，即无愉快可得。如伴爱人，小语于绿荫之下，徜徉于山水之间。如与娇妻，歌唱于明月之夜，舞蹈于氍毹之上，此种精神之恋爱，实人生无上之幸福。且床第之欢，为时至促，苟旦旦伐之，则自戕其身。奉劝阳痿之病人，宜达观，毋忧悒。须知达观则精神怡悦，病亦易愈，忧悒则气血郁结，药物将不能为力也。

六、预后

苟非重笃之证，皆有治愈希望。

应秋按：阳痿二字，或有书为阳萎者，咸以为阳具不举之代名词，惟医学上之意义，初不止此。盖一合格之阳具，必具备下列四条件：能坚举；有相当之交媾时间；能射精；精虫能致孕。四者如缺其一，皆名之曰阳痿也。所谓阳具不举，或举而不坚，不过四者中之一而已。自张竞生以半小时为合格时间之谬说见于报端后，不少男子惴惴以早泄为虑。岂知交媾时间原非刻版者，有时长，有时短，或者万分性急，望门而流涕者有之。只是偶来一遭，下不为例，亦无所谓也。且规定某种工作效能时，时间不过为单位之一，除时间外，应有其他单位参加其间，如秒、分、克制是也。以秒为时间单位，以分（即生的米突①）为距离单位，以克为重量单位。如一秒钟能高举一克重之物品一分，便是极良好之工作效能规定。徒言若干分钟之交媾，只有时间单位，而无其他单位，将何以窥测其工作效能乎？今之不正常之隐忧于阳痿者众也，故反复说明如此。沈先生末段附记二，是极妙文章，宜仔细读之。

答徐君问手淫治法

读扬芳先生写给编者先生的一封求治信，不胜同情之感，谨就管见所及代谋除病强身之法。

一、根本治疗

手淫为不自然之泄精，其害大于性交，故本病之结果，无不神经衰弱，肢体虚羸，遗精早泄，阳痿无子。贵恙既由手淫而

① 生的米突：法文 Centimětre 的音译，公分。

起，则应以绝大之决心，痛改恶习，自是第一要着。欲戒绝手淫，首当澄清意志，欲澄清意志，莫如多读进德丛书，禁与女子交际，而适当的运动，规律的生活，亦不可忽。

二、药物治疗

贵恙之主要症状，为阴茎发育不全，遗精，极度衰弱等。遗精宜以镇静剂，如臭化钾、臭化钠①等少量恒服。衰弱宜补脑养血，如强慧米、散拿吐瑾、利凡命、含砒立勃络髓等，皆可服。他如鱼肝油、童鸡汁、鸡蛋、牛奶等，亦不可少。如因经济关系，不能长服此项高价之药，则中药如聚精丸、茯菟丸，亦有补肾止遗之功效，久饵自见伟效。

三、病中调摄

此为消耗证之一种，欲冀全愈，不能专恃药物，调养实居大半。兹将避免遗精之摄生法，略述如下。缘治遗犹理财之节流，补虚犹理财之开源，流节源开，财自裕，遗止虚复，病方瘳也。故宜注意：勤沐浴。早眠早起。夜膳不宜饱食，睡前毋饮茶汤。避刺激性食品，尤其是烟与酒。使大便通顺，半夜如有尿意，务须起床排泄。睡前可用冷水洗涤阴部。睡眠姿势，曲身侧卧，被褥宜轻松，宜稍凉，最好用硬床。晨起静坐半小时至一小时，其法可参照小止观中之不净观，详见《因是子静坐法续篇》。

以上三节不仅为徐先生一人说法，凡因手淫过度，而致神经衰弱，体疲精滑者，皆可采用之。

应秋按：除扬芳之手淫症，但能做到沈先生所示之“一”

① 臭化钾、臭化钠：现通作溴化钾、溴化钠。

项，已足奏效。若就幼儿之手淫症言之，则多见于白痴、痴呆、神经病及其他神经质之小儿，且有素质之关系。疥癣、湿疹、毛虫等皮肤病，蛲虫、便秘、包茎等亦足为其诱因，其疗法仍以精神疗法为第一外，尤应归责于健康教育及注意一般之卫生。

青年之神经衰弱病

目下肄业中大学及专门学校之青年，有二种最普遍之学生病，一为遗精，一为神经衰弱。遗精都由意淫手淫而来，其人平素喜阅淫词，思慕少艾，而于一己学业，恝置脑后。神经衰弱都由过用脑力而来，其人平素埋首芸窗，孜孜不倦，而于娱乐场所，罕见足迹。故前者之病，多属不良青年；后者之症，则系优秀分子。特是二者病名虽异，而患之日久，则遗精者，记忆锐减，思想迟钝，而现神经衰弱之病状，神经衰弱者，因龟头神经感觉过敏，每致幻为绮梦，泄漏精液。待二病并发，则身心交弱，壮志消沉，或感慨身世，书空咄咄，而萌厌世之念，或神志昏朦，办事无能，致成分利之人，直接为害于家庭，间接影响于国家，世间可痛可怕之病，宁有过于是乎？

本病之症状，为记忆力、思考力减退，精神易于感动，小有成就，即欣然自得，稍受挫折，又焦然大戚，杂念频发，多疑善虑，此关于精神方面也。头晕目倦，读书不能持久，夜不成寐，寐则恶梦萦扰，皮肤知觉敏捷，窗隙微风，亦觉砭骨，心悸亢进，少擎重物，怔忡不已，食欲缺乏，阴痿早泄，体疲腰酸，便秘耳鸣，此关于肉体方面也。

本病之病理的原因，实由脑中缺乏养分所致，故治疗之法，以磷质与动物肝脏为最效。盖磷为构成脑髓之主要成分，而血液（肝脏含造血素）乃其养分也。执斯义以求特效方药，则菲亭磷米（补脑），肝膏（补血），罗氏大补药（补脑补血），大可购服。

他如，糙米、燕麦、鱼子、苹果、牛豕之脑、鸡卵之黄，均含磷质，亦为神经衰弱者重要之食品也。

患本病者，对于眠、食，尤宜注意。以睡眠充足，则神经休息，乃能充分。胃力不衰，则所食养分，吸收靡遗。证诸经验，本病见失眠、胃闭之症者，恒重而难愈，否则，多轻而易瘳也。

中医方剂，有黑归脾丸者，治本证甚验，缘其方中诸药（人参、白术、茯苓、甘草、黄芪、当归、桂圆、熟地、远志、枣仁、木香、生姜、红枣），有健胃补血安神之效。惟丸药不易消化，不如煎膏为妥。若由性欲太过，久病遗精，而致神经衰弱者，则养脑固精丸（见后）甚佳。

（阮其煜附注）神经衰弱在男子多由于“性欲过度”，所以最要者，是在乎节制性欲，早起早眠，使睡眠充足，亦为首要。宜注重于休养及多受日光，多吸新鲜空气，多食富于滋养料而易消化的食品。不宜先注重于药品，更不宜乎兴奋提激的药品，就是请医师诊治，当以医师为调治的顾问，不当以医师为专门“开方给药”的。

养脑固精丸

近今所见神经衰弱之病，以手淫、遗精、房劳过度，而损失多量之精液所致者为多，故肾亦失其封藏之本（语见《内经》），滑精早泄，在所不免。至于血薄气弱，胃呆食减，小溲频数，睡眠短少，亦为肾亏脑弱者常见之症。故治疗本病之方针，宜补脑养血，固精健胃，兼筹并进，为丸久饵，庶克痼疾渐除，重获健康。

余本上述之方针，精选济生归脾丸（去甘草）、宗奭桑螵蛸散（去菖蒲）、肯堂水陆二仙丹、谦益当归补血汤合为一方，复加山药、麦芽、砂仁等品，定名为“养脑固精丸”。对于肾脑亏损之证，早晚长服，确有卓效。惟丸药消化不易，恐损食欲，宜仿王孟英之法，先将诸药熬成稠膏，后以适宜本病之药用食物，研粉加入搓丸。如是有丸剂之利，无丸剂之弊，洵良法也。兹将其方列后：

【主治】 神经衰弱，肾亏久遗，以致怔忡健忘，腰酸脊楚，体疲少寐，血薄气衰，面无华色，肌肤枯燥，胃纳鲜少，精神委顿，小溲频数等症。

【药品】 白归身三两，云茯神三两，远志肉一两，绵芪三两，大熟地六两（春砂仁末六钱，拌捣），龙眼肉三两，焦麦芽三两，广木香一两，断山药四两，文元党三两，花龙骨四两，金樱子三两，桑螵蛸三两（炙黄），炙龟板六两，江西子二两（土炒），炒枣仁三两。

【方义】 本方以芪、归、地黄补血，枣、远、龙眼养心，龙骨、樱、芡涩精固脱，龟板、螵蛸补肾滋阴。余如参、术、苓、山药、麦芽、木香、砂仁，皆健脾开胃之品。脑肾脾胃，面面都到，且补而不滞，尤为特色。

【制法】 上药十六味，拣选上料，如法泡制，洁水熬三次，各滤取浓汁，加苏芡实粉、建莲肉粉各八两，拌匀搓丸。

【服法】 每服二三钱，淡盐汤送下，日一二次。

【附记】　神经衰弱最为痛苦，吾人苟无陶朱之富，不能不为薪水之谋，但患此病者，精神欠缺，思想滞钝，不耐劳苦，记忆全无，如是安能任事社会哉？饮食男女，人之大欲，但患本病者，佳肴罗列，稍尝胸次饱胀，娇妻侍寝，触体精即射出，因消化之不良，神经之过敏，固无所谓美感也。他如面带忧容，无事生愁，思潮起落，莫能自已，日间头脑昏胀，入夜睡意毫无，因无睡意而妄想，因妄想而愈难交睫，因今宵之失眠，愈使明昼精神困惫，但精神虽困惫不支，夜卧未必能酣。如是交互循环，终至身心日趋衰羸，促成早老早死而已。故一罹本病，务须以极大决心（因病人心理，多数游移寡断，而缺乏恒心），实行自然疗法，一面服上列之丸剂，如是静养期月三年，自能脱病苦而享康宁焉。

神经衰弱病之预防

闲览报章，因神经衰弱而自杀者，时有所闻。一般智识阶级，患此病者，尤指不胜屈，吾人身为医生，志在愈病，对此普遍性之文明病，诚不可不设法防止之。

欲免神经衰弱之发生，当先刈除其病因。本病原因，纵甚复杂，但最重要者，约有下列数端：

①酗酒；②纵欲；③手淫；④忧虑；⑤劳心；⑥勤学；⑦强度刺激。此外，先天神经质，及急慢性重病后之过度衰弱等，皆可酿成本病。

综观上列七种病因，酒、色、手淫三者，本为败德伤生之尤，凡吾青年，理宜有则改之，无则加勉。其他因职业或求学劳心太过，固未可厚非，但当知求高深之学问，作伟大之事业，当先具健全之精神，今因学问事业而斫丧神经，非使所期望者终成泡影乎。应遵“欲速不达”之训，在可能范围内，力避精神过劳，如每日用脑勿逾八小时，每次用脑勿逾二小时，清晨傍晚，或往公园，流览花木，或就庭除，轻微运动。此外，睡眠宜充足，饮食宜滋养，大便宜通调，肌肤宜常浴，亦甚紧要也。至忧虑刺激之来，虽无可避免，但诵李白“浮生若梦”之句，可知世上富贵功名，无异镜花水月，非可永远据为己有，得之不足喜，失之不足悲，吾但行吾心之所安而已。苟能本此正念，事事达观，则拂逆之来，自能处之泰然矣。

以上所言，盖为未病者说法。若已成斯病，首宜暂时放弃其学问或事业，旅行于山明水秀之地，安心静养，医药尚在其次。倘谨守医生所嘱，为规律的生活，病虽顽固，要不难恢复健康也。

应秋按：《大学》云：“心有所愤懥，则不得其正；有所恐惧，则不得其正；有所好乐，则不得其正；有所忧患，则不得其正。”是知生活不舒适，可以致病，思虑不正，尤易毁灭健康也。今之患神经衰弱者，多半由思虑不正而来，故“正思虑”为预防神经衰弱病之第一着。

神经衰弱病之摄生简规

1. 使用精神宜有节制：思想出于大脑，穷思竭虑，在平人犹易酿成脑神经衰弱，何况患本病之人，苟不能转地疗养，每日运用神思，不得超过六小时，至于艰深之事，尤宜暂时停止。

2. 生活宜有纪律：所谓“生活宜有纪律”者，如工作、游息、饮食、睡眠等项，皆宜严格规定其时间与分量，制成一表，按日履行。

3. 遵守胃肠摄生法，以谋胃肠之健全。

4. 使睡眠时间十分充足：神经衰弱者，每多胃弱、失眠，胃弱则养分输入减少，失眠则精神益形委顿，其结果必致病势进展，不易调治，故“眠”“食”二者，端宜注意。

5. 多进滋养品：神经衰弱，病属虚损，药补食补，不可轻忽，每日饭菜，固宜力求丰美，其他滋养品如牛乳、鸡卵、豆汁、桂圆、麦片、胡桃、红旗参及华福麦乳精、散拿吐瑾等，亦宜常啖勿辍。

6. 忌刺激性饮食：烟、酒、浓茶、咖啡，伤脑最甚，患者切勿沾染，如向有此嗜好，宜立即戒除。

7. 每日晨起行深呼吸。

8. 每日临睡行温水浴：二者俱能促进物质交换，大有益于本病，且临睡沐浴堪治失眠，腹式呼吸更具健胃润肠之功，患者盍勿行之以健身壮脑乎？

9. 常变换环境：此即安闲之旅行也，一县有一县之古迹，一地有一地之风景，骤临其地，美景当前，每为之心旷神怡，流连忘返。矧登山涉水，运动躯体，尤为有益。一地游毕，稍事休养，束装就道，再赴别处。惟个人旅行，每觉枯寂乏味，离索兴感，宜与亲朋或家人作伴同往。

10. 勉为快乐：神经衰弱之人，易悲善感，郁郁寡欢，为其弟妹妻子者，宜婉言慰藉，或讲发噱之笑话，或述动听之故事，常使病者精神愉快为要。

应秋按：患神经衰弱者，固应如此，即身体健康者，亦不可不如此也。

常习性失眠之经验治法

常习性失眠，多属神经衰弱之结果。患者精神抑郁，思虑纷然，卧时常觉睡意毫无，而精神又非常疲乏，勉强入睡，有彻夜不交睫者（是曰前睡眠障碍）；有只睡眠三四小时，一到习惯醒时，即不能复睡者（是曰后睡眠障碍）。日间肉体困倦，心绪恶劣，脑昏耳鸣，目眩头重，思考迟钝，做事厌倦，勉强为之，乖舛百出，其精神上之不快感觉，有非楮墨所能形容者。故不幸而成斯证，人生乐趣，尽付东流矣。此病治法，当分标本，治标如酸枣仁汤、琥珀多寐丸，或以酸枣仁一两，生地五钱，米一合，煮粥食，亦良。治本如黑归脾丸、天王补心丹及兔脑丸，总须选定一方，久服不辍，方有巨效。此证乃神经官能疾患，尤宜注重卫生，特撮述失眠之无药疗法如下：

1. 妄想过甚时，宜起床徐步，或流览报章，待神经渐觉疲倦，再行安睡。

2. 倘觉睡思为妄想所占据，宜勉力沉静观念，理其头绪，一念初发，即穷此念之起源而澄清之，再发他念，亦复如是，此以念制念也。

3. 静听壁上钟声而默计其次数，此集中思想也。

4. 入寝前，或轻微运动，或少食流汁，或温水洗脚，此引去脑部之充血也。

5. 枕宜稍高，并须轻软。

6. 注意大便之调整，夜膳后勿饮汤水，茶、酒、咖啡尤忌，夜膳亦戒太饱。

7. 寝室须南向，幽静，勿点灯，但宜开窗以通空气。

8. 在不易入睡时，可低声背诵爱读之诗歌，然陈玉梅之催眠曲，俚俗不足取也。

9. 临卧用盐含口中溶化，或饮盐汤一杯，有镇静神经之效。

余久患神经衰弱，并常失眠，故于此稍有心得，同病诸君，苟照上述药物卫生等法，遵行不懈，则失眠之苦痛，将消灭于不知不觉间矣。

应秋按：良法效方，均由经验得来，一片婆心，溢于纸面。

附 《健康医报》失眠证不药治疗法

一个患着失眠证的病人，每晚在榻上听着别人甜蜜的鼾声、时钟的摆动声，而不久鸡鸣报晓了，每每一种声音都会引起他的羡慕与妒忌。每天拖着麻木的脑袋，疲倦的身子，勉强应付工作，他会感□这种人是没有幸福的。

然而，当安眠药、镇静剂，对于失眠症的治疗功效，变为麻木不灵的时候，失眠证还是可以治疗的。最近发现的一种新的治疗方法，打开了失眠病者的幸福之门。

失眠病者只要将其食物，除去食盐，只加入生理所需要的分量。吃淡味食物的结果，能够使一个严重的失眠病者不药而愈。这是华盛顿米勒医学博士于无数次实验之后——如勒斯顿美国公立医院、艾理斯岛的海军医院、纽约州立医院，治愈了许多最严重的失眠病人——多数是安眠药、镇静剂都宣告无效的病人，然后在美国医学协会杂志，正式宣布这种治疗方法的功效。

米勒博士对于那些一个晚上最多能睡一个钟头的病人，用淡味食物治疗的结果，在二十一天内，病人紧张的神经缓和了，病人的感情不致受小小的意外事件发生冲动，他每晚睡八小时，而醒来精神奕奕，愉快活泼。米勒博士说：最后一点是最重要的，因为借助安眠药效力的病人，虽或睡态甜蜜，但醒来头脑却有些昏迷，身体也很是疲倦的。

米勒博士给他的病人，每天食盐的分量是九格兰姆①。这种食盐还是用溶化的药囊包裹着，使食盐在腹里溶化，口舌却尝不到滋味。三星期后，病人每晚上都能睡七八小时。但在第二十九天起，多量的食盐是秘密地加进食物里。米勒博士要试验一下，当食盐分量增加之后，病人的睡态是否继续不变。果然，在第九天后，病人又再患失眠症了。但是，再次施用淡味食物治疗，病人又复安眠。这样反复试验数次，屡试不爽。这种失眠症的不药治疗价值，于是确立了。

有许多失眠病者，自经淡味食物治疗之后，还可以睡午觉；晚上睡在榻上，十五分钟内可以入梦。因为吃淡食物一月之后，病人便在辛苦工作之后，常觉疲乏，感情也不易冲动，因此神经也不复紧张了。

那些常被梦魔骚扰不能宁睡的人们，用淡味食物治疗，也能于三星期内，奏效如神，将梦魔驱除，安眠而达拂晓。

除了减少食盐分量以外，还要提起病人注意食物的种类，大抵在治疗的最初期间，吃蔬菜是比肉类更好一些的。米勒博士开给病人的菜单全是蔬菜呢。

---

① 格兰姆：公制重量单位，即今之“克”。

我们知道，减少食盐分量，对于神经紧张的病人有益；失眠症的治疗新术，它的发现原理在这里，而它的实用价值也在这里，法既易而可行，失眠病者不妨一试。（西蒙）

酸枣仁为失眠良药

谭次仲先生云：“余个人经验，觉枣仁之安眠作用，于轻度之失眠证，甚可靠，且每服自三钱至两余，不觉有丝毫使脑际发生不快之副作用，诚中药最良善之安眠剂也。”

（主按）谭先生乃一有学问之临床医家，其言当非妄诞。故吾人治神经虚弱之失眠证，允宜以酸枣仁汤为主。

胃病篇

消化不良之自然疗法

消化不良者，胃肠之动作迟缓，分泌不足，所啖饮食，不克迅速消化之谓也。其证食欲减少，大便艰难，舌苔白腻，嗳气频频，全身倦怠，多愁善怒，食后胃脘饱胀，晨起口中觉苦，其因多由运动不足，饮食无度，精神过劳而来。故罹本病者，都属勤苦之学生，工心计之商家、律师，及日撰万言之著作家，若仆仆街头之小贩，昕出夕归之农夫，从不知消化不良为何病焉。余以饮食不调，尝得是病，乃定摄生法十条，用资遵守。今复重加注释，编入此书，聊备同病者之参考云尔。

一、自然疗法

本病重在调养，不宜滥用消化药品，以致酿成习惯，爰将简单易行之自然疗法，胪列如次：

（一）废止早餐

废止早食之适合卫生，蒋氏竹庄，曾述专书，详晰言之，惟于本病，尤有卓效。盖消化之所以不良，实缘平日胃家负担消化之责，过于繁重，驯致机能衰弱，纳减运迟，自必与以充分之休息时间，方克逐渐恢复其健康。

（二）练习运动

运动能使构成身体之物质，容易消耗，而弥补是项消耗者，厥为饮食。故胃肠之于饮食物，常因运动而增加其消化力，试观劳工及运动家，莫不健饭加餐，体魄雄伟，足为是言之证明。患本病者，宜于清晨傍晚，散步旷野，练习拳术，休沐之日，约二三同志，或探幽山岗，或荡桨湖心，不但运动躯体，亦怡悦性情之一端也。

（三）戒除速食

食物消化，各有专司。口中之唾液，化淀粉为糖质；胃中之胃液，化蛋白质为百布顿①；输入十二指肠之胆汁，化脂肪为乳剂（惟膵液能兼化以上三种物质）。倘咀嚼不细，囫囵吞下，则胃肠必出余力，以代齿牙之劳，初虽不觉，久则致病。以故速食之习，最不卫生，消化不良，此其一因，务须竭力改良也。

（四）热罨胃脘

每次饭后，以热面巾频频罨其胃脘，功能招集血液，辅助消化，事简功宏，盍尝试之。

（五）愉快精神

脑之第十对迷走神经，下达肺、心、胃，而司三脏之知觉与运动。精神愉快，则胃之运动活泼，消化因以迅速；精神抑郁，则胃之运动迟缓，消化乃生障碍。丁福保曰“欢笑能消食滞”，莎士比亚曰“饭时吵闹，胃口必倒”，故患者平时固宜恣为笑乐，进餐尤戒忧怒思虑也。

（六）注意食料

消化不良之病人，其消化吸收机能，迥不如常人之健全，凡

---

① 百布顿：蛋白胨。

生硬、炙煿、辛辣、变味诸物，均不宜食，烟酒最损胃脏，尤忌沾唇。

（七）食时前后不得用脑

饮食之时，血液集于胃；思考之际，血液聚于脑。故每次进膳之前后，宜与办事或读书时间，有一小时之间隔，方不致阻碍消化。

（八）饭后之徐行与按摩

孙思邈曰："食了行百步，数以手摩肚。"曾国藩曰："饭后数千步，是养生家第一秘诀。"民间治小儿停食，以手徐摩其腹。盖徐行与按摩，能增加胃之活动，俾食物易于消化焉。

二、饮食疗法

查动植物中，尽多治病补虚之食品，如大蒜、米仁之治肺痨，鲤鱼、赤小豆之消水肿，猪脑之补脑弱，桂圆之疗贫血，诸如此类，不胜枚举，兹录适应本病之食品如下：

山　药　粥

生山药（水果店购）去皮切片，和粳米煮，至粥将成时，调入打匀之鸡卵二枚，每晚食之，有滋补健脾之效。

本篇已请德医沈承瑜先生指正，谓以生理解释卫生方法，颇觉妥适云云。

附　叶古红胃病疗法说略

"书中意何似，上有加餐饭"，这两句古诗，意思是劝人多吃饭，后来书信中，往往有"努力加餐"钦定式的语句，也就是套着这首古诗的意义而来。口胃的健全与否，可以从饭量的多少测验而得，同时消化力的旺盛和薄弱，也可以推想到体格的强弱，所以“落户满屋梁，相思见颜色①”，怀忆友朋的时光，只须问问他的食量如何，便可了解他的颜色大半了。但是肠胃的容量，是有相当的限度，要是超过其限度而恣意狂食，不免要引起消化不良、胃扩张等种种肠胃病的危险。劝人加餐，是不对，问人眠食，却是标准的想象词呢，含有哲学意义的成语，“病从口入，祸从口出”。贪食的害处，从来不但没有忽略过，而且深切地注意，把病祸相提并论，也就可以想见了。现在物质文明，生活竞争剧烈的时代，除却过食伤胃以外，其余因忧郁伤脑而起的消化不良，因劳伤贫血而起的食欲障碍，随着时代之轮，而益发的加进。病因胃而起，胃因病而伤，这些相互的关系，是很复杂的，很纷乱的。现在就胃言胃，把普通最习见的几种胃病，写在下面。

一、急性胃炎

1. 原因　因伤食，或过食富有刺激性食物，如辛辣、酒精、腐败等物，引起急性消化不良，胃黏膜充血，食物停滞胃内，发酵腐败而起。

2. 证候　食欲不振，胃部心窝处痞闷不舒，按之作痛，烦渴，呕吐，嗳气，头胀痛，眩晕，舌苔垢腻，口多涎沫，大便或秘，或肠鸣泄泻，溲短。

3. 治方

① 落户句：见桂甫《梦李白》二首之一，通行本作“落月满屋果，犹疑照颜色”。

生姜泻心汤《伤寒论》

半夏、黄芩、黄连、人参、甘草、干姜、生姜、大枣。

【主治】 胃中不和，心下硬满，干噫食臭，胁下有水气，腹中雷鸣下利者。

【方解】 黄芩、黄连消炎清热。干姜止泻，刺激肠神经，促进吸收。半夏、生姜镇呕。人参健胃。甘草、大枣和胃，缓和胃痉挛急迫，是急性胃炎并发肠炎的主方。

不换金正气散《局方》

苍术、厚朴、橘皮、甘草、半夏、藿香。

【主治】 四时伤寒，瘴疫，时气，霍乱，吐泻。

【方解】 苍术、厚朴，都含有芳香性挥发油，用以祛除郁血，活泼肠神经，增助吸收。藿香、橘皮辛香健胃。半夏镇呕。甘草和胃。急性消化不良，炎症疾患不重的，宜用此方。

二、慢性胃炎

1. 原因　原发性，多因饮食不节，食不依时。续发性，因病后神经衰弱，或贫血、梅毒、糖尿病、内脏郁血及其他胃病。

2. 证候　消化不良，饮食无味，嗜食刺激性食物，心窝有膨满压重感觉，食后噫气吞酸，甚或呕吐黏液，嘈杂，沿食管有灼热上冲感觉，便秘，或慢性泄泻，交互发现。

3. 治方

旋覆代赭石汤《伤寒论》

旋覆花、代赭石、人参、甘草、大枣、生姜。

【主治】 心下痞硬，噫气不除。

【方解】 旋覆花善治胃部胀闷，呕逆等症；代赭石镇坠胃气上逆。此方消炎之力弱，健胃下气之效较优，用于实质官能病变，而有心窝痞闷的证候，极效。

香砂六君子汤薛氏

人参、苍术、茯苓、甘草、半夏、橘皮、香附、缩砂、藿香。

【主治】 脾胃虚弱，兼有宿食痰气，饮食不进，呕吐恶心，或泄利后，脾胃不调，或风寒病后，余热不退，咳嗽不止，气力弱者。

【方解】 此方以参、术、苓利小便，祛湿健胃；半夏镇呕；橘皮、藿香、缩砂、香附辛香健胃。急性胃炎，是患其充血；慢性胃炎，却是患在贫血，或者是郁血。芳香剂能兴奋神经，刺激胃黏膜，引起轻度充血，或是祛除郁血的原因，以振起消化的机能。

三、胃弛缓症

1. 原因 有下垂性体质的人，常发本病，此外如腹壁弛缓、过饮过食、贫血、神经衰弱等，亦为弛缓之一原因。

2. 证候 胃部常有膨满感觉，饮食虽如常，而食量甚少，食后胀闷嗳气，间亦有之，惟因弛缓之故，不作呕吐，亦无疼痛痉挛感觉。至若肠弛缓，则大便秘结，食物因弛缓之故，恒停积胃部，发酵腐败所产生之毒素，复自吸收而形成自家中毒，因斯而有头痛头重、眩晕不快、不眠心悸、癫痫等继发病。

3. 治方

吴茱萸汤《伤寒论》

吴茱萸、人参、生姜、甘草。

【主治】 干呕，吐涎沫。

【方解】 胃弛缓干呕的情状，多半是呕逆困难，而常无物呕出，当恶心的时候，口中先有不少涎沫流出，这是因胃肌紧张力消失，无挛缩压迫吐物的能力。吴茱萸芳香而具辛辣气味，能兴奋肠胃黏膜和神经蠕动作用，并能促进分泌消化液，《本经》主治温中下气，甄权主治大小肠壅气，都指肠胃弛缓而言。人参、姜、枣健胃和胃。胃弛缓症，而有自家中毒之神经系病的适应方。

苍术丸《本事》

苍术一斤（用生麻油半两，水二盏，研滤取汁），大枣十五枚（烂煮，去皮、核），研以麻汁，匀研成稀膏，搅和入臼，捣丸梧子大，干之。每日空腹，用白汤吞下五十丸，增至一百丸或二百丸。

【主治】 停饮已成癖囊，胁痛，饮食衰减，饮酒只从左边下，辘辘有声，十数日必呕数升酸苦水。

【方解】 主治证候为胃弛缓症，至显明，苍术气味辛烈，具有兴奋性，能燥湿，催促吸收，恢复肠胃机能健康。

四、胃扩张症

1. 原因　幽门狭窄，或胃送出力微弱及过食等。

2. 证候　此病多由急慢性胃炎、胃弛缓症、幽门狭窄等症而来，由官能障碍，进行至于实质病变，食欲不振，口干，胃部有压重及充满感觉，自上午至下午，逐渐增加其扩张程度，嗳气吞酸，嘈杂，甚或呕吐，混有陈旧食糜，其量甚多，胃部膨满鼓胀，从脐上至耻骨，可见胃之全形，按之柔软，有如气枕。

3. 治方

丁香茯苓汤杨氏

丁香、茯苓、附子、半夏、橘皮、桂枝、干姜、缩砂、大枣。

【主治】 久积陈寒，流滞肠胃，呕吐痰沫，或有酸水，全不入食。

吴茱萸汤《宣明》

吴茱萸、厚朴、官桂、干姜、白术、陈皮、蜀椒。

【主治】 阴盛生寒，腹满膨胀，常常如饱，不欲饮食，进之无味。

【方解】 凡芳香挥发而具辛辣刺激性药物，皆能刺激胃肠黏膜，引起充血，以促进食欲。慢性胃病，往往由局部贫血郁血，继起食欲不良，蠕动濡滞。丁香茯苓汤，姜、附兴奋肠胃蠕动机能，茯苓、半夏利湿镇呕，丁香、橘皮、桂枝、砂仁等芳香健胃，丁香芳香而兼辛辣，刺激肠胃黏膜，引起充血，温运消化管之效尤著。

《宣明》吴茱萸汤

集合芳香辛辣等健胃药所组成，胃寒呕逆者，宜此方。

五、胃痉挛疼痛

1. 原因　胃及其近旁病（胃酸过多、幽门痉挛等），其他男女生殖器病，传染中毒等。

2. 证候　心窝部突有发作性剧痛，或胃部膨满，嗳气呕吐，善饥流涎，发作时痛处如灼如刺，如绞如钻，连及胸背胁等处，颜面苍白，四肢厥冷，脉搏细小，大汗，人事不省。病退时，毫无痛苦，与健康人无异。然因频频发作，引起消化不良，营养障碍等疾患。

3. 治方

匀　气　散

丁香、白豆蔻、檀香、木香、藿香、甘草、缩砂。

【主治】 气滞不匀，胸膈虚痞，宿冷不消，心腹痛，呕吐。

十味当归汤《千金》

当归、桂枝、茯苓、枳实、大黄、吴茱萸、芍药、人参、甘草、干姜。

【方解】 气，前人多半指神经一般官能而言。气滞，即神经郁滞。匀气散，多以香味药为主要配合，芳香性之一般作用，能活泼神经，疏导郁塞，故方名有匀气散之称。

十味当归散，以当归、芍药、甘草等缓和痉挛急迫，枳实、大黄等荡涤肠内容积垢秽，苓、桂、萸、姜健胃利湿。

神经性胃痛

1. 原因　此病通俗称为肝胃气痛，中医方书谓之胃脘痛。其原因多为神经衰弱，或慢性胃病延久不愈。其在女子，多由郁怒及月经不调而起。

2. 病状　有发作性，发时初觉胃脘胀满，头目眩晕，继而心窝部突发剧痛，颜面苍白，四肢厥冷，隔数分钟或数小时之后，发嗳气呕吐，或放矢气而渐复原。

3. 治法　乌辣草二钱，白蒺藜二钱，煅瓦楞四钱，棕榈子钱，半甘松一钱，九香虫三钱，炒白芍二钱，原粒杵春砂仁一钱，绿萼梅二钱，北秫米四钱（包煎），木蝴蝶十对，佛手片一钱。

4. 加减　血虚加归身、丹参、女贞子；腰酸带下，加桑寄生、清炙桑螵蛸；头晕且痛，加巨胜子、明天麻；肝阳上亢，加珍珠母、龙齿、生牡蛎；心荡少寐，加玳瑁片、黄花菜、远志、枣仁；经超前，加生地、清炙乌贼骨；经落后，加香附、乌药。

5. 方解　此方以平肝（如蒺藜、绿萼梅、木蝴蝶），止痛（如白芍、棕榈子、九香虫、甘松）为主，他如砂仁、佛手之健胃调气，瓦楞之制酸消炎，秫米之和胃安神，皆为副药。

（圭按）此方系陈道隆君录示，谓膏粱妇女肝胃气痛，投以此方，颇有捷效，惜不能刈根耳。本病治法有二：一为疏气止痛，如本方及裘吉生之疏肝和胃散［制香附三钱，甘松钱半，炒猬皮三钱，九香虫一钱，沉香曲二钱，降香片一钱，瓦楞子六钱，蜜炙延胡一钱，左金丸一钱（分吞），甘蔗汁一杯，和姜汁十滴冲入］，潘兰坪之心痛方［丹参三钱，川楝子钱半，朱砂拌原麦冬二钱，香附一钱，延胡钱半，乌药一钱，佛手二钱，春砂仁三粒，或加（磨冲）檀香汁少许，或加百合］，用于发病时，往往覆杯而愈，但愈后仍欲复作。一为滋水涵木，如高鼓峰滋水清肝饮、魏玉横一贯煎，平时长饵，加以戒恚怒，除悒郁，调饮食，慎寒燠，自堪徐复健康。若频发胃痛，阴亏脉虚，得食稍缓，按之则差，虽当发病，亦忌过于疏泄，宜高魏等方稍加行气止痛之品。此病胃脏器质，初无变化，其病源多属神经衰弱或贫血，故以养神经、补血液之药徐徐调治。俾血充神畅，百体安宁，自无“胃脘当心而痛”（见《内经》）之病矣。

（又按）胃溃疡、胃癌、胃酸过多、慢性胃炎，亦发胃痛，但胃溃疡之痛，发于食后俄顷间，且兼有呕血，大便中混有血迹。胃癌兼见呕吐，吐出物呈暗褐色粉汁样，或为咖啡色，全身贫血衰弱。胃酸过多之痛，弥漫而不严酷，朝晨常呕吐，吐物中含有胶性黏液。慢性胃炎之痛，多发于多食脂肪，或胃部感受寒冷之后，且消化不良，滋养料之输入欠缺，渐成身心羸弱之象。

丁甘仁定痛丸治一切肝胃气痛，颇著奇效：乳没各六钱，制香附三钱，烟膏二钱半，血竭一钱，或加麝香少许，研末，枣肉和药同捣为丸，如绿豆大，朱砂为衣，每服四粒。梅氏《验方新编》载一方，用诃子壳三钱（焙），毕澄茄三钱，真沉香二钱，共研细末，每服三钱，滚水冲服。此二方一主活血，一主温散，止痛之力，固较上述陈道隆、裘吉生二医士之方为大，但惟痛势凶猛时，用代西药之麻醉剂，以收一时之效耳。又金陵神学院李汉铎牧师所传之胃气疼方，用糯米酒半斤，蒲公英三钱，将酒烧滚，冲药服（煎服亦可）。据云重者日服三次，轻者日服一次，数日即愈。查本草未言蒲公英治胃疼，不知其义何取？惟此物嫩时，本可供肴馔，有养阴凉血之效，患者姑一试之，亦属有益无损。

应秋按：本证以不定之间隔，上腹起发作状剧痛，经过若干时后，再移行于无痛之间歇时，此实交感神经丛之神经痛也。疼痛极不规则，与食事无关系，当发作时宜温暖患部，或局部用平流电疗及胃洗涤，均有效。一般之所谓肝胃气痛者，理可会而义不可通，理之可会者，意其指胃为病灶，肝即神经，气乃状其痛之移动状也。

冷心痛方

《金石萃编》北齐道兴造像记载心痛方：用吴茱萸一升，桂心、当归各三两，捣末，蜜和丸，如梧子大，每服□（圭按：此字已模糊，不能辨识，余意可用一钱，二次分服）丸，日再服，渐加至三十丸，以知为度。

此方以萸、桂之辛热，定痛开胃；当归之甘润，和血益营，则刚柔相济，久服可无流弊。诚胃阳不振，肝气横逆，以致痛楚频作之良方也。

附　李冠仙黑芝麻荄治肝胃气疼之奇效

药有极贱，而大益于人者，黑芝麻荄是也。余尝治肝气胀痛，气逆呕吐，前医用二陈、香附、木香，顺气不效。加用破气，如枳壳、腹皮、乌药、沉香之类，更不效。余思肝气横逆，固非顺气不可，但肝为刚脏，治之宜柔，前医所用，皆有刚意，故肝不受治。宜甘以缓之，兼养阴以平肝，然非兼通气之品，亦难速效，惟通气之药，难免刚燥。偶思芝麻荄外直内通，其色黑，可径达肾，其性微凉，毫无刚意，遂用一枝，助以金橘饼三钱，一服而效，数服全愈。嗣后凡遇肝气必用之，无不应手，所谓软通于肝最宜也。因思凡人脏腑之气，无不贯通，《内经》云：通则不痛，痛则不通。固已，而推广其意，通则不胀，胀则不通，通则不逆，逆则不通，凡治气病，无不宜通，正不独肝病为然也。余曾治肝气犯胃，饮食阻滞，欲成肝证，余以滋肾平肝，清金畅胃之品，加芝麻荄、金橘饼十数剂而愈，诸气为病，服此得效者，不可数计。爰述经验，就正同道（节录李冠仙《知医必辨》）。

（仲圭按）荄音皆，草根也，芝麻荄即芝麻之根。惟阅李氏所记，似连茎用，此物药铺不备，须自采办。

附　计楠论肝气

肝气之病，近时甚多，妇女为尤甚，即十余岁之童女，往往左胁下痞积、胀满、呕逆，此先天之肝血不足也。治以疏伐则剧，治以滋养则平，比比而然。况乎天癸久转，生育频多之人，其血愈亏，肝愈旺，上犯胃脘，下侵于足，甚至纳食即吐，两足挛痛，至发痉厥。此肝气久痛必入于络，因血少不能流通，其气必滞，非养血和络，补水滋木，不能疗治。世人概谓东方常实，有泻无补，遂皆以肝无补法论治，殊不知肝气之痛，大半属于水亏木炽，所以逍遥散为治肝之始方，并无泻伐之品。其中归、芍补肝，白术、甘草补中，加以柴胡、煨姜为疏通之用。气平即继以八珍汤调养之，则自然所发渐轻。若随俗附和，任意用枳壳、香附、青皮、郁金等破气之药，元气日益消耗，阳衰则阴竭，祸不旋踵矣（《客尘医话》）。

（圭按）计楠论治肝气，主张用滋养剂，此即一贯煎（沙参、寸冬、生地、归身、枸杞子、川楝子）、滋水清肝饮（六味地黄汤加归身、白芍、山栀、大枣）等方之法也。余意肝气痛发作时，非疏散不效，平时调理，诚宜滋水柔肝，以作刈根之图。此意曾于拙作《医论汇选》中阐发其义，谢诵穆以为得治肝气之要诀。

消化不良之饮食疗法

先总理在世时，曾患消化不良，遍尝诸药，继以养生，终鲜效果，嗣遵日医高野太吉之抵抗养生法而刈除病根。圭以此法颇有研究价值，爰将总理所自记者转载于此，以资参考，并为世之患胃病者告焉。

余（总理自称）曾得饮食之病，即胃不消化之症，起原甚微，尝以事忙忽略，渐成重症。于是自行医治，稍愈，仍复从事奔走而忽略之，如是者数次，其后则药石无灵，只得慎讲卫生，凡坚硬难化之物，皆不入口，所食不出牛奶、糜粥、肉汁等物。初颇觉效，继而食之至半年以后，则此等食物亦归无效，而病则日甚，胃痛频来，几无法可治，乃变方法施以外治，用按摩手术以助胃之消化。此法初施，亦生奇效，而数月后，旧病仍发，每发一次，比前更重，于是更觅按摩手术而兼明医学者，乃得东京高野太吉先生。先生之手术固超越寻常，而又著有《抵抗养生论》一书，其饮食之法，与寻常迥异。寻常西医饮食之方，皆令病者食易消化之物，而戒坚硬之质，而高野先生之方，则令病者戒除一切肉类及溶化流动之物，及糜粥、牛奶、鸡蛋、肉汁等，而食坚硬之蔬菜、鲜果，务取筋多难化者以抵抗肠胃，使自发力，以复其自然之本能。吾初不之信，继思吾之服糜粥、牛奶等物，已一连半年，而病终不愈，乃有一试其法之意，又见高野先生之手术，已能愈我顽病，意更决焉。而先生则曰：手术者，乃一时之治法，若欲病根断绝，长享康健，非遵我抵抗养生之法不可。遂从之而行，果得奇效。惟愈后数月，偶一食肉或牛奶、鸡蛋、汤水、茶酒等物，病又复发。始以为或有他因，不独关于所食也，其后三四次皆如此，于是不得不如高野先生之法，戒除一切肉类、牛奶、鸡蛋、汤水、茶酒，与夫一切辛辣之品，而每日所食，则硬饭与蔬菜及少许鱼类，而以鲜果代茶水。从此，旧病若失，至今两年，食量有加，身体健康胜常，食后不觉积滞而觉畅快，此则十年以来所未有，而近两年始复见之者。余曩时曾肄业医科，于生理卫生之学，自谓颇有心得，乃反于一己之饮食养生，则忽于微渐，遂生胃病，几于不治。幸得高野先生之抵抗养生术，而积年旧症，一旦消除，是实医道中之大革命也。

（仲圭按）中山先生，每日所进之物，为硬饭、蔬果与鱼类。考植物性食品，本视动物性食品为易消化，鱼类之消化，亦较肉类迅速，而水果更具辅助消化之力，米饭之稍硬者，因咀嚼时与唾液十分混和，消化或反比软饭佳良。惟遵行此法，有一最要之附带条件，不可疏忽，否则，事倍功半，痼疾仍难除根，其条件维何？即“细嚼缓咽”与“饭后休息一小时，勿急于工作”是也。

附　慢性胃病的营养方法

因慢性胃病而瘦弱者，其原因每不在于病，而在于营养不足，故轻性胃病者必与以滋养品。

胃病，则全身之营养，自然受其影响，然此时宜注意肠之消化力，肠健全者则消化吸收力大，可以补胃之缺陷。

胃病患者，不妨与以日常食品，不过调理方法须注意耳。日常所不用之食品，一旦食之，或反不妙。例如，不喜牛乳及鸡卵者，患胃病时使强食之，殊不适当。

患胃病时，普通宜多与米麦、牛乳、肉汁等柔软物品，然或有不能适用者，不可不注意。例如，胃肌弛缓之患者，宜与以强韧食物，以促胃肌之活动等是也。

吾人精神使用，对于食物消化作用，大有影响，故病人精神，如能使之愉快，则消化机能佳良。又芳香美味之食品，亦可使精神兴奋，胃液分泌增多，促助消化。

病人之特异质，亦宜注意。例如，饮牛乳则下痢，肉食则胃部不快者是也。

视疾病种类而有缺乏食欲者，亦有欲食而不下者。例如，胃溃疡病者恐疼痛而不敢食。此或因器质的变化，或因精神的作用，故一方面宜慰抚之，一方面宜变更食品之种类与烹调之方法，且务须与以素所嗜好者。

食品种类宜多，调理合宜，时常变更，则病人不致生厌。滋养分宜多摄取，则全身营养，不致衰弱。

因胃病而运动力亢进或减退者有之，前者宜避刺激性食品，后者宜减少其食物分量，一日食量宜分数次与之。

胃液分泌过多者，宜多食淀粉、糖类，太少者不宜多与蛋白质（《益世报·健康版》）。

附　李文瑞《余之胃病治愈经验谈》

余患胃病连续近十五年，经诊治之医生可数十位，尝遍药水滋味，吃尽千辛万苦，而病仍依然。且此十五年中，常因缠绵床褥，久伴病魔，求学之机会，几于绝望，苟非坚决自持者，一身幸福，牺牲殆尽，更何有乎今日？吁，苦矣，亦险矣哉！今者，余已健全，而非复东亚之病夫矣。余之复健，非受赐于医生，乃纯粹出诸自家之摄生，及食物之注意，经八阅月，而病竟霍然，此固为以往诸医士所梦想不到，即余亦喜出望外，而不料其收效有若斯之神速也。今特将余对于本症治愈之经验披露之，文字工拙，所不计也。

余在十岁前，即好啖饼饵、水果之属，从无厌心，对于滋味较佳之食品，辄任意大嚼，又复贪凉，运动多无节制，积久，胃部渐觉压重胀痛，时发时止，食量日减，而形容亦渐消瘦，两腮内时有清水渗出，好饮茶，食前每嘈杂，食后又多嗳气，有时且带酸味，大便常秘结，竟有十天才排便一次者。入后，精神常抑郁，稍感冒即发病，发时，四肢多冷，而躯干部反发汗，呕吐物尽为酸水，间带食片，食后即凶呕，虽滴水亦不敢下喉，盖饮一杯茶，须呕数碗酸水也。殆十二三岁后，胃部痛每加剧，恒如刀绞，发痛益勤，月必一发，第一二腰椎部，并时觉酸痛。至民国元年五月间，病发时，且曾呕血升许，呈紫黑色，多黏着成块。四年三月及五年秋，又各于发病时，呕同样多量紫血，而尤以末一次为最危险，盖曾虚脱近二小时，苏后，虽闻室内轻步声，亦觉脑壳震裂。时堂上诸亲，固满面愁容，坐卧与并，即医生亦日夜追随，不离寸步，其危险可知。幸苍昊默佑，渐次转安，愈后调理经年，仍未痊愈。不得已，乃奉严亲命，入医学校，而余之生机，即兆于斯。

当此患病十五年间，所服中药，不下千剂，约言之，多为附子、干姜、茯苓、泽泻、细辛、陈皮、蔻仁、苡米、神曲、谷芽、防风等甘温香燥利水诸药品，盖中医诊断为水饮，为胃寒故也。西医诊余者，每认为胃酸过多症，给何药，则莫明其妙，缘彼时余乃一门外汉，不识药，不知医，所知者，从西医口中听来之健胃剂而已。殆民国六年秋，就上海某某有名西医诊治时，经一再请询，始详为诊定为胃扩张症，须行胃下缘切除术（即将胃下部之扩张部切去，然后再缝好），并经一月之静卧（完全不能起立行走），禁饮食，用滋养料灌肠，始能根治。然余因家庭关系，既不敢遵行切胃手术，又不便严守静卧灌肠之方法，无已，仅牢记我为胃扩张症而已。其中因身体日弱，所服中西补品无算，然均同石投大海，毫无效验。

入医校之翌年，既略窥门径，乃追忆我病原、病状及经过，间亦考查胃及邻接器官之情形与位置，确认胃下缘已下垂有二横指之多（生理的胃下缘在脐上三横指之处）。且诸种症状，多与胃扩张症相吻合，惟呕紫色血与腰椎酸痛，则又为胃溃疡之征兆。然胃部触诊，既从无压痛点，且亦未有一次黑色大便（压痛点与黑色大便，为胃溃疡之见症），然则究为胃扩张，抑胃溃疡欤？此固为治疗本症之先决问题。依余臆断，二者兼有，不过胃溃疡轻度，入后更已形成斑痕，而仅遗有胃扩张症而已，但彼时余固绝对不认兼有胃疡，仅注意防止其为胃疡耳。

余述以往之病因症状及经过情形既竟，更一述余所采行而收效之摄生与食饵疗法，鄙以为余病之主因，在妄食杂物，致胃力疲劳，而来消化不良，故余第一即禁绝一切杂食，以舒胃力。但胃消化力，疲劳已久，虽禁零食（即正餐以外之食品），亦不足以挽既倒之狂澜。于是更减少每日正当之饮食量，计日仅两餐，饭两小碗，俾胃力不致供过于求，而得充分之休养。且就营养而言，如其贪多食而不能尽量消化、吸入养分，何如少食，俾得尽量消化，而得较多养分之为愈也。又久弱之胃，决不胜硬固食品之消磨，故余所采用之食品，纯为稀饭一种（圭按：他如烘面包、烂面等亦易消化）。为欲引起食欲，促进胃液分泌量之增加起见，更用焦米稀饭，盖焦米较常米香，可开胃，且一经炒焦，比较的亦易消化，所谓稀饭者，非普通稀粥之可比，乃介乎饭与粥之间，仅使米烂而含水量却不多，免使胃分泌之盐酸变稀，而反减少其消化能力也。他若一切刺激性食品之绝对禁绝，更不待言，菜蔬仅豆类与素菜，间进肉食。牛奶（圭按：胃扩张诚不宜多饮液，若他种消化不良，牛乳正属需要）及一切补品，一律谢绝。盖余认为胃力未复以前，固无从补，亦不受补也。如是者，自八年三月至十一月，胃力已渐恢复，而时思进饭。十一月后，乃改午餐为一碗饭、一碗粥，夜餐则仍旧。当此时，体力已恢复，迥非以前之羸瘦，胃病未发者，亦且近十个月。九年入夏，乃仍到食堂进餐，至于今日，一如常人。

摄生方面，早起睡，劳则息，逸则小作运动（如台球之类），戒剧烈运动，依寒暖更衣，每日准时上圊，务令便通。总括言之，一切均求适体合宜，正课以外，除浏览数种名小说杂志外，悲哀作品，概不入目，免神经受过分刺激，而引起精神上之大不舒畅也。余病愈矣，病愈且四年矣，此四年中，除严行我所认为根本问题之摄生与食饵疗外，从未延一医，服一药，而竟成功，迄今思之，重思之，窃不禁心悦色喜，手舞之而足蹈之也。

便秘之经验治法

常习性便秘，多见于营坐业、少运动之智识阶级，埋头研究、不喜体操之中大学生，亦恒患之，故有学生病之称。此外，如神经衰弱、肺病、胃病、萎黄病、摄护腺肥大等，每苦便秘，腹部压重膨满，胃纳不振，嗳气头晕，大都系大肠部蠕动缺乏，分泌减少，或肠肌弛缓无力所致。欲根治此病，非注意卫生，辅以甘寒养阴剂不可。徒事攻下，无益反损，兹就管见，条举如下。

1. 生活宜有规则。

2. 养成早起如厕之习惯。

3. 每日宜啖新鲜之水果与野菜。

4. 晨起饮盐汤一杯。

5. 排便时，以手掌徐摩腹部。

6. 行适宜之运动。

7. 练习腹式呼吸法。

此关于卫生方面者。若夫药饵，如增液汤、二冬膏、桑椹膏，养阴润肠，最称稳健。他如麻仁丸，或以大麻仁一味，捣碎煎服，或取大生何首乌，以人乳拌蒸，均有缓下坚粪之作用。

圭昔尝患此，日常三四度如厕，努力挣扎，便终不下，颇苦之，后除遵行上述卫生疗法外，并长吞服“卡斯卡拉片”，宿疾乃蠲。

应秋按：每日开水冲服适量之“泻盐”甚佳。又生萝卜捣取汁，桔梗四钱，玄明粉一钱，煎成淡茶汁，入食盐少许，日频服，其效尤著。

黄肺疗痔血

王孟英《饮食谱》，“干栋即柿，甘平，健脾补胃，润肺涩肠，止血充饥，杀疳疗痔，治反胃，已肠风。”

（圭按）文中“止血”“已肠风”之说甚确，胡常瑛之夫人，患痔血，余令常啖黄柿而愈。盖柿含鞣酸，有收敛肠膜，制止出血之效。又《饮食谱》疗热痢血淋，用柿饼细切，同糯米煮粥食，亦同此理。惟疗血淋，恐不甚效。

应秋按：未熟之柿，实含有多量鞣酸，若既成熟者，则惟糖质重耳。用以达“疗”之目的者，生者为贵；用以作食养者，必选其透熟为宜。

有益肺肾胃病之营养食物

落花生之研究

【名称】 落花生（拉丁名 Araehis Hypogaea）亦名长生果、香芋、及地果、落地生、番豆，日本名南京豆。盖此物花心有丝，花谢，丝垂入地而结实，实似豆荚而稍坚，故有以上诸名。

【科属】 显花植物，被子类，双子叶门，离瓣属之豆科。

【形态】 茎蔓延地上，叶为偶数羽状复叶，小叶四片，叶丫间开花，花小蝶形，花冠黄色。花谢后，子房深入地中，生长而结实，一房可二三粒。

【产地】 为非洲、中美洲之热带地方之原产物，非吾国所素有，清康熙初年，僧应元入扶桑觅种寄回，始有此物。今市售之花生，一种荚子俱大，一种荚小而子密着，出闽省名建生。

【栽培】 除黏土及湿地外，皆可种植，惟以砂地为尤宜。播种期约在二月下旬至三月上旬，将土深耕，土块碎为细粉，隔二尺五寸而起畦，于此撒布肥料，隔一尺五寸许，下种二粒，覆土一寸至五寸。发生后，时耕其畦，使土不硬结，至花生，则停止耕耘，花谢后，埋其茎于土中。收采期约在降霜一二次时，此际当严防者，为狐狸及鼠之偷食，如在播种时，先将种子浸于石油中，即免此患。此外当注意者，下种以后，毋多施肥，因肥料多，则枝叶繁茂，花反稀少也。

【成分】 大花生含水9.2，蛋白质25.8，脂肪38.6，无机盐（如钠、钙、磷、镁、钾）2.0，粗纤维2.5，含水炭素21.9。建生含水4.9，蛋白质30.0，脂肪46.7，无机盐1.9，粗纤维5.0，含水炭素21.5（皆百分中含量）。

【功用】 《药性考》云："生研用下痰，炒熟用开胃醒脾，滑肠、干嗽者，宜餐，滋燥清火。"

（按）熟食当较生用为妥，下痰即祛痰（俗称化痰）之谓，生用有祛痰之功，熟用何独不然？惟炒之太过，能令所含之脂肪，有多少之挥发，故效逊于生用。痰者，气管、气管支或肺泡因受刺激所生之过量分泌液也，凡冷热空气与细菌等，能侵犯肺脏而引起肺脏之反应者均谓"刺激肺脏"，体力之抵抗强，冷热空气与细菌等，不易侵犯，则刺激少而无过量分泌液之产生。故肺脏之生痰，不论其原因若何，总不外乎由外物刺激而起之反应。欲免除外物之刺激，除增加身体之抵抗力外，别无良法。饮食营养，为增加体力之惟一妙法，而人类营养品中，尤以脂肪为最要。盖脂肪在肝中可变为葡萄糖，助体内之燃烧，使血液之运输氧素，与排除碳酸及细胞之新陈代谢增加，以促进身体之健康，身体既健，肺脏亦随之而强，外物不易侵犯，则过量之分泌液，自无由产生，故食花生以祛痰，实为营养疗法之一。炒后能使花生所含之挥发油及脂肪，有多少之发散，故食之能促进胃液之分泌，以增进消化。滑肠者，大便稀薄而常排泄之意也，油类果有润肠之功，但花生所含之油脂，能游离者甚少。故食大量花生而至滑肠者，非因其所含油脂之润肠，实由于不易消化而起之泻痢也。干咳者，肺病之一种症状，尤为肺结核初期之特征，花生脂肪中，含甲生活素甚丰，此素能促进动物体之生长，与脂肪之新陈代谢，有密切关系，缺乏甲生活素时，对于一切病之抵抗力，俱见薄弱。近年来，欧美、日本，先后由动植物油提出甲生活素，加以制造，用为结核患者之有力营养剂。今以含有多量甲生活素之花生佐餐，以治干咳，为日稍久，伟效自见。矧花生又含多量之乙生活素与蛋白，其滋补之效，不亚于舶来品之单纯甲生活素制剂。燥与火者，因身体抵抗薄弱，受外物侵犯而起之反应热也，服本品以增加体力，则抵抗外物侵犯之力强，而体温如常发生，不至被其扰乱。德人培儿此博士，尝以常啖花生，治愈不能服鱼肝油之患肺痨病之女子，由是更可证明本品对于人体营养力之伟大矣。

《本草纲目拾遗》云“治反胃、三阴疟”，反胃由幽门生癌，食物不易通过，乃起逆行性之呕吐。在摄生方面，宜避忌刺激性及固形食品，本品坚硬难化，自在禁食之例。三阴疟即三日疟，其病原体为胞子虫，因须三日方能长大成虫，故发疟期亦间歇三日，根治之药，为鸡纳与砒剂，花生无杀灭原虫之力，安能有效？

【食法】分数种：

（1）煮食。

（2）砂炒。

（3）去壳，油炸。

（4）去壳，盐炒。

（5）去壳膜，涂以砂糖或可可、面粉（主按：即鱼皮花生，系以面粉、砂糖调成浆，涂于花生肉上，置沸油中炸之而成）等为衣。

（6）取肉去心，磨作酱。

（7）以花生为原料，照制豆腐法做成豆腐。

（8）以本品、大豆、胡桃三物，适量配合，照制豆浆法制成豆浆，名“人造乳”。惟制造时，须先将花生、胡桃，浸透去衣，然后磨汁，用器尤须洁净，切忌盐、糖、油质沾染，因乳汁遇之，则凝固其所含之蛋白质也。

（按）本品所含甲生活素，易与氧起作用，故去壳除衣之花生，宜保藏于密闭之瓶中，勿使与空气接触，若加热过久，则甲生活素亦被破坏，又遇紫外线稍久，亦失其效能，故对于久热与紫外线，均宜回避。

【禁忌】 本品含纤维较普通食品为多，消化视米麦困难，凡消化不良及一切胃肠病患者，均宜少用为是。

【结论】 本品之荚，颇耐久藏，故花生四时咸有，而岁尾年头，尤为供客常品，惜世人仅赞其香美可口，不知其营养成分中之脂肪、蛋白，远胜于牛乳、鸡卵，夫牛乳、鸡卵，非举世共认为营养最高之食补品乎？则花生之滋养力，盖可想见。吾人胃脏苟无疾患，而有相当之健全者，以此佐膳，无异肉类（六十粒长生果，足抵牛肉一斤），吾尝举花生为“平民之补剂”，诚非过甚其词也。

应秋按：落花生本非我产，檀萃《滇海虞衡志》云：“落花生为南果中第一，其资于民用者最广，宋元间与棉花、蕃瓜、红薯之类，粤估从海上诸国得其种归种之，呼棉花曰吉贝，红薯曰地瓜，落花生曰地豆，滇曰落花松。”其成分中之脂肪，据沈先生之记载，为38.6%，而朱鼒氏则为42%～50%。要之，落花生之于药物，应属于缓和药之脂肪类，以其含脂肪油特多故也。

凡脂肪类药物，有保护皮肤之作用，应用于皮肤裂开、表皮剥脱、浅表性溃疡等，《药性考》称为滋燥清火者是。脂肪类复有缓和外来之刺激，防止细菌毒物之侵入，《药性考》称为下痰干咳者是。于脂腺分泌减少而干燥时，脂肪可使其柔软，并增加其弹力性，《药性考》称为醒脾滑肠者是，至其所含之甲类维生素，则不如牛奶果、胡萝卜、清明菜、马兰头、苞苞苞、白苋菜等远甚。

莲藕琐谈

藕乃双子叶植物，离瓣花属，睡莲科，莲 *Nelumbo nuclbera gaertu* 之地下茎，故名莲根，亦曰莲藕，亚细亚原产，多年生草本，生于池沼或水田。浙江西湖及塘栖所产者，尤为著名。形肥大而长，表面有节，节上有纤维根，横断面有数个纵行之一圆孔，表皮淡褐色，肉质洁白，味甘而涩，夏月水上抽梗，顶端开淡红或白色之花，花托呈倒圆锥形，内藏椭圆形之种子二三十枚，曰莲实，与地下茎并为药用食物。

藕之营养成分，为蛋白 1.70%，脂肪 0.080%，淀粉 10.86%，木质 0.84%、灰分 1.13%，水分 85.3%，有效成分为单宁酸，具收敛止血之作用，我国向用为血证药，方书载配伍本品之验方，指不胜屈，兹甄录其合理者如下：

1. 印光法师方　生梨一个去心，红枣、柿饼各二枚，荷叶一张，鲜藕一斤，打汁，前四味煎汤，冲藕汁服（治吐血）。

2. 梅氏《验方新编》　雄猪肺一个，须不见水，入童便内浸一昼夜取出，再用藕汁、人乳、童便、梨汁、萝卜汁、杏仁汁，各一碗，不加水，入瓦罐，用炭火煮烂，忌铁器，将炒糯米粉收干为丸，每朝服三四钱（治吐血）。

3. 同上　藕节捣煎浓汤，调白及末服（治吐血）。

（圭按）《重庆堂随笔》云："藕以仁和产者为良，熬浓汁服，既能补血，亦能通气，故无腻滞之偏。"

4. 鲍氏《验方新编》　莲藕日日煎饮，不可间断，轻则三月，重则半年断根，无鲜藕时，用藕粉亦可（治吐血）。

（圭按）中医对于"吐血"二字之界说极宽泛，胃出血固名吐血，即肺血之非夹于痰中者亦名吐血。详观以上四方，实皆肺病咯血之要药，无论咳血、痰血，殆皆可治。又童便含水分、尿素、尿酸、钙及镁之磷酸盐、磷酸钠、阿莫尼亚、游离酸诸成分，不但具止血之效，且能振起食欲，包围病灶，缓通大便，肺劳失血，用之弥佳。病者勿以秽浊而屏弃之。

藕粉为热性病虎列拉愈后调养及患白浊、赤痢之佳良食饵，惜市上所售，赝鼎居多。兹述其制法，以便自制。

1. 取粗藕，洗净，截断，浸三日夜，每日换水至极净，滤出捣如泥，以布绞净汁，又将藕渣捣细，绞汁尽，却轻滤去浑脚，以清水少许，和搅之，然后澄去清水，下即为粉，晒干收用。

2. 磨干藕，入水中浸之，沉淀成粉。

照此二法制成之藕粉，冲以沸水，色如红玉。

藕之食法甚多：如切丝炒食或拌食，可以下酒；灌糯米于藕孔中；置糯米粥锅中煮熟；切片加糖，可以代点；将嫩藕在竹篱边上擦成粗末，入芡粉为圆，另和配合料一二种，入油锅炸之，可以佐膳；冬日取老藕，和以红枣、银杏、地栗、菱角等，水煮和糖，可为闲食。以上所举，皆吾杭之普通食法也。

牛乳琐谈

牛乳含脂肪3.68，蛋白4.16，乳糖4.63，人生不可或缺之三大营养素，牛乳中适量含之，此其所以有“完全食物”之称，而欧美各国依为日常饮料也。

牛乳不但含适宜之三大营养素，并有甲乙丙丁四种维他命，而甲种尤富。维他命为生活之要素，苟有缺乏，疾病随之，故牛乳者，实营养价最高之琼浆玉液也。

牛乳稽留胃部之时间，仅一时又半，消化之速，他种食品，罕与伦比，而吸收又甚良好，达95%，故胃弱者及老人小儿，饮之最宜。

牛乳脂肪之含量，秋冬多于春夏，国人每于冬令饮黄牛乳，不为无见。

鲜牛乳不可久贮，恐细菌潜入，变坏乳汁，及乳牛多数有结核病，乳中常现结核菌，此种病菌，侵入胃肠，成人虽无大害，小儿则有传染肠劳之可能。为慎重计，宜以煮沸饮之为是，惟消毒牛乳，炖温即可。

中国商人，射利心浓，苟非卫生当局检验之牛乳，殊难信任其优良，故牛乳之良否鉴别，为饮乳者必具之常识，兹录简单试验法如下。

1. 滴牛乳于指甲上，作珠状者良，流落者劣。

2. 注数滴牛乳于清水中，直沉水底者良，不沉而四散者劣。

3. 取牛乳以青色试验纸试之呈赤色，复以赤色试验纸试之呈青色者良，若试以青纸能变色，试以赤纸不变色者劣。

牛乳食法繁多，介绍数种，以供采择。

1. 和于红茶、可可、咖啡中饮之，此泰西士女之食法也。

2. 龙眼熬汁，与牛乳和匀，调入打松鸡卵一枚，柠檬一片，白糖一匙，乘热呷之，味既甘芳可口，兼有补脑之功（因龙眼、卵黄，均堪滋养神经）。

3. 鸡卵一枚，打松，冲以牛乳，稍加白兰地酒，此于滋养中寓兴奋，凡患肺病及热证之身体虚弱者，服之最宜。

4. 面包一片，撕碎，入牛乳中，加精盐少许，失眠者睡前食之，易入黑甜。

5. 鲜牛乳煮沸，及稀粥各半，调和，随量服之，为病后调理食法。

6. 牛乳四两，煮沸，加入石灰水一两（以生石灰二三钱，投于开水一茶碗中，用筷搅拌，徐待石灰沉下，乃取其面上之清水一两，备用），混和，服之治呕吐、久泻、久痢等症。

诸家本草称牛乳味甘，性微寒，功能养心肺，润大肠，解热毒，润皮肤，为润燥生津之品，于老人虚弱人及病后调理最宜。作者尝服牛乳至二年之久，觉本草所云"泽肤润肠"，确有是效，而其滋养所及，令人冬不畏寒。

牛乳今不入药，古方则屡用之，兹录二方，以见一斑。

1. 朱丹溪韭汁牛乳饮：牛乳半斤，韭菜汁少许，煮热顿服，治噎膈。

2. 张任侯五汁安中饮：牛乳六分，韭汁、姜汁、藕汁、梨汁各一分，和服，治同前。

（按）顾惕生氏谓肺病多啖韭菜，大有殊功。余如藕汁止血，生姜开胃（惟有咳血及潮热者忌之），雪梨润肺，故予以为此二方不但为胃液枯燥之清养剂，即结核为祟之肺劳，亦可借治也。

应秋按：牛乳之营养价值，沈先生言之详也，惟老年人仍不宜多饮牛乳，盖年老者钙素已多，易使脉管硬化。婴儿饮用牛乳固佳，但其所含蛋白质较人乳为多，不易消化，宜用水冲淡，再加乳糖、奶油，俾其成分与人乳相近，则得之也。至鉴别牛乳之法，已如沈先生所述，惟最好之鉴别法尚有二：常备一比重表，牛乳之比重平均自 1.03 至 1.033，若搀入水分者，其比重仅在 1.00 左右，此其一。又经搀入米汁之牛乳，可用碘酒以试验之，若乳变蓝色，即其有参假之确证，此其二。若初接到送来之牛乳，见其瓶底有污垢小粒沉淀者，即为陈久有细菌之证明，决不宜饮用，纵消毒亦无益。牛乳入药，于陶宏景已有记载，惟不甚珍视耳！

体虚者之恩物

挚友黄劳逸，以研究国产药物，著称于世，尝语余云：鸡卵之滋养价值，黄胜于白，消化吸收，亦黄速于白。故讲求卫生者，恒倾去卵白（因卵白属半可溶性，经高热即凝固不易消化），专取卵黄，打松，调于将起锅之粥中食之，每粥一碗，可调入卵黄二枚，用代早食，长啜不断，殊体虚者之恩物也。因卵黄中含有多量之含磷脂肪、蛋白、维他命甲及戊，皆人身之重要营养素也。惟此物生啖熟食，皆非所宜，最好半熟，故须热粥调之。

附　丁福保发现价廉功宏之强壮新药

近年市面不景气，凡中下等人，一旦患虚弱证，皆无力买补药，此为最苦之事。余日夜思索，欲在生产极多、价值极廉之草本中，发明一种大补药，以补世间一切虚弱病人。久之果得一药，病人服后，能使食量增加，精神充足，又有强壮心脏之力，能退脚肿及颜面浮肿，又能使血液循环佳良。故临卧时服一碗，可得酣睡之效。连服一二个月，往往体重日增，症状日退，虽第二期之肺痨病，亦有服此而全愈者。非但吾国旧药中无此力量，即各国所出之补药，亦不能及此药之十一也。妙在此药无毒性，无副作用，虽多服亦无害，此真民间通俗之良药也。其物维何？即棉花之根也。棉花根之价极廉，俗名花棋柴，将其根截下，洗去污泥，晒干，再将其根剪短，约半寸许，每日秤半斤（重证则用一斤），用水五六碗煎一小时，煎至三饭碗，在早饭、午饭、夜饭前一时，作三次分服（每次服一碗），其余渣再可用水三碗，煎至一碗，每夜临卧服。上海产棉最多之区为浦东，故浦东农人之来诊病者，余皆使回去煎服棉花根，治愈者已在百人之外。友朋中有朱夑臣先生之侄女，患肺病，托余诊治，余使煎服棉花之根，每日半斤，连服一月则胃口好，精神亦好，面肿、足肿亦退，嗽咳与发热俱减，月经亦通，续服一月而全愈。惟服此药时，宜使病人确守四种规则：一，终日安卧，不许运动。二，卧室之空气，宜日夜流通，不许关窗。三，饮食物宜滋养充足，尤宜细嚼缓咽。四，终日心气和平，宜抱乐观主义，此外又每日将身体揩拭干净。朱女士能坚守此规则，故能两月即愈。若患肺痨病而欲服此药者，宜师法朱女士之坚守规则为最要。吾考国内产棉之区域，有河北、山东、山西、河南、陕西、湖北、湖南、江西、安徽、江苏、浙江、四川等十二省，其棉花之根，每年约有数千万担，若各省尽以此根作为治病之药剂，可以抵制外国之强壮药十之八九矣，况其效力实能超出外国药之上乎！其根上之干部及枝叶，每日煎服半斤，亦可作为强壮剂，此可为全国通俗用之新药（《畸隐居士七十自叙》五十二页）。

酒在医学上之评价

无论何种酒类，其主成分皆为酒精 $C_2H_6O_9$，内服其少量之稀薄液，能增体温，助消化，振精神，若早斯夕斯，食之不已，在自身易罹慢性胃炎、肝脏变硬、脑出血、神经痛（酒客之鼻部，每作红色，俗名酒皻鼻，此因该处微血管，日受酒之刺激而扩大，不能复原之故），在后嗣多为低能、白痴，谚云“少饮有益，多饮则害”，语虽俚俗，实含至理。日医系佐近曰：“吾人至二十五岁以上，意志已强，有抑制情欲之力，不致为情欲而越一定之量也，凡达此年龄者，晚餐时，一日之事已毕，乃饮一杯以取乐，约半合至二合，谈笑一时间，遂陶然就眠，决不妨健康者也。请自举一例，余性嗜酒日必二饮，继恐有害健康，且致废时失事，遂自立限，仅于土曜日或剧务日之晚餐，饮日本酒一合半，彼时胸襟开豁，万念都消，少焉遂寝，则鼾声如雷，而得熟睡矣，因此亦能早起。”此与吾国孔子“惟酒无量不及乱”之言，若合符节。无量者，不明定限量也；乱者，酩酊无知也，饮不及乱，其量浅可知矣。余意酒之嗜好，关于天性不能饮者，固不必强饮，能饮者，避浓烈之酒，遵“不及乱”之戒，间或一饮，固无伤也。至酒在医药上之用途，虚脱者，用之以强心（指白兰地酒）；失眠者，用之以催眠；羸瘦者，用之以致肥（因酒精能减少体中脂肪之分解，肌肉瘦削之人，每日饭后，略进麦酒，有增加体重之效）；消化不良，用之以健胃（指百匆圣酒）；贫血痿黄，用之以补血；病后衰弱，用之以滋养（均指葡萄酒）。其效不能尽述焉。

应秋按：酒之营养价值，经晚近米氏之动物饲养实验，酒于动物体中，其所含之能力，约四分之三可被利用，即酒于动物生理之热能可给率，约为百分之七十五是也。若原酿酒类中，如葡萄酒、绍兴酒等，皆含有相当B类维生素，至蒸溜类酒，如大曲酒、汾酒者，则不然。故饮酒以饮原酿酒类为佳。每日饮酒一二杯而不及乱，必能提高体中氮素与脂肪之蓄积，且有增高食物化消率之功效，固无疑也。

饮食丛谈

余前作《食物疗法》一篇，由中国医药文化服务社附刊于《猩红热之研究》，日来因研究营养问题，所得食物疗法数则，不忍抛弃，记之于次。

肠红：白木耳水煮淡食，日食一钱（张寿山医师云：白木耳之功用有四，慢性白浊；肠内燥结，消化不良；女子月经病，较金印草、宁坤水之功用为优；脑病性食滞。又云：其食法，每日用七八分，先用淡水浸化，剔去菌蒂，然后以淡水十六两，文火煮四五小时，加冰糖一撮，再煮十余分钟，分二次食。）。

火丹：百合研细末，白糖共捣烂，敷之即痊（圭按：火丹乃丹毒之一种）。

肝胃气痛：玫瑰花、龙眼肉二味熬膏，每日沸水冲服一匙，久服自愈。

泄泻少食：糯米一升，水浸一宿，沥干燥，慢火炒令极热，磨细，罗过如飞面。将怀庆山药一两，碾末，入米粉内。每日清晨用半盏，再入砂糖一茶匙，胡椒末少许，将极滚汤调食，其味极佳，大有滋补（圭按：以自制真藕粉，先用水调匀，继加入打松鸡卵一枚，以沸水冲之，须随冲随搅，加白糖食，亦味美而益人）。

《浪迹丛谈》云："核桃补下焦之火，亦能扶中焦之脾，但服之各有其法。旧闻曾宾谷先生，每晨起必啖核桃一枚，配以膏粱烧酒一小杯，酒须分作百口呷尽，核桃亦须分作百口嚼尽。盖取细咀缓嚼，以渐收滋润之功，然性急之人，往往不能耐此。余在广西，有人教以服核桃法，自冬至日起，每夜嚼核桃一枚，日增一枚，数至第七夜止。又于次夜如前嚼，日减一枚，亦数至第七夜止。如是周流，直至立春日止，余服此已五阅年所，颇能益气健脾，有同余服此者，其效正同。闻此方初传自西域，今中土亦渐多试服者，不甚费钱，又不甚费力，是可取也。"

（圭按）核桃之功用有二，一为敛肺定喘，一为固肾涩精。其营养成分，为蛋白质15.78%，脂肪66.85%，碳水化物10.81%，钙0.119%，磷0.362%，铁0.0035%，并含有甲、乙两种维生素，不失为滋养强壮之干果。至梁氏所述渐增之服法，无非因核桃含油质甚多，顿服大量，消化吸收，均感困难，惟逐渐加增，则胃肠无扞隔之弊。此法《本草纲目》亦载，但与之大同小异耳。

吾人所啖之食物，有供给身体燃料之用者，如脂肪、淀粉、糖类是也；有供给建造之用者，如蛋白质、各种矿物盐类是也；有供给保护之用者，如维生素、矿物质是也。以上各种食素，皆含蓄于各种动植物中，吾人必须明了每种食物之营养成分，而妥为配合，方获营养之益。兹将含维生素最多之食物，分列于后，倘能随时选食，自无阙乏之虞矣（吾人之食品内，若阙乏某种维生素至三四个月之久，可致人于死亡，故维生素对于人身，极关重要，未可忽视也）。

含甲种维生素最多之食物：菠菜、胡萝卜、番茄、玉米、全小麦、大豆、广柑、苹果、香蕉、牛乳、奶油、山羊奶油、鸡蛋、牛肝、鸡肝、鸭肝、鸡油。

含乙种维生素最多之食物：干豌豆、干扁豆、干蚕豆、花生、全麦粉、糙米、酵母、蛋黄、鱼卵。肝及内部脏器。

含丙种维生素最多之食物：生黄芽菜、生水芹菜、生菠菜、胡萝卜、马铃薯、番茄、芫荽、红辣椒、椿芽、卷叶菜、扁豆、发芽种子、黑葡萄、橘柑、柠檬。

含丁种维生素最多之食物：鳖鱼肝油、牛脂、奶油、蛋黄。

含戊种维生素最多之食物：麦胚油、棉子油。

徐蔚南云：面包之“包”字，乃法语之译音，“面”字乃解释此物系以面粉制成，又因法国所制面包，为欧洲诸国之冠，故不择英语之白莱特，而独译法语之包也（见三十四年六月《中央日报》副刊）。

（圭按）面包一物，相当于吾国北方之馒头，而松软过之，胃力欠强者，以之代饭，弥佳。

梁章钜云："余抚粤西时，桂林守兴静山体，气极壮实，而手不举杯，自言二十许时，因纵酒得病几殆，有人教以每日空心淡吸海参两条而愈，已三十余年戒酒矣。或有效之者，以淡食艰于下咽，稍加盐，便不甚效。有一幕客，年八十余，为余言海参之功，不可思议。自述家本贫贱，无力购买海参，惟遇亲友招食，有海参必吸之净尽，每节他品以抵之，已四五十年不改此度，亲友知其如是，每招食，亦必设海参，且有频频馈送者，以此至老不服他药，亦不生他病云。"(《浪迹丛谈》)

（圭按）海参，生海湾中及外海礁岩间，属棘皮动物海参类有足类海参科，功能补肾益精，消痰涎，摄小便，壮阳道，杀疮虫，降火滋阴，通肠润燥，除劳怯诸症，又有补血之功。赵学敏引盛天然云："海参，能生百脉之血，若失血过多，必须以此补之，其生血之功，捷于归芪也。"陆以湉云："海参淡食，最益人，常有食之终身而康强登上寿者。"观此，可知海参乃一滋阴补肾之良品，性本和平，久服弥佳，梁氏之记载，得陆氏之印证，愈足坚服食者之信念矣。

陆以湉云："谷不熟为饑，腹不实为饥，饥之甚为饿，饑饥古异义，后人通用，误也。"考《康熙字典·食部》饥字云："按：《说文》饥饑二字，饥训饿，居夷切；饑训谷不熟，居衣切。"又同部饿字云，"按《韩子·饰邪篇》：'家有常业，虽饑不饥。'《淮南子·说山训》：'宁一月饥，毋一旬饿。'以此推之，饿甚于饥也。"

（圭按）今人以饥为饑字之简笔字，实误。又饥饿为身体阙乏营养之自然感觉，故体强脾健之人，未至食时，腹已先饥，若晨起舌苔垢腻，大便秘结者，其胃肠之失调，亦可知矣。苏子瞻云："已饥方食，未饱先止。"此二语，愿世人深印脑海，奉为胃脏卫生之科律焉。

旧钞手册，载甜点心三种，录如下：

香蕉布丁：干面包屑两杯，香蕉一杯半，葡萄干三两，用瓷盘一只，以厚纸为栏，中铺面包屑一层，上加葡萄一层，香蕉一层，再加面包屑盖面，调鸡蛋牛乳浇上，蒸半点钟即成。

脂油糕：用纯糯米粉，拌脂油及冰糖屑，放盘中，蒸熟，切开食，味极丰美。

雪花酥：《中馈录》云，酥[①]油入锅，化开滤过，随手下炒面，搅匀，使不稀不稠，急离火，用白糖末下在面内拌匀，和成一处，上案捏开，切同眼镜块烤之，酥而且白，味尤美。

昔人对于食物之评价以色香味俱全者为上品，今据科学言之，则所谓滋养食物者，须具备"滋补""消化吸收良好""甘芳可口"之三条件，上述三种，庶夫近之。

附　任应秋苏子瞻先生养生杂记

苏子瞻先生别传

子瞻先生，姓苏名轼，蜀之眉山人也，眉山秀冠天下，先生出而秀气没，说之者曰：山之灵秀，皆钟于先生也。比冠，举制科，召直史馆。神宗朝，与王安石不合，出知密州，坐乌台诗案，下台狱，寻赦，贬黄州。州之东，有东坡，先生筑室居之，自号东坡居士，常着四墙方巾，曰东坡巾。哲宗立，迁翰林学士兼侍读，旋出知杭州，又以元佑党人故，贬琼州，后赦还，卒于

① 酥：奶油也。

常州，谥文忠。先生诗文，高绝千古，代有定评，独不知先生尤精于医道者。先生治医于未病，故常讲修炼养黄中之学，先生用药崇实验，黜意妄，读其斥欧阳文忠公“医者以意用药”之说，可以知也。尝论益智云：治水止气，而无益于智，智岂求之于药。又辩漆叶青粘散方，考证核实，精当无伦，微先生孰能当之。先生论求医诊脉云：吾平生求医，盖于平时默验其工拙，至于有疾而求疗，必先尽告以所患而后求诊，使医者了然，知患之所在也，然后求之诊，虚实冷热，先定于中，则脉之疑似不能惑也，故虽中医治吾疾常愈，吾求疾愈而已，岂以困医为事哉？使病家、医者皆能熟谙，则世无枉死之鬼矣！先生父洵，母程氏，世并称先生之父及弟辙为三苏。先生有小妹，工诗，早没，俗讹为秦少游之妻者，非也。

任应秋氏撰于大屋藏书楼

服生姜法

予昔监郡钱塘，游净慈寺，众中有僧号听药王，年八十余，颜如渥丹，目光炯然。问其所能，盖诊脉知吉凶如智缘者，自言服生姜四十年，故不老。云：姜能健脾温肾，活血益气。其法，取生姜之无筋渣者，然不用子姜，错之，并皮裂取汁，贮器中。久之，澄去其上黄而清者，取其下白而浓者，阴干，刮取如面，谓之姜乳。以蒸饼或饽，搜和丸如桐子，以酒或用米汤吞数十粒，或取末置酒食茶饮中食之皆可。听云：山僧孤贫，无力治此，正尔和皮嚼烂，以温水咽之耳。初固辣，稍久则否，今但觉其美甘而已。

服威灵仙法

服威灵仙有二法：其一净洗阴干，捣罗为末，酒浸牛膝末，或蜜丸，或为散，酒调，牛膝之多少，视脏腑之虚实而增减之。此眉山一亲知，患脚气至重，依此服半年遂永除。其一法取此药漉细得中者，寸截之，七十寸作一贴，每岁作三百六十贴，置床头，五更初，面东细嚼一贴，候津液满口咽下。此牢山一僧，年百余岁，上下山如飞，云得此药力。二法皆以得真为要，真者有五验，一味极苦，二色深翠，三折之脆而不纫，四折之有微尘如胡黄连状，五断处有白晕，谓之鸲鹆眼，无此五验，则藁本根之细者耳。又须忌茶，以槐角、皂角牙之嫩者，依造草茶法作。或只取《外台秘要》代茶散二方，常合服乃可。

服茯苓法

茯苓，自是神仙上药祖，其中有赤筋脉，若不能去，服久不利人眼，或使人眼小，当削去皮，斫为方寸块，银石器中清水煮，以酥软解散为度，入细布袋中，以冷水揉搜如作葛粉状，澄取粉，而筋脉留袋中，弃去不用，用其粉以蜜和如湿香状，蒸过，食之尤佳。胡麻，但取纯黑，脂麻九蒸九曝，入水烂研，滤取白汁，银石器中熬如作杏酪汤，更入去皮核烂研枣肉，与茯苓粉一处搜和食之，尤奇。

服地黄法

肥嫩地黄一二寸，截去头，薄纸裹两头，以生猪脑涂其肤周匝，置小盘中，挂通风处，十余日自干，抖数之出黄细粉，其肤独一一如鹅管状，其粉沸汤点，或谓之金粉汤。

服松脂法

松脂，以真定者为良。细布袋盛，清水为沸汤煮，浮水面者，以新罩篱掠取，置新水中，久煮不出者，皆弃不用。入生白茯苓末，不制，但削去皮，捣罗拌匀。每日早，取三钱匕，着口中，用少熟水搅漱，仍以脂如常法揩齿毕，更啜少熟水咽之，仍漱吐如法，能坚牢齿驻颜乌髭也。

炼枲耳霜法

枲耳并根苗叶实，皆濯去尘土，悬阴净扫洒地上，烧为灰，澄淋取浓汁泥，连二灶炼之，俟灰汁耗，即旋取旁釜中，已衮灰汁，益之，经一日夜不绝火，乃渐得霜，干瓷瓶盛。每服早晚临睡，酒调一钱匕，补暖，祛风，驻颜，不可备言。尤治皮肤风，令人肤滑净，每净面及浴，取少许如澡豆用尤佳，无所忌。苏昌图之父从谏，宜州文学，家居于邕，服此十余年，年八十七，红润轻健，盖专得此药力也。

服黄连法

姚欢年八十余，以南安军功，迁雄略指挥使，老于广州，须发不白。自言六十岁患疥癣，周匝顶踵，或教服黄连遂愈，久服故发不白。其法以黄连去头，酒浸一宿，焙干为末，蜜丸如桐子大，空心，日午临卧，酒吞二十丸。

附　载

食物疗法

人生大地，饥饱劳役伤其形，声色嗜欲损其真，其能常保康宁，不撄疢疾者，盖不多见，故医药者，人生健康之保障也。但吾国公医制度方在萌芽，离实现之日尚远，通都大邑，医师药品尚有良莠不齐之憾，穷乡僻壤，自必更感困难，故医药卫生，为民众应具之常识。医药常识中，以食物疗法，最切日常生活之需要，因供饮食之动植诸物，性质和平，取求便易，投之对证，病苦立蠲，稍有差池，亦无大过，不比单方峻药，未许盲从滥试也。

夷考古今治病方法，原不限汤液一种，导引、针灸、薄贴，古法也，日光、空气、营养、转地、浴、罨、镭、电等，新法也。今以食物言之，如萵苣治失眠及神经过敏，蕃茄治肝脏麻痹，黄柿治痔血，葡萄补血，苹果通便，红豆治脚气，南瓜子杀绦虫，豆豉助消化，海带消瘿及瘰疬，兽脑治神经衰弱，兽肝治恶性贫血，蔬菜清血预防传染病，水果治坏血病，诸如此类，不遑枚举。他如糖尿病忌食淀粉，肥胖病减食脂肪，胃酸缺少减食蛋白，脚气宜啖糙米，小儿骨软宜啖钙质，亦何莫不与食物有关。由上所述，可知食物确有治病之功用，食物疗法在医学上之价值，而吾人对于药用食物应注意与研究，洵今日急要之事矣。

不慧体弱多病，对于饮食卫生，不敢忽视，而食物疗病之方，见闻所及，笔记颇多。兹遴选合理者若干则，聊为民众医药之助。

中医方剂之应用，以症状为标准，一病之症状不同，方亦有别，若症状相同，一方可赅数病。盖中医治病，不问原因，不问病名，大半对症施治，本篇各方，所冠病名，悉以症状言，后方注释，有新说可据者，皆稍为疏通。稿成，丐陈邦贤先生校阅一过，附此致谢。

内　科

【咳嗽】　萝卜切片，加麦芽糖蒸熟，去萝卜，饮汁。（注）萝卜化痰，麦糖调味，新咳久嗽，用之咸宜。曩在西湖中医虚损疗养院，有患咳喘胸闷者，服药鲜效，后以萝卜捣汁，温饮一大碗，痰喘顿差。

【感冒咳嗽】　大萝卜一个，挖空，放麻黄、白芥子少许于内，加蜂蜜适量，用萝卜片盖上，竹签钉定，隔水煮熟，去麻、芥，食萝卜与汁。（注）麻黄为发汗药，白芥子为化痰药，二物特宜于感冒性气管支炎。

【虚劳咳嗽】　生落花生、叭哒杏仁各三钱，研末冲服。（注）花生、杏仁皆含维生素甲及维生素乙，花生又含脂肪，能增进营养。此方能祛痰止咳，故于虚劳咳嗽最宜。

【咳嗽吐血】　叭哒杏仁四两，白及二两，共研细末，每用一大汤匙，先用温开水调成稀糊，再加冰糖炖热呷之。（注）白及富于黏液，能凝固血液，故吐血用之有效。

【梨膏】　取雪梨不拘多少，捣烂入锅中，加水煮汁二次，去渣，更入锅，煎至水分减少，而成稀液，每一斤入冰糖十二两，俟成膏乃止，即可取出收贮，治肺病咳嗽、吐血等症。（注）梨性清凉，除烦化痰，肺病干咳用之最宜。此膏加枇杷叶三分之一同熬，将成膏时，入川贝母粉适宜，则降气润肺之功尤巨。

【吐血】 生梨一个，柿饼二个，红枣六个，荷叶一张（无鲜者干者亦可），鲜藕一斤（打汁），前四味熬汁，冲藕汁服。（注）藕含鞣酸甚富，梨堪降火消痰，柿饼、荷叶性涩止血，故为吐血良方。

【又方】 马蔺（去根）四两，茅根（去心）四两，先煮去渣，入莲子（去心、皮）四两，红枣四两，再煎，晨夕各服一次，以七日到廿一日为度。

【痰血】 大柿饼饭上蒸熟，批开，入真青黛三分，临卧常服一枚。（注）黄柿性涩，故有止血之功用，凡有血丝血点附着痰中咯出者，用之有效，但须常服。

【吐血】 西瓜子一二升，淘净浓煎，入冰糖少许，代茶饮之，长服勿断，可以除根。（注）西瓜子能减低血压，预防中风，其治吐血，亦由斯故。

【消化不良】 鸡肫皮洗净，焙干，研末。食前开水送服一钱。（注）此物含有陪泼辛，有辅助消化之功用。

【停食】 山楂焙成炭，研极细粉，赤糖调匀，开水送服三钱。（注）此物与骨炭同意，能吸收肠中不洁之物质。

【腰痛】 猪腰一个，杜仲半两，煨熟，饮汁啖腰。（注）杜仲为强壮药，有益于腰膝体弱之人，腰酸足软，服之有效。

【便秘】 采黑桑椹煎膏，每夜开水化服一羹匙。（注）桑椹补血微下，患常习性便秘者宜饵。

【遗精】韭菜子二两，微炒为末，食前温酒服方寸匕，治虚劳梦中遗泄。（注）韭子为兴奋性强壮药，遗精及患性神经衰弱者相宜。

【失眠】绍酒三两，鸡卵一个（打松），胡桃二个（去壳，捶成泥），冰糖适宜，四物混和，煮沸，临卧徐呷之，治神经衰弱及失眠颇效。（注）《随息居饮食谱》载，老人少寐，用小银钵注白酒，置怀中，半夜睡醒，取钵呷酒，此治睡眠后障碍之法也。

【盗汗】地骨皮一两，浮小麦二两，红枣十枚，煎汁代茶，以枣代点心。（注）地骨皮滋阴退热，浮小麦退热止汗，以治肺劳或病后睡中出汗，洵为合拍。

【胃气痛】黑芝麻荄一支，金橘饼三四枚，煎服。

【疟疾】冬葵子二钱（研末用），红枣五枚，生姜三片，煎汤，于发疟前五六小时送下。

【痢疾】凤尾草（一名鸡脚草）连根一大握，老仓米一勺，老姜（带皮）三片，葱白（连须）三根，用水三大碗，煎至一碗，去渣，入烧酒小半盏，真蜜三茶匙，调极匀，乘热服一小盏，移时再服，以一日服尽为度。忌酸味、生冷、煎炒、米面点心、难化等物，治热毒下痢，亦治五色痢。（注）中医所谓毒痢、疫痢，似指细菌性赤痢而言，至治痢之食物，以萝卜菜为最有捷效，冬日取此物挂檐边，风干后，收藏听用。

【脚气】赤小豆、落花生、红枣等分，大蒜酌加，浓煎代茶。（注）此方除维乙素外，兼能消肿，故湿性脚气用之极效。

【肺劳】独头蒜瓣放馒头内，每个三四瓣，蒸熟，味不辣而甘。（注）大蒜有益于肺劳，因能增进食欲，并能化痰止喘。

【肠寄生虫】 本草称榧肉杀诸虫，不问何虫，小儿空腹食七枚，大人食廿一枚，七日虫皆死而出矣。（注）常见之肠寄生虫如蛔虫、绦虫、十二指肠虫、蛲虫等，榧肉大概皆有相当功效。又大蒜能杀绦虫、蛔虫、蛲虫，用法：打烂入牛乳中煮，加糖饮之。

【反胃噎膈】 牛乳六份，韭菜汁、姜汁、梨汁、藕汁各一份，和服。

外　科

【发背】 疮面溃烂甚大者，以川椒细末撒布，能排脓收口。

【疔疮】 野菊花捣汁饮。（注）或以甘蕉根捣烂，绞汁饮，有同样功效。

【汤火伤】 急取童便或蜂蜜冲开水温服之，外用麻油调地榆末搽之。（注）地榆为收敛止血药，对于皮肤灼伤，大便下血，妇人血崩，收效甚大。此方以地榆麻油调敷，有消炎止痛生肌之功，一方用地榆、大黄、黄连、冰片，各研细粉，和蛋黄油制成乳剂，其效更胜。

【痔漏】 每日用黑枣十六个或二十个，每个剖开，去核，填满棉子仁，外以线扎紧，煨熟，清晨食之，月余收功。（注）袁中郎杂志亦有棉子治痔之说，痔漏为消耗证，此物壮强滋补，故能有功。

【癣疥】 大碗一口，上蒙薄绢，绢上堆积米糠，以火燃糠，约十余小时燃尽，去绢，碗内有糠油，置泥地一宿，用时将油溶化，涂于患处。此药亦治眼癣。

产 妇 科

【产后腹痛】 赤小豆一升（炒），水煎，赤砂糖调服，日二三次，越日必下血块，而腹痛顿止。（注）此方治产后恶露停滞作痛。

【乳痛】葱白一斤，捣烂取汁，以好黄酒分二次冲服。外用麦芽一两，煎汤频频浸洗。

眼　科

【目赤】红枣五六枚，去核，入白矾于内，铁签插住，轮流放青油灯上烧枯。另用黄连少许，水适量，同放饭锅上蒸熟，去渣。取水点眼，治赤眼，红肿疼痛，不能视物。

【又方】黄连少许，浸人乳中，逾时取出黄连，将乳汁点入眼内，并涂眼睑上，一宿即愈。（注）黄连对目疾之炎症有良效，凡目赤羞明流泪，皆克治之。

【预防目疾】枸杞茎叶和猪肉煮汁，祛热明目，预防眼疾。（注）以菊花作枕，亦有预防眼疾之功。

【羊肝丸】羊肝四两（生用），夜明砂（淘净）一两，蝉衣一两，木贼草（去节）一两，归身（酒洗）一两，诸药为末，羊肝去筋膜，捣烂为丸，每服三钱，热汤送下，养肝除障，治一切目疾。（注）羊肝含维生素甲，治结膜干燥、夜盲、目光衰弱，此丸因有其他药品配合，故有祛除翳障之功。

补　食

【日用仙酥丹】莲肉、枣肉（煮去皮捣）、柏子仁各半斤，甜杏仁（捣）六两，胡桃（去皮捣）四两，砂仁末四两，酥油、白蜜各半斤。上文火炼蜜，次入酥油，搅匀，数沸入莲柏末，又数沸入桃杏枣膏，慢熬半炷香，入砂仁末，搅匀，用磁罐置冷水中一日。每服三匙，空心卧时，温水一二杯送之，补百损，除百病。（注）莲肉纯为淀粉，胡桃富于脂肪，甜杏仁稍含蛋白，红枣滋养，砂仁健胃，此丹颇有益于营养。

【理脾糕】 百合、莲肉、山药、米仁、芡实、白蒺藜各末一升，粳米粉一斗二升，糯米粉三升，用砂糖一斤调匀，蒸糕烘干，常食，治老人脾弱水泻。（注）山药含淀粉极为丰富，米仁为最富滋养之禾本科植物，莲、芡、百合亦有壮强作用，故老年胃肠衰弱，消化不良而下利者，用之甚妙。中药店出售之八珍糕，用茯苓、米仁、山药、扁豆各四两，莲肉半斤，粳米、糯米各一升，炒熟磨粉，加白糖，印为糕，与此方大同小异也。

【人造乳】 黄豆四十份，落花生、甜杏仁各三十份，照制豆浆法制成浆液，清晨炖饮，补身之力，埒于牛乳，更能润肺化痰，降气止咳，对于咳嗽、肺病、胃病、虚弱等，甚为有益。（注）人造乳中含维生素甲及维生素乙，极合营养饮料。

【可可脂蜜膏】 猪网油、淡白塔油、蜂蜜、白糖、可可，以上等分，龙爪葱适宜，先将网油熬熟，去渣，入白塔油，沸后入蜜，沸后入糖，沸后入可可，最后入葱（先去皮，刮出葱肉，入油内熬成膏，再入葱皮，沸二三下去之），每饭后服一汤匙，日三次，治劳怯。（注）中医所谓劳怯、虚损、虚劳等病名，包括一切慢性消耗证而言，此方以三种油质制成，裨益营养非细。

【菊花酒】 滁菊花浸于白酒中，滋养强壮，治头痛、风湿痛。

【龙眼膏】 桂圆肉一味，水熬三次，去渣再熬，加冰糖收成膏，长服有补血及滋养神经之效。

【炖海参】 红旗参白水炖烂，加冰糖食，日食一只，颇能补养。（注）清·梁章钜《浪迹丛谈》云："余抚粤西时，桂林守兴静山，体气极壮，而手不举杯，自言二十许时，因纵酒得病几殆，有人教以每日空心淡吸海参两条而愈，已三十余年戒酒矣。或有效之者，以淡食艰于下咽，稍加盐酒，便不甚效。”

【莲子粉】 莲子去心衣，磨为粉，每用半盏，加白砂糖，沸汤冲服，或水调为稀糊，加糖炖沸食之。（注）《浪迹丛谈》[①]引王渔洋云，陈说严总宪说，蔚州魏敏果公象枢，初无子，或教以每日空心服莲子数十粒，遂生子。李总宪奉倩有子十一人，云亦服此方有验（按：莲子中医用以治遗精有效）。

民国三十年作于青木关

应秋小品

江津任应秋君为余选编“仲圭医论汇选”，并逐篇增附评语，补其阙略，正其失讹，披阅之下，自叹勿如！该稿因故未能即付剞劂，恐日久散佚，爰将任君评语附载于此，并代题其端曰《应秋小品》。

丁亥五月仲圭记

有史可考之著作本草第一人，固当推陶宏景氏，然陶氏著本草之首成功者，厥为《本草经集注》，而非《名医别录》，盖其所集注者，皆为药种之形态，采纳之时季，以及处方之材料，多半发前人所未发者，《名医别录》仅增进别品三百六十五而已！乃今之述本草者，多言《别录》而不及《集注》，揆诸“文史”体

---

① 《浪迹丛谈》：《浪迹丛谈》卷八“方药”：“偶读王渔洋先生《居易录》及《分甘余话》，所载各方，喜其博雅而可以济人，因摘录其简便者数条。”

例，似未尽合。

人于每晚八小时睡眠中，约须变换姿势三十五次，每隔五分钟或十分钟即变更一次，盖人体之筋肉组织既非一种，入睡时若以一种姿势即欲周身筋肉均得以休息，殆为不可能之事。故某一种姿势入睡略久，筋肉即为疲倦，人便于梦中转身，俾疲倦之筋肉得以弛松。如其移动之次数过多，则知其休息未能充足（如病痛、饥饿、过饱等是），次数过少，则仅获得部分之休息，醒来时亦无舒适之感（疲乏、昏沉，多有是等现象），故“寝不尸”，实为健康者之睡眠现象也。

皮肤凡包藏二十万条脂肪腺，保持其表面不致干燥，年老人之脂肪退减，故甚恶寒，盖脂肪不传热故也。滋润皮肤之惟一适当方法，厥为时常浣涤消化系统，不致疾病足矣，舍此他求任何“霜”品，亦不能使其皮肤之毛孔缩小，而得光泽，然则，洗桃花反不如食桃花矣。

临床审证要认得确，处方配药要投得准，毋为一切所限制，这便是有天大功夫，天大本领。今之医者则不然，徒竞竞于时师俗尚之辩，药有春夏之忌，方严今古之分，而于审证功夫则万分疏忽，竟至一辈子用不到麻、桂、石膏等有之，呜呼！是所谓时师也。

陈果夫先生云：“欲减少疾病，势非从教育与预防着手不可，所以卫生之道，比医药尤为重要。”陈氏饱经疾患，故于医药卫生，均得其精义。沈先生亦素多病，故于卫生之知识，亦最为丰富。然卫生之道亦夥矣，沈先生今谈其曾经实验者，则非仅为纸上之文字，实言之可行者也，愿读者省诸。

凡当夏日，消化能力无不锐减，故饮料中过冷、过多、过浓，均有所忌，沈先生安排诸品，既无上列诸弊，又爽适可口，诚夏季佳料也。

大枣用枚，古今应无伸缩，仲景用大枣多为十二枚，今人只用二三枚，似嫌其过轻。且仲景时之两，只当今日之二钱九分九厘，或三钱五厘八毫，今用分量，普通仍在二三钱至六七钱之间，相当于仲景用二两左右，仲景用量，仅在二两三两四两之间，相差于今人用量，约重一倍，则吾人大枣之用量，可减少其一半，准于六枚之间，其庶几得之矣。

茶素具有两大作用，一曰收敛，一曰沉淀。其收敛之作用，已如沈先生所言。若茶汤泡成之后，其水中之一切杂质及病菌，亦无不为之沉淀。据最近医学家之研究，伤寒、霍乱及赤痢等病菌，于茶汁中不过数分钟即失去生活力，则《圣济总录》等记载，自是由经验得来。德国人类食物研究所之报告："一玻璃杯的茶，可以增助工作效能百分之十。"则沈先生之谓提神、兴奋等作用，均属至当。茶，除如沈先生所述之成分而外，复含有维他命A、C、D三种，英植物学家Banks做世界航海旅行时，因船员多患坏血病，而我国茶叶中之维他命遂由此发现，美国Prog. L. miller谓"日常生活上维他命之摄取最便者，莫过于茶"，丁著《食物新本草》，仅言"茶为神经之补剂"，沈先生亦未言及维他命者，以当时茶中尚无发现也。沈先生言饮茶时间，为上午九时，下午四时，英国人饮茶，则纯在下午三时至五时半，及时而无茶饮，必如守法人与最要好之女友失约，而尤难忍受。报载，当第二次大战希特勒未战败以前，英国兵于比利时边境，与敌人苦战三昼夜，而后攻克一小村庄，其时适为下午四五钟许，其进入村庄之第一件事，即为遍索茶叶、茶壶，饱饮红茶之后，再续向敌人追击。白居易《睡后茶兴诗》曰：“此处置绳床，傍边洗茶器。”颜真卿《月夜啜茶联句》曰：“泛花邀坐客，代饮引情言。”李德裕《忆茗芽》诗曰：“谷中春日暖，渐忆啜茶英。”元稹《一言至七言诗》曰：“夜后邀陪明月，晨前命对朝霞。”可见是古人饮茶，自朝至暮随时可饮，殊无定时，乘兴而为之之事也。吾国产茶，以浙为最，盖浙省山地多于平原，产量既丰，品质尤良，全省七十七县市中，产茶县占六十有二，多者凡达十万担，少者数千或数百担。战前全盛时期，浙茶出口数额达三十万担，占全省出口总值百分之三十一。战时茶叶出口以浙省居全国第一位，全省年产毛茶连内销茶在内，不下五十万担以上，茶地面积约一百五十万亩，茶农约占五百万人。然浙省之茶农，于战时所受敌人之破坏既大，胜利以后，依旧困于饥饿线上，不得政府之救济。沈先生浙人也，且生于以产龙井著之杭湖茶区，故略述如上，得无咤余为好事之徒欤?!

肠寄生虫病，仅为疳之一种。疳，应为血液之病，如因白血病而脾质硬固，谓之脾疳，小儿疳积病亦此类。牙龈浮烂之坏血证，谓之牙疳，或曰走马疳。与贫血病大同小异之患者，皮肤苍白带黄，面部浮肿，心悸亢进，呼吸不调，且时觉头痛者，为血液中缺少红血轮之病，名曰疳黄。沈先生之谓疳即肠寄生虫病者，即食物艰于消化，面色灰白，由营养不良，或有肠寄生虫而发之幼儿贫血症也，俗呼之曰疳积。

咳嗽为支气管炎症之一种，其病变为咳嗽中枢，不必强指肺也。荆芥有减退组织细胞之气化机能，为消炎药；桔梗镇咳祛痰；甘草和缓痉挛；陈皮是祛痰清凉品；紫菀缓和镇静；白前、百部镇咳消炎，凡此七品，无一药非祛痰镇咳消炎者，的是止咳专方，然其义不过尔尔，若必涉之金火刚燥之妙道，则相去远矣。

脑弱，医籍中无此名词，应为脑髓性神经衰弱之简称。盖神经衰弱症，大别之有二，一即脑髓性神经衰弱，一即脊髓性神经衰弱也。前者之症状，为头重、头痛、健忘、不眠、读书不能理解、感情剧变、恐惧、便秘、食欲缺损等，且无力操作于精神界之作业；后者之症状，晨起即觉疲乏，又往往下肢有异常感觉，渐骨部疼痛，杨君即前症状之具体而微也。兔脑丸经沈先生之订正后，愈克尽其滋养之妙用，好方！好方！

古人所称赤痢、血痢者，多半为细菌性赤痢，上例三方，均极合用。若白头翁汤，余亦经验不少，惟必加入苦参子，其效方速，盖苦参子于细菌性赤痢，实具特效也。

大承气汤，芒硝三合，大黄四两，重下剂也。小承气汤，大黄四两，而无芒硝，轻下剂也。调胃承气汤，大黄四两，芒硝五合，分量似反较大承气汤为重，但不惟无枳实等之助理攻下药，反重用甘草二两之和缓药，所谓“调”也，“承”也，即缓下之义也。沈先生之标准施用，极有见地。

因服泻下药而奏通经之效者，多属于峻下药，如沈先生之举下瘀血汤近是（大黄三两，桃仁二十个，䗪虫二十枚）。峻下药服后之生理作用，除亢进肠之蠕动外，兼刺激而发炎症，甚至使近旁之器质起充血现象，然则峻下药之能通经者，即卵巢、子宫内黏膜受刺激而发生炎症，所得之卵巢分泌液与黏液及静脉郁血渗漏之血液也。

以冰煎药故事，出李时珍。以冰煎药，以水煎药，理无二致，时亦自知之，其论冰曰：“冰者，太阴之精，水极似土，变柔为刚，所谓物极反兼化也。”其意若曰，土是固体，水至于极冷，凝结而为冰，冰亦固体，故曰“似土”。冰既为固体，遇热即溶为水，故曰“反兼化”，兼化即谓水能结冰，冰又化水之意。然则，时珍赞杨介为“活机之士”何也？徽宗患胃炎消化不良证，已服理中丸而未效，非不效也，病重而药力轻也，后服理中丸而效，非冰也，病渐轻而药力加重也。杨介明知为“一剂知，二剂愈”之故，偏假托于用冰之巧，以悦于上，藉博上之信心，非圆活而投机之份子为何？故“活机”二字，实贬之，非誉之也。

余云岫曰：“余鬻医沪上十有余年，凡遇旧医方案定为温邪者，取其血验之，多是肠窒扶斯。不但此也，肺炎、流行性感冒等病，旧医方案皆指为温，然皆有菌，皆能传染，彼此互证，可以实验而知，安得谓旧医之温，非热性传染病乎？”又曰：“温热之为病，风温之外，又有湿热，亦名湿温，证象复杂，包含多种之病，断非一种病名所能笼络。”余说极是，盖《难经》仅存湿温之名，而无湿温之证，自余杭[①]倡湿温为肠窒扶斯之说后，苏浙医和之者众，然薛生白固苏产也，亦为治温病之大家，其论湿温病第四条曰：“三四日即口噤，四肢牵引拘急，甚则角弓反张。”此纯为破伤风、疯犬病、脑脊髓膜炎一类证候，其得谓为肠窒扶斯乎？四十三条曰：“舌根白，舌尖红。”固为肠窒扶斯之三角舌也。第二十三条曰：“温热病十余日，腹时痛，时圊血。”固为肠窒扶斯之肠出血也。第四十一条曰：“温热内滞太阴，郁久而为滞下，其症胸痞腹痛，下坠窘迫，脓血稠黏，里急后重。”此纯为痢疾之证，其得谓为肠窒扶斯乎？可知湿温之说，亦如伤

---

① 余杭：指章太炎。

寒有五之说，范围极大，抑且漫无准则，故以湿温当肠窒扶斯，实乏有力之根据。此理余曾同潘国贤言之，沈先生余亦曾道及，今按本文，特重述之，惟其所论治法程序，固足资后之来者也。

霍乱菌毒，有麻痹腹部神经作用，故真性霍乱多不腹痛，近人多持此理，谓中国之有真性霍乱，约始于一八一七年，前此者，皆非真霍乱也。然《素问》曰："太阴所至，为中满，霍乱吐下。"并未言腹痛也。又《巢氏病源》之霍乱心腹胀满候、霍乱下利不止候、霍乱□□候、霍乱呕哕候、霍乱烦渴候、霍乱心烦候、霍乱干呕候等，皆不言腹痛，是吾国古时之有真性霍乱，殊无疑义。且急性胃肠炎，多无腓肠肌挛痛痉挛之症，而古人述霍乱，一再言转筋、筋急、结筋等。急性胃肠炎，无有不吐或利者，而《巢氏病源》竟有不吐不利之干性霍乱记载，是谓中国古无真霍乱之说，殊非定论。若谓古人言腹痛者而非真霍乱，或谓古人真霍乱与急性胃肠炎无甚区分，含混其词，则或可通也。

胃炎于中医籍中多括于呕吐，肠炎多括于下利，见其呕吐之急剧者，名其为有热，即急性胃炎也。见其呕吐之持续者，名其为有寒，即慢性胃炎也。见其下利之急剧者，名其为伤食，即急性肠炎也。见其下利之持续者，名其为有寒，即慢性肠炎也。是皆前人无解剖病理之依据，仅从见证而立病名也。是篇所述小儿五证，均为一般小儿最易罹致之消化器疾患，说理处方，简而当，约而精，非博学者不足以反而约也，可为小儿科专章读。

用古方而取其效，汇新知以张其功，于是古方之价值日增，新知之有助于古义者日益信，能把握住这番功夫，惟沈先生是捷足先登者。

昔吴季札观乐于鲁，至韶箾之舞，曰：观止矣，若有他乐，吾不敢请矣。今余读沈先生肺结核验方及痢疾验方，亦云。

（圭按）肺结核验方及痢疾验方，均已编入拙作《中医经验处方集》，系中西医学图书社出版。

凡十七条问答，无一条不是习见习为之事，读此问答后，非特能知其所以卫生之道，抑且解得于日常生活中最不足经意之一事，亦有其利弊与精义存乎其中，此等文字，最有益处。

节录张汝伟提倡素药

孔子曰：肉食者鄙。佛氏修道，首戒杀生，故素食主义，盛行于今世，而提倡素药，亦为治病之必需也。自有以血肉补血肉之说盛行，以及脏器疗法之发明，而中西医家，采用药品，几于无一而非在动物身上着想矣。殊不知人身本是幻，百年无不坏之躯壳，而人生具佛性，咸有永久不灭之灵魂，衰老病死，属于躯壳之过程，服药疗病，救济于一时之痛苦。昔黄帝树五谷以资民生，神农尝百草以疗民疾，盖鉴于植物得日月之精华，雨露之滋润，地气之灌溉，而蕃生孳殖，因地势之高亢卑湿，而温凉异其性，因气化之厚薄升降，而补泻分其治。是以《神农本草经》，分列上中下三品，间入矿质石类，而虫鱼鸟兽之列入者，盖甚鲜也。历来只有本草之注释增添，而不注重于血肉，陶宏景以水蛭、蚊虻为药，尚干天谴，别著本草三卷，卒能安然脱化，《梁书》俱载，斑斑可考。故注重卫生，既素食优于肉食，而取药疗病，必草木胜于动物。盖论理，人因病苦而求医，医者用药，目的能在起死回生，而乃杀害动物之生命，以救人之生命，以杀机求生，生从何来？论效用，熟地、首乌、当归之补血，不逊于阿胶、龟板。附子、巴戟、人参、肉桂之补气生阳，何减于麋茸、全鹿、菟丝、枸杞。沙苑、女贞，亦能补精，何必鳖甲、旗参？有桃仁、大黄、归尾、生地之攻瘀，何必用水蛭、虻虫？有代赭、磁石、浮石、铁落、青铅等降气平逆，何必用决明、蛤壳、贝齿、牡蛎？至于大豆之含蛋白质，地黄、首乌之含铁质，山药薯蓣之有淀粉质，人参之含维他命，苟能用之得法，莫不取效如神。况乎如存物我一体之慈心，即得吾佛慈悲之普渡，苟寿命未终，莫不药到病除，若违天和，逆人事，丧物命，以求能愈病，其功效亦等于零矣。吴门王慎轩君，著《灵验方》一书，教人皈依净土，誓立信愿行，口念弥陀，临终脱化，必登极乐云云。以极负时誉之医师，而提倡此不药之药，伟年逾知命，虽未皈依五戒，对于儒佛之互通，及戒杀之重要，信之弥切，故对于病后调养，鸡汁、牛肉汁等绝口不谈，而肝精、鳖肉之功能滋阴养血，即能见效，仅属于躯壳，何补于性灵？际此国家杀戮繁重之秋，苟非求仁得仁，何能挽回天心？故提倡素药，实刻不容缓之势也。

（圭按）往者余喜研讨饮食营养之学，常将肉类之功用及其烹调方法，衍为篇什，登诸医刊。当时毫不知觉，此种文字，乃劝人宰割众生，广造恶业，其罪较张君引陶宏景以水蛭、虻虫为药尤甚，讵能免于天谴耶？故恳切忏悔，将张君提倡素药之文，附录卷末，以劝医家、病家，须知荤药尚不应用，荤食独可恣啖乎？且素食清淡，易于消化，其中所含养料，亦不阙乏，丁福保引美国葛乐克氏之言曰：“肉食为百病之媒，素食为养生之宝，惟素食中以枣、栗、杏仁、胡桃、落花生等果品，及黄豆、海藻、香菇、甘薯等菜蔬，为最有益于养生。”丁氏云：“凡病人之用蔬食者，其体重之增加必较速，而其身体各部所患之疼痛亦较少，且其伤口之愈合迅速，颇为显著，而其体力之能持久，又远胜于惯用厚味肉食之人。”（以上节录《畴隐居士七十自叙》）观此，可知素食不但对平人有益，对病人亦有良好之影响也。如嫌蔬类中蛋白质之含量，不如肉类丰富，则牛乳、鸡卵等物，可暂取用。

医林识小录

勤苦自励之著作家

陈邦贤云：余入川后之著作甚多，除《秦汉医药史料》及字典《中医学史料》两稿，在纂辑中外，搜集抗战期中医药教育史料，达七十万言。其他大致可分为两类：一为医学史类，已出版者，有《医学史纲要》；未出版者，有《中国医药人名大辞典》《中外医事年表》《中国医学变迁史》《中国本草沿革史》《治愚医史丛稿》《中国卫生风俗志》等。一为非医学史类，关于医药者，如《新本草备要》《医药常识》等；关于修养者，有《自勉斋随笔》《卫生格言》等；关于饮食者，有《饮食史话》等；关于抗战中生活纪述者，则有《槐荫书屋随笔》《梅花回感录》《□□室随笔》（圭按：□音尾，□□不倦之意）《自勉斋居士自订年谱》等。其他各种小册及在各杂志中发表者，概未计焉（节《槐荫书屋随笔》“家人在后方之概况”）。

（仲圭按）余于民国二十九年岁尾，赴青木关诊疗所任医职，始识邦贤先生。相距咫尺，时相往还。先生治学之勤，律己之严，为余生平所罕睹者。公余之暇，伸纸濡墨，寸阴是惜。余于三十一年冬，离青赴北碚，先生亦于翌年春，奉教育部调派国立编译馆工作（馆在北碚）。生平益友，小别重逢，喜可知矣！每至夕阳西下，辄晤于茶楼，纵谈医事，获益至多！先生在抗战期间，公暇编著之书，略如上举，惜印行于世者，仅《医学史纲要》一种耳。

中医界之壮举

上海陈存仁医师，性喜蓄书，自民十八年迄今，随时搜集，已有各种医书六千种，医学杂志三百种，其收藏之富，比之四明曹炳章、绍兴裘吉生，似有过之无不及。今闻拟将上述医书杂志，悉数移赠上海市立第一图书馆，是亦中医界之壮举也。

医坛名著

余夙好流览医学志报，三十年来，所见盖不为少。核其内容，当推《医报》（姚若琴发行，陆渊雷主编）、《中医新生命》（陆渊雷发行，谢诵穆主编）、《绍兴医药月报》（何廉臣主编时期）、《医学杂志》（杨百城、赵意空主编时期）等为最佳。虽内容崇新主旧，各异其趣；但其足补典籍之未逮，堪供临证之借镜则一也。至短篇佳什，阅后印象最深者，如张锡君之《王九峰传》《滑伯仁传》（载《国医公报》）以文笔胜（全篇集句）；宋大仁之《王履之医学与画艺》《葛稚川之医学》与炼丹术（《中西医药》二十九期、三十三期）以考据胜；裘吉生之《肺病之症状及其治疗法》（《中国医药研究月报》复刊一、二期）以经验胜；陈郁之《中医诤言》，针砭时弊，语重心长；高德明之《新中华医药运动的理论与实践》，目光如炬，见理莹澈（两篇均载《新中华医药月刊》）。各文皆匠心独造，非一般医志论文所能比拟也。

生平钦佩之益友

余往昔不明儒教谦恭之训，自视甚高，以为并世贤达，罕可师之人。孔子云："三人行，必有我师焉。"以吾国疆土之辽阔，奇才高士，殆难屈指，中医界亦多良才也。余于民廿七春入川，在万县识李重人，在青木关识陈邦贤，在北碚识龚云白，在重庆识侯敬舆，是数子者，品学并超，余均愿师事之。重人兄，精医能文，雅好吟咏，有《龙池山馆诗》行世。邦贤先生，以研究中国医学史驰名海内。云白先生，宏通佛门教理，修持甚力，乃白衣上座。敬舆先生，精医理，擅国术，工诗词，生平著作甚富，惜未刊行。其他与余同行入川者，有张锡君先生，颖悟好学，疑难大病，一经妙手，辄著奇效。后余入川者，有黄坚白兄，学识经验，似堪与张君媲美，但医名则勿如，此则福报有迟朝厚薄，未能强也。至曾在医校受余之课，而其学验远出余上者，有谢诵穆、梁乃津、潘国贤、范行准、萧叔轩诸子也。

临床纪录

临床纪录，即比医师处方留底更为详备之一种纪录也，亦即每个就诊病人之病史也。该纪录约分姓名、年龄、籍贯、性别、职业、住址、已（未）婚、就诊日期、编号、科别、病史等，病史中又分病状、诊断、处方等，自初诊以至病愈，均须依其项目一一记载。此种纪录，可供学术上之研究及医史学之参考，如检讨治疗上之得失，统计某病之特效方药，均此非不可。又如每年疫疠之流行、各地地方病之传播，亦可藉此以觇其概。卫生部陪都中医院，对此（该院称病历表）颇为注重，自开办以来，保存无失，私人医室用此纪录者，渝市仅张锡君、胡光慈等数人而已。

拙稿存目

余自学医以来，好以文字为消遣，读书有所得，辄命笔成篇，投诸医学刊物，廿六年来，所作颇多。其已汇编成帙者，有下列十二种。

《养生琐言》，一名《中国卫生格言》。

《生理与卫生》《诊断与治疗》《药物与验方》，以上三种系甄录黄劳逸、毛滁及仲圭之短篇医稿，大众书局出版。

《食物疗病常识》，与杨志一合编，现上海千顷堂尚有存书。

《仲圭医论汇选》王慎轩编，苏州国医书社出版。

《健康之道》，自印。

《吴山散记》，附刊《珍本医书集成存存斋医话稿》后。

《食物疗法》，中国医药文化服务社出版，附《猩红热之研究》后。

《入蜀论医选集》，附李克惠《药理篇》后。

《中医经验处方集》，中西医药图书社出版。

《肺肾胃病研讨集》，李复光印行。

上列各种，要皆一鳞半爪，不成系统，肤浅驳杂，敢云贡献？今存目于此，未免敝帚自珍之诮矣！然抗战以来，出版之医书，融会中西之佳著，殊不多观，岂积学之士，慎于下笔，而率尔操觚者，皆好名之流欤？

补　篇

——此篇及下篇“按语”递到时，本集已交印局排版，不及编入《肺劳病篇》，特立补篇，附载卷末——

节录钟春帆肺结核疗法之研究

【释名】 肺结核者，由结核杆菌窜入肺组织而起，菌之所至，先起炎症，上皮细胞繁殖堆积，成一硬固小结节，故曰结核。包括中医所称肺痨、肺痿、传尸痨、痨瘵、虚劳、骨蒸等。

【原因】 病原体为西历一八八二年，德国壳克博士发现之结核菌，其侵入之径路有二：由呼吸器传染，即散在空气中之结核菌，吸气时随空气而入气管或肺脏内，直接引起肺结核。由于消化器传染，因饮食物中含有结核菌，该菌随饮食物输入消化器，乃由肠壁侵入血中，循环至肺，遂起肺痨。本病感染之诱因，有以下之数种。

（一）体格：凡人面狭长，容貌软弱，面色苍白，眼光锐利，齿牙整齐，长颈而狭胸，其肋骨斜向下行，锁骨上窝陷凹甚深，吸气肌薄弱，心脏及血管系易于兴奋（易于潮红或失色），手足细长，筋肉及脂组织发育不良，凡具斯等体格者，曰痨瘵质，对于结核菌之抵抗力特弱，易罹肺结核云。

（二）年龄：多见于十八岁至三十岁者。

（三）身心过劳，色欲过度，暴饮暴食及荣养不良皆易使身体抵抗力减退，与结核菌以活动之机会。就统计上观之，肺痨因身心过劳，色欲过度及忽视卫生而起者最多。

（四）病后身体衰弱（例如肋膜炎、伤寒、百日咳、流行性感冒、慢性胃病及产后等），最易引起肺痨，切宜注意。

（五）不合卫生之职业，亦为肺痨之诱因，凡在不洁空气中，或多尘埃之场所工作，皆易罹本病。就统计上观之，印刷工人、成衣匠、扫煤烟之工人、矿工、石匠、铁匠等，患肺痨者最多，千人中约有四五百人。从事教育及工业者次之，千人中约有三百人。从事农林、牧畜、渔业者最少，千人中仅有八十人。故体质薄弱之人，及有肺痨系统者，择业均不可不慎。

【解剖】 肺结核之病，由结核杆菌窜入肺组织而起，菌之所至，先起炎症，上皮细胞繁殖堆积，成一硬固小结节，故曰结核。其始小如粟粒而半透明，继则渐大变为黄色不透明之硬核。结节无血管，故不得荣养，易于坏死，坏死后成黄色干酪状物，谓之干酪变性，久而软化成糜粥状，与痰唾同排出于外，于是结节之中部成空洞。空洞之大小，或仅如豌豆，或过于胡桃，空洞内壁，又分泌多量脓液，适为结核菌良好之培养基，空洞多者，全肺有如蜂房，此肺结核解剖之状况也。

【证候】 本病证候，可分三期，兹分述之如下。

初期证候

（一）肺痨最初之证候为咳嗽，以干咳为多，此际或咳出少量黏液痰，或竟毫无咳痰，一般于早晨或傍晚剧烈，亦有夜中增强者。

（二）身体疲倦，略有动作，便起疲劳之感，思考力减弱，精神忧郁，烦躁不眠等类似神经衰弱之证候，肺痨初期常有之。

（三）胃肠障碍，如食欲不振，消化不良，腹满泄泻等症，肺痨初期常有之，故遇顽固之胃肠障碍原因不明时，即宜注意其为肺痨。

（四）肌肉羸瘦日甚，颜色苍白，而两颊现微红色者，为肺痨之特征。

（五）发热。每日午前温度如常，午后常发卅七至卅八度之轻热，亦名亚消耗热。肺痨之经过及预后如何，大概以热度为标准，热度轻者易治，热高者为病势进行之征，若病机停止，热亦随之而解，故热候乃肺结核中最重要之证候，而有诊断之价值者也。

（六）盗汗。睡眠中汗流被体，觉醒后，全体冷汗淋漓者，谓之盗汗，肺痨患者之发热及盗汗，皆因结核菌之毒素作用而起。而盗汗者，实因血管运动神经衰弱之故也。发热与盗汗最易消耗体力，促进身体之衰弱，故肺痨患者，羸瘦日甚也。

（七）胸痛。胸部疼痛，乃肋膜被侵之征。若咳嗽剧烈，往往腹肌被牵引，腹部亦觉疼痛。如肺门腺被侵，背部亦起疼痛。肺之本身，虽至腐烂，并无痛觉，以肺脏无感觉神经也。

（八）心悸亢进，声哑。

（九）呼吸不安，胸中如受重压，深呼吸则觉少舒。

（十）血痰。最初痰为黏液状，渐次变为脓状而带黄色，时有血痰，血丝夹杂其中，即所谓血痰是也。

以上所述各种证候，肺痨初期常有之，但未必同时发现，若仅有其中一二证候，则不能骤断其为肺痨，尚非详细检查不可。

第二期证候：肺痨第二期之证候，大概与初期相同，不过程度较重耳。其中最足注意者，为痰之性质及热型，痰在初期为黏稠性之液体而带白色，至第二期则变为脓黄色，其中夹杂血块及结核菌，若将痰染色制成标本，以显微镜检之，即可见其病原菌。热度午前虽为常温，午后则可升至卅九度乃至四十度，每日体温之差，竟可达三四度之多，此外亦有呈逆型者，即午前高、午后低之谓，所谓消耗热者是也。患者因发高热而益惫，不久即形削骨立，或至声哑，而竟呼吸困难。

第三期证候：至第三期肺脏大部分均为结核菌所侵蚀，随处构成空洞，即所谓肺痨性空洞是也。此期痰呈脓状，吐入水中则下沉。世俗有以痰之浮沉，为是否肺痨之诊断，实不无理由，但至此期已太晚矣。又肺脏被结核菌蚕食，血管自易受伤，故时有大量咯血，其后热益高，身体遂益衰弱，而至于不救。

【合并症】 肋膜炎、气胸、喉头结核、肠结核、慢性腹膜炎、结核性脑膜炎、肾脏炎、肝脾肿大等。

【经过】 有越数十年而取慢性经过者，亦有取急性经过者，其证候初起时即甚狞猛，病灶增大甚速，全身病状亦颇重笃，高热赓续不退，大抵一年或半年因衰惫状态而死，此名曰奔马性肺痨，或开花性肺痨，大概多发于二三十岁之壮年。

【预后】 本病如能早期诊断施以适当疗法，颇有治愈希望，一般与患者年龄有关，壮年者预后不良，老年者则否。此外，与病者贫富、性格、消化状态皆有关系。不发热者，为病机停止之征。轻微发热，为病机进行徐缓之征。高热，则为进行急速之征。并发喉头结核、肠结核者，预后概不良。并发渗出性肋膜炎及气胸者，预后亦不良。如续发结核性脑膜炎者，更属可虑。

【治疗】 肺结核之治疗，首在食物荣养身体，以促进抵抗力之增加，暨需要良好之空气，及优美之环境，以怡悦其身心，则精神畅快，体力日强，自能战胜此顽强之敌人。其次，则用药物作对症之施治，以减轻其痛苦，加强自然疗能之发挥，以灭此丑类，当以解热养阴，健胃为最要。

肺痨之发热，为病势进行之表征，且最能消耗病者之体力，陷于衰弱之境，此西医所谓消耗热也，即中医旧称阴虚而热，骨蒸也。此热与外感之热不同，故不宜用发汗苦寒诸解热剂，以发汗剂，益耗体力，而苦寒剂，则败胃故也。宜用滋养解热剂，以滋液退热，阻止病势之进行，保全病者之体力，其理安在？兹敬引陆师渊雷之说以明之。

肺痨多数发热心烦，口渴，唇红舌绛，干咳无痰，不眠兴奋等症，此等证候，即由阴虚而热而来也，忌辛热之品，故建中剂不宜于此等证候。宜甘寒养阴，以增加其阴液，阴阳得平，诸兴奋症状自退。

夫治肺痨，当以调理脾土……健胃……促进消化机能为主。盖胃肠健全，则消化吸收旺盛，荣养来源充足，抵抗力自然强盛，病乃可瘳，否则脾胃一弱，荣养之来源不足，而阴乃愈亏，而菌愈炽矣，故健胃剂为不可或缺者。

药法

尿为肺痨之特效药，可常服之，以无病强壮之童子尿最佳，其中含有钙及镁之磷酸盐、磷酸钠质及尿酸等，以上各种成分，为现代治肺痨所常用之药品。考钙之功用，能包围病灶歼灭痨菌，而永远不使蔓延，一方面又能止血，尿中既含斯种成分，以理推之，亦当具此作用，而尿酸为肺痨患者振起食欲之强壮药，对于肺痨可谓根本之一种良药。

发热者，可用牡蛎、鳖甲、石斛、元参、柴胡、银柴、青蒿、白薇、地骨皮等。盖此类药物，为间歇性消耗热之特效药，且无副作用，而牡蛎、鳖甲含有丰富之钙，又有滋养强壮之功，诚为本病最理想之药物，惟牡蛎不易消化，有消化障碍者慎之。而苦寒之清热药，如芩连、黄柏、知母等，久服伤脾，古人所谓伐生生之气，为虚劳用药之大忌，宜慎用之。

甘寒养阴，可用生地、元参、麦冬、天冬等，惟此类药甚滞胃，宜合健胃剂用之，则无流弊。

健胃剂如白术、淮山、茯苓、莲子、苡仁、扁豆、陈皮、山楂、麦芽、青皮、煨姜等选用。

干咳，咯痰困难者，可用贝母、百合、天冬、麦冬、远志、杏仁、沙参、桑皮、枇杷叶、紫菀、款冬等以镇咳祛痰。

咳嗽剧烈者，可用杏仁、五味子、御米壳等以镇静收敛之，惟御米壳不可久用，恐成习惯性也。

咯痰脓性腥臭者，可用犀黄丸、獭肝散等，以辟其秽臭。

痰中夹有一丝血痰者，可加生地、三七、白及、藕节、茅根之类。

咯血有热者，可用犀角、生地、大小蓟、茜根、侧柏叶、丹皮、栀子、牛膝、大黄之类。若有脉微、肢厥、眩晕、喘促诸寒证者，可用归脾汤。

呼吸困难者，可加苏子、杏仁、桑皮、枇杷叶。

胸背痛者，可加柴胡、枳壳、桔梗、瓜蒌仁等。

心悸亢进者，可加茯苓、茯神。

盗汗可用黄芪、龙骨、牡蛎、浮小麦、白芍、萸肉等，以强壮衰弱之神经，摄敛其弛缓，盗汗自止。

失眠烦躁者，酸枣仁其首选也，仲景之酸枣仁汤最佳。

章次公先生曰："虚劳上部咯血，下部泄泻，施治最难着手，欲以凉药治血，则泄泻加甚，温药止利，则有碍咯血，当此进退维谷，古人乃有培土生金一法，以济其穷。所谓培土，即补胃和胃，以白术为主药，白术既能吸收，又能利水：使小便增多，利小便即所以实大便，助吸收，则荣养亦随之而佳良，使肺之抵抗力增强，间接所以止血。"（《药物学》白术条）。

若心弱、脉微、无热，成所谓阳虚之证者，可用人参、黄芪以强壮之。若肺有热，呈诸兴奋症状者，则切不可用，以恐助长其热势也。

若营养不良，羸瘦、贫血、衰弱者，可用熟地、山药、当归、何首乌、鹿胶、龟板、萸肉、石斛、玉竹、眼肉、人参、河车、人乳、牛乳之类。

肺痨不治记

中央工校学生储奇球年十八岁。患肺痨，见余有《肺痨方选要》一文刊于《新中华医药》月刊第一期，以为余善治此证，来函要求住院医疗，经院长弘伞许之，遂于八月十九日入院。余视其症，潮热盗汗，咳嗽浓痰，食少便泄，肌肉瘦削，面容苍白。上病过中，原不易治，古人所谓治肺则碍脾，治脾则碍肺者。正此证也。遂用莲子、山药、米仁、石斛、枇杷叶、百合、百部、桑白皮、地骨皮、萸肉、牡蛎、麦芽、蛤粉、枣仁等。适余赴渝诊病，乃托龚云白君接诊，伊就原方加减，不另立方。九月一日，改由陈睡支君诊，用百合、百部、元参、鳖甲、龟板、丹皮、沙参、川贝、五味、党参、紫菀、浮小麦、煅龙牡，十余日来，储君之病状，固依然如旧也。余回院后仍由余诊视，用扁豆、山药、米仁、石斛、枇杷叶、百合、百部、浮小麦、地骨皮、红枣、龙骨、牡蛎。嗣因热度太高，改用秦艽扶羸汤加减，热少平，又用清养肺阴，平补脾土之法，咳甚时，用百部、紫菀、款冬花、粉白芍、蛤粉等品，汗多时投龙、牡、浮麦、麻黄根诸味，而秦艽鳖甲散（加减用之）亦用以治潮热。无如药石寡效，病势有加无减，至九月二十四日，忽患白痢，但次数不多，腹少痛，后重不甚。余此时中心游移，莫能自决；扶元止涩乎？抑清化湿热乎？换言之，即作肠结核治之乎？抑作阿米巴痢治之乎？辗转思维，卒用归、芍、芩、连、木香、槟榔、枳壳、银花、苦参、神曲、藿香、滑石，此类方药。服至二十六日，无少效，改进香砂六君子汤加诃子、肉蔻，亦如故（及今思之，此方在痢症开始即用，并继续多服，不知能愈其痢否）。病者至此，已形销骨立，四肢无力，咳喘交作，语言断续，盖濒于虚脱之境矣。迄十月二日，体温下降，人愈萎靡，越一日遂亡。

储君自入院以至不起，未尝一日断药，但潮热始终不退，初为三十八度数分，渐至三十九度数分，此体力日渐不支之主因也。复以久经高热之身，突发下痢不止，正如雪上加霜，此又致死之道也。储君对余，信仰倍切，意谓能愈其疾也。孰知满腔热望，尽付东流，反至葬身异地，储君纵不余咎，余抚心自问，能无疚心耶！又当储君入院时，院中药物匮乏，一方恒阙数味，因之不能充分发挥方剂功效，是亦深觉遗憾之事也。今将储君治疗经过，撮要述之，用志余过，并以引起同道诸君对斯证之研究焉。

属稿至此，忆及先师王香岩夫子治虚劳咳血，形瘦便溏。用西洋参、冬虫夏草、生地炭、陈阿胶、寸冬、白芍、山药、款冬、百合、川贝、燕窝、杏仁、臞仙、琼玉膏。又鲍氏《验方新编》治咳嗽带血，便溏喘满妨食，脉弦无力及豁大无伦，用北沙参、扁豆、黄芪、炙甘草、甜杏仁、山药、霍山石斛、牛膝。两方主治，虽与储君之病不尽相同，但亦治肺脾同病之虚劳者，录之以殿吾文。

乙酉九月作于北碚中医院

老友沈仲圭先生，为吾浙名医凌公晓五再传弟子，学有渊源，造诣精湛，而医德之隆，尤为予所心折。前岁治储君肺痨证，辄以未获回天，自疚失治，曾将病况始末及所立方剂，布之于众，藉以忏悔，并寓书于予，试作平章，自分孤陋，何敢妄发刍议，欲不言又无以副仲圭殷殷下询之诚，无已，为书数语报之。尚望当世明达不吝指正，幸甚幸甚，三十六年七月同乡弟黄坚白识于汉口澹宁医室。

坚白按：此病预后本属甚恶，肺痨消耗热，倘持续在三十九度以上，其病势进行必甚迅速，后果多不良，若盗汗淋漓，随时有虚脱之险，况本病上咳下利，肺损及脾，尤感辣手，而病者又在青春，更属难治，坏象毕具，颇难幸免，故其经过只四十余日即告不治，亦意中事也。

本病既不易治，且治肺碍脾，治脾碍肺，执笔大费踌躇，今观所列诸方，培脾生肺，养阴清热，平咳化痰，涩阴止汗诸剂出入，极见苦心，自无过失可言，所附王香岩先生之方，大可增减采用。惟古今贤哲，治肺痨有主姜桂之温，而议柔养之非者，予未敢苟同，且别有说，夫肺痨每现阴虚证候，此不宜于姜桂者一也；肺痨兼见弦数之脉，此不宜于姜桂者二也；肺痨禁忌刺激之品，此不宜于姜桂者三也。古书虽有虚痨宜投小建中、桂枝汤等方之说，然此种可投小建中、桂枝汤之虚劳，决非近世常见之肺痨。盖古人于劳证一门，包括诸虚不足以及痨瘵虚损诸病，诸虚不足为营养不良暨各脏器机能衰弱之证，痨瘵虚损则为肺结核，肺结核脉大者罕觏，而瘦削苍白则一望而知，故张长沙言男子平人脉大为劳，极虚亦为劳，是可证也。

本病自九月二十四日泄泻转痢以后，当是肠结核增重，病至此步，本为不治之证，但所附治痢方剂，似嫌攻破，窃意当用仲景黄连阿胶汤加味。后重不畅者，增生首乌、淡苁蓉、生地、麦冬、元参、石斛之属以润之，弗虑其滑泄；若滑脱不禁者，增莲子、芡实、五味、诃子、龙牡、罂粟之属以涩之；见脾虚者，参、术、黄芪亦可酌加，仍同时可加止咳养肺退热之品。

肺痨之于脉舌，亦颇重要，脉象可以测病之轻重、进退、生死，舌苔可以验阴虚之深浅，及有无兼并证候，并胃肠机能如何等。假令此病为弦细小数之脉，药后能渐转柔和缓大，即为病退，反之则为病进，若再兼浮濡无根之象则殆矣。假令见娇嫩光红剥削之舌，可用大剂滋养而无疑，若兼黏腻秽浊之苔，则宜注重调脾养肺，今本案于脉舌未及。意者，病兼肠胃其苔自必黏腻，弦细小数，为肺痨常见之脉，解人类能道之，故未及之欤？

方今之世，肺痨犹无特效治疗，罹此病者，非同他病之可恃药物而愈。故患者饮食调养等事，尤较药物为重。又治此病往往初投一二剂见效，继服仍无进展者，是则须时易其药品，而勿更改方法，期尽人事而已，欲其必痊难矣。

附方备查

本集文中所述方剂，有未注明药品者，兹依次补记于下，用备查考。

乌骨鸡丸

缪松心方。治劳瘵咳嗽吐痰，胃弱脾泄。乌骨鸡一只，男雄女雌，缢杀，干捋去毛，不落水，同煮诸药至烂，焙干，磨末。忌铜铁器。骨炙存性，入药末内，鸡汁听用。大熟地八两，砂仁末拌山药、炒萸肉、炒芡实、炒建莲（去心）、枇杷叶（去毛）、桑叶（九蒸九晒）各三两，白花百合六两，泽泻、丹皮、阿胶（炒）、茯苓（人乳拌蒸）各三两，炼蜜为丸。

补尔肺肾丸

杭州慈航居士制售，补肾阴，固精泄。熟地、萸肉、山药、泽泻、丹皮、茯苓、金樱子、芡实、鲟鳇鱼胶、牛脊髓、野百合为丸。

聚 精 丸

线鱼胶、潼蒺藜为丸。此丸大药店有售。

茯 菟 丸

治遗精，不拘有梦无梦。茯苓、菟丝子、建莲子各一两，酒糊丸桐子大。

王天补心丹

道藏方。人参、茯苓、元参、桔梗、远志、当归、五味、天麦冬、丹参、枣仁、生地、柏子仁。蜜丸。此丸中药店有售。

兔 脑 丸

原名肾脑再造丸，近人方。人参一两，土炒於术两半，茯神三两，天麦冬各两半，远志一两，石菖蒲一两（取汁），炙甘草一两，苁蓉二两，酸枣仁、归身各二两，益智仁两半，白芍两半，熟地五钱，研末蜜丸。

酸枣仁汤

仲景方。炒枣仁、甘草、知母、茯苓、川芎，水煎服。

麻仁丸

即脾约麻仁丸，仲景方。麻仁、白芍、枳实、大黄、厚朴、杏仁。此方中药店有售。

魏　跋

沈仲圭先生，治平之问业师也。淡名利，谨摄生，寝馈医学，垂三十载，从事改进，不遗余力。诲勉后学，读书必从源及流，研学须撷菁质疑，不守秘，不炫奇，实近世国医界之志士也。

先生与家大人神交有年，治平尝于诸医志中，迭睹先生学说，心倾神响，已非一日，去秋通函问业，荷蒙诲勉，遂常以医药疑问，通函求训，屡承指点，虽书翰往还，未亲门墙，然获益已匪浅鲜。

近年以来，一般民众，既受科学文明之激荡，及男女社交之变迁，复受世界现状之刺激，及社会经济之压迫，潮流所趋，大异往昔。离绝郁结，脱营失精，劳形伤神，因是时代性、顽固性之肺肾胃病，遂流行于社会。古云：上损在肺，中损在脾（古时所称脾脏，与今世之生理学相对照，大半包括胃脏，指消化器而言），下损在肾。又云：忧愁伤肺，悲思伤脾，恐惧、房劳伤肾。盖忧愁则气郁而滞，悲思则气绝而沉，恐惧则气乱精怯，淫欲则精髓枯竭，胥能伤气损神，减弱抗病之力，障碍胃肠之消化，萎缩生殖机能，而肺肾胃诸病，遂酿成于不知不觉中矣。且病属慢性，难望全治，虽于生命无立时危险，然实际上已无人生趣味矣。

先生慨于是等病患之者广，调治颇难，爰集旧作，益以古今佳著，辑成《肺肾胃病研讨集》一书，是编内容，说理详明，治法精当，编末附刊养生杂说，不仅为医界临床之导师，并可作病家强身却病之顾问，有功社会，夫岂浅鲜？今付梓有期，驰书相告，并嘱为文，良师厚意，令人欣感！爰不揣固陋，略述所见，附方于后，亦以志数千里外景仰之意云尔。

中华民国三十六年七月七日

门人慈溪魏治平谨跋

彭　跋

人生天地间，每因嗜欲声色之损，劳役饥饱之伤，皆能使身体受病于不觉，病之类别虽繁，但肺肾胃病实占多数，故吾人对于是类病症之预防及疗养方法之研究，有未可恝然置之者。

沈师仲圭，杭市名医也，研究中医学术，垂三十年，昔在故乡，专治肺肾胃诸病，诊暇所作医学论著，凡百数十万言，遍载各地医学志报，抗战前曾有《仲圭医论汇选》及《健康之道》等著作出版，后因日寇侵华，存书尽亡，销行未广，各地读者，多以未能购读为一恨事。

抗战以还，沈师随朱子桥、焦易堂二公创办之中医救护医院（后改称中医救济医院，又改称北碚中医院），自首都来川，在院任职，先后达六年，诊病之暇，一卷在手，孜孜忘倦，其《入蜀论医选集》《食物疗法》《中医经验处方集》，即于此时期中编著印行者。本书系就《仲圭医论汇选》及《健康之道》二书，重行精选，益以时贤新著、沈师近作，汇编而成，内容翔实，新旧合参，立说不背科学，行文清新流利，且学理与经验并重，治疗与调养并列，无论医家病家，皆有一读之必要。末附食物疗病法一帙，尤为名贵，堪称胜利后中医出版界之实用佳籍也。

佑明数年来，承沈师教诲，受益良多，兹值本集付梓之际，蒙沈师以钞录校雠之役相嘱，得快先睹，不胜欣慰，爰忘其谫陋，率识其梗概如此！

中华民国三十六年八月
受业彭佑明谨跋于梁山县立民众教育馆

中医温病概要

沈仲圭 编著

邹　序

吾友沈仲圭先生，博览医籍，深研病理，并有丰富之临床经验。相知阔别，已近十稔。今年二月由北京寄来《温病概要》书稿，嘱予为之序。

中医对于温病治法，至明清时代而益臻完备。沈先生此书，广采吴有性、戴麟郊、叶天士、徐灵胎、俞慎初、吴鞠通、王孟英、雷少逸诸家学说，去芜存精，要言不烦。全书分为三编。上编总论，对于温病学说，穷源竟委。中编病理辨要，对于表里寒热，气血虚实，条分缕晰，并提出察舌、察目、察齿等三种诊法，及发汗、和解、攻下、温热、滋补、清凉等六种应用方剂，丝丝入扣，恰到好处。下编分证论治，指出春温、热病、湿温、痎疟、痢疾、秋燥、伏暑、冬温等八种温病类型之治法，扼要精当。并附以病案举例，足供读者观摩，使理论与实践相结合。全书取材谨严，立论恰当，令人读后，对于中医温病学说之大概，了然于心，自可作为研究祖国医学之一助，故特乐为介绍。

邹云翔写于江苏省中医院之自学斋

自　　序

清代林珮琴说："温为春气。其病温者，因时令温暖，腠理开泄，或引动伏邪，或乍感异气，当春而发为春温。其因冬月伤寒，至春变为温病者，伏邪所发；由冬藏不密，肾阴素亏，虚阳为寒令所遏，陷入阴中，至春则里气大泄，木火内燃，始见壮热烦冤，口干舌燥，不恶寒，脉数盛，右甚于左，大异伤寒浮紧之脉。此热邪自内达外，最忌发汗，宜辛凉以解表热，苦寒以泄里热，里气一通，自然作汗。若舌干便秘，或协热下利，咽痛心烦，此伏邪自内发，无表证也（以上说明伏气温病的病因症状及治法）。其不由伤寒伏邪，第从口鼻吸入而病温者，异气所感，邪由上受，首先犯肺，逆传心包，或留三焦。温邪伤肺，胸满气窒者，宜辛凉轻剂。如热势不解，则入心营而血液受劫，咽燥舌黑，烦渴不寐，或见斑疹者，宜清解营热。若邪入心包，神昏谵语，目瞑而内闭者，宜芳香逐秽，宣神明之窍，驱热痰之结。若气病不传血，邪留三焦，宜分消其上下之势；因其仍在气分，犹可冀其战汗而解，或转疟也。若三焦之邪，不从外解，必致里结肠胃，宜用下法。"（以上说明外感温病的病因证状及传变次第，节录《类证治裁》）

林氏这段文字，把温病内容做了简明的介绍。他首先把温病分为伏气和外感两大类，又把两种温病分别说明证治的不同。伏气温病，邪伏于内，自里达表，所以重在清里，微佐解表。外感温病，邪自外受，初宜辛凉解表，次用清泄营热，终投芳香逐秽；若温邪留于三焦（即少阳），则有分消攻下（热结阳明）两法。我们从这段文字里，就可明白温病对急性热病的治疗方法，确比《伤寒论》更为完备。例如，上呼吸道炎及气管炎，温病有银翘散一类的辛凉平剂；病毒侵犯高级神经，神昏谵语的时候，温病有紫雪、至宝、牛黄清心丸等芳香逐秽法。热盛便秘的治法，虽同于《伤寒论》，但温病有多种不同的承气汤。病至末期，真阴虚损，温病有滋养体质的加减复脉汤。以上单从治疗一方面说，其他如舌诊的精细、齿诊的发明，温病在诊断方面，也觉比《伤寒论》有了进步。因此，我对伤寒、温病两派，有这样的看法：《伤寒论》的辨证用药，固然是金科玉律，可以广泛应用于外感内伤各病，但是温病的诊断与治疗，也有它独到之处。所以研究中医学术，在学习经典医学以后，对于温病尤应细心钻研，以期对多种急性传染病有更优越的治法。

我于一九五五年，因工作上的需要，把温病的沿革、病理、诊断、方剂、各病证治，辑成一帙，名曰《温病概要》，内容力求简明切用，冀其能使学者费较少的时间，获得温病的一般知识。不过编者学识有限，错误难免，深望读者多提宝贵意见，以便再版时修正。

沈仲圭

1956 年 6 月于北京

上编　总　序

第一章　温病学说之源流

温病之名，首见于《内》《难》，《素问·生气通天论》曰："冬伤于寒，春必温病。"《金匮真言论》曰："夫精者，生之本也，故藏于精者，春不病温。"《热论》篇曰："凡伤寒而成温者，先夏至日为病温，后夏至日为病暑，暑当与汗出勿止①"。《内经》所言之温病，过于简单，后人读其遗文，只能体会下列二种意义：（一）四时流行之热性病，以季节定病名；（二）冬为闭藏之令，宜祛寒就温，藏精勿泄，不尔，可为来春病温之源。此种说法，遂为后人伏气温病之根据。《难经·五十八难》云："伤寒有五，有中风，有伤寒，有湿温，有热病，有温病，其所苦各不同。"越人仅将热性病分为五种，其症状、治法如何，未有记载。故《内》《难》二经，关于温病学说，实属语焉不详，可供吾人取法者盖寡。自后张仲景《伤寒论》虽有关于温病之记载，惜只二条：（一）"太阳病，发热而渴，不恶寒者为温病"。（二）"若发汗已，身灼热者，名曰风温。风温为病，脉阴阳俱浮，自汗出，身重，多眠睡，鼻息必鼾，语言难出；若被下者，小便不利，直视，失溲；若被火者，微发黄色，剧则如惊痫，时瘛疭；

① 《素问·热论》作："暑当与汗皆出，勿止。"

若火熏之，一逆尚引日，再逆促命期”。此二条，系叙述温病之鉴别症状及风温误治之危笃症状，虽比《内》《难》二经略为详备，仍觉一鳞半爪，无裨实际，更不能认为《伤寒论》已包涵温病学说。

晋·王叔和云：“阴阳大论云：春气温和，夏气暑热，秋气清凉，冬气冷冽，此四时正气之序也。冬时严寒，万类深藏，君子固密，则不伤于寒；触犯之者，乃名伤寒耳。其伤于四时之气，皆能为病，以伤寒为毒者，以其最成杀厉之气也。中而即病者，名曰伤寒；不即病者，寒毒藏于肌肤，至春变为温病，至夏变为暑病。暑病者，热极重于温也，是以辛苦之人，春夏多温热病，皆由冬时触寒所致，非时行之气也。凡时行者，春时应暖而复大寒，夏时应大热而反大凉，秋时应凉而反大热，冬时应寒而反大温，此非其时而有其气，是以一岁之中，长幼之病，多相似者，此则时行之气也。夫欲知四时正气为病及时行疫气之法，皆当按斗历占之。……其冬有非节之暖者名曰冬温。冬温之毒与伤寒大异。冬温复有先后，更相重沓，亦有轻重。……从立秋节①后，其中无暴大寒，又不冰雪，而有人壮热为病者，此属春时阳气发于冬时，伏寒变为温病。从春分以后至秋分节前，天有暴寒者，皆为时行寒疫也。三月四月或有暴寒，其时阳气尚弱，为寒所折，病热犹轻。五月六月阳气已盛，为寒所折，病热则重。七月八月阳气已衰，为寒所折，病热亦微。其病与温及暑病相似，但治有殊耳。”又云：“若脉阴阳俱盛，重感于寒者，变为温疟。阳脉浮滑，阴脉濡弱者，更遇于风，变为风温。阳脉洪数，阴脉实大者，更遇温热变为温毒。温毒为病最重也。阳脉濡弱，阴脉

① 立秋节：《伤寒例》作“立春节”。

弦紧者，更遇温气，变为温疫。以此冬伤于寒，发为温病。”叔和将冬时热性病分为二种，中而即病者名伤寒，不即病至春发者为温病，至夏发者为暑病。又将四时正气为病与时行疫气为病，分为二种，并指出冬温之毒与伤寒大异。又以脉象不同，区别热性病之种类及轻重。综观叔和所述，可谓温病学说，已孕育于此。

金·刘河间《伤寒医鉴》云：“自昔以来，惟仲景著述遗文，立伤寒三百九十七法，合一百一十三方。而后学者莫能宗之，谓如人病伤风则用桂枝解肌，伤寒则用麻黄发汗，伤风反用麻黄，则致项强柔痉，伤寒反用桂枝，则作惊狂发斑，或误服此二药，则必死矣。故仲景曰桂枝下咽，阳胜则毙；承气入胃，阴盛则亡是也。守真为此虑，恐麻黄、桂枝之误，遂处双解散，无问伤风伤寒，内外诸邪，皆能治疗。从下证错汗者，亦不为害，如此革误人之弊，已不少矣。”河间鉴于当时庸医，误用麻桂二汤，以致轻病变重，重病致死，特制双解散，无问伤风伤寒，内外诸邪，皆能治疗。由其文字推想，可见当时流行之热性病，多不宜用单纯之辛温发汗剂，庸医墨守成法，不知化裁，故致遗祸。双解散之主治文云：“普解风寒暑湿，饥饱劳逸，忧愁思虑，恚怒悲恐，四时中外诸邪所伤，一觉身热头疼，拘倦强痛，无问自汗无汗，憎寒发热，渴与不渴微甚，伤寒疫疠汗病，两感风气杂病，一切旧病作发，三日里外，并宜服之。”从此方之适应证候观之，可知此方用于热性病之初期，有解表退热之功。再观双解散之组织，为防风、川芎、当归、芍药、薄荷、大黄、麻黄、连翘、芒硝、石膏、桔梗、滑石、白术、山栀、荆芥、甘草、黄芩。此方于发表清热方中，佐以承气汤、六一散、四物汤（去地黄），用于热性病初期，虽比麻桂青龙已有进步，但与温病派之辛凉解表法，仍有距离。河间《伤寒标本·传染》云："凡伤寒疫疠之病，何以别之？盖脉不浮者，传染也。设若以热药解表，不惟不解，其病反甚而危殆矣。其治之法，自汗宜以苍术白虎汤，无汗宜滑石凉膈散，散热而愈。其不解者，通其表里微甚，随症治之，而与伤寒之法皆无异也。双解散、益元散皆为神方。"文中所谓疫疠，殆即温病范围内之温疫。河间治疗温疫举出之四方，虽与吴有性不同，但以清凉治温，通下治疫，并认定疫疠与伤寒不同，不可以热药解表，其见理明澈，不同凡俗，洵不愧一代大医矣。同书表证云："凡表症脉浮、身体肢节疼痛、恶风恶寒者可汗之，不可下也。伤寒无汗麻黄汤，伤风自汗桂枝汤，一法，不问风寒，通用双解散或天水散，最妙。"河间于脉浮、体痛、恶寒之表证，既主张用其自订之双解散、天水散，而又不遗麻桂二汤，模棱两可，使读者无所适从，此则崇古尊圣之保守观念太深，不敢断然谓其不可用也。河间《伤寒直格》云："伤寒无汗，表病里和，麻黄汤汗之，或天水散之类亦佳。表不解，半入于里，半尚在表者，小柴胡汤主之，或天水、凉膈二药各一服，合同服之尤佳。"河间《伤寒直格》《伤寒标本》二书，似此语气尚多。测河间心理，虽知麻桂不合于热性病之治法，但不敢形于纸笔，故将仲景之法与自己经验之方两存之。

自后元·王安道评河间云："以暑温作伤寒立论，而遗即病之伤寒，其所处辛凉解散之剂，因为昧者有中风、伤寒错治之失而立，盖亦不无桂枝、麻黄难用之惑也。既惑于此，则无由悟夫仲景立桂枝、麻黄汤之有所主，用桂枝麻黄汤之有其时矣。故其《原病式》有曰：夏月用麻黄、桂枝之类，热药发表，须加寒药，不然，则热甚发黄或出斑矣（此说出于庞安常，而朱奉议亦从而和之）。殊不知仲景之麻黄汤、桂枝汤，本不欲用于夏热之时也。……若仲景为温暑之方，必不如此，必别有法，但惜其遗佚不传，致使后人有多歧之患。……春夏虽有恶风、恶寒表症，其桂枝麻黄汤终难轻用，勿泥于发表不远热之语也。于是用辛凉解表散，庶为得宜。苟不慎而轻用之，诚不能免夫狂躁、发黄、衄血之变，而亦无功也。”安道谓暑温不宜用麻桂，仲景治暑温必别有方，惜已遗佚。又谓春夏虽有恶风寒之表证，桂枝麻黄汤终难轻用，此种见解比河间更进一步，与温病初起辛凉解表法已渐趋接近。吴鞠通云：“至王安道始脱却伤寒，辨证温病，惜其论之未详，立法未备。”其对王氏之推崇，非无故也。

明·吴有性《温疫论》云：“病疫之由，昔以为非其时有其气，春应温而反寒，夏应热而反凉，秋应凉而反热，冬应寒而反温，得非时之气，长幼病似以为疫。余论其不然，夫寒热温凉，乃四时之常，因风雨阴晴，稍为损益，如秋晴多热，春雨多寒，亦天地之常事，未必为疫也。伤寒与中暑，感天地之常气，疫者感天地之疠气。……此气之来，无论老少强弱，触者即病，邪自口鼻入，舍于伏脊之内，其邪去表不远，附近于胃，乃表里之分界，即《针经》所谓横连膜原是也。邪在膜原，正当经胃交关之所，故为半表半里。其热淫之气，如浮越太阳，则有头项痛，腰痛如折；浮越于阳明，则有目痛，眉棱骨痛，鼻干；浮越于少阳，则有胁痛，耳聋，寒热，呕而口苦。大概邪越太阳居多，阳明次之，少阳又其次也。邪之所着，有天变，有传染，所感虽殊，其病则一。凡人口鼻之气，通乎天气，本气充满，邪不易入，适逢亏欠，外邪因而乘之。昔有三人，冒露早行，空腹者死，饮酒者病，饱食者不病。疫邪所着，又何异耶？若其年气为厉，不论强弱，触之即病，则不拘于此矣。其感之深者，中而即发，感之浅者，邪不胜正，未能顿发，或遇饥饱劳碌，忧思气怒，正气被伤，邪气始得张溢。”此段说明温疫为天地之疠气，邪自口鼻而入，舍于膜原。膜原为半表半里，邪自内出，多现三阳病证。近人谓有性对急性传染病病源，已有相当认识，其所谓疠气，实指细菌而言。盖有性治疗疫病甚多，经验丰富，体会真切。彼云：“其年疫气盛行，所患皆重，最能传染，即童辈皆知为疫，盖毒气钟厚也；其年疫气衰少，闾里所患者不过几人，且不能传染，时师皆以伤寒为名，不知者固不言疫，知者亦不便言疫。然则何以见其为疫？盖脉症与盛行之年，纤细相同。至于用药取效，毫无差别。是以知温疫四时皆有，常年不断，但有多寡轻重耳。”此段所言，即传染病之大流行、小流行，与散在性之情况也。

同书又云：“夫伤寒必有感冒之因，恶风恶寒，头疼身痛，发热而仍恶寒，脉浮紧无汗为伤寒，脉浮缓有汗为伤风。时疫初起，原无感冒之因，忽觉凛凛以后，但热而不恶寒。然亦有所触而发者，或饥饱劳碌，或焦思气郁，皆能触动其邪也。不因所触而自发者居多。且伤寒投剂，一汗而解；时疫发散，虽汗不解。伤寒不传染于人，时疫能传染于人。伤寒之邪自毫窍而入，时疫之邪自口鼻而入。伤寒感而即发，时疫感久而后发。伤寒汗解在前，时疫汗解在后。伤寒投剂，可使立汗；时疫汗解，俟其内溃（时疫之邪，匿于膜原，发时与营卫交并，客邪经由之处，营卫未有不被其所伤者，其伤曰溃），自然汗出，不可以迫期。伤寒解以发汗，时疫解以战汗。伤寒发斑则病笃，时疫发斑则病衰。

伤寒感邪在经，以经传经；时疫感邪在内，邪溢于经，经不自传。伤寒感发甚暴，时疫多有淹缠二三日，或渐加重，或淹缠五六日，忽然加重。伤寒初起，以发表为先；时疫初起，以疏利为主。其所同者，皆能传胃，至是同归于一，故用承气导邪而出，盖伤寒、时疫，始异而终同也。”此段辨伤寒与温疫之异，如病邪侵入之途径不同，发病之骤缓不同，初起症状不同，病邪传经不同。由于二者有显著之差异，故不能以伤寒法治温疫，于是有性据其临床经验，自制达原饮，方为槟榔、厚朴、草果、知母、芍药、黄芩、甘草，方后附载随症加减之法。有性自释方义云：“槟榔能消磨，除伏邪，为疏利之药，又除岭南瘴气；厚朴破戾气所结；草果辛烈气雄，除伏邪盘踞。三味协力，直达其巢穴，使邪气溃散，速离膜原，是以为达原也。热伤津液，加知母以滋阴；热伤营气，加白芍以和血；黄芩清燥热之余；甘草为和中之用。以后四味，不过为调和之剂耳。”此方以黄芩汤去大枣加知母，以清里热；槟榔、草果、厚朴，燥湿以除满闷（龚昭林云：凡疫不拘大小男女，胸膈紧闷，日轻夜重者，日有八九）。乃清热除湿之剂，故后人用治湿温疟疾之证，辄有良效。

清·戴麟郊《广温热论》云：“温邪传经与风寒不同。风寒从表入里，故必从太阳而阳明，而少阳，而入胃；若温病则邪从中道，而或表或里，视人何经之强弱为传变。故治此之法，亦不外表里两途。所谓表者，发热恶寒，头痛头眩，项强背痛，腰疼，腿膝足胫酸痛，自汗无汗，及头肿面肿，耳目赤肿，项肿，发疹发斑皆是。所谓里者，渴呕胸满，腹满腹痛，胁痛胁满，大便不通，泄泻，小便不通，黄赤涩痛，及烦躁谵语沉昏，舌燥舌卷舌强，口咽赤烂皆是。在风寒从表入里，所有里症，必待渐次闭郁而成。故在表时，不必兼见里症；入里后，不必复见表症。若温邪本从中道出表，故见表症时，未有不兼一二里症者，且未有不兼见一二半表半里之少阳症者。……且温邪属蒸气，表而里，里而表，原是不常，有入里后下之，而其邪不尽，仍可出表者。有谵妄昏沉之后，病愈数日，复见头疼发热，复从汗解者，此为表而再表，惟温热病有之，而风寒必无是也。更有下证全具，用承气汤后，里气通而表亦达，头痛发热，得汗而解，移时复见舌黑胸满，腹痛谵妄，仍待大下而后愈者，此为里而再里，亦惟温热病有之，而风寒必无是也。若夫表里分传之症，风寒十无一二，温症十有六七。但据传经之专杂为辨，一经专见一经症者属风寒，一经杂见二三经症者属温热。一明乎此，则虽病有变态，而风寒不混于温热，温热不混于风寒，施治自无误矣。”戴氏之书，原名《广温疫论》，陆九芝谓：“此书明辨温热与伤寒病反治异，朗若列眉，足为度世金针。惟温热与瘟疫，则仍混同无别，而其误亦甚大也。”因为之改正书名，并将书中凡称时行疫疠者，悉改为温邪。九芝之意：“必先将吴又可《瘟疫论》改作《温疫论》，再将戴天章之《广瘟疫论》改为《广温热论》，以清两君作书之旨，而名称始各有当。”“盖伤寒有寒症，有热症；温热则纯是热症，绝无寒症；至瘟疫则有温疫，亦有寒疫，正与温热病纯热无寒相反，而治法即大不相同。”又戴氏云：“若温热则邪从中道，而或表或里，惟视何经之强弱为传变。”及温邪属蒸气，表而里，里而表，原是不常一段，与有性论温疫近似，故后人认为戴氏书专为伏气温病而设。至其治温热诸方，多采《伤寒论》方剪去热药。及河间之双解散、凉膈散，吴又可之达原饮、三消饮（即达原饮加大黄、葛根、羌活、柴胡、枣、姜）虽可用以治温病，但其汗法中，以人参败毒散为辛凉发汗，以大青龙汤、九味羌活汤、大羌活汤为辛温发汗，则与叶派用药大相径庭。余意温病之理论及治法，自刘河间至戴麟郊已逐渐进步，迨叶天士始臻完善之境。吴锡璜云："历代以来，若河间之《原病式》，杨栗山之《寒温条辨》，吴又可之《醒医六书》，戴天章之《广瘟疫论》，皆能就伤寒、温热之病症不同处，剖晰精详，而用药大法，非升散，即苦寒，犹非面面圆到。叶天士先生出，于温热病治法，具有慧舌灵心，章虚谷、邵步青、王士雄、吴坤安、吴鞠通、林羲桐辈皆宗之，治效历历可纪。"锡璜民国初人，著有《中西温热串解》八卷，其书以《温热经纬》《温病条辨》为基础，殆于叶派之法，研求有素，著有灵效，故发为言论，不觉对天士推崇倍至也。余学医于王香岩先生，尝谓余曰："清代医家，当推叶天士、徐灵胎为巨擘。"盖天士创卫气营血之说，详言舌诊之法，对急性热病之诊治方法，贡献至巨；灵胎作《伤寒类方》，以方为纲，以条文为目，执简驭繁，使学者易于入门，其整理古籍之功，非亦浅鲜。故对伤寒与温热一项言，二氏诚为杰出之才也。

第二章　温病内容异于伤寒的几点

第一节　三　　焦

三焦之名，见于《内经》。《经》云："上焦出于胃上口，并咽以上，贯膈而布胸中。中焦亦并胃中，出于上焦之后，泌糟粕，蒸津液，化精微而为血。下焦者，别回肠，注于膀胱而渗入焉。水谷者，居于胃中，成糟粕，下大肠而成下焦。"《内经》所言之三焦，似指附属于消化系、泌尿系之器官，属生理学范围。鞠通所言之三焦，仅取其名，用以归纳急性热病之一般症状，以做辨证用药之依据者。故《温病条辨》之三焦，乃有名无实，不同于《内经》所言之三焦确有其物也。

鞠通仿《伤寒论》之体例而作《温病条辨》，以三焦为纲，病名为目，并于条文后附以治疗方剂。其三焦犹《伤寒论》之六经也。近人对《伤寒论》六经之见解，认为是急性热病的六种不同的症候群。吾于鞠通之三焦，亦作如是观。兹将《条辨》上、中、下三焦所列证候与治法加以分析，即可知所谓三焦者，乃三种不同的症候群也。

上焦：为太阴温病，分四个症候群。初起但热不恶寒、口渴者，用辛凉平剂（银翘散）。病势发展，有脉浮洪、舌黄、渴甚大汗、面赤恶热诸症者，用辛凉重剂（白虎汤）。病势再进，气血两燔者，用玉女煎去牛膝加元参方。待邪陷心包，神昏谵语者，用清宫汤、牛黄丸、紫雪、至宝丹等。

中焦：为阳明温病，其症候群为面目俱赤，大便秘，小便涩，舌苔老黄，甚则色黑有芒刺，但恶热，不恶寒，日晡热甚。阳明病有清、下二法，鞠通于脉浮洪而躁者用白虎汤，脉沉数有力者用承气汤。在承气汤类，除大、小、调胃外，对素体阴虚者，有增液合调胃承气汤；下后热不退或退不尽（脉仍沉而有力），须屡下而邪始净者，有护胃承气汤。又神昏谵语之证，鞠通以大便已硬未硬为别，大便未硬用牛黄丸，大便已硬用承气汤。其意如大便硬，则谵语由燥矢而来；如大便未硬，则谵语由邪陷心包引起。

下焦：为热邪久留，真阴欲竭之阶段。其所现之症候群为

“身热面赤，口干舌燥”“心中震震，舌强神昏”“脉结代，甚则脉两至”“脉沉数，舌干齿黑，手指蠕动”“热深厥深，脉细促，心中憺憺大动”“神倦瘛疭，脉气虚弱，舌绛苔少，时时欲脱”“痉厥神昏，舌短烦躁”。上列各症，如以现代医学知识理解，可归纳为三类如下：

（一）体液消耗症状（即津液耗损） 如口干舌燥，舌干齿黑。

（二）神经症状（即厥阴证） 如舌强神昏，手指蠕动，瘛疭，痉厥神昏，舌短烦躁（神昏、舌短、舌强、烦躁，为手厥阴证；手指蠕动、瘛疭、痉厥，为足厥阴证）。

（三）心脏及循环症状（即少阴证） 如心中震震，脉结代或脉两至，四肢厥冷，脉细促，心中憺憺大动，脉气虚弱，时时欲脱。

鞠通三焦之说，上焦为手太阴、手厥阴之症候群，中焦为阳明之症候群，下焦为少阴、厥阴（包括手厥阴、足厥阴）之症候群。上焦为急性热病初起，至高热神昏阶段；中焦为高热、谵语、便秘阶段；下焦为病势未衰，而抵抗力已陷于衰弱之阶段（正虚邪实）。由于病势未衰，而抵抗力已甚衰弱，故治疗之方偏于扶正祛邪，如加减复脉汤、大小定风珠、黄连阿胶汤、青蒿鳖甲汤等为下焦病主要方剂。综观鞠通三焦之说，殆以急性热病之一般症状分为三个不同的症候群，亦如《伤寒论》将急性热病的共同证候分为六种不同的症候群。此种以症候群为辨证用药的方法，乃中医临床治病的基本知识，学者首应熟记于心也。

第二节 卫气营血及伏气

温病的理论导源于《内经》，温病的治疗昉于刘完素，迨清之叶天士，则温病学说已自成体系，与仲景《伤寒论》分庭抗礼。降至吴鞠通作《温病条辨》，堪称温病学之专书，嗣后王孟英纂《温热经纬》，雷少逸著《时病论》，俞根初著《通俗伤寒论》，对温病学的内容，更觉充实完美。叶氏之温病理论，与仲景《伤寒论》显然不同者，厥为“温邪上受，首先犯肺，逆传心包”三语，及卫气营血之传变次第。今分述于下：

“温邪上受，首先犯肺，逆传心包”。王孟英云：“温邪始从上受，病在卫分，得从外解，则不传矣。第四章（叶氏温证论治之第四章）云：不从外解，必致里结，是由上焦气分以及中下二焦者为顺传。惟胞络上居膻中，邪不外解，又不下行，易于袭入，是以内陷营分者为逆传也。然则温病之顺传，天士虽未点出，而细绎其议论，则邪从气分下行为顺，邪入营分内陷为逆也。”一般热性病之过程，多是先恶寒，次发热。热度高升或持续日久，必引起口渴汗出，躁扰不安，语言错乱及神昏不语等症状。故首先犯肺，言病之初（肺合皮毛，恶寒为腠理紧束之状，温热初起微恶寒，故曰首先犯肺）；逆传心包，言病之继（由高热引起之神经症状）。此种理论，多由临床体会而来，对中医之辨证用药，亦有相当之裨助。

“卫气营血”。天士云：“大凡看法，卫之后方言气，营之后方言血。在卫汗之可也，到气才可清气，入营犹可透热转气，入血就恐耗血动血，直须凉血。”章虚谷注：“凡温病初感，发热而微恶寒者，邪在卫分。不恶寒而恶热，小便色黄，已入气分矣。若脉数舌绛，邪入营分。若舌深绛，烦扰不寐，或夜有谵语，已入血分矣。邪在卫分汗之，宜辛凉轻解。清气热不可寒滞，反使邪不外达而内闭，则病重矣。故虽入营，犹可开达，转出气分而解。倘不如此细辨，施治动手便错矣。”此段指热性病热势进展中之治疗原则，病邪由浅入深，即病状由轻微而至严重，与“温邪上受”之说，大致相同。王孟英云：“外感温病，如此看法（即卫气营血之传变次第），风寒诸感，无不皆然，此古人未达之旨，惟王清任知之。若伏气温病，自里出表，乃先从血分而后达于气分，故起病之初，往往舌润而无苔垢。但察其脉软，而或弦或数，口未渴而心烦恶热，即宜投以清解营阴之药。迨邪从气分而化，苔始渐生，然后再清其气分可也。伏邪重者，初起即舌绛咽干，甚有肢冷脉伏之假象，亟宜大清阴分伏邪，继必厚腻黄润之苔渐生，此伏邪与新邪先后不同处。更有邪伏深沉，不能一齐外出者，虽治之得法，而苔退舌淡之后，逾一二日舌复干绛，苔复黄燥，正如抽蕉剥茧，层出不穷，不比外感温邪，由卫及气，自营而血也。秋月伏暑症，轻浅者邪伏膜原，深沉者亦多如此，苟阅历不多，未必知其曲折乃尔也。”孟英此段文字，即伏气温病之说。所谓伏气，即《内经》冬伤于寒，春必病温，及冬不藏精，春必病温之说。雷少逸云：“推温病之原，究因冬受寒气，伏而不发，久化为热，必待来年春分之后，天令温暖，阳气鸱张，伏气自内而动，一达于外，表里皆热也。其证口渴引饮，不恶寒而恶热，脉形愈按愈盛者是也。此不比春温外有寒邪，风温外有风邪，初起之时，可以辛温辛凉。是病表无寒风，所以忌乎辛散。若误散之，则变症蜂起矣。如初起无汗者，只宜清凉透邪法（芦根、石膏、连翘、竹叶、淡豆豉、绿豆衣）。有汗者，清热保津法（连翘、天花粉、鲜石斛、鲜生地、麦冬、参叶）。如脉象洪大而数，壮热谵妄，此热在三焦也，宜以清凉荡热法（连翘、西洋参、石膏、甘草、知母、生地）。倘脉沉实，而有口渴谵语，舌苔干燥，此热在胃腑也，宜用润下救津法（熟大黄、玄明粉、甘草、玄参、麦冬、生地）。凡温病切忌辛温发汗，汗之则狂言脉躁，不可治也。”雷氏所言之温病，即伏气温病，初起即现阳明证，与新感温病初起现表证者有别。观雷氏治法次第，系略去辛凉解表一法，其余清三焦之热，清阳明之热，通阳明之腑，要皆治温病之一般常法。由此可知，所谓伏气温病者，似系素体阴虚之人，感染急性热病，因其抵抗力薄弱，故病势进展比体质壮实者较为迅速，且体本阴虚，热病又易劫液伤阴，故阴虚症状比体质壮实者为甚，此雷氏法中，所以有花粉、石斛、生地、玄参、麦冬、西洋参等品配合其间也。至于冬伤于寒或冬不藏精，作为春日病温之原因，衡以现代医学知识，恐无此理。昔恽铁樵释此四语极为允当，节录于后，以为吾言之一证。

恽氏云：“《素问》认各种热病皆伤寒之类，而曰冬伤于寒，春必病温，冬不藏精者，春必病温，是即明明指出，非内部有弱点者，纵有寒亦不伤之意。何以言之？冬者，闭藏之令也；冬不藏精，是逆冬气；逆冬气，则春无以奉生，故至春当病。冬之冱寒为阴胜，春之和煦为阳复，阴胜者阳无不复，当冱寒之顷，生物所以不死者，赖有抵抗力；而其所以有抵抗力者，在于能藏精。至于阳复之时，盎然有生气者，亦即此所藏之精为之，是为生理之形能上事。若冬不藏精，则在冬时无抵抗力，而寒胜太过，至春无以应发阳之气候，则生理之能力绌矣，然未至于死。有胜必有复，且胜之甚者，其复亦甚。惟生理之能力既绌，例无不病，故冬不藏精，春必病，而所病者必是温。《内经》言阴阳凡三级，就一日言，曰昼夜昏晓；就一岁言，曰生长收藏；就一生言，曰生老病死，亦即一生之生长收藏也。故人生当三八肾气盛之年，虽冬不藏精，春不必病温。何以故？一生为大，一年为小，大德不逾，小德自有出入余地。经言春必病温，指一年说也。故必病温云者，指生理之必然，非事实上如印板文字。”恽氏之说，所谓冬伤于寒，乃指不谨房帏之人（冬不藏精），身体虚弱，不胜严寒之侵袭，虽重裘犹有寒意（抵抗力薄弱），则至来春，易于感染急性热病。但虽具易于感染之因素，未必一定病温。故冬不藏精云者，乃指本身对病菌之抵抗力不足，有感染之可能性而言，不能肯定来春必然病温也。

孟英又云：“秋月伏暑，证轻浅者，邪伏膜原，深沉者亦多如此。”我意伏暑即秋季之恶性疟疾。雷少逸云：“伏天所受之暑，其邪盛；患于当时其邪微；发于秋后，时贤谓秋时晚发，即伏暑之病也。是时凉风飒飒，侵袭肌肤，新邪欲入，伏气欲出，以致寒热如疟，或微寒，或微热，不能如疟分清，其脉必滞，其舌必腻，脘痞气塞，渴闷烦冤，每至午后则甚，入暮更剧，热至天明得汗，则诸恙稍缓；日日如是，必二三候外，方得全解。倘调理非法，不治者甚多。不比风寒之邪，一汗而解。温热之气，投凉则安，拟用清宣温化法，使其气分开，则新邪先解，而伏气亦随解也。然是症变化甚多。”观雷氏所述症状，即恶性疟之规则的间歇热型。此病寒微热盛，热势延长，下降甚缓。又云：“必二三候外，方得全解，倘调理非法，不治者甚多。”良性疟无生命危险，恶性疟病势重笃，易致死亡（死亡率为25％～50％）。雷氏云：“是证变化甚多。”其立法加减，云：“神识昏蒙者，是邪逼近心包，益元散、紫雪丹量其证之轻重而用。”恶性疟之不规则热型，少有寒战，发热之时间颇长，发作的周期性不规则，发热时常有呕吐、谵妄、虚脱等症。综上所述，可得一结论，春温由伏气而发者，指阴虚体质春日病温也。秋月伏暑，乃恶性疟疾也。

第三节　温病包涵之病类

《温病条辨》上焦篇第一条分温病为九种，即：风温、温热、温疫、温毒、暑温、湿温、秋燥、冬温、温疟（篇中于暑温后有伏暑，湿温后有寒湿，又于湿温中附疟、痢、疸、痹四证，共为十五种）。鞠通自注云："初春阳气始开，厥阴行令，风兼温也。温热者，春末夏初，阳气鸱张，温甚为热也。温疫者，疠气流行，多兼秽浊，家家如是，若役使然也。温毒者，诸温夹毒，秽浊太甚也。暑温者，正夏之时，暑病之偏于热者也。湿温者，长夏初秋，湿中生热，即暑病之偏于湿者也。秋燥者，秋金燥烈之气也。冬温者，冬应寒而反温，阳不潜藏，民病温也。温疟者，阴气先伤，又因于暑，阳气独发也。"

鞠通虽分温病为九种，但治法约之为三：

（一）风温、温热、温疫、温毒、冬温并为一类论述。温疟虽另立名目，但注云："与伏暑相似，亦温病之类也，彼此实足以相混，故附于此，可以参观而并见。"

（二）暑温、湿温虽各为一类，但上焦篇四十二条云："伏暑、暑温、湿温，证本一源，前后互参，不可偏执。"关于证本一源之说，在伏暑提纲云："暑兼湿热，偏于暑之热者为暑温，多手太阴症而宜清；偏于暑之湿者为湿温，多足太阴症而宜温；湿热平等者两解之，各宜分晓，不可混也。"又于伏暑项下小字注云："暑温伏暑，名虽异而病实同，治法须前后互参。"窥鞠通之意，暑温、伏暑、湿温虽分类论述，但治法可括为一类。

（三）秋燥另立一项。

综上所述，除寒湿、湿痹、黄疸不能纳入温病范围，温毒可附于温疫，伏暑可附于暑温，温疟可括于疟疾外，所谓温病，乃包涵风温、温热、温疫、暑温、湿温、秋燥、冬温、疟疾、痢疾等九种。此九种病相当于现代急性热病中之何病？我意风温为流行性感冒，湿温为肠热病，疟疾、痢疾，中西名称相同，其余温热、温疫、暑温、冬温、秋燥，殊不能确指为现代医学之何种疾病。

第三章　温病治法异于伤寒的几点

温病与伤寒，不但在病理诊断上有甚大之差别，在治疗方面亦有距离。例如热病初期，在宗仲景法者，用桂枝汤、麻黄汤、大青龙汤；温病派则用银翘散、桑菊饮。此辛温解表与辛凉解表之异也。及至病势进展，高热不退，伤寒家谓之阳明证，有白虎、承气二法；温病派亦谓之阳明病，亦用白虎、承气，但于下法之承气汤，辨证投方，较为细密。例如在仲景承气汤的基础上随证化裁，有新加黄龙汤、宣白承气汤、导赤承气汤、牛黄承气汤、增液承气汤等。高热引起神昏谵语者，温病派有清热解毒、芳香开窍之法，如清宫汤、牛黄丸、紫雪、至宝丹等。又《伤寒论》清热之方，有白虎汤、黄芩汤、小柴胡汤。温病派则有治气血两燔之法，如玉女煎去牛膝加元参方；有清营热之法，如清营汤。此清热之原则虽同，而方之组成不同也。热性病最易伤阴耗液，《伤寒论》养阴滋液之方，殊不多见（如少阴病有黄连阿胶汤、猪肤汤）；温病派对此等证，有加减复脉汤、大小定风珠、护阳和阴汤、益胃汤、五汁饮、牛乳饮等，此于扶正驱邪方面较仲景时代更为完备矣。

以上所述，均为温病与伤寒，在治疗上显然有异之点。此种不同之方剂，足以补仲景《伤寒论》之缺略，充实热性病之治疗内容。盖各种科学，均随历史演变而有进步，仲景《伤寒论》成于1800年前，其间经过历代医家之钻研与临床经验之累积，对热性病之治疗，比之仲景时代，有所补充与改变者，此亦自然之趋势耳。治伤寒之学者，固不能囿于仲景之书，不求进步；治温病之学者，更不能忘温病之治法，原系在《伤寒论》的基础上向前发展而成。并非温病之治法只能治温病，伤寒之治法只能治伤寒。我意两者包涵之病类虽有不同，但治法是一个体系，所谓温病治法，不过在伤寒原有治法体系上加以充实和修改而已。

附方

银翘散 连翘、银花、桔梗、薄荷、竹叶、甘草、荆芥、淡豆豉、牛蒡子。

按：本方用于温病初起，但热，不恶寒，而渴者。

桑菊饮 杏仁、连翘、薄荷、桑叶、菊花、桔梗、甘草、苇根。

按：本方用于太阴风温，但咳，身不甚热，微渴者。

新加黄龙汤 生地、甘草、人参、大黄、芒硝、元参、麦冬、当归、海参、姜汁。

按：此方用于阳明腑实而正气虚弱者。

宣白承气汤 石膏、大黄、杏仁、瓜蒌皮。

按：本方用于肺气不降，喘促痰滞，里气又实，大便不通者。

导赤承气汤　赤芍、生地、大黄、黄连、黄柏、芒硝。

按：本方用于大便不通，小便涓滴，色赤而痛者。

牛黄承气汤　用安宫牛黄丸二丸化开，调生大黄末三钱，分二次服。

按：此方用于邪闭心包，神昏，舌短，饮不解渴，大便秘结不下者。

增液承气汤　元参、麦冬、生地、大黄、芒硝。

按：本方用于阳明大热，津液枯燥，结粪不下者。

清宫汤　元参心、莲子心、竹叶卷心、连翘心、犀角尖、连心麦冬。

按：本方用于温病神昏谵语。

安宫牛黄丸　牛黄、郁金、犀角、黄连、朱砂、梅片、麝香、真珠、山栀、雄黄、金箔、黄芩。

按：本方用于温病神昏谵语，有芳香化浊，苦寒泻热之功。

紫雪　滑石、石膏、寒水石、磁石、羚羊角、木香、犀角、沉香、丁香、升麻、玄参、甘草、朴硝、硝石、辰砂、麝香。

按：本方用于太阴温病逆传心包。徐大椿云："邪火毒火穿经入脏，无药可治，此能消解。"

至宝丹　犀角、朱砂、琥珀、玳瑁、牛黄、麝香、安息香、雄黄、龙脑。

按：本方用于热入心包络，舌绛神昏者，有除秽解热、安神定魄之功。

玉女煎去牛膝加元参方　石膏、生地、知母、麦冬、元参。

按：本方用于太阴温病气血两燔。

清营汤　犀角、生地、元参、竹叶心、麦冬、丹参、黄连、银花、连翘。

按：本方用于温病逆传，夜不安寐，烦渴，舌赤，时有谵语。

加减复脉汤 炙甘草、干地黄、白芍、麦冬、阿胶、麻仁。

按：本方用于温邪久羁阳明，或已下，或未下，身热面赤，口干舌燥，齿黑唇裂，脉虚大，手足心热。

小定风珠 鸡子黄、阿胶、龟板、童便、淡菜。

按：本方用于下焦温病，热深厥深，厥而且哕，脉细而劲。

大定风珠 白芍、阿胶、龟板、干地黄、麻仁、五味子、牡蛎、麦冬、炙草、鸡子黄、鳖甲。

按：本方用于热邪久羁，灼烁真阴，邪微阴损，症见神倦瘛疭，脉气虚弱，舌绛苔少，时时欲脱。吴鞠通云："壮火尚盛者，不得用定风珠及加减复脉汤；邪少虚多者，不得用黄连阿胶汤；阴虚欲痉者，不得用青蒿鳖甲汤。"由吴氏指出诸方之禁忌来体会，可见大小定风珠以亟急照顾肾阴虚损为主旨，深恐因虚致脱也。

护阳和阴汤 白芍、炙甘草、人参、麦冬、干地黄。

按：本方用于温邪已去其半，脉数，余邪不解。吴鞠通云："凡体质素虚之人，驱邪及半，必兼护养元气，仍佐清邪。"主意温病至后期，斟酌病情，以扶正清邪，或清邪扶正立方，培养体力虚羸，以免引起痉厥之变。此种进步方剂，确有提出介绍之价值。

益胃汤 沙参、麦冬、冰糖、生地、玉竹。

按：此方用于阳明温病，下后出汗，或温病愈后，脉数暮热，思饮不欲食，此为甘寒养胃阴之方。吴鞠通云："温病后，以养胃阴为主，饮食之坚硬浓厚者不可骤进。间有阳气素虚之体质，热病一退，即露旧亏，又不可固执养阴之说而灭其阳火。”

五汁饮 梨汁、荸荠汁、鲜苇根汁、麦冬汁、藕汁。

按：本方用于太阴温病口渴甚者。诸汁生津止渴，为高热时之优良饮料，并可辅助清热剂以退热。

牛乳饮 牛乳一味炖饮。

按：本方用于温邪已净，胃液干燥。

俞东扶曰：“今之所谓伤寒者，大抵皆温热病耳。仲景云：‘太阳病，发热而渴，不恶寒者，为温病。’在太阳已现热象，则麻桂二汤必不可用，与伤寒迥别。《内经》云：‘伤寒者，皆热病之类也。’是指诸凡骤热之病，皆当从伤寒例观。二说似乎不同，因审其义。盖不同者，在太阳，其余则无不同也。温热病只究三焦，不讲六经，此是妄言。仲景之六经，百病不出其范围。岂以伤寒之类，反与伤寒截然两途乎？惟伤寒则足经为主，温热则手经病多，如风温之咳嗽息鼾，热病之神昏谵语，或溏泄黏垢，皆手太阴肺、手厥阴心包络、手阳明大肠现症，甚至喉肿肢掣、昏蒙如醉、躁扰不宁、齿焦舌燥、发斑发颐等症，其邪分布充斥，无复六经可考，故不以六经法治耳。就余生平所验，初时兼挟表邪者多，仍宜发散，如防、葛、豉、薄、牛蒡、杏仁、滑石、连翘等，以得汗为病轻，无汗为病重。如有斑，则参入蝉蜕、桔梗、芦根、西河柳之类；如有痰，则参入土贝、天虫、瓜蒌、橘红之类；如现阳明症，则白虎、承气；少阳症，则小柴胡去参半加花粉、知母；少阴症，则黄连阿胶汤、猪苓汤、猪肤汤。俱宗仲景六经成法有效。但温热病之三险症多死，不比伤寒。盖冬不藏精者，东垣所谓肾水内竭，孰为滋养也。惟大剂养阴，佐以清热，或可救之。养阴如二地、二冬、阿胶、丹皮、元参、人乳、蔗浆、梨汁，清热如三黄、石膏、犀角、大青、知母、芦根、茅根、金汁、雪水、西瓜、银花露、丝瓜汁，随其对症者选用。若三阴经之温药，与温热病非宜，亦间有用真武、理中者，百中之一二而已。大抵温热症最怕发热不退及痉厥昏蒙，更有无端而发晕，及神清而忽间以狂言者，往往变生不测，遇此等症，最能惑人。要诀在辨明虚实，辨得真，方可下手。然必非刘河间、吴又可之法所能救，平素精研仲景《伤寒论》者，庶有妙旨。至若叶案之论温热，有邪传心包，震动君主，神明欲迷，弥漫之邪，攻之不解。清窍既蒙，络内亦痹，豁痰降火无效者，用《局方》至宝丹或紫雪或牛黄丸，宗喻氏芳香逐秽之说，真是超越前辈。”

以上节录《古今医案按》俞氏之说，俞氏对温热病之见解及治疗温热病之临床经验，可分下列几点：

1. 温热之治法，同于伤寒者，为阳明病；不同于伤寒者，为太阳病。因温热多手经病，并有许多证候非六经所能归纳，因此不能用伤寒方治温热。

2. 肾水内竭之温热，须大剂养阴，佐以清热。

3. 叶氏邪传心包，用至宝丹、紫雪、牛黄丸等芳香逐秽之法，真是超越前辈。

4.《伤寒论》阳明病、少阳病、少阴病篇中若干方剂，可用于温热。

俞氏对温热之治法观，与编者上述意见，正复相同。所谓伤寒，乃分类叙述急性热病之症候群及应用方剂之书；所谓温病，亦是如此。两者都是处理若干急性热病的辨证用药法则，此种法则，皆由历代医家临床体会，累积经验，逐步完成。因此，无论伤寒与温热，其治疗主张与方剂，皆足为吾人治急性热病时之参考。不过《伤寒论》辛温发表之方与兴奋回阳之方，温热病施用之机会极少。

小 结

本编首论温病之源流，说明温病学说系逐渐长成。《伤寒论》为汉代以前诸名医对急性热病之治法与方剂，由张仲景作成总结。温病则在《伤寒论》基础上，逐步增补病类、治法、方剂，至叶天士始完成急性热病之治疗体系（补充《伤寒论》之不足）。两者不同之点，伤寒在初期用辛温发汗剂，温病用辛凉解表剂；中期伤寒与温病大致相同；末期伤寒用温热兴奋剂，温病用滋养补液剂，此其大较也。

复习思考题

1. 刘河间之双解散、吴有性之达原饮，可否用于温病？

2. 三焦在温病之辨证用药方面，有甚大之意义，试分上、中、下三焦说明之。

3. 伏气温病之主要症状如何？其治法是否与新感温病相同？

4. 温病太阴病与伤寒太阳病的用药方针，有哪些显著不同？

5. 温病下法比《伤寒论》有了进步，是指哪些方剂而言？

中　编

第四章　病理辨要

中医识病之方法为辨症。辨症之工具为四诊。用四诊以辨明病之属寒、属热、属表、属里，体之属虚、属实，然后才能立法议方。如辨症未能正确，用药必然有误。故表里、寒热、气血、虚实之八纲，为医者首宜熟习之基本知识也。兹撮要言之。

第一节　表里寒热

凡勘伤寒、温病，必先明表里寒热。有表寒，有里寒，有表里皆寒，有表热，有里热，有表里皆热，有表寒里热，有表热里寒，有里真热而表假寒，有里真寒而表假热。发现于表者易明，隐伏于里者难辨；真寒真热者易明，假寒假热者难辨。今举其要以析言之。

一、表寒证

凡头痛身热，恶寒怕风，项强腰痛，骨节烦疼者，皆表寒证，皆宜汗解，《内经》所谓体若燔炭，汗出而散者是也。但要辨，无汗者，寒甚于风为伤寒，必须使周身大汗淋漓而解，苏羌达表汤为主，随症加减。自汗者，风重于寒为伤风，必兼鼻塞声重，咳嗽喷嚏，但必染染微汗而解，苏羌达表汤去羌活、生姜，加荆芥、前胡、桔梗为主。若发热恶寒如疟状，一日二三发，其人不呕，仍是太阳表证，苏羌达表汤主之。惟寒已而热，热已而汗者，则为少阳之寒热往来，证多目眩耳聋，口苦善呕，膈满胁痛，必须上焦得通，津液得下，胃气因和，津津汗出而解，谓之和解，轻者柴胡枳桔汤，重者柴胡陷胸汤选用。若发寒时身痛无汗，发热时口渴恶热，太阳表证未罢，阳明里证已急，则为少阳寒热之重证，柴芩双解汤主之。如身热微恶寒，无汗而微喘，头额目痛，肌肉烦疼，此风寒由皮毛袭于阳明肌肉也，仍宜发汗，苏羌达表汤去羌活加葱豉主之。总之，有一分恶寒，即有一分表证，虽有大汗、微汗之不同，而同归汗解。太阳发表，少阳和解，阳明解肌，其理一也。

附方

苏羌达表汤（辛温发汗法） 俞根初经验方。

苏叶三钱，防风钱半，光杏仁三钱，羌活钱半，白芷钱半，广橘红一钱半，鲜生姜一钱，浙苓皮三钱。

何秀山按："方以苏叶为君，专为辛散经络之风寒而设；臣以羌活，辛散筋骨之风寒；防风、白芷，辛散肌肉之风寒；佐以杏、橘，轻苦微辛，引领筋骨肌肉之风寒，俾其从皮毛而出；使以姜、苓，辛淡发散为阳，深恐其发汗不彻，停水为患也。列法周到，故列为发汗之首剂。"

俞根初云："浙绍卑湿，凡伤寒恒多挟湿，故予于辛温中佐以淡渗者，防其停湿也。治伤寒证，每用以代麻桂二汤，辄效。"

柴胡枳桔汤（和解表里轻剂） 俞氏经验方。

川柴胡钱半，枳壳钱半，姜半夏钱半，鲜生姜一钱，青子芩钱半，桔梗一钱，新会皮钱半，雨前茶一钱。

何秀山按：“柴胡疏达理腠，黄芩清泄相火，为和解少阳之主药，专治寒热往来，故以之为君。凡外感之邪、初传少阳三焦，势必逆于胸胁，痞满不通，而或痛，或呕，或哕，故必臣以宣气药，如枳、桔、橘、半之类，开达其上中二焦之壅塞。佐以生姜，以助柴胡之疏达；使以绿茶，以助黄芩之清泄。往往一剂知，二剂已。惟感邪未入少阳，或无寒但热，或无热但寒，或寒热无定候者，则柴胡原为禁药。若既见少阳证，虽因于风温暑湿，亦有何碍。然此尚为和解表里之轻剂，学者可放胆用之。”

柴胡陷胸汤（和解兼开降法）　俞氏经验方。

柴胡一钱，姜半夏三钱，小川连八分，苦桔梗一钱，黄芩钱半，瓜蒌仁（杵）五钱，小枳实钱半，生姜汁四滴（分冲）。

何廉臣按：“小陷胸汤加枳、桔，善能疏气解结，本为宽胸开膈之良剂，俞氏酌用小柴胡中主药三味，以其尚有寒热也。减去参、草、枣之腻补，生姜用汁，辛润流利，亦其善于化裁处。”

柴芩双解汤（和解表里重剂）　俞氏经验方。

柴胡钱半，葛根一钱，羌活八分，知母二钱，炙草六分，青子芩钱半，生石膏四钱（研），防风一钱，猪苓钱半，白蔻末六分（冲）。

何秀山按：“少阳相火郁于腠理而不达者，则作寒热，非柴胡不能达，亦非黄芩不能清，与少阳经气适然相应，故以为君。若表邪未罢，而兼寒水之气者，则发寒愈重，证必身疼无汗，故必臣以葛根、羌、防之辛甘气猛，助柴胡以升散阳气，使邪离于阴，而寒自已。里邪已盛，而兼燥金之气者，则发热亦甚，证必口渴恶热，亦必臣以知母、石膏之苦甘性寒，助黄芩引阴气下降，使邪离于阳，而热自已。佐以猪苓之淡渗，分离阴阳，不得交并，使以白蔻之开达气机，甘草之缓和诸药，而为和解表里之重剂，亦为调剂阴阳，善止寒热之良方也，善用者往往一剂而瘳。”

二、里寒证

凡伤寒不由阳经传入，而直入阴经，肢厥脉微，下利清谷者，名曰中寒，仲景所谓急温之，宜四逆汤者是也。

三、表里皆寒证

凡身受寒邪，口食冷物，陡然腹痛吐泻，肢厥脉沉，此为两感寒证。轻者神术汤加干姜、肉桂，重者附子理中汤加姜汁、半夏。

附方

神术汤（温中疏滞法） 俞氏经验方。

杜藿香三钱，制苍术钱半，新会皮二钱（炒香），炒楂肉四钱，春砂仁一钱（杵），川朴二钱，清炙草五分，焦六曲三钱。

何秀山按：“素禀湿滞，恣食生冷油腻，成湿霍乱者甚多，陡然吐泻腹痛，胸膈痞满，故君以藿、朴、橘、术，温理中焦；臣以楂、曲消滞；佐以砂仁运气；使以甘草，缓其燥烈之性。此为温中导滞，平胃快脾之良方。”

附子理中汤（热壮脾肾法） 俞氏经验方。

黑附块五钱，别直参三钱，清炙草八分，川姜三钱（炒黄），冬白术三钱（炒香），生姜汁一瓢（冲）。

何秀山按：“猝中阴寒，口食生冷，病发而暴，忽然吐泻腹痛，手足厥逆，冷汗自出，肉瞤筋惕，神气倦怯，转盼头汗若冰，浑身青紫而死。惟陡进纯阳之药，迅扫浊阴，以回复脾肾元阳，乃得功收再造。故以附、姜辛热追阳为君，即臣以参、术培中益气，佐以炙草和药，使以姜汁去阴浊而通胃阳，妙在干姜温太阴之阴，即以生姜宣阳明之阳，使参、术、姜、附收功愈速。此为热壮脾肾，急救回阳之要方。”

四、表热证

凡温暑证，始虽微恶风寒，一发热即不恶寒，反恶热，汗自出，口大渴，目痛鼻干，板齿燥，心烦不得眠者，虽皆为阳明表热，但要辨身干热而无汗者，尚须凉辛解表，使热从外达，葱豉桔梗汤为主，随证加减。身大热而自汗者，只宜甘寒存津，使热不劫阴，新加白虎汤主之。

附方

葱豉桔梗汤（辛凉发汗法）　俞氏经验方。

鲜葱白五枚，苦桔梗钱半，焦山栀三钱，淡豆豉五钱，苏薄荷钱半，青连翘二钱，生甘草八分，鲜淡竹叶三十片。

何秀山按：“肘后葱豉汤，本为发汗之通剂，配合刘河间桔梗汤，君以荷、翘、桔、竹之辛凉，佐以栀、草之苦甘，合成轻扬清散之良方，善治风温风热等初起证候，历验不爽。惟刘氏原方，尚有黄芩一味，而此不用者，畏其苦寒化燥，涸其汗源也。若风火证初起，亦可酌加。”

新加白虎汤（辛凉甘寒法）　俞氏经验方。

苏薄荷五分，生石膏八钱（二味拌研），鲜荷叶一角，陈仓米三钱，知母四钱，益元散三钱（包煎），鲜竹叶三十片，嫩桑枝二尺（切寸）。先用活水芦笋二两，灯芯五分，同石膏粉先煎代水。

何秀山按：“邪既离表，不可再汗；邪未入腑，不可早下；故以白虎汤法，辛凉泄热，甘寒救液为君，外清肌腠，内清脏腑；臣以芦心化燥金之气，透疹痦而外泄，益元通燥金之郁，利小便而下泄；佐以竹叶、桑枝通气泄热；使以荷叶、陈米清热和胃。妙在石膏配薄荷拌研，既有分解热郁之功，又无凉遏冰伏之弊，较长沙原方尤为灵活。此方辛凉甘寒，清解表里三焦之良方。如疹痦不得速透者，加蝉衣九只，皂角刺四分；有斑者，加鲜西河柳叶三钱（何廉臣勘：西河柳清轻走络，性虽温发，加入清凉剂中，不嫌其温，只见其发，勿拘执鞠通之说可也），大青叶四钱；昏狂甚重者，加《局方》紫雪五分，药汤调服；口燥甚者，加花粉三钱，雪梨汁一杯（冲），西瓜汁尤良；有痰甚黏者，加淡竹沥一钟，生姜汁一滴，和匀同冲；血溢者，加鲜刮淡竹茹四钱，鲜茅根八钱（去皮），清童便一杯（冲）。”

五、里热证

凡伤寒邪传入里，温热病热结于里，皆属阳明腑证。手足汗，发潮热，不大便，小便不利，腹胀满，绕脐痛，心烦恶热，喘冒不得卧，腹中转矢气，甚则谵语发狂，昏不识人，大便胶秘，或自利纯清水，仲景所谓急下之，而用三承气汤者是也。

六、表里皆热证

凡伏气温病，至春感温气而发，至夏感暑气而发，一发即渴，不恶寒，反潮热恶热，心烦谵语，咽干舌燥，皮肤隐隐见斑，甚则手足瘛疭，状如惊痫，仲景所谓热结在里，白虎加人参汤主之是也。但要辨其便通者，但须外透肌腠，内清脏腑，新加白虎汤为主，柴芩清膈煎亦可酌用。便闭者，急以攻里泻火为首要，白虎承气、犀连承气二汤为主。夹痰者，陷胸承气汤，加味凉膈煎选用。夹食者，枳实导滞汤选用。夹血瘀者，桃仁承气汤选用。夹温毒者，解毒承气汤选用。若血虚者，养营承气汤选用。气血两亏者，陶氏黄龙汤选用。

新加白虎汤 见一百八十一页。

柴芩清膈煎（攻里兼和解法） 俞氏经验方。

川柴胡八分，生锦纹（酒浸）钱半，生枳壳钱半，焦山栀三钱，青子芩钱半，苏薄荷钱半，苦桔梗一钱，青连翘二钱，生甘草六分，鲜淡竹叶三十六片。

何秀山按："少阳表邪，内结膈中，膈上如焚，寒热如疟，心烦懊侬，大便不通，故君以凉膈散法，生军领栀、芩之苦降，荡胃热以泄里热；佐以枳、桔，引荷、翘、甘、竹之辛凉，宣膈热以解表邪。妙在柴胡合黄芩，分解寒热。此为少阳阳明攻里清膈之良方。"

白虎承气汤（清下胃腑结热法） 俞氏经验方。

生石膏八钱（细研），生锦纹三钱，生甘草八分，知母四钱，元明粉二钱，陈仓米三钱（荷叶包）。

何秀山按："胃之支脉，上络心脑，一有邪火壅闭，即堵其神出入之窍，故昏不识人，谵语发狂，大热大烦，大渴大汗，大便燥结，小便赤涩等症俱见。是方白虎合调胃承气，一清胃经之燥热，一泻胃腑之实火。此为胃火炽盛，液燥便闭之良方。"

犀连承气汤（泻心通肠法） 俞氏经验方。

犀角汁两瓢（冲），小川连八分，小枳实钱半，鲜地汁六瓢（冲），生锦纹三钱，真金汁一两（冲）。

何秀山按："心与小肠相表里，热结在腑，上蒸心包，证必神昏谵语，甚则不语如尸，世俗所谓蒙闭证也。便通者，宜芳香开窍，以通神明。若便闭而妄开之，势必将小肠结热，一齐而送入心窍，是开门揖盗也。此方君以大黄、黄连，极苦泄热，凉泻心与小肠之火；臣以犀、地二汁，通心神而救心阴；佐以枳实，直达小肠阑门，俾心与小肠之火作速通降也。然火盛者必有毒，又必使以金汁润肠解毒。此为泻心通肠，清火逐毒之良方。"

陷胸承气汤（开肺通肠法） 俞氏经验方。

瓜蒌仁六钱（杵），小枳实钱半，生川军二钱，仙半夏三钱，小川连八分，风化硝钱半。

何秀山按："肺伏痰火，则胸膈痞满而痛，甚则神昏谵语；肺气失降，则大肠之气亦痹，肠痹则腹满便闭；故君以蒌仁、半夏，辛滑开降，善能宽胸启膈；臣以枳实、川连，苦辛通降，善能消痞泄满；然下既不通，必壅乎上，又必佐以硝、黄，咸苦达下，使痰火一齐通解。此为开肺通肠，痰火结闭之良方。"

加味凉膈煎（下痰通便法） 俞氏经验方。

风化硝一钱，煨甘遂八分，葶苈子钱半，苏薄荷钱半，生锦纹一钱（酒洗），白芥子八分，片黄芩钱半，焦山栀三钱，青连翘钱半，小枳实钱半，鲜竹沥两瓢，生姜汁两滴（同冲）。

何秀山按："温热多挟痰火壅肺，其症痰多咳嗽，喉有水鸡声，鼻孔煽张，气出入多热，胸膈痞胀，腹满便秘，甚则喘胀闷乱，胸腹坚如铁石，胀闷而死。急救之法，惟速用此方。凉膈散为君，以去其火；臣枳、葶、芥、遂，逐其痰而降其气；佐以竹沥、姜汁，辛润通络，庶可转危为安。”

枳实导滞汤（消积下滞法）　俞氏经验方。

小枳实二钱，生锦纹钱半（酒洗），净楂肉三钱，尖槟榔钱半，薄川朴钱半，小川连六分，六神曲三钱，青连翘钱半，老紫草三钱，细木通八分，生甘草五分。

何秀山按：“凡治温病热症，往往急于清火，而忽于导滞。不知胃主肌肉，胃不宣化，肌肉无自而松。即极力凉解，反成冰伏。此方用小承气合连、槟为君，苦降辛通，善导里滞；臣以楂、曲疏中，翘、紫宣上（按：连翘轻宣散结，紫草凉血，古人用发痘疮），木通导下；佐以甘草和药。开者开，降者降，不透发而自透发；每见大便下后，而斑疹齐发者以此。此为消积下滞，三焦并治之良方。”

桃仁承气汤（急下肠中瘀热法）　俞氏经验方。

光桃仁三钱，五灵脂二钱（包），生蒲黄钱半，鲜生地八钱，生川军二钱（酒洗），元明粉一钱，生甘草六分，犀角汁四匙（冲）。

何秀山按：“凡下焦瘀热，热结血室，非速通其瘀，则热不得去；瘀热不去，势必上蒸心脑，蓄血如狂，谵语见鬼。下烁肝肾，亦多小腹串疼，带下如注，腰痛如折，病最危急。此方以仲景原方去桂枝，合犀角地黄及失笑散，三方复而为剂，可谓峻猛矣。然急症非急攻不可，重症非重方不效，古圣心传，大抵如斯。”

解毒承气汤（峻下三焦毒火法）　俞氏经验方。

银花三钱，生山栀二钱，小川连一钱，生川柏一钱，青连翘三钱，青子芩二钱，小枳实二钱，生锦纹三钱，西瓜硝五分，金汁一两（冲），白颈蚯蚓二支。先用雪水六碗，煮生绿豆二两，滚取清汁，代水煎药。

何秀山按："疫必有毒，毒必传染，症无六经可辨，故喻嘉言从三焦立法，殊有卓识。此方银、翘、栀、芩，轻清宣上，以解疫毒，喻氏所谓升而逐之也。黄连合枳实，善疏中焦，苦泄解毒，喻氏所谓疏而逐之也。黄柏、大黄、瓜硝、金汁，咸苦达下，速攻其毒，喻氏所谓决而逐之也。即雪水、绿豆清，亦解火毒之良品。合而为泻火逐毒，三焦通治之良方。如神昏不语，人如尸厥，加《局方》紫雪，消解毒火，以清神识，尤良。"（按：方中蚯蚓治温病大热狂言，为著名之解热药）。

养营承气汤（润燥兼下结热法） 俞氏经验方，载吴氏《温疫论》。

鲜生地一两，生白芍二钱，小枳实钱半，真川朴五分，油当归三钱，知母三钱，生锦纹一钱。

何秀山按："火郁便秘，不下无以去其结热；液枯肠燥，不润适以速其亡阴。方以四物汤去川芎、重加知母，清养血液以滋燥，所谓增水行舟也。然徒增其液，而不解其结，则扬汤止沸，转身即干，故又以小承气去其结热。此为火盛燥血，液枯便秘之良方。"

陶氏黄龙汤（攻补兼施法） 俞氏经验方，载《陶氏六书》。

生锦纹钱半（酒浸），真川朴六分，吉林参钱半（另煎），青炙草八分，元明粉一钱，小枳实八分，蜜炙白归身二钱，大红枣二枚。

何秀山按："此方为失下证，循衣撮空，神昏肢厥，虚极热盛，不下必死者立法。故用大承气汤急下以存阴，又用参、归、草、枣，气血双补以扶正。此为气血两亏，邪正合治之良方。”

七、表寒里热证

凡温病伏暑将发，适受风寒搏束者，此为外寒束内热，一名客寒包火。但要辨表急里急，寒重热重。外寒重而表证急者，先解其表，葱豉桔梗汤加减；伏热重而里证急者，柴芩清膈煎加减。

附方

葱豉桔梗汤 见一百八十一页。

柴芩清膈煎 见一百八十三页。

八、表热里寒证

凡病人素体虚寒，吸热冒暑，此为标热本寒，只宜轻清治标；标邪一去，即转机，用温化温补等剂，庶免虚脱之虞。

九、里真热而表假寒证

凡口燥舌干，苔起芒刺，咽喉肿痛，脘满腹胀，按之痛甚，渴思冰水，小便赤涩，得涓滴则痛甚，大便胶闭，或自利纯青水，臭气极重，此皆里真热之证据。惟通身肌表如冰，指甲青黑，或红而温，六脉细小如丝，寻之则有，按之则无，吴又可所谓体厥、脉厥是也。但必辨其手足自热而至温，从四逆而至厥，上肢则冷不过肘，下肢则冷不过膝，按其胸腹，久之又久则灼手，始为阳盛格阴之真候。其血必瘀，营养不通，故脉道闭塞而肌肤如冰。治宜先用烧酒浸葱白、紫苏，汁出，用软帛浸擦胸部、四肢，以温助血脉之运行。内治宜桃仁承气汤急下之，通血脉而存阴液。然病势危笃如斯，亦十难救一矣。

十、里真寒而表假热证

其证有二：

（一）寒水侮土证

吐泻腹痛，手足厥逆，冷汗自出，肉瞤筋惕，语言无力，纳少脘满，两足尤冷，小便清白，舌肉胖嫩，苔黑而滑，黑色只见于舌中，脉沉微欲绝，此皆里真寒之证据。惟肌表浮热，重按则不热，烦燥而渴欲饮水，饮亦不多，口燥咽痛，索水至前，复不能饮，此为无根之阴火，乃阴盛于内，逼阳于外，外假热而内真阴寒，格阳证也。法宜热壮脾阳，附子理中汤救之。

（二）肾气凌心证

气短息促，头晕心悸，足冷溺清，大便或溏或泻，气少不能言，强言则上气不接下气，苔虽黑色，直抵舌尖，而舌肉浮胖而嫩，此皆里虚寒之证据。惟口鼻时或失血，口燥齿浮，面红娇嫩带白，或烦躁欲裸形，或欲坐卧泥水中。脉则浮数，按之欲散，或浮大满指，按之则豁豁然空。虽亦为无根之阴火，乃阴竭于下，阳越于上，上假热而下真虚寒，戴阳证也。治宜滋阴纳阳，加味金匮肾气汤主之。

附方

附子理中汤 见一百八十页。

加味金匮肾气汤（滋阴纳阳法） 俞氏经验方，从仲景方加减。

熟地六钱，山药三钱（杵），丹皮钱半（醋炒），附片钱半，萸肉二钱，茯苓三钱，泽泻钱半，紫瑶桂五分（炼丸吞），五味子一钱（杵），莹白童便一杯（分冲）。

何秀山按："伤寒夹阴，误服升散及温热，多服清凉克伐，以致肾中虚阳上冒，而口鼻失血，气短息促者，其足必冷，小便必白，大便必或溏或泻，上虽假热，下显真寒，阳既上越，阴必下虚。宜于滋阴之中，暂假热药冷服以收纳之。故以六味地黄为君，壮水之主，以镇阳光；臣以桂、附，益火之源，以消阴翳；妙在佐以重用五味，酸收咸降，引真阳以纳归命门；使以莹白童便，速降阴火，以清敛血溢。此为滋补真阴，收纳元阳之良方。"

总而言之，伤寒温病变证百出，总不外"表里寒热"四字，表里寒热亦不一致，总不外此章精义，此十者，皆辨明表里寒热之要诀也。

第二节 气血虚实

凡勘伤寒、温病，既明病之表里，病状之寒热，尤必明病人之气血，病体之虚实。《内经》云："精气夺则虚，邪气盛则实。"窃思精赅血液而言，气赅阴阳而言，盛与弱为对待，不曰衰则虚，而曰夺则虚，知其必有所劫夺，而精血精液、阴气阳气乃虚。劫夺者何？非情志内伤，即邪气外侵，故经曰"邪之所凑，其气必虚"者，盖谓邪凑气分则伤气，邪凑血分则伤血，气血既伤，则正气必虚。医必求其所伤何邪而去其病。病去则虚者亦生，病留则实者亦死。虽在气血素虚者，既受邪气，如酷暑严寒，即为虚中夹实。但清其暑，散其寒以祛邪，邪去则正自安。若不祛其邪，而先补其虚，则病处愈实，未病处愈虚，以未病处之气血，皆挹而注于病处，此气血因夺而虚之真理也。医可不深思其理，而漫曰虚者补之乎？然间有因虚不能托邪者，亦须略佐补托。如仲景《伤寒论》中轻则佐草、枣，或佐草、米，重则佐芍、草、枣，或佐参、草、枣之类是也。兹姑不具论。第论气血，气有盛衰，盛则实，衰则虚；血有亏瘀，亏则虚，瘀则实；析而言之，有气虚，有气实，有血虚，有血实，有气血皆虚，有气血皆实，有气虚血实，有气实血虚，有气真虚而血假实，有血真实而气假虚。兹举其要而述之。

一、气虚证

肺主宗气而运行周身，脾胃主中气而消化水谷，肾中命门主藏元阳，而主一身之元气。肺气虚者气喘息促，时时自汗，喉燥音低，气少不能言，言而微，终日乃复言。中气虚者，四末微冷，腹胀时减，复如故，痛而喜按，按之则痛止。不欲食，食不能化，大便或泻或溏，肢软微麻。元气虚者，虚阳上浮，咽痛声嘶，耳鸣虚响，两颧嫩红微白，头晕心悸，时或语言謇涩，时或口角流涎，瞳神时散时缩，时而下眼皮跳，时而眼睛发直，时而语无头尾，言无伦次，时而两手发战，时而手足发麻，时而筋惕肉瞤，时而睡卧自觉身重，时而心口一阵发空、气不接续者，此皆病人平素气虚之证据。若偶感外邪，必先权衡其标本缓急，标急治标，本急顾本，选和平切病之品，一使其病势渐减，一使其正气渐复，虽无速效，亦无流弊。

二、气实证

肺气实而上逆，则有胸痞头眩，痰多气壅等症，甚则喘不得卧，张口抬肩。胃气实而中满，则有嘈杂懊侬，嗳腐吐酸等症，甚则食不能进，呕吐呃逆。肠气实而下结，则有腹胀满，绕脐痛，大便燥结胶秘，或挟热下利，或热结旁流等症，甚则喘冒不得卧，潮热谵语。肝气实而上冲，则有头痛目眩，呕酸吐苦等症，甚则消渴，气上冲心，心中热痛。横窜则有肢厥筋挛、手足瘛疭等症，下逼则有腹痛便泄、里急后重等症，甚则男子睾丸疼，女子小腹肿痛、阴肿阴痛、带下崩中，其中必有痰热湿热，食滞郁结，伏火内风等因。治必先其所因，伏其所主，对证发药，药宜专精，直去其邪以安正。

三、血虚证

心主血而藏神，虚则心烦不寐，精神衰弱，甚则五液干枯，夜热盗汗。脾统血而运液，虚则唇口燥裂，津不到咽，甚则舌干肉枯，肌肤甲错。肝藏血而主筋，虚则血不养筋，筋惕肉瞤，甚则一身痉挛，手足瘛疭，至于两颧嫩红，唇淡面白，尤其血虚之显然者也。治必辨其因虚受病者，养血为先，或佐润燥清火，或佐息风潜阳，随其利而调之。若因病致虚，去病为要，病去则虚者亦生，断不可骤进蛮补，补住其邪，使邪气反留连而不去。

四、血实证

实者，瘀血蓄血是也。瘀由渐积，蓄由猝成。瘀在腠理，则乍寒乍热。瘀在肌肉，则潮热盗汗。瘀在经络，则身痛筋挛。瘀在三焦，上焦则胸膈肩膊刺痛，心里热，舌紫暗；中焦则脘腹串痛，腰脐间刺痛痹着；下焦则少腹肿满刺痛，大便自利而黑如漆色。至若化肿化胀，成痨成臌，尤其瘀之深重者也。惟蓄血由外邪搏击，如六淫时疫及犬咬蛇伤等因，皆能骤然蓄聚。《内经》所谓“蓄血在上喜忘，蓄血在下如狂”是也。皆当消瘀为主，轻者通络，重者破血，寒瘀温通，热瘀凉通，瘀化则新血自生。若妇人切须详察，恐孕在疑似之间。

五、气血皆虚证

凡呼吸微，语言懒，动作倦，饮食少，身洒淅，体枯瘠，头眩晕，面皖白，皆真虚纯虚之候。前哲所谓气血两亏，急用八珍汤、十全大补汤等峻补之是也。

六、气血皆实证

有因本体素强者，有因外感邪盛者，本体素强者病必少，既有病，必多表里俱实证。应发表则发表，应攻里则攻里，去病务绝其根株。若外感邪盛，如皮热肺实、脉盛心实、腹胀脾实、瞀闷肝实、前后不通肾实，《内经》所谓五实是也，先其所急以泻之。

七、气虚血实证

有上虚而下实者，即血分伏热证，外证虽多似虚寒，而口微渴，便微结，溺微赤，脉细数，治必先清其血络，灵其气机。其甚者，咽燥渴饮，五心烦热，溺少便结，又当救液以滋阴。有阴实而阳虚者，即阳陷入阴证，体重节痛，口苦舌干，夜热心烦，便溏溺数，证虽似湿盛阴伤，热结火炎，然洒洒恶寒，惨惨不乐，脉伏且牢，则为清阳不升，胃气虚陷之候。初用升阳以散火，继用补中益气以提陷，切忌滋阴降火。

八、气实血虚证

有脱血后而大动怒气者，必先调气以平肝，继则养血兼调气。有阴虚证而误服提补者，先救药误以消降之，继用甘凉救液以清滋之，尤必明其气血偏胜，调剂之以归于平。

九、气真虚而血假实证

即阴盛格阳证，《内经》所谓“大虚有盛候”是也。

十、血真实而气假虚证

即阳盛格阴证，《内经》所谓“大实有羸状”是也。

总而言之，纯虚证不多见，纯实证则常有。虚中夹实，虽通体皆现虚象，一二处独见实证，则实证反为吃紧。实中夹虚，虽通体皆现实象，一二处独见虚证，则虚证反为吃紧。景岳所谓“独处藏奸”是也。医者必操独见以治之。

复习思考题

1. 表寒有哪些证候？治用何方？

2. 表热有哪些证候？治用何方？

3. 热结于里，应用下法，试列举应下之证候？

4. 寒水侮土证现肌热烦渴者，为真寒假热，问据何种证状断为真寒？

5. 真热假寒之证状如何？

第五章　温病诊法

俞根初云：“凡诊伤寒时病，须先观病人两目，次看口舌，已后以两手按其胸脘至小腹有无痛处，再问口渴与不渴，大小便通与不通，服过何药，或久或新，察其病之端的。然后切脉辨证，以证证脉，必要问得其由，切得其象，以问证切，以切证问，查明其病源，审定其现象，预料其变证，心中了了，毫无疑似，始可断其吉凶生死，庶得用药无差，问心无愧。慎毋相对斯须，便处方药。此种诊法，最关紧要，此余数十年临证之心法也。”温病诊法，首重察舌，观目看齿，亦不可忽。兹将前贤对此三种诊法之精要，分述于后。

一、察舌法

梁特岩曰：“舌居肺上，腠理与肠胃相连，腹中邪气，熏蒸酝酿，亲切显露，有病与否，昭然若揭，亦确然可恃，参之望闻问切，以判表里、寒热、虚实之真假，虽不中不远矣。”脉以手切，只可神会，舌以目察，显而易知，故温病辨舌，较之候脉，尤为真切。近代察舌之书，如叶天士之《温热论》，吴坤安之《察舌辨症歌》，医林名著，传诵已久。越医何廉臣有《看舌十法》《辨苔十法》《察色八法》，提纲挈领，朗若列眉，为舌诊专著中最完美者。兹移录察色八法于后，以为初学准绳。

白　色

白色为寒，表病有之，里证有之，而虚者、热者、实者亦有之，其类不一，故白色舌苔，辨病较难。

凡白净滑薄，其苔刮去即还者，太阳经表受寒邪也。白浮滑而带腻涨，刮之有净有不净者，邪在少阳经，半表半里也。全舌白苔浮涨，浮腻渐积而干，微厚而刮不脱者，谓刮去浮面，而其底仍有，寒邪欲化火也。辨伤寒舌大约如此。

马伯良云：“有舌厚腻如积粉者，为粉色舌苔，旧说并以为白苔，其实粉与白，一寒一热，殆水火然。温病瘟疫时行并外感秽恶不正之气，内蓄伏寒化热之势，邪热弥漫，三焦充满，每见此舌，与热在阳经者异，与腑热燥实者亦异。治宜清凉泄热。粉苔干燥者，急宜大黄黄连泻心汤等，甚或硝、黄下之，切忌拘执旧说，视为白苔，则大误事矣。”此与吴又可说大同小异。惟王晋三谓：“戊午岁，自春徂秋，民病无论三因，舌苔白者居多，有白滑、白屑、白粉之异。用姜、附则白苔厚而液燥，用芩、连则手足冷而阳脱。因制姜桂汤，姜汁为君，辛润泄卫，肉桂通营，佐以参、草、南枣甘补，应手而愈。”故治病当汇参，辨苔亦然，不可偏主一说也。

凡风寒湿初中皮腠，则为白苔。寒湿本阴邪，白为凉象，故苔色白。白苔及白滑者，风寒无湿也。滑而腻者，湿与痰。腻而厚者，湿痰与寒。惟薄白如无，则虚寒。但滑腻不白者，湿与痰也。两边滑腻者，非内停湿食，即痰饮停胃。白如积粉，则湿热或痰热也。温病热病瘟疫时有此苔，与白苔作寒论者大异。

附方

枳实导滞汤　见一百八十五页。

大黄黄连泻心汤（苦寒泻热法）　张仲景方，药即汤见。

黄　色

黄色舌苔，表里实热证有之，表里虚寒证则无。刮之明净，即为无病；刮之不净，均是热证。

表证风火暑燥，皆有黄苔；惟伤寒邪在太阳少阳时，均无黄苔。待邪传阳明腑，其舌必黄，初浅久深，甚则老黄，或夹变灰黑，皆邪火逼里，实热里结诸危证。其脉往往伏代散乱，奇怪难凭，则当舍脉凭舌，专经急治，斯为尽善。若泥于火乘土位，故有黄苔之说，迂执误人矣。黄苔多主里实，薄黄为热，黄腻为痰热、湿热，黄腻而垢为湿痰秘结，腑气不利，食滞亦时有此苔。

滑厚而腻者，为热未盛，结未定，在冬时尚未可遽用攻。夏月才见黄苔，即当用下，以夏令伏阴在内，里热即炽，而苔不遽燥，虽滑原未可信。如黄而燥，或生芒刺，生黑点，中心瓣裂，则无分何时，皆当速下，以存阴液。若焦黄，则热甚，宜清宜下。

又有根黄而尖白，不甚干，短缩不能生出[1]者，痰挟宿食也，亦宜用下。

黑　色

凡舌苔见黑色，病必不轻，寒热虚实各证皆有之。均属里证，无表证。

凡舌色全黑，本为阴绝，当即死。而有迟延未死者，非极热，即极寒，尚留一线生机，苟能辨准，补偏救弊，却可不死。

在伤寒病，寒邪传里化火，则舌苔变黑；自舌中黑起，延及根尖者多，自根尖起黑者少，热甚则芒刺、干焦、罅裂。其初由白苔变黄，由黄变黑，甚至刮之不脱，湿之不润者，热伤阴也。病重脉乱，舍脉凭舌，宜用苦寒以泻阳，急下以救阴。

如全黑无苔，而底纹粗涩干焦，刮之不净者，极热也，宜十全苦寒救补汤，数倍生石膏，急投必愈。如全黑无苔，而底纹嫩滑湿润，如浸水腰子淡淡瀜瀜，洗之不改色者，极寒也。如全黑无苔，而无点无罅，干燥少津，光亮如钱者，即绛舌之变，阴虚肾水涸也，宜十全甘寒救补汤加减酌用。

如有点有罅，干燥无津，涩指如锉者，极实热证也，宜十全

---

① 生出：当为“伸出”之误。

苦寒救补汤，数倍生石膏，不次急投，服至黑色转红则痊。

如黑色暗淡无苔，无点无罅，非湿非干，似亮不亮者，阳虚而气血两亏也，久病见之不吉。

邪热传里，火极反兼水化，则为黑色舌。热结燥实，津液焦灼，少阴真水垂涸，此最凶象，宜急攻下其热滞，以存一线之阴。或兼芒刺、燥裂、结瓣者，须用新青布蘸薄荷汤湿润，揩去刺瓣，看舌上色红者可治，急下之。若刺瓣下仍黑色者，则肾阴已竭，脏色全露，法在不治。

有中黑而枯，并无积垢，边亦不绛，或略有微刺者，为津枯血燥证，急宜养阴生津。误用攻下，或温经，皆必死。

总而言之，凡黑色舌苔，尖黑稍轻，根黑全黑则死。

灰　色

灰色不列五色，乃色之不正也。舌见灰色，病概非轻；均里证，无表证；有实热证，无虚寒证；有邪热传里证，有时疫流行证，郁积停胸证，蓄血如狂证。其证不一，而治法不外寒凉攻下，盖寒凉以救真阴，攻下以除秽毒也。

《舌鉴》谓“热传三阴，则有灰黑干苔，皆当攻下泄热”是也。又谓：“直中三阴，见灰黑无苔者，当温经散寒。”此说甚谬。盖灰黑与淡黑，色颇相似，惟灰则黑中夹紫，淡则黑中带白之殊耳。若寒邪直中三阴者，其舌灰黑无苔，自宜温经散寒。如热邪直中三阴者，其舌灰黑无苔，宜三黄白虎、大承气，并用连投。失出失入，其害非轻，愿望舌者小心谨慎焉。

若伤寒已经汗解，而见舌尖灰黑，此有宿食未消，或又伤饮食，热邪复盛之故也，以调胃承气下之。若杂病里热见此舌，宜大承气汤重加黄连。

伤寒证邪入厥阴，舌中尖见灰色，其症消渴，气上冲心，饥不欲食，食则吐蛔者，宜乌梅丸。若杂病见此舌，为实热里证，宜大承气与白虎汤合用。

若纯灰色舌，全舌无苔而少津者，乃火邪直中三阴证也。或烦渴，或二便闭，或昏迷不省人事，脉则散乱、沉细、伏代不等，舍脉凭舌，均属里证。治宜三黄白虎、大承气并用，急速连投，服至灰色转黄转红为止，病则立愈。旧说误指为寒，用附子理中汤、四逆汤，安得不致渐渐灰缩干黑而死乎？

附方

十全苦寒救补汤 生石膏八两（研粉），生知母六钱，黄芩六钱，黄柏四钱，黄连、生大黄、芒硝各三钱，生陈厚朴一钱，生枳实钱半，暹犀尖四钱。

梁特岩云："余于辛卯七月，道出清江浦，见船户数人，同染瘟病，浑身发臭，不省人事。医者俱云不治，置之岸上，徐俟其死。余目击心悯，姑往诊视，皆口开吹气，舌则黑苔黑瓣底。其亲人向余求救，不忍袖手，即教以用十全苦寒救补汤，生石膏加重四倍，循环急灌。一日夜连投多剂，病人陆续泻出极臭之红黑粪。次日，舌中黑瓣渐退。复连服数剂，三日皆全愈。是时清江疫疠大作，未得治法，辄数日而死。有闻船户之事者，群来求治，切其脉，皆怪绝难凭；望其舌，竟皆黑瓣底，均以前法告之。其信者，一二日即愈；其稍知医书者，不肯多服苦寒，仍归无救。余因稍有感冒，留住十日，以一方活四十九人，颇得仙方之誉。"梁氏所用之十全苦寒救补汤即三黄白虎、大承气二汤合方，有清涤胃肠燥热之伟效，用于舌黑无津之实热证，如沃汤于雪，立见消融。

红　色

全舌淡红，不浅不深者，平人也；有所偏，则为病。表里虚实热证皆有红舌，惟寒证则无之。

如全舌无苔，色浅红者，气血虚也；深红者，气血热也；色赤红者，脏腑俱热也；色紫红瘀红者，脏腑热极也。中时疫者有之，误服温补者有之。

色鲜红，无苔无点无津（津舌底出）无液（液舌面浮）者，阴虚火炎也。色灼红，无苔无点而胶干者，阴虚水涸也。色绛红，无苔无点，光亮如钱，或半舌薄小而有直纹，或有泛涨而似胶非胶，或无津液而咽干带涩，不等，红光不活，绛色难名，水涸火炎，阴虚已极也。不论病状如何，见绛舌多不吉。《舌鉴》总论引仲景云："冬伤于寒，至春变为温病，至夏变为热病。"故舌红面赤，此专指温热与伤寒言。若红舌各病，实非温热、伤寒所可赅括也。

紫　色

紫见全舌，脏腑皆热极也。见于舌之某部，即某经郁热也（满舌属胃，中心亦属胃，舌尖属心，舌根属肾，两旁属肝胆，四畔属脾）。伤寒寒邪化火者，中时疫者，内热熏蒸者，误服温补者，酒食湿滞者，皆有紫舌。有表里实热证，无虚寒证。若淡紫中夹别色，则亦有虚寒证。

如淡紫青筋舌，淡紫带青而湿润，又伴黑青筋者，乃寒直中阴经也。必身凉，四肢厥冷，脉沉缓或沉弦，宜四逆汤、理中汤。小腹痛甚者，宜回阳急救汤。若舌不湿润而干枯，乃是实热，宜凉剂。

如淡紫带青舌，青紫无苔，多水滑润而瘦小，为伤寒直中肾肝证，宜吴茱萸汤、四逆汤温之。

有紫如熟猪肝色，上罩浮滑苔者，邪热传里，表邪未净也。既不可下，又不可表下并用，宜清中以解外。若全紫光暗，并无浮苔者，阳极似阴也，多不可救；急下之，间有得生者。

有紫苔中心带青，或灰黑，下证复急者，热伤血分也，宜微下之。余则酒后中寒及痰热郁久者，往往见紫色苔。

附方

回阳急救汤（回阳生脉法） 载《伤寒六书》。

黑附块三钱，紫瑶桂五分，别直参二钱，原麦冬三钱（辰砂染），川姜二钱，姜半夏一钱，湖广术钱半，北五味三分，炒陈皮八分，清炙草八分，真麝香三厘（冲）。

何秀山按："此方以四逆汤加桂温补回阳为君，而以《千金》生脉散为臣者，以参能益气生脉，麦冬能续胃络脉绝，五味子能引阳归根也。佐以白术、二陈健脾和胃，上止干呕，下止泻利，妙在佐以些许麝香，斩关直入，助参、附、姜、桂以速奏殊功……此为回阳固脱，益气生脉之第一方。"

蓝　色

蓝者，绿与青碧相合，犹染色之三蓝也。舌见蓝色，而尚能有苔者，脏腑虽伤未甚，犹可医治。若光蓝无苔者，不论何脉，皆属气血极亏，势必陨命。

凡病舌见蓝光无苔者，不治。若蓝色而有苔者，心、肝、肺、脾胃为阳火内攻，热伤气分，以致经不行血也。其证有颠狂，大热大渴，哭笑怒骂，捶胸惊怪，不等。宜十全苦寒救补汤，倍生石膏、黄连，急投则愈。

有舌滑中见蓝色苔者，肝脏本色也。邪热传入厥阴，阴液受伤，脏色外见。深而满舌者，法在不治。

如微蓝而不满舌者，法宜平肝息风化毒。旧法主用姜、桂，然邪热鸱张，肝阴焦灼，逼其本脏之色外现，再用姜、桂，是抱薪救火也。温疫湿温热郁不解，亦有此舌，治宜芳香清泄。

霉酱色

霉酱色者，有黄赤兼黑之状，乃脏腑本热而夹有宿食也。

凡内热久郁者，夹食中暑者，夹食伤寒传太阴者，皆有之。

凡见此舌，不论何证何脉，皆属里证，无表证、虚寒证。

凡纯霉酱色舌，为实热蒸胃，为宿食困脾，伤寒传阴，中暑躁烦，腹痛泻痢，或秘结，大渴大热，皆有此舌。不论老少，何病何脉，宜十全苦寒救补汤，连服必愈。

如全舌霉色，中有黄苔，实热郁积，显然可见，宜大承气汤连服。旧说谓二陈加枳实、黄连，恐未必效也。

如中霉浮厚舌，宿食在中，郁久内热，胃伤脾困也，或刮不尽而顷刻复生者，不论何证何脉，宜十全苦寒救补汤，分二剂，循环急服则愈。旧说枳实理中汤加姜炒川连，此治寒实结胸者，与此舌不合。

俞根初云："察舌断证，初无男妇老少之殊，而观舌凭目，虽较手揣脉象为有据，尤必检查病源，明辨现证，询其平素为阴脏，为阳脏，为平脏，始能随机应变，对证发药，温凉补泻，无或偏畸。审慎于表里阴阳寒热虚实八字，鉴别至当，庶几常变顺逆，乃有通经达权之妙用。若不将病源证候，一一明辨在先，遽谓舌苔之征实，不比脉象之蹈虚，而以探试幸中之药品，妄事表彰。断定某药可治某舌，亦多误人之弊。后之学者，必小心谨慎之。"望闻问切，为中医之四诊，以四诊求得病之表里、阴阳、寒热、虚实，然后才能选方下药。舌诊为望诊之一，自不能凭此一端，即可辨明病之真相。真相未明，遽尔定方，谓之诊断草率，必多遗误。俞氏谆谆告诫，良有以也。又西医对中医舌诊的看法，认为热性病人之舌苔，虽多数厚腻，甚至焦褐，或干燥而有罅裂，但不能根据此种情况，诊断为何种热性病。其真确有据者，仅猩红热之覆盆子舌，伤寒之三角舌，恶性贫血之镜面舌，阿狄森病之灰褐色舌等数者而已。

二、察目法

（一）两目赤色，火证也，必兼舌燥口渴，六脉洪大有力，宜犀角、连翘等清透之。阳毒，三黄石膏汤表里兼解之。若目赤颧红，六脉沉细，手足指冷者，此少阴火上冒，假热真寒也。六脉洪大，按之无力者，亦是。

（二）两目黄色，此湿热内盛，欲发黄也，必兼小便不利，肝脾积血发热者多患之。腹满口渴，脉沉数，已由胆而病及胃矣。轻则茵陈五苓散，重则茵陈大黄汤。若目黄，小便自利，大便黑，我国旧说谓蓄血证，病源最切。小腹硬满而痛者，桃仁承气汤下之。若目黄身冷，口不渴，脉沉细，属阴黄，宜茵陈理中汤。

（三）病人目不识人，阳明实证可治，少阴虚证难治。

（四）凡目昏不知人，或戴眼上视，或目瞪直视，或眼胞下陷，皆属死证。

（五）伤寒必先观两目，目中不了了，尚为可治之候，直视则为不治之疾。故经云："视其目色，以知病之存亡也。"

（六）凡病至危，必察两目，睛不和者，热蒸脑系也。盖脑为髓海，脑之精为瞳子，悍热之气入络于脑，故睛不和而昏眩，甚或见鬼见怪。

（七）燥病则目光炯炯，湿病则目多昏蒙。燥甚则目无泪而燥涩，湿甚则目珠黄而眦烂，或眼胞肿如卧蚕。

（八）阳明腑实，则谵语，妄有所见。热入血室，血耗阴伤，昼日明了，夜则低声自语，如见鬼状。

附方

茵陈五苓散（《金匮》方）　即五苓散加茵陈，用于湿热发黄，烦渴尿少。

茵陈大黄汤　药即汤见，治阳黄，大便结实。

三、察齿法

俞根初云："经云：女子七岁肾气盛，齿更；三七肾气平均，故真牙生而长极。男子八岁肾气实，齿更；三八真牙生；五八齿槁；八八则齿发去。若上齿龈为足阳明胃络，下齿龈为手阳明大肠络，亦载《内经》。故唇齿相依，口为出声调语，纳食咯痰之机关，而与肺、脾、肾、胃、肠各有相维相系之处（俞氏此语，系赅口齿言，齿之长落，根于肾气之盛衰。又阳明之脉，络上下龈，故齿与脏腑之关联，惟肾与胃肠耳），虚实寒热从此分，生死亦从此决，为诊法上第二要诀。"舌诊、目诊、齿诊，为历代临床医家之经验积累。精于此者，可以据此以辨证用药，并可断病之轻重吉凶，诚中医诊法上之宝贵经验也。兹录叶天士之察齿法于下：

叶氏《外感温热篇》云："温热之病，看舌之后，亦须验齿。齿为肾之余，龈为胃之络，热邪不燥胃津，必耗肾液。且二经之血，皆走其地，病深动血，结瓣于上。阳血者，色必紫，紫如干漆；阴血者，色必黄，黄如酱瓣。阳血若见，安胃为主；阴血若见，救肾为要。然豆瓣色者多险，若证还不逆者尚可治，否则难治矣。何以故耶？盖阴下竭，阳上厥也。”

章虚谷注：“肾主骨，齿为骨之余，故齿浮龈不肿者，为肾火水亏也。胃脉络于上龈，大肠脉络于下龈，皆属阳明，故牙龈肿痛，为阳明之火。血循经络而行，邪热动血而上结于龈。紫者为阳明之血，可清可泻。黄者为少阴之血，少阴血伤为下竭，其阳邪上亢而气厥逆，故为难治也。”

叶氏《外感温热篇》又云：“齿若光燥如石者，胃热甚也；若无汗恶寒，卫偏胜也。辛凉泄卫透汗为要。若如枯骨色者，肾亦枯也，为难治。若上半截润，水不上承，心火上炎也。急急清心救水，俟枯处转润为妥。”

章虚谷注：“胃热甚而反恶寒者，阳内郁而表气不通，故无汗，而为卫气偏胜，当泄卫以透发其汗，则内热即从表散矣。凡恶寒而汗出者，为表阳虚，腠理不固，虽有内热，亦非实火矣。齿燥有光者，胃津虽干，肾气未竭也。如枯骨者，肾亦败矣，故难治也。上半截润，胃津养之。下半截燥，由肾水不能上滋其根，而心火燔灼，故急当清心救水，仲景黄连阿胶汤主之。”

叶氏《外感温热篇》又云：“若咬牙啮齿（按：啮齿即龂齿）者，湿热化风痉病。但咬牙者，胃热气走其络也。若咬牙而脉证皆衰者，胃虚无谷以内荣，亦咬牙也。何以故耶？虚则喜实也。舌本不缩而硬，而牙关咬定难开者，此非风痰阻络，即欲作痉证。用酸物擦之即开，木来泄土故也。”

章虚谷注：“牙齿相啮者，以内风鼓动也。但咬不啮者，热气盛而络满，牙关紧急也。若脉证皆虚，胃无谷养，内风乘虚袭之，入络而亦咬牙，虚而反见实象，是谓虚则喜实，当详辨也。又如风痰阻络为邪实。其热盛化风欲作痉者，或由伤阴而挟虚者，皆当辨也。”

叶氏《外感温热篇》又云：“若齿垢如灰糕样者，胃气无权，津亡湿浊用事，多死。而初病齿缝流清血，痛者，胃火冲激也；不痛者，龙火内燔也。齿焦无垢者，死。齿焦有垢者，肾热胃劫也，当微下之，或玉女煎清胃救肾可也。”

章虚谷注：“齿垢由肾热蒸胃中浊气所结，其色如灰糕，则枯败而津气俱亡，肾胃两竭，惟有湿浊用事，故死也。齿缝流清血，因胃火者出于龈，胃火冲激，故痛。不痛者，出于牙根，肾火上炎故也。齿焦者，肾水枯，无垢则胃液竭，故死。有垢者，火盛而气液未竭，故审其邪热甚者，以调胃承气微下之。其胃热肾水亏者，玉女煎清胃滋肾可也。”

王士雄云：“以上三章，言温热诸病，可验齿而辨其治也，真发从来所未发，是于舌苔之外，更添一秘诀，并可垂为后世法。读者苟能隅反，则岂仅能辨识温病而已哉?”齿诊虽于温病诊法有帮助，但不如舌诊重要，亦不及舌诊详备。王氏为有清温病派名家，世称叶、薛、吴、王，故重视齿诊如此。

复习思考题

1. 白舌有表证，有里证、有虚证、有热证，如何区别?
2. 黑舌有急下证、有气血两亏证，如何区别?
3. 水涸火炎见何舌?
4. 阳极似阴见何舌?

5. 老黄夹黑之舌，是表证？抑里证？如何施治？

第六章 应用方剂

用于温病之方剂，各书多寡不一，雷氏《时病论》只列六十法，吴氏《条辨》多至二百方，王氏《经纬》列方一百一十三首。本编采录《通俗伤寒论》四十五方，分为六类。此六类四十五方，皆俞氏一生经验之总结，足为后学之楷模。俞氏，清乾嘉间人，行医于浙江绍兴，为伤寒专科，日诊百数十人。就诊者奉之如神明，称之曰俞三先生。临证之余，著有《通俗伤寒论》十二卷。其所谓伤寒，盖即温病。书中包涵各种急性热病，立方颇与时师接近。但温寒互用，补泻兼施，无偏主一格之弊。何廉臣称其方方切用，法法通灵，洵非虚语也。

第一节 发 汗 剂

苏羌达表汤 见一百七十八页。

葱豉桔梗汤 见一百八十一页。

九味仓廪汤（益气发汗法）

潞党参钱半，羌活一钱，薄荷钱半，茯苓三钱，防风钱半，前胡钱半，桔梗钱半，清炙草八分，陈仓米四钱。

何秀山按：“此方妙在参、苓、仓米，协济羌、防、薄、前、桔、甘，各走其经以散寒，又能鼓舞胃中津液，上输于肺以化汗。正俞氏所谓借胃汁以汗之也。凡气虚者，适感非时之寒邪，混厕经中，屡行疏表不应，邪伏幽隐不出，非借参、苓、米辅佐之力，不能载之外泄也。独怪近世医流，偏谓参、苓助长邪气，弃而不用，专行群队升发，鼓激壮火飞腾，必至烁竭津液不已，良可慨焉!”羌活入足太阳，协防风以祛风；桔梗入手太阴，协前胡以散寒；薄荷辛散风热。以上五味，意在发散风寒。兼用参、苓、草、米，补中和胃，则虽有羌、防、薄，亦不虑其损气矣。本方用意，不过如此，何氏所解，似嫌空泛。

七味葱白汤（养血发汗法）　载王氏《外台》。

鲜葱白四枚，生葛根钱半，细生地三钱，淡豆豉三钱，原麦冬钱半，鲜生姜两片，以长流水盛桶中，以行竿扬之数百，名百劳水。

何秀山按：“葱白香豆豉汤，药味虽轻，治伤寒寒疫三日以内头痛如破及温病初起烦热，其功最著。配以地、麦、葛根，养血解肌。百劳水轻宣流利，即治虚人风热，伏气发温及产后感冒，靡不随手奏效，真血虚发汗之良剂。凡夺血液枯者，用纯表药全然无汗，得此阴气外溢则汗出。”

加味葳蕤汤（滋阴发汗法）

生葳蕤三钱，生葱白三枚，桔梗钱半，东白薇一钱，淡豆豉四钱，苏薄荷钱半，炙草五分，红枣二枚。

何秀山按：“方以生玉竹滋阴润燥为君；臣以葱、豉、薄、桔疏风散热；佐以白薇苦咸降泄；使以甘草、红枣，甘润增液，以助玉竹之滋阴润燥。为阴虚体感冒风温及冬温咳嗽，咽干痰结之良剂。”

第二节　和　解　剂

柴胡枳桔汤　见一百七十八页。

柴芩双解汤　见一百七十九页。

蒿芩清胆汤（和解胆经法）

青蒿脑二钱，淡竹茹三钱，仙半夏钱半，赤茯苓三钱，青子芩三钱，生枳壳钱半，陈广皮钱半，碧玉散三钱（包）。

何秀山按："足少阳胆与手少阳三焦合为一经，其气化一寄于胆中以化水谷，一发于三焦以行腠理。若受湿遏热郁，则三焦之气机不畅，胆中之相火乃炽。故以蒿、芩、竹茹为君，以清泄胆火。胆火炽，必犯胃而液郁为痰，故臣以枳壳、二陈，和胃化痰。然必下焦之气机通畅，斯胆中之相火清和，故又佐以碧玉，引相火下泄；使以赤苓，俾湿热下出，均从膀胱而去。此为和解胆经之良方，凡胸痞作呕，寒热如疟者，投无不效。"

柴平汤（和解温燥法）

川柴胡一钱，姜半夏钱半，川朴二钱，清炙草五分，炒黄芩一钱，赤苓三钱，制苍术一钱，广橘皮钱半，鲜生姜一钱。

何秀山按："凡寒热往来，四肢倦怠，肌肉烦疼者，名曰湿疟。故以小柴胡合平胃散加减，取其一则达膜，一则燥湿，为和解少阳阳明，湿重热轻之良方。仲夏初秋，最多此证，历试辄验。但疟愈则止，不可多服耳。多服则湿去燥来，反伤胃液，变证蜂起矣。"

新加木贼煎（和解清泄法）

木贼草钱半，淡香豉三钱，冬桑叶二钱，制香附二钱，鲜葱白三枚，焦山栀三钱，粉丹皮二钱，夏枯草三钱，清炙草五分，鲜荷梗五寸。

何秀山按："木贼草味淡性温，气清质轻，与柴胡之轻清疏达，不甚相远，连节用之，本有截疟之功（按：木贼草为发汗解肌药，截疟之说，《本草》未见）。故张氏景岳代柴胡以平寒热。

俞氏加减其间，君以木贼，领葱、豉之辛通，从腠理而达皮毛，以轻解少阳之表寒。臣以焦栀，领桑、丹之清泄，从三焦而走胆络，以清降少阳之里热。佐以制香附疏通三焦之气机，夏枯草清胆腑之相火。使以甘草和之，荷梗透之。合而为和解少阳，热重寒轻之良方。”

柴胡白虎汤（和解清降法）

川柴胡一钱，生石膏八钱（研），天花粉三钱，生粳米三钱，青子芩钱半，知母四钱，生甘草八分，鲜荷叶一角。

何秀山按：“柴胡达膜，黄芩清火，本为和解少阳之君药，而臣以白虎法者，以其少阳证少而轻，阳明证多而重也。佐以花粉，为救液而设；使以荷叶，为升清而用。合而为和解少阳阳明，寒轻热重，火来就燥之良方。”

柴胡陷胸汤 见一百七十九页。

上列各方，如柴胡枳桔汤、柴芩双解汤、柴平汤、柴胡白虎汤，均以柴胡为要药。秀山释柴胡之功能为解表。解表者，解少阳之腠理也。何廉臣云：“太阳主皮，为躯壳最外一层；少阳主腠，为躯壳之第二层。盖腠理即网膜，《金匮》所谓三焦通会元真之处也。唐氏容川注曰：‘焦古作膲，乃人身内外之网膜，周身透出，包肉连筋，削去皮毛，即见白膜者，皆是三焦之腠理也。凡脏腑肢体内外，血气交通之路，皆在乎此。以其膜有文理，故曰腠理。’《金匮》末注申明曰：‘腠即是三焦，为内外之网膜，乃交通会合五脏元真之处。理者，即网膜上之文理也。’”体会何氏祖孙之意，三焦即腠理，属少阳，为躯壳之第二层，用柴胡疏达少阳之腠理，犹用麻黄以发太阳皮毛之汗也。贾九如《辨药指南》云：“柴胡性轻清，主升散，味微苦，主疏肝，若多用二三钱，能祛散肌表。”贾氏所云，可作温病派以柴胡为解表药之根据。

第三节 攻下剂

陷胸承气汤 见一百八十四页。

犀连承气汤 见一百八十三页。

白虎承气汤 见一百八十三页。

解毒承气汤 见一百八十五页。

养营承气汤 见一百八十六页。

桃仁承气汤 见一百八十五页。

柴芩清膈煎 见一百八十三页。

枳实导滞汤 见一百八十五页。

加味凉膈煎 见一百八十四页。

陶氏黄龙汤 见一百八十六页。

五仁橘皮汤（滑肠通便法） 俞氏经验方。

甜杏仁三钱（研细），松子仁三钱，郁李净仁四钱（杵），原桃仁二钱（杵），柏子仁二钱（杵），广橘皮钱半（蜜炙）。

何秀山按：“杏仁配橘皮以通大肠气秘，桃仁合橘皮以通小肠血闭，气血通润，肠自滑流矣，故以为君。郁李仁得橘皮，善解气与水互结，洗涤肠中之垢腻，以滑大便，故以为臣。佐以松柏通幽，幽通则大便自通。此为润燥滑肠，体虚便秘之良方。若欲急下，加元明粉二钱，提净白蜜一两，煎汤代水可也。挟滞，加枳实导滞丸三钱；挟痰，加礞石滚痰丸三钱；挟饮，加控涎丹一钱；挟瘀，加代抵当丸三钱；挟火，加当归龙荟丸三钱；挟虫，加椒梅丸钱半。或吞服，或包煎均可。随症酌加，此最为世俗通行之方，时医多喜用之，取其润其滞气，下不伤阴耳。”

何廉臣云：“用承气有八禁：一者表不解，如恶寒未除，小便清长，知病仍在表也，法当汗解。二者心下硬满，心下为膈中上脘，硬满则邪气尚浅，若误攻之，恐利遂不止。三者合面赤色，面赤为邪在表，浮火聚于上，而未结于下，故未可攻。又面赤而娇艳，为戴阳证，尤宜细辨。四者平素食少或病中反能食，盖平素食少，则胃气虚，故不可攻。然病中有燥粪，即不能食，若反能食，则无燥粪，不过便硬耳。但须润之，亦未可攻也。五者呕多，呕属少阳，邪在上焦，故未可攻也。六者脉迟，迟为寒，攻之则呃。七者津液内竭，病人自汗出，小便自利，此为津液内竭，不可攻之，宜蜜煎导通之。八者小便少，病人平日小便日三四行，今日再行，知其不久即入大肠，宜姑待之，不可妄攻也。知此八禁，庶免误投。”

第四节　温　热　剂

藿香正气汤（温中化浊法）

杜藿梗三钱，薄川朴钱半，新会皮三钱，白芷二钱，嫩苏梗钱半，姜半夏三钱，浙苓皮四钱，春砂仁八分（分冲）。

何秀山按：“方以藿、朴、二陈温中为君；臣以白芷、砂仁，芳香辟秽；佐以苏梗、苓皮，辛淡化湿。合而为温化芳淡，温滞挟秽之良方。惟温热暑燥，不挟寒湿者，不可妄用。”

何廉臣按：“藿香正气散原方，有桔梗、甘草、白术、腹皮、苏叶，同为粗末，每服三钱，用姜三片，红枣一枚，煎服。治风寒外感，食滞内停，或兼湿邪，或吸秽气，或伤生冷，或不服水土等证，的是良方。故叶案引用颇多，以治湿温、寒湿等证。吴氏鞠通，新定其名。一加减正气散：藿香梗二钱，厚朴二钱，光杏仁二钱，茯苓皮二钱，广皮二钱，六神曲钱半，麦芽钱半，绵茵陈二钱，大腹皮一钱，为苦辛微寒法，治三焦湿郁，升降失司，脘连腹胀，大便不爽等症。二加减正气散：藿香梗三钱，广皮、厚朴各二钱，茯苓皮、木防已各三钱，大豆卷、川通草各二钱，生苡仁三钱，为苦辛淡法，治湿郁三焦，脘闷便溏，脉糊舌白，一身尽痛等症。三加减正气散：杜藿香、茯苓皮各三钱，厚朴二钱，广皮钱半，苦杏仁三钱，滑石五钱，为苦辛寒法，治秽湿着里，脘闷舌黄，气机不宣，久则酿热等症。四加减正气散：藿香梗三钱，厚朴二钱，茯苓三钱，广皮钱半，草果一钱，炒楂肉五钱，六神曲二钱，为苦辛温法，治秽湿着里，脉右缓，舌白滑，邪阻气分等症。五加减正气散：藿香梗二钱，广皮钱半，茯苓三钱，厚朴二钱，大腹皮钱半，生谷芽一钱，苍术二钱，为苦辛温法，治秽湿着里，脘闷便泄等症。前五法，均用正气散加减，而用药丝丝入扣，吴氏可谓善用成方，精于化裁者矣。”

吴氏的五个加减正气散，均治太阴湿郁，或秽湿着里之证，故以藿、朴、陈、苓温脾化湿为君，随临床症状之不同，酌加臣使之品。如一加减正气散之主症为脘连腹胀，大便不爽，除用藿、朴、陈、苓外，加腹皮以消胀满，神曲、麦芽辅助消化，杏仁利气润肠，茵陈泄水祛湿。二加减正气散之主症为脘闷便溏，身痛舌白。除以藿、陈芳香疏气，厚朴辛温散满外，加防已、豆卷以治湿郁身痛，米仁、通草渗湿下泄。三加减正气散之病机为湿郁热蒸，故见脘闷舌黄。除以藿、朴、陈、苓调中快气外，益以杏仁利肺气，滑石泄湿热，使湿热分消，免致湿从火化。四加减正气散之主症为舌白滑、脉右缓，从脉舌推断，可知脾湿已盛。湿盛则纳减运迟，故加草果之辛热燥湿，楂、曲之助脾消化。五加减正气散之主症为脘闷便泄，故用平胃散（去甘草）燥湿祛满，谷芽、陈、苓和中消食，腹皮行水止泻。

大橘皮汤（温化湿热法）

广陈皮、赤苓各三钱，飞滑石四钱，槟榔汁四匙（冲），杜苍术一钱，猪苓二钱，泽泻钱半，官桂三分。

何秀山按："湿温初起，如湿重热轻，或湿遏热伏，必先用辛淡温化，始能湿开热透。故以橘、术温中燥湿为君；臣以二苓、滑、泽，化气利溺；佐以槟榔导下；官桂为诸药通使。合而为温运中气，导湿下行之良方。"

香砂二陈汤（温运胃阳法）

白檀香五分，姜半夏、浙茯苓各三钱，春砂仁八分（杵），广皮二钱，炙甘草五分。

何秀山按："胃有停食，或伤冷食，每致胸痞脘痛，呕吐黄水，俗皆知为肝气痛，实则胃脘痛也。妇女最多，男子亦有，皆由恣饮瓜果，或冷酒、冷茶等而成，感寒感热，俱能触发。故以二陈温和胃阳为君，臣以茯苓化气蠲饮，佐以香、砂运气止痛，使以甘草和药。此为温运胃阳，消除积饮之良方。痛甚者，加白蔻末二分拌捣瓦楞子四钱。呕甚者，加控涎丹八分，包煎，速除其饮。"涎丹见《三因方》：甘遂、大戟、白芥子各等分，曲糊为丸。

胃苓汤（温利胃湿法）　载《古方八阵》。

苍术钱半，炒广皮钱半，生晒术钱半，泽泻钱半，薄川朴二钱，带皮苓四钱，猪苓钱半，官桂四分。

何秀山按："夏令恣食瓜果，寒湿内蕴，每致上吐下泻，肢冷脉伏，由胃阳为寒水所侵，累及脾阳，不得健运。故以二术、橘、朴为君，温胃健脾；臣以二苓、泽泻，导水下行，利小便以实大便；佐以官桂暖气散寒，为诸药通使。此为温通胃阳，辛淡渗湿之良方。呕甚者，加姜半夏三钱，生姜汁一匙（分冲）。腹痛甚者，加紫金片三分，烊冲。足筋拘挛者，加酒炒木瓜钱半，络石藤三钱。

附子理中汤 见一百八十页。

第五节 滋补剂（包括滋阴补阳）

清燥养营汤（滋阴润燥法） 载《温疫论》。

鲜生地五至八钱，知母三钱，归身一钱，新会皮钱半，生白芍二至三钱，花粉三钱，生甘草八分，梨汁两瓢（冲）。

何秀山按：“吴氏谓数下后，两目如涩，舌肉枯干，津不到咽，唇口燥裂，缘其人阳脏多火，重亡津液而阴亏也。故君以地、芍、归、甘，养营滋液；臣以知母、花粉，生津润燥；佐以陈皮，运气疏中，防清滋诸药碍胃滞气也；使以梨汁，味甘而鲜，性凉质润，醒胃气以速增津液也。此为滋营养液，润燥清气之良方。”

黄连阿胶汤（滋阴清火法） 从仲景方加味。

陈阿胶钱半（烊冲），生白芍三钱，小川连六分（蜜炙），鲜生地六钱，青子芩一钱，鸡子黄一枚（先煎代水）。

何秀山按：“凡外邪挟火而动者，总属血热。其症心烦不寐，肌肤枯燥，神气衰弱，咽干溺短，故君以阿胶、生地，滋肾水而凉心血。肝胆相火激动心热，轻则咽干心烦，欲寐而不能寐，重则上攻咽喉而为咽痛，下奔小肠而便脓血，故臣以白芍配芩、连，酸苦泄肝以泻火，而心热乃平。白芍合生地，酸甘化阴以滋血，而心阴可复。妙在佐鸡子黄，色赤入心，能通心气以滋心阴。此为润泽血枯，分解血热之良方。”

阿胶鸡子黄汤（滋阴息风法）

陈阿胶一钱（烊冲），生白芍三钱，石决明五钱（杵），双钩藤二钱，大生地四钱，清炙草六分，生牡蛎四钱（杵），络石藤三钱，茯神木四钱，鸡子黄二枚（先煎代水）。

何秀山按：“血虚生风者，非真有风也。实因血不养筋，筋脉拘挛，伸缩不能自如，故手足瘛疭，类似动风，故名曰内虚暗风，通称肝风。温热病末路多见此症者，以热伤血液故也。方以阿胶、鸡子黄为君，取其血肉有情，液多质重，以滋血液而熄肝风。臣以芍、草、茯神木，一则酸甘化阴以柔肝，一则以木制木而熄风。然心血虚者，肝阳必亢，故佐以决明、牡蛎，介类潜阳。筋挛者络亦不舒，故使钩藤、络石藤，通络舒筋也。此为养血滋阴，柔肝熄风之良方。”

何廉臣按：“阿胶、鸡子黄二味，昔老友赵君晴初多所发明，试述其说曰：‘族孙诗卿妇患肝风症，周身筋脉拘挛，神志不昏，此肝风不直上颠脑而横窜筋脉者。余用阿胶、鸡子黄、生地、制首乌、女贞子、白芍、甘草、麦冬、茯神、牡蛎、木瓜、钩藤、络石藤、天仙藤、丝瓜络等出入为治，八剂愈。病人自述发病时，身体如罗网，内外筋脉牵绊拘紧，痛苦异常，服药后辄觉渐松。迨后不时举发，觉面上肌肉蠕动，即手足筋脉抽紧，疼痛难伸。只用鸡子黄两枚，煎汤代水，溶入阿胶三钱，服下当即痛缓，筋脉放宽。不服他药，旋发旋轻，两月后竟不复发。盖二味血肉有情，质重味厚，大能育阴熄风，增液润筋，故效验若斯。

吴鞠通先生目鸡子黄为定风珠，立有大定风珠、小定风珠，二方允推卓识。’观此一则，足见俞与赵所见略同，宜乎后先辉映也。按阿胶鸡子黄服法：先纳阿胶于药汤，待烊尽，纳鸡子黄，搅令相得。如全方仅胶、黄二味，先将阿胶用黄酒溶化，乘热冲打松鸡子黄。如是服法，收效尤弘。”

坎气潜龙汤（滋阴潜阳法）

净坎气一条（切寸），青龙齿三钱，珍珠母六钱（杵），生白芍三钱，大生地四钱，左牡蛎六钱（杵），磁朱丸四钱（包煎），东白薇三钱。先用大熟地八钱，切丝，开水泡取清汁，代水煎药。

何秀山按：“肾中真阳寄于命门，为生气之根。真阳如不归根，即生龙雷之火。若肾经阴虚，则阳无所附而上越。任阴不足，则冲气失纳而上冲（任隶于肾，冲隶于肝）。故仲景谓阴下竭，阳上厥。欲潜其阳以定厥，必先滋其阴以镇冲。故以坎气、二地为君，填精益髓，善滋先天之真阴，庶几阴平阳秘，龙雷之火不致上升。况又臣以龙、牡、珠母，滋潜龙雷；佐以磁朱，交济心肾；阳得所附，火安其位矣。妙在使以芍、薇，一为敛肝和阴所必要，一为纳冲滋任之要药。君佐合度，臣使咸宜。此为补肾滋任，镇肝纳冲之良方。然必右脉浮大，左脉细数，舌绛心悸，自汗虚烦，手足躁扰，时时欲厥者，始为恰合。若肢厥脉细，额汗如珠，宜再加人参、附子、五味等品，急追元阳以收汗，但病势危笃如斯，亦多不及救矣。”

脐带即坎气，又名命蒂，《本草用法研究》云：“脐带微咸微温，气腥，治虚劳，纳肾气。”故本方用以为君。

复脉汤（滋阴复脉法） 从仲景方加减。

大生地一两，真人参钱半（另煎冲），炒枣仁二钱，桂枝尖五分，陈阿胶二钱（烊冲），大麦冬五钱，清炙草三钱，陈绍酒一瓢（分冲），生姜汁两滴（冲），大红枣三枚（对劈）。

何秀山按："心主脉而本能动，动而至于悸，乃心筑筑然跃，按其心部动跃触手也，是为血虚。脉结代者，缓时一至为结，止有定数为代，是为血中之气虚。故重用胶、地、草、枣大剂补血为君，尤必臣以参、麦之益气增液，以润经隧而复脉，和其气机以去其结代。犹恐其脉未必复，结代未必去，又必佐以桂、酒之辛润行血，助参、麦益无形之气，以充有形之血，使其捷行于脉道。庶几血液充而脉道利，以复其跃动之常。使以姜、枣，调卫和营。此为滋阴补血，益气复脉之第一方。"

补阴益气煎（滋阴补气法） 载《新方八阵》。

潞党参三钱，米炒淮山药三钱（杵），新会皮一钱，升麻三分（蜜炙），大熟地四钱（炒松），白归身钱半（醋炒），清炙草五分，鳖甲炒柴胡五分。

何秀山按："男子便血，妇人血崩，无论去血多少，但见声微气怯，面白神馁，心悸肢软者，气不摄血，血从下脱也。若用清凉止血方，必致气脱。故以滋补阴气之党参，滋填阴血之熟地为君，景岳称为两仪，本为气血双补之通用方。臣以薯、归，滋脾阴而养肝血，归身醋炒，尤得敛血之妙用。佐以升、柴、橘皮，升清气而调胃气；柴胡用鳖血拌炒，虽升气而不致劫动肝阴。使以甘草和药，缓肝急而和脾阴。此为滋阴养血，血脱益气之良方。惟党参甘平益气，究嫌力薄，宜易吉林参，补气之功尤胜。阴虚有火者，加莹白童便，咸平止血以降阴火，尤有专功。自汗者加绵芪皮三钱，固表气以收汗；淮小麦四钱，养心血以敛阴。皆历试辄验之要法。”

加味金匮肾气汤　见一百八十八页。

第六节　清　凉　剂

玳瑁郁金汤（清宣胞络痰火法）

生玳瑁一钱（研碎），生山栀三钱，细木通一钱，淡竹沥两瓢（冲），广郁金二钱（生打），青连翘二钱（带心），粉丹皮二钱，生姜汁两滴（冲），鲜石菖蒲汁两小匙（冲），紫金片三分（开水烊冲），先用野菇根二两，鲜卷心竹叶四十支，灯心五分。用水六碗，煎成四碗，取清汤分作二次煎药。

何秀山按：“邪热内陷胞络，郁蒸津液为痰，迷漫心孔，即堵其神明出入之窍，其人即妄言妄见，疑鬼疑神，神识昏蒙，咯痰不爽，俗名痰蒙。故以介类通灵之玳瑁、幽香通窍之郁金为君。一则泄热解毒之功，同于犀角；一则达郁凉心之力，灵于黄连。臣以带心翘之辛凉，直达胞络以通窍；丹皮之辛窜，善清络热以散火。引以山栀、木通，使上焦之郁火，屈曲下行，从下焦小便而泄。佐以姜、沥、石菖蒲，辛润流利，善涤络痰。使以紫金片，芳香开窍，助全方诸药透达。妙在野菇根功同芦笋，而凉利之功捷于芦根，配入竹叶、灯芯，轻清透络，使内陷包络之邪热及迷漫心孔之痰火，一举而肃清之。此为开窍透络，涤痰清火之良方。服一剂或二剂后，如神识狂乱不安，胸闷气急，壮热烦渴，内陷包络之邪热，欲达而不能遽达也。急用三汁宁络饮，徐徐灌下令尽。良久，渐觉寒战，继即睡熟，汗出津津而神清。若二时许不应，须再作一服，历试辄效。”

编者按：急性热病召致妄言妄见，神识昏蒙等脑症状之原因，多数由于高热及毒素刺激之故。本方主药玳瑁有清热解毒，潜阳息风之功，《纲目》主治伤寒热结狂言。秀山谓其功同犀角，亦尚可从。郁金凉心热，治颠狂失心，用于高热昏迷，有凉泄之效。时方家对此等证，只知用犀角、羚羊、牛黄清心等品，未见有以玳瑁、郁金为主药者，亦所见之不广也。又紫金锭即解毒万病丹（山慈菇、川文蛤、千金子、麝香、大戟），主治时行瘟疫、山岚瘴疟、缠喉风痹等证。三汁宁络饮，用活地龙四条，研如泥，滤取清汁，更用龙脑、西黄、辰砂各一分，研匀。生姜汁半小匙，鲜薄荷汁二小匙，用井水半杯，调三汁及脑、黄、辰砂三味。

犀地清络饮（清宣包络瘀热法）

犀角汁四匙（冲），粉丹皮二钱，青连翘钱半（带心），淡竹沥二瓢（和匀），鲜生地八钱，生赤芍钱半，原桃仁九粒（去皮），生姜汁二滴（同冲），鲜石菖蒲汁两匙（冲）。先用鲜茅根一两，灯心五分，煎汤代水。

何秀山按："热陷包络神昏，非痰迷心窍，即瘀塞心孔，必用轻清灵通之品，始能开窍而透络。故以千金犀角地黄汤，凉通络瘀为君；臣以带心翘，透包络以清心，桃仁行心经以活血。但络瘀者必有黏涎，故又佐姜、沥、菖蒲三汁，辛润以涤痰涎，而石菖蒲更有开心孔之功。妙在使以茅根交春透发，善能凉血以清热。灯心质轻味淡，更能清心以降火。此为轻清透络，通瘀泄热之良方。如服后二三时许不应，急于次煎中调入牛黄膏，以奏速效。"

牛黄膏（凉透血络，芳香开窍法）　方出刘河间《三六书》。

西牛黄二钱，广郁金三钱，丹皮三钱，梅冰一钱，飞辰砂三钱，生甘草一钱。上药研至极细，用药汤频频调下。

《本草》记载，牛黄清心热，利痰止惊。郁金凉心热，行瘀滞。丹皮泻血中伏火。辰砂泻心经邪热，兼能镇心神。冰片通诸窍，散郁火，治惊痫痰迷。综合各药效能，为泄热行瘀，开窍豁痰之良方，对温热病之谵妄神昏，其效与清心丸、至宝丹、紫雪略同。

犀羚三汁饮（清宣包络痰瘀法）

犀角尖一钱，羚羊角一钱，带心翘二钱，东白薇三钱，皂角刺三分，皂角片钱半，广郁金三钱（杵），天竺黄三钱，粉丹皮钱半，淡竹沥两瓢，鲜石菖蒲汁两匙，生藕汁二瓢（三汁和匀同冲）。先用犀、羚二角，鲜茅根五十支（去心），灯心五分，活水芦笋一两。煎汤代水，临服调入至宝丹四丸，和匀化下。

何秀山按："邪陷包络，挟痰瘀互结清窍，症必痉厥并发，终日昏睡不醒，或错语呻吟，或独语如见鬼，目白多现红丝，舌虽纯红，兼罩黏涎，最为危急之重症。故以犀、羚凉血熄风，至宝芳香开窍为君。臣以带心翘宣包络之气郁，郁金通包络之血郁，白薇专治血厥，竺黄善开痰厥。尤必佐角刺、三汁，轻宣辛窜，直达病所，以消痰瘀。使以芦笋、茅根、灯心，清轻透络，庶几痰活瘀散，而包络复其横通四布之常矣。此为开窍透络，豁痰通瘀之第一良方。但病势危笃至此，亦十中救一而已。"

连翘栀豉汤（清宣心包气机法）

青连翘二钱，淡香豉三钱（炒香），生枳壳八分，苦桔梗八分，焦山栀三钱，辛夷净仁三分（拌捣），广郁金三钱，广橘络一钱，白蔻末四分（分作二次冲）。

何秀山按："凡外邪初陷于心胸之间，正心胞络之部分也，若一切感证，汗吐之后，轻则虚烦不眠，重则心中懊侬，反复颠倒，心窝苦闷，或心下结痛，卧起不安，舌上苔滑者，皆心包气郁之见症。故以清芬轻宣心包气分主药之连翘，及善清虚烦之山栀、豆豉为君。臣以夷仁拌捣郁金，专开心包气郁。佐以轻剂枳、桔，宣畅心包气闷，以达归于肺。使以橘络，疏包络之气，蔻末开心包之郁。此为轻宣包络，疏畅气机之良方。”

增减黄连泻心汤（清泄包络实火法） 从仲景方加减。

小川连八分，青子芩钱半，飞滑石六钱，淡竹沥两瓢，小枳实钱半，仙半夏钱半，生苡仁五钱，生姜汁二匙（和竹沥同冲）。先用冬瓜子一两，丝通草二钱，灯心五分，煎汤代水。鲜石菖蒲叶钱半，搓熟生冲。

何秀山按：“肺胃痰火湿热，内壅心经包络，每致神昏谵语，心烦懊侬，惟舌苔黄腻，与舌绛神昏，由于心血虚燥者不同。故以连、芩、枳实，苦辛通降，以除痰火为君；臣以滑、苡、瓜、通，凉淡泄湿；佐以姜、沥二汁，辛润涤痰。妙在使以菖蒲、灯心，芳淡利窍，通神明以降心火。此为泻心通络，蠲痰泄湿之良方。”

导赤清心汤（清降心经虚热法） 从导赤泻心汤加减。

鲜生地六钱，辰茯神二钱，细木通五分，麦冬一钱（唇砂染），粉丹皮二钱，益元散三钱（包煎），淡竹叶钱半，莲子芯三十支（冲），辰砂染灯心二十支，莹白童便一杯（冲）。

何秀山按：“热陷心经，内蒸包络，舌赤神昏，小便短涩赤热，必使其热从小便而泄者，以心与小肠相表里也。但舌赤无苔，又无痰火，其为血虚热盛可知。故以鲜生地凉心血以泻心火，丹皮清络血以泄络热为君。然必使其热有去路，而包络心经之热乃能清降，故又臣以茯神、益元、木通、竹叶，引其热从小便而泄。佐以麦冬、灯心均用朱染者，一滋胃液以清养心阴，一通小便以直清神识。妙在使以童便、莲芯，咸苦达下，交济心肾，以速降其热。是以小便清通者，包络心经之热悉从下降，神气即清矣。此为清降虚热，导火下行之良方。服后二三时许，神识仍昏者，调入西黄一分，以清神气，尤良。”

羚角钩藤汤（凉息肝风法）

羚角片钱半（先煎），霜桑叶二钱，真川贝四钱（去心），鲜生地五钱，双钩藤三钱（后入），滁菊花三钱，茯神木三钱，生白芍三钱，生甘草八分，淡竹茹五钱（鲜刮，与羚角先煎代水）。

何秀山按：“肝藏血而主筋，凡肝风上翔，症必头昏胀痛，耳鸣心悸，手足躁扰，甚则瘛疭、狂乱、痉厥，与夫孕妇子痫，产后惊风，病皆危险。故以羚、藤、桑、菊，熄风定痉为君；臣以川贝善治风痉，茯神木专平肝风。但火旺生风，风助火势，最易劫伤血液，尤必佐芍、甘、鲜地，酸甘化阴，滋血液以缓肝急。使以竹茹，清热凉血。此为凉肝熄风，增液舒筋之良方。然惟便通者，但用甘咸靖镇，酸泄清通，始能奏效。若便闭者，必须犀、连承气，急泻肝火以熄风，庶可救危于俄顷。”

桑丹泻白汤（清肝保肺法）

霜桑叶三钱，桑皮四钱，淡竹茹二钱，清炙草六分，粉丹皮钱半（醋炒），地骨皮五钱，川贝母三钱，粳米三钱，金橘饼一枚（切碎），大蜜枣一枚（对劈）。

何秀山按：“肝火烁肺，咳则胁痛，不能转侧，甚则咳血，或痰中夹有血丝血珠，最易酿成肺劳，名曰木叩金鸣。故以桑、丹辛凉泄肺为君；臣以桑皮、地骨，泻肺中之伏火；竹茹、川贝，涤肺中之黏痰；佐以炙草、粳米，温润甘淡，缓急以和胃气；使以橘、枣，微辛甘润，畅肺气以养肺液。此为清肝保肺，蠲痰调中之良方。然惟火郁生热，液郁为痰，因而治节不行，上壅为咳喘肿满者，始为相宜。”

新加白虎汤 见一百八十一页。

复习思考题

1. 发汗剂共五方，此五方在临床应用，必各有标准，列表说明之（表分方名、组成、主要效能、施用标准四项）。

2. 蒿芩清胆汤、柴平汤、柴白汤，均可用于疟疾，列表说明各方之异点（表分方名、组成、主要效能、各方异点）。

3. 攻下剂以承气名方者共六方，列表说明各方之功用（表分方名、组成、主要功用）。

4. 藿香正气散与大橘皮汤，均可用于湿温初起，但施用标准不同，两方之异点何在？

5. 清燥养营汤、阿胶鸡子黄汤、坎气潜龙汤三方，用于温病之机会较多。临床应用之标准若何？

6. 玳瑁郁金汤与犀地清络饮，临床应用如何区别？

下编　分证论治

温病专书，有分条叙述者，如吴鞠通之《温病条辨》，王孟英之《温热经纬》等；有分证叙述者，如雷少逸之《时病论》，俞根初之《通俗伤寒论》等；有分别解释每个证候而附以治法者，如《广温热论》等。本编仿《时病论》例，以四时常见之温病为主，分春温、热病、湿温、疟疾、痢疾、秋燥、伏暑、冬温八种，每种又分因证脉治四项，悉宗《通俗伤寒论》之说；附以参考资料，则多采录何秀山、何廉臣祖孙之临床经验；编者管见，则以按语附于每段文末。

第七章　春　温

一、病因

伏温内发，新寒外束，有实有虚。实邪多发于少阳膜原，虚邪多发于少阴血分。当审其因，分为少阳温病、手少阴温病，以清界限。

二、症状

（一）膜原温病

因春寒触动而发者，初起头身俱痛，恶寒无汗，继即寒热类疟，口苦胁痛，甚则目赤耳聋，膈闷欲呕，一传阳明而外溃，必灼热心烦，大渴引饮，不恶寒，反恶热，甚或神昏谵语，胸膈间斑疹隐隐，便秘溺涩。舌苔则糙白如粉，边尖俱红，或舌本红而苔薄白，继即舌红起刺，中黄薄腻，甚或边红中黄，间有黑点。

（二）手少阴温病

若温邪伏于少阴，新感春寒引发者，病在血分，初虽微恶风寒，身痛无汗，继即灼热自汗，心烦不寐，或似寐非寐，面赤唇红，手足躁扰，神昏谵语，或神迷不语，或郑声作笑。内陷厥阴肝脏，状如惊痫，时时瘛疭，四肢厥逆，胸腹按之灼手。舌苔初则底红浮白，继即舌色鲜红，甚则紫绛少津。

三、诊断

左脉弦紧，右弦滑而数，此外寒搏内热，《内经》所谓“冬伤于寒，春必病温”，《伤寒论》所云“太阳病，发热而渴，不恶寒者为温病”是也。若右脉洪盛而躁，左脉弦细沉数，此《内经》所谓“冬不藏精，春必病温，病温虚甚死”，亦即喻西昌所谓“既伤于寒，且不藏精，至春同时并发”者也。

四、治法

（一）膜原温病

由春感新寒触发者，法当辛凉发表，葱豉桔梗汤先解其外寒，外寒一解，即表里俱热。热结在里，法当苦辛开泄，柴芩清膈煎双解其表里之热。如热势犹盛，斑疹隐隐者，新加白虎汤更增炒牛蒡、大青叶各三钱，速透其斑疹。斑疹透后，但见虚烦呕恶，心悸不寐者，尚有痰热内扰也，只须蒿芩清胆汤去广皮，加北秫米三钱，辰砂染灯心三十支，轻清以泄其余热。如斑疹既透，依然壮热谵语，大便秘结，溺赤短涩而浊者，热结小肠火腑也，急与小承气汤去川朴，加川连、木通各一钱，清降其小肠之热结，则二便利而神清矣。兼胸闷痰多者，陷胸承气汤加益元散四钱（包），淡竹叶二钱，峻下之。下后热退身凉，则以金匮麦门冬汤加生谷芽一钱，广橘白八分，养胃阴，醒胃气，以善其后。

（二）手少阴温病

少阴伏气温病，骤感春寒而发者，必先辛凉佐甘润法，酌用七味葱白汤、加减葳蕤汤二方，以解外搏之新邪。继进甘寒，复苦泄法，酌用犀地清络饮、导赤清心汤二方，以清内伏之血热。如兼痰迷清窍，神识昏蒙者，急与玳瑁郁金汤以清宣包络痰火。服后如犹昏睡不语，急用犀羚三汁饮，以清宣心窍络痰瘀热，调下至宝丹，或冲入牛黄膏，其闭自开。开达后，如肝风内动，横窜筋络，手足瘛疭者，急用羚角钩藤汤息肝风以定瘛疭。

参考资料：何秀山按："春温兼寒，初用葱豉桔梗汤，辛凉开表，先解其外感，最稳。若不开表，则表寒何由而解？表寒既解，则伏热始可外溃。热从少阳胆经而出者，多发疹点，新加木贼煎加牛蒡、连翘以透疹。热从阳明胃经而出者，多发斑，新加白虎汤加牛蒡、连翘以透斑。疹斑既透，则里热悉从外达，应即身凉脉静而愈。若犹不愈，则胃肠必有积热，选用诸承气汤，急攻之以存津液，病多速愈，此伏气春温实证之治法也。若春温虚证，伏于少阴血分阴分者，其阴血既伤，肝风易动，切忌妄用柴、葛、荆、防，升发其阳以劫阴；阴虚则内风窜动，上窜脑户，则头摇晕厥，横窜筋脉，则手足瘛疭。如初起热因寒郁而不宣，宜用连翘栀豉汤去蔻末，加鲜葱白、苏薄荷，轻清透发以宣泄之。气宣热透，血虚液燥，继与清燥养营汤加野菇根、鲜茅根，甘凉濡润以肃清之。继则虚多邪少，当以养阴退热为主，如黄连阿胶汤之属，切不可纯用苦寒，重伤正气。此伏气春温虚证之治法也。俞君分清虚实，按证施治，堪为后学师法也。”

五、处方

葱豉桔梗汤　见一百八十一页。

柴芩清膈煎　见一百八十三页。

新加白虎汤　见一百八十三页。

蒿芩清胆汤　见二百零七页。

陷胸承气汤　见一百八十四页。

金匮麦门冬汤　原麦冬、北秫米各三钱，西洋参、仙半夏各一钱，生甘草六分，大红枣二枚。

按：本方系麦门冬汤去粳米，合秫米半夏汤，以清养胃阴为主。

七味葱白汤　见二百零七页。

加味葳蕤汤　见二百零七页。

犀角清络饮

导赤清心汤　见二百二十一页。

玳瑁郁金汤　见二百一十八页。

犀羚三汁饮　见二百二十页。

至宝丹　见二百七十二页。

牛黄膏　见二百一十九页。

羚角钩藤汤　见二百二十二页。

新加木贼煎 见二百零八页。

连翘栀豉汤 见二百二十页。

清燥养营汤 见二百二十四页。

黄连阿胶汤 见二百一十四页。

第五章 热 病

一、病因

伏热将发，新寒外束，然发在夏至以前者为瘅热，多由于暴寒而发；在夏至以后者为热病，多由于伤暑而发。临证者须先其所因，明辨其兼寒与兼暑二端，别其为热病兼寒，热病兼暑，分际自清。

二、症状

（一）热病兼寒

初必微恶风寒，身热无汗，或汗出而寒，头痛不堪，尺肤热甚。继即纯热无寒，心烦恶热，口渴引饮。热极烁阴，则耳聋目昏，颧赤唇焦，口干舌烂，咳逆而衄，或呕下血，或发呃忒，或腰痛如折，前阴出汗，或泄而腹满。热极动风，则手足瘛疭，口噤齿龄，由痉而厥。溺赤涩痛，大便燥结。舌苔初则黄白相兼，继则纯红苔少。

（二）热病兼暑

一起即发寒身痛，背微恶寒，头痛且晕，面垢齿燥，大渴引饮，心烦恶热，斑疹隐隐，烦则喘喝，静则多言。甚则谵语遗溺，大便或秘或泻，泻而不爽。其余变证，与前相同。舌苔纯黄无白，或干黄起刺，或黄腐满布，或老黄带灰黑，甚或鲜红无苔，或紫红起刺，或绛而燥裂，或深紫而赤，或干而焦，或胖而嫩。

三、诊断

脉左浮紧，右洪盛，紧为寒束于外，洪盛则热结于内，此《内经》所谓“冬伤于寒，春生瘅热”，亦即石顽所云：“热病脉见浮紧者，乃复感不正之暴寒，搏动而发也。”若左盛而燥，右洪盛而滑，躁则血被火迫，盛滑则伏热外溃，此《内经》所谓“尺肤热甚，脉盛躁者病温，盛而滑者病且出也”，亦即石顽所云：“后夏至日为热病，乃久伏之邪，随时气之暑热而勃发也。”

四、治法

（一）热病兼寒

必先泻其热以出其汗，轻则葱豉桔梗汤加益元散三钱（包煎），青蒿脑二钱；重则新加白虎汤加鲜葱白三枚（切），淡香豉四钱，使表里双解，或汗或瘖，或疹或斑，一齐俱出。如谵语发狂，烦渴大汗，大便燥结，小便赤涩，咽干腹满，昏不识人者，急与白虎承气汤，加至宝丹，开上攻下以峻逐之。如已动风痉厥者，急与犀连承气汤加羚角、紫雪，息风宣窍以开逐之。

（二）热病兼暑

必先清其暑以泄其热，初以新加白虎汤为主，续则清其余热以保气液，竹叶石膏汤加减，终则实其阴以补其不足。如肺胃阴虚，余热不清，虚羸少气，气逆欲吐者，竹叶石膏汤加竹茹、茅根主之。咳逆鼻衄者，去半夏，加鲜枇杷叶一两（去毛抽筋），鲜生地六钱，地锦五钱。舌烂呕血者，加西瓜翠衣三钱，生蒲黄一钱，制月石三分，鲜生地汁两瓢（冲）。呃逆者，加广玉金汁四匙（分冲），枇杷叶一两（去毛筋，炒微黄），青箬蒂三钱。如脾阴既虚，累及脾阳，气弱肢软，泄而腹满，或便血面白者，补阴益气煎加煨木香、春砂仁各六分，盐水炒香。如肝阴大亏，血不养筋，筋脉拘挛，甚则手足瘛疭，头目昏眩者，阿胶鸡子黄汤主之。如心肾两亏，颧赤耳聋，舌绛心悸，神烦不寐，腰痛如折，前阴出汗，时欲晕厥者，坎气潜龙汤主之，阴复则生，阴竭则死。

五、处方

葱豉桔梗汤　见一百八十一页。

新加白虎汤　见一百八十一页。

白虎承气汤　见一百八十三页。

至宝丹　见一百七十二页。

犀连承气汤　见一百八十三页。

紫雪　见一百七十二页。

竹叶石膏汤　鲜淡竹叶、冰糖水炒石膏各二钱，仙半夏一钱，原麦冬三钱，西洋参钱半，生甘草八分，生粳米三钱（包煎）。

按：本方用石膏、竹叶辛寒清热，洋参、麦冬培气养阴，半夏降逆止呕，粳米和胃清肺，为温病瘥后虚羸少气之良方也。

补阴益气煎　见二百一十七页。

阿胶鸡子黄汤　见二百一十五页。

坎气潜龙汤 见二百一十六页。

第九章 湿温（附暑湿）

一、病因

伏湿蕴酿成温，新感暴寒而发，多发于首夏初秋两时。但湿温为伏邪，寒为新邪，新旧夹发，乃寒湿温三气杂合之病，与暑湿兼寒，暑湿为伏气，寒为新感者，大同小异。惟湿温兼寒，寒湿重而温化尚缓；暑湿兼寒，湿热重而寒象多轻。

二、症状

初起头痛身重，恶寒无汗，胸痞腰疼，四肢倦怠，肌肉烦疼，胃钝腹满，便溏溺少，舌苔白滑，甚或白腻浮涨。

三、诊断

脉右缓而滞，左弦紧。此湿温兼寒，阻滞表分，气机不宣，足太阳与足太阴同病也。

四、治法

首宜芳淡辛散，藿香正气汤加葱豉，和中解表，祛其搏束之外寒。次宜辛淡疏利，大橘皮汤加川朴钱半，蔻末六分（冲），宣气利溺，化其郁伏之内湿。寒散湿去，则酝酿之温邪无所依附，其热自清。既或有余热未清者，只须大橘皮汤去苍术、官桂，加焦山栀、绵茵陈各三钱，以肃清之，足矣。

五、参考资料

上述证治，为湿温兼寒而设。如湿温热重于湿者，始虽恶寒，后但热不寒，目黄而赤，唇焦齿燥，耳聋脘闭，胸腹灼热，午后尤甚，心烦恶热，大便热泻，溲短赤涩。舌苔黄腻带灰，中见黑点。脉右洪数，甚或大坚而长。此由其人中气素实，故阳明证多而太阴证少也。苦降辛通为君，佐以凉淡，增减黄连泻心汤清解之。若始虽便泻，继即便秘，舌起芒刺者，加更衣丸钱半至二钱，极苦泄热，其便即通。若因循而失清失下，神昏谵语，手足发痉，甚则昏厥，舌苔黄黑糙刺，中见红点。脉右沉数，左弦数者，此由湿热化火，火旺生风，逼乱神明之危候也。急与犀连承气汤加羚角二钱，紫雪五分，开泄下夺以拯之。

按：湿温为湿热相兼之病，当分湿多、热多。湿多者，头重身痛，胸膈痞满，渴不多饮，小便短涩黄热，大便溏而不爽，舌苔白腻，或白滑而厚，治宜疏中解表，芳淡渗利，以藿朴夏苓汤为首选。热多者，心烦口渴，耳聋干呕，口秽喷人，胸腹热满，按之灼手，舌苔黄腻，边尖红紫少津，治宜清宣湿热，以枳桔栀豉汤为首方。此为初起治法，待湿已化热，宜苦寒合渗利法，酌投增减黄连泻心汤。病势再进，见神昏谵语，或笑或痉，舌色紫干或纯绛者，属心包络，酌投犀地清神汤合紫雪。如舌苔黄燥黑燥而有质地者，属热结于腑，酌投犀连承气汤。

又按：华实孚《内科概要》云："伤寒（肠热病）与湿温同为一病，因发生之时不同而异其名，实皆为伤寒杆菌所作祟也。"今举伤寒之主要症状如下，以便互相印证。

1. 体温　初为阶梯状（第一周），次为稽留热（第二周），终为弛张热（第四周）。

2. 脉搏　与热度不相称，即体温极高时（40℃）脉搏常只90至。

3. 蔷薇疹　本病第一周末，胸、腹、背部常发生小圆形玫瑰色之红疹。

4. 舌苔　本病初起，舌上有灰白或灰褐之厚苔。

5. 消化系病状　恶心呕吐，腹壁膨满，下利如豌豆汁。

6. 神经系病状　高热时谵语频频，手足躁扰，或神识昏迷，喃喃自语。

上列各症，除蔷薇疹外，其余多与湿温病状相似。

因中医对于症状系重点记载，其记载之病状，以可作辨证用药之指标者为限，与辨证用药无关之病状，都不琐琐描述。湿温症状，对白瘖有详尽之记载，对蔷薇疹忽略不谈，其故或由于此。

六、处方

藿香正气汤　见二百一十一页。

大橘皮汤　见二百一十三页。

增减黄连泻心汤　见二百二十一页。

更衣丸　朱砂、芦荟。

犀连承气汤　见一百八十三页。

藿朴夏苓汤（石芾南方）　杜藿香二钱，川朴一钱，姜半夏三钱，杏仁三钱，蔻仁八分（冲），生米仁六钱，带皮苓四钱，猪苓二钱，泽泻二钱。先用丝通草三钱，煎汤代水。

枳桔栀豉汤（绍兴医学会方）　枳壳钱半，焦山栀三钱，薄荷一钱，桔梗钱半，淡豆豉三钱，连翘三钱，黄芩钱半，甘草六分，茵陈三钱，贯仲三钱，鲜竹叶三十片。

按：此方系长沙枳实栀豉汤合河间桔梗汤加茵陈、贯仲二味，治湿温证热重于湿，兼受风邪而发者，屡投辄效。

犀地清神汤（石芾南方）　犀角一钱，鲜生地一两，银花三钱，连翘三钱，广郁金三钱（磨汁冲），鲜石菖蒲钱半（后入），梨汁、竹沥各一羹匙（冲），生姜汁二滴（冲）。先用活水芦根二两，灯心三十支，煎汤代水，煎成，冲入犀角汁、郁金汁、梨汁、竹沥、姜汁等，趁热即服。

按：此方甘润救阴，清凉芳透，既无苦寒冰伏之虞，又乏阴柔浊腻之弊，如此制方，确有精义。

附　暑湿

病因

先受湿，继受暑，复感暴寒而触发；亦有外感暑湿，内伤生冷而得者。夏月最多，初秋亦有。

症状

暑湿兼外寒者，初起即头痛发热，恶寒无汗，身重而痛，四肢倦怠，手足逆冷，小便已，洒洒然毛耸。但前板齿燥，气粗心烦，甚则喘而嘘气。继则寒热似疟，湿重则寒多热少，暑重则热多寒少。胃不欲食，胸腹痞满，便溏或泻，溺短黄热。舌苔先白后黄，带腻或糙。暑湿兼内寒者，一起即头痛身重，凛凛畏寒，神烦而躁，肢懈胸满，腹痛吐泻，甚则手足俱冷，或两胫逆冷，小便不利，或短涩热，舌苔白滑，或灰滑，甚则黑滑，或淡白。

诊断

左脉弦细而紧，右迟而滞者，此由避暑纳凉，反为寒与湿所遏，周身阳气不得伸越。张洁古所谓：“静而得之，因暑自致之病也。”若脉沉紧，甚则沉弦而细者，此由引饮过多，及恣食瓜果生冷，脾胃为寒湿所伤，张路玉所谓：“因热伤冷，而为夏月之内伤寒病也。”

治法

暑湿兼外寒，法当辛温解表，芳淡疏里，藿香正气汤加香薷钱半，杏仁三钱为主，微汗出，外寒解，即以大橘皮汤温化其湿，湿去则暑无所依而去矣。若犹余暑未净者，前方去苍术、官桂，加山栀、连翘、青蒿等肃清之。暑湿兼内寒，法当温化生冷，辛淡渗湿，胃苓汤加公丁香九支、广木香（磨汁）两匙（冲）为主。寒湿去，吐泻止，即以香砂二陈汤温运胃阳。阳和而暑湿渐从火化，改用大橘皮汤去桂、术，加山栀、黄芩、茵陈、青蒿子等清化之。

参考资料

何秀山按：“此夏月之杂感证也。外感多由于先受暑湿，后冒风雨之新凉，《内经》所谓‘生于阳者，得之风雨寒暑’是也。内伤多由于畏热却暑，浴冷卧风，及过啖冰瓜所致，《内经》所谓‘生于阳者，得之风雨寒暑’是也。内伤多由于畏热却暑，浴冷卧风，及过啖冰瓜所致，《内经》所谓‘生于阴者，得之饮食起居’是也。乃暑湿病之兼证夹证，非伤暑湿之本证也。凡暑为寒湿所遏，生冷所郁，俞氏方法，稳而惬当。”

何廉臣按：“夏月伤暑，最多兼挟之证。凡暑轻而寒湿重者，暑即寓于寒湿之中，为寒湿吸收而同化，故散寒即所以散暑，治湿即所以治暑（按：此二语，最为正确），此惟阳虚多湿者为然。俞氏方法，固为正治。若其人阴虚多火，暑即寓于火之中。纵感风寒，亦为客寒包火之证。初用益元散加葱、豉、薄荷，令其微汗，以解外束之新寒。继用叶氏薷杏汤，轻宣凉淡以清利之。余邪不解者，则以吴氏清络饮，辛凉芳香以肃清之。若其间暑湿并重者，酌用张氏白虎汤加减。其他变证，可仿热证例治。至瓜果与油腻杂进，多用六和汤加减，亦不敢率投姜、附也。”

处方

藿香正气汤　见二百一十一页。

大橘皮汤　见二百一十三页。

胃苓汤　见二百一十三页。

香砂二陈汤　见二百一十三页。

叶氏薷杏汤　西香薷七分，光杏仁、飞滑石、丝瓜叶各三钱，丝通草钱半，白蔻末五分（冲）。

按：本方以香薷协杏仁宣散肌表之寒，滑石、通草淡渗祛湿，蔻仁调中散滞，丝瓜凉血通络。较之吴氏三仁汤（三仁汤有川朴、半夏、竹叶、米仁，无香薷、丝瓜叶）无温燥伤阴之弊，有清暑利湿之功。

吴氏清络饮　鲜银花、鲜扁豆花、鲜丝瓜皮、鲜荷叶边、西瓜翠衣各二钱。

按：银花甘寒入肺，散热解毒，丝瓜凉血泻热，西瓜皮清热解暑，扁豆花时珍云“功同扁豆，清暑除湿，止渴止泻”，荷叶助脾胃，升阳气，综合各药效能，有清暑热、止泻利之专长。鞠通谓此方清肺络之热，余谓兼有止泻（扁豆花、荷叶边）之功也。

张氏苍术白虎汤　杜苍术一钱，拌研石膏六钱，蔻末五分，拌研滑石六钱，知母三钱，草果仁四分，荷叶包陈仓米三钱，卷心竹叶二钱。

按：白虎汤之主证，为壮热口渴自汗，脉洪而长。因兼身重胸痞，知太阴内蕴湿浊，故加苍术。此方以知、膏、竹叶清透暑热，术、蔻、草果温燥脾湿，滑石淡渗利溺、清热除湿，两无相碍，加减得体，允称良方。

六和汤（《局方》） 砂仁六分，藿香二钱，川朴一钱，半夏二钱，苍术二钱，赤苓二钱，甘草五分，苏叶二钱，加姜、枣煎。

按：本方治夏月内伤生冷，外受暑气，寒热交作，吐泻腹痛等症。原方有人参、扁豆、木瓜、杏仁，今减去。

第十章 痎 疟

一、病因

外因多风寒暑湿，内因多夹食夹痰。其病有日发、间日发之殊，其症有经病、腑病、脏病之异；但必寒热往来，确有定候，方谓之疟；与乍寒乍热，一日二三度发，寒热无定候者迥异。其病新久轻重不一，全在临证者细察病源，辨明病状之寒热虚实，施以温凉补泻。

二、症状

痎疟因风寒而发，初起恶寒无汗，头身俱痛，继即寒热往来，发有定期，深者间日一发，极深者三日一发。发冷时形寒战栗，齿龂龂然有声，面头手足皆冷，甚则口唇指甲皆青，发冷期过，即发大热，皮肤壮热色赤，头甚痛，呼吸粗，渴欲饮冷，神倦嗜睡，或心烦懊侬。少则二三时，多则四五时，周身大汗，诸症若失。依此反复而作，累月经年，缠绵难愈。舌苔白滑而腻，甚或灰腻满布。

三、诊断

脉沉弦而迟，沉为在脏，弦迟者多寒，此《内经》所谓“邪气内搏五脏，横连膜原，其道远，其气深，故休数日乃作”也，亦即后贤所谓三阴疟。

四、治法

必先辨其胁下有块与否。无块者，脾脏积水与顽痰也。轻则清脾饮送下除疟胜金丸，温利积水，消化顽痰。重则补中益气汤加减，送下痎疟除根丸，温补中气，吐下顽痰。有块者，脾脏败血与陈莝也，先与十将平痎汤送下鳖甲煎丸，开豁痰结，攻利营血，以消疟母。疟母消，痎自除。

五、处方

清脾饮　浙茯苓六钱，川桂枝一钱，炒冬术钱半，清炙草五分，姜半夏四钱，炒广皮二钱，川朴、草果、柴胡、黄芩各一钱，小青皮八分，生姜二片，大红枣二枚。煎成，热退时服，忌酸冷油腻。

按：本方即严氏清脾饮加广皮、桂枝，有制疟解热，温脾燥湿之功。

除疟胜金丸　常山四两（酒炒透），草果、槟榔、制苍术各二两。共为细末，水法，小丸，外用半贝丸料为衣，每服二十丸至三十丸。

何秀山云："截疟以常山、草果最效，半贝丸（生半夏、生川贝各三钱，姜汁捣匀，为丸，每服三厘至五厘，生熟汤送下）亦验。若三阴老疟，痎疟除根丸如神，截止后，仍须服药以调理之，庶免复发增重。"

按：《本草》记载，常山祛痰截疟，草果治瘴疠寒疟，与知母同用治寒热瘴疟，槟榔治瘴疠疟痢，此三者皆治疟要药也。万县中医周美礼治疟秘方，用苍术、白芷、川芎、桂枝，等分研末，每用一公分，布包，于发疟前塞鼻孔内，至疟止后取出。曾由万县医疗机构试用，对间日疟、三日疟、恶性疟均有效。由此可见，苍术对于湿疟有显著之疗效。

十将平痎汤　炼人言八毫，真绿豆细粉一钱，巴霜九厘二毫，辰砂三分。须研极匀，至无声为度，用白蜜作二十丸，生甘草末为衣，每服一粒。

按：《本事》治疟方用人言一钱，绿豆末一两，为末，无根井水丸，绿豆大，黄丹为衣，阴干，发日五更井水下五七丸。此方人言分量为绿豆的十分之一，十将平痎汤人言的分量不足绿豆百分之一，而服量又只此方的五分之一。我意，人言用量太小，恐不能收扑灭疟原虫之效。

鳖甲煎丸　炙鳖甲、牙硝各十二分，柴胡、炒蜣螂各六分，干姜、大黄、桂枝、石韦、川朴、紫葳、赤芍、丹皮、䗪虫、阿胶、姜半夏各五分，炙蜂房四分，射干、黄芩、炒鼠妇各三分，桃仁、瞿麦各二分，葶苈、人参各一分。以上二十三味，为末，取煅灶下灰一斗，清酒一斗五升，浸灰，候酒尽一半，入鳖甲于中，煮令如胶，绞取汁，纳诸药，煎为丸，如桐子大，空心服七丸，日三服。

按：本方以攻利营血（如䗪虫、鼠妇、紫葳、桂枝、桃仁、丹皮、赤芍、瞿麦、大黄、牙硝）为主，行痰降气（如半夏、射干、川朴、葶苈、干姜）为辅，治疟久脾肿。

附 暑湿疟

病因

《内经》谓“夏伤于暑，秋必痎疟”。但暑必挟湿，当辨其暑重于湿者为暑疟，湿重于暑者为湿疟。

症状

（一）暑疟初起，寒轻热重，口渴引饮，心烦自汗，面垢齿燥，便闭溺热，或泻不爽。舌苔黄而糙涩，或深黄而腻，或起芒刺，或起裂纹。

（二）湿疟初起，寒热身重，四肢倦怠，肌肉烦疼，胸腹痞满，胃钝善呕，便溏溺涩。舌苔白滑厚腻，甚则灰而滑腻，或灰而糙腻，舌边滑润。

诊断

脉右弦洪搏数，左弦数者，疟因于暑，《金匮》所谓“弦数者多热”是也。若右弦滞，左沉弦细软者，疟因于湿，《金匮》所谓“沉细者湿痹”是也。

治法

（一）暑疟

先与蒿芩清胆汤清其暑。暑热化燥者，则用柴胡白虎汤清其燥。若兼肢节烦疼者，去柴、芩，加桂枝五分以达肢。兼胸痞身重者，去柴、芩、花粉，加苍术一钱以化湿。肺中气液两亏者，去柴、芩，加西洋参钱半以益气生津。

（二）湿疟

先与柴平汤燥其湿。湿去而热多寒少，胸膈满痛者，则以柴胡陷胸汤宽其胸。胸宽而热透口燥，溺短赤涩者，则以桂苓甘露饮辛通以清化之。

参考资料：何廉臣按："故余治疟，多遵叶法。凡夏秋之间，先辨暑与湿。暑疟多燥，其治在肺，桂枝白虎汤为主。湿疟多寒，其治在脾，藿香正气散加减。暑湿并重，治在脾胃，桂苓甘露饮加减。若兼痰多者，加半夏、川贝。食滞者，加枳实、青皮。屡投辄验。间有不验者，则用除疟胜金丸以截之，或用金鸡纳霜丸以劫之，亦多默收敏效。"

按：何氏治夏秋暑湿疟之辨证用药，与俞氏颇为接近。俞氏用柴、芩，而不用常山、草果、槟榔，何氏兼用常山、草果、槟榔，而不用柴、芩。我意常山截疟之效，胜于柴胡。吾人治夏秋时疟，无论宗法俞氏或何氏，除以中药汤剂缓解症状外，对于杀灭疟原虫，最好兼服奎宁（用量每次0.6公分，每日三次，连服二日后，改为每次0.4公分，日服三次，再连服三日）。

处方

蒿芩清胆汤　见二百零七页。

柴胡白虎汤　见二百零九页。

柴平汤　见二百零八页。

柴胡陷胸汤　见一百七十九页。

桂苓甘露饮　川桂枝二分，飞滑石六钱，赤苓、猪苓各二钱，泽泻钱半，生晒术五分，生石膏、寒水石各四钱。

按：本方系五苓散加味，有清热利溺之效。

第十一章　痢　疾

一、病因

痢疾古称滞下，皆由暑湿与食积胶结腑中，流行阻遏而成，或饱餐饭肉浓鲜之后，再食瓜果生冷，令脾胃之血不行于四肢八脉，渗入胃肠而为痢；再感表邪，如身热恶寒头痛，或染时疫成痢，或有外感陷里而成痢。

二、症状

凡痢疾兼挟寒邪者，如下痢里急后重，腹有痛有不痛，恶寒，头痛，身热，或兼寒热恶心，舌苔厚腻，口渴不食，变态多端。

三、诊断

痢脉微小滑利者吉，浮弦洪数者凶，浮大者未止，微弱者自愈。此无外感者，大致如此。若兼表邪，初痢身热脉浮者，先解表；初痢身热脉沉者，可攻下。久痢身热脉虚者，属正虚，可治；久痢身热脉大者，属邪盛，难医。

四、治法

凡挟表邪之痢与时行疫痢，皆有身热。但当先撤表邪，如恶寒、头痛、身热之类，因其表而散之。表邪解而痢亦轻矣，如仓廪汤以解表化滞，自然身凉痢止。因于湿热者，邵氏谓“在气分者，有苦辛调气及辛甘益气等法；在血分者，有苦辛行血及咸柔养血诸方。治赤痢者，气分药必不可少，气行而血自止也。治白痢者，血分药必不可兼，恐引邪入于血分，反变脓血也。”此治痢者，不可不知也。

五、参考资料

痢疾初起，首应区别有无表证。有表证者，解表发汗，以人参败毒散为最妥。无表证者，清泄湿火，选用芍药黄连汤、王太史治痢奇方、痢疾三黄丸。下痢日久，郁热仍盛，腹中切痛，后重不减，下如烂炙，且有腐臭者，解毒生化丹。痢久气血两伤，下如鱼脑，后重脱肛，脐腹疞痛者，真人养脏汤。痢久呕不能食者，调中开噤法。以上本编者个人意见，略举痢疾初、中、末三期常用之方，以备一格，而供参考。

六、处方

仓廪汤　见二百零六页。

芍药黄连汤（张洁古方）　芍药、黄连、当归各五钱，大黄一钱，肉桂五分，炙甘草二钱。一方有黄芩。

按：本方清热微下，用于痢下脓血，后重窘痛。

王太史治痢奇方　黄连、黄芩、白芍各三钱，当归钱半，红花三分，桃仁钱半，枳壳三钱，青皮、槟榔、厚朴各钱半，木香五分，楂肉三钱，地榆三钱，甘草一钱。如单白无红者，去桃、红、地榆，加橘红。涩滞甚者，加酒煮大黄二钱。腹痛甚者，加元胡。如发热者，加柴胡。如痢至月余，脾胃弱而虚滑者，加参、术。

顾靖远云："此方和解清热，破结消积，调气行血，为治痢之神剂，即芍药汤之变方，随痢之新久而加减用之。"

痢疾芩连丸（聂云台方） 葛根二两，苦参三两，黄芩二两，黄连一两，赤白芍各一两，滑石十五两。以上研末。

葛根二两，苦参三两，黄芩二两，青蒿四两，枳壳二两，乌药一两。以上煎汤。

鲜荷叶八两（捣），生萝卜子二两（研），鲜藿香三两（捣），鲜薄荷三两（捣）。以上石臼捣融，加药汤挤汁一次，再加净萝卜汁八两，泛成小丸，绿豆大小，每服二钱，一日三次。但须先服三黄丸一日，始改服此丸。上方加大黄末四两，名痢疾三黄丸。加大黄一两半，名痢疾小三黄丸，此法更较简便，且极效。

聂云台云："去年（按：即一九四一年）佛教施诊所用敝制之药，治愈痢疾约二百人，均依上法治之，二三日全愈。在九十两个月间，曾请葛氏化验所、程慕颐化验所验粪十五起，发现半数为杆菌。又于八月间在犹太化验所验粪五次，发现四次为阿米巴。但其疗效，两种痢疾均同。内有数人，先服西药多日无效，服此药立见效验，二三日全愈。内有一人，在医院服药特灵六粒无效，该院医生即用敝药试验，二日全愈。"

按：本方列药十五味，据《本草》记载，苦参主血痢，黄连主肠澼，黄芩主澼痢，青蒿主久痢，大黄主下痢赤白。各药味俱苦寒，有清泄大肠湿热之功，为本方主药。芍药和血止痛，乌药疏气止痛，枳壳、莱菔子除后重，葛根、荷叶升发胃气，藿香和中快气，薄荷消散风热，萝卜消食止痢，皆为臣佐之品。滑石，聂氏云："即陶土，为吸着药，载诸药汁入肠，散敷肠壁，以收消除炎症吸着毒素之效。”本方之治疗效果，据聂氏记录，确实可靠，本方之配合意义，据编者分析，有清泄湿热之伟效，对秋季赤痢，可谓一般性之简效良方。爰附于此，以备采用。

解毒生化丹（张锡纯方） 金银花一两，生杭芍六钱，粉甘草三钱，三七（捣细）二钱，鸦胆子六十粒（去皮拣成实者）。先将三七、鸦胆子，用白砂糖化水送服，次将余药煎汤服。病重者一日须服两剂，始能见效。

张锡纯云：“痢疾失治，迁延日久，气血两亏，浸至肠中腐烂，生机日减，所下之物，色臭皆腐败，非前二方所能治矣（按：即化滞汤、燮理汤，皆张氏自制方）。此方重在化腐生肌，以救肠中之腐烂，故服之能建奇效也。”

真人养脏汤（《局方》） 人参、白术（炒焦）各钱半，肉桂、诃子肉、木香、肉豆蔻、罂粟壳各五分。一方有归、芍、炙草。

按：加此方以温补止痢为目的，用于气血两伤之久痢。本方应加归、芍，方能气血并补。罂粟今无售，可易补骨脂。

调中开噤法（雷少逸方） 西潞党三钱（米炒），黄连五分（姜汁炒），制半夏钱半，广藿香一钱，石莲肉三钱，陈仓米一撮。

雷少逸云：“痢成噤口，脾胃俱惫矣。故用潞党补其中，黄连清其余痢，半夏和中止呕，藿香醒胃苏脾，石莲肉开其噤，陈仓米养其胃。倘绝不欲食者，除去黄连可也。”

第十二章 秋　燥

一、病因

秋深初凉，西风肃杀，感之者多病风燥。此属燥凉，较严冬风寒为轻。若久晴无雨，秋阳以曝，感之者多病温燥。此属燥热，较暮春风温为重。

二、症状

凉燥犯肺者：初起头痛身热，恶寒无汗，鼻鸣而塞，状类风寒。惟唇燥嗌干，干咳连声，胸满气逆，两胁窜疼，皮肤干痛，舌苔白薄而干，扪之戟手。

温燥伤肺者：初起头疼身热，干咳无痰，即咯痰多稀而黏，气逆而喘，咽喉干痛，鼻干唇燥，胸满胁胀，心烦口渴，舌苔白薄而燥，边尖俱红。

三、诊断

右脉浮涩，左脉弦紧者，《内经》所谓“秋伤于燥，上逆而咳”是也。右脉浮数，左脉弦涩者，《内经》所谓“燥化于天，热反胜之”是也。凡燥证，脉多细涩，虽有因兼症、变症而化浮洪虚大弦数等兼脉，重按无有不细不涩也。

四、治法

凉燥犯肺，以苦温为君，佐以辛甘，香苏葱豉汤去香附，加光杏仁三钱，炙百部二钱，紫菀三钱，白前二钱，温润以开通上焦，上焦得通，凉燥自解。若犹痰多便秘腹痛者，则用五仁橘皮汤加全瓜蒌四钱（生姜四分，拌捣极烂），干薤白四枚（白酒洗捣），紫菀四钱，前胡二钱，辛滑以流利气机。终用归芍异功散加减，气血双补以善后。

温燥伤肺，以辛凉为君，佐以苦甘，清燥救肺汤加减。气喘者加蜜炙苏子一钱，鲜柏子仁三钱，鲜茅根五钱。痰多者加川贝三钱，淡竹沥两瓢（冲），瓜蒌仁五钱（杵）。胸闷者加梨汁两瓢，广郁金汁四匙。呕逆者加芦根汁两瓢，鲜淡竹茹四钱，炒黄枇杷叶一两，凉润以清肃上焦。上焦既清，若犹烦渴气逆欲呕者，则用竹叶石膏汤去半夏，加蔗浆、梨汁各两瓢（冲），生姜汁两滴（冲），甘寒以滋养气液。终用清燥养营汤加霍石斛三钱，营阴双补以善后。

五、参考资料

何廉臣按："凡治燥病，先辨凉温。王孟英曰：'以五气而论，则燥为凉邪，阴凝则燥，乃其本气。但秋承夏后，火之余炎未息，若既就之，阴竭则燥，是其标气。治分温润凉润二法。'①费晋卿曰：'燥者干也，对湿言之也。立秋以后，湿气去而燥气来。初秋尚热，则燥而热；深秋既凉，则燥而凉，以燥为全体，而以热与凉为之用。兼此二义，方见燥字全相。法当清润温润。'次辨虚实。叶天士曰：'秋燥一症，颇似春月风温，温自上受，燥自上伤，均是肺先受病。但春月为病，犹是冬令固密之余；秋令感伤，恰值夏月发泄之后，其体质之虚实不同。初起治肺为急，当以辛凉甘润之方，燥气自平而愈。若果有暴凉外束，只宜葱豉汤加杏仁、苏梗、前胡、桔梗之属。延绵日久，病必入血分，须审体质证候。总之上燥治气，下燥治血，慎勿用苦燥劫烁胃汁也。'"

---

① 王孟英……二法："王孟英曰"所引，中有删节，使语意不明，原文见《温热经纬·卷三·叶香岩三时伏气外感篇》："雄按：以五气而论……乃其本气。但秋燥二字皆从火者，以秋承夏后，火之余焰未熄也。若火既就之，阴竭则燥……"

按：何氏初引王、费二家之说，大意秋燥有凉燥、温燥二证。凉燥为本气，温燥为标气；温燥发于初秋，凉燥发于深秋。次引叶氏之说，大意秋燥多兼阴虚津伤，治法须参甘润。我意秋燥犯肺，乃素体虚羸之人，因感染而生上呼吸道及支气管之炎症也。张石顽治燥乘肺经，投千金麦门冬汤，以麻黄、生姜辛温发汗，桔梗、甘草、紫菀、桑皮、半夏、竹茹清润肺气以除痰嗽，生地、麦冬甘寒滋燥。此方药力较竣，宜于温燥伤肺之证。

六、处方

香苏葱豉汤（俞氏经验方[①]）　载《张氏医通》。

制香附二钱，新会皮二钱，鲜葱白三枚，紫苏三钱，清炙草八分，淡香豉四钱。

按：此方疏郁达表，调气安胎，原为妊妇伤寒主方。移用于秋令凉燥初起有表证者，亦颇合拍。

五仁橘皮汤　见二百一十页。

归芎异功散（医宗金鉴方）　即异功散加归、芎。

加减清燥救肺汤（俞氏加减）　冬桑叶三钱，光杏仁二钱，冰糖水炒石膏、大麦冬、真柿霜、南沙参各钱半，生甘草八分，鸡子白两枚，秋梨皮五钱。

按：俞氏原方有阿胶、麻仁、枇杷叶，无柿霜、鸡子白、梨皮。

---

① 注：俞氏经验方：本氏所称“俞氏经验方”，是指俞根初《通俗伤寒论》方，《通俗伤寒论》成书于 1776 年（乾隆四十一年），《张氏医通》成书于 1695 年（康熙三十四年），前后相差 80 年，《张氏医通》不可能引用俞氏著作。《张氏医通》无香苏葱豉汤，只有葱白香豉汤，仅用葱白、豆豉二味。

竹叶石膏汤（张仲景方） 见二百三十页。

清燥养营汤 见二百一十四页。

第十三章 伏 暑

一、病因

夏伤于暑，被湿所遏而蕴伏，至深秋霜降及立冬前后，为外寒搏动而触发。邪伏膜原而在气分者，病浅而轻；邪舍于营而在血分者，病深而重。

二、症状

（一）邪伏膜原，外邪搏束而发者：初起头痛身热，恶寒无汗，体痛肢懈，脘闷恶心，口或渴或不渴，午后较重，胃不欲食，大便或秘或溏，色如红酱，溺黄浊而热。继则状如疟疾，但寒热模糊，不甚分明，或皮肤隐隐见疹，或红或白，甚或但热不寒，热甚于夜，夜多谵语，辗转反侧，烦躁无奈，渴喜冷饮，或呕或呃，天明得汗，身热虽退，而胸腹之热不除。日日如是，速则三四候即解，缓则五七候始除。舌苔初则白腻而厚，或满布如积粉，继则由白转黄，甚则转灰转黑，或糙或干，或焦而起刺，或燥而开裂。此为伏暑之实证，多吉少凶。

（二）邪舍于营，外寒激动而发者：一起即寒少热多，日轻夜重，头痛而晕，目赤唇红，面垢齿燥，心烦恶热，躁扰不宁，口干不喜饮，饮即干呕，咽燥如故。肢虽厥冷，而胸腹灼热如焚，脐间动跃，按之震手。男则腰痛如折，先有梦遗，或临病泄精。女则少腹酸痛，带下如注，或经水不应期而骤至。大便多秘，或解而不多，或溏而不爽，肛门如灼，溺短赤涩。剧则手足瘛疭，昏厥不语。或烦则狂言乱语，静则郑声独语。舌色鲜红起刺，别无苔垢，甚则深红起裂，或嫩红而干光。必俟其血分转出气分，苔始渐布薄黄，及上罩薄苔黏腻，或红中起白点，或红中夹黑苔，或红中夹黄黑起刺。此为伏暑之虚证，多凶少吉。

三、诊断

脉象左弦紧，右沉滞，此《内经》所谓“夏伤于暑，秋必痎疟”是也。实则有正疟、类疟之殊，皆暑湿伏邪，至秋后被风寒新邪引动而发也。若左弦数，右弦软，此《内经》所谓“逆夏气则伤心，内舍于营，奉收者少，冬至重病”是也。皆《内经》所论伏暑内发及伏暑晚发之明文也。

四、治法

（一）邪伏膜原而在气分

先以新加木贼煎辛凉微散以解外，外邪从微汗而解，暂觉病退。而半日一日之间，寒虽轻而热忽转重。此蕴伏膜原之暑湿，从中而作，固当辨其所传而药之，尤必辨其暑与湿孰轻孰重。传胃而暑重湿轻者，则用新加白虎汤加连翘、牛蒡辛凉透发，从疹痦而解。传大肠则伏邪依附糟粕，即用枳实导滞汤苦辛通降，从大便而解。解后，暂用蒿芩清胆汤清利三焦，使余邪从小便而解。然每有迟一二日，热复作，苔复黄腻，伏邪层出不穷，往往经屡次缓下，再四清利，而伏邪始尽。邪虽尽而气液两伤，终以竹叶石膏汤去石膏，加西洋参、鲜石斛、鲜茅根、青蔗汁，甘凉清养以善后。传脾而湿重暑轻者，先用大橘皮汤加茵陈、木通，温化淡渗，使湿热从小便而出。然浊热黏腻之伏邪，亦多与肠中糟粕相搏，蒸作极黏腻臭秽之溏酱矢，前方酌加枳实导滞丸、更衣丸等缓下之，必俟宿垢下至五六次，或七八次，而伏邪始尽。邪既尽，而身犹暮热早凉者，阳陷入阴，阴分尚有伏热也。可用清燥养营汤加鳖血、柴胡八分，生鳖甲五钱，青蒿脑钱半，地骨皮五钱，清透阴分郁热，使转出阳分而解。解后，则以七鲜育阴汤滋养阴液，以善后。

（二）邪舍于营而在血分

先与加减葳蕤汤加青蒿脑、粉丹皮，滋阴宣气，使津液外达，微微汗出以解表，继即凉血清营以透邪，轻则导赤清心汤，重则犀地清络饮，二方随症加减。若已痉厥并发者，速与犀羚三汁饮清火息风，开窍透络，定其痉以清神识。若神识虽清，而夜热间有谵语，舌红渐布黄腻，包络痰热未净者，宜清肃，玳瑁郁金汤去紫金片，加万氏牛黄丸二颗，药汁调下。如口燥咽干，舌干绛而起裂，热劫液枯者，宜清滋，清燥养营汤去新会皮，加鲜石斛、熟地露、甘蔗汁。心动而悸，脉见结代，舌淡红而干光，血枯气怯者，宜双补，复脉汤加减。冲气上逆，或呃或厥，或顿咳气促，舌胖嫩圆大，阴竭而厥者，宜滋潜，坎气潜龙汤主之。亦有凉泻太过，其人面白唇淡，肢厥便泄，气促自汗，脉沉细或沉微，舌淡红而无苔，气脱阳亡者，宜温补，附子理中汤加原麦冬、五味子救之。

五、参考资料

伏暑即恶性疟疾，本病分为三型：（一）规则的间歇热型，与间日疟、三日疟相似，不过寒微热长，且热度下降很慢。（二）不规则热型，少有寒战，发热期很长，可能变为稽留热，也可能下降一次，随即又发热，发热的周期不规则，间歇时病状只能减轻，并不消除，发热时常有呕吐、谵妄、虚脱等症。（三）恶性型，本型又可分为昏迷型疟疾、黄疸性弛张热、寒冷型疟疾。伏暑状如疟疾，寒热模糊，或但热不寒，热甚于夜，夜多谵语，天明得汗，身热虽退，而胸腹之热不除，日日如是，速则三四候即解，缓则五七候始除。上列症状，与西医书中之恶性疟，两两印证，可知即是一病。此病治法。据何廷槐、金溱波之经验，谓“高热稽留之恶性疟，经数日后，常见舌绛津干，或舌焦津干之症状。这时单用西药，无论奎宁、阿的平或扑疟母星内服注射，均鲜效验，只有用温热家法，大剂增液，加味迭进，始能挽狂澜于既倒。在经验上，一般治疟药剂，实西胜于中，但遇此症，则中法实有采用的价值”。又如江西萧俊逸对恶性疟之治法：“当高热持续，脉搏弦数洪大之际，当用解疟清脑剂，以白虎汤合小柴胡汤去参、草、姜、枣，加常山、草果、连翘、桑叶、钩藤，若高热神昏，脉细弦数，或洪大而不任按，当用强心解热清脑剂，前方勿去人参，并加紫雪丹。准此疗法，治愈本病甚多。”（以上载《华西医药杂志》）

我意邪伏膜原之实证，除投治法一节中所述各方外，可配合截疟剂，借以增加疗效。《中国药学大辞典》引录治寒热疟疾方：“用信砒二两（研粉），寒水石三两（别捣末），生铁铫一个，铺石末后铺砒在上，又以石末盖之，厚盏复定，醋糊纸条，密封十余重，炭火一斤煅之，待纸条黑时，取出候冷，刮盏上砒末，乳细，粟米饭丸，绿豆大，辰砂为衣，每用三四丸，小儿一二丸，发日早以腊茶清下，一日不得食吐物。”

按：本方以寒水石之辛寒（寒水石泻热利水，《别录》云：除时气热甚），配合信石，意在解热毒，使有截疟之效，无灼阴之弊。惟砒为毒药，倘制不如法，或用量稍差，即可发生中毒症状。为慎重计，不如用《本事》治疟方（方见第四章十将平痎汤按语），以十倍分量之绿豆，配合人言一钱，意在制其毒性（绿豆甘寒清热，解砒毒）。又近人萧叔轩试用方：“恶性疟用雄黄，每次一分，日服三次，饭后服。连服四日，停二日，再连服三日，迭经验效。”雄黄为三硫化砒，其作用与砒同，但内服较少刺激，李时珍云：“治疟疾寒热，伏暑泄痢。”恶性疟与阿米巴赤痢之病原体均为原虫，砒有扑灭原虫之作用，故此等方用于疟痢，无论单用或配合用之，常有显效。

六、处方

新加木贼煎　见二百零八页。

新加白虎汤　见一百八十一页。

枳实导滞汤　见一百八十五页。

蒿芩清胆汤　见二百零七页。

竹叶石膏汤　见二百三十页。

大橘皮汤　见二百一十三页。

更衣丸　见二百三十三页。

清燥养营汤　见二百一十四页。

七鲜育阴汤　鲜生地五钱，鲜石斛四钱，鲜茅根五钱，鲜稻穗二支，鲜鸦梨、鲜蔗汁各两瓢（冲），鲜枇杷叶（去毛，炒）三钱。

按：生地、石斛育肾阴，梨汁、蔗汁滋胃液，枇杷叶、稻穗和胃降火，茅根除热利尿，本方于育阴养液之中，仍寓清热之品，温病家所谓清养者是也。

加味葳蕤汤 见二百零七页。

导赤清心汤 见二百二十一页。

犀地清络饮 见二百一十九页。

犀羚三汁饮 见二百二十页。

玳瑁郁金汤 见二百一十八页。

万氏牛黄清心丸 牛黄二分五厘，川连五钱，黄芩二钱五分，生山栀三钱，郁金一钱，辰砂一钱五分。共研细末，腊雪水调神曲糊为丸，每丸糊丸四分五厘。

按：牛黄清心利痰，止惊通窍；芩、连、栀子苦寒泻热；郁金凉心散郁；辰砂镇心定惊。合为清心宣窍，利痰定惊之复方，用于温病邪传心包。

清燥养营汤 见二百一十四页。

复脉汤 见二百一十六页。

坎气潜龙汤 见二百二十六页。

附子理中汤 见一百八十页。

第十四章 冬 温

一、病因

初冬晴暖，气候温燥，故俗称十月为小阳春，吸受其气，首先犯肺，复感冷风而发者。

二、症状

初起头痛身热，鼻塞流涕，咳嗽气逆，咽干痰结。始虽怕风恶寒，继即不恶寒而恶热，心烦口渴，甚或齿疼喉痛，胸闷胁疼。舌苔先白后黄，边尖渐红，望之似润，扪之戟手。

三、诊断

右脉浮滑而数，左脉浮弦微紧者，张石顽所谓先受冬温，更加严寒外遏，世俗通称寒包火是也。

四、治法

先与葱豉桔梗汤加瓜蒌皮三钱，川贝母三钱，辛凉宣肺以解表。表解寒除，胁痛咳血者，桑丹泻白汤加地锦五钱，竹沥、梨汁各两瓢（冲），泻火清金以保肺。喉痛齿疼者，竹叶石膏汤去半夏，加制月石五分，青箬叶五钱，大青叶五钱，元参四钱，外吹冰硼散，辛甘咸润以肃清肺胃。终与七鲜育阴汤，滋养津液以善后。

五、参考资料

何廉臣云："前哲皆谓冬月多正伤寒证。以予历验，亦不尽然，最多冬温兼寒，即客寒包火，首先犯肺之症。轻则桑菊饮加蜜炙麻黄七分，瓜蒌皮三钱，或桑杏清肺汤加鲜葱白三枚，淡香豉三钱；重则麻杏石甘汤、越脾加半夏汤，随症加味。从合信氏冬多肺炎看法，大旨以辛凉开肺为主。若膏粱体阴虚多火，温燥伤肺，轻者患风火喉症，吴氏普济消毒饮加减，辛凉轻清以解毒，外吹冰硼散；重者患烂白喉症，养阴清肺汤加制月石八分，鸡子白二枚，辛凉甘润以防腐，外吹烂喉锡类散，亦皆治肺以清喉之法。”

按：白喉可分三种，即咽部白喉、喉部白喉、鼻部白喉。咽部白喉之局部症状为扁桃腺悬雍垂肿大，上覆灰白色薄膜，边缘整齐，假膜不易撕落，强撕之有微血，后假膜增厚，色转暗，并蔓延于软腭部。体温约为 39.5℃，脉数不与体温相称。此种单纯型之咽部白喉，以养阴清肺汤大剂急投，亦可有效。若咽部白喉续发喉部白喉，或鼻咽二部俱发白喉，则病势严重，恐非一纸汤方所能救治，我意以用白喉血清为妥。又急性扁桃腺炎亦发于冬季，其局部症状，扁桃腺肿大，上覆豆腐皮样之假膜，此膜容易撕去，撕后不出血，悬雍垂、咽后壁均红肿，颈淋巴腺亦肿痛，我意养阴清肺汤用于此证，最为适合。

六、处方

葱豉桔梗汤　见一百八十一页。

桑丹泻白汤　见二百二十二页。

竹叶石膏汤　见二百三十页。

冰硼散（《外科正宗方》）　冰片五分，硼砂、玄明粉各五钱，朱砂六分。研为极细末，治咽喉口齿肿毒碎烂，外吹有清火解毒利咽之功。

按：余前任职西南卫生部中医科，有重庆某喉科医生贡献吹喉秘方，方为生蒲黄、天竺黄、雄黄各四钱，青黛八钱，朱砂、熊胆、麝香各二钱，牛黄一钱，梅花冰片六钱。研细备用。此方有消炎退肿，解毒利痰之作用，配合汤剂用之，确能减轻炎症，无论白喉、急性扁桃腺炎、奋森氏咽峡炎、咽炎、口腔炎等均适用之。

七鲜育阴汤 见二百五十二页。

桑菊饮 见一百七十一页。

桑杏清肺汤 桑叶、瓜蒌皮、蜜炙枇杷叶各三钱，杏仁、川贝、炒牛蒡各二钱，杜兜铃、桔梗各一钱。

麻杏石甘汤 药即汤见。

越脾加半夏汤 麻黄钱半，石膏六钱，生姜三大片，甘草一钱，大枣四个，半夏四钱。

加减吴氏普济消毒饮 薄荷一钱，银花、连翘、牛蒡各二钱，鲜大青、瓜蒌皮、川贝、青箬叶各三钱，玄参三钱，金锁匙八分，金线重楼（磨汁）四匙（冲）。先用生莱菔二两，生橄榄二枚，煎汤代水。

按：此为何廉臣就《温病条辨》普济消毒饮去升柴芩连方加减之方，方中金线重楼即金线钓虾蟆，性苦凉，功能吐痰涎，散肿毒。金锁匙即荷包草，性微寒，功能清五脏，点热眼，止吐血，洗痔疮，未言可疗喉病。箬叶性甘寒，利肺气喉痹。大青性微苦咸，大寒，泻心胃热毒，治喉痹。我意金线重楼、金锁匙二味，在西南地区恐不易致，不如改为山豆根四钱，马勃四分为妥。两方对比，何氏方偏于清凉，少辛散之品，但消炎之力大于吴氏方。

养阴清肺汤（宋验方①） 鲜生地一两，元参八钱，麦冬六钱，川贝、白芍、丹皮各四钱，薄荷三钱，甘草二钱。

锡类散（《金匮翼》） 象牙屑（焙）、珍珠各三分，飞青黛

① 宋验方：养阴清肺汤系清代郑梅涧《重楼玉钥》方。

六分，梅花冰片三厘，壁钱（用泥壁上者）三十个，西牛黄、人指甲各五厘。研极细粉，密装瓷瓶内，勿使泄气。专治烂喉时证及乳蛾牙疳，口舌腐烂。凡属外淫为患，诸药不效者，吹入患处，濒危可活。《金匮翼》云："张瑞符传此救人而得子，故余名之曰锡类散，攻效甚著，不能殚述。"

按：以吹药治疗咽头悬雍垂、上腭、口腔等处炎症，可直接消炎退肿，化腐生肌，奏效自比汤剂迅速。如局部炎症较重，兼有全身症状者，仍须配合汤剂。本方为喉科吹药名方，依法监制，功效可靠。

复习思考题

1. 膜原温病，初用葱豉桔梗汤（辛凉发表法）；手少阴温病，初用七味葱白汤（辛凉甘润法）。二证选方用药，同中有异，其故安在？

2. 厥阴病手足瘛疭，有属虚属实之异，二者之症状、治法如何？

3. 湿温初、中、末三期（初期湿重热轻，中期热重湿轻，末期现危笃症状）之治法如何？

4. 先受暑湿，后感新凉，其症状及治法如何？

5. 治暑疟主要用何方剂？

6. 烂白喉证，何廉臣主张用养阴清肺汤，你的意见怎样？

7. 热病兼暑之治法，初用清暑泄热法，次用清热保津法，终用育阴潜阳法，以上三法，宜选用何药？

附翼　病案举例

书籍记载之症状与治疗多为“常”，临床所见之症状与治疗恒为“变”，医必知常通变，乃能收“一剂知，二剂已”之显效。医案所记，示人以变；盖感染之病毒有轻重，人身之抵抗力有强弱，病中常有并发症（如猩红热的并发症为副鼻窦炎、中耳炎、肾炎、心肌炎；流行性感冒的并发症为鼻窦炎、中耳炎、化脓性支气管炎、支气管扩张、肺炎；腮腺炎的并发症为睾丸炎），病人常有慢性病（如贫血、神经衰弱、胃病、心脏病、哮喘等），发病条件，人各不同，因此临床症状，常非正规的，而是杂乱的。临床症状既与书中所述者有出入，则书中所列方剂，用于临床，自有加减之必要。初学对此，恒未能措置裕如者，缺少临床经验之故也。古人医案（今称病历）所记，对疾病之认识，方剂之活用，预后之断定等，均有明确之指导。凝神细览，不啻随师临病。故古人医案，对初临床医师，有甚大之作用，不但增加其治疗经验，并可提高其技术水平也。温病医案，当推叶天士《临证指南》，王孟英《回春录》《仁术志》《归砚录》，其中有关温病各案为首选。何廉臣《全国名医验案类编》，亦极有价值。本编选案不多，读者可观摩上列各书。

大头瘟以补剂治验

故友丁汉奇兄，素嗜酒，十二月初，醉中夜行二里许，次日咳嗽，身微热，两目肿，自用羌、芷、芎、芩等药，颐皆肿，又进一剂，肿至喉肩胸膛，咳声频而不爽，气息微急，喉有痰声，其肿如匏，按之热痛，目赤如血，而便泄足冷。六脉细数，右手尤细软，略一重按即无。有用普济消毒饮子者，余疑其脉之虚，恐非芩、连、升麻所宜。劝邀沈尧封先生诊之，曰："此虚阳上攻，断勿作大头天行治。"病者曰："内子归宁，绝欲两月矣，何虚之有?"沈曰："唇上黑痕一条，如干蕉状，舌白如敷粉，舌尖亦白不赤，乃虚寒之确据。况泄泻足冷，右脉濡微，断非风火之象。若有风火，必现痞闷烦热，燥渴不安。岂有外肿如此，而内里安贴如平人乎?"遂用菟丝、枸杞、牛膝、茯苓、益智、龙骨，一剂而肿定，二剂而肿渐退，右脉稍起，唇上黑痕亦退。但舌仍白厚，伸舌即战掉，手亦微震。乃用六君加沉香，而肿大退，目赤亦减，咳缓痰稀，舌上白苔去大半矣。又次日再诊，右脉应指不微细，重按仍觉空豁，肝气时动，两颧常赤，口反微渴，复用参、苓、杞、芍、橘红、龙骨、沙蒺，补元益肾敛汗而全愈(《古今医案按》卷二瘟疫附案)。

俞东扶按：此条用药稳而巧，人所难及，若犯桂、附，或杂地黄，即不能恰合病情矣。

按：此条，颐肿延及喉肩胸膛，咳嗽不爽，喉有痰声，肿处按之热痛，此种症状，固明显易见之上焦风火也。但六脉细数，右手重按即无，唇上黑痕如干焦，舌白如敷粉，舌尖亦白不赤，则非三焦热炽；再合之足冷泄泻，又无痞闷烦热干渴之象，可见病虽实火，体则虚寒，必先治其虚寒之体质，才能增强抵抗力，战胜病毒。故尧封首方，以温润之品，速补肾阴，次方培脾疏气，三方补气益肾，要皆急亟培补体质，所谓扶正以驱邪也。

表寒里热治验

缪仲淳治一仆受寒发热，头痛如裂，两目俱痛，浑身骨节痛，下部尤甚，痛如刀割，不可忍，口渴甚，大便日去一次，胸膈饱胀，不得眠，已待毙矣。仲淳曰："此太阳阳明病也，贫人素多作劳，故下体疼痛尤甚。"以石膏一两五钱，麦冬八钱，知母、葛根各三钱，竹叶一百片，解阳明之热。羌活二钱五分，去太阳之邪。大瓜蒌实半个，枳、桔各一钱，疏利胸膈之留邪，四剂而愈。(《古今医案按》)

按：头痛恶寒身痛，为邪在肌表，亦即伤寒家所谓太阳病也。发热口渴目痛，为里热，亦即伤寒家所谓阳明病也。仲淳以石膏、知母、竹叶、葛根清透里热，羌活散风止痛，麦冬生津止渴，瓜蒌、枳、桔除胸膈胀满。是以伤寒派的辨证用药法，断为太阳阳明合病，投以表里双解之剂。若以温病派治之，用药虽未能悉同，但解表清里之大旨，固丝毫无异也。

内热外寒治验

西乡吴某，偶患暑温，半月余矣。前医认证无差，惜乎过用寒剂[①]，非但邪不能透，而反深陷于里，竟致身热如火，四末如冰。复邀其诊，乃云热厥，仍照旧方，添入膏、知、犀角等药，服之益剧，始来就治于丰。诊其左右之脉，举按不应指，沉取则滑数。丰曰："邪已深陷于里。"其兄曰："此何证也？"曰："暑温证也。"曰："前医亦云是证，治之乏效，何也？"曰："暑温减暑热一等，盖暑温之热缓，缠绵而愈迟，暑热之势暴，凉之而愈

① 过用寒剂：原为"过用寒帖"，《时病论》作"寒剂"，据改。

速。前医小题大做，不用清透之方，恣用大寒之药，致气机得寒益闭，暑温之邪，陷而不透。非其认症不明，实系寒凉过度。刻下厥冷过于肘膝，舌苔灰黑而腻，倘或痰声一起，即有仓扁之巧，亦莫如何。明知症属暑温，不宜热药，今被寒凉所压[1]，寒气在外在上，而暑气在里在下，暂当以热药破其寒凉，非治病也，乃治药也。得能手足转温，仍当清凉养阴以收功。”遂用大顺散加附子、老蔻，服一帖，手足渐转为温，继服之，舌苔乃化为燥，通身大热。此寒气化也，暑气出也，当变其法，乃用清凉透邪法，去淡豉，加细生地、麦冬、蝉衣、荷叶，一日连服二帖，周身出汗，而热始退尽矣。后拟之法，皆养肺胃之阴，调理匝月而愈。(《时病论》卷四临症治案)

按：大顺散为干姜、桂、杏仁、甘草。清凉透邪法见温病胃实治验。吴某之病，为身热如火，四肢冷过肘膝，脉象沉取滑数，舌苔灰黑而腻。如不细细分析，必曰：“热深，厥深。”但舌苔黑而不燥，四肢冷过肘膝，与热深厥深有间，乃寒湿留滞太阴。故一进桂、附、姜、蔻，苔即变燥，四肢转温。次方用竹叶、石膏、连翘、芦根、生地、麦冬、蝉衣、荷叶等味，清凉透热，甘寒养阴，则治其本来之暑温矣。

温病胃虚治验

海昌张某，于暮春之初，突然壮热而渴，曾延医治，胥未中机。邀丰诊之。脉驶而躁，舌黑而焦，述服柴葛解肌及银翘散，毫无应验。推其脉证，温病显然。今热势炎炎，津液被劫，神识模糊，似有逆传之局。急用石膏、知母以去其热，麦冬、鲜斛以

① 今被寒凉所压：原作“今被寒凉所遏”，据《时病论》改。

保其津，连翘、竹叶以清其心，甘草、粳米以调其中，服之虽有微汗，然其体热未衰，神识略清，舌苔稍润，无如又加呃逆，脉转来盛去衰。斯温邪未清，胃气又虚竭矣。照前方增入东洋参、刀豆壳，服后似不龃龉，遍体微微有汗，热势渐轻，呃逆亦疏，脉亦稍缓，继以原法服一煎，诸恙遂退，后用《金匮》麦门冬汤调理匝月而安。(《时病论》卷一临症治案)

按：雷氏所处之方，首为白虎汤加麦冬、石斛、连翘、竹叶，清热保津，为温病邪入阳明之正法。如神昏谵语，尚须配合万氏牛黄清心丸，方收伟效。次方增入洋参、刀豆，系人参白虎汤加麦冬、石斛、连翘、竹叶、刀豆，于清热保津之外，参以培气止呃。终用麦门冬汤养胃阴，降逆气，乃温病瘥后调理之良药也。

温病胃实治验

山阴沈某，发热经旬，口渴喜冷，脉来洪大之象，舌苔黄燥而焦。丰曰："此温病也，由伏气自内而出，宜用清凉透邪法，去淡豉、绿豆衣、竹叶，加杏仁、蒌壳、花粉、甘草治之。服一剂，未中肯綮，更加谵语神昏，脉转实大有力，此温邪炽盛，胃有燥矢昭然，改用润下救津法，加杏霜、枳壳治之。午前服下，至薄暮腹内微疼，先得矢气数下，交子夜始得更衣，有坚燥黑矢十数枚。继下溏粪，色如败酱，臭不可近。少顷，遂熟寐矣，鼾声如昔，肤热渐平，至次日辰牌方醒。醒来腹内觉饥，啜薄粥一碗。复脉转为小软，舌苔已化，津液亦生。丰曰："病全愈矣，当进清养胃阴之药。"服数剂，精神日复。(《时病论》卷一临症治案)

按：雷氏自定清凉透邪法：鲜芦根五钱，石膏六钱，连翘三钱，竹叶钱半，淡豆豉三钱，绿豆衣三钱。润下救津法：熟大黄四钱，元明粉二钱，粉甘草八分，元参三钱，麦冬四钱，生地五钱。初诊身热口渴，脉洪，用石膏、连翘、花粉等清热药，自属药证相符。但舌苔黄燥而焦，已是下证，此际似宜配合更衣丸推动燥矢。次诊以小承气合增液汤，治谵语脉实大，则有胆有识，可为初学师法。

湿温用紫雪治验

夏姓少年，年十七，三房合一子，入余服务之某医院留治。时热作阶梯式，与柴葛解肌芳香化浊，苦寒燥湿及清热药，热度仍上升，渐神昏谵语。惟病势虽渐重，尚无心脏衰弱等恶状。日进芩、连、知、膏、生地、玄参、川朴等药，兼投紫雪丹。紫雪丹每剂一钱，时医用率四五分，无此巨量也。投紫雪丹后，神识渐清。出入四五日，神识遂清。以大便久闭，日服竹沥二杯，大便下，热度渐退，调理而愈。（谢诵穆《湿温论治》湿温治案回忆录）

按：柴葛解肌汤为柴胡、葛根、羌活、白芷、黄芩、芍药、桔梗、甘草、石膏。文中所云之“芳香化浊药”，该书药选所推荐者，有苏梗、苍术、砂蔻仁、广皮、佛手、荷梗、厚朴、青皮、半夏、半夏曲、枳壳实、大腹皮、山楂、莱菔英诸药。文中所云之清热药，药选所推荐者，有知、膏、芩、连、栀子、花粉、白芍、白薇诸药。

夏姓少年之病，用柴葛解肌及芳香苦寒之剂，均不能退热，一投紫雪配合煎剂，即神识渐清，热度渐退。由此可知，紫雪用于湿温证之热壮神昏者，确有显著之效（该书作者谢诵穆曾就其经验，在卷末作出总结十条，其中第三条云：徐灵胎谓“紫雪能清邪火毒火”，成绩尚佳）。至其配合紫雪之煎方，以芩、连、知、膏撤热，参、地滋阴，稍佐川、朴以疏阴药之滞，亦佳方也。又用竹沥通便（竹沥为油类下药），颇有巧思。

伏气温病战汗而解

病者：袁尧宽君，忘其年，住本镇广安祥糖栈内。

病因：庚辰四月，患温病，初由章绶卿君诊治，服药数剂，病未大减。嗣章君往江北放账，转荐余治。

证候：壮热谵语，见人则笑，口渴溺赤，体胖多湿，每日只能进薄粥汤少许。

诊断：脉息滑数，右部尤甚，舌苔薄黄而干燥无津，盖温病也。热邪蕴伏日久，蓄之久而发之暴，故病情危重若是。

疗法：当以解热为主，而佐以豁痰润燥。方用三黄石膏汤合小陷胸汤加减。

处方：青子芩二钱，焦栀子三钱，川贝母三钱，全青蒿二钱，小川连一钱，生石膏一两（研细），梨汁一两（冲），细芽茶一撮，川柏一钱，瓜蒌仁四钱（杵），青连翘三钱。

次诊：接服二日，热未大退，至第三剂后，乃作战汗而解，但余热未清，复以前方去石膏、芩、连、瓜蒌等品。

次方：焦栀子三钱，全青蒿三钱，雅梨汁一两，生苡仁三钱，生川柏一钱，川贝母三钱，细芽茶一撮，飞滑石六钱（包煎），青连翘三钱，大花粉三钱，北沙参三钱，活水芦根二两。

效果：连服数剂，清化余邪，热清胃健而瘥。

说明：凡温病之解，多从战汗，刘河间、吴又可发之于前，叶天士、王九峰畅之于后。证以余所经历，洵精确不易之学说也。盖前人于此，皆从经验中得来，惟必俟服药多剂，始能奏功。而作汗之时，必先战栗，其状可骇。医家当此，何可无定识

定力耶?(《全国名医验案类编》袁桂生治验)

何廉臣按:“伏气温病，其邪始终在气分流连者，多从战汗而解。若在血分盘踞者，或从疹斑而解，或从疮疡而解。惟将欲战汗之时，其人或四肢厥冷，或爪甲青紫，脉象忽然双伏，或单伏。此时非但病家徬徨，即医家每为病所欺，无所措手矣。且汗解之后，胃气空虚，当肤冷一昼夜，待气还，自温暖如常矣。盖战汗而解，邪退正虚，阳从汗泄，故肤渐冷，未必即成脱症。此时宜令病者安舒静卧，以养阳气来复，旁人切勿惊惶，频频呼唤，扰其元神，使其烦躁。但诊其脉，若虚软和缓，虽倦卧不语，汗出肤冷，却非脱症。若脉急疾，躁扰不卧，肤冷汗出，便为气脱之症矣。故医必几经阅历，乃有定见于平时，始有定识于俄顷。此案大剂清解，竟得热达腠开，邪从战汗而解，尚属温病之实症。若病久胃虚，不能送邪外达，必须补托，而伏邪始从战汗而出者，亦不可不知。昔王九峰治一人，年及中衰，体素羸弱，始得病，不恶寒，惟发热而渴，溲赤不寐。发表消导，汗不出，热不退，延至四十余日，形容枯消，肢体振掉，苔色灰黑，前后大解共三十次，酱黑色，逐次渐淡，至于黄，溲亦浑黄不赤。昼夜进数十粒薄粥四五次，夜来倏寐倏醒，力不能转侧，言不足以听，脉微数，按之不鼓。用扶阴敛气，辅正驱邪法，以生地、人参、麦冬、五味、当归、茯神、枣仁、远志、芦根为剂，服后竟得战汗，寒战逾时，厥回身热，汗出如浴，从早至暮，寝汗不收，鼻息几无，真元几脱。王乃以前方连进二服，汗出证退，调理而安。”

按：袁尧宽之病，虽见壮热谵语，口渴溺赤。但舌不绛，知非邪陷心包；苔黄不老，无便秘腹痛，亦非阳明腑实。故以黄连解毒，加石膏、连翘、青蒿大队苦寒之剂，直折邪火，佐以蒌、贝、梨汁清热涤痰，三剂而解。王九峰所治之病，从所叙症状观之，已至邪微正虚之境。故以生脉散补气敛气，枣仁、远志、当归、茯神养心壮神，大剂频服，急救危局。但已寝汗不收，鼻息几无，虚脱恐不能免。后竟得生，亦幸事也。

温疟治验

病者：陈御花，年五十岁，农业。

病状：初感秋凉，发热恶寒，数日后忽变痎疟，先热后寒，热多寒少，逐日增剧，已延月余，入夜即发谵语，心神烦躁，口渴引饮，小便短少。

诊断：脉左右手寸关两部俱弦数，尺部反浮大，重按则虚，舌绛津干。此久疟伤阴之症也。《素问·疟论》曰："夏伤于暑，秋必痎疟。"又曰："先热后寒，名曰温疟。"盖由凉风外袭，郁火内发，表里交争，故往来寒热。缠绵日久，正气已虚，其邪已由少阳延及厥阴。热迫心包，故谵语烦躁。热劫真阴，故舌绛津干。此时非大救津液，安能遏其燎原乎？

疗法：喻嘉言曰："治温疟当知壮水以救阴，恐十数发而阴精尽，尽则真火自焚而死。"此论甚中窾要，宜宗其意以治之。故用生地、玄参、麦冬为君，以壮水救阴；地骨、知母、莲子芯为臣，以退少阴之热；羚角、鳖甲为佐，以泄厥阴之热；银胡、青蒿为使，以解少阳之标。

处方：生地黄四钱，元参三钱，原麦冬四钱，地骨皮四钱，知母三钱，生鳖甲三钱，羚角一钱（先煎），银柴胡八分，莲子芯一钱，青蒿八分。上药煎汤，早晚各服一剂。

效果：服药两日而谵语平，三日而寒热止，始终以此方加

减，再服三剂而愈。计共服药八剂，调治一星期而平。（《全国名医验案类编》吴宗熙治验案）

何庭槐按：“高热稽留之恶性疟，经数日后，常见舌绛津干或舌焦津干的症状。这时单用西药，无论奎宁、阿的平或扑疟母星内服、注射，均鲜效果。只有用温热家法大剂增液，加味迭进，始能挽狂澜于即倒……本案说理虽不合科学，惟用药尚合病情。神经症状不剧的，可去羚羊；莲子芯亦毫无用处，可删。”

按：吴宗熙之方，为解疟热，如鳖甲、青蒿、知母、柴胡（宜改北柴胡）、地骨等；养阴液，如生地、元参、麦冬等。恶性疟疾见舌绛津干，脉象弦数，尺部浮大，心烦口渴诸症者，殊觉对症。惟夜发谵语，似应配合紫雪用之，更有捷效。羚羊用于四肢抽搐，无此可省。

赤痢治验

病者：汪栽之，年四十，徽州人，寓苏城。

病因：夏秋暑热，留于肠胃，得油腻积滞，或瓜果生冷，酝酿遏抑而成。

证候：发热一二日，口渴腹痛，由泻转痢，里急后重，澼澼不爽，滞下赤多白少，脓血相杂。

诊断：初病发热，脉弦苔黄，必有暑热。下痢赤白脓血，肠中必有溃疡。赤白多而粪少，腹痛者，肠中疮溃，脓血由渐而下。故必里急后重，极力努挣，其滞方下少许也。其病类多发于夏秋，乃大小肠内皮疮溃症也。

疗法：须与排脓逐瘀之剂，非徒关乎食积也。予观仲景《金匮》治肠痈用大黄牡丹汤，因得治痢之法。以凡属赤白下痢，皆系大小肠内皮生疮已溃之症。盖白而腻者为脓，赤而腻者为血，脓血齐下，其疮已溃可知，非排脓逐瘀，不足以去肠间之蕴毒。故余治赤白痢，以大黄、丹皮、赤芍、楂炭排脓逐瘀为主，以黄连、木香、槟榔、枳实疏利降泄为佐。表热者，加苏梗、藿香之类；湿重者，加川朴、苍术之类；挟食者，加莱菔、六曲之类；痛甚者，加乌药、乳香之类。随宜配用，其效颇速。余观昔人治痢验方，有用当归、枳壳二味者，治痢用血药，即此意也。

处方：制大黄三钱，川黄连七分，小枳实钱半，大腹绒钱半，丹皮炭三钱，煨木香钱半，佩兰叶三钱，赤苓三钱，赤芍炭三钱，槟榔钱半，苏梗钱半，山楂炭四钱，牛膝炭三钱，焦六曲三钱。

方中制大黄，俟脓血积滞畅下后，腹痛止，赤白净，然后改用实脾利水生肌等药收功。

次方：真於术三钱，制半夏三钱，生甘草五分，炒苡仁三钱，怀山药三钱，广陈皮一钱，粉泽泻三钱，红枣肉一枚，扁豆衣三钱，浙茯苓三钱，稽豆衣三钱。

效果：前方一二剂得畅下，腹痛止，赤白净，续进后方二三剂而愈。治夏秋赤白痢，用此法其效颇速，并无久延不愈，或成休息痢者。(《全国名医验案类编》钱苏斋治验案)

何廉臣按：“学说参诸西医，处方仍选中药，从《金匮》大黄牡丹皮汤治肠痈借证肠澼之便脓血，灵机妙悟，独得新诠。为中医学别开生面，真仲景之功臣也。”

按：菌性赤痢肠部的病理变化，即肠黏膜的炎症性变化，初为肠壁红肿，继则黏膜细胞坏死而膨大，形成伪膜，终于肠壁表面之伪膜脱落，成为溃疡。虫性赤痢的肠部变化，不在肠壁表面，而在黏膜下组织。被侵犯之组织，发生小脓肿，脓肿破坏，成为小溃疡，各个小溃疡融成一片，发生组织坏死性出血。钱氏鉴于二种赤痢之肠部变化，均为溃疡，故以大黄、黄连、丹皮、赤芍消炎退肿之品为主，辅以木香、槟榔、枳实之疏气导滞，藿朴、楂曲之燥湿消积，乌药、乳香之善止腹痛，不但见解正确，且此类药品，均为现代临床家惯用之治痢方。钱氏云："夏秋赤白痢，用此法，其效颇速。"洵非虚言。惟本案两方，列药太多，反嫌杂乱，我意大有精简之必要。又桃仁行血润肠，为大黄牡丹汤要药，用于赤痢，亦觉合宜，不知钱氏何故去之，我意仍须加入。

温毒喉痧治验

病者：夏君，年二十余，扬州人，住美租界陈大弄。

病因：患时疫喉痧五天，丹痧虽已密布，独头面、鼻部俱无，俗云"白鼻痧"，最为凶险。曾服过疏解药数帖，病势转重。

证候：壮热如焚，烦躁谵语，起坐狂妄，如见鬼状，咽喉内外关均已腐烂，滴水难咽，唇焦齿燥。

诊断：脉实大而数，舌深红。余曰："此疫邪化火，胃热熏蒸心包，逼乱神明，非鬼祟也。"

疗法：头面、鼻部痧虽不显，然非升、葛等但用升散可治。急投犀角地黄汤解血毒以清营，白虎汤泄胃热以生津，二方为君，佐以硝、黄之咸苦达下，釜底抽薪。

处方：黑犀角六分（磨汁冲），丹皮二钱，白知母四钱，鲜生地一两，风化硝三钱（分冲），生甘草六分，赤芍二钱，生石膏一两（研细），生锦纹四钱。

效果：服后数时得大便，即能安睡。次日去硝黄，照原方加金汁竹油珠黄散，服数剂，即热退神清，咽喉腐烂亦去，不数日而神爽矣。

何廉臣按："同一喉痧，有时喉痧、疫喉痧之别。无传染性者为时喉痧，因于风温者最多，暑风及秋燥亦间有之。其症候虽红肿且痛，而不腐烂，痧虽发而不兼丹。有传染性者为疫喉痧，因于风毒者多，因于温毒者亦不鲜。其症喉关腐烂而不甚痛，一起即丹痧并发，丹则成片，痧则成粒。丁君自制解肌透痧汤，为治风毒喉痧之正方，凉营清气汤为治温毒喉痧之主方。各有攸宜，慎毋混用。"

按：猩红热之主要症状，为高热、周身红疹、咽头发蔓延性赤肿，故中医称为烂喉丹痧。本病之红疹，不发于口唇及两颐，又舌如杨梅（覆盆子舌），又疹后落屑呈片状膜状，手足部所脱之屑，宛如手足之形，此为本病特征。中医对此病之治疗，以清热凉血解毒为主。丁氏用犀角地黄合白虎治气血两燔，佐承气以降火涤肠。邪火肃清，一切症状自潜消于无形。华实孚治本病发疹期方，用犀角、地、丹、石膏清热凉血，银花甘寒解毒，黄连苦寒泻火，连翘消肿排脓，芦根泻热止呕，玄参治阳毒发斑，土贝消痈疽恶毒。全方除清解热毒外，又有消斑疹退炎肿之专长。余以为较丁方尤胜也。

又按：丁氏解肌透痧汤为荆芥、蝉衣、葛根、牛蒡、桔梗、前胡、豆豉、浮萍、僵蚕、连翘、竹茹、马勃、射干、甘草等十四味，用于痧麻初起，咽喉肿痛。丁氏凉营清气汤为犀角、丹皮、生地、赤芍、石膏、竹叶、焦栀、连翘、元参、石斛、芦根、茅根、薄荷、川连、甘草等十五味，用于痧麻虽布，壮热渴饮，谵语妄言，咽喉肿痛腐烂，脉洪数，舌红绛或黑糙无津。

本书引用书目

《温病条辨》 吴瑭
《温热经纬》 王孟英
《时病论》 雷丰
《通俗伤寒论》 俞根初
《中西温热串解》 吴锡璜
《河间三六书》 刘守真
《温疫论》 吴有性
《广温热论》 戴天章
《湿温时疫治疗法》 绍兴医学会
《温病论衡》 谢诵穆
《温热辨惑》 章巨膺
《温热标准捷效附篇》 聂云台
《治伤寒痢疾肠炎捷效药》 聂云台
《古今医案按》 俞东扶
《名医验案类编》 何廉臣
《本草备要》 汪昂
《衷中参西录》 张锡纯
《中医杂志》一九五五年五月号 北京中医学会
《中国药学大辞典》 陈存仁

中国小儿传染病学

张右孚 合编
任应秋 沈仲圭

任　序

这本书，原不是我的东西，然而却经过我的消化和整理。

在沈仲圭和张右孚同志编写这书的初稿时，我曾经和他们漫谈过编写的某些枝节问题，但说不上是交换意见。他们的初稿完成了，当时我参加了川东卫生厅的工作，沈仲圭同志把稿子全部交给我看，要我提出意见，我便粗枝大叶地看了一遍，觉得很可以，简切明白，颇合实用。过几天，再看一遍，我便向沈同志提出了下列意见：

（一）研究传染病，少不了一件最重要的预防消毒工作，初稿对于这一部门，颇有些“贫血”现象。

（二）中医治病，一般只谈治疗，不管护理，这是很大的缺点。于小儿疾病不加护理，流弊滋大；若是小儿感染了可怕的传染病，更非特别照顾、着意护理不可，原稿不应缺乏这一部分。

（三）一般中医都还没有物理诊断的知识和技能，于每一种传染病如果不抓住它的主要证候、特殊象征，以及足以置疑的现象，是无从进行判断的。因此，关于每一疾病的诊断要点，实有特别提出来的必要。

我这些不成熟的意见，沈仲圭同志完全表示同意，随即要我捉笔把这些意见参加进去，也就是要我和他们合作，当时因为工作的时间太够忙了，手边又没有很好的参考材料，也就把这份稿子搁置起来。本年因为工作调动了，回到了我的老家——江津，沈仲圭同志一再函促至急，要我早些时间完成这个工作，这时适逢我的《脉学批判十讲》一稿，正待杀青，仍然没有动起手来。直到三月的国际劳动妇女节日，我住在深巷斗室里，“我们为着下一代做好保健工作而奋斗”的呼声，此起彼落地从小小的纸窗里传播进来。这时我的脑子里突然产生了一个富于刺激的责问：“你为什么老是把这一件保护下一代的工作而搁置不管呢?”对的，对的，便马上提起笔来。

经过半个多月的努力，重行把这份稿子仔细地“消化”一遍，并先把凡例写好，决定了我着手整理的方向，将以上几个意见参入外，于每种疾病都从经典上略加考订，藉以引起中医们逐渐对中国医学予以正确批判的兴趣；同时把原稿的“概述”，扩大了十分之八，改成了现在的“概论”形式。末尾也添上“免疫制剂要义”一章，使一般中医都渐次能够运用这些现代化的预防武器！

《千金方》说：“六岁以下，经所不载，所以乳下婴儿有病难治者，皆为无所承据也。”我于儿科，可说是毫无承据，而沈仲圭同志于我属望甚殷，责成至切，因此，我虽生活于忧患之中，仍勉力以赴，得以完成，这也可说是我给下一代尽到了一份责任吧！

任应秋

1952年3月于川东江津

沈　序

张君右孚，成都人，行医于渝，解放后专治虚弱证，诊余之暇，欲对小儿病加以研究，由张觉人兄介绍，问学于余。张君广购儿科典籍，阅读后继以笔述，将小儿传染病二十五证，一一述其病原、症状、并发症、诊断、预后、预防诸项，其治疗方剂一项，由余选定效方，方后作简单之解释，四阅月而蒇事。余阅其书，颇觉简明，可供一般中医初步进修之用。例如，百日咳治法颇难，而本书载有简效之方；回归热中医书中无相似之病，本书有新订合理之方剂；疟、痢、猩红热等病，选方尤为周备。中医同志苟能取此书细阅之，对于传染病之认识与治疗，似可增加几许知识也。惟病势急剧死亡堪虞之病，如鼠疫、狂犬病、细菌性痢疾、真性霍乱、脑脊髓膜炎、白喉、破伤风（脐风）等，宜劝导病家或送传染病医院，或另就西医注射特效药品。盖中药性缓，须由口服，于此等危急病之救治，诚不如西药之优胜也。至本书所列处方，大人、小儿并可应用，分量以六七岁小儿为准，小于六七岁及大于六七岁者，可酌量加减，处方来源，未及一一注明，深以为歉。书成日拉杂记之，以为读者告。

沈仲圭

1951年4月时客重庆

凡　例

一、《共同纲领》第四十八条规定："提倡国民体育，推广医药卫生事业，并注意保护母亲、婴儿和儿童的健康。"全国卫生工作总方针，确定以"预防为主"。本书结合以上两项政策，提高一般对小儿传染病之认识，而进一步做好儿童的预防保健工作，保护下一代，建设新中国。

二、本书为切实配合当前全国展开中医进修之桥梁教育运动，完全用科学方法记述各种好发于小儿之传染病。每病记述之体系如次：

①概说（并不标出"概说"题目，仅直书于每病之首）；②病原；③症状；④并发症；⑤诊断要点；⑥护理；⑦预后；⑧预防及消毒；⑨治疗。

三、"概说"中于古代对某病所有之认识，皆做扼要叙述，使读者参互理解，温故知新，逐渐能以科学观点，对中国医学进行批判。

四、在"预防为主"的全国卫生工作总方针号召下，凡我中医均负有协助人民政府首先做好疫情报告之责任。本书特于"诊断要点"中将各病之主要特有症状及疑似症状，足资为诊断者，分别列入，以期虽无物理诊断之技能与设备，而亦克获得比较正确之诊断，做好疫情报告工作。

五、关于疾病之护理，向为中医所忽视。本书为重视儿童健康，提高治疗效能，于各病护理知识，必详为报导。

六、治疗方剂：完全采用中国药物，选方标准，概以经验有效为主，便于广大农村以及边远县区新药缺乏之应用。其用量部分，为便利起见，仍以钱为单位；小数点以上为钱，小数点以下为分。容量有以公撮（西西）计算者，须用量杯（或注射器），方能准确。

七、为帮助中医进修，充实现代预防医学之知识，故于每病之预防及消毒，皆做简要叙述，期其能知能行，但非一般所能为者，概从省略。

八、接种注射：为直接扑灭传染病的主要方法，本书特于末章，将各种免疫制剂之原理及作用、方法等，分别列述，使一般中医均能运用。

九、凡好发于小儿之传染病，本书已包括无遗，足供一般应用。

十、为照顾广大中医界文化水平之高低不一，本书文字，力求简洁明了，不作艰涩语，也无俚俗词。

第一章 概 论

人类生活史上之小儿期，颇类似其他生物之幼苗，其生命基础，异常脆弱，不善培植之，时有夭折之虞也。谚云："百日关和千日关，痘麻关口实难翻。"意为三月（百日）与三岁（千日）之小儿，适应环境之能力极弱，时遭疾病侵胁，颇难养育也。一般习俗，凡小儿经过天花、麻疹等疾患，便以"恭喜"相贺，其意为经过天花、麻疹等凶恶疾病之"痘麻关"，小儿已可无虑，遂其茁壮。

小儿生命基础之所以如此其脆弱，原因有二：①体力增长率大，所需营养较多，而于各种传染病，复缺乏免疫力；②天花、麻疹、结核、百日咳、白喉、伤寒等传染病，皆易于侵胁小儿，天花、麻疹尤甚，一经侵胁，又极易发并发症，而扩大其危险性，此理于古人亦有同样之观察。巢氏《病源》云："小儿始生，肌肤未成，不可暖衣，暖衣则令筋骨缓弱，宜时见风日；若都不见风日，则令肌肤脆软，便易伤损。其饮乳食哺，不能无痰癖，常当节适乳哺，若微不进，仍当将护之，当令多少有常剂，儿稍大，食哺亦当稍增。"衣着过多与缺乏营养，均足以减低其抵抗力。"常见风日"，包括二义：一为多呼吸新鲜空气，强其体力；一为利用日光照射皮下胆脂素，即能产生丁种维生素。又"小儿中客忤候"云："小儿神气软弱，忽有非常之物，或未经识见之人触之，与鬼神气相忤而发病，谓客忤也；亦名中客，又名中人。"所云虽较抽象，而道出疾病经人之媒介，或其他媒介物（非常之物）之传染，而好发于小儿之理则一。《千金要方》云："少小所以有客忤病者，是外人来气息忤，一名中人，是为客忤也。虽是家人，或别房异户，虽其乳母及父母，或从外还，衣服经履鬼神粗恶暴气，或牛马之气，皆为忤也。凡诸乘马行，得马汗气臭，未盥洗易衣装，便向儿边，令儿中马客忤，特重一岁儿也。凡非常人及诸物从外来，亦能惊小儿致病，欲防之法，诸有从外来人，凡有异物入户，当将儿避之，勿令见也（隔离法）。天下有女鸟，名曰姑获，阴气毒化生，喜落毛羽于人庭中，置儿衣中，便令儿作病。天行非节之气，其亦得之，有时行疾疫之年，小儿出腹，但患斑者也。治其时行节度，故如大人法。”所云小儿感染疾病之情况，虽不甚具体，然其亦颇有精义存焉！①小儿感染疾病之机会甚多，应切实注意带菌者之接触传染与隔离，并厉行消毒；②姑获鸟毛羽及马汗气臭，乃其对病原体之初步认识（感性认识），凡此病原体于“天行非节之气，疾疫之年”，愈为威胁小儿之机会。如此认识疾病之唯物辩证精神，若中国医学一直由此发展，能于反覆从实践中提高理论，而不走入玄学歧途，其于今日之成就，当不可以道理计也。

由于数千年来封建思想之压迫，以及反动政府多年统治之结果，中国儿童自小即陷入贫困、失学，与乎非人地被剥削之深渊。一般儿童被牺牲于营养不良、疾病侵胁之下者，不知凡几。据一九四九年上海市婴儿死亡之调查，略如下表：

死亡于急性传染病者，为25.7％，计：

麻疹	10.37％
脑膜炎	4.54％
百日咳	1.94％
白喉	2.16％
天花	6.26％
猩红热	0.43％

死亡于肠胃传染病者，为13.61％，计：

腹泻　　　　　11.02％
赤痢　　　　　2.59％
死亡于呼吸系传染病者，为12.74％，计：
肺炎　　　　　11.02％
结核病　　　　1.72％
死亡于其他传染病者，为25.92％，计：
破伤风　　　　11.66％
其他　　　　　12.10％
先天梅毒　　　2.16％

是知上海市之婴儿死亡于传染病者为77.92％。上海如此，其他中小城市以及广大农村之儿童，营养卫生弗如也，预防治疗弗如也，可以测知一般儿童死亡于传染病率之大也。

新兴勃起之新中国，已于旧社会中解放出来，《共同纲领》第四十八条规定："提倡国民体育，推广卫生医药事业，并注意保护母亲、婴儿和儿童的健康。"而传染病与儿童健康，是互为因果的，威胁小儿之传染病，不可能完全灭绝，惟从事增加儿童营养，保持其健康，斯足以防御之。反之，儿童营养缺乏，身体不健康，适足以造成传染病威胁之机会。巢氏《病源》云："小儿气血衰者，精神亦羸，故尸注因而为病。"良指此也。因此，本书于未分别叙述传染病之前，特先将有关于小儿健康之一般注意事项，胪列于后，亦本于政府"预防为主"之卫生工作总方针，而遵循先哲"上工治未病"之旨欤！

1. 清洁　清洁为防止病原之本，肮脏乃传染病之媒介，儿童之手、脸、衣服，均宜时时洗刷，全身沐浴亦必适当施行，即于冬季，亦未可全付缺如。小儿能于每日入睡以前，都经洗脸、洗手、洗臀部，最为标准，能如此，非仅保持清洁，亦为健康皮肤之道。

2. 卧室　窗户宜常开，虽夜间，非有不得已之原因，决不应关闭。使卧室充分流通新鲜空气，惟不宜太冷，常保持15.5℃之平温。习之稍久，虽5℃左右，亦甚适宜。被盖以爽快轻松为原则，不宜过暖，以训练儿童对寒冷与伤风之抵抗力。巢氏《病源》云："若常藏在帏帐之内，譬如阴地之草木不见风日，软脆不任风寒。"良是。

3. 衣服　以宽大为宜，过小或过紧，均能束缚儿童之运动，甚至阻碍其发育，尤其手足、腿腰各部，务使其丝毫不受拘束，亦不应穿着过厚，而养成"多衣多寒"对寒冷抵抗力不强之恶习，偶尔遭凉，便害"伤风"。巢氏《病源》云："衣暖则令筋骨缓弱，有当薄衣。薄衣之法，当从秋习之，不可以春、夏卒减其衣，则令中风寒；从秋习之，以渐稍寒，如此则必耐寒，冬月但当着两薄襦、一复裳耳。非不忍见其寒，适当佳耳，爱而暖之，适所以害也。"皆前人经验之谈。盖儿童之手足寒冷，并不足以表示其为真冻，若穿着过暖，其手反而觉得更冷也。

4. 饮食　当侧重于营养之调节，无使其徒滋口腹，如黄豆所含之蛋白质，几等于乳类之蛋白质；鸡蛋富含蛋白、脂肪、矿质、维生素，蔬菜尤含多种矿物质与维生素。凡此食物，不独其营养价值高，抑且至为经济，颇合一般工农群众条件，宜广为提倡。食量之过多过少，均非所宜，亦如巢氏《病源》所谓"当令多少有常剂也"。婴儿当以母乳哺育为最好。

5. 睡眠　为恢复疲劳之要件，睡眠时间以年龄大小而不同。初生婴儿应保持二十小时或二十二小时；六个月以后，夜宜十二小时，昼宜四五小时；过岁以后，夜宜十二小时，昼宜三四小时；不足二岁者，午前、午后皆宜睡两小时；二岁以上者，昼宜睡二小时。白昼睡眠习惯，应继续至六七岁为止，儿童稍大，不能熟睡，亦应届时行之，习以为常，使其于床榻上安静玩耍，心身获得一定之休息。一般儿童不健康，与乎发育不良者，缺乏睡眠，亦为其主要原因之一。

6. 日光浴　日光中之紫外线，于人体健康，至有帮助。于未试行日光浴之前，除盛暑外，应常令其日下嬉游，春秋佳节，应渐次习行日光浴。巢氏《病源》云：“天和暖无风之时，令母将抱日中嬉戏，数见风日，则血凝气刚，肌肉硬密，堪耐风寒，不致疾病。”其时知识虽尚未及知皮下胆脂素经日光照射而产生丁种维生素之理，而其谓能使“肌肉硬密，堪耐风寒”，良由实践得来之经验也。

7. 大小便　儿童大小便应有定时，习以为常，婴儿初生数星期后，即应开始习惯，纵使不易，亦必持久忍耐而训练之。巢氏《病源》云：“凡不能进乳哺，则宜下之，如此，则终不致寒热也。又小儿始生，生气尚盛，无有虚劳；微恶，则须下之，所损不足言，及其愈病，则深致益，若不时下，则成大疾。”所谓下，应视为准时通便之义，不应看做大、小承气汤之泄下。要之，准时通便，于减少疾病，保持健康，有莫大之益也。

8. 预防注射　接种注射，为直接制止传染病之有效方法。婴儿坠地，最易感染者，莫如天花，故于婴儿期，即应接种牛痘。不出，隔一星期应再行接种。又不出，或为婴儿由其母体中获有免疫力之故，但终必将随其成长而消失，仍应再种，直至出痘为止。他如白喉、百日咳、猩红热等预防注射，仍须准时依次行之，若接种卡介苗之预防结核病，尤关重要。兹将各种预防接种注射程序，列表如下：

年龄		预防接种	预防疾病	免疫期限
一岁	脐带脱落	牛痘	天花	一二年
	1个月	卡介苗	结核病	六年
	2个月	百日咳苗　第一次	百日咳	
	3个月	同上　第二次	同上	

续表

<table>
<tr><th colspan="2">年 龄</th><th>预防接种</th><th>预防疾病</th><th>免疫期限</th></tr>
<tr><td rowspan="8">一岁</td><td>4个月</td><td>同上 第三次</td><td>同上</td><td></td></tr>
<tr><td>5个月</td><td>白喉类毒素 第一次</td><td>白喉</td><td></td></tr>
<tr><td>6个月</td><td>同上 第二次</td><td>同上</td><td></td></tr>
<tr><td>7个月</td><td>伤寒疫苗 第一次</td><td>同上</td><td></td></tr>
<tr><td>8个月</td><td>同上 第二次</td><td>同上</td><td></td></tr>
<tr><td>9个月</td><td>同上 第三次</td><td>同上</td><td>一二年</td></tr>
<tr><td>11个月</td><td>百日咳苗 加强</td><td>百日咳</td><td>四年</td></tr>
<tr><td>12个月</td><td>白喉类毒素 加强</td><td>白喉</td><td>四年</td></tr>
<tr><td colspan="2">二 岁</td><td>牛痘
伤寒疫苗</td><td>天花
伤寒</td><td>一二年
一二年</td></tr>
<tr><td colspan="2">四 岁</td><td>牛痘
伤寒疫苗
百日咳苗
白喉类毒素</td><td>天花
伤寒
百日咳
白喉</td><td>一二年
一二年
四年
四年</td></tr>
</table>

9. 纠正坏习惯　小儿往往有遗尿、吸指头、啼哭等不良习惯，必相机以鼓励或教育诸方式纠正之，不可随便打骂，因其原有羞耻与自卑心理，打之骂之，反足以增其自恧而姑息也。如遗尿，经教育不能纠正时，当做全身检查，盖有寄生虫、包皮太长、肾脏炎等病理原因，均足以致之。吸指头，最是一二岁小儿之坏习惯，因由婴儿期起，其感觉最敏捷者，莫如口，便将一切东西都向口内塞。须常有洁净物品在其手，可以玩、可以咬，或可减少其吸指头之机会；稍大，指头涂以苦液汁，如黄连水之属，必不再吸；再大，用理由说服可也。啼哭尤普遍见于小儿，

以娇生惯养者为尤甚，可随其年龄之不同，而分别设法纠正。哭时而打骂之，适足以增其啼哭耳。

备此九者，于增加小儿健康，防止其被传染病之侵胁，均有绝大之帮助与实效，允宜普遍深入推行而不容忽者。

所谓小儿传染病，亦与一般传染病无殊，凡具有辗转传播性质之疾患，统谓之传染病。第以其好发于小儿期，或小儿最易感染者，因以名之也。略如巢氏《病源》有云："人无问大小，腹内皆有尸虫，尸虫为性忌恶，多接引外邪，共为患害。小儿血气衰弱，故尸注因而为病。"《千金方》亦云："小儿病与大人不殊，惟用药有多少为异。"是古今同此认识，非谓成人感染疟疾之病原体，与小儿感染疟疾之病原体有所不同也。既无所不同，小儿传染病中，若按其流行传播性质而分类，亦有急性、慢性之分，其来势凶猛，经过短促者，曰急性；来势温和，经过长久者，曰慢性；若其流行颇广，而严重侵害人类健康，由国家用法律规定，时时针对其开展防治工作者，是曰法定传染病。若就其病灶所在而分类：属于发疹性者，曰发疹性传染病，如麻疹、天花之类是也；属于消化系统者，曰消化系传染病，如白喉、痢疾之类是也；属于神经系统者，曰神经系传染病，如脑膜炎、流行性脑脊髓膜炎之类是也；属于呼吸系统者，曰呼吸系传染病，如百日咳、大叶性肺炎之类是也。若流行性感冒、流行性腮腺炎等，都不属于以上范畴，名之曰其他传染病。

凡属传染病，必有其病原体之存在，今日所已能知者有五：一曰"微菌"，乃单细胞生物，形态不一，或细长如杆，或圆小如球，或半圆如肾，或弯曲如弧，因之有杆菌、球菌、弧菌之分，此外尚有不属于是类之放线状菌。二曰"螺旋体"，不如细菌有被膜，而纵横裂均有细丝联系，如黄疸出血性螺旋体、回归热螺旋体之类。三曰“原虫”，为单细胞动物，种类繁多，形质不同，如变形虫、胞子虫、鞭毛虫等。四曰“立氏病原体”，其特点为：一是必由节足虫吸血而传染；二是必发特异之皮肤上斑疹，如地方性斑疹伤寒病之类，为墨西哥医生立克次氏所发现，故名。五曰“活毒”，即滤过性病原体之总称，其特点为普通显微镜所不能视见，而能通过特制之滤过器是也。

古人于传染病病原体，亦有其一定限度之认识，如尸虫、蛊注、沙虱、蠼螋毒、蛔、蛲、蛔、寸白虫、蝎螫、蚝虫、蜞蜍、射工、野道等，皆限于肉眼所能视见者。其不能视见者，则臆度之，曰鬼舐、曰恶毒、曰殃注、曰氐羌毒、曰猫鬼、曰丧注、曰水毒、曰忤注，不一而足。凡此虫毒，均明白载其形状、性质、侵袭、传播等，惜其未能获得科学之帮助，仅徒为历史上之陈迹耳。今日研究古人在病理历史上之陈迹，于临床实用虽无裨益，但亦足以征知中国医学并非仅存“阴阳五行”虚玄之论，亦曾有其按照科学实际发展之过程。乃多数中医不此之顾，于现代之细菌寄生虫学，亦望望然不相浼，反视为西方医学所专有者，诚为不智之甚！

若病原体之传染路径，及其侵入门户，概言之，即外皮与内膜也。外皮乃包括全身皮肤而言；内膜则指消化系统、呼吸系统、泌尿系统等黏膜而言。其感受之方式如次：

1. 接触传染　即患病者与无病者相互接触而传染，如梅毒、淋病之类属之。

2. 点滴传染及吸入传染　与病人谈话，或因病人唾沫飞散于空中，经呼吸道及口腔黏膜而传染，如结核、白喉、流行性感冒、肺炎之类属之。

3. 间接传染　第一为饮食物之不洁，经消化器黏膜而传染，如伤寒、霍乱、赤痢之类属之。第二为土壤、污水中存在之病原体，经损伤之皮肤而传染，如破伤风、丹毒之类属之。第三为病人所污染之衣服、用具，均能间接带病原体传染他人。

4. 动物媒介　因小昆虫之啮螫，损伤外皮，将病原体输入人体而传染，如回归热、疟疾之类属之。经大动物之咬伤而传染者，如狂犬病、鼠咬病之类是也。《巢氏病源·述恶风须眉坠落候》云："体痒搔之，渐渐生疮，经年不瘥。"是为皮肤传染。"中客忤候"云："有非常之物或未经识见之人，触之而发病。"是为媒介传染。"生注候"云："与患注人共同居处，或看侍扶接，而注气流移染易，得上与病者相似。"是为直接传染。"温病令人不相染易候"云："人感乖戾之气而生病，则病气转相染易，乃至灭门。"是为点滴传染。《千金方·客忤第四》云："得马汗气臭，未盥洗易衣装，便向儿边，令儿中马客忤。"是为间接传染。又云："姑获落毛羽，置儿衣中，便令儿作病"；巢氏《病源》列载"甘鼠啮候""蜞蜍着人候""恶螫候"等，皆属于昆虫传染。然则，古人不仅知有各种传染病之病原体，亦颇知分别其不同之侵入门户及其传染路径也。

小儿最易感染之传染病，厥为发疹性传染病，如麻疹、天花、水痘、猩红热、风疹等，均为易见。但猩红热以二至八岁之小儿为最多，乳婴则反少见。结核性脑膜炎（慢惊风）专犯儿童或青年，三十岁以上，则极少觏。就死亡率而言，小儿于伤寒之死亡率最小，多半预后均良好。惟赤痢、白喉、破伤风、结核、流行性脑脊髓膜炎、丹毒等，于幼儿期之预后多半不良。百日咳一般为3%，不周一岁者，可能高至25%，真性肺炎乳儿为50%。天花为30%。麻疹不满二岁者，约为60%，一般为30%。猩红热之死亡率，小儿较成人为高。六月以内之婴儿，由其母体之血液中带来有部分免疫力，复因其接触传染之机会较少，因之一般疾病均较少感染，及二三岁后，罹病率则渐高，五至八岁，更为增加。是知传染病与小儿年龄，实有绝大关系，故为父母者与医工同志，均不可不注意及之。

第二章　分　　论

一、麻疹

庞安常《伤寒总病论》云："发斑，俗谓之麻子。"朱奉议《南阳活人书》亦云："小儿疮疹，有身热、耳冷、尻冷、咳嗽。"则知麻疹已早见于宋代。钱仲阳《小儿药证直诀》云："小儿疮疹，面燥腮赤，目胞亦赤，此天行之病。"所谓"天行"，便含有流行传染之义。吕坤《麻疹拾遗》云："古人重痘、轻疹，今则疹之惨毒，与痘并酷，麻疹之发，多在天行疠气传染，沿门履巷，遍地相传。"是麻疹于明代已大为流行也。第其称谓，颇不一致，越人曰"子"，秦晋曰"糠疮"，北人曰"疹子"，南人曰"麸疮"，四川通称"麻子"，盖因各地风俗习惯不同，致名称各异耳。

本病为屡见于小儿之传染病，患儿多为二至五岁，一岁以下及五岁以上者均较少，成人更为稀有；非成人不易感染，缘其大都于儿时已罹患本病，而获得终身免疫之力也。本病之传染力颇强大，世界各国均有流行，较大都市，每隔二至四年即有大流行发现。发病季节多在晚春，夏秋较少，入冬渐多。

【病原】 本病病原体为滤过性毒。多潜在于患者口腔、鼻腔及眼黏膜之排泄物内，由直接接触或飞沫、扬尘等传播于他人。

【症状】 潜伏期十日左右，一般无甚症状，偶有现泛恶、腹泻等胃肠障碍症状，及眼、鼻、咽头等轻微发炎，全病程经过，可分为三期叙述。

1. 侵袭期（或称卡他期） 为起病至出疹之一段时期。此期发现高热，可能到38.5℃～39.5℃，全身不适，流泪、畏光、喷嚏、咳嗽等症状毕现。两三日后，热度稍下降，发炎遍及眼、鼻、咽喉等处。此际患儿颊内黏膜近臼齿处现针头大之小白点，四周绕以红晕，其数目为三五粒至十余粒不等，此为本病之特征，乃科浦里克于一八九六年所发现，故名曰“科浦里克斑”。此斑颇有助于本病之早期诊断，诊视时最好利用日光，否则不易检得。偶尔于侵袭期内有类似伤寒玫瑰疹，或轻性药物红斑疹，或猩红热红斑之前驱疹出现，然此仅为暂时之现象，于正型皮疹出现前，常即消失。

2. 发疹期 始于发热后三四日（即感受后两周许）。热型又上升，麻疹始于耳根、颈部间出现，渐及额部、颜面，继则蔓延全身。起始时为极细之红斑，以后渐渐加密，比皮肤稍稍隆起，色如桃花，摩之刺手；较重之症，每至丘疹互相融合，呈暗赤色。皮疹透发时，热度达于顶点（40℃～41℃），患儿全身不适，干咳频作，一般症状增剧，各种发炎症状亦达于极点，约二三日，皮疹即行出齐。

3. 恢复期 皮疹出齐后，病情即渐好转，体温下降，皮疹依发疹次序逐渐消失，一般症状轻快，各部炎症减退，咳嗽减少；以后约四至七日剥落糠样细屑，至十日左右完全恢复，自发生至痊愈，共约三周。

病例中有偶见恶性者，其中以出血型麻疹最为剧烈。患儿发高热，呈衰惫与“休克”征象，出疹时全身现无数紫斑，鼻、咽等黏膜多见出血，间有便血者。又中毒型麻疹亦甚严重，发病时即有高热、谵妄、搐搦、昏迷等症状。

【并发症】

1. 并发症中最常见而又最严重者，为支气管肺炎。发疹之初即并发肺炎者，往往皮疹停止进展，肤色苍白，此种不良征象，俗称“内攻”，为不可忽视之险症。发疹晚期发现肺炎者，多呈衰惫，及肢端现青蓝色。婴儿及体弱儿，每因此毙命。又中耳炎、喉头炎，亦常易与本病并发。

2. 麻疹之并发各种口腔炎者，以走马牙疳最凶恶（大都先侵牙龈内面黏膜，继及颊之全部，或有涉及眼、鼻、咽、颚等处。病程急进者，颊、唇之皮肤红肿光耀，不数日即见穿孔，甚且鼻颚溃烂，故有走马之称）。

3. 麻疹之发疹期及痊愈期有发现脑炎者，重症可致死亡。

4. 婴儿多并发频繁之腹泻，有时可引起危险。

5. 患儿若有潜在性肺结核者，于麻疹后每易加重（旧称麻疳或麻后痨），或发生粟粒结核。

6. 小儿感染麻疹后，每易同时染患各种急性传染病，如百日咳、白喉、猩红热、天花、水痘等，其中以百日咳、白喉最为习见。

【诊断要点】 发热时即详查其有无“科浦里克斑”而定，初热期不作寒战，此与天花、猩红热不同。热型截然分作两次，于二三日后，必一度下降，猩红热绝无是种热型，而且口围有疹，亦与猩红热迥异。

【护理】 有热期间，宜使安静，食饵用流动性食物，退热后，仍须经数日始可离床。室温以15.5℃（华氏60度）左右为宜，室中宜多放散水蒸气，使空气湿润，尤以呼吸器官发生变化时，使空气湿润，最为切要。冬季当避寒冷，室中不宜太光亮，尤以发生剧烈结膜炎时为然。于结膜炎之处理，可用硼酸水洗眼，过分发痒时，可用锌氧粉撒布。慎勿感冒，以杜其可怕的肺炎症之并发。退热后，经二三星期，始许出外，冬季尤宜从缓外出，外出亦当留意衣着。

【预后】　四五岁以内之小儿，死亡率较高，因易遭肺炎而难获救。兼患其他传染病者，预后欠佳。营养不良，体质素弱，或有潜在性肺结核者，预后多不良。又流行性质之良否、并发症之轻重、护理之合宜与否，均与预后有关。

【预防及消毒】　早期注射麻疹恢复期病人之血清（麻疹热退后七至九日内所采之血清），四岁以下者三至六公撮①，五岁以上者六至九公撮行肌内注射；或用胎盘球蛋白制剂，按小儿体重行肌内注射。另一法在吾国易于普遍施行，即抽取父或母静脉中之血液（最好用母亲血液），直接注射于小儿臀部肌肉内（普通以十五至二十公撮一次注射）。上述方法，均有防御麻疹或减轻病状之功能。

已患麻疹之小儿，必将其隔离，患儿之鼻涕、咯痰等，应以石灰水消毒或掩以热灰。病室开放，使充分射进日光，以达消毒之目的。

【治疗方剂】

1. 麻疹初起方　主治发热、烦闷、口干、有泪。

防风0.8g，薄荷0.8g，浙贝0.2g，淡芩1.5g，淡豆豉2.0g，荆芥1.0g，连翘3.0g，牛蒡3.0g，蝉衣0.8g，竹茹2.0g。

此方有表散解热、祛痰镇咳诸作用。有汗或口渴甚者，去防风，加白僵蚕；泄泻者，加葛根；目糊多眵者，加钩钩或桑叶；惊恐啼叫者，去防风，加钩钩、茯神、灯心；便艰者，加瓜蒌、

① 公撮：即今之毫升。

知母。

2. 麻疹见点方　主治麻疹见点，发热、口渴、咳嗽、面浮、腮赤、小便赤涩。

僵蚕2.0g，牛蒡子3.0g，连翘3.0g，荆芥1.0g，赤苓2.0g，蝉衣0.8g，前胡1.5g，薄荷0.8g，知母2.0g，栀子2.0g。

此方之作用，仍为表散解热，但解热之力，较前方为大。舌尖燥、胸烦，加黄连；口干、咳不爽，加黄芩；狂热躁怒，重用栀子；壮热干燥，或见衄血者，加元参、生地；胃热口臭，加石膏；痰多或呕吐，加贝母、杏仁、陈皮；泄泻去知母、栀子，加葛根；食积加麦芽、神曲。

3. 麻疹透缓方　主治麻疹透缓，咳嗽、气急、舌白、口干、烦闷、神昏。

天麻1.0g，前胡1.0g，郁金1.0g，竹茹2.0g，连翘2.0g，僵蚕2.0g，樱桃核2.0g，牛蒡2.0g，豆豉2.0g，浙贝2.0g。

此方之作用，主要为透发皮疹，兼能清热、化痰。透迟，咳艰，热不甚，汗不出者，去天麻，加麻黄；热甚，口渴，便艰或旁流者，去天麻，加麻黄、石膏；大便结而不下者，加大黄、枳实；咽痛加山豆根、射干，或山慈菇、板蓝根；疹色紫而不显者，加赤芍。

4. 麻疹内陷方　主治麻疹内陷，点现复隐，红紫成块，神昏，气促，谵语闷乱。

羚羊角0.4g，天麻1.0g，知母2.0g，茯神2.0g，防风0.8g，玄参3.0g，黄芩1.5g，灯心0.4g。

此方有镇痉、清热、安神等作用。毒盛口臭者，加川连；血分热极者，去防风，加酒炒大黄；痰盛气促者，加胆星、竹茹；

谵语闷乱者，加至宝丹。（以上四方见吴克潜儿科）

5. 麻疹将收方（一） 主治麻疹将收，热仍炽盛及有神昏之象者。

犀角 0.4g，生地 2.5g，丹皮 1.0g，赤芍 1.5g，羚羊角 0.4g，知母 1.5g，藏红花 0.4g。

此方即犀角地黄汤加羚羊角、知母、红花，其意在凉血解毒。

6. 麻疹将收方（二） 主治麻疹将收，热仍炽盛，舌红津干者。

生地 2.5g，玄参 2.0g，寸冬 1.5g，丹皮 1.0g，知母 1.5g，藏红花 0.4g，赤芍 1.5g，连翘 1.5g。

此方之作用，为养阴生津，清解血热。神昏者，加紫雪丹；日轻夜重者，加至宝丹，用量皆为 0.2 至 0.4g。

7. 麻疹已收方（一） 主治麻疹已收，津液干涸者。

西洋参 0.7g，知母 1.5g，白芍 1.5g，腊梅花 0.5g，麦冬 1.5g，元参 1.5g，石斛 1.5g，菖蒲 0.6g。

此方甘凉回津，退热解毒，于其他热性病后，亦适用之。因热性病后，多见阴亏津干之证，不仅麻疹如此。

8. 麻疹已收方（二） 主治麻疹已收，儿体虚寒，大便不实，精神不振。

党参 1.5g，云苓 2.0g，白芍 1.5g，陈皮 1.0g，白术 1.5g，炙草 0.8g，当归 1.5g，法半夏 1.5g。

此方有扶元健胃作用。

二、风疹

巢氏《病源》曰：“邪气客于皮肤，复逢风寒相折，则起风瘙瘾疹。若赤疹者，由凉湿搏于肌中之热，热结成赤疹也。”殆即指本病而言。《养生方》云：“汗出不可露卧及浴，使人身振寒热，风疹也。”风疹之名，于此具体出现。《外台秘要》载有崔氏疗风疹遍身方，及《近效》疗风疹方，皆足证明隋唐时期即有本病。

本病为良性传染病。症状粗视之，颇与轻症麻疹相似，故有将本病包括于麻疹内而言者，然事实上确系两种不同之疾患，一八三四年乏格纳，证明本病确系一种独立疾病。盖患过风疹者，对麻疹不能免疫；反之，患过麻疹者，亦不能免去风疹之传染，此足证实乏氏之说为不虚也。本病屡侵及五岁以下之小儿，未满半岁之乳婴亦偶见感染。流行期多见于春冬二季。

【病原】 本病病原体系滤过性毒，潜藏于患儿口腔、鼻黏膜内，多系直接传播于其他健康小儿。如小孩较多之大家庭、小学校、幼稚园等，均以辗转传播，引起本病流行。

【症状】 潜伏期普通为九至十八日，然颇有上下。本病无前驱症状，仅于发疹前数小时，或一日左右，呈倦怠、头重，略示发热，食思不振，亦有呕恶或腹痛者，眼、鼻等黏膜轻微发炎。发疹进展很快，约一日即波及全身。皮疹比麻疹稍小，疹色淡红，呈圆形或椭圆形，周围绕以白晕一圈，成散在形式，互不融合。此际体温较前上升，惟最高者不过39.5℃，间有无热者。皮疹于二至四日隐退，大都无落屑现象。患儿耳部及颈部淋巴腺肿胀，虽间有压痛，而不化脓，此为本病之特征，可佐鉴别诊断。

【诊断要点】 热中等而持续短，淋巴腺肿胀，无“科浦里克斑”，此与麻疹截然不同。一般症状轻微，皮疹并不弥漫融合，此与猩红热又截然不同。

【护理】 与麻疹同。

【预后】 概属佳良，死亡者罕闻。并发症仅属偶见，就有此类病例，亦多获痊愈。

【预防及消毒】 于接触传染后一周内，注射人体血清 20～40 公撮于肌肉内，可以免疫或减轻症状。患者应予隔离，一切消毒如麻疹。

【治疗方剂】

透肌解表法

大豆卷 3.0g，粉前胡 0.8g，苦桔梗 0.8g，桑叶 1.0g，薄荷尖 1.0g（后入），嫩钩钩 2.0g（后入），蝉衣 0.5g，浙贝 2.0g，杏仁 2.0g，牛蒡子 2.0g，马勃 0.3g，枳壳 0.8g，南楂炭 2.0g。

此方有祛风、解表、泄肺治咳之功，兼治麻疹初起尚未见点者。

三、天花

《肘后方》云：“比岁有天行发斑疮，头面及身，须臾周匝，状如火疮，皆戴白浆，随决随生，不即疗，剧者数日必死，疗得瘥后，疮瘢紫黯，弥岁方灭……世人云：以建武（东晋元帝年号，公元三一七年，又说，为汉光武之建武）。中于南阳击虏所得，乃呼为虏疮。”《外台》引张文仲录陶隐居方书云：“天行发斑疮，须臾遍身，皆戴白浆，此恶毒之气，世人云：永徽（唐高宗年号）四年（公元六五三年），此疮从西域东流于海内。”是天花初由印度传来。巢氏《病源》《外台秘要》《千金方》都称“豌豆疮”，南宋后始称“痘”，明以后始称“天花”。

本病为急性传染病之一，疫势猖獗，历史上早具盛名。一五八九年全欧洲大流行，最为有名。本病传染力强大，无论老幼皆能感受，多流行于春冬二季。罹过本病后，可获终身免疫，鲜见再患者。

【病原】 本病病原体系滤过性毒。以飞沫传染为主，亦可能由接触传染。传染力最强之时期，为患者发疹期及落痂期。本病病毒既不畏寒冷，又不怕干燥，经久而不失其传染力，故每易流行成疫。近来，卫生教育逐渐普及，多数人皆知接种牛痘预防，故流播已渐趋减少。

【症状】 潜伏期十日至十三日，无甚症状，以后则渐次出现下列症状：

1. 前驱期　经过二至三日，突然发热（体温升达 40℃），现寒战、眩晕，诉剧烈腰痛及头痛，鼻腔、咽头、结合膜等发炎，以后下腹部、股内、腋窝等处发生疹点，间有弥漫如猩红热疹者，亦有如麻疹者，此种疹子屡于一二日内消失，一般称此疹为前驱疹。

2. 发疹期　前驱疹消失后，体温稍降，一般症状减退，开始见固有发疹。疹子如小米粒大之红色斑点，稍见隆起，疹子先现于面部，一日内波及全身，逐渐扩大凸起，成为豌豆大之丘疹（旧称见点）。患儿有咽下困难等现象。丘疹逐渐形成透明小水疱，继则扩大，开始化脓（旧称起胀），水疱变为脓疱，周围绕以红晕（俗称根盘）。以后脓渐成熟，皮肤肿胀，患儿有疼痛、瘙痒之感觉（旧称灌浆）。开始化脓时，体温即再度上升，一般症状增剧。

3. 结痂期　脓疱渐至干燥，随出现次序，慢慢转为苍老，体温下降（旧称收靥），脓疱内容干燥，上结痂皮，诉剧痒，体温恢复（旧称结痂）。痂皮一二周脱落（旧称落痂），落痂后本病即已告终，但须二三周后始能恢复健康。

【并发症】 本病易于并发者，如脓疮、疖疮、脓疱疹等；又喉炎、中耳炎、支气管炎、支气管肺炎，亦系常见。心力衰竭、肾脏炎、脑膜炎或脑炎，偶于重症见之。

【诊断要点】 急剧发高热，三日前后便发红色疹，同时发腰痛，渐凸起而成丘疹，这绝不同于麻疹；发疹时体温下降，这又不同于斑疹伤寒、猩红热等。化脓时复发高热，脉搏加速到120至以上。

【护理】 有热期（至化脓期为止）之护理，略同于伤寒之有热时，举如使病人安静，给以流动食物，尤宜常常漱口，吸入蒸汽，用2%硼酸水时时洗眼。对于发疹之紧张感及发痒，可涂稀薄碘酒，撒布锌氧粉，涂亚铅华橄榄油。患儿可使带手套，防以手爪抓痒；至干燥期，可使时时入浴或更衣，注意身体清洁。为防落屑飞散，可于室中放散水蒸气，或用喷雾器喷散2%硼酸水，落屑则宜投入消毒液中。

【预后】 视流行疫势之凶善、年龄之大小、合并症之轻重而决定。小儿体质素弱，或营养不良者，预后多属不良。

【预防及消毒】 预防本病之唯一方法，即为接种牛痘。种痘时期，以春秋两季为宜，若在天花流行的时期，就不问小儿体质如何、年龄长幼，均应随时接种。接种牛痘，为引入牛痘毒于皮组织内（注意：并非皮下），普通牛痘苗含有少量非病原菌（称为腐物寄生菌），若接种时，能按照外科无菌手续，又能采用一致的标准压刺法，则结果保证充满而无其他传染或并发症之危险。接种技术之操作，最好为压刺法，先于接种前一日，告诉被接种人，预将左臂用肥皂及热水洗净（全身沐浴更好），换着清洁衣服，婴儿及儿童（初种者）内衣衣袖要宽大。将已经消毒之普通缝衣针尖，浸入盛痘苗之小杯内，蘸苗浆少许，移置于已消毒之左臂三角肌上端皮肤上，轻轻下压而斜刺入皮组织内（不可过深，不使出血为要），即行向前、向上挑上皮细胞。此项轻压微刺又带挑的摆动，连续在半公分之皮面内，很快的在有弹性的皮组织内压刺，约二十次以上三十次以下（初种时压刺二十多次，复种时则增加至三十多次），种后无须用纱布包裹，干后即穿上清洁内衣。若系初种者，嘱其于第七日，保护所发疱疹，勿使破裂而受染污，结痘痂时，应任其自落。每接种一次，可能有五年的免疫力。健康小儿接种时期，以生后一月至六个月最为适宜，若小儿身体衰弱，时常多病，或有其他原因者，可延至第二年接种。

患儿之分泌物、排泄物及皮疹等，可用3%石碳酸、6%来沙而水，加至同量以上，放置至两小时以上。其衣服、器具，宜用蒸汽消毒，或煮沸消毒，有时亦用石碳酸、来沙而水消毒。

病室宜用福尔马林消毒为最佳，并应将房屋密闭七小时以上。

【治疗方剂】 昔人对于痘疮主张分期治疗：一、二日宜于发表，使痘易出；三、四、五日宜轻表解毒，使痘易长；六、七、八日宜温补气血，使浆易灌；十、十一、十二日宜清利敛气，使靥易收。此皆经验有得之言，堪为诊治之借镜。

1. 松肌透表汤　痘疮见点，适用此方。

羌活1.5g，荆芥1.5g，葛根2.0g，红花0.5g，连翘2.0g，山楂3.0g，牛蒡子2.0g，蝉衣1.0g，陈皮1.0g，甘草0.8g，荸荠5个。

此方发表、排毒、活血，使痘易透之法也。

2. 保元汤加当归川芎方　痘疮起胀，适用此方。

人参2.0g，黄芪2.0g，甘草2.0g，当归2.0g，川芎1.0g。

此方滋养、强壮、排毒，使痘易长之法也。

3. 行血助浆汤 痘疮灌浆，适用此方。

黄芪2.0g，防风1.0g，当归2.0g，川芎1.0g，丹皮1.5g，僵蚕2.0g，连翘2.0g，陈皮1.0g，桔梗1.0g，甘草1.0g，糯米1撮。

此方滋养、活血、解毒，使浆易灌之法也。

4. 回浆饮 痘疮收靥，适用此方。

人参2.0g，白术2.0g，黄芪2.0g，茯苓2.0g，甘草1.0g，首乌2.0g，白芍2.0g。

此方滋养、强壮，使靥易收之法也。

5. 固元解毒汤 痘疮结痂，适用此方。

当归2.0g，银花2.0g，连翘2.0g，桔梗1.0g，甘草1.0g，丹皮1.5g，黄芩1.5g，薏仁3.0g，扁豆3.0g，茯苓3.0g，山楂肉2.0g，陈皮1.0g。

此方清血、利尿，使痂易结之法也。

6. 凉血解毒汤去紫草黄连方

生地3.0g，红花0.5g，丹皮1.5g，连翘2.0g，当归2.0g，桔梗1.0g，甘草1.0g，白芷0.8g。

此方活血、清血，使痂易落之法也。

四、水痘

蔡维藩《痘疹方论》云："水痘不同，状如水珠，易出、易靥。"张景岳《全书》论水痘云："出十数点，一日后顶尖上有水泡，二三日渐多，浑身作痒，微加发热，即收点，忌发物，七八日痊。"两氏对水痘的认识，均极明确。先于此者，记载殊鲜，似可确定明代始有本病。

本病为发疹性传染病之一。较大都市几乎四季皆有发生，尤以春冬更甚。患者多系一至十岁之小儿，生后未满三个月之乳婴及十岁以上者，均鲜见感染，成人则更为稀有。本病有免疫性，一经罹过，终身不致再染。

【病原】 本病病原体系滤过性毒。传染力强大，多由直接接触传染，或飞沫喷射传播。侵入门户以呼吸道为主。

【症状】 潜伏期约十三至十七日，大都无前驱症状。开始现微热（体温多为37.5℃）和不安，随即于颜面、发间发米粒大之皮疹，继则躯干亦见发生。以后疹子扩展至豌豆大，中央形成透明小水疱，水疱再迅速扩大，约一日达成水疱极期。继乃逐渐退行，内容被吸收，中央凹陷，经二三日后，渐形干燥，结黑褐色痂盖，痂盖需数日或十数日始行脱落，而告痊愈。本病最初数日内，屡有新皮疹陆续出现，故诊察时每见丘疹、疱疹与痂盖均同时存在。本病经过轻快，患儿仅有不适之感，或食欲不振而已。

【并发症】 体质素弱者，易并发脓阿婆症及丹毒。

【诊断要点】 凡十岁以下之小儿，无前驱症状，发热同时发疹，皮疹陆续发生，新旧杂出，且经过甚速，不贻瘢痕。

【护理】 无需特别护理，惟在发疹时，宜使静卧，并勿使健康之兄弟、姊妹与之同居一室。衣服等沾有溃破之水疱液，宜用热肥皂水洗涤；水疱可撒布锌氧粉。

【预后】 大都佳良。久病未愈之小儿及营养恶劣之幼婴，预后欠佳。

【预防及消毒】 本病因预后佳良，故多不甚重视预防。目前有水痘痊愈者之血清，在潜伏期之前半期行肌内注射 10～15 公撮，约有90%可免染患本病。

【治疗方剂】

疏解化毒法

荆芥1.0g，薄荷1.0g（后入），桔梗0.8g，前胡0.8g，桑叶1.5g，牛蒡子2.0g，连翘2.0g，浙贝2.0g，枳壳0.8g，银花1.5g，川芎0.8g，丹皮1.0g，甘草0.8g，防风1.0g。

此方有疏风、解毒、泄肺、清血之功用。

五、白喉

巢氏《病源》载："马喉痹者，谓热毒之气，结强喉间，肿连颊而微壮热，烦满而数吐气，呼之为马喉痹。"又云："喉里肿塞痹痛，水浆不得入，壮热而恶寒，七八日不治则死。"皆为剧烈之白喉症状。《医学纲目》亦云："小儿肺胀喘满，胸高气急，两胁动陷下成坑，鼻窍胀，闷乱嗽渴，声嗄不鸣，痰涎闭塞，俗曰马痹风。"此为小儿白喉的明确记载。《重楼玉钥》述白缠喉病云："喉间起白腐一症，此患甚多，小儿尤甚，且多传染，所谓白缠喉是也。发于肺、肾，遇燥气而流行。"其对白喉的认识益为具体，盖已确知有传染性也。

本病为急性传染病之一，由白喉杆菌所致之一种黏膜疾患也。多发生于扁桃体、咽门、咽头、喉头及鼻腔之黏膜上，偶亦发生于结合膜、阴道、皮肤创伤等处。本病早已流行于吾国，史册历历可征。今则随时随地均可发现，尤以气候干燥之地，与春初、秋末之时，发病数更甚。患者多为二至六岁之小儿，乳婴及年幼儿较少感染。罹过本病而得痊愈者，多有免疫性，然一生患白喉两次或以上者非无有也。

【病原】 本病病原体为白喉杆菌，先由克来勃氏发现，后由吕弗氏确定。传染途径多为与患者及病愈带菌者直接接触而传染，其他如手巾、餐具、用具或玩具等，均有间接传染之可能。

【症状】 潜伏期颇不一定，最短者一二日；最长者一周左右。症状中最普通者，为咽部白喉，其次为喉部白喉，至于鼻腔白喉兹附述于咽部白喉内，其他部分之白喉则从略。

1. 咽部白喉（包括扁桃体及咽门） 起病时除发微热外，年长儿多诉喉痛，过一二日后体温逐渐上升（达39℃以上），患儿呈精神疲乏、食思不振、头痛、恶心等症状，间有呕吐者。检视其咽部、扁桃体及软颚红肿，表面附着白色薄膜，以后变成灰白色，难以剥离，更进则变为污秽而略带蓝色之义膜，其边缘高出扁桃体之平面，周围充血。咽下困难，较大儿每诉剧痛，轻者仅止于此，重者每延及颚弓、悬雍垂、咽后壁，甚至口腔各部。因毒素作用，致患儿颈部及颔淋巴腺肿大。咽部白喉之义膜延及鼻部，可引起鼻白喉。患者除全身症状外，有鼻塞、鼻腔红肿、时淌脓汁或血液等现象，甚或鼻孔及上唇糜烂（此种鼻白喉易见于婴儿）。

2. 喉部白喉 大都由于咽、鼻白喉蔓延所致。患儿哭声改变，语音嘶嗄，时作犬吠状之咳嗽，呼吸困难、辗转不安、声门闭塞，更甚时气体交换极度艰难。患儿颜面、口唇现青蓝色，心窝部及胸骨上部每现凹陷，多因窒息而毙命。间亦有喉部白喉病例不如上述症状之严重者。

【并发症】 重性病例，常呈心力衰惫及全身麻痹或瘫痪。其他易于与本病并发者，为颈部淋巴腺炎、支气管肺炎、中耳炎等。

【诊断要点】 发热、咽部疼痛、声音嘶嗄、犬吠状咳嗽、颔下淋巴腺肿胀，喉咽及鼻腔等现特有之灰白色或灰白绿色及暗褐色义膜，周绕炎症性充血斑，初虽为圆形或不正形之小斑点，但迅速扩大而成厚膜，且剥脱非易，强剥之则出血。

【护理】 宜施行血清注射。在发病第一周，须使患儿绝对安静，饮食用流动性食物，有时病人难于吞咽，宜时时使食少许。在第五周后，且已退热，尚有白喉后麻痹危险，即使为轻症病人，仍须使安静四星期左右，离床及运动均宜徐徐行之。病程中宜随时嗽口及吸入蒸汽。

【预后】 本病死亡率甚高，年龄愈小者预后愈不良（自抗毒素疗法应世后，死亡率已渐减少）。喉部梗阻或并发肺炎及心力衰惫者，多难获救。脉搏每分钟50至以下者，即为死征。

【预防及消毒】 患儿应行隔离，其痰涎、鼻涕及衣被、用具，甚至病室，均需消毒。白喉菌抵抗力较大，非必要之器具，可烧毁之。小儿行预防注射：第一次以白喉类毒素0.5公撮由皮下注射，三星期后再注射1公撮，再隔两星期又注射1或1.5公撮（按：此法反应很轻，效力颇大），可保持三至四年之免疫力。

【治疗方剂】

1. 养阴清肺汤

大生地4.0g，寸冬2.0g，白芍1.5g，丹皮1.0g，元参3.0g，川贝1.5g，薄荷1.0g，甘草1.0g。

此方专消咽喉炎肿，主治咽头白喉之轻者；若重症须注射白喉血清，兼服此汤。

2. 聂氏养阴清肺汤

黄芩1.0g，黄连0.5g，银花1.5g，连翘1.5g，石膏2.5g，人中黄1.0g，生地3.5g，元参1.5g，白芍1.5g，浙贝1.5g，木

通 1.0g，桑叶 1.5g，薄荷 1.0g，鲜芦根 10.0g。

此方以清热为主，兼佐以养阴、祛风、利尿、化痰之品。

3. 喉科吹药

青黛、黄连、人中白、青果炭、萝卜霜、冰片、硼砂、人指甲炭、地栗。

以上等分，麝香、犀黄各少许，共研末，乳细。

六、猩红热

巢氏《病源》述“阴阳毒候”云：“若病身重、腰脊痛、烦闷，面赤斑出，咽喉痛，或下利狂走。若身重背强、短气呕逆、唇青面黑、四肢逆冷，为阴毒，失治则杀人。”此为叙述猩红热之一般症状，第不能如其阴阳割裂论症也。清·叶香岩《烂喉丹痧辑要》云：“烂喉痧一证，发于冬春之际，不分老幼，遍相传染；发则壮热、烦渴，丹密肌红，宛如锦文，咽喉疼痛、肿烂，一围火热内炽。”于猩红热之报道尤为详尽。亦有称为“疫痧”者，如虞山陈道耕是也。

本病多流行于秋冬，屡犯二至七岁之小儿。一岁以下者，鲜见感染。罹过本病后，多获终身免疫，再染者颇属稀有。

【病原】 本病病原体为溶血性链球菌及葡萄球菌。此等细菌常潜藏于患者之分泌物、排泄物或落屑中，藉接触或空气而传播。侵入门户以咽喉为主，亦有因细菌侵入创伤而感染者。

【症状】 潜伏期二至七日。自发病至痊愈，可分三期叙述：

1. 前兆期（或称侵袭期） 快者数小时发病，迟者亦不过一二日内。初起即现高热（39℃）、寒战、心悸、倦怠、呕恶、咽头赤肿，间有腹泻者。患儿舌被黄白色浊苔。

2. 发疹期 体温较前期更高，脉搏频数。皮疹依秩序出现，先颈部，次胸部，再次躯干，终蔓延于四肢，密生而不隆起，弥漫如一片鲜红云彩，苟施指压，立即消失，去指又复出现。斑与斑之间仍有健全之皮肤存在，然须细检之，始能发现。红疹虽满布全身，然口唇及颐部独不见发，致形成苍白色之口围。患儿舌呈暗赤色，现菌状之乳头隆起，舌之边缘如锯刺样，最似覆盆子形，故称为“覆盆子舌”。此与苍白色口围为本病特有之象征，足为有力之鉴别诊断。咽头赤肿、疼痛，咽下困难，扁桃腺红肿，且带有黄白色之斑点，两侧颚下腺及颈腺亦现肿胀。大约三五日后，疹渐退色，一周左右即可消失，若无并发症，则热候于此时涣然下降，渐乃退净。

3. 落屑期 约为发病后半月左右，开始时先见毛囊尖端之点状落屑，次则颈部、躯干及四肢现膜状落屑，特以手掌及足迹更为著明，手掌及手指之落屑有大如手套状者。全部告终须三四周，或七八周，尤以足部较迟。

【症状】 中间有不现发热之无热型、不现发疹之无疹型，皆为不全型之轻症。又有病毒猛烈之败血性猩红热、电击性猩红热，则为难治之重症。其他尚有无扁桃腺炎之创伤性猩红热等，均为异常症状，其详从略。

【并发症】 本病常并发中耳炎、关节炎、白喉等。又病愈后常有贻留肾脏炎、淋巴腺炎等症者。

【诊断要点】 高热呕吐，急剧发病，其特有之皮疹，特显现于鼠溪、上膊、上腿，而唇颐部缺如。并由咽头扁桃腺炎症、覆盆子舌等，大抵可以断定不误。尤应注意于发疹及咽头炎之连系检查。

【护理】 有热时之护理，约与伤寒、白喉同，宜注意安静及食饵卫生，时时漱口；无热时，应注意其尿量，如减少恐发肾脏炎。落屑应勿使飞散，室内时时放散水蒸气，或用喷雾器散布2%硼酸水，落屑宜投于消毒液中。此外，勿忘却对于合并症之处理。

【预后】 视当时流行之疫势而定，无并发症者大都佳良。年龄幼小，其死亡率较年长儿为高。

【预防及消毒】 预防接种法，分自动免疫法及被动免疫法二种：前者用本病恢复期病人血清皮下或肌内注射5～10公撮，可获三四周之免疫；后者用类毒素做皮下注射（第一次0.5g，第二次1g，第三次1g），可获一至三年之免疫力。已患者应行隔离，患儿之衣被、什物、分泌物、排泄物均须严格消毒。

【治疗方剂】

1. 解肌透痧汤　专治痧麻初起，恶寒、发热，咽喉肿痛，妨于咽饮，遍体酸痛，烦闷、泛恶等症。

荆芥1.0g，甘草0.8g，马勃0.2g，连翘1.5g，竹茹1.0g，蝉衣0.8g，葛根1.5g，桔梗0.8g，炙僵蚕1.5g，紫背浮萍1.0g，射干1.5g，牛蒡1.5g，前胡0.8g，淡豆豉1.5g。

此方治猩红热初起，丹痧未透，故以解肌发汗为主，稍佐射干、马勃二味，以清咽喉。

2. 辛凉透疹法　主治身热咽痛，遍体红疹。

元参2.0g，浙贝1.5g，川郁金1.5g，桔梗0.8g，连翘1.5g，薄荷1.0g，前胡0.8g，牛蒡子1.5g，板蓝根1.5g，射干1.5g，银花1.5g，甘草0.8g。

此方有退热、透疹、清咽部炎肿之功用，宜于本病初起。

3. 加减升麻葛根汤　专治丹痧虽布，头面、鼻独无，身热、泄泻、咽痛不腐之症。

升麻 0.8g，炙僵蚕 1.5g，银花 1.5g，赤芍 1.5g，甘草 0.8g，葛根 1.5g，蝉衣 0.8g，干荷叶 1 角，连翘 1.5g，桔梗 0.8g，薄荷 1.0g，陈莱菔 2.5g。

丹痧不布于面，仍须发表，故用升、葛、蝉、蚕、桔梗、银、翘，辛散解表为主。

4. 凉营清气汤　专治痧麻虽布，壮热烦躁，渴欲饮冷，甚则谵语妄言，咽喉肿痛腐烂，脉洪数，舌红绛或黑糙无津之重症。

犀角尖 0.5g（磨冲），丹皮 1.5g，川连 0.5g，石膏 2.5g，竹叶 1.0g，鲜石斛 5.0g，赤芍 1.5g，甘草 0.8g，鲜生地 5.0g，黑山栀 1.5g，茅根 1.5g，薄荷 1.0g，元参 1.5g，连翘 1.5g，鲜芦根 10.0g。

痰多加竹沥（原方有金汁，近以查系伪药停止销售，故删去）。

5. 加味珠黄散（吹喉用）　治喉痛，立能消肿止痛，化毒生肌。

珠粉 0.7g，西黄 0.5g，琥珀 0.7g，西瓜霜 2.0g。

凉营清气汤用石斛、生地、元参、赤芍、丹皮清血分之热；连翘、山栀、竹叶、石膏清气分之热；犀角、竹沥主神昏。更用珠黄散以消咽肿，化毒生肌，盖治猩红热之重剂也。

七、百日咳

旧籍中专论小儿咳者，多概括本病而言，如所谓小儿久嗽、小儿咳作呀呷声、小儿嗽声不出等，都非一般之咳嗽。巢氏《病源》述“小儿嗽候”云：“百日内咳嗽者，十中一两瘥耳。”一般感冒咳嗽，绝不致如此之重笃。又述“小儿病气候”云：“喘咳上气令肺胀，即胸满气急。”均可置疑本病，惟不甚具体耳。亦有称“呛咳”“痉咳”“趸咳”“鹭鹚咳”等。

本病为呼吸道急性传染病。易流行于幼儿聚集场所，如育婴堂、幼稚园等。

本病四时皆有，惟春冬二时较甚。患者多为三岁以下之小儿。一经罹过本病，多能获得免疫，再染者甚少。

【病原】 本病病原体系百日咳嗜血杆菌，为博德氏于一九〇六年所发现。传染途径藉患儿咳嗽、谈话混入涎沫喷射，侵入健康儿之呼吸道而传播。

【症状】 潜伏期七至十四日。病程历二三月不等，计分三期，每期占全病程三分之一，亦有不拘此规定者。

1. 发炎期（或称卡他期） 初见微热、咳嗽、鼻塞、喷嚏，呼吸道黏膜发炎，继则咳嗽增加，入夜更为剧烈。

2. 阵发期（或称痉挛期） 此期咳嗽更剧，显示特有之阵发痉咳，阵发开始，患儿舌先外挺，再作如鸦鸣之深吸气，后乃继以不断之咳嗽，如此反复多次，始能咯出少许黏痰（有时虽咯出而被患儿吞咽)。咳时患儿颜面浮肿呈紫红色，颈静脉怒张、眼球微突、泪汗交加，时作呕吐，其状甚为痛苦，难以形容。每一阵发，约需二三分钟，一日数阵或十数阵不等，夜间尤较频繁。

3. 减退期（或称恢复期） 此期阵咳和缓，呕吐不作，呼吸气匀，以后咳嗽轻微，阵咳全去，咯痰已呈浓厚之黏液状。此时苟无其他外因袭击，未几即可恢复。

【并发症】 本病常并发支气管炎、肺炎等症，间有现口鼻出血，或直肠脱出者。

【诊断要点】 每为阵咳发作，夜间尤多，发鹳声样的吸气，咳时常带呕吐，吐黏性透明之痰，颜面稍浮肿。

【护理】 以使起居于新鲜空气中，最为切要。在温暖之日，可使于郊外闲游，夜间更宜换室内空气一二次。亦须注意患儿之营养，使吃易于消化之滋养物品。常常吸入蒸气与漱口。

【预后】 年龄愈小，预后之严重性愈大；有并发症者，预后常不良。死亡率一岁以下之幼婴约占25%；二岁左右者占10%；五岁以上者，则鲜见死亡。

【预防及消毒】 早期注射百日咳疫苗（最好施行于半岁至一岁之幼婴，用量为八百亿细菌，分三次用完，每周一次），可获一年之免疫力，以后每年再注射一次，即可收相当之防卫功效。已染患之小儿应行隔离，其痰涎、吐物必须消毒，患儿之衣被、用具等均需严格消毒。

【治疗方剂】

1. 鹭鹚涎丸

麻黄1.6g，杏仁6.0g，煅石膏4.0g，甘草4.0g，桔梗2.0g，细辛1.0g，射干1.0g，天花粉3.0g，炒牛蒡1.0g，蛤粉1.0g，青黛1.0g，鹭鹚涎半小杯。

研末，以白萝卜汁打和为丸，如绿豆大，每日早晚各服三丸，开水下，以愈为度。

此方有镇咳、排痰、消炎之功用，由麻杏石甘汤扩充而成。西南各地无鹭鹚涎，可删去不用，功亦相同。

2. 小青龙加石膏汤

净麻黄1.0g，川桂枝1.0g，杭白芍1.5g，法半夏1.5g，北细辛0.5g，北五味0.5g，淡干姜0.5g，生甘草0.8g，生石膏5.0g。

此方之功用为发汗、消炎、解热、平喘，用于本病初起，高热气喘者。

3. 生扁柏、红枣二味，水煎约一至二小时，五六次分服，病势渐减而愈。但初服一二次时，病势未必顿挫，必须继续煎服，服至三四次，咳嗽略减轻，仍须续服，至痊愈为止。

4. 生大蒜头去皮、切碎，以沸水冲泡，盖好，浸足十小时，加入糖浆，每两小时服一食匙，每日八至十次，连续服用三四周。用量：一岁左右之婴儿，用大蒜头六瓣（小瓤者加倍，下同），五岁儿十瓣，十岁儿十六瓣，沸水约一饭碗，糖浆为沸水量八分之一或十分之一。

此方经保加利亚华西赉夫医生首先采用，上海吴曼青等曾大量试用，据称极有效。

八、流行性感冒

《内经》云：“卑下之地，春气常在，故东南卑湿之区，风气柔弱，易伤风寒。”《伤寒论》云：“太阳病或已发热，或未发热，必恶寒、体痛、呕逆，脉阴阳俱紧者，名曰伤寒。”《金匮要略》云：“湿家病，身疼、发热、面黄而喘，头痛、鼻塞而眩，其脉大，自能饮食，腹中和，无病，病在头中寒湿，故鼻塞。”皆为流行性感冒证候。北宋以后，杨仁斋《直指》书始有“感冒”之称。

本病有流行性及散发性二种：前者称流行性感冒，后者为普通感冒，实际上二病之区别并不如何明显，旧时统名之曰“伤风”。

【病原】 大流行时之流行性感冒为一种杆状细菌所致，系普淮裴氏于一八八九年所发现。散发性者或小流行时之感冒，为滤过性病毒而引起，此说为赖特劳、史密斯及安德鲁士三人于一九三三年所说明。以事实而论，一般感冒多为滤过性病毒作祟。本病虽四季皆有感染，惟秋末、冬初较甚。传染途径多藉咳嗽、喷嚏及谈话时细沫飞扬而传播，其他如玩具、手巾、餐具等均为传染之媒介。

【症状】 潜伏期一日至四五日不等。起病多为突然性，患儿有倦怠、懒食、头痛、畏寒，鼻现壅塞，淌清水状之鼻汁，鼻黏膜有发炎现象，继现高热（39℃～40℃）、项强、体酸。幼小者，每因痛楚而呈不安或叫泣。此病轻重常不一致，故病程亦多有不同，兹依其临床症状类列其病型如下：

1. 单纯型 除应有之鼻塞、淌涕、发热、畏寒、全身疼痛外，并屡起眼结膜充血，及发暂时性之皮疹。

2. 呼吸型 除应有之症状外，鼻腔、咽部及气道现显明之炎症，咳嗽剧烈，有似呛咳之状态。

3. 胃肠型 以懒食、呕恶、腹痛、下利、舌有浊苔为主征，间有现口唇匍行疹者。

4. 神经型 现谵妄、不眠，甚者现抽搐，亦有现昏睡、神迷者，幼小儿屡烦啼不安。感冒之种种证候，小儿虽亦如成人以呼吸系统之障碍为主，然显明之胃肠障碍，或神经障碍之征候，屡见于小儿感冒。其他如关节疼痛，或高热持久不退，似皆合并症之关系。各病型之症状，每易互见，分别较为困难，脉搏与体温常不一致。

【并发症】 本病并发症有支气管炎、支气管扩张、肺炎、中耳炎、关节炎、化脓性脑膜炎、多发性神经炎、败血症等。

【诊断要点】 通常急剧发作，咽喉炎症著明，呈特殊热型（二三日高热后，忽而一二日无 热，再相当的上升），脉搏数少。

【护理】 在有热期应绝对安静，即在退热后三四日间，仍须以安静为宜。食饵照一般热性病例，用清淡之流动食物，渐入恢复期，乃恢复常食。如为神经型病人，病室宜清静；如为呼吸型及胃肠型，可依照其症状而护理之。患儿离床，应在已退热之三四日后。室外运动，须待呼吸器症状已全去后，乃可行之。夏季宜近水边，冬季宜上山地调养。

【预后】 并发症之单纯型流行性感冒佳良，其他须视流行之性质及并发症之轻重而定，小儿之预后较成人为佳。

【预防及消毒】 儿童行扁桃体截除术，或增殖腺截除术后，可以减少感冒之发生。在流行可能来袭时或刚开始时（此或指大流行之流行性感冒），应行浓缩流行性感冒疫苗之注射，可收预防之效（然亦非绝端可靠）。患者之痰涎、鼻涕等，应有合理之处置。流行时，需戴口罩，特别是呼吸器不健全之儿童及接近病人者，在可能范围内，应隔离患儿。被沾污之衣服、器具，应置于同容量之3%石碳酸水中消毒。

【治疗方剂】

1. 风寒温散方　适用于单纯型流感。

荆芥1.5g，防风1.0g，苏叶1.5g，半夏1.5g，陈皮1.0g，枳壳1.0g，桔梗0.8g，甘草0.8g，生姜2片。

此方有散寒、和胃、化痰之功用。头痛加藁本、蔓荆子。

2. 风热凉散方　适用于单纯型流感。

防风1.0g，荆芥1.5g，薄荷1.5g，桑叶1.5g，竹叶1.0g，连翘1.5g，山栀1.5g，橘红0.8g，枳壳1.0g，甘草0.8g，连须葱白2支。

此方有祛风、清热、利气之功用。凡羌活、独活、柴胡、川芎、白芷、升麻、葛根、前胡、桔梗，随症可加。

3. 风寒夹食方　适用于胃肠型流感。

荆芥1.5g，防风1.0g，建曲2.0g，焦二芽各2.0g，莱菔子1.5g，楂炭2.0g，桔梗0.8g，苏梗1.5g。

此方有祛风、消食之功用。或加鸡内金，或加槟榔、枳实。

4. 风寒夹湿方　适用于胃肠型流感。

羌活1.0g，独活1.0g，防风1.0g，苍术1.0g，藿香1.5g，木香1.0g，川朴1.0g，猪苓1.5g，赤苓1.5g，建泽泻1.5g。

此方有祛风、燥湿、利水之功用。或加汉防己。

5. 风寒夹痰方　适用于呼吸型流感。

荆芥 1.5g，防风 1.0g，半夏 1.5g，陈皮 1.0g，莱菔子1.5g，白芥子0.5g，苏子1.5g（便溏者苏子易苏梗），江枳实1.0g，竹茹1.0g，云苓2.0g，炙草0.8g。

此方有化痰、降气之功用。

6. 伤风方　适用于呼吸型流感。

荆芥1.5g，防风1.0g，桔梗0.8g，豆豉2.0g，象贝2.0g，薄荷1.0g，葱白2支。

此方有散寒、化痰之功用。主治伤风初起，形寒头痛，咳嗽痰多，鼻流清涕。

7. 银翘散　适用于热高的单纯型流感。

金银花1.5g，连翘1.5g，薄荷1.0g，淡竹叶1.0g，荆芥穗1.5g，淡豆豉2.0g，牛蒡子1.5g，鲜芦根10.0g，生甘草0.8g。

此方有散寒、解热、消炎之功用。

九、大叶性肺炎

《金匮要略》云：“咳而上气，此为肺胀，其人喘。”大叶性肺炎也。巢氏《病源》则有“肺热”之独立病名，其论亦详，如："肺热上气，咳息喘奔"；"上气喘逆，咽中塞，如欲呕状，名肺热实也"；"肺热咳声不出"；"肺热胸背痛，时时咳不能食"；"肺热喘息短气，好唾脓血"；"肺热实胸，凭仰息泄气"；"肺热闷不止，胸中喘急、惊悸，客热来去，欲死不堪"。本病应有之症状，可谓叙述尽致。此后亦有称本病为"马脾风"者。

本病为局部性传染疾患，多属于原发性。所谓原发性者，即无病之小儿忽然发生本病也。本病病变，仅限于肺部之一大叶或其一部分，故有大叶性肺炎之名称。患者大都为较大之儿童，婴儿较少。盛行季节，多在冬春之间。

【病原】 原发性肺炎之病原菌大都为肺炎球菌（以第一型为多），偶有链球菌、葡萄球菌等。其传染途径，由口、鼻而入，侵袭肺部，产生毒素而致发炎。

【症状】 大部骤然发病，现高热、咳嗽、胸痛、头痛、寒战、呕吐、腹痛、腹泄等症状，婴儿多现惊厥。患儿体温保持在40℃左右，不多变动，呼吸加速，鼻翼煽动。病初数日内，咳嗽不多，或竟缺如，咳痰多呈铁锈色（惟幼儿不见咳痰，因痰涎咳至咽部，又尽被其吞咽）。重症者多现脑症状，患儿昏迷不省，呈极度衰惫之状态；轻者无中毒现象，大都神志清醒，惟现倦怠、懒食。本病经过较短，热度稳定，大都于一二周骤然退热，渐至痊愈。

【并发症】 脓胸与脓气胸大都并发于本病之后，腹膜炎、中耳炎、脑炎等均可能并发。

【诊断要点】 寒战、高热、胸痛，咯铁锈色痰，咳嗽、喘息不安。

【护理】 使安静仰卧温暖室中，火炉上置水使蒸发，以防室内空气干燥，并应按时更换室内空气，惟不可使患者感觉寒冷，或使室温突然降低。胸部可施行温湿布，或使吸入蒸汽。饮食在高热期可用流动食物。在发汗分利之前后数日间，最宜注意其脉搏、呼吸等，防其虚脱也。

【预后】 较为良好，据史密斯氏之统计证明：大叶性肺炎之死亡率为 5.5%，见脑症状者，预后较差。其他如体质之强弱、营养之良否，均与预后有关。

【预防及消毒】 住所不宜拥挤，以免带菌者传染。应避免接触有呼吸道疾患者，已患本病之小儿应行隔离。痰盂中宜注入20 倍之石碳酸，最好将痰吐于纸上，即行烧毁。一切衣服、用具，应行严密消毒。

【治疗方剂】

1. 翘石二参汤

连翘 1.5g，石膏 2.5g，杏仁 1.5g，川贝 1.5g，远志 1.5g，茯苓 2.0g，银花 1.5g，沙参 1.5g，玄参 1.5g。

此方之功用，为消炎、解热、排痰，兼可养阴。

2. 降气冲和汤　主治肺炎咳嗽，胸胁喘满，时吐稠痰。

苏子 1.5g，白芥子 0.5g，莱菔子 1.5g，杏仁 1.5g，瓜蒌仁 1.5g，贝母 1.5g，半夏 1.5g，橘红 0.8g，海浮石 1.5g，桑皮 1.5g，姜汁 10 滴，沉香 0.2g（研末吞服）。

此方降气、平喘、排痰之功用特大，如与解热剂配伍用之，捷效可期。

3. 麻杏石甘合泻白散方　主治高热咳喘，鼻煽、痰滞。

麻黄 1.0g，杏仁 1.5g，甘草 0.8g，石膏 4.0g，地骨皮 1.5g，桑白皮 1.5g，加服紫雪丹 0.2g。

麻杏石甘汤为消炎、解热、镇咳、平喘剂，佐以泻白散，平喘、镇咳之力愈大，又加紫雪丹以治神昏谵语、四肢搐搦，可谓面面俱到矣。

十、支气管肺炎

《素问·咳论》云："肺咳之状，咳而喘息有声，甚则唾血。"此为支气管肺炎之最初见，盖咳而喘息有声，乃气管支肌及气泡之痉挛，而发呼吸困难喘息性之咳嗽也。

本病常继其他传染病之后而发生，一般称为续发性肺炎。本病以支气管壁及肺泡壁之发炎及单核性细胞浸润为主体，牵涉之范围甚为普遍，故较大叶性肺炎严重。此种肺炎任何时期均可发现，婴儿及年长儿均可感受。

【病原】 续发性肺炎之病原菌不止一类，大都系溶血性链球菌、发否氏杆菌、葡萄球菌、肺炎球菌等。多继各种传染病而发生（如流行性感冒、百日咳、麻疹、白喉、猩红热、天花等），其他如异物窜入，或先患急性支气管炎者，均能引起本病。

【症状】 发热颇不规则，呈弛张性，往往朝低夕高（高至40℃以上低至38℃左右）。患者呼吸急促，咳嗽频繁而窘迫，早期呼吸道分泌甚多，通常现失眠、烦躁、呕吐或腹泻等症状。重性者胸骨上窝部陷没，呼吸困难加剧，鼻翼煽动，无力作咳，因氧气之缺乏，口唇、爪甲呈恐怖状之青蓝色，并发惊厥者甚多。本病之痰涎呈黏稠脓液状，此与大叶性肺炎之痰有显著之区别，可佐鉴别诊断。

【并发症】 本病之后，易并发支气管扩张、肺脓肿及肺坏疽，其他如中耳炎、脑膜炎、腹膜炎等，均能与本病同时发生或晚期发生。

【诊断要点】 弛张热型（朝低夕高）、频繁咳嗽、喘息无力，口唇、指甲常呈青蓝色，痰涎为稠黏脓液状，此绝对不同于大叶性肺炎也。

【护理】 与大叶性肺炎同。

【预后】 本病死亡率甚高，据史密斯统计：患支气管肺炎而死亡者占50.2%，尤以一岁内之婴儿为甚。其他体质之强弱、营养之良否、并发症等，均与预后有关。

【预防及消毒】 见大叶性肺炎。

【治疗方剂】

1. 华实孚方

吉林人参0.8g，生石膏2.5g，象贝2.0g，杏仁2.0g，紫菀1.5g，炙桔梗1.0g，炒麦芽2.0g，白茅根5.0g（去心）。

此方之功用为消炎、解热、镇咳、排痰，更有维护心脏之作用。

2. 麻杏石甘加犀黄汤

蜜炙麻黄1.0g，杏仁1.5g，石膏4.0g，生甘草1.0g，犀角0.5g（磨冲），牛黄0.5g，竹茹1.0g，桔梗1.0g，生地2.5g。

此方之功用为消炎、解热、平喘，肺炎型具备而高热未退者，用之最宜。又此方亦治脑性肺炎。

3. 麻杏石甘加羚羊角汤

净麻黄1.0g，白杏仁1.5g，生石膏4.0g，生甘草1.0g，羚羊角0.8g。

此方有消炎、解热、镇痉、平喘之功用，适用于本病并发惊厥者。

十一、流行性脑脊髓膜炎

巢氏《病源》述“风角弓反张候”云：“风邪伤人，令腰背反折，不能俯仰似角弓者，由邪入诸阳经故也。”所谓“风邪伤人”，颇含有传染意味。又记“痌候”云：“痌者，小儿病也，十岁以上为癫，十岁以下为痌，其发之状，或口眼相引，而目睛上摇，或手足掣纵，或背脊强直，或颈项反折。”同时，又有记“发痌瘥后六七岁不能语候”，是既指出小儿之好发性，及其“不能语”之不良贻后症，皆足以证明其为流行性脑脊髓膜炎也。宋以后则指本病为急惊风，《医学纲目》云：“小儿急惊之状，身壮热，痰壅塞，四肢拘急，筋牵掣，背项强直，目睛上视，牙关紧闭，以其发动急，故名曰急惊风。”其云“身壮热”，其云“发动急”，且为小儿病，据此三者，殆为本病无疑。

本病为最易侵犯小儿之急性传染疾患。多发生于春、冬，每先发于婴儿，渐及年长儿童，而致扩大流行。

【病原】 本病病原体系一种双球菌，为魏煦塞鲍氏于一八八七年发现，称为胞内脑膜炎球菌。此菌多潜藏于患者之鼻腔及咽头黏膜等处，藉飞沫而侵入他人之口鼻而发病，其他如手巾、衣被、餐具、玩具等，均为传播之媒介。又人烟稠密之区、空气不洁及疲劳与感冒等，亦为本病之主要诱因。

【症状】 在脑膜被侵犯以前，多数患者先见上呼吸道发炎症状。本病潜伏期约一至四日，多为突然发病，且经过迅速。发病时以急骤之恶寒、发热、呕吐、头痛、背痛、四肢酸痛等症状开始，其头痛偏重于后脑部，剧痛之程度有如头脑将要裂开之感觉。经一二日后，现颈肌强硬，头牵向后，如强其向前弯屈，则感剧痛而叫唤，此为本病之特征，称为项部强直。患儿知觉敏感，腱反射亢进，以后随病势恶化而意识混浊、谵妄、狂躁，甚且陷于昏睡或惊厥等脑神经症状，现斜视、眼睑下垂，瞳孔特大或左右不等，颜面神经麻痹等病征。患儿若系乳婴，则屡屡初期症状不甚明显，且起病较缓，发热无定，惟囟门搏动膨隆为可疑症状，可由此点引起正确诊断。症状中间有病势猛烈之电击性重症，患者多于数日内毙命。亦有病程徐缓，病势无定，持续数周或数月，症状时轻时重，并见呕吐、下利、饮食不进，每因营养缺乏而渐取死亡之转归。

【并发症】 本病有并发关节炎及五官障碍者，故病后常遗留失明、聋、哑、白痴等而成残疾。

【诊断要点】 急剧发病，高热、剧烈头痛、眩晕、呕吐、项部强直、角弓反张，从股关节屈其大腿，再从膝展其下腿，常觉有相当的抵抗，而病人且觉疼痛，是为“克氏证候”；皮肤过敏、牙关紧急、斜视等，大概可以证明为本病。其脉搏亦常随体温而频数。

【护理】 使病人绝对安静，至诸症皆消退而后已。病室宜稍暗而肃静，饮食用清淡之流动食物，如冷牛乳、茶等。项部可置水蛭，如便秘、尿闭，可用灌肠、导尿法。

【预后】 重性流行性病势猖獗之时，死亡率较之散发性为高。幼儿较年长儿之预后为劣。开始治疗之早迟，与治疗是否得宜，均与预后有关。

【预防及消毒】 在本病大流行时，凡与本病有接触嫌疑之人，可口授“磺二嗪”一至二公分，连服三数日以作预防之用。至于注射预防疫苗，每于流行时施用，其功效尚乏研究。已患者应行隔离，其衣被、什物，应行消毒。健康儿若有上呼吸道发炎症状时，不可忽视。

【治疗方剂】

1. 葛根解肌汤　初期用，主治头痛、寒战、呕吐、身热、项强、抽搐、苔黄、溲赤、无汗。

葛根 2.0g，芍药 1.5g，麻黄 1.0g，大青 1.5g，炙草 0.8g，酒芩 1.5g，生石膏 3.0g，桂枝 1.0g，大枣 2 枚。

如无大青，用蓝根代，万一蓝根亦无，加龙胆草。苔黄糙，去桂枝。

2. 知母解肌汤　初期用，主治前症苔白渴甚者。

麻黄 1.0g，葛根 2.0g，知母 1.0g，石膏 3.0g，炙草 0.8g。

上二方治本病初起，有发表解热之作用。

3. 白虎加全蝎蜈蚣汤　高热时用，主治壮热自汗、心烦口渴、头项强痛、苔白。

石膏 3.0g，知母 1.5g，甘草 0.8g，粳米 2.0g，全蝎 1.5g，蜈蚣 1.5g。

此方旨在解热，兼有弛缓神经之作用。甚者加犀角、羚羊角。

4. 大承气加羚犀蚯蚓汤　高热时用，主治本病口噤唇焦，苔燥黑起刺，目赤、便结或黄臭。

大黄 1.5g，芒硝 1.5g，枳实 1.5g，川朴 1.0g，羚羊角 0.5g，犀角 0.5g，蚯蚓 1.5g。

此为通便解热法，兼有治神昏、抽搐之作用。

5. 寒石散　危险时用，主治本病舌不燥，但手足抽搐、项强者。

大黄 1.5g，桂枝 1.0g，干姜 1.0g，龙骨 1.5g，牡蛎 2.0g，

寒水石 2.0g，滑石 1.5g，赤石脂 2.0g，紫石英 1.5g，石膏 2.5g，甘草 0.8g，犀角 0.5g。

此方以镇静安脑为主，兼有解热通便之作用，用于手足者。苔白者姜、桂减少；黄燥者去姜、桂，加钩藤、桑枝、蒺藜；头痛者加蝉蜕、僵蚕。

6. 加味清宫汤　危险时用。主治前症舌赤者。

犀角 0.5g（磨汁），玄参 2.0g，生地 2.5g，寸冬 2.0g，丹砂 0.5g（研冲），黄连 0.6g，竹叶心 1.0g，银花 1.5g，带心连翘 2.0g，丹皮 1.0g，羚羊角 0.5g，钩藤 3.0g。

此方有清热、解毒、滋阴、镇痉诸作用，用于神智昏迷者。

十二、伤寒

或谓伤寒（肠热病）即湿温病，似据《难经》而言也。《难经》云："伤寒有五：有中风，有伤寒，有湿温，有热病，有温病。"可知伤寒与温病，并非二而一。若以《伤寒论》为依据，论中固有肠伤寒之记载，如"伤寒十三日不解，胸胁满而呕，日晡所发热，已而微利，此本柴胡证；下之而不得利，今反利者，知医以丸药下之，非其治也。潮热者，实也，先宜小柴胡汤以解外，后以柴胡加芒硝汤主之。"又"热结膀胱，其人如狂，血自下""身体则枯燥，口干咽烂，或不大便，久则谵语，甚者至哕，手足躁扰，捻衣摸床"。凡此皆确切为肠伤寒证候。若湿温病，于古代经典中殊无定义性证候之叙述，今强合之，实为时医之言也。要之，旧说之"伤寒"与"湿温"，同为广义的热性病，不能以简单之病名强求牵合，而必以具体的证候互相参证也。

本病流行多在夏秋间，小儿感染者较成人为少。一经罹过本病，鲜见再染。

【病原】 本病病原体系一种杆状细菌，为埃伯特氏于一八八〇年所发现，称为伤寒杆菌。此菌属附着于不洁之饮水、瓜果或食物中，经口侵入，其他如苍蝇，亦为传播之媒介。

【症状】 潜伏期约十至十五日。起病时略感头痛、懒食、倦怠不快，现便闭及四肢痛等前驱症状。定型症之经过，大约三周。小儿感染多属轻症，其经过轻快，热型无定，仅呈下利、呕吐等胃肠症状，间有因壮热而烦渴者，甚或高热稽留，苔厚津枯，致患儿呈无欲状态。小儿染患本病鲜见脾肿、皮疹及肠溃疡等病变，惟腹胀颇为显著，一般称为假性腹水（本节仅就小儿伤寒常见症状略言其概，欲明详细，宜参阅各内科书籍）。

【并发症】 本病有并发口腔炎、腮腺炎、中耳炎、支气管炎或肺炎之虑。

【诊断要点】 发病徐缓，高热持续，热虽高而脉迟，舌苔干褐色、龟裂，腹部膨满，回肠部压痛雷鸣，豌豆汁状下利，或便秘，见口唇匍行疹及谵语等神经症状。

【护理】 有热期之护理要点有二：

1. 使患儿身心绝对安静，大小便均于床上行之，平卧排泄，并禁其看书谈话。

2. 保持患儿口腔及身体之清洁，免致发生耳下腺炎、褥疮等。日宜漱口数次，或用纱布湿水，拭净口腔。时时用温汤将全身各部分分别揩净，衣服及寝具有沾污时，应即时更换。易于发生褥疮之部位，每日至少宜检视一次，用稀薄酒精揩拭。至无热时，每日可使患儿坐起床上数分钟，逐渐展长时间，降热后十三四日，每日可使在室内步行数分钟，并许患儿入浴，至第二十日左右，可如平日起居。

有热期之食饵：以流动为主，每日以浓粥汤800公撮，牛乳400～600公撮，卵黄二三个为主食；为引起其食欲，可使吃菜羹汤、肉汁、冰淇淋、水果汁、茶、咖啡茶等，有时可用味精等调味，以引起其食欲。无热期之食饵：第一周可照有热期办理；第二周起，可照下表渐次改为半流动食（吃粥汤和粥），又渐次改食粥，副食物用柔软鱼肉、炖蛋、豆腐、菜汤、切碎之肉等；第三周以后，可进常食菜饭。

恢复期

第1日流动食粥汤

第2日同上

第3日同上

第4日同上

第5日同上

第6日同上

第7日吃粥汤及粥一顿

第8日同上二顿

第9日同上三顿

第10日吃粥一顿进食时许坐起

第11日同上三顿同上

第12日同上三顿许在室中步行

第13日吃菜一顿同上

第14日同上二顿入浴

第15日同上三顿

第16日常食一顿入浴

第 17 日常食二顿

第 18 日常食三顿入浴

第 19 日常食

第 20 日常食入浴

【预后】 乳婴及幼稚儿多属佳良，又流行时所现病势之轻重，与预后有关。

【预防及消毒】 平时注意小儿饮食之调节与清洁，扑灭苍蝇；不洁之瓜果、陈久之饼饵、未经煮沸之饮水等，均不可食。用伤寒疫苗接种，可预防本病二三年之久（接种方法近日主张行皮内注射，以 0.1 公撮之伤寒菌苗做皮内注射，可抵过去皮下注射三次，且局部及全身反应均相当轻微）。已患者，应行隔离，其衣被、排泄物等，应严格消毒。

【治疗方剂】

1. 加味藿香正气散

藿香 1.5g，苏梗 1.5g，桔梗 0.8g，白芷 0.8g，半夏 2.0g，陈皮 0.8g，云苓 2.0g，苍术 1.0g，川朴 1.0g，甘草 0.8g，大腹皮 1.5g，葱白 2 支，豆豉 2.0g。

此方之功用为健胃、解表，适用于伤寒初起（即第一周），如见怯寒身热、舌苔白腻、口渴不饮，汗出热仍不退等症，投此最宜。

2. 大橘皮汤

猪苓 1.5g，泽泻 1.5g，官桂 1.0g，滑石 1.5g，广皮 1.0g，赤苓 2.0g，川朴 1.0g，苍术 1.0g，蔻末 0.5g，槟榔 1.5g。

此方之功用为健胃、利水，适用于伤寒初起，有呕吐、下利者，尤为相宜。

3. 加减银翘散

桑叶 1.0g，连翘 2.0g，大豆卷 2.0g，黄芩 1.0g，淡竹叶 1.5g，郁金 1.5g，蚕砂 1.5g，滑石 1.5g，通草 0.5g，枳壳 1.0g，芦根 4.0g。

此方之功用为清肠、利尿、解热，适用于但热不寒，口渴、胸闷、舌苔黄腻等症。

4. 犀地清神汤

犀角 0.5g（磨汁），生地 2.5g，银花 1.5g，连翘 1.5g，郁金 1.5g，菖蒲 0.8g，梨汁 10.0g，竹沥 5.0g，姜汁 10 滴。

另用芦根、灯心二味煎汤代水，煎成后，冲入犀角汁、郁金汁、梨汁、竹沥、姜汁等，乘热服。

此方之功用为解热、清脑，适用于高热稽留，舌红少苔、神昏抽搐等症。

十三、斑疹伤寒

《金匮要略》云："阳毒之为病，面赤斑斑如锦文；阴毒之为病，面目青。"概指本病而言也。阳毒乃指出血性疹，故云"斑斑如锦文"；阴毒指病者血压低降，面色暗晦，故云"面目青"。巢氏《病源》则直称为"伤寒阴阳毒候"。又其记叙"伤寒斑疮候"云："伤寒病证在表，或未发汗，或经发汗未解，或吐下后而热不除，此毒气盛故也。毒既未散而表已虚，热毒乘虚出于皮肤，所以发斑疮隐疹如锦文，重者，喉、口、身体皆成疮也。"所谓身体成疮，即患者全身皮肤之栓塞性痈疖坏疽。

本病为急性传染病之一，以出血性皮疹及脑症状为其特征。小儿感染者较成人为少。发病时令多在春冬二季。

【病原】 本病病原体为形如杆菌之小体，乃立克次氏于一九一〇年所发现，一般称为立克次小体。衣虱为传播本病之媒介，凡饥荒、流离、人口拥挤等，均适合衣虱繁殖而引起本病流行。

【症状】 潜伏期七至十五日。起病时大都先见战栗，继发高热（约40℃）、头痛、腰痛、四肢痛、懒食、呕吐，并伴以结合膜炎、鼻炎、扁桃腺炎、支气管炎等症状，脉搏频数，舌被厚苔，脾脏、肝脏显示肿大。病约三五日后，发现蔷薇疹布于全身，甚至手掌、足心均见发疹。此际全身症状重笃，如重听、谵妄、撮空摸床、舌燥、脉微均可发现。未几，皮疹转为出血性斑，指压之不退色，持续约一至三日，皮疹渐渐消退，热候则仍稽留于38℃～39℃，经十至十五日，始渐渐下降而消散。

【并发症】 重症有并发肺炎及化脓性腮腺炎者。

【诊断要点】 发病急剧，热型稽留，脉搏细小频数，躯干、四肢见出血性皮疹（伤寒疹不出血，并为丘疹），发疹以后，高热仍持续，与其他疾病体温多随发疹而下降，截然不同。

【护理】 与伤寒同，惟患者作躁狂状，多欲离开病床，应加注意。病室内宜使空气流通，全力驱除虱、蚤、臭虫。

【预后】 小儿感染本病，不如成人危险，并发症较少，死亡率亦低。

【预防及消毒】 预防注射系用斑疹伤寒立克次小体制成之疫苗做皮下注射，每隔一星期一次，共注射三次，能预防本病发生或减轻病势。根绝本病，首须消灭衣虱，清除其繁殖处所，注重环境卫生和个人清洁。已患者应行隔离，患者之衣被、什物等均需灭虱或消毒。

【治疗方剂】

1. 银翘散去豆豉加生地丹皮大青玄参方

连翘1.5g，银花1.5g，桔梗0.8g，薄荷0.8g，竹叶1.0g，甘草0.8g，荆芥穗0.8g，牛蒡1.5g，生地2.0g，玄参4.0g，大青1.5g，丹皮1.0g。

2. 化斑汤

石膏5.0g，知母2.0g，甘草1.5g，玄参1.5g，犀角1.0g，粳米5勺。

前方系银翘散加味，银翘为辛凉平剂，稍有透达斑疹之作用，所加四味，则为清血、凉血之品，合而为治气血两燔，兼透斑疹之专方。后方系白虎汤加元参、犀角，有清热、解血毒之功用，如神昏谵语者，酌加安宫牛黄丸（用半丸）、紫雪丹（用0.5～1.0）、至宝丹（用半丸）。（以上三丸方载《温病条辨》）

又吴鞠通化斑汤加犀角元参方内，有犀角1.0g，目前犀、羚之价极昂，购服非易，可改用牛角。本草载牛角治时气热毒，铯片3.0煎服，或烧成炭，研极细末服0.5g，医工同志似可试用，如其功用相埒，亦大众方向的良药也。

3. 斑疹伤寒标准方

黄芩1.5g，白芍1.5g，葛根1.5g，青蒿1.5g，连翘2.0g，象贝1.5g，元参1.5g，赤芍1.5g，甘草0.4g，升麻0.4g。

此方系聂云台拟订，亦以清热透斑为旨。斑疹已发，去升麻、葛根，加生地、丹皮。

十四、杆菌痢疾

《伤寒论》云："下利便脓血者，桃花汤主之；热利重下者，白头翁汤主之。"是为杆菌痢疾之最早记载。巢氏《病源》述"赤白痢疾候"云："赤白相杂，重者状如脓涕，而血和之；轻者脓上有赤脉薄血，状如鱼脂脑。”又述“时气脓血痢”云：“下脓血如鱼脑，或如烂肉汁，壮热而腹痛。”其于本病之描写，益为具体也。明、清而还，赤痢流行之记载较夥，如刘宗厚《玉机微义》云：“时疫作痢，一方一家之内，上下传染。”孔以直《痢疾论》云：“乡邑中疫痢大作，先发热头痛，红白相杂。”凡此记载，愈觉信而有征。

小儿所感染之痢疾大都为杆菌痢疾。据北京协和医院一九三〇年至一九三九年儿童痢疾病例之统计：发现患杆菌痢疾者占 315 例，患阿米巴（原虫）痢疾者仅有 12 例。本病多流行于夏秋。

【病原】 据诸福棠、吴瑞萍二氏云：“在我国所见之杆菌痢疾，以发酵甘露糖之杆菌所致者为最多，此种杆菌亦统称为弗氏痢疾杆菌属；次多者为志贺氏痢疾杆菌。”此等细菌，屡附着于不洁之饮食中，藉吃喝而传播。

【症状】 潜伏期一至七日。起病即见腹痛、溏泻，渐至腹痛加剧，时作雷鸣，排出典型之痢疾粪便，其中有黏液溷脓及血液等交杂混合。便意频数，有日达数十次者，便时里急后重，体温呈不规则之弛张热。一般症状多见食欲减退、烦渴不安等，甚且有涉及神经中枢之症状，如昏迷、谵妄、惊厥等。

【诊断要点】 轻微发热，大便含有黏液、血液、脓汁等，便意频窘、里急后重，腹部雷鸣、疼痛，左肠骨窝部压痛。

【护理】 有热期之护理，约与伤寒同。

1. 身心应绝对安静。

2. 身体应清洁。

3. 食用流动性食物，但在初发病一二日间，以绝食为宜。

于口渴时，可饮比较多量饮料，每次饮少许，分多次饮。

4. 每次便后，应将肛门周围揩净，以防肛门糜烂，腹部宜用温罨，尤以S字状部为然。大便时发生脑贫血者（多见于剧烈下痢），可使饮葡萄酒少许，暖其四肢，头部稍放低。已至恢复期，粪便从黏血性转为脓性，或已带粪性时，食饵可从流动食渐次改为半流动食；粪便已全然成为固有粪性，作粥状或有形便时，可使吃鱼肉、蔬菜等副食物，数日后可恢复常食。患儿可比较早日入浴，大约下粪性便时，即可入浴。

【预后】 视菌种毒力之大小、患儿身体之强弱而定，年龄愈小者，预后愈不良。

【预防及消毒】 扑灭苍蝇，改善环境卫生，注意小儿饮食及清洁。已患病之小儿应行隔离，患儿之排泄物及衣被等应行消毒。

【治疗方剂】

1. 变通白头翁汤　主治热痢，下重腹疼者。

山药5.0g，白头翁2.0g，秦皮1.5g，地榆1.5g，杭芍2.0g，甘草1.0g，三七1.0g（研吞），鸦胆子30粒（去壳，纳入胶囊，分三次吞服）。

白头翁、秦皮为白头翁汤之主药，功能凉血、止痢；张锡纯加地榆、三七、鸦胆子三味，以止血消炎，其治疗功效自然更大。

2. 疫痢芩连丹

葛根40.0g，黄芩30.0g，黄连20.0g，苦参50.0g，赤白芍各10.0g，枳壳10.0g，青蒿20.0g，滑石150.0g，莱菔子20.0g（取汁），鲜荷叶80.0g（挤汁），鲜萝卜（净汁）30.0g。

前七味，煎汤二次，放凉，浸莱菔子及荷叶（荷叶先磨碎），绞汁，加萝卜汁和滑石为丸，重3.5g，干后约重3.0g，每服半丸，日二次，两日可痊愈。

聂云台云："余用苦参七液丹（仲圭按：苦参七液丹，与此丹相较，多姜黄、甘草、藿香、苏叶、佩兰等味，少赤芍、白芍、枳壳三味）治传染性赤痢，虽已十余日，服此丹早晚各三丸，一日即愈。此丹与七液丹相类，故效力亦相同也。"又丹内滑石须研至极细，据聂氏云：滑石可交磨粉厂以风飞法磨细，较旧法水飞更为细腻，滑石粉质愈细，则至肠部吸收细菌之力亦愈大。滑石即陶土，善于吸收细菌及浊质，西药中称为吸着剂。又此丸甚大，服时须先捣细，以开水送下。

3. 恶性赤痢方

葛根1.5g，黄芩1.0g，黄连0.5g，苦参1.5g，赤白芍各1.0g，楂炭3.0g，荷叶3.0g（如无荷叶则用茶叶），阿魏丸九粒，三次分服。

附　阿魏丸方

阿魏10.0g，水飞朱砂3.0g，水飞雄黄3.0g，黄蜡24.0g。

阿魏须烘极干，或略加滑石粉，方能研细。将黄蜡隔汤烊化，加各药，离火搅极匀，捻为豌豆大小丸，每粒约重市秤七厘为准。以九丸作三次分服。如粒子太大，则每服丸数须酌减。

聂云台云："伤寒下利，乃一普通名词，不应限于此一症，凡肠胃实热下利者，皆应通用。余三年前即蓄此理想，后既知葛根芩连汤确为治伤寒之效药，乃决定此方必为治赤痢之效方。同时，舍徒弟叠声在衡山遇一医家言：某岁疫痢，渠用槟榔、厚朴、枳实、苍术、大黄之古方，皆不奏效，死者数人，后读《医学心悟》，言治赤痢他方多不全效，惟用芩连苦参方，则无不效。即照用其方，竟无一不效。”

圭按：《心悟》治赤痢有二要方，一名“治痢散”，有苦参、葛根，而无芩、连；一名“朴黄丸”，系大黄、厚朴、木香、陈皮、荷叶五味，并无芩、连、苦参合用之方。

又按：苦参、芩、连俱为消肠炎要药，古方如芍药汤，芩、连与大黄并用；香连丸，黄连与木香并用；苦参古方用以治痢亦多。聂方于此三品外，复益以清热、利气、消积、护肠诸药，宜乎屡经试用，奏效神速也。

4. 润下剂

当归 5.0g，白芍 5.0g，槟榔 3.0g，车前 3.0g，甘草 1.0g，赤苓 3.0g，枳壳 3.0g，莱菔子 3.0g，黄连 1.5g。

据萧熙云：此方治菌痢颇效。

圭按：萧方自《傅青主男科》治痢方蜕化而出，并减轻归、芍之分量也。

5. 大蒜浮游液灌肠法

取蒜 5～10 公分，用磁制乳钵捣碎后，注入煮沸温水 100 公撮，约一小时，倾入带盖之容器内，最初用 5%浮游液灌肠，其后再用 10%浮游液。此项浓度之选择，以患者对蒜之敏感性而决定，所以在病初之数日内，应先使用 5%浮游液每日一次，以后再用 10%浮游液隔日一次，一直用至肠内病变完全消失为止。注入大蒜浮游液之时，或注入以后 10～15 分钟，患者通常于直肠及乙状结肠部，觉有灼热感，渐渐在直肠内觉有凉感，患者口内觉有蒜臭，腹痛及乙状结肠等部之疼痛消失。但有很多患者于第一次灌肠后，可能引起与粪便共同排泄之黏血增加，排便次数也随之增多，这些现象经过二至三次继续灌肠后，即会消失，便通也恢复正常。

此种灌肠，可用五至十次，对比较顽固者，可用十至二十次，要使患者得到更迅速之效果，须用调制后经过二十四小时之10%浮游液与磺胺剂同时治疗为佳。

附　阿米巴痢疾

【病原及症状】 阿米巴痢疾为阿米巴（原虫）所致之痢疾，小儿较少感染。其症状与杆菌痢疾仅为大同小异，最可靠之鉴别诊断，当凭显微镜检查始能确定，但如诊知其经过为慢性，黏液血便时或终止，于排常便数日后，再排黏液血便，反来复去，极其绵缠等，亦可确知其为本病之一助。

本病多为散发性或地方性。潜伏期较长，病程亦长。开始为逐渐发病，大都无热，里急后重及腹部绞痛均不显著，大便次数较少，量较多，常有腐败之臭气，凡此均有助于与杆菌痢疾相鉴别。本病预后较杆菌痢疾良好，惟常易转成慢性痢疾，缠绵甚久。患者大都呈营养不良、身体羸弱。

【治疗方剂】

1. 燮理汤　主治下痢赤白，腹痛、里急后重；又治噤口痢。

山药 4.0g，银花 2.5g，杭芍 3.0g，牛蒡 1.0g，甘草 1.0g，黄连 0.8g，肉桂 0.8g。

赤痢，加地榆 2.0g；白痢，加生姜 2.0g；血痢，加鸦胆子20 粒。

张锡纯《衷中参西录》治痢诸方，用者多云颇效，上方即张氏诸方之一也。

2. 治痢散　主治痢疾初起，不论赤白皆效。

葛根（炒）、松罗茶、苦参各一斤，赤芍（酒炒）、山楂（炒）、麦芽（炒）各十二两，陈皮一斤。

研细末，每用2.0g，水煎，连药末服下。此方治虫痢初起而腹不大痛者，殊佳。

十五、疫痢

巢氏《病源》述“小儿洞泄下利候”云：“小儿春伤于风，夏为洞泄，洞泄不止为注下；凡注下不止者，多变惊，亦变眼痛生障，下焦偏冷，热结上焦。”所述病发于夏季，洞泄注下而无里急后重，热结上焦而有“惊”之神经症状，复有“下焦偏冷”的心脏衰弱现象，是以知其为疫痢也。

本病为独见于小儿之传染疾患，多流行于夏秋。二至六岁之小儿，最易感染。

【病原】 病原体尚未绝对确定，惟大肠菌与此症有相当关系。主要诱因为饮食不洁、过啖生冷及零食等。幼小儿腹部受凉，亦可引起本病。

【症状】 潜伏期至迟不过一日。起病时，平时活泼之儿童，突然沉闷、食欲骤减、体温上升（约39℃许），排出混有黏液之软便或不消化便，放恶臭，持续五六小时以后，体温再升（达40℃以上），继下黄绿色之黏液便，间混少许血液，一昼夜不过排便四五次，排便时并无里急后重之感觉，为此症之特征，可与赤痢鉴别。本病之中毒征象，除高热外，时作呕吐，其吐物呈赤褐色，患儿现神迷、昏睡、痉挛、肢冷，肢端起紫绀色等症。脉搏细弱不堪，一二日内以心脏衰弱而毙命。

【诊断要点】 发病急剧，日虽下利数次而不里急后重；高热，排泄多量黏液而有恶臭。

【护理】 与杆菌痢疾相同。惟此为急性症，且有剧烈之脑症状、中毒症状等，故片刻不能疏忽。腹部宜施行温罨法，并时常注意脉搏。

【预后】 患儿呈神迷、痉挛，发紫绀色等中毒征象者难治；反之，则颇有希望。

【预防及消毒】 于相当年龄之儿童，宜注意其饮食，睡时勿使受冷，勿损害胃肠，勿使吃生菜。于本病流行时，尤宜注意儿童动作，如见突然脱力，纵未发热、下痢，亦必急速就诊。消毒与杆菌痢疾同。

【治疗方剂】

1. 人参败毒散　治本病有表证者（即壮热、头痛等症）。

人参 2.0g，桔梗 0.8g，前胡 0.8g，柴胡 1.5g，羌独活各 1.5g，川芎 1.0g，薄荷 1.5g，枳壳 1.0g，茯苓 2.0g，甘草 0.8g。

此方为发表退热法，人参不妨改用党参。

2. 加味四逆散　治本病表证已解，下痢未痊者。

柴胡 1.5g，枳实 1.5g，白芍 1.5g，甘草 1.0g，焦山楂 2.0g，木香 1.0g，槟榔 1.5g。

此方有健胃、清肠之功用。

十六、霍乱

霍乱菌毒有麻痹腹部神经之作用，因而真霍乱必不腹痛。古籍中所记载之霍乱，有真性者，有为急性肠炎者，不可不辨。如《素问》云："太阴所至为中满，霍乱吐下。"斯不言腹痛，应为真霍乱。巢氏《病源》云："霍乱有三：一曰胃反，言其胃气虚逆，反吐饮食也；二曰霍乱，言其病挥霍之间，便致缭乱也；三曰走哺，言其哺食变逆者也。"三者中均不言有腹痛。他如"霍乱心腹胀满候""霍乱下利不止候""霍乱欲死候""霍乱呕哕候""霍乱烦渴候""霍乱心烦候"，亦不言腹痛，皆为真性霍乱。又论霍乱脉云："诊其脉来代者，霍乱，又脉代而绝者，亦霍乱也。"代脉即二连、三连、四连诸脉，多见于代偿机能已起障碍之心脏病，为危险脉候。霍乱因水分大量消失后，血液因之浓厚，血行随之障碍，必然发生代脉与代而绝之脉，即今之所谓"绝脉期"也。霍乱复多有腓肠肌挛痛、痉挛等症，而巢氏《病源》亦载有"霍乱转筋候""霍乱筋急候""霍乱结筋候"，及不吐、不下之"干霍乱候"，是益足以说明我国在隋代已有真霍乱矣。

本病为疫势猛烈之疾患。多流行于夏秋，尤以时续时歇之雨季，更为猖獗。

【病原】 本病病原体系弧形杆菌，为郭霍氏于一八八三年所发现。此菌屡附着于患者之粪便及吐物内，藉各种机会混入饮水、食物中，乘吃喝而传播。其他如暴饮、暴食及胃肠先有疾患者，均为致病之主要诱因。

【症状】 潜伏期多为一至三日，亦有仅数小时即发病者，其经过不一，兹分为三期叙述：

1. 初期（即轻症） 有开始即见呕吐、腹泻、腓肠肌拘急，数次后吐泻物均呈水样，以后则多转为重症。①有起病时以腹泻为主，初见腹部绞痛，时作雷鸣，便下稀粪，继则下多量之水样便，便意频数，患者现倦怠、烦渴、食思缺乏，以后腹泻终止，渐趋轻快，而至痊愈。②症状不减，反趋向厥冷期者亦有之。

2. 厥冷期（即重症） 此际呕吐时作，水泄愈甚，粪便全无粪质，仅含肠上皮细胞之块屑及黏膜，呈灰白色，恰似米泔汁（俗称淘米水）。尿量减少或闭止，口渴极甚，惟饮入即吐，渐见皮肤干燥而失弹力，如老妪之肌肤。一般腓肠肌感痉挛性疼痛，眼窝陷没，鼻梁尖锐，嗓音嘶嗄，脉搏频数而细小，四肢厥冷。患者多于此期死亡，亦有因治疗得宜而获救者。

3. 假死期（即极重症） 此际症状恶劣，患者囟门凹陷，眼球陷没更深，鼻梁愈形尖突，颜面著明苍白，口舌干燥无津，口唇及肢端现青蓝色，声音全嗄，显示衰耗之无欲状态，颇似死者之容貌。各处发生肌痛性痉挛，尤以腓肠肌更甚，且极疼痛，脉搏难于触得，一二日内，即陷于虚脱而毙命。

【诊断要点】 剧烈吐泄，腹不痛，腓肠肌挛痛，厥冷，两眼凹陷，呈特殊颜貌。

【护理】 一般与伤寒同。除注意安静、饮食、清洁外，因病人水分消失甚多，宜时时多与以饮料，并以生理食盐水、葡萄糖液行皮下注射及静脉注射。四肢厥冷者，宜注意使之温暖，腓肠肌挛痛，可贴以芥子泥，或施行按摩。

【预后】 小儿染患本病者，预后大都不良，五岁以下者更甚；乳婴感染本病者，死亡率约占80%。

【预防及消毒】 本病疫苗接种，能保持三至六个月之免疫力。凡住于霍乱流行区域，或道经本病流行地者，有注射本病疫苗之价值。控制本病，必须严密注意饮水、食物之清洁，扑灭苍蝇。已患者应行隔离，粪便及吐物应做适当处理。

【治疗方剂】

1. 圣济附子丸　治吐利颇甚，颜貌渐趋陷没，四肢厥冷者。

附子 2.0g，干姜 1.5g，黄连 1.0g，乌梅 2 个。

此方有强心、解毒之功用。

2. 茯苓四逆汤　治四肢厥冷，转筋烦躁，呃逆不止，小便不利者。

茯苓 3.0g，人参 1.5g，甘草 1.0g，干姜 1.5g，附子 2.0g。

此方有强心、摄液之功用。

十七、破伤风

古代多以本病概括于痉病中，《金匮》云："创家虽身疼痛，不可发汗，汗出则痉。"由创伤而痉，其为本病可知。至《三因方》已有破伤风、破伤湿之独立证候。《太平圣惠方》记破伤风云："身体强直，口噤不能开，四肢颤掉，骨体疼痛，面目㖞斜，便致难救，此皆损伤之处，中于风邪，故名破伤风。"其于本病之认识益明也。

本病尤为易见于初生儿之急性传染病。因吾国多数产妇沿用旧式稳婆接生，彼等毫无消毒常识，致易发生本病。年前全国卫生会议总结报告：关于妇婴卫生方面，宜先改造旧产婆，以后出生之婴儿定可减少此种疾病。本节仅述由脐带感染之初生儿破伤风，至于年长儿因肌肤破伤而感染本病，其症状与成人无异，兹不赘。

【病原】　本病病原体为一种杆状细菌，乃尼苦赖氏于一八八四年所发现。此菌多生殖于动物之肠中，凡牛棚、马房及沃土、农场等地，均为其滋生之处。病菌由脐带伤口侵入儿体，产生猛烈之毒素而致发病。

【症状】 潜伏期殊不一定，快者二三日，迟者十余日，平均约七八日。起病之初，患儿喜啼，吸乳困难，病势逐渐加剧，继至面肌痉挛、牙关紧闭、颈部强直，呈本病特有之苦笑状，即额皱眉举、眼睑深锁、口唇突出、口角外引等症状。痉挛延及颈部肌肉则呈角弓反张，且肘部曲而不伸，两手握拳，而入于阵发性痉挛。此际患儿呼吸继续，全身肌肉紧张，甚或汗出不止，爪甲、口唇现青蓝色，若横膈膜痉挛，每易窒息而致于死。本病发热常不甚高，惟临近死亡时屡发高热。

【诊断要点】 初期现轻度之牙关紧急，渐进而角弓反张、苦笑、破伤风颜貌，及各肌肉之强直疼痛性痉挛发作等特有症状毕露。

【护理】 使患儿身心绝对安静，病室宜肃静、微暗，出入室内外，宜放轻脚步，谈话亦须低声。无必要时，不可触及患儿及病床，床褥须以极柔软为佳。必要时得施行滋养灌肠。

【预后】 大都不良，死亡率甚高。

【预防及消毒】 首应注意脐带之处理，胎儿脱离母体，静置片刻后，脐带脉管已不再跳动时，每隔一寸结一结子，于两结中用消毒剪刀剪断，再用消毒线缚紧，脐带头以无菌消毒纱布擦干，再用另一方消毒纱布包扎。但手须先洗净，并用酒精或上好烧酒干擦，纱布亦宜干燥，使脐带易干，早期脱落，每隔二日交换绷带一次，至脱落为止。

【治疗方剂】

1. 驱风散　本病初起宜从表治，适用本方。

苏叶1.5g，防风1.5g，僵蚕2.0g，钩藤2.0g，陈皮1.0g，川朴0.8g，枳壳1.0g，木香1.0g。

此方有发汗、解痉之功用，适用于初见本病前驱症者。

2. 撮风散 呈破伤风颜貌者，可用本方。

炙蜈蚣半条，钩藤1.5g，飞辰砂1.0g，僵蚕1.0g，蝎尾1.0g，麝香0.1g。

共为细末，每服0.1g，竹沥调下。此方以镇痉为主，如患儿现虚寒之象者，以温脾补虚为主，佐以镇痉；现实热之象者，以清肝泻热为主，佐以镇痉，均非单用本方所能及也。

十八、流行性腮腺炎

《肘后方》、《外台秘要》、巢氏《病源》均称本病为“耳卒肿”。《千金要方》载有“中风，头痛发热，耳颊急”之症，殆与本病类似。《外科正宗》述痄腮云：“有冬温后，天时不正，感发传染者，多两腮肿痛，初发寒热。”是直为本病也。又有称为“伤寒发颐”者。

本病为接触性传染病。屡见于春秋二季，多为散在性发生。幼稚园、学校、工厂等集体场合，常易发生流行。患者多系四至十五岁小儿，二岁以下者较少感染，乳婴更少发现。罹过本病一次，可得终身免疫。

【病原】 本病病原体系滤过性毒。多由直接接触而传染，病毒从口腔侵入，经腮腺管而达腮腺，遂致发病。

【症状】 潜伏期二至三周。以发热（体温38℃～39℃）、恶寒、头痛、呕吐、精神不振、食思缺乏等症为前驱，亦有无此等症状者。起病时，患者先觉颈一侧耳下部隐痛，渐致肿胀，次及于他侧，二三日后达于极度，颊部全体肿胀，且波及颚下腺、舌下腺及颈部淋巴腺，现热感及压痛，触之有弹性。腮腺肿痛每牵连于耳，致发生重听或中耳炎。患者因腮肿而致张口困难，咀嚼和咽下，均被阻碍。本病热型无定，发热大都不高，普通炎症减退时，热亦随之下降。腮肿之全经过为一至二周间。腮肿化脓者，颇属罕见。

【并发症】 本病有并发睾丸炎、卵巢炎者，然概于怀春期后始见。十二岁以下小儿鲜见并发症。

【诊断要点】 由其腮腺肿大之著明，一望而知。

【护理】 保持患儿之口腔清洁，实为最切要之件。患部可施行冷罨法，或以烘热之橄榄油涂之。于发热宜静卧，食饵用流动食物。

【预后】 因小儿鲜有并发症，故其预后较成人佳良。

【预防及消毒】 本病流行时，可行预防注射（以痊愈者之血6～12公撮，注射于接触过本病之小儿肌肉内），功能预防或减轻病势，惟其预防力甚短，仅能保持二三周。已患者宜行隔离。

【治疗方剂】

1. 痄腮方

紫花地丁1.5g，牛蒡子2.0g，浙贝2.0g，丹皮1.5g，薄荷0.8g，竹柴胡0.8g，昆布1.5g，银花1.5g，连翘1.5g，山慈菇1.5g，赤芍2.0g，夏枯草2.0g，黛蛤粉2.0g。

加减：或于方内再加海藻。湿痰重者加半夏、新会皮；热退后加牡蛎、元参，去柴胡、牛蒡。

主按：此病须消散，如薄荷、柴胡、银花、连翘、牛蒡子、浙贝，合为辛凉消散之品；昆布、夏枯草、元参、慈菇、地丁，则为主治炎肿或结核之专药；丹皮、赤芍清血消肿。此方见《中国经验良方》，余用之屡效。

2. 普济消毒饮　治本病亦良。

连翘 10.0g，薄荷 3.0g，马勃 4.0g，牛蒡 6.0g，荆芥穗 3.0g，僵蚕 5.0g，玄参 10.0g，板蓝根 5.0g，苦桔梗 10.0g，甘草 5.0g。

共为细末，每用三钱，鲜芦根煎汤代水熬药，去渣服。

十九、疟疾

中医学自有记载，即有疟疾，如《内经》之“牡疟”“瘅疟”“温疟”等，均有详述。张仲景之《金匮》中记述尤详，并于久疟之脾脏肿大者，名曰“疟母”。巢氏《病源》于疟疾之观察，尤为进步，首先已知疟疾由传染毒气而来，其次有各类疟型之分析，如“间日疟”“发作无时疟”“久疟”“瘴疟”等。

本病因流行地域不同，民间称谓亦各异，如云南、贵州等称为“瘴气”，广西则称“羊毛痧”，四川通称“打摆子”，实则一病也。本病多流行于低温地带及多池沼之地方。患者不拘年龄。

【病原】 本病病原为疟疾原虫，常循环寄生于人类及蚊虫之间，其中最主要者可分三种：即间日疟原虫、三日疟原虫、恶性疟原虫是也。传染方式为疟蚊刺螫疟疾患者，再刺螫健康人，原虫遂侵入血液而致发病。疟蚊既为传播疟疾之唯一媒介，故凡适宜于彼等滋生繁殖之环境及气候，均为本病流行之重要因素。

【症状】 五岁以上小儿患疟疾者，其症状与成人无异，以发冷、发热、出汗为主症，疟热日久每致脾肿及贫血。幼小儿之症状（五岁以下）则颇有差异，大都不现寒战或出汗，常见四肢寒冷、精神不安、呕吐、下利等症状，甚且有惊厥或昏迷现象；发热无定型，每每间歇，时亦见微热，热阵来袭时，多伴发呼吸器疾患，热退始随之减退。脾脏早期肿大，多见贫血。慢性疟疾病例除贫血、脾大、微热外，多呈营养不良、体力衰弱，甚至四肢浮肿。

【诊断要点】 由恶寒战栗而体温升腾，后由发汗分利而体温下降，如此定型反复发作，便可断定；恶性疟之热型虽不规则，一般每呈稽留而弛张。

【护理】 在发作时，宜使病人安静，发汗后，可将身体揩净，更衣。于过分贫血者，可使服滋养强壮剂。

【预后】 视患儿体质之强弱，营养之良否，及染患本病之种类而定，不可一概而论。

【预防及消毒】 注意环境卫生，扑灭蚊虫，清除污水。夏秋之季，居室应装置纱窗或蚊帐，以免蚊虫飞入。又可内服小量奎宁，初生至九个月之乳婴服 0.06 公分，每晚一次，九月至二岁者加倍，二岁至六岁者加两倍，六岁至十四岁者加三倍。按此剂量继续服用，并无妨碍，虽不能绝对避免疟疾，但即使染患，病势亦较轻微。

【治疗方剂】

1. 治疟丸

生半夏 10.0g，炮姜 10.0g，绿矾 4.0g，五谷虫 5.0g，生鸡内金 2.0g，草果 10.0g。

蜜丸如梧子大，每服四分。

《圣济总录》治少阴疟疾，用绿矾、干姜炮、半夏姜制三味，本方加草果以温脾，鸡内金、五谷虫以消食，其效力更大矣。

2. 疟疾五神丹

姜半夏 8.0g，京川贝 10.0g（去心），青皮 8.0g，全青蒿 10.0g，奎宁粉 3.0g。

上研细，淡姜水和丸绿豆大，朱砂为衣，每服 0.5g。此方有截疟、解热、化痰诸功用。

何廉臣云：此方为仪征杨赓起军门家传秘方参酌而出，经验多人，历试不爽，妙在并无后患。

3. 疟疾通用方

鸡骨常山 0.6g（酒炒），草果 0.5g，青蒿 2.5g，黄芩 1.0g，乌梅 2 个。

此方中之常山为截疟效药，乌梅制止常山之副作用（呕吐）；青蒿、黄芩清热；草果祛寒。本方及治疟丸，均为上海聂云台刊布之经验方，用治疟疾颇著功效。

4. 截疟方

鸡骨常山 1.5g，草果 0.7g，槟榔 1.5g，知母 1.5g，乌梅 2 个，穿山甲 1.5g，炙草 0.5g。

水酒各半煎，露一宿，发作前二时服。此方为截疟清热剂，与疟疾通用方，并可用于恶性疟疾。

二十、回归热

《素问·评热病论》云：“黄帝问曰：有病温者，汗出辄复热而脉躁急，不为汗衰，狂言不能食，病名为何？岐伯对曰：病名阴阳交。”巢氏《病源》云：“人有染温热之病，瘥后余毒不除，停滞皮肤之间，流入脏腑之内，令人气血虚弱，不甚变死，或起或卧，沉滞不瘥，时时发热，名为温注。”皆指本病而言。盖

“汗出辄复热”，即本病多量发汗诸症若失后，又遭同样病症之来袭也。本病之脉搏颇频数，多达120或140至，是名“脉躁急”；本病于高热期，常呈谵妄、食欲不振等，是曰“狂言不能食”。本病之传染门户，由衣虱等刺螫创伤传染，即巢氏《病源》谓“停滞皮肤之间”也。“阴阳交”与“温注”，不仅同为热性病，而曰“交”曰“注”，均有回归之义存焉。

本病为体虱所致之传染疾患，以来回反复数日间之发热为特征。患者大都系年龄较长之贫儿或乞儿。据诸福棠、钟世藩与狄德克三氏（一九三一年发表）在前北京贫儿救济院曾得流行病例（指回归热）二十六名，其年龄为八至十二岁，施行灭虱工作后，不复蔓延。本病四季皆有，惟秋冬二季较为频繁。

【病原】 本病病菌为螺旋体，乃俄伯迈厄氏于一八七三年所发现，一般称回归热螺旋体。传染本病之媒介为体虱及臭虫，据诸福棠氏云：“吾国流行之回归热，曾经罗布松氏、钟惠兰与冯兰洲氏等（一九三六至一九三八）研究，知为体虱所传染；臭虫虽能传染，在我们并非重要之媒介物。”

【症状】 潜伏期约五至七日。初起突然寒战、发热（体温达39℃～41℃），现头眩、体酸、咳嗽、烦渴、呕吐等症状。脉搏频数，舌被白苔。壮热时或致神昏谵妄，幼儿或现惊厥。患者精神不振、睡眠不安，时或伴发支气管炎及皮肤瘀点，脾肿早期显著；高热持续一周后，于一日内骤然退却，退热时辄有大汗及衰惫症状，自后康健如常。经数日或十余日左右，症状又复回归，俨若初起，仅发热时期较短，发病时期与缓解时期，循环往来，经一次至四次以后，始告结束。

【并发症】 易与本病并发者为急性支气管炎，重症病例有并发肝炎及黄疸者，至于肾脏炎、脑膜炎、肺炎等，罕见与本病并发。

【诊断要点】 恶寒战栗，急发高热，具固有热型，肌肉疼痛特甚，皮肤干燥，数日后身着红疹；经三至七日之间歇期，复发作，过数日又退去，如是反复发作，是其特征。

【护理】 经一二次发作后，宜使静卧两星期许，至不虞再发乃已。于有热期，食饵用流动食，可用牛乳、肉羹汁、菜羹汁、鸡肉汁等。于支气管肺炎等并发症，应施以相当处置。

【预后】 重症及治疗失时者，殊为危险；轻症及无并发症者，大都佳良。

【预防及消毒】 消灭虱子，注意个人清洁及环境卫生，贫民区、贫儿院、收容所等更应特别注意。已患者入医院时，应将其衣被等物施行灭虱，皮肤、毛发尽行洗净后，始可进入病室。

【治疗方剂】

1. 变通小柴胡汤　主治回归热，胸闷、呕吐、烦渴等。

柴胡 1.5g，黄芩 1.5g，青蒿 1.5g，半夏 1.5g，陈皮 1.0g，枳壳 1.0g，竹茹 1.0g，茯苓 2.0g，碧玉散 2.0g，炙鳖甲 3.0g，沙参 1.5g。

此方系著者拟订，以清热为主，佐以和胃消痰之品。他如延年知母鳖甲汤，用石膏、知母、竹叶、鳖甲、地骨皮、常山六味，移治此病高热、口渴、汗出、脾肿诸症，亦极吻合。

2. 白虎加人参汤　主治本病高热、口渴、汗出、谵妄，或呕吐，或咳嗽，或皮肤现疱疹瘀点，及并发肺炎、神经炎等。

石膏 4.0g，知母 1.5g，甘草 0.5g，粳米 2.0g，人参 1.0g。

此方有清热、生津及维持心力之功用。

二十一、黑热病

巢氏《病源》述“时气热利候”云：“热气在于肠胃挟毒，则下黄赤汁。”又述“时气脓血利候”云：“热伤于肠胃，故下脓血如鱼脑，或如烂肉汁，壮热而腹（病亏）痛。”又“时气□利候”云：“热蓄在脏，多令人下利，若毒气盛，则变脓血，因而成□。□者，虫食五脏及下部也，若食下部，则令谷道生疮而下利，名为□利。”又“癥候”云：“渐生长块段，盘牢不移动者，是癥也。”《千金方》云：“脾病，青黑如拇指，靥点见颜额上，此必卒死。”又《千金翼》有疗黑疸身体暗黑方，皆为黑热病一类之证候，惜其散见而不具体也。

本病为黑热病原虫所致之传染病。民间称虾蟆瘤或大肚子病。据诸福棠云：“德人马畅氏（一九〇四年）解剖一青岛回国之德人尸体，发现本病小体，是为确定本病见于吾国之第一例。”本病流行于印度，印人称为“卡拉阿柴”，即黑热之意，故释名为黑热病。我国苏北淮海一带农村，常见流行，患者多为十二岁以下之小儿。

【病原】 本病病原，属于住血鞭毛虫类之黑热病原虫，称“利什曼 - 朵喏凡”原体，乃利什曼及朵喏凡二氏于一九〇三年所发现，故名。传染途径由白蛉子为媒介，白蛉子刺螯黑热病患者时，随将原体吸入胃内，原体在胃内发育繁殖，以后此种白蛉子再去刺螯健康者，原体即随其唾液侵入人体，而致传染本病。

【症状】 潜伏期无定。最初所见之症状多为不规则的发热，伴以寒战、呕吐、下利，便中多带脓血。发热继续数周或数月，热型或间歇或弛张，大都起伏无定，时而高热，时而低热，时而无热。病后一二月内，可发觉脾肿及肝肿，半年左右脾肿特别显著，经常越至肚脐以下。患者皮肤色泽多呈黄白色，再后即呈褐黑色，最后皮肤及黏膜常见出血，甚至溃疡。患本病者最显明之容态为身体消瘦，显示贫血，腹部日渐增大，不久即能于腹部左上方发现痞块（脾肿），此后痞块逐渐增大，患者四肢、脸面、眼睑等处渐现浮肿。本病经过不一，有数月者，亦有数年者。如不加以治疗，则渐至衰弱，多因并发其他疾病而死。

【并发症】 本病并发症，冬季常为支气管炎及支气管肺炎，夏季常为肠炎和杆菌痢疾。其他能与本病并发者有走马牙疳、喉炎、中耳炎、肺结核等。

【诊断要点】 热型不规则，高度脾肿，著明贫血，皮肤呈污秽黑色，应注意其寒热与下脓血痢之连系关系。

【护理】 同杆菌痢疾。

【预后】 死亡率占90%以上（自使用锑制剂以来死亡率已大减），并发症为死亡之直接原因，影响预后最大。年幼儿之预后，较年长儿更为不良。

【预防及消毒】 睡觉时应用蚊帐，以防为白蛉子刺螫。注重环境卫生，彻底扑灭白蛉子，清除其所繁殖处（如黑暗不洁之地，污秽之水沟、水坑等）。

【治疗方剂】

1. 新订大黄䗪虫汤方

酒制大黄1.5g，桃仁1.5g，酒当归1.5g，桂心0.5g，青皮1.0g，酒炒䗪虫1.5g，金铃子1.5g，煨干漆0.3g，酒炒山甲2.5g，枳实1.0g，山楂肉2.0g，延胡索0.8g。

2. 新订鳖甲解肝汤

炙鳖甲 2.5g，酒炒䗪虫 1.5g，桂心 0.5g，青皮 1.0g，蜀漆 1.5g，炙山甲 2.0g，酒炒大黄 1.5g，漂净海藻 1.0g，当归 1.5g，白芍 1.0g，生牡蛎 2.0g，柴胡 1.5g。

以上二方为黑热病主方，系苏州宋爱人拟订，见于《温热标准捷效》，均以破血、消痞为主要目的。

3. 秦艽汤

秦艽 1.5g，葛根 1.5g，归身 1.5g，青皮 1.5g，山甲 1.5g，柴胡 1.5g，羌独活各 0.8g，赤芍 2.0g，蜀漆 2.0g，桃仁 1.5g。

此方除退热外，亦有消除痞块之功用。

4. 集圣丸

虾蟆 3.0g（炙焦），芦荟 2.0g，五灵脂 2.0g，夜明砂 2.0g，砂仁 2.0g，陈皮 2.0g，青皮 2.0g，木香 2.0g，黄连 2.0g，使君子肉 2.0g，川芎 2.0g，归身 2.0g，人参 3.0g，莪术 2.0g。

上药为末，以公猪胆一个，和药为丸，如龙眼大，每服一丸。此方有活血、消痞、兴奋胃机能、杀虫、消炎、除黄疸诸功用。

二十二、鼠疫

巢氏《病源》“恶核肿候”云：“恶核者，肉里忽有核，累累如梅李，多恻恻痛，并皆败烂，杀人。”是为腺鼠疫。《千金方》云：“凡瘑病，喜发四肢，其状脉赤，起如编绳，其久溃烂，又曰恶核病、瘭疽。”是为皮肤鼠疫。又云：“初如粟米，或似麻子，在肉里而坚，似疱，长甚速，初得多恶寒，须臾即短气，入腹致祸。”是为肺鼠疫。《俞曲园笔记》云：“疫之将作，其家之鼠，无故自毙。”是渐知本病传染之所自。因此有称为“耗子病”

者，盖俗呼鼠为“耗子”也。

本病为急性传染病之一，流行于吾国之东北各省，及云南、福建、浙江等省。据陈超常云：“一九一〇至一九一二年鼠疫自哈尔滨出发，流行于东北各地，成为历史上著名的大流行，死者竟达五六万人之多，可说是恐怖万分。”

【病原】 本病病原为鼠疫杆菌，乃耶辛及北里二人于一八九四年所发现。传染媒介为寄生于鼠体之保菌跳蚤，如被此类跳蚤刺咬，或误将其排泄物侵入破损皮肤，均能染患本病。如患者系属肺炎型鼠疫，则可由飞沫传染于他人，常致引起大流行。其他如群居之陋巷、地方潮湿、人口拥挤，既有利于鼠类之生长及蚤类之繁殖，故此等地区为本病流行之重要因素。

症状潜伏期二至五日，兹依其病状区别为三种：

1. 腺肿型（或称腺鼠疫） 发病急骤，俄然寒战或浑身发紧，伴随高热（体温约40℃）、头疼眩晕、体倦、烦渴，脉搏频数，舌被厚苔，以后淋巴腺肿大，其部位以跳蚤所咬之处为准（如咬头部则颈淋巴腺发炎，咬胸部则腋淋巴腺发炎，以此类推）。腺肿处甚为疼痛，其周围发赤，轻病可于一周后渐次消散，或渐次软化破头出脓而趋向痊愈。重病炎症久延，热度续升，患者现精神兴奋或四肢痉挛，终陷于昏睡谵妄状态，因心脏麻痹而死。

2. 肺炎型（或称肺鼠疫） 此症有二种：一为腺鼠疫加剧而续发者；一为直接接触肺鼠疫患者而发生者，均以出血性肺炎为特征。患者除寒战、高热、昏睡、谵妄外，现呼吸促迫，咳嗽频发，咯出血痰或吐血，口唇及爪甲变青色，死亡甚速。

3. 败血型（或称鼠疫败血症） 患者除高热、寒战、头疼、眩晕或呕吐外，现全身皮肤及黏膜出血，多于一二日内死亡（小儿多发生此型，死亡甚速）。

鼠疫患者（无论何型）之脾脏常起肿大，惟通常不易触得。

【诊断要点】 突然寒战高热，脉搏初期洪大，且有重复性，一二日后即变为频数而细小，皮肤现郁血性之青紫色，一般有意识朦胧或恐怖不安状态。

【护理】 将病人隔离，使绝对安静，于有热期，亦如其他热性病之处理。

【预后】 大都不良，尤以败血型及肺炎型更无治愈希望。

【预防及消毒】 本病菌苗预防注射，据王文仲云："有死菌、生菌两种：生菌注射一次有99%免疫力。"惟欲彻底消灭本病，必须捕鼠、灭蚤、封锁疫区。凡已患本病之人，应速隔离，其脓汁、血液、鼻涕、痰涎及衣被、用具等，均须消毒。病室及其四周，亦须严密消毒，若发现肺鼠疫时，须戴口罩以防呼吸传染。

【治疗方剂】 宜采用磺胺哒嗪、磺胺噻唑、链霉素等注射或内服。如因穷乡僻处，上药缺乏时，则可试用后列方剂。

恶核良方（"标蛇"同治，此方名曰解毒活血汤，出王勋臣《医林改错》书内，原方枳壳，《鼠疫汇编》改厚朴）。

桃仁4.0g（去皮，研），红花2.5g（后下），连翘1.5g，赤芍1.5g，生地2.5g，柴胡1.0g，葛根1.0g，当归0.8g，厚朴0.5g（后下），甘草1.0g。

原方共十味，清水煎服，再加苏木3.0g，熟石膏粉4.0g更好。

服药法：按症服药，俾人易晓，但病势沉重，其药味之重量，非改用至四五倍大剂速进，不能救急，当观病症如何，见景生情可也。切记，切记！

核小、色白、不发热为轻症，立即急治，不可迟缓。原方单剂，早八点钟服一次，晚六点钟服一次，共服二剂。核虽细而红，头微痛、身微热，为稍重症，原方单剂早八点钟服一次，晚四点钟服一次，夜三鼓服一次，共服药三剂。核大红肿，大热大渴，头痛、身痛，为重症，用双剂合煎，早八点钟服一次，晚四点钟服一次，夜三鼓服一次，共服六剂。核大红肿，舌起黑刺、循衣摸床、狂言乱语、手足摆舞、无脉可按、身体冰冷、手足抽搐、不省人事，由感毒太盛所致，伤人至速，为至重之症，用双剂合煎，早八点钟服一次，午十二点钟服一次，晚四点钟服一次，夜二鼓服一次，四鼓服一次，共服十剂。必须照法服药，方能见功，但服药后如热转增，舌由白而黄，或水泻，病势似加甚，此时病与药相敌，热渐出，不必惊疑，须服至身热大退，结核渐消，则回服单剂，每日二服，夜一服。必俟结核消尽，方可止药，因核未消尽，即热毒未清故也。

【加减法】 舌苔白，或黄，或渴，或未渴，或呕逆，均宜加煅石膏一二两，或全加白虎汤、煅石膏 8.0g，竹叶 3.0g，知母 2.0g；热甚，或手足冷，或有核，或无核，均加犀角、羚羊角、西藏红花各一二钱；痛痹抽搐重，加羚羊角三钱 3.0g，煅石膏一两，西藏红花 3.0g；水泻、谵语，加大黄 5.0g，脏结加承气汤、生大黄 5.0g（后下），枳实 2.0g，朴硝 3.0g（冲服）；昏懵及见血，均加犀角、羚羊角、西藏红花各 2.0g，竹叶心、寸冬各 3.0g；小便不通，加车前、木通各 1.0g，羚羊角、犀角各 0.8g；见斑加大青 3.0g；疔疱加紫花地丁 3.0g，生白菊花根叶 5.0g，或路边菊 10.0g；疹、麻加淡竹叶 3.0g，知母 4.0g；痰瘀滞喉痛，加牛蒡 3.0g，瓜蒌仁 4.0g；热渐退减轻柴、葛，下渐少减轻大黄，或除去不用；舌湿润不渴减轻石膏。身既退热，病渐愈，头额有微热，宜服增液汤以和血，元参、寸冬各 3.0g，生地 5.0g（或用干地）日夜服（以上用量，均指大人而言，小儿按其年龄酌减）。余热若未清，仍须加羚羊角、黄芩、石膏，乃能收功。有一点热未退，不可食粥饭，犯之必翻病，俟热退清，一二日痊愈，乃得进薄粥，渐渐加饭，不必填补。稍用补，又必翻病，慎之，慎之！

二十三、丹毒

《肘后方》云："恶毒之气，五色无常，痛不可堪，待坏则去脓血。"即本病也。巢氏《病源》历载丹毒诸候十三论；《外台秘要》载："《删繁方》疗丹毒走皮中淫淫，名火丹。"斯为今之游走丹毒以及淋巴管炎也。

本病为急性皮肤传染病，以局部红肿伴发高热及全身症状为特征。红肿多发现于面部，故旧有"大头瘟"或"面游风"之称。患本病之小儿年龄大部在五岁以下，其最小者能于生后一日内发生。罹本病后，并无免疫力，常见再度感染，甚或多次感染。流行时期，以春冬二季较盛。

【病原】 本病病原为溶血性链球菌，普通称丹毒链球菌。传染途径多由此菌侵入轻微伤口，或藉空气及接触传播而发生。

【症状】 潜伏期快者数小时，迟者三五日。多俄然发病，骤现寒战高热（40℃以上）、烦躁、头痛、呕吐等症状，亦有现腹泻或便闭者。大约数小时后皮肤呈现红肿光泽，有强直紧张、灼热疼痛等感觉，并常诉口渴。红肿发于颜面者曰面部丹毒，上犯于头部，患儿多现谵妄、惊厥或昏睡，间有红肿波及躯干或蔓延于四肢者。本病热型普通持续四五日降落，红肿亦随之消退，由落屑而告痊愈。

【并发症】　本病并发症中以脑膜炎、肺炎、腹膜炎为最凶，尤以新生儿易染患腹膜炎，其他如皮肤脓疡等，亦为重要之并发症。

【诊断要点】　由其局部证候显明，颇易诊断。

【护理】　于有热期，应当静卧，即热退后，亦仍须静卧，食饵用清淡之流动物。发赤肿胀部位，可用5000倍之升汞水或30倍之硼酸水，施行冷湿敷①。

【预后】　年龄愈小者预后愈不良，尤以新生儿为更甚。丹毒延及躯干者，预后严重，又并发症之轻重与预后有关。

【预防及消毒】　据《西塞尔内科学》传染病之部云："预防丹毒，有赖于对一切链球菌疾病能加以控制，尤其是上呼吸道疾病。因此，它没有特殊的预防法。"病人应行隔离，病床之消毒，可用煮沸肥皂水洗净；寝具、衣服可用蒸汽消毒；病室之壁及地板等，可用煮沸肥皂水揩拭。

【治疗方剂】

1. 犀角解毒饮　本方为清血、发汗剂。

犀角、牛蒡子、荆芥穗、防风、连翘、金银花、赤芍、甘草、黄连、生地、灯心。

2. 清营解毒法　本方为清血、解毒、泻下剂。

犀角0.4g（磨冲），丹皮1.0g，赤芍1.5g，鲜生地5.0g，银花1.5g，连翘1.5g，焦山栀1.0g，生石膏5.0g，马兰头

---

① 敷：原作"布"据文意改。

1.5g，扁柏叶0.8g，大青叶1.5g，番泻叶0.8g。

3. 外敷方　有消炎散肿之功效。

大黄、黄柏、侧柏叶、赤小豆。

上药各等分，研细末，以水和蜜调敷。

二十四、狂犬病

《肘后方》云："治卒为猘犬所啮毒方，先嗍去毒血，灸满百日，可免患。或杀犬取脑傅之，则后不发，内服饮薤汁大量。"已确知病毒犯脑，及其免疫价值之发见，惜后人反少留意。《千金方》云："春来夏初，犬多发恶狂，必诫小弱持杖，预以防之。"又曰："凡狂犬咬人著讫，即令人狂，坐之死者，每年常有之。"巢氏《病源》云："猘犬啮，疮重发，则令人狂乱如猘狗之状。"是狂犬病之由来久矣。

本病以六岁至十五岁之男孩为最多，发病时期屡为夏季。此病在厉行避疫法律之各国，已少有发现，吾国各地仍多本病发生。

【病原】　本病病原系滤过性毒，多潜藏于疯犬之唾液中。人被疯犬咬伤，病毒随之侵入，自末梢神经损害脑及脊髓，因此伤口愈接近头部，则发病之时间愈速。又如猫、狼、牛、羊等，亦能传播本病，惟不及犬之甚耳。

【症状】　潜伏期无定，大都为半月至二月，但亦有更长者。病状可分三期：

1. 前兆期（或称忧郁期）　起病时伤口有异常痛痒或麻木之感觉，并头痛、失眠、烦躁、易怒、精神沉郁、体温微增，经过三至八日，转入兴奋期。

2. 兴奋期（或称骚动期）　此期患者极度不安，显示惊恐状态，每于咽物时发现咽头及呼吸诸肌之痉挛，甚且偶见饮水或遥闻水声，即起恐怖，故有恐水病之称。病作时呼吸紧迫、咽下困难、声音嘶嘎、全身震颤，间有流涎伸舌作狂犬状者，发作时间之持续数分钟至数十分钟。本期体温较前期增高，经过二三日，即移于麻痹期。

3. 麻痹期　此期患者由狂躁渐趋昏迷，终则心脏衰惫，全身麻痹而死。本期持续甚短，普通为二至十八小时。间有无兴奋期之重症，起病后迅即陷入麻痹期，一般称此症为“静狂”，惟人类患者甚鲜。

【诊断要点】 如能预知所咬之犬为狂犬，其为本病，可不待诊察而断定之。

【护理】 使病人身心安静，避免一切可能引发痉挛之刺激。病室须肃静而微暗，无故不可触及病人身体及病床。痉挛发作时，宜注意勿使病人身体受伤。食饵用清淡之流动食，有时须施行滋养灌肠。

【预后】 大都不良，若面部被狂犬咬伤，预后更属险恶。

【预防及消毒】 扑杀野犬、管制家犬，为根本预防方法。其已被疯犬咬伤者，先处理伤口，应用烧灼法或腐蚀法（普通用浓硝酸烧灼，纯石碳酸腐蚀），或用柳酸水、来沙而水洗涤，若一时无上项药品，可用好醋洗净伤口，最好多洗几次。伤口处理完毕，随即注射狂犬病疫苗，每日一剂，皮下注射，普通应用十四剂，若伤口接近头部者，宜多用数剂。注射后能防止本病发生。

【治疗方剂】

1. 治狂犬病方

生大黄 2.5g，滑石 2.5g，泽泻 1.5g，木通 1.0g，雄黄精 1.5 至 2.5g（打），制斑蝥 3 条，甘草 1.0g。

斑蝥制法：斑蝥去头足，和糯米同炒，加水数滴（取糯米胶质，粘去斑蝥之毛），炒至黑色，取出斑蝥，与上药同煎。

服药后以小便出血为度，恶血净后，停服。

此方系胡天海祖传秘方，披露于《星群医药月刊》第三期，其主药为斑蝥、雄黄、大黄。考斑蝥与雄黄原为本病专药，《卫生易简方》：治疯狗咬伤，用斑蝥 7 个，以糯米炒黄，去米为末，酒一盏，煎半盏，空心温服，取下小肉狗三四十枚为尽，如数少，数日再服一次，无狗形，永不再发也。又《救急良方》：治疯狗咬伤，用雄黄 5.0g，麝香 2.0g，为末，酒下作二服。大黄为下瘀血要品，硝石、泽泻、木通，乃协助斑蝥利小便，使瘀血由大、小便排泄。门人陈咏絮，治此病之经验方：用麝香 0.05g，斑蝥 1.5 个（去头、足、翅，但用身，同糯米炒黄），滑石、雄黄各 1.0g，研末，为一日量，三次分服，服后泄血为验，重症可续服一二服。陈方亦用斑蝥、雄黄，可为胡方宜有良效之佐证也。

2. 桃仁承气去桂枝加红花斑蝥方

桃仁 2.5g，生大黄 1.5g，芒硝 1.5g，生甘草 1.0g，斑蝥 3 条，西红花 1.0g。

此方以攻瘀血为目的，水煎服用。又凡峻烈方药，均不宜连服，以隔数日服一剂为妥。

二十五、结核病（痨瘵）

《灵枢经》云：“脉细、皮寒、气少，泄利前后，饮食不入，是为五虚。”《金匮要略》云：“脉虚、面色薄、喘悸，酸削羸瘦，不能行，目眩、发落、盗汗、肠鸣，甚则溏泄，马刀挟瘿，妇人失产，男子失精。”凡此皆包括肠结核、腺结核、腹膜结核、肺结核各型而言。至《外台秘要》，已进一步有瘰疬、结核之独立名称矣。

本病为结核杆菌所致之传染疾患。小儿被侵之原因，大都由患有结核病之父母，或其家人，或过从较密之亲友，或学校之教师等所传播。传染途径多为飞沫、饮食，或接触而传染。间有孕妇患重性结核病时，其胎盘每有病变，致结核菌能直接达于胎儿，惟此种先天性结核病颇属鲜见。本病发于儿时者，旧称“疳病”，惟其包罗甚广，有数种“疳病”，已非在结核病范围之内。本节所述，仅就小儿常患之数种结核病，略言梗概，欲明其详，须参阅内科书籍。

【支气管腺结核】（肺疳）

原因：结核菌自淋巴管侵入肺门之支气管腺，致该腺肿大而发病。

症状：患儿发痉挛性咳嗽，类似百日咳，呼吸困难，时作喘鸣，入夜常发潮热，一般症状有食欲减退、精神沉郁、贫血、瘦弱等。

预后：本病预后并非绝对不良，惟幼弱者，营养不良者，预后欠佳。

【全身粟粒结核】（急疳）

原因：由盘踞肺门部之结核菌，穿破血管、淋巴管而散布于全身。

症状：高热弛张，呼吸紧迫，咳嗽频繁，面色发青，肝、脾肿大，患儿食欲缺乏，大都是贫血、羸弱状态，甚且发现痉挛或脑膜炎症状。

预后：极不良，死亡率甚高。

【结核性脑膜炎】（脑疳）

原因：大都为续发症，多由潜在性或现在性结核病灶，细菌穿破血管，经血行而输入脑膜，遂致发病。其他如麻疹、百日咳等亦能诱发本病。

症状：可分三期。

1. 前驱期　大都有轻度发热、体倦、懒食、精神沉郁、头痛、失眠、呕吐便秘等症状，甚或有惊骇、畏光现象。本期持续约数日至数周。

2. 刺激期　此期刺激症状逐渐显明，虽轻微声光之刺激，亦起惊骇。颊部时现潮红，头痛剧烈，频频呕吐，瞳孔时大时小，眼睑下垂，咬唇切齿，两手攫空。腱反射亢进，颈部强直、角弓反张、腹部陷没、全身痉挛，甚或怪嘘乱叫。患儿若系乳婴，则多呈囟门凸出，紧张搏动。

3. 麻痹期　由刺激症状渐入麻痹状态，患儿现深度昏睡、呼吸不整、牙关紧急、咽下困难，瞳孔左右大小不等，眼球斜视，脉搏频数细小，时发抽搦，体温高达 41℃左右，终以衰弱而死。

预后：不良。无论病势急慢，终难免于死，鲜有痊愈者。

【颈淋巴腺结核】（瘰疬）

原因：大都因原始病灶，穿破淋巴管，由淋巴液输送而侵及颈淋巴腺，又可由感染之结核菌经扁桃腺及鼻腔腺样组织，侵入颈淋巴腺，均可发生本病。

症状：发病缓慢，颈部及颐颔部淋巴腺渐次肿大，触之有大小不等之硬核，初不觉痛，肤色如常，其后皮肤红肿，渐次软化，且觉疼痛，终至破溃成瘘。间有经过较好之轻症，硬核并不化脓破溃，经相当时期后，自行缩小或消失。

预后：破溃成瘘者，病势缠绵，经久不愈，患儿每致贫血羸弱。

【诊断要点】 以上各型，各有其主要证候，可资诊断；惟有其共通性之应注意者，厥为热型，如早起无热，下午潮热，经常如此发作，便可置疑。

【护理】 如一般传染病之注意，从事护理，最要者，为应尽力维护患儿体力。

【预防及消毒】 结核病之一般预防法甚为广泛。除以接种卡介苗为首要外，一般所宜注意者（尤其是乳婴及幼小者），不外下列数端：

1. 天然哺养儿，应注意母亲及乳母是否有结核病。若患有结核病，应即改换健康之乳母。

2. 人工哺养儿，应注意牛乳，是否经科学消毒，有无结核菌。

3. 凡患有结核病之人，不可与小儿接近。已患者，应注重营养、安静、空气及日光之护理，和各种合理治疗。

附 卡介苗接种法

据华实孚《痨病诊疗集》云："BCG 系在二十世纪初法国医生卡尔密脱与介仑二人所发明之痨病预防菌，有如牛痘苗之可预防天花。美国医生如阿劳森及派列奴等根据十年之经验，证明未经注射 BCG 之儿童，与已注射儿童所发生痨病之人数为七比一，此种效力已足使吾人注意。……BCG之注射与种牛痘苗相同，应在婴儿时期即须施行，至年龄既长而再注射已觉迟矣。”

按：BCG即Bdcillus Callmette-Guerin之缩写，一般称为卡介苗，系卡美、介仑二氏于一九二一年用含牛胆汁之马铃薯培养基所培养之牛型结核杆菌，经过2—3—3次连续培养所获得之一种毒性永久减低、不再致病而有免疫作用之细菌，凡未曾感染过结核菌即结核菌素试验显阴性反应者均可接种（但亦有宜留意者，即感染之最初数星期内试验时不显阳性，又结核感染严重者，如粟粒性结核亦显阴性，此因抗原过多而抗体少，故不显阳性。此外，热性病中及病者体液缺乏时，亦显阴性）。接种方法新近提倡用多刺法，接种时先将一滴卡介苗散布于被接种者之上臂皮肤上，再以消毒针尖轻戳皮肤三十次。接种后约三四星期，接种部位略现红肿，或脓疱，此种局部反应并不严重，经一月以后，渐渐自愈，在反应过程中，不会有全身症状。吾国制造卡介苗最早者，当推重庆王良氏，彼于一九三三年即制造此苗接种于婴孩云。

【治疗方剂】

1. 肺痟方

（1）加减保和汤：治本病咳嗽、气喘、多痰。

紫菀1.0g，款冬1.5g，马兜铃1.0g，百部0.8g，百合2.0g，米仁2.0g，归身1.5g，阿胶1.5g，桑白皮1.5g，苏子1.5g，茯苓2.0g，新会白0.8g。

本病以羸瘦、潮热、咳喘为主症，此方有镇咳、平喘、化痰、强壮之功用。

（2）鳖甲散：治骨蒸潮热、肌瘦、舌红、颊赤。

银柴胡 1.0g，炙鳖甲 3.0g，当归 2.0g，知母 1.0g，地骨皮 2.0g，秦艽 1.5g。

此方有解潮热之功用。

2. 急疳方

(1) 熊胆膏

熊胆 1.5g，蚺蛇胆 0.1g，芦荟 0.1g，牛黄 0.1g，龙脑 0.3g，麝香 0.3g。

共研细末，以井华水搅和拌匀，入磁器内，重汤煎成膏，每服一豆大，薄荷汤送下。

(2) 急疳单丹

蟑螂，炙干嚼食，每服一枚至七枚。

3. 脑疳方

(1) 缓肝理脾汤

炒白术 1.5g，潞党参 1.5g，茯苓 2.0g，甘草 0.8g，半夏 1.5g，陈皮 1.0g，扁豆 3.0g，山药 3.0g，白芍 1.5g。

本方有健胃、强壮之功用。

(2) 清心涤痰汤

潞党参 2.0g，茯苓 2.0g，炙甘草 1.0g，法半夏 2.0g，胆星 1.0g，橘白 0.8g，竹茹 1.0g，枳实 0.8g，生姜 2 片，菖蒲 0.8g，枣仁 2.0g，寸冬 2.0g，黄连 0.5g。

此方有滋养、强壮、醒脑、涤痰、止呕之功用。

(3) 醒脾汤

潞党参 2.0g，土炒白术 2.0g，茯苓 2.0g，炙甘草 1.0g，法半夏 2.0g，橘红 1.0g，天麻 1.0g，全蝎 1.0g，白僵蚕 2.0g，胆星 1.0g，木香 1.0g，陈仓米 1 撮，生姜 2 片。

此方以六君子汤补脾，天麻、全蝎、僵蚕祛风，胆星、生姜涤痰，与前方比较，前方侧重涤痰，此方侧重镇痉（即去风），而滋养、强壮（即补脾）则两方相同也。

4. 瘰疬方

（1）清肝化痰丸

昆布 20.0g，海藻 20.0g，海带 40.0g，川贝母 30.0g，夏枯草 40.0g，僵蚕 40.0g，柴胡 20.0g，连翘 30.0g，栀子 30.0g，生地 50.0g，当归 30.0g，丹皮 20.0g。

研末蜜丸，如梧桐子大，每服 1.5 丸，先嚼碎，以开水送下，朝晚各服一次。

此方有消炎、化结之功用。

（2）消核膏

藤黄 36.0g，制甘遂 20.0g，红芽大戟 20.0g，生南星 16.0g，白僵蚕 16.0g，姜半夏 16.0g，朴硝 16.0g，白芥子 8.0g，麻黄 4.0g。

上用麻油 1 斤，先投甘遂、南星、半夏，熬枯捞出；次入僵蚕；三入大戟；四入麻黄；五入白芥子；六入藤黄，逐次熬枯；七入朴硝，熬至不爆，用绢滤净，再下锅熬滚；徐徐投入炒透东丹，随熬随搅，下丹之多少，以膏之老嫩为标准（宜稍嫩不可老）。煎成后，趁热倾入水盆内，扯拔数十次，以去火毒，即可摊贴，宜极厚，不可薄。

第三章 免疫制剂要义

免疫制剂为现代直接扑灭传染病之有力武器，中医欲进一步做好预防工作，不能掌握此武器，万难为力也。欲知免疫制剂之原理与作用，即当知免疫性之由来。免疫云者，将病菌（生或死的）或其毒素注入动物体，经过一定时期，其体内即能产生抗体，足以抵抗其同类菌毒之毒害作用，是曰“免疫性”。吾人偶患传染病，往往有经一定时期不药自愈者，即由产生“免疫性”之故也。根据免疫学原理制就药剂，如疫苗、血清（抗毒素）之类，用以预防及治疗某种传染病，是曰“免疫制剂”。

免疫制剂凡二类：曰自动免疫制剂，曰被动免疫制剂。将病菌或毒素经过特别处理，使其毒力减弱或至杀死而成之药剂，注入人体，以引起免疫性，如疫苗即由毒力减弱或死菌而制成，类毒素即由经过特别减毒之毒素而成，均属于前者；将病菌或毒素注入其他动物体（马、兔、羊等），取其已产生免疫性之血清，注入人体，同样产生免疫性，如此之血清制剂，或称抗毒素制剂，则属于后者。惟以病菌注入动物体而制得之血清，曰“抗菌血清”或“血清”；由毒素而制得之免疫血清，则为“抗毒血清”或“抗毒素”。

自动免疫性，乃人体受刺激后自动而发生，产生较难，历时较久，可获较长时期（三至五年）之免疫性，因之不适于治疗而适于预防，如牛痘苗、伤寒霍乱混合疫苗、卡介苗（结核疫苗）、鼠疫疫苗、鼠疫活菌苗、百日咳疫苗、斑疹伤寒疫苗、白喉类毒素、破伤风类毒素等自动免疫制剂，均适用于预防也。被动免疫性适与相反，免疫作用之产生速，而持续之时间亦较短，则宜于治疗，如白喉抗毒素、破伤风抗毒素、气性坏疽抗毒素、麻疹血清、猩红热链球菌抗毒素等被动免疫制剂，大多应用于治疗，亦或可以作预防也。

免疫制剂，皆为白色与黄棕色之浮悬液或乳剂，与防腐剂（如生理食盐水、甘油、酚、甲酚）同盛于无色玻瓶或小瓶管，多不能久藏（如卡介苗仅可藏十四日，牛痘苗、狂犬疫苗、鼠疫活菌苗等亦易败坏），且须冷藏。欲作长期保存，或有可能制成干燥粉末（如破伤风抗毒素、卡介苗等），临时以灭菌蒸溜水溶解，即可供用，惜其成本高、价值昂耳。亦有伤寒、霍乱、赤痢等疫苗片剂，足供内服，但其效力，远不如普通疫苗之确实也。

疫苗与类毒素之一般用法，多为皮下注射，用量以公撮（即西西）表示；注射后每有反应，如局部红肿、发热、头痛等是也。

血清多宜肌内注射，亦可用静脉、皮下、脊椎注射等，用量常有其特定之单位表示。其反应亦较疫苗所引起者为严重，常发生面部潮红、气喘、呼吸困难、发汗、风疹，甚至引起休克，是时注射肾上腺素 0.5 至 1 公撮，可以减轻其反应症状，故于注射前应讯明被注射人有无其他疾患，而后行之。

第一节　自动免疫制剂

一、牛痘苗

本品由牛痘泡中含有物，以甘油溶液混合所得之浮悬液，于制造及使用之过程中，应绝对保持其无菌状态。为灰色混悬浊液体，略有臭味或无，封装于细玻管中。遇热极易失效，应保存于低温中，制成后三个月即无效用。

用于预防天花，有100%之免疫力，小孩于一周岁以内接种最好，初生儿于断脐后即可接种（接种法详“天花”）。种后十日即发生免疫力，可保持五至十年，因此可于每隔五年接种一次，但于天花流行期或与天花病人接触后，亦应接种。

二、伤寒疫苗

本品为已死伤寒杆菌于生理食盐水或其他适当之稀释液中之浮悬液，每公撮至少含伤寒杆菌十万个。于预防伤寒传染，可获二至三年之免疫性，皮下注射0.5公撮、1公撮、1公撮共计三次，每次相隔一星期，注射后常发生全身反应；经过注射者，以后每年但须皮下注射0.5公撮一次，即可维持其免疫性。五岁以上小儿与成人剂量同；五岁以下，用其三分之一或二分之一。

三、霍乱疫苗

每公撮含霍乱弧菌十亿个，皮下注射第一次0.5公撮，第二次1公撮，其间隔七至十日行之，反应不大。当霍乱流行时，于注射后四至六月，可再注射1公撮。

四、伤寒副伤寒霍乱混合疫苗

本品在目前最为常用，预防效力可保持一年，故每年均应注射。皮下注射三次，第一次0.5公撮，第二三次各1公撮，每次相隔一周，必要时可缩短为三日。

五、卡介苗

由烈性结核菌培养于含有牛胆汁之培养基，每三周移植一次，经过十三年后，病菌毒性即大为减弱，惟注入人体后，即能引起免疫作用，以之预防结核传染，约有80%之效果。多采用皮内接种法，于未种前，宜先做结核菌素反应试验，只适用于阴性反应者（参阅前“结核病”条）。受种者本无年龄之限制，惟以年龄愈小，对结核菌之抵抗力愈弱，愈应接种。平均免疫性可维持四年，接种后六至八周始有免疫力。新鲜疫苗必须冷藏，一般制品，仅能保存十至十四日。

六、鼠疫疫苗

即由已死鼠疫杆菌制成之疫苗，能预防鼠疫，但效力不及鼠疫活菌苗，每公撮约含二十亿鼠疫杆菌。皮下注射0.5公撮及1公撮各一次（或2.5公撮一次），相隔七至十日，免期约六月以上至一年。

七、鼠疫活菌疫苗

本品为前苏联特制，一九四八至一九四九年曾广泛应用于我国热河、察北等鼠疫流行区域，比死菌苗强四至五倍，乃将毒性减弱之活鼠疫杆菌浮悬于生理食盐水内所得之混悬液，每公撮含活菌约十亿，制成十五日即失效，于冷箱内则可保存一月。因未含防腐剂，最易沾染杂菌，于搬运与使用时，须特加留意。

接种：于绝对灭菌环境下，表皮注入，注射前应先做体格检查，如有其他病患，则禁忌使用。用量：每人注射二至三次，第一次0.5公撮，以后用1公撮，小儿用成人量之一半或三分之一，注射后颇有反应症，忌饮酒、洗澡、做剧烈运动等。

八、百日咳疫苗

本品为已死百日咳杆菌之灭菌混悬液，混于生理食盐水中，每公撮至少含菌体百亿以上，亦可制成明矾沉淀之混悬液。预防百日咳，有其相当效用，已曾注射者，于发病初期再注射，足以减轻病势。总剂量含菌体六百亿至九百亿，分三次皮下注射，每次相隔一至二星期。

九、百日咳白喉类毒素混合疫苗

每公撮中含百日咳菌体一百亿至一百五十亿及白喉类毒素0.5公撮，用于预防百日咳及白喉，注射三次，每次1公撮，中隔三至四星期。

十、斑疹伤寒疫苗

由已杀死之斑疹伤寒立克次氏小体做成之混悬液，用以预防斑疹伤寒，每星期皮下注射1公撮，共注射三次，必要时可于数月后再注射一次。

十一、狂犬病疫苗

本品为狂犬病固定毒素之消毒混悬液，毒素固定于曾受狂犬病感染或由狂犬病致死之动物（多为兔）之中枢系统组织中，经减毒手续后，混悬于甘油溶液或生理食盐水中而成。

受疯狗咬伤后，立即注射本品，可防止狂犬病之发作。每日皮下注射一次（最初数日可每日两次），通常注射十四次，重伤或伤近头部时，可增至廿一次至廿八次，每次注射量不同，须逐日增加，注射后局部常见红肿及微痛，故宜每次调换注射位置。

十二、郭霍氏结核菌素

本品为结核杆菌培养时分泌之溶解性产物之消毒溶液，为澄清棕色液体，易溶解于水，有特殊臭味，须用低温保存。多用于诊断肺结核，经皮下注射，如呈阳性反应时，即足证明其曾患结核。

十三、白喉类毒素

本品为棕黄色澄清或混浊之消毒溶液，内含白喉菌发育时之各种产物，经特别处理，使其毒性减弱，但仍能引起自动免疫性。用于预防白喉，第一次皮下注射 0.5 公撮，第二次 1 公撮，第三次 1 至 1.5 公撮，每次相隔三至四周，小儿用量酌减为 0.5 至 0.75 公撮。注射后半年始能充分产生免疫性，可保持三年以上，因此，小儿于婴儿时已接种者，待就学时再接种一次，用 0.5 至 1 公撮即可。

十四、明矾沉淀白喉类毒素

本品为一种浓缩之白喉类毒素，系将消毒之明矾溶液，加入白喉类毒素溶液所生成之沉淀，以生理食盐水洗净，混悬于生理食盐水而成。作用较白喉类毒素强，只须注射 1 公撮一次或两次（第一次 0.5 至 1 公撮，三周后再注射 1 公撮）即可。

十五、破伤风类毒素

本品乃破伤风杆菌生长期中各种产物之消毒水溶液，经减毒处理。对豚鼠已无毒性，但仍能引起自动免疫。于预防破伤风传染，行肌肉或皮下注射，共三次，每次 1 公撮，相隔三周一次，可能于三至五月内产生免疫，且可维持一年（与破伤风抗毒素 1500 单位之效力相等）。于受伤或有传染可疑时，应再注射 1 公撮，以后每隔半年注射 1 公撮一次，即能长期维持免疫性。但因其免疫性之产生慢，于病情紧张时，仍以采用抗毒素为宜。

另有白喉破伤风类毒素之混合制剂，用于皮下，分三次注射，每隔三周一次，每次 1 公撮。

十六、明矾沉淀破伤风类毒素

来源与明矾沉淀白喉类毒素同，仍用于预防破伤风，皮下注射两次，每次 0.5 至 1 公撮，中隔三至四月。作用比普通类毒素强大而迅速，注射后七至三十日内，即具有相当之免疫力。欲长期保持免疫，只须每年注射 1 公撮即可。

近有明矾沉淀白喉破伤风类毒素之混合制剂，每次注射 1 公撮，共二次，中隔四至六周。

第二节　被动免疫制剂

一、白喉抗毒素（白喉抗毒血清）

将白喉毒素注入健康动物（如马）体内，引起其免疫性，然后制取其血清，经稀释、消毒及伴以防腐剂而成。为黄棕或带乳白色之液体，无臭，或略带防腐剂臭味，每公撮至少含抗毒素单位五百个以上。

预防与治疗白喉均适用。

预防：肌内注射 1500 至 2000 单位，免疫性可保持半月至一月。

治疗：普通病例肌内注射 10000 至 15000 单位，重症多用静脉注射，用量以病情而定，20000 至 50000 单位。小儿十五岁以内，用上量二分之一。二岁以内，用上量四分之一。

二、破伤风抗毒素（破伤风抗毒血清）

本品为抗毒素之消毒水溶液，以破伤风毒素在健康动物体做免疫接种后，采取其血清或血浆加以提制，并入氯化钠、防腐剂而成。为微黄棕、微乳白色之液体，无臭，或略有防腐剂臭味，每公撮至少含 400 抗毒素单位。

本品对破伤寒之预防效力极大，而于治疗效果反不确实。

预防：皮下或肌内注射 1000 至 2000 国际单位，必要时（如头部创伤等）可加至 1500 至 3000 国际单位，有效期仅七至十日，因此，于不能速为愈合之创伤（如复杂骨折等），应每周注射一次，手术前最好再注射一次。

治疗：第一次静脉注射 50000 国际单位，以后每日静脉或肌内注射 20000 国际单位，病情严重时，可增加至 80000 国际单位。于治疗之前二三日，常用椎管注射，每日 15000 至 20000 国际单位，但其效果并不及静脉注射之佳，且亦可能有妨害。

三、猩红热链球菌抗毒素

由免疫动物之血清或血浆中提出之抗毒素制成之灭菌溶液。为微黄或黄绿色液体，常显混浊，每公撮内至少含 400 抗毒素单位。于猩红热能产生暂时之免疫性，适用于治疗。

预防：用 2000 单位。

治疗：用 6000 单位。

四、抗赤痢血清

本品由抗志贺氏杆菌或其他痢疾杆菌之免疫马血清制成，用量：皮下或肌内注射 20 至 100 公撮。但因价值昂，且每多反应，故近日少有用之者。

五、人类麻疹免疫血清

本品为由曾受麻疹侵害之健康人血清中制成之灭菌溶液，其中或含有少量之防腐剂（0.5%以下之酚类）；另有干燥制剂，为灰白粉末，用时以灭菌蒸溜水溶解。于麻疹有预防作用，最好于潜伏期使用，注射 10 公撮。

医学碎金录

沈仲圭 著

从历代医学文献探讨中风病因及治法的变迁

在祖国医药文献里，有两种涵义不同的中风。《伤寒论》说："太阳病，发热，汗出，恶风，脉缓者，名为中风。"这是伤风，在《伤寒论》名为中风。《金匮要略》说："夫风之为病，当半身不遂。"这是脑溢血的后遗症，和《伤寒论》太阳病的中风，名同实异。另外，《内经》的厥，也是中风。例如《素问·调经论》说："气与血并，则为实焉，气之与血，并走于上，则为大厥，厥则暴死，气复反则生，不反则死。"这是由于气血上冲而成暴死的中风（脑溢血）。现在把自《内经》到现代的中风学说，择要介绍于下，在这里可以看到中风病因说的逐渐改变，中风治法也随之修正。

《素问·通评虚实论》说："仆击偏枯，肥贵人则高粱之疾也。"经文的意思，由猝倒而成偏枯，它致病的远因，由于平日饮食，肥甘太过，变为肥胖的中风体质，这种体质，常常成为中风。

又《玉机真脏论》说："春脉如弦，其气来实而强，此为太过，则令人善怒，忽忽眩冒而巅疾也。"巅疾是病在巅顶，也可说病在颅内，颅内之病未发以前，有脉象弦硬、善怒眩晕等肝阳上越的病象，可知这种颅内之病，必是指的中风（脑溢血）。

又《生气通天论》说："大怒则形气绝，而血菀于上，使人薄厥。"菀字的意义是郁结，厥字的意义是不省人事。血随气逆，郁结于上，遂致人事不省。使血气郁结于上的原因是大怒。这段经文，指出大怒是中风（脑溢血）的诱因，血菀于上是中风的病因。

从以上三条经文可以看出：中风的病灶在颅内；中风的病因是气血上冲；中风的预兆是头痛眩晕、善怒脉弦等；中风的体质是肥胖。

汉·张仲景《金匮要略》说："夫风之为病，当半身不遂，或但臂不遂者，此为痹。脉微而数，中风使然。"

又说："寸口脉浮而紧，紧则为寒，浮则为虚，寒虚相搏。邪在皮肤，浮者血虚，络脉空虚，贼邪不泻，或左或右，邪气反缓，正气即急，正气引邪，㖞僻不遂。邪在于络，肌肤不仁。邪在于经，即重不胜。邪入于腑，即不识人。邪入于脏，舌即难言，口吐涎。"

上述第一条说半身不遂是中风的后遗症。第二条说中风的病因是络脉空虚，贼邪不泻，并把中风的病势分为中络、中经、中腑、中脏四种。中络、中经为轻，中腑、中脏为重。

唐·孙思邈《千金方》说："偏枯者，半身不遂，肌肉偏不用而痛，言不变，智不乱，病在分腠之间。风痱者，身无痛，四肢不收，智乱不甚，言微可知。风懿者，奄忽不知人，咽中塞，窒窒然，舌强不能言，病在脏腑。"

孙氏引岐伯之说，把中风分为四个类型，即偏枯、风痱、风懿、风痹。但风痹症状如何，原文未述。虞抟谓："诸痹类风状也。"余意即《金匮》"但痹不遂"之痹，所以《千金》虽分中风为四，实际只有三种。又从他所述的症状来看，都是中风后遗症。

宋·严用和《济生方》说：大抵人之有生，以元气为根，营卫为本，根本强壮，营卫和平，腠理致密，外邪客气，焉能为害？或因喜怒忧思惊恐，或饮食不节，或劳役过伤，遂致真气先虚，营卫失度，腠理空疏，邪气乘虚而入。及其感也，为半身不遂，肌肉疼痛，为痰涎壅塞，口眼㖞斜，偏废不仁，神智昏乱，为舌强不语，顽痹不知，精神恍惚，惊惕恐怖，或自汗恶风，筋脉挛急，变证多端。治疗之法，当推其所自。内因七情而得者，法当调气，不当治风。外因六淫而得者，亦先当调气，然后以所感六气随症治之，此良法也。”

严氏把中风的原因，说作真气先虚，营卫失度，腠理空疏，邪气乘虚而入。这种说法，和张仲景所说脉络空虚，贼邪不泻的理论相近，不过描述症状较为全面。

金·刘完素论卒中暴死说：“暴病暴死，火性疾速故也。斯由平日衣服饮食，安处动止，精魂神志，性情好恶，不循其宜而失其常，久则气变兴衰而为病也。或心火暴甚而肾水衰弱，不能制之，热气怫郁，心神昏冒，则筋骨不用，卒倒而无所知，是为僵仆。甚则热甚生涎，至极则死。微则发过如故。至微者，但瞑眩而已，俗云暗风。由火甚制金，不能平木，故风木自动也。”

刘氏论卒中暴死的病因，由于平日衣服饮食，安处动止，精魂神志，性情好恶，不循其宜而失其常，就是指酒食争逐、昏睡早起等不正常生活，和易于动怒、易受刺激等精神冲动。这些不循其宜的生活习惯，都是引起高血压病的因素。至于心火暴甚，肾水衰弱，火甚制金，不能平木，遂致风木自甚，这种理论和后世“中风由于肾虚肝阳上逆”之说，甚为接近。惜乎刘氏论中风一篇，未能洗尽陈言，独标真谛，可见他对中风病因，观念仍是模糊。

元《东垣十书》说：“中风者，非外来风邪，乃本气病也。

凡人年逾四旬，气衰之际，或因忧喜忿怒伤其气者，多有此疾。壮岁之时无有也。若肥盛则间有之，亦是形盛气衰而如此。”

又说：“中血脉则口眼㖞斜，中腑则肢节废，中脏则性命危急，此三者治各不同。如中血脉，外有六经之形证，则从小续命汤加减及疏风汤治之。如中腑，内有便溺之阻隔，宜三化汤或局方麻仁丸通利之，外无六经之形证，内无便溺之阻隔，宜养血通气，大秦艽汤、羌活愈风汤治之。中脏痰涎昏冒，宜至宝之类镇坠。”

东垣说中风非外来风邪，多发于四旬以后，肥盛之人亦有，这几句话是很对的。又他用三化汤通便溺之阻隔，用至宝丹开窍豁痰，这种治法，在中风之初，都是急救之剂，不过以气虚为中风的病因，尚不尽然。

元·朱震亨《心法》论中风说：“按《内经》以下，皆谓外中风邪，然地有南北之殊，不可一途而论。惟刘守真作将息失宜，水不制火，极是。由今言之，西北二方，亦有真为风所中者，但极少尔。东南之人，多是湿土生痰，痰生热，热生风也。邪之所凑，其气必虚，风之伤人，在肺脏为多。”

又说：“治风之法，初得之即当顺气，及日久即当活血，此万古不易之理。古有以四物汤吞活络丹愈者，正是此义。若先不顺气化痰，遽用乌附，又不活血，徒用防风、天麻、羌活辈，吾未见能治也。”

丹溪对中风病因的认识，是湿土生痰，痰生热，热生风。当中风之际，确有痰热见症；但把痰热认为是中风的病因，尚欠圆满。中风的治法，丹溪主张首先化痰顺气，我认为以降气血为主，化痰热为辅，才是本病的正治。

明·王履《医经溯洄集》说："三子之论，河间主乎火，东垣主乎气，彦修主于湿，反以风为虚象，而大异于昔人矣。吁！昔人与三子也，果孰是而孰非欤，以三子为是，则昔人为非也，而三子未出之前，固有从昔人治之而愈者矣。以昔人为是，则三子为非也，而三子已出之后，亦有从三子治之而愈者矣。故不善读其书者，往往致乱。以余观之，昔人、三子之论，皆不可偏废。但三子以相类中风之病，视为中风而立论，故使后人狐疑而不决。不知因于风者，真中风也；因于火与气与湿者，类中风而非中风也。三子所论者，自是因火、气、湿而为暴病、暴死之症，与风何相干哉？如《内经》所谓三阴三阳发病，为偏枯痿易，四肢不举，亦未尝必因于风而后能也。夫风、火、气、湿之殊，望、闻、问、切之异，岂无所辨乎？辨之为风，则从昔人以治；辨之为火、气、湿，则从三子以治，庶乎析理明而用法当。"

王履把刘、李、朱三子以心火、气虚、湿热为病因的中风，名为类中风，三子以前以外风为病因的中风名为真中风，这样区别，在当时可说极有见识。不过以脑溢血即是中风的观点来衡量，无论三子以前或三子，他们的中风学说总觉尚未成熟。

明《景岳全书·古今中风辨》说："夫风邪中人，本皆表证，考之《内经》所载，诸风皆指外邪而言，故并无神魂昏愦，直视僵仆，口眼歪斜，牙关紧急，语言謇涩，失音烦乱，摇头吐沫，痰涎壅盛，半身不遂，瘫痪软弱，筋脉拘挛，抽搐瘈疭，遗尿失禁等说。可见此等证候，原非外感风邪，总由内伤气血也。夫风自外入者，必由浅而深，由渐而甚，自有表证。既有表证，方可治以疏散。而今之所谓中风者则不然，但见有卒倒昏迷，神魂失守之类，无论其有无表邪，有无寒热，有无筋骨疼痛等证，便皆谓之中风，误亦甚矣。”

同书论中风属风说：“风有真风、类风，不可不辨。凡风寒之中于外者，乃为风邪，如《九宫八风篇》之风占病候，《风露论》之虚风实风，《金匮·真言论》之四时风证，《风论》之脏腑中风，《玉机真脏论》之风痹风痱，《痹论》贼风篇之风邪为痹，《疟论》岁露论之疟生于风，《评热论》之风厥劳风，《骨空论》之大风，《热病论》之风痉，《病能论》之酒风，《咳论》之感寒咳嗽，是皆外感风邪之病也。其有不由外感而亦名为风者，如病机所云诸暴强直，皆属于风；诸风掉眩，皆属于肝之类，皆是属风，而实非外中之风也。何以见之，盖有所中者谓之中，无所中者谓之属。……盖肝为东方之脏，其脏血，其主风，肝病则血病，而筋失所养，筋病则掉眩、强直之类，无所不至，而属风之证百出，此所谓皆属干肝，亦皆属于风也。夫中于风者，即真中风也。属于风者，即木邪也。真风者，外感之表证也。属风者，内伤之里证也，即厥逆内夺之属也。”

同书《非风论》正名说：“若今之所谓中风者，则以《内经》之厥逆，悉指为风矣。延误至今，莫有辨者。虽丹溪云：‘今世所谓风病，大率与痿证混同论治。’（按：丹溪有中风不可与痿同治之论，他的意见，风病外感之邪，有寒热虚实，而挟寒者多。痿病内热之伤，皆是虚证，无寒可散，无实可泻）。此说固亦有之。然何不云误以厥逆为风也。惟近代徐东皋有云：‘痉厥类风，凡尸厥、痰厥、气厥、血厥、酒厥等证，皆与中风相类。’则凡临是证者，曰风可也，曰厥亦可也，疑似未决。将从风乎？将从厥乎？不知经所言者，风自风，厥自厥也。风之与厥，一表证也，一里证也。岂得谓之相类耶？奈何后人不能详察经义，而悉以厥证为风。既名为风，安得不从风治？安得不用散风之药？以风药而散厥证，所散者非元气乎？因致真阴愈伤，真气愈失，是速其死矣。”

景岳的意见，《内经》所说的风证，大多是外感风邪，没有卒倒昏愦，口眼歪斜，半身不遂等症。有这类证候的，是《内经》的厥证。厥证没有表证。他为了纠正千余年来二证混淆莫辨的失误，特定非风、属风的名称。所谓非风，即是《内经》所说的厥证（脑溢血）；所谓属风，即是肝风（高血压）。我们读了以上三段文字，对中风（非风）的界说，已十分清楚。景岳高见，确是突过前人。

同书《非风治法》说：“人于中年之后，多有此证，其衰可知。经云：‘人年四十，而阴气自半’，正以阴虚为言也。夫人生于阳而根于阴，根本衰则人必病，根本败则人必危矣。所谓根本者，即真阴也。人知阴虚惟一，而不知阴虚有二，如阴中之水虚则多热多燥，而病在精血；阴中之火虚则多寒多滞，而病在神气。若水火俱伤，则形神俱弊，难为力矣。……凡多热多火者，忌辛温及参、术、姜、桂之类。多寒多湿者忌清凉，如生地、芍药、麦冬、石斛之类。若气虚卒倒，别无痰火气实等证，而或者妄言中风，遽用牛黄丸、苏合丸之类，再败其气，则不可救矣。”

肾阴虚了，肝阳就旺，阳旺阴虚，肝风内动，则头昏目眩，少寐多梦，烦热颧红，足轻头重，种种症状，纷纷出现，这是中风前期的证候，也是高血压病的证候。此时长服滋肾平肝，降火息风之剂，证候与血压可望同时减轻。至于中风初起的治法，亦不外此种原则。景岳的非风治法，分阴中水虚、阴中火虚及水火两虚三种。我意中风病以肾水虚衰为常见，肾火衰微为少见。景岳长于温补，他所说的难免有些偏见。

明·缪仲醇《医学广笔记》说："大江以南之东西两浙，七闽百粤，滇南鬼方，荆扬梁三州之域，天地之风气既殊，人之所禀亦异。其地绝无刚猛之风，而多湿热之气，质多柔脆，往往多热多痰，真阴既亏，内热弥甚，煎熬津液，凝结为痰，壅塞气道，不得通利，热极生风，亦致猝然僵仆，类中风证，或不省人事，或言语蹇涩，或口眼歪斜，或半身不遂。其将发也，必先显内热之候，或口干舌苦，或大便秘涩，小便短赤，此其验也。刘河间所谓此证全是将息失宜，水不制火。丹溪所谓湿热相火，中痰中气是也。此即内虚暗风，确系阴阳两虚，而阴虚者为多，与外来风邪迥别。法当清热顺气开痰，以救其标。次当治本，阴虚则益血，阳虚则补气，气血两虚，则气血兼补，久以持之。设若误用治真中风药（风燥之剂），则轻变为重，重则必死，祸福反掌，不可不察也。初清热，则天门冬、麦门冬、甘菊花、白芍药、白茯苓、栝蒌根、童便，顺气则紫苏子、枇杷叶、橘红、郁金，开痰则贝母、白芥子、竹沥、荆沥、栝蒌仁。次治本益阴，则天门冬、甘菊花、怀生地、当归身、白芍药、枸杞子、麦门冬、五味子、牛膝、人乳、白胶、黄柏、白蒺藜之属。补阳则人参、黄芪、鹿茸、大枣。"

缪氏论中风的病因，以真阴亏损为本，热极生风，痰壅气道为标。当中风猝发之时，先治其标，后治其本，自是中风的标准治法。看他选用诸药，比之景岳所用各方，蹊径各异。因此我认为中风的理论与治法，到明代缪仲醇才觉完善。缪氏说："其将发也，外必先显内热之候，或口干舌苦，或大便秘涩，小便短赤，此其验也。"他所说先显内热的时候，即是高血压时期。因为临床观察，高血压病多有头昏头痛，面赤便秘，夜尿增多，睡中多梦等症。这种症状，都由肝肾阴亏，气火升腾的结果。治法首当益阴降火。缪氏列举各药，有很多可移用于高血压病。

清·叶桂《临证指南·中风门》，华岫云说："叶氏发明内风，乃身中阳气之变动。肝为风脏，因精血衰耗，水不涵木，木少滋荣，故肝阳偏亢，内风时起。治以滋液息风，濡养营络，补阴潜阳，如虎潜、固本、复脉之类是也。若阴阳并损，无阳则阴无以化，故以温柔濡润之通补，如地黄饮子、还少丹之类是也。更有风木过动，中土受戕，不能御其所胜，如不寐不食，卫疏汗泄，饮食变痰，治以六君、玉屏风、茯苓饮、酸枣仁汤之属。或风阳上潜，痰火阻窍，神识不清，则有至宝丹芳香宣窍或辛凉清上痰火。法虽未备，实足以补前人之未及。至于审证之法，有身体纵缓不收，耳聋目瞀，口开眼合，撒手遗尿，失音身摇，此本实先拔，阴阳枢纽不交，与暴脱无异，并非外中之风，乃纯虚证也。故先生急用大剂参、附以回阳，恐纯刚难受，必佐阴药以挽回万一。若肢体拘挛，半身不遂，口眼㖞斜，舌强言蹇，二便不爽，此本体先虚，风阳挟痰火上壅，以致营卫脉络失和。治法急则先用开关，继则益气养血，佐以消痰清火，宣通经隧之药。气充血盈，脉络通利，则病可痊愈。"

这是华岫云总结叶桂治中风的临床经验，叶氏分析中风的病因有三：①水不涵木，肝阳偏亢；②阴阳并损；③风木过动，中土受戕。由于水不涵木者，宜滋液息风，补阴潜阳。由于阴阳并损者，宜温柔濡润。由于木旺侮土者，有不寐、食少、汗泄等症，宜分别施治。至于中风的辨证用药法则，他分为脱证、闭证及中风后遗证。脱证见口张眼合、撒手遗尿等症，宜大剂参、附，佐以生地、天冬。闭证痰火阻窍，神识不清，宜至宝丹。中风后遗证，即半身不遂、口眼歪斜、二便不爽等，宜益气血，清痰火，通经络。此种理论和治法，比之缪仲醇，可以说有过之无不及。

同书《肝风门》，华岫云说："经云：'东方生风，风生木，木生酸，酸生肝。'故肝为风木之脏，因有相火内寄，体阴用阳，其性刚，主动主升，全赖肾水以涵之，血液以濡之，肺金清肃下降之令以平之，中宫敦厚之土气以培之，则刚劲之质，得为柔和之体，遂其条达畅茂之性，何病之有？倘精液有亏，肝阴不足，血燥生热，热则风阳上升，窍络阻塞，头目不清，眩晕跌仆，甚则瘈疭痉厥矣。先生治法，所谓缓肝之急以息风，滋肾之液以驱热，如虎潜丸、侯氏黑散、地黄饮子、滋肾丸、复脉汤等方加减，是介以潜之，酸以收之，厚味以填之，或用清上实下之法。若思虑烦劳，身心过动，风阳内扰，则营热心悸，惊怖不寐，胁中动跃，治以酸枣仁汤、补心丹、枕中丹加减，清营中之热，佐以敛摄神志。若因动怒郁勃，痰火风交炽，则有二陈、龙荟。风木过动，必犯中宫，则呕吐不食，法用泄肝安胃，或填补阳明，其他如辛甘化阳，甘酸化阴，清金平木，种种治法，未能备述。"

肝风即上条所说的内风，是脑溢血致病之因，也是中风前期高血压的病因。因为中风和高血压两者的病因和治法，在祖国医学上没有多大区别的。现在根据华氏所述，结合个人临床经验，把高血压病的辨证施治法则略述如下：

1. 由于肝阴不足，血燥生热，风阳上升，以致头目不清，眩晕欲倒者，可用鳖甲、龟板、玳瑁、天麻、钩藤、桑叶、黑芝麻、生熟地、萸肉、天冬、白芍、茯苓等品（张简斋方）。

2. 由于动怒伤肝，风火痰交炽，以致头晕目眩，耳鸣便秘，小便赤涩，神志不宁者，可用当归龙荟丸合二陈丸化裁，如生地、龙胆草、夏枯草、黄芩、黄柏、木通、芦荟、法半夏、陈皮等品。

3. 由于思虑烦劳，心火上炎，以致心烦、不寐、怔忡，大便不利者，可用天王补心丹。

清·张伯龙《类中秘旨》说："类中一证，猝倒无知，牙关紧闭，危在顷刻，或见痰，或不见痰。李东垣主气虚，而治法用和脏腑、通经络，攻邪多于扶正，屡试少验。惟刘河间谓将息失宜，心火暴盛，肾水虚衰。丹溪又赞之曰：'河间谓中风由将息失宜，水不制火者极是。'余又参之厥逆一证，《素问·调经论》谓：'气之所并为血虚，血之所并为气虚，有者为实，无者为虚。今血与气相失，故为虚焉，血与气并，则为实焉，血气并走于上，则为大厥，厥则暴死，气复反则生，不反则死。'此即今之所谓猝倒暴仆之中风，亦即痰火上壅之中风。证是上实，而上实由于下虚，则其上虽实，乃是假实。纵其甚者，止宜少少清理，不得恣意疏泄。而其虚确是真虚，苟无实证可据，即当镇摄培补。……盖皆由木火内动，肝风上扬，以致血气并走于上，冲激前后脑气筋而为昏不知人，倾跌猝倒，肢体不用诸证。但木火上冲，有虚有实。其实者，如小儿之急惊，周身搐搦，用清肝通大便药，一二剂即愈。其虚者，肾水不充，不能涵木，肝阳内动，生风上扬，激犯脑经而口眼㖞斜，手足搐搦，口不能言，或为僵仆，或为瘫痪。余习医十余年，于此证留心试验，实证甚少，间或有之，亦止用清火药数服可愈。断不可再用风药，再行升散，愈散则风愈动，因此而气不复反以死者，多矣。至于水虚不能涵木，肝风自动，风乘火势而益煽其狂飚，火借风威而愈张其烈焰，一转瞬间，有如山鸣谷应，走石飞砂，以致气血交并于上，冲激脑气筋者，当用潜阳滋降，镇摄肝肾之法。如龟板、磁石、甘菊、阿胶、黑豆衣、女贞子、生熟地、蝉蜕为剂，微见热加石斛，小便多加龙齿，大便不通加麻仁。服一二日后，其风自息，三日后再加归身，其应如神。此法用于初起之日，无论口眼歪斜，昏迷不省，热痰上壅，手足不遂，皆效。"

伯龙认为脑溢血的中风，即是气血并走于上的大厥。我们从"气复反则生，不反则死"两句来看，确是无可疑义。伯龙说此病是上实下虚，上实指风扬上越，下虚指肾水虚衰。如果肾水不虚，风阳就不会上越，所以上是假实，下是真虚。他根据这个理论，定出潜阴滋降的方剂，试于中风病人，功效大著。这个方剂，可说是伯龙一生经验的结晶。

近人张寿颐《中风斠诠》说："伯龙之论内风，援引西医血冲脑之实验，能推阐其所以冲脑之源委，借以证实《素问》'血菀于上''气血并走于上'之真旨，而治法以'潜镇填纳'四字为主，最是探骊得珠。惟临证之时，但当守此大旨，以为准则，亦不必拘拘于此篇所述药味。愚谓潜阳镇逆，必以介类为第一主药，如珍珠母、紫贝齿、玳瑁、石决明、牡蛎之类，咸寒沉降，能定奔腾之气火。金石药中，则龙齿、磁石、石英、玄精石、青铅、铁落之属，皆有镇坠收摄之功。平肝化痰，则羚羊角、猴枣，尤为神应。若草木类之木瓜、白芍、楝实，则力量较弱，可以辅佐。若龟板、鳖甲，亦是潜阳沉降之品，但富有脂膏，已趋重于育阴一路。若生地、石斛、玄参、黑豆之属，皆清热养阴之品，而人参、阿胶、鸡子黄等，尤为滋填厚味。若甘菊、蝉蜕，则轻泄外风，亦以疏达肝木，与桑叶、蒺藜、天麻、胡麻等相类，此等药止可为辅佐之品。又此病之最着重处，在浊痰壅塞一层。盖以阴虚于下，阳浮于上，必挟其胸中浊阴，泛而上溢，上蒙清窍。以致目眩耳聋，舌蹇语塞，神昏志乱，手足不遂。故潜降虽急，而开痰亦不可缓，则半夏、胆星、菖蒲、远志、竺黄、竹沥之属，皆不可少。伯龙于此，独无治痰之法，终是缺点。”

张伯龙推阐中风的病因，是上实下虚。他的治法，以潜阳滋降为原则。张山雷本此理论，在用药方面，补充了不少精义。他说：“潜阳镇逆，必以介类为第一主药。平肝化痰，清热养阴，皆可用作臣佐。”又说：“中风猝发之际，除介类潜阳外，开痰之品，尤不可少。”这几句话，确是治中风的金科玉律，他列举各品，也是中风门的要药。我意伯龙之方，用于下虚而上无痰火者；山雷之法，用于下虚而上有痰火者。随证施用，各有功效，不可偏废。此外，江涵暾的生铁落饮（生铁落、川贝、胆星、橘红、远志、菖蒲、茯苓神、玄参、麦冬、丹参、钩藤、辰砂）镇肝化痰，清热宁神，也可化裁应用。

结　语

本病在《内经》名为薄厥、大厥，《金匮》以下名为中风，明·王安道把本病分为真中风和类中风，张景岳名谓属风非风，缪仲醇名为内虚暗风。病名的改变，由于学说的革新。本病在金代以前，都认为外风，自刘河间以后，各立一说，难于适从。明·张景岳力辨本病不是外感，而是《内经》所说的厥证，但辨证施治还没有到炉火纯青之境。直至明·缪仲醇、清·叶桂、清末·张伯龙，才把本病的病因弄清楚，而治法也面貌一新了。高血压病是中风的前期，它的病因及治法，和中风没有大的出入，因此本篇附带讨论了高血压病。

谈高血压

一、高血压是个什么病

高血压病的主要表征，是血压上升得很高。平常人的血压，大概在160～180/100～120毫米水银柱。这个数字，是指健康的青年人与壮年人而言。如是老年，最高也不能超过130～140/85～90毫米水银柱。血压为什么会升高？据苏联临床学家朗格的学说，由于大脑皮层的机能障碍所致。障碍的原因，是神经的过度紧张。由于长时期的神经过度紧张，遂致大脑皮层的高级神经兴奋太过，影响血压上升。因此，高血压的主要原因，是由外界过度刺激或不断刺激，使大脑皮层神经的紧张性增加，而造成高血压的结果。这种说法，在祖国医学文献里，也有与此相近的记载。例如周秦时代的《内经·玉机真脏论》说："春脉如弦，其气来实而强，此为太过，则令人善怒，忽忽眩冒而巅疾也。"这段经文的意义，是说肝旺的人，平时急躁善怒，头昏目眩，如不注意疗养，可能招致脑溢血（巅疾）的后果。经文所说急躁善怒，是造成血压上升的因素；头昏目眩，是高血压的主要症状。所以我们说：祖国医学文献里面，有不少有关高血压的记载。

二、高血压的发病原因

在中医文献里，并无高血压这一名词，但是"中风"两字，自古就有。中风是高血压的后果，高血压是中风的先兆。二者的发病原因和治疗法则，在中医书籍里，没有多大出入的。现在把近代的中风理论，略举一二于次。

清《临证指南医案》，华岫云说："今叶氏发明内风，乃身中阳气之变动。肝为风脏，因精血衰耗，水不涵木，木少滋荣，故肝阳偏亢，内风时起。"华氏这一段话，说明中风的病源是内风(即肝风)，内风的发生，由于肝阳太过，肝阳的太过，由于肾水不足。简单的说：内风是由水亏（肾亏）木旺（肝旺）所酿成，它的症状是头目昏眩、梦中惊惕、耳鸣心烦、头面烘热、头重脚轻等症。这些症状，也叫做上实下虚。上实指肝阳上越，下虚指肾阴不足。

清·张伯龙《类中秘旨》说："类中一病，猝倒无知，牙关紧闭，危在顷刻，或见痰，或不见痰……刘河间谓将息失宜，心火暴盛，肾水虚衰。……余又参之厥逆一症，《素问·调经论》中谓'气血并走于上，则为大厥，厥则暴死，气复反则生，不反则死。'此即今之所谓猝倒暴仆之中风，亦即痰火上壅之中风。证是上实，而上实由于下虚，则其上虽实，乃为假实，纵其甚者，止宜少少清理，不得恣意疏泄；而其下虚确是真虚，苟无实症可据，即当镇摄培补。……盖皆由木火内动，肝风上扬，以致气血并走于上，冲激前后脑气筋，而为昏不知人、倾跌猝倒、肢体不用诸症。"张氏所说的类中，就是脑溢血，它的病源是上实。上实由于下虚，所以治疗类中的方法，应该镇摄培补。镇摄是镇静浮越的肝阳，培补是滋补肾阴的虚损。这种治疗原则，是针对上实下虚而定的。张氏治类中的经验良方，用龟板、磁石、甘菊、阿胶、黑豆衣、女贞子、生熟地、蝉蜕等品，是根据镇摄培补的原则而精选出来的。他说："此法用于类中初起，无论口眼㖞斜，昏迷不省，手足不遂，皆效。”我的意见，此方适当地用于高血压，也有良效。因为本病病源，也是上实（肝阳上越）下虚（肾阴虚损）。

近世张山雷《中风斠诠》说：“昏愦暴仆之病（即中风），于未发之前，必有先兆，或为神志不宁，或为眼目眩晕，或为头旋震掉，卧寐纷纭，或则脑力顿衰，记忆薄弱，或则虚阳暴露，颊热颧红，或则步履异常，足轻头重，种种情形，皆堪逆料，有一于此，俱足为内风欲煽，将次变动之预兆。”以上列举各种症状，都是中风未发以前的预兆，也是高血压的临床症状，所以我认为中风的病理和高血压相同，有许多治类中风的方剂也可移用于高血压。

三、高血压的治疗方剂

中医诊疗疾病，先用四诊（望问闻切）辨明八纲（表里阴阳寒热虚实）。辨明以后，对证投方。高血压也是如此，必须根据症状，辨明八纲，才能选方用药；并不是测量病人的血压高了，就用降压药品，因为这样处理，往往得不到预期效果。现在把高血压病分为四类，每类选录古今良方，以便对证施治。

第一类　养心安神剂

此类方药，用于心悸不寐，梦多健忘等症。

真珠母丸（载于《本事方》）

真珠母五钱，生熟地黄各三钱，党参、当归、柏子仁各三钱，炒枣仁、朱茯神、煅龙齿各五钱，广木香二钱，黄连一钱。

水煎二次，分二次服，每次约一茶杯。

按：此方有滋养安神的功效。

加味生铁落饮（载于《医学心悟》）

代赭石五钱，丹参三钱，玄参四钱，远志、菖蒲各二钱，茯神五钱，川贝三钱，胆星二钱，橘红钱半，麦冬、钩藤各三钱。

煎法服法同前。

按：此方有清心安神涤痰的功用，用于失眠梦多，证属虚火的最宜。

第二类　潜阳息风剂

此类方药，用于头痛头昏，烦热颧红，大便秘结，或头重足轻，目眩耳鸣。

天麻钩藤饮（载于《杂病新义》，系重庆中医进修学校讲义）

天麻、钩藤各三钱，石决明六钱，黄芩、焦山栀各三钱，杜仲五钱，牛膝三钱，桑寄生五钱，夜交藤八钱，茯神五钱。

煎法服法同前。

按：此方有平肝清火、安神补虚的功效，用于头痛、头昏、寐少、腰酸、足软等症。

苦泄相火法（载于《治疗新律》）

龙胆草钱半，黄芩三钱，黄连钱半，生地八钱，赤芍三钱，丹皮二钱，木通二钱，黄柏二钱，夏枯草四钱，芦荟八分。

煎法服法同前。

按：此方清泄肝火，用于头昏目眩、耳鸣烦躁、大便秘结、小便赤涩等症。

第三类　滋肝益肾剂

此类方药，用于高年肾虚、健忘、不寐、腰脚酸软、小便频多，一遇烦劳火升面赤等症。

延寿丹（载于《浪迹丛谈》）

何首乌（黑豆汁浸，九蒸九晒）、牛膝八两，菟丝子一斤（酒浸，九蒸九晒），女贞子八两（酒蒸），豨莶草一斤（蜜酒拌，九蒸九晒），桑叶八两（制同豨莶），金银花四两（制同豨莶），生地四两，杜仲八两（青盐姜汁拌炒）。

以上共七十二两，首乌亦七十二两，共研细末，以旱莲草膏、金樱子膏、黑芝麻膏、桑椹膏各一斤半，捣千下为丸，如梧桐子大。每服三钱，日服二次，温开水送下。

按：此方凉补肝肾，用于老年阴虚、腰脚不利、手指麻木、小便频多、火升面赤等症。

养阴息风法（缪仲淳方）

桑叶、黑芝麻、甘菊各三钱，首乌六钱，白蒺藜、天冬各三钱，生地一两，牛膝、女贞子、柏子仁各三钱。

水煎二次，分二次服，每次约一茶杯。

按：按此方为凉补之剂，用于肝肾阴虚，血燥生风，手指麻木、腰酸足软，或中风后半身不遂、筋脉挛卷。

第四类　平肝降压剂

此类方药，以平肝降血压为主要目的。凡血压高，症状不很明显，或虽有症状，并非某类症状特别剧烈者，可酌用之（如失眠、心悸较剧者，宜用第一类方；头痛、头昏较剧者，宜第二类方；素体肾虚，不耐烦劳者，宜第三类方）。但中医所谓降压，仍以镇肝阳上逆，辅以清肝火，滋肾阴，为主要目的。

镇肝息风汤（载于《衷中参西录》）

赭石、牛膝各一两，龙骨、牡蛎各五钱，白芍、玄参、天冬各五钱，川楝子、生麦芽、茵陈各二钱，甘草、炙龟板各五钱。

煎法服法同前。

按：此方有平肝清火滋肾的功用。

龙牡决明汤（近人方）

钩藤、菊花、白蒺藜各三钱，夏枯草五钱，黄芩三钱，石决明、牡蛎各一两，龙骨五钱，枸杞子四钱，天竺黄一钱。

煎法服法同前。

按：此方以镇静为主，清火息风为辅。

四、高血压的预防方法

凡是慢性病，不能专靠方药，因为方药只是在治疗慢性病方面起到部分作用。其他如生活环境和社会环境等，尤属重要。所以高血压病人，最好订立有利于病的生活制度，切实履行，再配合药物疗法，安心静养，自然渐愈。现在按照中医理论，把日常生活中应该注意各点，分述如下：

戒七情

七情就是喜、怒、忧、思、悲、恐、惊，也就是感情的冲动。这种冲动太剧烈了，或是持续不断，就可使大脑皮层及高级神经过度兴奋，引起血压升高。所以戒七情太过，是防止高血压病的首要条件。不过要做到性情和平，不急躁，不动怒，也不是一件容易的事，必须在生活中随时注意。如能做到开豁达观，虚怀若谷的境界，不但可以预防高血压，就是已患高血压的病人，也有极大好处。

节饮食

《素问·通评虚实论》说："仆击、偏枯，肥贵人则高粱之疾也。"仆击是猝然倾仆，偏枯是中风后遗症——瘫痪，高粱与膏粱同，即是美食。经文的意义是说脑溢血的原因大多由于富贵之人，营养太过，变为肥胖的中风体质。这种体质可能招致中风。中风的前期是高血压，所以高血压病的病人，饮食宜清淡，忌肥浓。古谚说："白饭青蔬，养生妙法。"这说明老年人的饮食，应该多用青菜、水果，少用鱼类、肉类，盐也要少用，不应吃酒，并且要少食多餐，细嚼缓咽，食后或徐步，或假寐，不可立即看书或运动。

慎房事

上面说过，高血压的病因是上实下虚。下虚指肾虚，肾已虚亏，自然不可放纵情欲，重虚其肾。所以老年人及高血压病人，应该清心寡欲，夫妇异床，那么，相火不旺，肾阴渐足，把高血压的病源除去了，血压可望下降。

常运动

运动能使血液循环佳良，新陈代谢机能改善，因而促进身体健康。苏联孔得拉契也夫说："有规律的早操，能强固神经系统，改进大脑、心脏和其他器官的营养；使小动脉舒张，减轻心脏的负担，改善肾脏的血液循环和防止并发症的发生。"所以适当的运动，对高血压病人很有好处。我国拳术中的太极拳，对若干慢性病，有祛病强身的功效。不过此种拳术，姿势繁多，学习不易。如果能学习这种拳术的一部分，也同样有好处。再呼吸静坐法是祖国文化的遗产，对保健延寿有卓越的功效。《上海新中医药杂志》登载此类文字不少（六卷四、五、六、七、八、九各期，七卷一、二两期），读者可依法学习。我意，此法练功时，意志集中腹部，摒除杂念，有引气血下降的妙用，对高血压病最有益处（高血压病的根源，由于肾阴虚损，肝阳浮越）。以上两种养生法，均须专心练习，持之以恒，才能获得病去身强的伟大功效。另外，栽花种竹，洒扫庭院，散步郊野，都是运动，不妨随喜行之。

编者按：本篇所列各方仅供学习中医的同志作参考，在没有得医师同意时，病人不要随意试用。

再谈高血压

在中医文献里，没有高血压这样一个病名，但从高血压的症状和后果来说，不难理解即是中风（后世称为内风、肝风）及眩晕；因为中风是高血压的后果，高血压是中风的先兆，眩晕是高血压的主要症状。从这两方面去钻研它的因症脉治，那么对高血压的治法，就有充分把握了。本病的发病机制是上实下虚，上实指肝火上冲，下虚指肾水不足，阴虚阳亢，就有种种病状发现，如头痛头晕，面赤颧红，耳鸣便秘，头重足轻，心烦不寐，夜间多尿，周身无力，手指麻木，记忆衰减等等，这些症状，在高血压患者中，或多或少，总是有的。本病虽由肾虚肝旺而来，但有偏于肾虚的与偏于肝旺的区别，偏虚者滋补肾肝为主，肝旺者平肝泻火为主；另有现神经衰弱症状的，宜养心安神。兹将本病应用各方，择要介绍于下：

处方一

羚羊角、炙龟板、生地、丹皮、白芍、柴胡、薄荷、蝉衣、菊花、夏枯草、石决明。

本方名羚羊角汤，载费氏《医醇賸义》，用于肝阳上升，头痛如劈的高血压病，有清肝息风的功效。

处方二

生地、白芍、丹皮、麦冬、石斛、天麻、杂叶、菊花、柴胡、薄荷、石决明、灵磁石。

本方名滋生青阳汤，亦系费伯雄自制方，用于头目眩晕，肢节摇颤，如登云雾，如坐舟中的高血压病，有滋水柔肝的功效。

处方三

生熟地、麦冬、生石膏、知母、牛膝、桃仁、红花、乳香、没药、地龙、昆布、海藻。

按：此系重庆中医唐杨春经验方，清降浮阳，活血祛瘀，用于体不太虚，肝阳偏胜，兼有动脉硬化者，最为适宜。

处方四

真珠母、龙齿、生地、归身、白芍、丹参、柏子仁、夜合花、夜交藤、柴胡、薄荷、沉香、红枣。

本方名甲乙归脏汤，费伯雄自制方，用于肝阳上亢，彻夜无寐，左脉弦数的高血压病。

处方五

苁蓉、枸杞子、当归、巴戟、沙苑蒺藜、牛膝、石斛、小茴香、柏子仁。

本方是叶桂的温养肝肾法，载《临证指南医案》，用于夜尿增多，阳事痿弱的高血压病，有强阴固精，益髓强筋的功效。

上列五方中，第一、第二、第三方偏于清肝息风，治上之实；第五方偏于温补肝肾，治下之虚；第四方用于失眠症状严重者。

要把高血压病根本治愈，仅仅依靠方药，是不够的。患者必须履行生活制度，使服药和摄生同时并进，才能降低血压，消灭症状。兹分工作、睡眠、饮食三项，略述如下：

工作　休息对一切慢性病都有好处，但不善养病的人，闲居终日，反觉无聊，我意血压不太高，工作不繁重，工作以后，又无疲劳头重的感觉，在这种情况下，工作无碍于病体。最紧要的，是改变急躁的性情，耐心疗养。只要心、肾、脑没有重大病变，血压的时涨时落，关系不大。但本病病人，往往性急易怒，因动怒而血压上升，因血压上升而心怀恐惧，这样的病人，虽日服灵丹妙药，也少效果。

睡眠　睡眠是使高级神经得到充分休息的好方法。本病的发病因素，是高级神经的过度兴奋，所以增加睡眠时间，即是保护性的抑止兴奋，对高血压病有很大的治疗价值。但本病患者，常有不易入睡或寐不安神等病象。这种患者，除服养心安神的药剂外，尤应注意下列事项：

（1）定时睡眠。

（2）睡前用温水洗脚。

（3）晚餐不可太饱，夜间勿饮浓茶。

（4）睡前静坐（盘膝端坐，两目轻闭，两手放于小腹前，屏除杂念，注意力集中于脐下，这样静坐半小时至一小时）。

（5）睡前轻微运动，如打太极拳、八段锦之类。

（6）睡前行深呼吸（呼吸都用鼻管，并要徐缓细长，每一呼吸完毕，略为休息，再行二次，每夜呼吸三五十次）。

（7）睡的姿势，要侧身屈膝，睡定后不可再动，摒除思虑，专心入睡。古人说："睡侧而屈，觉正而伸，先睡心，后睡目。"即是此意。

饮食　应注意者，约有下列四项：

（1）动物脂肪中的胆固醇，入于血液，要在小动脉的管壁淤积起来，使高血压病的病势恶化。所以动物脂肪如猪油、蛋黄、肥肉、骨髓、鱼类等，均宜少食，植物油无妨。

（2）鲜菜水果，富含维生素丙，能减少血液中胆固醇的含量，防止动脉粥样化的发展，为高血压病人有益的食品。身体肥胖者，尤应多吃蔬果。

（3）长期和过度饮酒，神经系统长被刺激而渐衰弱，并使血管和心肌发生病变，所以高血压病人不可沉湎于酒。

（4）《本草》说："桑椹补肾，利五脏关节，安魂镇神。"取鲜者，榨汁熬膏，入蜜炼稠，每日用一羹匙，沸水冲服，对高血压病颇有裨益。又桑根有降低血压之效，可作单方用之。

回天再造丸的研讨

最近看恽铁樵遗著，载有回天再造丸，方后用法项下说："凡中风猝然昏迷，手足抽搐，有两目上视者，亦有不上视者，有手握者，亦有手开张者，有使溺不禁者，不论何种，急用此丸一粒，开水化服。两点钟后再灌一粒，此后每隔六点钟服药一粒。有病重两三日不能清醒者，只坚守此法，不疾不徐，锲而不舍，服丸至二三十粒，自然清醒。"（《药盦丛书》第一辑一八八页）恽氏的见解，回天再造丸是卒中的急救药，其效力的伟大，虽昏迷至两三日的重症，但服此丸二三十粒，自然清醒。我不觉得恽氏这话的根据，是出于临床经验，还是药理探讨。现在把回天再造丸的组织成分和对卒中发生的功效概述如下，从这里，就可看出此丸只能医治卒中后的缺落症状（偏瘫），而卒中发作期应投苏合香丸一类药品。

回天再造丸

蕲蛇四两，犀角八钱，制香附一两，威灵仙二两半，川萆薢二两，当归二两，两头尖二两，广地龙五钱，草蔻仁二两，沉香一两，血竭八钱，毛姜一两，赤芍一两，防风二两，辰砂一两，没药二两，全蝎二两半，麻黄二两，羌活一两，藿香二两，川楝肉二两，冬白术一两，乌药一两，甘草二两，僵蚕一两，龟板一两，乳香一两，大黄一两，白蔻仁二两，天竺黄一两，元参二两，细辛一两，红曲八钱，姜黄二两，广三七一两，天麻二两，首乌二两，虎胫骨二两，川芎二两，犀黄二钱半，白芷二两，熟附子一两，熟地二两，葛根二两半，桑寄生一两半，当门子五钱，山羊血五钱，母丁香一两，冰片二钱半，茯苓二两，肉桂二两，穿山甲二两，制松香五钱，青皮一两，黄芪二两。

此丸依各药的功能，可分为五类：

祛风行气　如蕲蛇、全蝎、僵蚕、天麻、羌活、防风、白芷、细辛、川芎、麻黄、葛根、虎骨、萆薢、灵仙、山甲、松香、香附、乳香、乌药等，此类药品，不但祛风行气，并且《本草》明载它们能治卒中的病状。例如，白花蛇和全蝎均治中风口面㖞斜，半身不遂；僵蚕和萆薢均治中风失音；羌活治中风不语；乳香治中风口噤不语；天麻治冷气㾓痹，瘫痪不随；川芎治半身不遂；细辛治百节拘挛；防风治骨节风痛，四肢挛急，体重瘫痪；虎骨治骨节风痹，挛急不得屈伸；甘松香治肢节拘挛麻痹。以上各药，从药效推测功用，可知它们对于卒中的脑部运动神经中枢的病变，有一定的作用，四肢不遂，口面㖞斜，语言蹇涩，都是卒中后的缺落症状；而祛风行气药本方内特别多，从此点，便可推断回天再造丸是治卒中后瘫痪的主方，不适合于卒中的昏睡时期。《中西合参内科概要》治久病瘫痪用大活络丹，每周服二三丸，陈酒蒸化服，华氏的见解是正确的。所以以“祛风”“滋养”为主的方子如回天再造丸、人参再造丸、大活络丹，只能用于卒中后的缺落症状（回天再造丸比大活络丹多六味，两方药品相同的占三十九味。回天再造丸比人参再造丸少三味，两方药品相同的占四十九味）。

滋养强壮 如熟地、首乌、龟板、玄参、当归、骨碎补、黄芪、肉桂、白花蛇、桑寄生等，这类药用于卒中后偏瘫，是加强体力，间接使脑部出血灶的运动神经麻痹，易于恢复。

健脾开胃 如白术、茯苓、甘草、丁香、白蔻、草蔻、藿香、红曲、青皮等，这类药的目的是促进消化，使营养素充分吸收，以加强体力。

活血化瘀 如血竭、大黄、乳香、没药、三七、姜黄等。

辛香开窍 如麝香、冰片、丁香、沉香等，这类药具有兴奋性，可预防卒中昏睡时期心脏的麻痹。但占全方的比例太小，起不了很大的作用。

清心涤痰 如犀角、蚯蚓、牛黄、天竺黄等，这类药也用于卒中的昏睡时期，因其占全方的比例小，所以作用不大。

我们分析回天再造丸的药品，虽然里面有辛香开窍，清心涤痰一类药品，可惜占全方的比例太小，作用不大。相反的，祛风、化瘀、滋养一类的药，几占全方百分之六十。单从这一点观察，已可证明此丸的适应证，确是卒中后偏瘫（人参再造丸和大活络丹也只能治偏瘫）。那么，卒中之初，该用些什么药呢？明朝吴昆的《医方考》说："病人初中风，喉中痰塞，水饮难通，非香窜不能开窍，故集诸香以利窍；非辛热不能通塞，故用诸辛为佐使。犀角虽凉，凉而不滞；诃黎虽涩，涩而生津。世人用苏合香丸于初中之时，每每取效。"吴氏所说，是卒中急救的一法，并不能包括卒中发作期的各种治法。例如三化汤的通利大便，鲜生地、竹沥、独活（华实孚方）的清热化痰，都是良方，兹不繁引。

本方内的祛风行气药和滋养强壮药，大多可用于关节风痹，所以此病属慢性者，用回天再造丸、人参再造丸、大活络丹，临床上多能奏效。

一九五二年四月作于重庆

贫血病的疗法

贫血者，血液中血色素之含量减少，或红血球之含量减少，或两者俱形减少发生之病症也。欲知病者究竟是否贫血，必须以器械检验其血中所含血色素及红血球之数量是否正常，方能确知。但熟练之医生，亦得观病者所呈之证候及眼结膜、口唇、爪甲等处殷红与否而知其梗概焉。中医称此病为血亏、血虚，殆即指血球之亏损也。

本病之起源，可分为：①血球损失太多，如外科手术、妇人分娩、内脏出血等；②血球新生障碍，如胃肠久病、消化不良、饮食粗恶、营养不足等；③血液中毒，如传染病毒、药物慢性中毒等。其他如日光、空气之供给不足，精神、肉体之操劳太过，以及慢性疾患，亦易酿成贫血。至其所显之症状，大多面容苍白，肌肤枯燥，虽轻度运动，易致呼吸促迫，心悸亢进，屡发头痛，头晕，耳鸣，目暗，精神委顿，动作呆滞，食量减少，便秘，呕吐。患者衰弱困顿，至不能离蓐。

西医治疗贫血，向用砒铁剂，故红色补丸、伯劳丸及自来血等成药，曾风行遐迩。近知动物之肝脏能增加红血球，故肝脏颇为一般西医所常用。兹将中医补血方药，甄录一二于后，以供同道之参考。

当归补血汤

黄芪、当归身。

此方见《卫生宝鉴》，原治气血俱虚，脉洪大而虚，重按则微。《汉和处方学津梁》以为补血之效捷于八珍。如脾虚者，合六君子汤同煎；胃强者，加熟地黄四五钱。

八珍汤

川芎、杭芍、地黄、归身、人参、於术、茯苓、甘草。

此方亦名八物汤，《和济局方》。渡边熙谓治疗以气血两虚为目的，无论何症，凡气血不足者，均可准此而对症加减之。

当归羊肉汤

黄芪、人参、归身、生姜、羊肉。

此方见《金匮要略》，虽治产后发热自汗，肢体疼痛，名曰“蓐劳”，实亦补血之剂。惟生姜为副药，二三片已足。

黄芪散

黄芪（炙）、阿胶、糯米（炒黄）。等分为末，米汤下三钱。

此方林珮琴用以治劳嗽唾血，其实芪、阿皆有补血作用也。

十全大补汤

即八珍汤加黄芪、肉桂。

此方渡边熙氏云：治气血虚弱、续发性贫血、神经衰弱。盖与八珍汤同具补血之效，而兼有健胃作用也（肉桂为辛辣性健胃药）。

龙眼膏

龙眼和以十分之一的西洋参与冰糖，熬成流膏。

此方《随息居饮食谱》称为玉灵膏，一名代参膏，谓大补气血，力胜参、芪。余意此方最适用于神经衰弱病之贫血，因龙眼有补血壮神经之作用，为一种甘美缓和之滋养药耳。

上列六方，仅就管窥所及，提出补血专方，以宏贫血之治疗。若单味补血之药物，当推当归、熟地、黄芪、阿胶、桂圆等味，兹将其性质略述如下：

当归　补血之药，首推当归，兼为调经安胎之主要品，自古应用于妇科。在药理观察，能刺激造血脏器，使机能旺盛，或足以充实血液制造之原料者，皆可用于补血剂。当归之补血作用，当不出此。兹再从古人经验，以证明当归补血之实例。《千金》治虚劳，有当归建中汤。陈修园《时方妙用》治劳倦内伤，用补中益气汤；血虚身热，用当归补血汤；血气不足，用八珍汤、十全大补汤、人参养营汤；心血虚，用圣愈汤；气不统血，怔忡悸动，盗汗失眠，健忘损食，用归脾汤。凡此各方，皆有当归一味。因各方所主治之证，即可作当归功能补血之证。且《千金》

《外台》用当归治虚损之例，尤多用于男子，是不独为血分剂中整理子宫之要药，而并为男妇老少强壮疗法中补血通用之要药也（节录谭次仲《中药性类概说》）。

熟地　地黄经九蒸九晒之制炼为熟地，甘寒之性已失，适用为补血剂。最著效用者，当推《外科证治全生集》之阳和汤，方中以熟地为君，用至两余，合鹿角胶、肉桂等，颇有补血强壮之力，故慢性结缔组织炎，中医名为阴证者，每奏卓效，即熟地补血之功。《神农本草》称伤中、逐血、除痹、疗折跌绝筋，此言其活血之效。又曰：除寒热，则言其退热之能。又曰：填骨髓，长肌肉，则称其补益之功。完全与后人经验相一致。但熟地胶黏凝滞，肠胃有病者宜注意（节录谭次仲《中药性类概说》）。

圭按：《本草经新注》云：熟地能补血，可治贫血症；又云：熟地补血之效为最大。又野精猛男亦列地黄为制血药，以为其效与铁剂规尼涅相同。皆因其内含铁质甚富也。余意血虚有热者，用干地黄；消化佳良者，用熟地黄，或以砂仁末少许为佐，自无凝滞妨胃之弊。

黄芪　黄芪补脑之外，又能补血。观《神农本草》主痈疽久败疮，排脓止痛之力，及后人当归补血汤之君以黄芪，皆黄芪兼有补血作用之佐证也（节录谭次仲《中药性类概说》）。

阿胶　阿胶系阿井之水，以黑驴皮煎熬而成。今阿井已封闭，市上出售之阿胶，俱系杜煎。杜煎者，取本地之山泉、湖水和驴皮煎成也。《纲目》云："疗吐血、衄血、淋血、尿血、肠风、下痢、女人血痛、血枯、经水不调、无子、崩中、带下、胎前产后诸疾。"盖为一种补血调经止血药，徐灵胎赞为止血调经之上品，补血药中之圣品。近世日人对于阿胶亦颇称道，如猪子称为汉医之强壮剂。《古方药物考》曰："专主补血，可疗虚烦。"《新本草纲目》引《古方药品考》曰："阿胶补血，固卫血液。"《和汉药物学》曰："治虚劳病及体液脱泄与精力虚耗之消削病，并止血药剂也。"吾人观日人之说，可知阿胶不但为补血良品，且可应用于一切消耗证，以资补养；若肺病失血、女子血崩、慢性赤痢，尤有卓效。

龙眼　王秉衡曰："龙眼肉纯甘而温，大补血液，蒸透者良。"黄宫绣曰："龙眼于补气之中，又更存有补血之力，故古书载能益脾长智，养心保血，为心脾要药。是以心脾劳伤而见健忘、怔忡、惊悸，暨肠风下血，俱可用此为治。"余意龙眼成为补血药，但尤适应于神经衰弱之贫血。盖本品古来《本草》俱著其功用为长智养心，主治劳伤心脾，健忘怔忡；以今语译之，盖即龙眼有滋养神经、补益血液之效用，故克治因操劳用心神太过之神经衰弱症也。

贫血的治疗，约分药物、输血、食饵等法。主治贫血之方药，已见上文。输血法多施用于大量出血，手续亦颇繁难，姑从略。兹列举对于贫血病有裨益之食物三十余种于下，以为家庭疗养之助。

食饵疗法者，乃摄取食物中所含多量之营养分，以补充不足之血液成分也。据《新医药刊》严华仁君之报告，略云："经余多时间之试验，证明食物中以小麦粉、鸡蛋、干酪、小犊牛肝数种含有机性盐类及维他命类最富。"余思菠菜、发菜、大豆、花生、杏仁、枣子、葡萄，含铁质亦多。猪胃能引起抗贫血素，猪血含有机铁，中山先生在《建国方略》中赞叹备至，谓其补血之力远在无机铁之上。鳖肉，据吾友高思潜体验，云有补血作用。

凡此种种，皆贫血家之无上珍品也。馀如动物类之羊肉、牛肉（消化不易，宜制汁饮）、鸡、凫、比目鱼、鲷鱼、鲻鱼、鲂鱼、牡蛎，以及鱼子、鸡肝，植物类之白菜、包心菜、莱菔、薯蓣、马铃薯、蕃茄、百合，或富滋养分，或含维他命，或扶助消化，随意常啖，获益自非浅鲜。

贫血固能使消化障碍，但消化障碍亦能召致贫血。吾人治疗贫血，对于病人之胃肠机能，宜设法使其健全，俾营养分之输入无阻，则亏损之阴血方能渐复。高鼓峰云："血症延久，古人多以胃药收功，如乌药、沉香、炮姜、大枣，此虚家神剂也。"此言殊有卓见。吾人虽不必定用其所举之药，但补血剂中不可无健胃剂为之辅佐，此实当然之事。一面并须将胃脏摄生，详告病家，令其遵守。如是药疗与调养双轮并进，贫血自能迅速康复也。

谈肺病

名医家丁福保曰："肺病实为易愈之病，若及早疗治，无有不愈者。试以余自身之经历言之，即可知肺病之不足惧矣，余自幼多病，身体孱弱，手腕细小，筋肉柔软无力，久咳多痰，消化不良，面无血色，顾君小东谓余他日必病瘵死，此余二十岁以前病情也。延至二十八岁，来上海，身体之孱弱如故，若步行一二里，则气喘力竭，精神亦疲乏不堪矣，又不能向右边侧卧者已十余年，右卧则气急万状，故每夜非向左边不能安睡，考中医书谓仅能向一边睡者必死。是时体重不足九十磅，保险行医生为余检查身体，诊断为肺结核第二期，至不敢保寿险十年，并劝余服药。余不之信，乃求三国时华佗吐故纳新、熊经鸟伸等法，即所谓‘五禽之戏’是也。惟此法运动太剧，恐伤内脏，不宜于病体，乃师其意而改良之，初起时运动甚微，不用丝毫力量，虽极弱者亦能胜任也。又兼习静坐法，凝神于玄关一窍，息心静气，将过去、现在、未来之事，一切放下，不许思量，使精神得以休息。又采用日光、空气、食物等各种疗养法，无一不合于科学之原理者。是时余之自信力甚强，以为余病必愈，且能以坚忍不拔、勇猛精进之毅力精神，战退此后数十年中之病魔，其一意孤行，坚僻可笑如此。迨行之二年，病体果愈。至三十岁，遂应京师大学堂之聘，为算学、生理卫生学教习矣，每日功课甚繁冗，任事几三年，未尝一日请病假也。其后回上海，为出版事业，又为人治病者二十余年。今年已六十矣，卧则左右皆可安睡，须发虽白，而身体尚顽健。在此三十年中，固未尝有一日因病谢客，或卧床而不能起也。”肺病确非不治之证，苟能早期觉察，笃信自然疗法功效之伟大，耐心履行而不懈，殆无不愈之理。余朋辈中若裘吉生、黄劳逸、王士弘皆尝患肺病，以静养获愈。裘君年逾花甲，精神矍铄，终日忙迫，毫无倦容，老而续弦，犹生子女数辈，肥硕可爱。上录丁氏所自述，不过肺病治愈之一例，若详细调查，若丁氏者，正不知几何也。

丁氏所举疗养法，为呼吸、静坐、日光、空气、食物等。除呼吸外，皆为肺病疗养上之要则。呼吸法之不利于肺病，原荣博士言之最为透彻，渠云：“夫人身外部发生炎症或溃疡时，医师必于该部施以绷带，不使动摇，令该部安静，俾早结瘢痕，速就治愈。肺结核症，亦一种慢性炎症耳，则其治疗之际，又何能不守安静？且也，吾人对于身体他部结核症之疗法，要亦以固定患部为唯一方法（如结核性膝关节炎，则应用副木以固定之；结核性副睾丸炎，则提举阴囊，不使动摇。皆是也），诚以患部固定，斯能使新生结缔组织速行包围病灶，而自然助长其瘢痕形成之倾向，乃能渐趋治愈也。不然，苟仍事运动，则该部渐见硬化之病灶周围受其伸展牵引之作用，而血行亢进，组织崩溃，反足破坏软弱之新生结缔组织，大有妨于瘢痕之形成。不特此也，其结果凡病灶部所蓄积之结核菌及其毒素，更将由血行而循环于全身，致使发热，如无热病人，偶因微细运动，即见体温上升，是其明证也。”又曰：“夫深呼吸法，实肺脏之运动法耳。然而肺结核病人，应守绝对安静，已如上述，则此种以肺脏运动为目的之操练，其有害于治疗也，晓然可知矣。”盖深呼吸在平人行之，诚有强壮肺脏，预防肺病之效；病人行之，反能阻止病灶之硬化，促进病势之进展。此平人与病人摄生之异点，万难强同也。

疗养肺病，除丁氏所举者，余如安静绝欲，亦颇重要。肺病所以不宜运动之原理，原荣博士言之已详。惟实行安静疗法（亦名横卧疗法，即仰卧于藤椅之上，庭院之中；夜间移入室内，须将窗户开放；如恐有风，可用屏风立于床前障蔽之；如冬日畏寒，厚其衣被，或以汤婆子暖足部），须有鲜洁之空气，愉快之心情，为之辅佐，否则易致食欲不振，消化障碍也。若夫绝欲，理亦易晓，因肺病为进行性慢性传染病，消耗体力甚速，试观患者莫不骨瘦如柴，面色萎败，行动气促，精神不振，稍不如意，愤怒随之，此皆结核菌盘踞肺叶，散布毒素，使全身营养逐渐亏损之结果也。倘病人不知保养，纵情色欲，重损其精，无异枯槁之木，日以双斧伐之，脆弱之生命将不能久延矣。

肺病虽易治愈，但觉察宜早，疗养务久。世之患此病者，不治者多，康复者少，其故端在于此。肺病初期之自觉症状如下：

1. 作事易疲，或生厌倦，易于发怒，类似神经衰弱症者。

2. 食欲减退，消化障碍，类似胃病者。

3. 常觉体疲头重，午后五六时，有一分至三分之轻热而持续不变者。

4. 常有微咳干咳，咯痰黄色而黏，或于痰中夹血丝血点。

5. 突然吐血，时发时止。

6. 颜色灰败，渐次羸瘦贫血。

7. 肩重肩疲，或发钝痛。

8. 女子月经减少，或困难，或闭止，或经前发热。

上列症状，并非悉具，如有一种或二、三种，即宜请医诊断，以便从速疗养。

若药物治疗，当标本兼筹，钱仲阳之六味地黄丸，顾松园之保阴煎，治本培元之方也；葛可久之保和汤（咳嗽多痰）、十灰散（咯血咳血），《直指》之秦艽扶羸汤（骨蒸潮热），王肯堂之聚精丸（厚味填精）、水陆二仙丹（固涩精管），缪松心之四五培元粉（养胃生肺），皆标本兼顾之方也；他如八仙早朝糕（健脾消食），骆龙吉接命丹（滋补肾阴），鲍相璈之枇杷叶膏；仲景之猪肤汤，则足为食养之资也。

附方

六味地黄丸　熟地、萸肉、山药、泽泻、丹皮、茯苓。

保阴煎　二地、二冬、二甲、牛膝、茯苓、山药、玉竹、龙眼。

保和汤　知母、贝母、天冬、款冬、花粉、米仁、五味、甘草、兜铃、紫菀、百合、桔梗、阿胶、当归、紫苏、薄荷、百部、杏仁、地黄。

十灰散 大蓟、小蓟、荷叶、扁柏、茅根、茜草根、山栀、大黄、丹皮、棕榈皮。

秦艽扶羸汤 银胡、秦艽、鳖甲、地骨皮、当归、西洋参、紫菀、半夏、甘草。

聚精丸 线鱼胶、潼蒺藜。

水陆二仙丹 金樱子、芡实。

四五培元粉 百合一斤，山药、菟丝、莲肉、茯苓各半斤，谷芽、麦芽、神曲、砂仁、荷叶各四两，芡实六两，米仁十二两，扁豆、於术各五两，粳米、糯米各一斤。百合煮捣，菟丝、砂仁生研，余均炒香为末，混和晒干磨粉。

八仙早朝糕 白术、山药、芡实、莲肉、山楂、麦芽、米仁各四两（炒香），茯苓、陈皮各二两，桔梗一两，粳米五升，糯米二升（炒香）。共磨粉，用蜜三斤拌匀为糕。

接命丹 人乳两酒盅，梨汁一酒盅。重汤炖滚。

枇杷叶膏 方载《验方新编》，用枇杷叶、湘莲肉、雪梨、红枣、白蜜，共五味。愚拟改变其法，将前四味熬浓汁，入蜜，再熬至稠厚为度。

猪肤汤 原方见《伤寒论》，兹师其意而易其方，用火腿熬清汁，去浮油，乘热冲拌炒米粉。此法似较原方不腻口而补力相埒。

裘吉生治肺结核处方四例

亡友裘吉生先生，幼年钻研医籍，及长，以其专长之中医技术，为群众服务，声名遍播杭绍。晚年，将其治肺结核的经验总结，作成《肺病之症状及治法》一篇，刊于《中国医学研究月报》复刊第一、二期，读者目为治疗圭臬。篇中裘氏自云："余于十八岁时，即开始为人治病；即因自患肺病，为医者拒绝不治，自己用甘寒滋养之剂而愈，后遂由亲及友，咸以肺病求我诊治。五十年来，用此方法治愈三期重症，不知其数，一、二期轻病无论已。此非余之自夸，乃不过冀人信仰，守'忌用苦寒，专用甘寒'之现身说法耳。"吾人读此数语，可见裘氏之一片婆心，全为病人着想。爰摘录其处方四例于次，并将各方所用药品，分为数类，以便观摩，又附古人名方以供参考。

清肺宁嗽法（止咳）

【适应证】 咳嗽日久，吐白沫之稠痰，潮热盗汗，或有遗精，脉形细数，细形细数。

【药品分量】 元参四钱，百合四钱，甜杏仁四钱，新全白二钱，川贝三钱，柿霜二钱，海蛤粉四钱，地骨皮四钱，麦冬（去心）三钱，紫菀三钱，穞豆衣五钱。

【加减】 苔厚，川贝改浙贝；遗精，加金樱子、芡实；痰血或咯血，加仙鹤草、侧柏、茜根、藕节；无潮热，去地骨皮；无盗汗，去穞豆衣；潮热高，加炙鳖甲；大便溏，去元参，加山药；夜寐多梦，加龙齿、茯神。

【说明】 ①柿霜即柿饼外面所生之白霜，一说，柿压榨去尽水分后之肉，一说，即白柿。余意以第二说为是，此物有清润止咳之效。②穞豆衣即黑豆浸水后发芽取下之皮，含有维生素乙，为清凉性滋养强壮药。③新会白即去红之广皮。④仙鹤草属蔷薇科，即龙芽草，产江南诸省，此物有收敛性，能减轻炎症与增加细胞营养诸作用，并明显的加强血液凝固，故为强壮性收敛止血药。⑤此方可服多剂，原方不注明分量，兹为增补。⑥此方有镇咳化痰，滋养解热等作用。

养阴止血法（止血）

【适应证】 咳痰兼血，或满口吐血，胁间隐痛，潮热颧红，脉细数如刀锋。

【药品分量】 大生地五钱，炙紫菀三钱，侧柏叶三钱，元参四钱，仙鹤草四钱，茜草根二钱，麦冬（去心）三钱，川贝三钱，百合四钱，白茅根一两，藕节四个，甜杏仁四钱，山茶花二钱。

【加减】 吐血过多或不止，加十灰丸，童便分冲；倘再不止，加盐水炒牛膝；咳甚，加冬虫夏草；气喘，加蛤蚧尾；盗汗、遗精、潮热，加药同前。

【说明】 ①方中侧柏、茜根、山茶花，原方注明炒炭，今为保全药效起见，改为生用。②山茶花属山茶科，一名宝珠花，花簇如珠，色红，入药用花，产南方各省，云南产者尤佳，为收敛止血药。③十灰丸：黄绢、马尾、棕榈、棉花、艾叶、藕节、赤松针、蒲黄、莲蓬壳、油发，以糯米汁加醋和丸。④冬虫夏草系真菌类植物寄生于鳞翅类幼虫体中，吸取虫体的一切，作为它的养料，以致整个虫体全被菌丝所占据，虫就僵弊，菌乃发育。此物属真菌类肉座菌科，为强壮药，对肺结核之咳、喘、吐血、盗汗等有效。⑤此方宜继续不断的服用。⑥此方以止血为主，兼有镇咳解热等作用。

育阴潜阳法（退潮热）

【适应证】 肌肉消瘦，精神委顿，痰多而稠，形如白沫，潮热盗汗，颧红面色皖白，肌肤枯燥。

【药品分量】 生牡蛎四钱，大生地五钱，冬虫夏草三钱，地骨皮四钱，川贝三钱，甜杏仁四钱，穞豆衣四钱，麦冬（去心）三钱，炙鳖甲五钱，金钗石斛三钱，百合四钱，炙龟板五钱。

【加减】 此方连服不效，加淡菜、紫河车（均用甘草水洗）、坎炁等，其余加减同前。

【说明】 ①鳖甲含动物胶质、碘、铜及维生素丁等，为滋养强壮药，用于肺结核患者稽留性高热。②龟板含胶质、脂肪及钙盐等，为滋养强壮药，用于结核性疾患，能解热。③此方宜长服。④此方有滋养、镇咳、解热等作用。

养肾清肺法（适用于肺结核病愈后）

【适应证】 形瘦，四肢无力。

【药品分量】 生熟地各三钱，粉丹皮三钱，女贞子三钱，萸肉三钱，茯神四钱，旱莲草三钱，山药四钱，新会皮二钱，天麦冬各三钱，炙龟板五钱，金石斛三钱，百合四钱，鸡内金三钱。

【加减】 病中曾有便泄，加炒於术、湘莲子；曾有大吐血，加丹参、归身；曾有剧咳，加阿胶珠、甜杏仁；肝旺易怒，加白芍、石决明；夜寐不安，加夜交藤，鸡子黄。

【说明】 ①阿胶含氮颇富，且有钙和硫，又含组织氨基酸2%、蛋白氨基酸7%，及离氨基酸10%等，为滋养强壮药，适用于肺结核之咳嗽咯血。又阿胶、鳖甲胶、龟板胶，可作肺结核病人日常服用之滋养品，因此类药中，含有氮、脂肪、钙盐、胶质等，对肺结核病人，有增强体力之效。②甜杏仁含脂肪油40%～60%，醣类10%、蛋白质20%～25%及胶质3%～4%，为清润滋养药，其作用与苦杏仁大异，不可用作镇咳药。③夜交藤即何首乌之藤，对神经衰弱之失眠有效。④鸡子黄含卵磷脂10%～15%、多量之脂肪及维生素甲、乙、丙等，为营养性强壮药。据文献报告，肺结核病人每日用蛋黄油20西西[①]，三次分服，约两周后，盗汗消失，发热下降，咳嗽咯痰减少，睡眠良好。故鸡蛋黄或蛋黄油可作肺结核病人的食饵用品。

裘氏用于肺结核之药物

凡五十三种，今依各药的性类，分列于次（一药具数种作用者，只归入一类），以供临床选药的参考。

镇咳祛痰药　杏仁、贝母、紫菀、柿霜、天麦冬、百合、海蛤粉、白芍。

止血药　侧柏叶、仙鹤草、山茶花、茅根、生地。

滋养性解热药　元参、石斛、女贞子、地骨皮、穞豆衣、石决明、龟板、鳖甲、粉丹皮（此药无滋养性）。

镇静药　对遗精有效者：萸肉、金樱子、芡实、莲子；对失眠有效者：龙齿、茯神；对盗汗有效者：牡蛎。

滋养强壮药　河车、淡菜、坎炁、当归、阿胶、米仁、丹参、牛膝、熟地、甜杏仁；对失眠有效者：夜交藤、鸡子黄；对咳嗽气喘有效者：冬虫夏草、蛤蚧；对吐血有效者：旱莲草、童便。

健胃药　山药、陈皮、鸡内金、白术。

其他　茜草根有消瘀血之作用。

肺结核的药物治疗法，以解热、镇咳、止血为三个重点，其他滋养健胃亦不可忽视。兹按以上所列五类，分别选方于下，以

---

①　20西西：即20cc，20毫升。

供读者参考。

退热剂处方例

秦艽扶羸汤

银柴胡、秦艽、鳖甲、地骨皮、归身、沙参、紫菀、半夏、甘草。

此方有滋养解热，镇咳祛痰之作用。

柴胡清骨散

柴胡、地骨皮、天麦冬、生地、鳖甲、阿胶、白芍、知母、猪脊髓、猪胆汁、童便。

此方为滋养解热剂，兼有抵抗结核菌及其他毒素之作用。

止血剂处方例

四生丸

生地黄、生荷叶、生侧柏叶、生艾叶。

等分，捣烂为丸，如鸡子大，每服一丸，水煎，去渣服。叶甚者，此丸煎汤调下花蕊石二钱，尤佳。

此方为收敛性止血剂。

仲淳验方

生地、白芍、天麦冬、川贝、桑皮、枣仁、苏子、橘红、枇杷叶、茅根、牛膝、鳖甲、降香、藕汗、童便。

此方系镇咳祛痰止血剂。

镇咳剂处方例

保和汤

知母、贝母、天麦冬、地黄、阿胶、归身、杏仁、百合、桔梗、甘草、紫菀、款冬、花粉、马兜铃、紫苏、薄荷、米仁、五味子。

此方以镇咳祛痰为主，兼能滋养解热。

月华丸

天麦冬、生熟地、桑叶、菊花、阿胶、百部、川贝、沙参、茯苓、獭肝、三七。

此方为滋养镇咳祛痰剂，并有止血止汗作用。

滋养强壮剂处方例

加味四圣膏

紫河车八两，龟板胶八两，麋角胶八两，茯苓八两，天麦冬共十六两，生熟地共十六两，地骨皮八两。先熬二地、二冬、茯苓、地骨三次，河车焙干研末，将三次药汁再熬，入二种胶、河车末收膏。此方原为丸剂，今照《顾氏医镜》加味，并改为膏。

此方滋养强壮之力甚大。顾松园云："此峻补精血之神剂，更无出其右者。"洵为经验有得之言。彼所谓峻补精血者，因龟板胶、麋角胶均含蛋白质、动物胶质，为优越的营养性强壮药，对于消耗性慢性疾病及贫血患者（如肺结核等）最堪赏用。

坤髓膏

黄牛骨髓（去筋膜捣烂）八两，山药（蒸研细）八两，炼白蜜八两。共捣匀，入磁器内，隔汤煮一炷香，空心用鸡子大一块，白汤调服。

此方为滋养健胃剂。

健胃剂处方例

资生丸

党参、茯苓、山楂、麦芽、芡实、莲子、山药、白术、甘草、神曲、苡仁、扁豆、橘红、桔梗、蔻仁、泽泻、藿香、川连。

此方以健胃为主，内含酵素消化药四味、辛香健胃药四味、苦味健胃药一味、滋养强壮药五味。

肺结核为进行性细菌传染病，目前尚无特效药发现。中医治法，系以滋养强壮剂和对症治疗剂配合应用，对慢性肺结核有良好的效果。裘氏四方的应用标准，为本病现阴虚火炎症状，同时消化系统无障碍者，如潮热颧红，躁急多怒，失眠多梦，溺黄便结，舌红无苔，脉象细数或弦数等。若胃呆食少，大便溏滞者，甘寒滋阴之剂不甚相宜。

慢性支气管炎的中药疗法

近世中医多以慢性支气管炎为痰饮。考《金匮》论痰饮只有"其人素盛今瘦，水走肠间，沥沥有声，谓之痰饮"数语，此种症状，甚似胃病，不但不能认为慢性支气管炎，亦不能想象为其他呼吸系病。《金匮》论支饮有"咳逆倚息，气短不得卧，其形如肿"等语，虽似心脏性喘息，但与慢性支气管炎症状仍不尽同。盖慢性支气管炎以咳嗽多痰，晨起剧咳为主症，不以"气短不得卧"为主症也。本篇从俗，仍以痰饮为慢性支气管炎之对照名词。

本病原因，多数由急性支气管炎迁延失治所酿成，老人患此，亦有原发性者。他如肺结核、哮喘、支气管扩张、慢性鼻窦炎、心脏瓣膜病、肾脏病等，均可并发本病；又如长期呼吸刺激性空气（如吸烟）或含有尘埃之空气（如矿工、石工）及住于干冷地区之人，亦多发生本病。

本病的病理现状有二，一为发炎，一为萎缩。发炎者，支气管黏膜表面成颗粒形。萎缩者，黏膜表面之颤毛消失，呈苍白干枯之状。

本病症状为咳嗽多痰，气急，但亦有干咳而痰黏不易咯出者，咳嗽以夜间或早晨为剧，剧咳的结果，可变为肺气肿或支气管扩张，肺气肿即肺泡失去弹性，泡体弛缓涨大，因之肺部充满空气，形成桶状胸。支气管扩张亦由管壁失去弹力所致。痰饮病人如并发肺气肿，则呼吸困难。如并发支气管扩张，则咳嗽愈重，痰涎愈多，或有痰血、气喘、衰弱、消瘦、杵状指等症状。

西医对痰饮的治疗，以增进病人营养，避免感寒及转地于温暖地区为主。中医对此病，方药繁多（例如《兰台轨范》治咳喘之方即有三十九首）。发病时用镇咳祛痰剂，有缓解病苦之效，平复后续用滋养强壮剂，可减少其复发。下列八分，仅是痰饮门的处方示例而已。

加味小青龙汤（发汗镇咳祛痰剂）

【方剂来源】　王香岩《医学体用》。

【方剂组合】　麻黄三钱，桂枝三钱，干姜一两，白芍三钱，甘草二钱，细辛一钱，半夏三钱，五味子二钱，茯苓四钱，橘白二钱，白果肉十个，杏仁三钱。

【方义略释】　此方除原有小青龙汤外，并包涵桂枝汤（少大枣一味）、二陈汤两方。小青龙汤之应用标准，为慢性支气管炎由感冒引发者；桂枝汤之应用标准，为体虚感冒；二陈汤为镇咳祛痰剂，适用于痰多之咳嗽。在小青龙汤内，加茯苓、橘白、白果、杏仁四味，其治疗效力较原方更进一步，此种优越的临床经验，堪供吾人取法。余治慢性支气管炎咳喘痰多之症，常以杏苏二陈丸加小青龙汤中之姜、辛、味三味，盖干姜为镇咳祛痰药，五味为收敛性镇咳药，细辛为喘息要药；如再加麻黄，其效更显。附贡一得之愚，聊备同志参考。

【适应证】 遇寒咳嗽，气逆痰喘，不得平卧，喉间如水鸡鸣，每交寅卯时咳嗽益甚，背部恶寒，胸胁引痛。

姜桂二陈汤（强心镇咳祛痰剂）

【方剂来源】 费伯雄《医醇賸义》。

【方剂组合】 炮姜五分，桂枝五分，橘红一钱，半夏一钱，葶苈子二钱，当归一钱半，茯苓二钱，白术一钱，苏子一钱，杏仁三钱，苡仁一两。

圭按：此方分量太轻，用时可酌量加重。

【方义略释】 此即杏苏二陈丸去甘草，加炮姜、桂枝、当归、米仁、葶苈子、白术六味。杏苏二陈丸为镇咳祛痰剂。当归为温性强壮药，可使血液循环改善，四肢温暖；桂枝为强心药（仲景以桂枝甘草汤治心下悸，可作佐证）。二味配合，有调畅血行，使全身温暖之效。仲景以当归四逆汤治手足厥寒，脉细欲绝，盖即此意。脉细欲绝，四肢厥寒，为心脏衰弱之明证，今以桂枝、芍药、甘草、当归、细辛、通草六味为方，可见桂枝有恢复心力之效，当归有改善血液循环之效。炮姜即炮熟之姜，功能镇咳祛痰；米仁有镇咳作用；葶苈用于慢性支气管炎之喘息。本方作用，主要为镇咳祛痰，对慢性支气管炎之痰涎稀薄，周身恶寒者，用之有效。

【适应证】 肺寒咳嗽，咳吐痰沫，胸脘作满，肌肤凛冽。

加减定喘汤（定喘镇咳祛痰剂）

【方剂来源】 上海国医学院《药物学讲义》。

【方剂组合】 麻黄三钱，紫菀三钱，款冬三钱，白果肉十个，川朴三钱，杏仁三钱，苏子三钱，半夏三钱，甘草二钱。

【方义略释】 此即局方定喘汤去黄芩、桑皮，加紫菀、川朴。麻黄弛缓支气管，定喘有特效；白果、杏仁、川朴，均能定喘镇咳；余如款冬、甘草、苏子、半夏，皆有镇咳祛痰作用。合而为慢性支气管炎之专方。

主按：以上三方均治痰饮属寒证者。

鸡鸣丸（滋养镇咳祛痰剂）

【方剂来源】 张相臣《蔓荑轩膏丹丸散真方汇录》

【方剂组合】 知母、贝母、杏仁、阿胶（酒炒）、葶苈子（隔纸炒）、款冬、甘草、半夏、五味子、广皮、桔梗、紫苏、天冬、沙参、旋覆花。以上各一两，蜜丸，每丸重二钱。早晚各服一丸。小儿一丸分四服。

【方义略释】 此方载《膏丹丸散真方汇录》，方下注“敬信录”三字，张氏按云：“此治咳喘症普通方也，屡用颇效。”张氏素居天津，意者此方流行于京津一带，张氏目睹其效，故收入《汇录》，以利传布。本方主治云：“咳嗽痰喘，日轻夜重，秋冬必发。”为慢性支气管炎之主症。但方中诸药，并无麻、桂、姜、辛等辛温之性。由此可见，慢性支气管炎之症状，并非一律咳喘多痰，亦有咳嗽无痰呈干性型者，或痰少不易咳出者，此种干性慢性支气管炎，实为用本方之标准。顾氏《医镜》引缪仲淳云：“痰之生也，其由非一，其治不同，如有阴虚火动，上炎烁肺，煎熬津液，凝结为痰，是为阴虚痰火。”中医所指的“阴虚痰火”，即慢性支气管炎的干性型，除本方外，清肺平喘法（方见后）亦主之。

本方用药十五味，兹依各药对慢性支气管炎的作用，分析如下：

镇咳：贝母、杏仁、苏叶、五味子、款冬。

祛痰：沙参、桔梗、甘草、半夏、陈皮、旋覆花。

消炎止咳：知母。

定喘：葶苈子。

滋养强壮：阿胶、天冬。

综观全方作用，以镇咳祛痰为主，兼有滋养消炎之效。

【适应证】 咳嗽痰喘，日轻夜重，秋冬必发，或久咳声哑，盗汗，不思饮食。

清肺平喘法（消炎镇咳祛痰剂）

【方剂来源】 王香岩《医学体用》。

【方剂组合】 沙参三钱，竹茹二钱，蒌仁四钱，黄芩二钱，海蛤粉四钱，海浮石三钱，川贝三钱，杏仁三钱，茯苓四钱，苏子四钱，海蜇（洗净盐）二两。

【方义略释】 方中各药，均有镇咳祛痰作用，如沙参（含皂素）、川贝（含贝母碱，对呼吸脉搏有缓和其次数的作用，为镇咳药）、杏仁（含苦杏仁苷，分解后产生氯酸，有镇静呼吸中枢之效）、竹茹、枣仁、苏子等是。浮海石能消老痰，清肺降火。蛤粉除老痰，清热平喘。黄芩消炎。海蜇含碘质，有消炎祛痰之效。综合本方作用，盖为消炎镇咳祛痰之剂，对慢性支气管炎黏痰不易咯出者，吾师临床施用，屡有卓效。原方尚有牡蛎、多瓜子、地黄，今删去。丁甘仁“清热补肺法”用北沙参、川贝、甜杏仁、茯神、竹茹、蒌皮、蛤壳、阿胶、鲜藕汁、梨汁、马兜铃、石斛等十二味，与王师“清热平喘法”大同小异，同为治干性慢性支气管炎之妙方，特附于此，以资印证。

主按：以上二方治阴虚肺火之痰饮。

补肾纳气法（强壮定喘剂）

【方剂来源】　孟河丁甘仁临证经验方。

【方剂组合】　桂枝三钱，茯苓四钱，白术三钱，炙甘草一钱半，补骨脂三钱，胡桃肉四钱，熟地五钱，萸肉三钱，五味子二钱，沉香末八分（吞服），京半夏三钱，远志肉二钱，附块四钱。

【方义略释】　此方包涵苓桂术甘汤、唐郑相国方，及金匮肾气丸之主药熟地、萸肉、桂枝、附子，再加沉香、半夏、远志、五味子四味。方中熟地、萸肉、五味、胡桃、补骨脂，均为强壮药；五味、沉香、胡桃用于衰弱性慢性咳嗽；远志、半夏为祛痰药；附子为强心药，用于贫血衰弱者之体温低落；苓、桂、术、甘治心脏性喘息。综合全方各药作用，可知其对衰弱性慢性支气管炎或心脏性喘息，有兴奋心力，强壮镇咳之效。

加减肾气法（强壮定喘剂）

【方剂来源】　俞根初经验方。

【方剂组合】　熟地五钱，萸肉三钱，山药五钱，茯苓四钱，泽泻三钱，肉桂末一钱（分吞），附块四钱，紫石英五钱，黑锡丹二钱（吞）。

【方义略释】　此即金匮肾气丸去丹皮加紫石英合黑锡丹。按中医之治疗经验，黑锡丹用于老人衰弱性慢性支气管炎之气喘，如徐灵胎云："黑锡丹镇纳元阳，为治喘必备之药。"金匮肾气丸多用于心脏性喘息。慢性支气管炎常致心脏衰弱，强心如桂、附，强壮如地、萸，盖在必用之例。综合本方作用，对慢性支气管炎有强壮定喘之效，如病人气喘不能平卧，四肢厥冷，脉搏沉细者，用之最为适合。

降气豁痰法（强壮镇咳祛痰剂）

【方剂来源】 凌晓五《凌临灵方》。

【方剂组合】 西洋参二钱，蛤蚧尾一钱，沉香末八分（吞），紫石英五钱，川贝三钱，杏仁三钱，化陈皮二钱，竹茹一钱五分，京半夏三钱，旋覆花三钱（包），白蒺藜三钱。

【方义略释】 此方以定喘镇咳祛痰为主，西洋参不仅为兴奋性强壮药，并有祛痰作用（含皂素）；蛤蚧尾亦为兴奋性强壮药，用于衰弱性咳喘；白蒺藜治咳逆伤肺、肺痿，止烦下气（《别录》），《圣济总录纂要》治久咳有蒺藜贝母汤，可见本品对慢性咳嗽有一定的作用；沉香为镇静药，治气逆喘促；紫石英疗上气（《别录》）；川贝、杏仁、竹茹为镇咳药，半夏、陈皮、旋覆为化痰药。故此方适用于慢性支气管炎喘咳乏力，有衰弱症状者。

叶橘泉云：“化陈皮其皮甚厚，实非橘属而似柚属之皮。”圭意叶氏之言甚是，不如改用新会皮为妥。

【适应证】 喘逆咯痰不顺。

圭按：以上三方治肺肾两亏之痰饮。

鹅梨汤的应用标准

【方剂来源】 费伯雄《医醇賸义》自制方。

【药品】 蒌仁、贝母、杏仁、苏子、半夏、橘红、茯苓、桑叶（作者管见：应易为桑白皮）、当归、鹅管石、麻黄。水煎服，雪梨汁冲入汤内。

【主治病症】 风痰入肺，久经哮喘咳嗽。

【方义略释】 此方即蒌贝杏苏二陈丸去甘草，加麻黄、梨汁、鹅管石、当归、桑皮。二陈丸为化痰通用方，加杏仁、贝母、蒌仁、苏子有镇咳祛痰，清润消炎之作用。麻黄为镇咳止喘效药，治支气管喘息、大叶性肺炎等症。鹅管石即石钟乳之细长者，有强壮补肺作用；当归为滋养强壮药。此二味对喘咳之作用，乃间接的由强壮而来。桑白皮镇咳祛痰，梨汁清润喉头气管，与蒌仁共奏润肺止咳之效。本方药性，略释如此。至其适应病症，为慢性支气管炎、支气管喘息。本方主治云："风痰入肺，久经哮喘咳嗽。"即慢性支气管炎与喘息也。余于一九五二年治王德重支气管喘息，屡易处方，病不松减，后用本方三剂而愈。可见鹅梨汤对于哮喘，有卓越之功效；但应用标准，只限于上述二病而无肺热肺燥之症者。他如大叶性肺炎、支气管肺炎、感冒性支气管炎、心脏性喘息，均不相宜。兹将以上各病之应用方剂，附列于次：

大叶性肺炎及支气管炎处方例

厚朴麻黄汤

【主治病症】 喘咳胸满，身热烦渴，脉浮滑，苔腻。

【药品】 麻黄、杏仁、石膏、干姜、细辛、五味子、川朴、半夏、小麦。水煎（如热高可酌加消炎退热药）。

【功用】 消炎镇咳，止喘祛痰。

麻杏石甘合泻白散方

【主治病症】 身热烦渴，气喘咳嗽，痰黏。

【药品】 麻黄、杏仁、甘草、石膏、桑皮、地骨皮。水煎，紫雪丹（另吞）。

【功用】 解热强心，镇咳止喘。

感冒性支气管炎处方例

华 盖 散

【主治病症】 风寒束肺，喘急咳嗽，遇冷即发，形寒头痛，脉浮滑，苔淡白。

【药品】 麻黄、杏仁、甘草、橘红、茯苓、桑皮、紫苏、水煎。

【功用】 发汗祛痰，镇咳止喘。

慢性支气管炎处方例

小 青 龙 汤

【主治病症】 咳嗽气逆，遇寒增剧，脉弦细，苔淡白。

【药品】 桂枝、白芍、麻黄、干姜、细辛、五味子、半夏、甘草。水煎。

【功用】 辛温发汗，镇咳止喘。

心脏性喘息处方例

俞 根 初 方

【主治病症】 肾气虚弱，咳嗽气喘。

【药品】 见本书第四百二十四慢性支气管炎的中药疗法之加减肾气法。

【功用】 滋养强壮，兴奋心力，镇咳止喘。

【附记】 最近在重庆卫协门诊部治一肾气虚弱，喘咳交作之病人，前医作实证治，无效，余以此方配合丁甘仁方（见本书第四百二十四页慢性支气管炎的中药疗法之补肾纳气法）加减损益为方，服后病大瘥，续用原方进退，数剂全愈，此以强壮剂治愈心脏性喘息之一例也。

聂氏重伤风标准汤的研讨

上海聂云台先生，本非开业中医，但他喜欢钻研中医学术。由于他对科学和文学都有基础，所以在中医方剂方面的努力，是有相当成就的。他创制的表里和解丹、温病芩连丹、痢疾芩连丹，都是通过临床实验才公布出来的名方。除丸剂外，他又把临床经验，手订各种汤方，如重伤风标准汤、普通温热标准汤、湿温伤寒标准汤、痧疹标准汤等。标准两字的意义，他说："余与海上名医，多数相识，其未识面者，亦得睹其药方，大抵师传用寒凉药者，虽遇慢性病感寒证，亦用寒凉，或热病邪热已退，正气待补，亦不用温补；其师传用温热药者，对于急性传染之大热证，亦用桂、附、麻，而不用苦寒下剂。盛名之下，贻误者多！由于不能鉴别此二种之区别，故另一派又以轻清不负责之药，因循贻误。一病延十医，则有十种理论，十种药方，因一无标准故也。若能从急性细菌传染与否为鉴别用药之方针，虽甚粗略，然能从此粗略之标准再求进步，或于国医药学之发挥光大，有所裨助焉。"（节录《急性传染病标准捷效疗法》聂氏自跋）

我体会聂氏所谓用药标准，就是急性传染病多数有高热，应用发汗解热药或清凉解热药，不得滥用麻、桂、姜、附等兴奋药，这种简单粗疏的用药规律，在中医技术水平尚未普遍提高的今日，还可暂作参考。聂氏又说，由于师传的不同，十个中医，有十种理论，十个药方，这种现象，在今日也还没有消灭。我同意聂氏的主张，把中医的治疗方剂逐渐走上统一的道路，在进行这种"中医方剂统一化"工作之前，自然先要汇集古今著名方剂，慎重研究选择，通过群众讨论，确定之后，才把这些方剂交给医院、门诊部、联合诊所试用，以百分比确定其疗效。中医在治疗方面的优点，每种病都有很完备的方剂，供我们选择施用，但方剂太多，反使人无所适从。所以精选方剂而统一之，实是当前整理中医学术的一项急要开展的工作。

下面介绍聂氏的重伤风标准汤。

他把伤风列入呼吸系急性传染发热病，分为普通伤风感冒和传染性伤风感冒，两者各有标准汤方。现在把重伤风标准方的药品，照抄于下：

黄芩二钱，白芍二钱，连翘三钱，象贝三钱，蝉蜕一钱，竹茹三钱，桑白皮三钱，桑叶一钱半，枳壳一钱，杏仁三钱，枇杷叶三钱（包煎），薄荷八分（泡，勿煎）。

加减法：热度高者可加竹叶三十片或石膏六钱；痰多剧咳者，每次药内加竹沥一两，一日二次；小便短加木通二钱。

聂氏在方前有说明："初起皆照普通伤风治之，若高热不退，鼻涕痰咳有增无减者，即属传染性伤风感冒，宜注意舌苔，隔日服表里丹（方附后）一次，使大便通畅。此症多半有浓涕稠痰，或鼻血，或剧咳，表里丹能使痰咳减轻，不致成为肺炎。萝卜汁为最有效之药，能使鼻涕痰咳或鼻血痰血渐减而愈。萝卜汁每次半茶杯，日二次或三次，并可兼服梨汁、橘汁，则重伤风症数日全愈，不致变为剧烈之症。"方后又有说明，节录如下："传染性伤风感冒，乃细菌由空气传播，入于口鼻，肺部不须受寒，亦能致病，故一时传染多人。细菌之毒在各处发炎，为浓涕、稠痰、高热，或出血，乃菌毒之所致。此症每须延至十余日，身体困乏无力，其调养之法，尤须避风静卧。据西医内科言，此症初起四五日，热度极高，以后热度即低平，但病未愈，如痰咳、鼻涕、身疼、头疼、胁肋痛等，诸症杂出，有兼现脑炎抽搐者及败血症者，有发肺痈者，有病后久咳不愈成肺痨者。其疗效之成绩如何，视其人之健全或衰弱及其卫生调护之情形而异。”

主按：重伤风即流行性感冒，其病源为滤过性病毒，潜伏期一日至三日。此病起病急刷，畏寒发热，周身疼痛，背部、头部、四肢痛得更厉害，体温上升很快（38℃至41℃），上呼吸道炎症也很快发生，如鼻流清涕、干咳、喉痛、胸骨疼痛、结膜充血、全身衰弱，甚至虚脱。血象：白血球减少。血液培养：无细菌发现。预后良好，病程亦短，约五日退热。以上所谈，是单纯型流行性感冒。另有一种称为“有并发症的单纯型”，继发于单纯型流行性感冒三四天之后，那时诸症本可向愈，因为感染了细菌，病势仍复向前发展，咳嗽剧烈，痰浓而黏，体温中度上升，痰内可检得流行性感冒嗜血杆菌及肺炎球菌、链球菌。病程约一星期。我们看了上述关于流行性感冒的概况，和聂氏所谈的两相对勘，就可知聂氏所称的“传染性伤风感冒”是包括单纯型流行性感冒和继发的化脓性支气管炎而言，因为聂氏说，此病每须延至十余日，这十余日病程，是流行性感冒和支气管炎两者相加的总和。聂氏又说，此症初起四五日，热度极高，以后热度低平，但病未愈，如痰咳、鼻涕、身疼、头疼、胁痛等，诸症杂出，这是流行性感冒的继发性传染，病愈日期，要比单纯的流行性感冒延长一星期，如果支气管炎迁延不愈，就变为慢性病（慢性支气管炎）了。

现在我们要分析聂氏的重伤风标准方，对流行性感冒发生何种功效？治哪种流行性感冒？把聂氏方所列十二味药品，每种的作用分列如下：

黄芩　为清凉解热药，对肺炎高热有效。

连翘　对数种细菌如溶血链球菌、A型及B型肺炎双球菌、葡萄状球菌等有抗生作用。

竹茹　为清凉解热药，有镇咳止血之效。

薄荷　为清凉性矫味药，有发汗解热作用。

蝉衣　为解热镇痉药，用于感冒之头痛及喉头炎，咳嗽失音。

桑皮　为利尿镇咳药，有平喘镇咳祛痰之效。

象贝　含甲乙二种象贝素，为镇咳祛痰药，治气管炎及肺结核的咳嗽。

杏仁　含苦杏仁苷、苦杏仁酵素，为镇咳药，治气管炎之咳嗽喘息。

枇杷叶　含枇杷叶皂素，为清凉性止咳药，对慢性气管炎久咳不止者有效。

枳壳　为芳香性苦味健胃药，治胃部胀满压重。

白芍　为镇痛通经药，治腹痛及胃痉药。

桑叶　祛风，明目，清热，止盗汗。

此方总的功效，是发汗解热、镇咳祛痰，用于单纯型流行性感冒，热高发炎症状较重者，确是一个好药方。其中白芍一味，依据近代中医用药法则，似觉突出，不如删去为妥。聂氏方注明须和表里丹配合服之，服用的标准，须观察舌苔，如苔象垢腻或白厚，这是表明消化机能有障碍，应加通利大便的和解丹同服；如舌上无苔或白而薄润，就不需通利大便；还有病人大便数日不解，或大便干结而少，也可用和解丹。中医对温病（流行性感冒是温病的一种类型）的治疗规律，有“下不嫌早”的说法，所以治温病的方剂，不少表里双解之例，如升降散（发表通便）、凉膈散（清热通便）、防风通圣散（表里双解）等，都是著名方剂，因此，治流行性感冒用表里双解法，我是很同意的。

聂氏又主张在病中饮些萝卜汁、橘汁、梨汁，这也是合理的。白萝卜有止咳化痰之效，含维生素丙极多，每百公分中含300公丝；橘子除含丰富的维生素丙以外，含维生素甲尤多；天津雅梨含甲、乙、丙三种维生素，丙、甲种较多。丙种维生素的作用：①保持正常的生理作用；②预防机体的溃疡；③抵抗传染病。因此在急性传染病中吃些含有维生素丙的水果，自然对病体有益；但流行性感冒的调护方法，最主要的还是多饮开水和卧床静养；没有并发症的流行性感冒，切实做到这两项自然疗法，虽不服药，也可全愈。

有并发症的单纯型流行性感冒（即继发化脓性支气管炎的流行性感冒）的治法，除重伤风标准汤外，我意用银翘散加镇咳祛痰药亦妥。因为本方内的银花、连翘，对细菌有抗生作用，即是抑制细菌的生长；桔梗、甘草为镇咳化痰药；牛蒡治咽喉炎肿；竹叶、银花为解热药；芦根治热性病的口渴；荆芥、薄荷为发汗解热药；又连翘、银花用于化脓性疾患。我意本方除去荆芥、薄荷、甘草、豆豉，加浙贝、杏仁、枇杷叶、桑皮、前胡、马兜铃，作为本病的主要治疗方剂。各药及分量列下：

银花三钱，连翘四钱，竹叶三钱，牛蒡子三钱，鲜芦根二两，桔梗三钱，前胡三钱，浙贝四钱，杏仁三钱，桑皮三钱，枇杷叶三钱，马兜铃三钱。

治单纯型流行性感冒方剂，除聂氏的重伤风标准方以外，古今良方，不胜枚举。我意吴鞠通的银翘散，俞根初的葱豉桔梗汤，及潘兰坪的春日外感方、李芝岩的风温简便方，也有推荐的价值。

银翘散（《温病条辨》）

银花三钱，连翘三钱，桔梗二钱，甘草二钱，薄荷二钱，荆芥三钱，竹叶二钱，牛蒡子三钱，芦根一两，淡豆豉五钱。

本方解释，已见前述。我治感冒高热用银翘合剂，迅速退热者，有曾俊、王天真二人；有显著功效者，有段素珍、石伯珊二人：用银翘合剂配合二陈合剂，一剂热退者，有罗尤寿一人；用银翘合剂配合止嗽合剂一剂半全愈者，有戴永德一人。以上所举奏效迅速的病例，一方面证明本方解热作用极大，另一方面又证明了中药改良剂型药品在疗效上的优越性。

葱豉桔梗汤（《通俗伤寒论》）

鲜葱白五枚，淡豆豉五钱，苦桔梗钱半，苏薄荷钱半，焦山栀三钱，连翘二钱，甘草八分，竹叶三十片。

加减法：咽阻喉痛者，加紫金锭二粒（磨冲），大青叶三钱。胸痞者，原方去甘草，加枳壳二钱，蔻仁末八分（冲）。如发疹，加蝉衣十二只，皂角刺五分，牛蒡子三钱。如咳痰甚多，加苦杏仁三钱，橘红钱半。如鼻衄，加侧柏叶四钱，鲜茅根五十支。如热盛化火，加黄芩二钱，绿豆二两（先煎代水）。如火旺就燥，加生石膏八钱，知母四钱。

这是俞根初的经验方，他既用于小伤寒（原注：一名冒寒，通称四时感冒。如冒风、感寒之类，皆属此病。主按：看他叙述的症状，即是普通感冒），又用于冬温伤寒（原注：一名客寒包火，俗称冷温。主按：看他所述症状，即是流行性感冒）。中医的方剂，本不限于治一种病，只要适应证相同，所得效果是一样的。何廉臣对本方的批评说："四时猝然感冒者，为小伤寒。叶氏云'当视其寒热，或用辛温，或用辛凉，要在适中'，憔照此立案开方，最为简要，吾侪可作立方程式，临症医典，不必趋异求新。"何氏是民国时代在绍兴极有声望的老医师，他对此方，可说推崇备至了。按此方为发汗解热剂，用于单纯型流行性感冒有一定的功效。

春日外感方（《评琴书屋医略》）

淡豆豉五钱，焦山栀三钱，甘草二钱，杏仁三钱，葱白五个（后入），苏叶四钱，钩藤四钱，枇杷叶三钱（包煎），竹叶三钱，桔梗二钱，神曲三钱。

本方有发汗解热、镇咳祛痰等功用。潘氏云："儿侄辈从师羊城，余虑其功课之余，风寒不慎，饮食不节，因订外感、春温、暑、湿、泻、疟、痢七症方与之，庶免临渴而掘井。据云服之多效，即馆友亦有遵此法而除病者。"（节录《评琴书屋医略》自序）他见自订之方有除病之效，就增益自订旧方，共成三十三证，编成一书，拟付梓人。由此可见，潘氏的治疗技术，有相当基础，而所订七方，都是从经验出发的。他认为外感即伤风证，应该"因时用药"，拟订了春日外感、夏日外感、秋日外感、冬日外感四方，每方之后，都有随症加减的说明。上列春日外感方，本只八味，我意加为十一味，并把每药用量酌量加重。

风温简便方（《温疫条辨摘要》）

桑叶三钱，连翘二钱，薄荷一钱，半夏钱半，陈皮一钱，杏仁三钱，桔梗七分，竹叶一钱，生姜一片，通草一钱，桑皮二钱。

圭按：此方分量太轻，一日可服两剂。

加减法：如咽喉肿痛，加牛蒡子、射干。夏令加滑石。

此方附戴吕田辑录的《温疫条辨摘要》，是青田吕芝岩所定风温简便方三方之一，适应证是风温初起，恶寒发烧、咳嗽、烦躁、头痛晕眩，渐致目胀，遍身出疹，手足不能转动，六脉浮数，以上各种症状，都是流行性感冒所具有的。我意用于单纯型流行性感冒，有发表解热、镇咳祛痰的功效，即吴鞠通所谓辛凉平剂，是温病派治急性传染性热病初起的通法。

附　聂氏表里和解丹

蝉蜕一两，僵蚕一两半，皂角五钱，大黄四两五钱，姜黄五钱，荆芥三钱，薄荷三钱，藿香三钱，甘草一两，滑石六两。

以上十味研末，与萝卜汁十两，共泛小丸，似绿豆大。暑天制药，酌加鲜薄荷汁、鲜苏叶汁、鲜藿香汁，泛丸，更妙。每丸一钱，含大黄三分。每服一钱五分，小儿一二岁，每服三四分；三至五岁，每服四五分；六至八岁，每服五六分。

此方从升降散扩充而成，在诸种表散药中加大黄一味，自然和单纯的泻药不同。又每次用量中的大黄含量，只四分半，不致引起大泻，因此，用于流行性感冒初起，有益无损。

一九五四年国庆后二日作于重庆

养阴清肺汤的应用

最近看到《中医药进修手册》第二辑各论“白喉”末了一段说：“白喉在宋朝时代，称为缠喉风、镇喉风，本来没有风热与阴虚的区分。自清代郑梅涧氏著《重楼玉论》，才创白喉忌表的学说，用药主张养阴清燥为要旨。以后附和这种学说的，有张养吾氏的《白喉捷要》、萧海雍氏的《喉症论》、耐修子的《白喉忌表抉微》等书。耐修子更假托了洞主仙师的神示，广为宣传，于是这种学说，曾一度风行在医界中，为大众所推重，这是阴虚白喉的起源。后来因为在临床上应用这种清燥药来治白喉，往往没有显著的功效，同时看到白喉病人都有发冷、发热和头痛的表证，就使用发表清热药，效果反而较好，乃大倡风热白喉与阴虚白喉的名称，认为风热白喉可以用表药，而阴虚白喉必须用养阴清燥药。于是为医治一种白喉病而流传了两张性质绝对不同的著名成方：一张成方叫做麻杏石甘汤，主治所谓风热白喉；一张成方叫做养阴清肺汤，是主治所谓阴虚白喉的。”原书下文说明阴虚白喉大多是溃疡性口峡炎，或是坏疽性咽头炎，而风热白喉才是现代的真正白喉。《中医药进修手册》的编者，推荐麻杏石甘汤是真性白喉的经验有效良方，这是根据恽铁樵的主张。我细看恽氏治其六岁小女毛头及十二岁儿子喉病用麻杏石甘汤治愈的症状，并不能证明其子女所患的喉病即是真性白喉，兹节录恽氏原文如次：

“翌日午夜，小女毛头才六岁，呼喉痛，视之，一边有白腐如花生仁大，其症状发热、恶寒、无汗，余以评白喉忌表时，即认定此种症状，等于伤寒太阳病。惟此病传变始终不离咽喉，且舌绛口渴，是温热症状，其脉类洪数，大都无汗，于初起时得汗，则喉痛立瘥减，此表闭热郁之证也。今不问其喉烂与否，仅解其表而清其热，在法当瘥。其时已夜三钟，不及买药，姑俟明日。乃晨六钟视之，喉间白腐两边均有，其面积较三钟前增加一倍，病毒进行之迅速，良为可惊。即以麻杏石甘汤予服，而内子见报端广告，有某药房保喉药片，急足往购，每半钟含药一片，向午汗出，傍晚退热，喉间白腐面积缩小，作黄色微绿，其不腐处则作殷红色，痛则大瘥。是夜得安寐，翌晨霍然。余深信麻杏石甘汤之中肯，而内子颂保喉药片之功德不置。讵女儿才瘥，十二岁之儿子复病，病状尽同。余已有把握，不复惊惶，然颇欲知保喉药片与麻杏石甘功效孰胜，因勿予药，专服保喉药片，越三钟视之，白腐仍增大，惟不如不服药片者之速，痛亦不甚剧，而壮热无汗，略不瘥减，更进保喉药片，胸闷泛恶，不能受矣。内子惶急，促余予药。余曰：'君谓药片佳，故余欲一观其成积也。'内子怒予以目，谓：'此何等事？乃作隔岸观火态度。'余乃令屏保喉片勿服。更二钟，喉痛觉增剧。乃予麻杏石甘汤，喉遂不痛，越宿霍然愈矣。嗣是每值此症，予麻杏石甘，无不愈者。"（《伤寒论研究》卷二《用药之讨论》）

恽氏在这段文字中所叙述的症状，是发热恶寒，无汗，喉痛白腐，舌绛口渴，脉类洪数。如果是真性咽白喉，则首先热型渐次上升，多不恶寒；第二，脉搏缓慢而非洪数；第三，精神消沉；第四，白膜从扁桃腺向外扩展，覆盖于悬雍垂、软口盖帆等处，膜如皮革，不易拭去。我们拿咽白喉的主要症状和恽氏所述的症状，两两对照，就可明白恽氏子女所患的喉病，并非真正白喉。他有了这个经验，以后所治的喉病，也可断定不是真性白喉。我们再从麻杏石甘汤的医治作用来看，究竟可否治疗白喉。麻黄发汗定喘，杏仁降气止咳，石膏清热，甘草协和诸药，这个药方，是发汗退热剂，适用于温病而太阳证未罢者；又是消炎止喘剂，适用于大叶性肺炎、气管支肺炎，以我的看法，实于白喉不合。因为白喉杆菌会产生毒素，毒素会侵犯心脏、肾脏及神经，所以心力衰竭、软口盖帆麻痹（软口盖帆麻痹后，病人语言带鼻音，汤水不通下咽，倒流至鼻孔）、动眼神经麻痹（动眼神经麻痹后，病人目斜视，瞳孔放大）、呼吸肌肉麻痹（呼吸肌肉麻痹后，病人不能呼吸）、急性肾脏炎，都是白喉致死的合并症，血中毒也是致死之因。我们要晓得白喉对于人身的危害，不在白喉杆菌，而在杆菌所产生的毒素。杆菌只在病灶的组织内生存，毒素却可混入血液，周流全身，侵犯心脏，就发生心肌炎而致心力衰竭；侵犯神经，就发生如上所举的麻痹症；侵犯肾脏，就成急性肾炎。因此治疗白喉的原则，除清咽消炎外，尤应侧重解毒，维护心脏。根据这个原则来选择古今治喉病的方剂，那么，养阴清肺汤可说首当其选。现在把这个药方每味药的作用，按《本草》所载及时贤研究，抄录如下：

生地　性大寒，解诸热，利水道（《本草》）。用中等量有显著之强心作用，对于衰弱之心脏，其强心作用更为显著，又有利尿作用（经利彬）。热性病之心脏衰弱，地黄实为一妙品，因既能强心，又能利尿以排毒解热也（张公让）。

玄参　利咽喉，通二便，治喉痹咽痛（《本草》）。小量对于心脏有轻微强心作用（经利彬）。扁桃腺炎，高热喉痛，西药电银胶、百浪多息、大健凰、百病液等，皆有卓效，但元参之卓效，亦不让之。方：元参、升麻、射干、连翘、牛蒡子、豆根、桔梗、甘草、薄荷。元参可用至一两，便秘可加大黄，发热恶寒可加荆芥、防风，热高可加石膏，有神效（张公让）。解毒剂中，余特先标出元参者，盖元参解毒有卓效也。但中医误以元参色黑属肾，及以其多胶质为滞，炎症初来不敢用，又不敢用于各部之炎症，此诚埋没元参之功矣，余今特为之昭雪（张公让）。

麦门冬　清心润肺，除烦泻热，消痰止嗽（《本草》）。

牡丹皮　和血凉血，通血脉，排脓止痛（《本草》）。

白芍　散恶血，利膀胱大小肠（《别录》）。治肺胀喘逆（《本草》）。其主成分为安息香酸，治急性咽喉炎。

贝母　治咳嗽上气，喉痹（《本草》）。

薄荷　含挥发油，有驱风发汗作用。

综合养阴清肺汤的功用，主为强心解毒，次为消炎退肿，并堪镇咳化痰，发汗利尿，和上面所谈的白喉治疗原则应该侧重解毒维护心脏，真是针锋相对。不过这个药方，只能治咽头白喉，即轻症白喉，如果一遇白喉，概投此方，亦非所宜。通常所见的白喉，可分为咽头白喉、喉头白喉、鼻腔白喉、咽头白喉。又可分为腺窝性、纤维性、坏死性、腐败性，前两种病轻，后两种病势危重，死亡率亦高（60%至80%）。华实孚著的《内科概要》，以养阴清肺汤主治腺窝性咽头白喉及缝维性咽头白喉，可谓先获我心。有人怀疑，以为“白喉是外感病，理应驱除外邪，若用生地、麦冬一类药，毫无驱邪作用，但增加体液，把外感病误作内伤病治。岂非错误?”这话在中医学理，也有一部分理由，不过我觉得有些似是实非。养阴清肺汤用生地、玄参的意义，在清解血毒，维护心脏。玄参对各部炎症，初起就可用（详见上面玄参条）。生地有消炎解毒的功用。麦冬对白喉的作用不大，可删去（最好以银花易麦冬）。养阴清肺汤的主治，药品及加减法如下：

主治　咽头白喉（咽头红肿疼痛，扁桃腺肿大，附着污秽灰白色之被膜，甚难剥离，颈部淋巴腺肿硬，身热三十八九度，脉搏不甚数，呼吸短促）。

药品 大生地八钱，玄参一两，丹皮四钱，白芍四钱，浙贝四钱，银花三钱，甘草二钱，薄荷二钱半（此方照原方略有加减，分量亦有变动）日服二剂，重者三剂。

加减 大便燥结，数日不通者，加青宁丸二钱，元明粉二钱，冲。胸中胀闷者，加神曲、焦楂肉各二钱。小便短赤者，加木通一钱，泽泻二钱，知母二钱。燥咳者，加天冬、马兜铃各三钱。面赤身热，或舌苔焦黄色者，加银花四钱，连翘三钱（圭按：此二味可加入原方，不必等到面赤身热才加入）。

附 聂氏养阴清肺汤

黄芩、黄连、银花、连翘、石膏、人中黄、生地、玄参、白芍、浙贝、木通、桑叶、薄荷、鲜芦根。

圭按：此方拟删去黄芩、黄连、人中黄三味，仍加丹皮、甘草，这样，可说是麻杏石甘和养阴清肺的复方。桑、薄、石膏合用，有清热发汗的功用。参、地、丹、芍、贝、草、薄，即养阴清肺去麦冬，有消炎退肿、强心解毒等功效。银、翘解毒消炎，芦根透表清热，木通清肺利溺。这个药方，也可作为治咽白喉的专方，特为附录篇末，以备参考。

一九五二年二月作于重庆

遗精病的中药疗法

龙伯坚同志对中药疗法的估价：“是帮助缩短病程和对症减除病人痛苦”（《见中国旧医药研究的方向》）。我的看法，中药治疗对慢性官能性疾病有一定的功效，如神经衰弱、神经性头痛、遗精、性神经衰弱、神经性胃痛、衰弱性消化不良、慢性胃炎及肠炎等，这类病如果采用中医的经验良方，不但能缩短病程，减除病人痛苦，并可把病治愈。我想每个有经验的中医师，都有这样的体会吧。遗精是一种慢性病，它的病原不限于官能性，但中药所能治的遗精病，似以官能性为限，下面的五个处方例，适当采用，准可得到由减轻而至全愈的效果。至于古人文献中对遗精病的丰富方剂，将来再作介绍。

处方例一

清心丸 镇静制泌剂，载《医学心悟》

【功用】 清心火，泻相火，安神定志，止梦泄。

【药品组合】 生地四两，丹参二两，黄柏五钱，牡蛎、山药、枣仁、茯苓、茯神、麦冬各一两半，五味子、车前子、远志各一两。共研末，用金樱子膏为丸，如梧桐子大，每服三钱，开水送下。

【方义略释】 本方中的枣仁、远志、茯苓、茯神、丹参，有强壮和镇静中枢神经之效；牡蛎、金樱子、五味子，有收敛制泌之效；生地、麦冬、黄柏、车前，用于遗精病性欲意识亢进。本方的治疗对象，和益肾固精法（见下）相同，也是梦遗，但处方意义稍有出入。

处方例二

益肾固精法 镇静制泌强壮剂，丁甘仁经验方，载《中国医药指南》

【药品组合】 生地、萸肉、泽泻、山药、茯神、龙骨、牡蛎各三钱，黄柏钱半，天冬、金樱子、芡实各三钱，莲须二钱，远志钱半。水煎服。

【方义略释】 此方中的地黄、萸肉、山药、天冬为强壮药；

茯苓、龙骨、芡实、莲须为镇静药；萸肉、龙骨、牡蛎、金樱子、莲须、芡实为制泌药。此外，如远志用于心悸失眠，记忆力减退；山药用于衰弱者之消化不良；黄柏、泽泻用于性欲意识亢进。因此本方的应用标准为有梦遗精，而身体不太虚弱者。

处方例三

加减六味地黄丸　强壮镇静制泌剂，载天虚我生编《家庭常识》第七集

【药品组合】　熟地六两，山药四两，茯苓、丹皮各二两，莲须一两，龙骨三两（生研，水飞），芡实二两，萸肉、鱼鳔胶（蛤粉炒成珠）各四两。共研为末，蜜丸，早晚各服三钱。

【方义略释】　此方系六味地黄丸去泽泻加龙骨、芡实、莲须、鱼鳔胶组成。方中熟地、萸肉、山药、鱼鳔、芡实为强壮药；龙骨、茯苓、丹皮为镇静药；莲须、芡实、龙骨为制泌药。合而为强壮制泌镇静之复方，遗精体虚不甚者，用之恰好。

处方例四

鱼菟固精丸　强壮镇静制泌剂，缪松心方

【主治】　遗精白浊病属虚损者。

【药品组合】　线鱼鳔胶八两（蛤粉炒），沙苑蒺藜四两（人乳拌蒸晒干），菟丝子五两（酒煮晒干），龙骨四两，茯苓三两，远志二两（甘草水制），丹皮三两，石莲子三两（去心炒）。蜜丸。

【方义略释】　此方以滋养强壮为主（如鱼鳔胶、菟丝子、沙苑蒺藜），镇静（如龙骨、茯苓、丹皮）、制泌（如莲子、沙苑蒺藜、龙骨）为辅，是治无梦遗精的良方。原方本是石莲，我意不如改用莲子。顾氏《医镜·遗滑门》，引仲淳验案云："一人患遗精，闻妇人声即泄，瘠甚欲死，医告无术。仲淳之门人，以远志

为君，龙齿、茯神、沙苑蒺藜、牡蛎为佐，使丸服，稍止，然终不断。仲淳于前方加鱼鳔一味，不终剂而愈矣。”我们看了这段记载，可以晓得遗精而至虚弱瘦削，见色流精，鱼鳔、菟丝、沙苑子这一类强壮制泌药，决不可缺，并且要用为主药。仲淳门人所定之方，服后只有稍止之效，仲淳在原方内加入鱼鳔，不终剂而愈，这是虚损遗精，应用强壮制泌药为主的一个显明例子。此类处方在古人文献中，不乏其例，如聚精丸、菟丝补精丸，皆为滑精良方。

处方例五

加减补天大造丸 滋养强壮剂

【功用】 补五脏虚损。

【药品组合】 鹿茸一两半，枸杞子四两，潞党参二两，紫河车一个（甘草水洗，焙），远志一两，炒枣仁二两，茯神三两（人乳蒸），熟地六两，萸肉、山药、杜仲各三两，五味子一两，龙骨二两。各药研末，以龟板胶二两，化水为丸。每服二钱，日服三次。

【方义略释】 此方根据补天大造丸原方略为加减而成。方中各药如熟地、萸肉、山药、杜仲、五味、鹿茸、紫河车、龟板、枸杞、党参，均有强壮作用；五味、龙骨、萸肉，有制止分泌作用；鹿茸、河车，对神经衰弱及阳痿有效；党参、山药对胃机能衰弱者之消化不良有效；枣仁、远志、茯神、龙骨对神经衰弱者之失眠有效；杜仲治腰背神经痛。此方不但滋养强壮，并对因遗精而起之各种症状，亦兼筹并顾。此方的强壮作用，比处方例四更进一步。又原方有黄芪、白术、归身、白芍，无龙骨、五味子、杜仲、萸肉，今以我意加减如前。

遗精的原因约有五项：

1. 神经衰弱，如神经性素质及房事过度、手淫等。

2. 泌尿生殖器及其邻接器之局部性疾患，如慢性淋病之后尿道炎、精囊炎、摄护腺肥大、膀胱炎、膀胱结石、膀胱肿疡、尿道狭窄、龟头炎、包茎、痔核、直肠炎等。

3. 体质衰弱，如肺结核、糖尿病、伤寒之恢复期等。

4. 神经系统之器质性疾患，如脊髓痨、脊髓炎及脊髓外伤等。

5. 癫痫及精神感动等。

中医治疗遗精的处方，一般以强壮镇静制泌的复合剂为主，故其治疗对象，以神经及身体虚弱为原因的遗精为主，其他慢性淋病之遗精、癫痫之遗精等，也可采用。

遗精即是无意识的精液漏泄，有每夜遗精的，有隔数日遗精一次的，有有梦而遗的，有无梦而遗的，有见色流精的。本病初起，遗出之精液，与交媾射出之精液相同。但持久性遗精，精液之浊度减低，精虫发育不全、运动力消失，或早死。中医文献描写本病的症状，有精冷、精薄、阴头寒等，亦指持久性遗精而言。

中医对遗精的治疗，分为梦遗、滑精、滑精并发阳痿三种。梦遗以抑制性欲意识亢进为主，制泌强壮为辅，如清心丸、益肾固精法一类的处方。滑精以强壮制泌为主，镇静为辅，如加减六味地黄丸、鱼菟固精丸一类的处方。滑精并发阳痿，以强壮为主，制泌为辅，并须参用兴奋性强壮药，如加减补天大造丸一类的处方。因为中药的强壮药有滋养性和兴奋性的区别，如生地、天冬、覆盆子、菟丝子、沙苑蒺藜、五味子、金樱子、牡蛎、龟板、山药、莲子、芡实等，都是滋养性强壮药；如补骨脂、楮实子、仙茅、巴戟、苁蓉、淫羊藿、锁阳、韭菜子、海狗肾、蛤蚧、鹿茸等，都是兴奋性强壮药。滋养性强壮药用于梦遗及滑精，兴奋性强壮药，用于滑精并发阳痿。

遗精病选方

一、凡消耗体液之病，都使人衰弱。况精为人身三宝之一，可令其频频外溢乎！故遗精之疾，端宜早治，毋得因循。

二、古来治遗大法，约分清火、滋养、固涩诸法。清火施于梦遗初起，滋养、固涩则为久遗体虚而设。

三、遗精兼胃弱者，治疗较难，因滋补之药，腻滞者多，固涩之品，类含钙盐或醿酸，并有害于消化也。

四、治遗不得专恃药物，当注重精神之修养。修养精神之道固多，而“清心寡欲”四字，尤宜时时省察，牢守勿失。

五、睡前以冷水洗涤外阴部，有镇静性神经之效，苟能无问冬夏，持久行之，遗患自绝。

六、失精家宜多进滋养剂，无论药剂、食饵，总须久服，方能弥补消耗之精液。

中医治疗此病，颇多妙方，兹选录十一首于下，以便采择。

黄连清心饮

治心有所慕而遗者。

川连五分，生地五钱，归身钱半，人参一钱，甘草五分，茯神二钱，炒枣仁三钱，莲子（连心）九粒。

心肾两交汤

治劳心过度而遗者。

熟地、麦冬各一两，山药、芡实各五钱，川连五分，肉桂三分。

评琴书屋方

宁心，益肾，固精。

桑螵蛸、云茯神各三钱，大麦冬（连心）二钱，建莲米（连心）五钱，熟枣仁钱半，制远志五分，加龟板五钱，龙骨（打碎）三钱，二味先煎，或加菖蒲、云连各三四分为佐。

梦遗溲频数方

韭子五合，龙骨一两。为末，空心酒服方寸匕。

梦遗小便数方

韭子二两，桑螵蛸一两。微炒，研末，每早酒服二钱。

丹方汇报方

治梦遗，腰膝酸软乏力，或盗汗，或记忆衰弱。

龙骨六钱，韭菜子一两，茯苓一两，山药一两，芡实一两，莲肉一两。共为粉。每服三钱，日三次，淡盐汤下。

按：以上三方皆用韭子，喻选《古方试验》云："韭乃肝之菜，入足厥阴经。《素问》曰：'足厥阴病则遗尿，思想无穷，入房太甚，发为筋痿及白淫，男随溲而下，女子绵绵而下。'韭子之治遗精漏泄，小便频数，女人带下者，以其入厥阴，补下焦肝肾及命门之不足。命门者，藏精之府，故同治云。"叶橘泉云："韭子为兴奋性强壮药，治阳痿遗精及利尿频数、疝痛及下利。"审此，可知韭子乃治遗精之属虚寒者，若阴虚火动之体，殊不相宜。

治梦遗滑泄真阴亏损者

炒苑蒺藜（微焙）八两（四两为末入药，四两熬膏入蜜），川断（酒蒸）二两，菟丝子（酒蒸见丝）三两，山萸肉、芡实粉、莲须各四两，覆盆子、甘杞子各一两。上药以蒺藜膏和炼蜜为丸，如梧子大，每服四五钱，空心淡盐汤下。

茯菟丸

治遗精，不拘有梦无梦。

茯苓、菟丝子、建须子各一两。酒糊丸，桐子大。

按：一方有五味子、山药。

石莲散

治遗精。

莲肉、芡实、人参、麦冬、茯神、远志、甘草。锉末，煎汁，空心服。

按：此方有宁神固精之功。惟石莲鲜真品，用建莲肉亦可。

白龙汤

治男子失精、女子梦交、盗汗等症。

白芍（酒炒）、煅龙骨、煅牡蛎、桂枝各三钱，炙甘草三分，枣三枚（为引）。

按：此即《金匮》桂枝加龙骨牡蛎汤，治失精，少腹弦急，阴头寒，目眩发落，虚极之证。

玉锁丹

治精气虚滑，遗泄不禁。

煅龙骨、莲花蕊、鸡头实、乌梅肉各等分。研末，以山药煮熟，去皮，捣烂如泥，和丸，如小豆大。每服三十丸，空心米汤送下。

按：另有玉锁丹，用五倍子一斤，白茯苓四两，龙骨二两，为末，水丸，梧子大。每服七十丸，食前盐汤下，一日三服。此方五倍子之分量太重（超过茯苓之量三倍，龙骨之量七倍），服量又太多（一日服二百一十丸），用时似宜酌量减轻为妥。

济生固精丸

牡蛎、龙骨、菟丝子、茯苓、韭子、桑螵蛸、五味子、白石脂。

按：此方以固精为主，而稍佐以养肾之品，盖为久病滑精虚损者所宜也。

大还丹的效用

大还丹，出自《验方新编》，药味很多，是治性神经衰弱的要方。兹将药品分量，列在下面，再做方义功效的解释。

药品分量

淫羊藿（羊油炒）十两，杜仲（盐水炒）四两，炒川断三两，五味子（炒）二两，熟地黄十二两，苁蓉（酒洗，焙干）四两，青盐三两，胡芦巴（酒浸）二两，金樱子（去心毛，酒浸）八两，山萸（酒浸）四两，巴戟（酒洗）三两，天冬二两，破故纸（酒浸）八两，杞子（酒浸）四两，牛膝（酒浸）三两，核桃肉一斤，仙茅（酒浸）八两，琐阳（酒浸）四两，茯苓三两，猪腰十二个，当归（酒浸）六两，山药（炒）四两，丹皮（炒）三两，羊腰十二个，石斛（酒浸）六两，蒺藜（炒）四两，小茴（酒浸）三两，菟丝子（酒洗）五两，沙苑子（炒）四两，远志（炒）三两，麦冬四两，楮实子（酒浸）三两，泽泻（炒）三两，菊花四两，覆盆子（酒浸）三两，石菖蒲（炒）三两。

各药磨成细末，将腰子切开，以药塞满，麻线缚定，放蒸笼内蒸熟，晒干，连腰子捣成细末，用白蜜六七斤，炼熟，和药为丸，如梧子大。每朝晚用二三钱，淡盐汤送下。腰子内药末，以塞满为度，不必尽入其中。

方义解释

本方药品，可分为三类：

【补肾固精】 如金樱子、菟丝子、覆盆子、沙苑子、五味子、山药、茯苓等，以上各药，包涵两个治遗精的名方，即茯菟丸（少莲子一味）与五子衍宗丸（少车前子一味）。

【温补肾阳】 如苁蓉、巴戟、锁阳、仙茅、淫羊藿、沙苑子、楮实子、地黄、萸肉、山药、羊腰、猪腰、胡芦巴、小茴香、破故纸、胡桃肉、杜仲、牛膝、枸杞、五味子、云苓等。以上各药，包涵三个名方，即还少丹（内有远志、菖蒲二味，列入养心宁神类）、唐郑相国方、羊肾酒（少桂圆、米仁二味）。还少丹主治脾肾虚寒，形瘦纳少，遗精不寐，齿浮腰酸等症。唐郑相国方补肾固精，并治腰痛。羊肾酒益精，强筋骨，健步履。

【养心宁神】 如当归、麦冬、菖蒲、茯苓等。其他如蒺藜、石斛、菊花、天冬等，则有滋阴养液之作用。这个药方的主要功用，是治性神经衰弱。因为本方内包涵的茯菟丸、五子衍宗丸、还少丹、水陆二仙丹（少芡实一味），都是补肾止遗的名方。遗精这个病，中医分为梦遗、滑精两种，梦遗应清心火，滋肾阴，相当于西药的溴化钾、溴化钠一类镇静药；滑精应补肾固精，相当于西药的睾丸内分泌制剂。中医补肾也有两种办法，即补阴与补阳，补阴即滋养性强壮药；补阳即兴奋性强壮药。此方意在补阳，是治最深重的遗精症，其症状如精寒无子、见色流精、阴头寒、阳痿早泄、腰痛等。遗精病如见此种症状者，非一般补肾固精之方所能奏效。须用大队温补药，制成膏剂，耐心久服，才有显著之效。

此方不仅治遗精，凡慢性衰弱须投强壮兴奋药者，及急性与慢性传染病病后衰弱可投强壮兴奋剂者，都可酌量施用。本方列药三十四味（羊腰、猪腰除外），用酒泡制的有十六味，酒浸有减弱药效的流弊，似应改正。又丸剂的容积太大，少吃寡效，多吃难于消化吸收。我以为凡是方内没有发挥性药及矿物药，都以熬膏为胜，不仅本方如此。

湿温（肠热证）用药法

薛生白《湿热病篇》四十六条，王孟英辑入《温热经纬》，与《温病条辨》并传于世，为医家必读之书。但细察其条文，有非尽似今之所谓湿温者（指肠热症），有暑月泄泻及霍乱者，有阴暑及暑伤元气之证治，痢疾亦羼入其中，全篇包涵之病类非一。关于湿温之症方，亦欠完备。兹为分卫、气、营血三纲（卫、气、营、血，为叶天士治温病之四大阶段。因薛氏之文对营血二阶段之症方，不易区别，故并而为一），及肠膜出血，瘥后虚羸二症，共五节。每节酌取一法或数法，并引清、民诸大师之方法，以补薛氏之未逮。是文之作，意在对原书做局部之整理。文中所列各法，不过大辂椎轮，以供初学者参考。

一、病在卫分（第一周）

宣化湿浊法

主治湿温初起，发热胸痞，不知饥，口渴不喜饮，舌苔滑白。

广藿香三钱，佩兰三钱，桔梗一钱五分，菖蒲一钱五分，广郁金三钱，枳壳二钱，蔻仁一钱五分，六一散三钱。水煎。

方症见《温热经纬》湿热病篇第十条。

圭按：《通俗伤寒论》湿温伤寒条云："此症宜芳淡辛散，藿香正气散加葱豉，和中解表，祛其搏束之外寒；次宜辛淡疏利，大橘皮汤加川朴、蔻末，宣气利溺，化其郁伏之内湿。寒散湿去，则酝酿之温邪，无所依附，其热自清。"俞氏此言，卓见不凡。盖湿温初起，既不须大表，尤切忌寒凉；惟开上闸，启支河，苦辛微温，以化湿浊，为平正稳妥之良法。

清化湿热法

主治湿温舌根白，舌尖红。

大豆卷三钱，连翘三钱，绿豆衣三钱，半夏三钱，蔻仁一钱五分，菖蒲一钱五分，六一散三钱。水煎。

方症见十三条。

淡渗利湿法

主治湿温胸痞，自利溺涩，身热口渴。

萆薢三钱，滑石三钱，茯苓三钱，猪苓三钱，神曲三钱，广皮二钱。水煎。

方症见十一条。

赵晴初云："吴氏鞠通《温病条辨》中，正气散加减有五方，主用藿、朴、陈、苓。（一）加神曲、麦芽，升降脾胃之气；茵陈宣湿郁；大腹皮泄湿满；杏仁利肺与大肠。（二）加防己、豆卷，通经络湿郁；通草、苡仁，淡渗小便，以实大便。（三）加杏仁利肺气，滑石清湿中之热。（四）加草果开发脾阳，楂曲运中消滞。（五）加苍术燥脾湿，大腹皮宽腑气，谷芽升胃气。细参五方，虽无甚深意，然治湿温症，亦大多如是也。”（《存存斋医话稿》三集）何秀山解大橘皮汤云：“如湿重热轻，或湿遏热伏，必先用淡辛温化，始能湿开热透，故以橘、蔻、术、朴，温中燥湿为君；臣以二苓、滑、泽，化气利溺；佐以槟榔导下；官桂为诸药通便。合而为温运中气，导湿下行之良方。”（俞根初《通俗伤寒论》）

主按：湿温初起，热为湿遏，身热不扬，治宜开肺气，利溺道，芳香化湿，甚或温运中宫，此种治疗原则，千稳万妥，历百世而莫之能易。吴氏藿香正气散加减五方，及俞根初大橘皮汤，均为病在卫分而设，故录附于此，以补薛氏之不逮，而广湿温之治法。

二、病在气分（第二周）

苍术白虎汤

主治湿温壮热，口渴自汗，身重胸痞，脉洪大而长。

石膏六钱，知母三钱，甘草一钱五分，粳米一撮，苍术二钱。水煎。

方症见三十七条。

主按：本方以白虎治壮热渴饮，汗出脉洪；苍术治身重胸痞。方意在清阳明之燥热。若湿热参半，或太阴湿浊未尽化热，症见身热口渴，便闭溺赤等症，舌苔或厚浊，或干黄者，本方尚不相宜。须投甘露消毒丹，爰列其方于下（减去射干、川贝二味）。

茵陈三钱，黄芩三钱，连翘三钱，藿香三钱，菖蒲一钱五分，薄荷二钱，木通三钱，蔻仁二钱，滑石三钱。水煎。

方症见《温热经纬》卷五。

三、病在营血（第三周）

清营泄热法

主治湿温壮热口渴，舌黄或焦红，发痉，神昏谵语或笑。

犀角一钱，生地六钱，钩藤三钱，羚羊角一钱，玄参四钱，至宝丹一粒（开水化，分二次兑入药汁），鲜菖蒲三钱，连翘三钱。水煎。

方症见《温热经纬》湿热病篇第五条。

圭按：凉血如丹皮、紫草，涤痰宣窍如天竺黄、川贝、竹沥，平肝息风如石决明、牡蛎、钩藤、蝎尾，均可随宜用之。

又按：俞根初新定玳瑁郁金汤用玳瑁、山栀、木通、竹沥、姜汁、郁金、连翘、丹皮、鲜菖蒲汁、紫金片、野菰根、卷心竹叶，为开窍透络，涤痰清心之良方。如邪热内陷，神识昏蒙，妄言妄见，急须清心涤痰，本方颇有疗效。薛方犀、羚清心肝之热，生地、元参养阴凉营，钩藤佐羚羊以息肝风，连翘佐犀角以清心热，益以至宝丹之安神定魄。俞氏以玳瑁泄热解毒，郁金达郁凉心，连翘、丹皮凉血解热，山栀、木通使热下行，竹沥、菖蒲、姜汁善涤热痰，佐以紫金片芳香开窍。两方用意，微有出入，要皆为邪热内闭而设，学者临症随宜择用，亦可并两方之药，化裁为一方也。

四、肠膜出血

白头翁汤

主治十余日后，左关弦数，腹时痛，时圊血，肛门热痛。

白头翁三钱，秦皮三钱，黄柏三钱，黄连二钱。

方症见《温热经纬》湿热病篇二十三条。

圭按：此方清火坚肠，尚可酌加地榆、茜草、槐花、银花、血余炭、侧柏等品。此为实热疗法，若出血后体温骤落，脉微弱或细小，汗出面青，恐有虚脱之虞，可用《金匮》黄土汤或桃花汤加附子，固脱止血。仍恐中药缓慢，可另注射强心药，以资急救。若下血腹剧痛，腹部隆起或陷没，脉微细，汗大出，此为肠穿孔引起腹膜炎之候，大多凶多吉少，不易投药。

五、瘥后虚羸

清补气液法

主治神思不清，倦语，不思食，溺数，唇齿干。

沙参三钱，麦冬三钱，石斛三钱，木瓜一钱，甘草二钱，生谷芽三钱，鲜莲子六钱，百合三钱。

方症见《温热经纬》湿热病篇二十八条。

圭按：此方清补气阴，为温病瘥后，脉静身凉之通用方，不但湿温病适用之。俞根初云："其他普通调理，当分补虚、清热两项。补虚有两法：补脾、补肾。如其人中气虚者，病退后必纳谷少，运化迟，或大便不实，或恶心吐涎，宜六君子汤加减以和中。形寒畏冷，宜黄芪建中汤温补之。凡此脉皆缓大，舌苔白嫩可辨。如其人阴分虚者，必有余邪未尽，舌燥口渴，二便燥涩，脉兼微数等症，宜小甘露饮、养胃汤等清养之。清热亦有两法：初病时之热为实热，宜用苦寒药清之；瘥后之热，宜清热滋阴，如麦冬、生地、丹皮、北沙参、西洋参、鲜石斛、梨汁、蔗汁、鲜茅根之类。俞氏所出四方一法，洵属经验有得之言，亦温病

（包括湿温）瘥后之灵方妙剂。”余谓以香砂六君子汤加归、芍补脾，竹叶石膏汤清热，亦颇简明扼要也。

解 热 剂

余于去年五月十九日，身忽发热，午后热势升腾，至夜为甚，手足心焦燥，虽不恶风而衣棉不温，头胀，大便溏泻，昧爽，盗汗，遗精，脉浮数。至第三日，热仍不撤，乃依虚体感受温邪例，投辛凉解表轻剂，如桑叶、连翘、豆卷、象贝、竹茹、橘红、黄芩、佩兰、茯苓、楂炭等，煎两大碗，注保温瓶内，口渴即饮。翌晨，脉静身凉，神爽体适。此病盖为神经性流行性感冒，所服之方，类似桑菊饮、银翘散。叶、薛、雷、王之方，巧小轻灵，经方家斥为果子药，谓此等功过两无之药，轻病服之渐愈者，体功战胜病邪之力也；重病服之增剧者，坐失治疗时期之过也。但余服叶派方，捷于影响，不得云非药效。特小方轻剂，不克任重致远，而体虚症轻，反为恰好。细思温病退热之方，当以仲景麻杏石甘汤（可以薄荷易麻黄）、洁古清心凉膈散为首选，一则石膏伍薄荷，一则芩、连合薄荷，皆符“体若燔炭，汗出而散”之经训。虚人病温，或温轻热微，则银翘散已堪胜任。如表邪入里，壮热烦躁，渴欲饮冷，唇焦齿黑，谵语不眠者，余师愚清瘟败毒饮最为合拍，其方重用石膏、犀角、生地，助以芩、连、丹、芍、元参、知母、栀子、竹叶、桔梗、甘草、连翘，大举挞伐，菌纵顽强，亦必披靡。余氏之方，原治瘟疫发斑，故名其方曰“清瘟”，但移治温病气血燔热，似无不合。观其用知、膏、甘草，白虎汤也（减粳米一味）；犀、地、丹、芍，犀角地黄汤也；芩、连、栀子，黄连解毒汤也（减黄连一味）。合三方之方，以扑灭燎原之火，焉有不济者乎？他如神犀丹之治痉厥昏狂，清营汤之治营热舌绛，犀连承气汤之治热壅便秘（此方与白虎承气对待，一治血热壅滞，一治气热壅滞），皆时方中之佼佼者。

附方

麻杏石甘汤　药即汤见。

清心凉膈散　栀子、连翘、黄芩、甘草、薄荷、竹叶、桔梗。

银翘散　银花、连翘、桔梗、薄荷、荆芥、豆豉、牛蒡、竹叶、甘草。

神犀丹　犀角、菖蒲、黄芩、生地、银花、金汁、连翘、板蓝根、香豉、元参、花粉、紫草。

清营汤　犀角、黄连、连翘、元参、麦冬、生地、竹叶心、丹参、银花。

犀连承气汤　犀角、黄连、生大黄、枳实、生地、金汁。

胃肠病选方

一、胃痛

治九种心胃气痛方

因受寒而痛者尤效。

五灵脂二钱，公丁香（不见火）四分，明雄黄四分，白胡椒四分，巴豆（去油）四分，广木香（不见火）四分，子红花、枳壳各二钱。为极细末，瓷瓶收贮，勿泄气。每服五分，津咽下，一时内勿饮茶。

按：方见鲍氏《验方新编》，破血散气，乃治胃痛之重剂。

梅蕊丸

治肝胃久痛，诸药不效，或腹有癥瘕，此方皆验。孕妇慎用。

绿萼梅蕊三两，滑石七两，丹皮四两，制香附二两，甘松五钱，莪术五钱，远志二钱半，山药、木香各钱半，桔梗一钱，甘草七分，人参、嫩黄芪、砂仁、益智仁各三钱，茯苓三钱半。研末，白蜜十二两捣丸，龙眼大，白蜡封固。每服一丸，开水送下。

按：方见《潜斋医学丛书》，补脾胃，利气血，治远年脘痛、脾虚胃弱者。

调中散

治诸般腹痛奇方。

牡蛎六两，甘草、丁香、肉桂、胡椒各二两。

按：牡蛎解胃酸之过多，桂、椒止痛，丁香平呕，实神经性胃痛之良方也。

二、呕吐

镇逆通阳法

治肝气犯胃，呕吐酸水。

代赭石四钱（打碎），旋覆花三钱（包煎），瓜蒌三钱，薤白一钱，半夏三钱，生姜三片，茯苓三钱，竹茹三钱，橘皮一钱半，左金丸一钱，金铃子三钱，金石斛三钱。

按：此系先师王香岩经验方，隐括代赭旋覆花汤、橘皮竹茹汤、小半夏加茯苓汤、左金丸、瓜蒌薤白半夏汤诸名方，确有降胃逆，止吐酸之功。余常用之，非虚语也。

治胃气疼痛呕吐清水方

高良姜二钱，杭白芍四钱，薤白（酒炒）三钱，制香附、姜半夏、白术各三钱，云茯苓、代赭石各四钱，左牡蛎五钱。

按：本方与前方同治胃病呕吐，但此方之主症为痛，前方之主症为呕，大同之中，不无小异。良、附、芍药，正为痛而设也。

治呕吐吞酸干哕兼治反胃恶阻方

黄连四分，苏叶三分，灶心土三钱，生姜二钱。

按：黄连、苏叶之方，本治湿热证呕吐不止，见薛生白《湿热病篇》。今复益以灶心土、生姜，止呕之力自更巨矣。

三、不能食（消化不良）

瑞莲丸

补元气，健脾胃，进饮食，治泄泻。

人参二两，土炒於术三两，白茯苓二两，炒山药二两，炒莲肉二两，炒芡实二两，酒炒白芍一两，陈皮一两，炙甘草五钱。上药为末，用猪肚一个煮烂，杵千下，入药，捣和为丸，如梧桐子大。每服三钱，米饮下。

健脾消食丸

治脾胃虚弱，纳谷不香，胸次满闷，嗳气，舌苔垢腻，口臭口腻，大便或结或溏。

陈皮一两，焦麦芽四两，焦於术三两，川朴五钱，神曲三两，鸡内金三两，木香五钱，蔻仁五钱，枳壳一两半，山药四两，炒米仁四两，茯苓三两，山楂三两，莲肉四两，潞党参三两，甘草五钱，半夏三两，扁豆四两，柏子仁三两。上十九味，研末，水丸，如桐子大。每饭后嚼服二钱。

按：前为古方，后系拙拟，同为扶助消化之剂。但前方专培后天，后方寓补于消，故脾肾虚而不甚者宜后方，脾胃大虚而不胜消导者宜前方。

四、泄泻

醉乡玉屑

治食伤水泻。

生苍术一钱，生川朴一钱，炒陈皮钱半，炙草八分，鸡内金三钱，砂仁一钱，丁香五分，车前、泽泻各三钱。

按：此方温运脾胃，燥湿利水，食泻之正治也。

半夏泻心汤

治上吐下泻，形似霍乱，但胸痞腹疼，苔黄粪臭，溺短赤为异，中土谓之热霍乱，实即急性胃肠炎也。

半夏、黄芩各三钱，黄连一钱，太子参一钱，生甘草六分，大枣三枚，干姜一钱。

按：此方无偏热偏寒之弊，有止吐止泻之功。

五、肠痈（盲肠炎）

大黄牡丹皮汤合薏苡附子败酱散

治腹部剧痛，痛处在右腹角，红肿有块，右足不能伸直。

生大黄三钱，芒硝二钱，桃仁三钱，冬瓜仁五钱，薏苡仁五钱，丹皮三钱，附子一钱，败酱二钱。

兼服六神丸，外敷余氏消炎止痛膏。

按：二方皆治肠痈，今合为一方，其效更胜，排脓祛瘀，通利大肠，为脓未成之主方。若脓已成，薏苡附子败酱散合排脓散主之。

六、痔瘘及下血

黄连丸

治肠风、脏毒、诸痔、赤痢、肠痈。

黄连八两，槐米、地榆各三两，苍术、枳壳、香附各一两，防风、牙皂、木香各五钱。用猪大肠一具，以糖盐各半擦去秽，蒸烂，捣和为丸，晒干。空心开水送下二三钱。另以苦参子去壳，吞服二十粒，分二次服，尤效。赤痢以白头翁汤送下。

按：大便下血，清者为肠风，浊者为脏毒，皆因大肠热结所致。《内经》云“阴结者便血”，是也。此方以黄连、苦参子、槐米、地榆清火凉血，皂角、枳壳、香附、木香利气开结，正合经旨。痔漏、赤痢亦大肠积热为患，故并主之。惟此方治以上四症，只宜初起。若病已延久，气血交虚，苦寒破泄，非所宜矣。

七、便秘

四物油导汤

治男人精血不足，妇人气血干枯，大肠失润，便结不行。

生地四钱，油当归四钱，白芍二钱，川芎一钱，松子仁五钱，柏子仁五钱，肉苁蓉四钱，甘杞子三钱，人乳二杯（冲）。

程钟龄云：“余尝治老人便秘，数至圊而不能便者，用四物汤及滋润药加升麻，屡试屡验。”

按：治虚秘如二冬膏（阴虚）、半硫丸（阳虚）皆属名方。又傅青主男科大便不通用熟地、元参、升麻、火麻仁、牛乳，与本方仿佛也。

八、虫积（肠寄生虫）

榧子数斤，陆续去壳，炒香。每晨空心啖一二十枚，一月之后，其虫尽去。

按：顾氏《本草必用》云：“榧子不问何虫，小儿空心食七枚，大人食二十一枚，七日虫皆死而出矣。”此方简便有验，大有传播价值。又常食大蒜，驱虫亦效。

单纯性急性腹泻的中药疗法

《局方》藿香正气散，应用范围颇广，如肠热症、急性胃肠炎、急性胃炎与急性肠泻，古今医家常用之；至于慢性胃炎无贫血衰弱之症者，亦可酌量与之。我曾说胃肠病为多发病之一，医者如能善于掌握此方，收效必佳。但正气散不过胃肠病中的一则效方而已，除此方外，其他类似正气散之方，不一而足，如六合定中丸、午时茶等，其药品主治与正气散相差不远，对症用之，收效诚不亚于正气散也。因此，将平日钞存的经验方中，择其尤者，介绍于次，每方作用，略加分析，并将管见附载篇末，以供参考。

和中化浊法（芳香健胃剂）

【方剂来源】 孟河丁氏用药一二三法，载《中国医药指南》

二版。

【方剂组合】 藿香钱半，姜半夏三钱，川朴一钱，神曲三钱，佩兰一钱，新会皮钱半，砂仁钱半，扁豆衣三钱，薏苡仁三钱，茯猪苓各三钱，大腹皮各三钱，鲜荷梗一尺。

【方义略释】 本方各药的作用，分析如次：

芳香健胃：佩兰、川朴、新会皮、神曲（含消化酵素）、扁豆衣（含维生素乙，有促进消化的作用）。

利溺：茯苓、猪苓、薏苡仁、大腹皮。

镇呕：半夏、藿香。

止利：荷梗、砂仁。

制酵：川朴、砂仁。

解表：藿香、佩兰。

【适应证】 腹鸣而痛，胃呆，干呕，溺少，苔浊。此方治单纯性急性腹泻有平妥稳健之妙。

泄泻丸（健胃镇痛剂）

【方剂来源】 慈济中医院临床应用方（抗战时期设于重庆南岸狮子山）。

【方剂组合】 苍白术各二两，赤白苓各四两，煨草果二两，神曲五两，甘草三两，川朴六两，广皮六两，木瓜三两，桔梗一两五钱，苏叶七两，半夏四两五钱，防风三两，香薷二两，朱砂四两，炒乌药三两，茶叶二两，大腹皮三两，羌活四两五钱，藿香七两，煨木香三两，紫豆蔻二两，白芷五两，薄荷三两，炒砂仁三两，檀香一两，香附一两。

研末为丸，朱砂为衣，如梧桐子大。病重每服三钱，开水送下；病轻每服二钱；小儿病重二钱，病轻一钱；孕妇不忌。

【方义略释】 本方用药二十六味，大多为芳香健胃，兹依各药对腹泻的作用分析如下：

解表：羌活、防风、苏叶、薄荷、藿香、香薷。

健胃：苍术、川朴、草果、陈皮、神曲、紫豆蔻。

镇呕：半夏、藿香、砂仁。

止利：木香。

利溺：茯苓、大腹皮、白术、香薷、茶叶。

制酵：川朴、砂仁、木香、薄荷。

镇痛：乌药、檀香、香附、白芷。

排除黏液：桔梗。

缓解足腓痉挛：木瓜。

【适应证】 饮食不慎，或感受寒冷，以致腹痛泄泻等症。此方系慈济中医院院长潘国贤拟订，方内包涵藿香正气散（少姜、枣二味）、六合定中丸（少楂肉、扁豆、二芽等四味）等方，对单纯性急性腹泻由感冒引发者最宜。

六合定中丸（芳香健胃剂）

【方剂来源】 待考。

【方剂组合】 藿香八两，赤茯苓二十四两，枳壳二十四两，焦山楂二十四两，苏叶八两，炒麦芽九十六两，桔梗二十四两，炒扁豆八两，香薷八两，木瓜二十四两，谷芽九十六两，川朴二十四两，广皮二十四两，木香十八两，檀香十八两，神曲九十六两，甘草二十四两。

共研细末，水泛为丸，每粒重一钱。每服一丸，开水化下，日服三次。

【方义略释】

（一）本方各药的作用多数已见泄泻丸，兹将泄泻丸未用之药补释如下：扁豆治食物中毒之吐泻；枳壳为芳香性苦味健胃药，治胃部胀满；山楂为酵素性健胃药，用于食积、肉积、腹部胀痛；谷、麦芽二者均含维生素乙，麦芽更含有糖化酵素，有促进消化作用，用于食欲不振。

（二）本方二芽、神曲之分量特多，与其他诸药之分量相差太远，似应酌量减少。

（三）本方以健胃促进消化为主，有制酵利溺、镇呕止利等作用。

【适应证】 疟痢、霍乱，胸闷恶心，头痛腹痛，或吐或泻，寒热如疟，一切胃肠不和之症。

蚕矢汤（消炎镇呕剂）

【方剂来源】 王孟英《霍乱论》。

【方剂组合】 蚕矢三钱，焦山栀二钱，大豆卷四钱，黄芩一钱（酒炒），半夏一钱，通草一钱，黄连二钱，吴萸六分，米仁四钱，木瓜三钱。

【方义略释】 本方的作用分析如次：

解热消炎：黄芩、黄连、山栀、大豆卷（含维生素乙，有解热消炎作用）。

利溺：通草、米仁。

镇呕：吴萸、黄连、半夏。

镇痛：蚕砂、吴萸。

缓解足腓痉挛：木瓜。

叶橘泉云：“中医习俗用焦山栀，功效大减损，解热应用生山栀。”（见《现代实用中药》）此言诚然。叶氏又云：“王孟英以蚕矢汤治霍乱口渴。”（同上）。主按：《本草》云：“蚕砂焙，研末，冷水下，治消渴。”此蚕矢治霍乱口渴之根据。又云：“蚕砂滚水泡，滤净服，治心痛。”此以蚕砂为镇痛药治霍乱腹痛之根据。余意二说不妨并存，盖口渴腹痛，俱为急性胃肠炎（蚕矢汤所治之霍乱即急性胃肠炎）症状之一也。

单纯性急性腹泻亦可称为急性肠炎，其症状为腹痛剧烈，腹泻水液，次数频繁，或有里急后重之感，溺少胃呆，恶心呕吐，虽不发高热，亦易骤趋虚弱。粪便中带有黏液及血液，其外貌颇似痢疾及霍乱。但病势多自动渐趋轻微，约历二日至五日便可痊愈。考六合定中丸、藿香正气散的主疗文，均有疟、痢、霍乱字样，此因古人所谓痢疾，包括细菌痢、原虫痢、急性肠炎而言。所谓霍乱，指真性霍乱及急性胃肠炎而言。六合定中丸及藿香正气散，均为急性肠炎之妙方，亦即主疗文中所称之痢疾也。

急性肠炎有宜用苦寒消炎之药如蚕矢汤等方者，有宜用芳香健胃如孟河丁氏之方者，当用中医的辨证法区别之，不应混同施治。

急性肠炎不愈，可转为慢性。慢性肠炎之特征，往往有形便与液状便交互排泄，有时便秘，粪便中混有黏液，其他腹部膨胀、腹鸣腹痛、溺少、食欲不振等症状，仍与急性肠炎相同。此际之中药疗法，如无腹胀、腹痛之症，多用兴奋强壮与健胃止泻合剂，如理中汤、香砂六君子汤、益火扶土法（孟河丁氏方：白术、炮姜、炙甘草、补骨脂、益智仁、诃子皮、陈皮、云苓、木香、谷芽、佩兰）、诃子散（东垣方：炮姜、粟壳、橘红、诃子）、真人养脏汤。至于参苓白术散（各药生研，酌加粳米糯米粉，每用一二两，加水调如糊，煮熟，加糖食），可作食饵疗法用之。

阿米巴痢疾的中药疗法

我是一九三八年自南京到重庆的，在重庆的十多年中，患过三次痢疾。第一次是一九四〇年，患白痢，因为中药发挥了极大的效力，第二天就好了。第二次是一九四三年，我在北碚中医院工作，患阿米巴赤痢，发热，舌苔白而厚腻，肛门剧痛，小便全无，病势很重，治疗也不合法，延至二十多天，才恢复健康。第三次是一九四八年，在重庆陪都中医院工作，也是白痢，是用中药成品治好的。现在谈一谈痢疾的原因、种类和治疗的方药，并把我自己患痢治愈的药方一并附录于后，以供参考。

痢疾有二种：一种称细菌性赤痢，这种痢疾的病原体，主要是志贺杆菌及弗雷克杆菌，病灶在大肠下部；一种称阿米巴赤痢，它的病原是溶组织阿米巴，又称变形虫，是人目不能见的单细胞动物，细胞的中心有一个核，对外界的抵抗力极弱，很容易被胃酸杀死，所以我们把它吞下肚去，未必一定会成痢疾。这种阿米巴，名为繁殖体。另有一种叫阿米巴囊，它的身体比繁殖体更小，有一个至四个核，对环境的抵抗力很强，吃进肚内，不会被胃酸杀死，直至大肠，变成繁殖性阿米巴。使我们生痢疾的，即是此物。

细菌性赤痢和阿米巴赤痢在病状上不同的地方，略如下述：

大便性状

（一）细菌性赤痢的血液，不呈弥漫性，而是斑状或点状的混和在黏液里。阿米巴赤痢的血液，呈弥漫性，血与黏液混和，呈暗红色。

（二）细菌性赤痢的粪便，没有特殊臭气。阿米巴赤痢的大便，臭气很重。

（三）细菌性赤痢排便次数很多，便量很少。阿米巴赤痢的排便较为和缓。

全身症状　细菌性赤痢的全身症状很重（如头痛、发热、恶寒等），急性阿米巴赤痢虽然也有全身症状，但没有菌痢那样严重。

每年夏秋之间，生阿米巴赤痢的人很多。预防固然要紧，治疗也应研究，兹就鄙见，选录有效方药如下：

鸦胆子　产于福建、云南、贵州、形态很像益智子，不过小一些。外面有苍褐色的壳，里面的肉是白色的，榨之有油，味很苦。用时去壳取仁，装入胶囊。大人每日用六十粒，三次分服，开水送下。十余岁的小儿，每日用三十粒；三五岁的小儿，每日用二十粒，服法和大人相同。

此物治痢的功效，据刘绍光博士的研究：“鸦胆子治红痢，效力在爱米丁药特灵之上。”亡友李克蕙说：“应用鸦胆子治慢性痢疾，不拘三年两载的顽固痢疾，往往奏意外的功效。”已故天津名医张锡纯治疗痢疾，善用此物，他说：“鸦胆子不但善治赤痢，凡诸痢症，皆可用之。即纯白之痢，用之亦有效验（圭按：如证属寒湿，可配合半硫丸用之），而以治噤口痢（圭按：痢疾初期噤口者可用，如病至末期而噤口者，不宜用）尤多奇效。”

我们看了上面所举的三家学说，可知此物确是治痢的一个简便良方。

香连丸 它的成分，是广木香、黄连二味，有消炎、镇痛、除后重等功效。每用钱半，开水送下，日服二次。此药我曾亲自用过，那是一九四八年的秋天，第三次生痢疾，服了此丸，白冻消除，大便的分量加多，不需几天，就全愈了。

滑石银花等分 先把滑石用水飞法研细，次将银花煎汁，吸入滑石内，阴干收藏。每用一钱半，白糖化水送下，日服三次。滑石（矽化铝）即是陶土，它的性质，善于吸收，肠部的细菌、原虫及毒素，都被它吸收去了，病症自然迅速全愈。银花是消炎药，有消退肠部炎肿的功效。这个方子，见于《评琴书屋医略》，原方是滑石、银花、白糖等分，煎汤代茶饮。我照聂云台创制的痢疾芩连丹的制法略加改变，功效似乎更为可靠。

中药治痢的方子，不可胜数，用之得当，有惊人之效。上面所举的三个方子，既简且验，农村乡僻之区，大有推行价值。现在再抄近贤效方数则于后，以供参考。

燮理汤 治下痢服化滞汤未全愈者。若下痢已数日，亦可连服此汤，又治噤口痢。

生山药八钱，牛蒡子（炒捣）二钱，肉桂（去粗皮）钱半（后入），金银花五钱，甘草二钱，生杭芍六钱，黄连钱半。

加减：单赤痢加生地榆二钱，单白痢加生姜二钱，血痢加鸦胆子二十粒，去壳，药汤送下（方见《衷中参西录》卷三）。

张锡纯云："拙拟此方以来，岁遇患痢者，不知凡几，投以此汤，即至剧者，连服数剂，亦必见效。"主按：张氏治痢疾的方子共有七首，都载在《衷中参西录》，用之得当，效验很著。

化滞汤系杭芍、当归、山楂、莱菔子、甘草、生姜六味。

解毒生化丹 治痢久郁热生毒，肠中腐烂，时时切疼，后重，所下便有腐败臭气。

金银花一两，三七（捣细）二钱，生杭芍六钱，鸦胆子（去壳）六十粒，粉甘草三钱。

上药五味，先将三七、鸦胆子用白砂糖化水送服，次将余药煎汤服，病重者一日须服两剂，始能见效（方见《衷中参西录》）。

张锡纯云："按此症乃痢之最重者，若初起之时，气血未亏，用拙拟化滞汤或加大黄、朴硝下之，即愈。若未全愈，继服燮理汤数剂，亦可全愈。若失治迁延日久，气血两亏，浸至肠中腐烂，生机日减，至所下之物，色臭皆腐败，非前二方所能愈矣。此方则重在化腐生肌，以救肠中之腐烂，故服之能建奇效也。"

痢疾芩连丸 不论细菌性痢、阿米巴痢及水泻，用之皆效。

葛根二两，苦参三两，黄芩二两，黄连一两，赤白芍各一两，滑石十五两。以上研末，内滑石一味，须水飞极细。

葛根二两，苦参三两，黄芩二两，青蒿四两，枳壳二两，乌药一两。以上煎汤。

鲜荷叶八两（捣），生萝卜子二两（捣），鲜藿香三两（捣），鲜薄荷三两（捣）。以上石臼捣融，加药汤挤汁二次，再加净萝卜汁八两，泛成小丸，绿豆大小。每服三钱，一日三次。但须先服痢疾三黄丸一日，始改服此丸。上方加大黄末四两，名痢疾三黄丸；加大黄一两半，名痢疾小三黄丸。聂云台云："三十年秋，痢疾流行甚广，城内施诊所治验极多，皆先用葛苦三黄丸一日以通之，次用葛苦芩连丸，约治二百人，皆愈。从此余乃将专治痢疾之丸分三种：一种名痢疾三黄丸，每二钱有大黄三分；一种名痢疾小三黄丸，每二钱有大黄一分；一种名痢疾芩连丸，无大黄。小三黄丸经施诊所及友助医社杨医师及沪西国医汪浩权医师，用皆奏效。”

圭按：聂先生有“苦参七液丹治温病痢疾四年之经验与研究”一篇，载在他的大作《治伤寒痢疾肠炎捷效药》里面，上面所引述的，即是他文中的一段。他向住上海，“三十年秋痢疾流行甚广”是指上海而言。他和荣柏云居士用葛苦芩连丹医治痢疾，也有间或不效的。据他的研究，凡服药一日不效者，须加乌梅、白梅、陈茶、梗通、艾叶、银花等药煎汤为引。据荣居士的经验，丸药每次的用量，不可太少。我想效与不效的关键，在于病症的寒热和病人体质的虚实是否辨别清楚。痢疾多数属热属实，但也有寒湿证和虚寒证。聂先生创制的药方，苦寒消化为主，对于普通痢疾，确是一个好方子。

清化润肠法

黄芩三钱，川朴钱半，甘草二钱，滑石三钱，黄连钱半，木香二钱，桔梗钱半，全当归一两，制茅术二钱，槟榔三钱，楂肉三钱，白芍一两。

我定这个方子，是一九四〇年六月在巴县歇马场中央国医馆工作的时候，就是上面说的第一次生痢疾。那时的病状，腹痛，里急后重，痢色白，夹在溏矢里，日下二十次，服此方一剂，立见奇效。后来检阅方书，看到孟文瑞的《春脚集》（珍本医书集成之一种），有一个方子名治痢神效方，和拙拟之方比较，孟方有槐米、枳壳、川柏、桃仁、川军、神曲、归尾，没有苍术、桔梗、楂肉、滑石、当归，可说大致相同。一九四四年，我在振济委员会北碚中医院当院长，奉令承制暑药十余种，治痢神效丸即是其中之一。我院曾将此丸施送痢疾病人，多有捷效。

我写这篇拙作的动机有两点：一、去年九月，陈震异兄奉政府派往南充工作，他在留渝候车的短短时期中，特来和我话别，我们对坐清谈，陶然如醉！他说："《衷中参西录》的方子，用无不效，十多年来，临症治病，很喜欢用它的方子。"至于张氏的治痢方，我曾用过他的变通白头翁汤，收效很快。二、聂云台创制的葛苦三黄丸（即治伤寒、痢疾、肠炎捷效药），我看了他写的小册子，非常赞佩，就告知门人徐亚佛，亚佛用聂氏方以治伤寒，有得心应手之妙。因此我写此文把张锡纯的治痢方和聂云台的葛苦三黄丸，介绍于同道诸君，以作治疗上的参考。

一九五一年七月作于渝斌

治痢十方

一、赤痢，身发高热，恶寒，脉浮数，腹稍痛，宜葛根汤：桂枝、芍药、甘草、生姜、大枣、葛根、麻黄。

二、下痢脓血，身热，口渴，后重，肛门灼热，宜白头翁汤：白头翁、北秦皮、黄连、黄柏。

三、痢初起，无表症，可攻下（须有腹痛拒按，舌苔黄腻，里急后重之证），如木香槟榔丸：木香、槟榔、青皮、陈皮、黄柏、黄连、三棱、莪术、大黄、香附、黑牵牛。

四、痢已久，邪将净，可酸涩，如乌梅丸：乌梅、细辛、干姜、当归、黄连、附子、蜀椒、桂枝、人参、黄柏。

五、虚人患痢，不堪攻下者，可用：油当归、白芍、枳壳、槟榔、莱菔子、木香、甘草、滑石（傅青主方，方内归、芍宜重用）。

六、赤痢初起，无表证者，宜芍药汤：黄芩、芍药、甘草、大枣、木香、槟榔、大黄、黄连、当归、肉桂。

七、赤痢见真武证者（腹痛，小便不利，四肢沉重疼痛），或遗尿者，或舌本纯红者，宜真武汤：茯苓、芍药、生姜、白术、附子。

八、赤痢腹痛，后重特甚者，宜香连丸：黄连、木香。

九、痢至后期，呕吐，噤口者，宜：人参、石莲肉、黄连。煎汤，入生姜汁少许，徐徐呷之（朱丹溪方）。

十、下痢日久，后重脱肛，痢如鱼脑，脐腹绞痛者，宜养脏汤：人参、焦术、肉桂、诃子肉、木香、肉豆蔻、罂粟壳、当归、白芍、炙草。

上列十方，虽不能泛应临床所见痢症，然能熟记深思，变通化裁，获效非小矣。他如梅蜜饮、姜茶饮，二宜丸（甘草、干姜）、莱菔英、苦参子，皆单方中之著名者也。

截疟方

疟之寒热，由病原虫在血液中行裂体生殖而起，故欲平疟之寒热，当以杀灭存于血液内之疟虫芽胞为先务。中医之截疟方，常山、草果最为常用。但其药理作用，未能明悉。阎德润《伤寒论评释》引周、黄两氏之说谓："柴胡能制止疟原虫之发育，且能扑灭之。"信石为抗原动物病之强有力药，故李士材云："入丸药中，劫齁喘痰疟，诚有立地奇功。”（西医用以治慢性疟及疟病恶液质）雄黄为三硫化砒，作用与砒霜同，故治疟亦效。朱氏方治久疟不止，用硫黄、腊茶等分为末，发日朝，冷水服二钱，二服效；寒多加硫，热多加茶。又半硫丸亦可疗疟，皆因天然硫黄含有信石之故也。他如青蒿治顽滞之间歇热（语见《荷兰药镜》），意在退热。龟甲治老疟、疟母，意在化癥。半夏、贝母治三日疟（二味等分，姜汁调匀，隔水炖热，先一时服），意在化痰。凡投截疟方，须在疟三五发后，并须殿以健脾或养阴之剂，方无后患。兹将截疟诸方选录如下：

信雄丹　白砒二钱，明雄黄八钱。朱砂水飞为衣，研细末，端五午时，用七家粽尖为丸，如麻子大，朱砂为衣。大人五丸，小儿三丸，无根水于发时早半日服，忌茶水半日，即愈。四日疟亦愈。

止疟丹　治疟症二三发后，以此止之，应手取效。常山（酒炒）、草果仁、半夏（姜汁炒）、香附米（酒炒）、青皮（醋炒）各四两，真六神曲十二两。为末，用米饮煮糊为丸，如弹子大，朱砂为衣。轻者一丸，重者二丸，红枣五六枚煎汤化下，清晨空心服。

疟疾不二饮　常山二钱（鸡油炒），槟榔雌雄各一钱（尖者雄，平者雌），知母、贝母各钱半，酒水各半盅，煎七分，不可过熟，熟则不效。露一夜，临发日五更天温服，一服即止。

截疟神方　青蒿八两，青皮、川朴、神曲、半夏、槟榔各二两，川贝一两半，甘草五钱。上药共为末，姜汁为丸，绿豆大，朱砂为衣。于未发前三个时辰服三钱，姜汤送下，切忌即用饮食。

断疟如圣散 砒一钱，蜘蛛大者三个，雄黑豆四十九粒。上药为末，滴水为丸，如鸡头大。如来日发，于今晚夜北斗下先献过，次朝以纸裹，于耳内札一丸，立愈如神。一粒可救二人。

七宝饮 截一切疟疾，无问寒热多少先后，连日间日。厚朴（姜汁制）、陈皮、炙草、草果仁、常山（鸡骨煮）、槟榔、青皮各一钱（或加生姜三片，乌梅一个，尤效）。水酒各半煎，露一宿。空心面东温服，睡少顷，午前再进一服。

截疟方当于发作前四五时服，不必定在朝晨。上列各方，多有露一宿者，其理颇不可解。四日疟原虫抵抗特效药之力甚强，施用截疟方宜少增其量，或多服一二剂。恶性疟之恶寒短而轻，发热重而长，如每日发作者，其休止时间不过数时，时医名为暑湿类疟，治以芳香化浊，苦寒泄热，淡渗祛湿。愚意除服此类药剂外，仍须佐以截疟丸散，方奏全功。若徒恃清化，疟不能除，驯致酿成贫血及慢性，而趋不良之转归者，皆医者畏首畏尾，不敢放胆用截疟方之故也。

与友人论正疟宜用柴胡书

先生谓时疟不得用柴胡，此温热家一致之主张，而梦隐辨之尤精详（一见《经纬·叶香岩外感温病篇》第七条又按，再见同书小柴胡汤雄按）。仆少时受业于王师香岩，师为叶派名家，以善治温病著称于世，故仆对于时疟禁用小柴胡汤之义，闻之熟，知之审矣。但以后临证，见秋令痎疟，大多如《内经·疟论》所云："疟之始发也，先起于毫毛，伸欠乃作，寒栗鼓颔，腰脊俱疼；寒去则内外皆热，头痛如破，渴欲饮冷。"寒、热、汗三型，厘然不紊，如此之证，似不得不名之曰“正疟”而以柴胡、常山治之。先生乃云秋令无正疟，所见都系时疟，此言恐与事实不符。秋令时疟，未尝蔑有，即《时病论》所谓伏暑是也。其症微寒微热，不如疟之分清，脉滞，苔腻，脘痞气塞，胸闷烦冤，每至午后为甚，入暮更剧，热至天明，得汗则诸恙稍缓，每日如是，无间日者。此症寒热不分清，脉滞，苔腻，脘闷，暑湿之象显然有据，不与小柴胡，犹可通也。

先生又云：“柴胡劫肝阴，葛根竭胃汁。”此天士引张司农之言。考《本草》柴胡润心肺（见《大明诸家本草》），葛根生津止渴，其性非燥可知。且用柴、葛退热，多在热病初期，热邪未传于里，阴津尚非枯涸，苦平甘辛之性，何至遽酿劫阴竭液之变哉！

汪谢城曰：“治正疟必宜此汤（圭按：指小柴胡汤）。暑温亦有正疟，不独风寒方用。黄芩是清热，非祛寒也。且柴胡主半表半里，黄芩里药，亦非以治表邪，但当辨其是否正疟耳。”陆定圃曰：“治疟有谓必当用柴胡者，以疟不离乎少阳，非柴胡不能截也。有谓不当概用柴胡者，以风寒正疟则宜之，若感受风温、湿温、暑热之气而成疟者，不可执以为治也。窃谓疟邪未入少阳，或无寒但热，或寒热无定候者，原不得用柴胡，若既见少阳证，必当用柴胡，以升清肝胆之热，虽因于温热暑湿，亦何碍乎！”二氏胸无成见，审症辨药，洞中病机，其真知灼见，胜于孟英之偏陂多矣。

先生又谓一部《验方新编》，惟倪涵初疟疾三方，绝不可用，毋乃主奴之见。倪氏第一方，平胃消痰，理气除湿，有疏导开塞之功，正符无湿不成痰，无痰不成疟之训。倪氏谓受病轻者，二服即愈，理有可信者。

夫以小柴胡汤治疟，不过示人以规矩，随症化裁，活法在人，如寒重加姜、桂，热重加知母，有痰加川贝、陈皮，有食积加山楂、枳实，虚人加首乌、鳖甲，夜发者加当归、红花、丹参，截疟加常山、草果、槟榔。仆以此方治疟，只取柴胡、黄芩、半夏三味，余皆随症加味焉。

仆之所以絮絮为先生言者，因宗叶法治正疟，收效殊鲜。病人望愈心切而疑中医治疟无良法，其实中医治疟，妙方正多，特须不拘于叶、王之说，而能选用柴胡、常山、信石、雄黄等品配合之方，审症投之耳。

先生又云："以小柴胡截疟，愈后多复发，或变肿胀，叶法则反是。"此亦过信叶说。征诸实际，岂尽然乎？缘疟之病原为胞子虫，其传染由肉叉蚊，而此病又无免疫性，愈后重复感染，病即再作。倘于病后善为调养，使元气迅速恢复，并预防蚊虫之螫刺，又何患疟之复发耶？

大埔林德臣作《秋疟指南》二卷，其治暑疟之首方名香茹蠲暑饮，方用：香茹、黄芩、杏仁、赤苓、麦冬、葛根、甘草、川连、花粉、滑石、元参十一味。先生胸中治时疟之方，得毋与此类似？仆以为执此方以治疟，勿论其为时正，如见寒热往来，所谓少阳证者，窃恐少效。缘疟症之热，非银翘散一类之药所能除，亦犹痢症之热，非白虎汤一类药所能平。疟之热重者，蒿芩清胆汤或可合用，以柴胡、青蒿俱主间歇热也。

仆于疟、痢二症，自谓小有心得，乃与高见相左如此。仆固不敢轻议先生治疟之主张，亦不自承其说之非，爰本讨论学术之旨，缕述管见如上，倘抛砖得以引玉，则幸甚矣。

产后不应服生化汤的我见

我在二十多年前，写了一篇短稿，发表于《上海中医杂志》，大意说：妇人新产不应随便服用生化汤。那时有人认为这个药方的作用，是调整子宫，不是祛瘀，产后可以服用。亡友裘吉生并劝我再作一篇文字，纠正拙稿的错误。我现在重新探讨生化汤的功用。新产妇人是否不管有无后阵痛，一律应服数帖？关于这点，仍是主张未变。兹将管见分作五条，希望读者展开讨论，确定此方的功用，这是我所引领以望的。

傅青主说："凡当新产，块痛未除，或有他病，总以生化汤为主，随症加减，不可拘于帖数，一昼一夜，必连服三四剂，至病退方止。"（生化编《生化总论》）新产块痛称为后阵痛，由于子宫收缩而起。生化汤的主药当归、川芎，能弛缓子宫的挛急而奏止痛的功效，虽可施用，不必连服，腹痛既止，就没有再服的必要。如果新产腹本不痛，更没有用本方的理由了。至于"他病"，究是何病，病尚不知，怎可预定方剂。

他又说："其在产后一二日间，血块未消而气血虚脱，或晕或厥，甚且汗出如珠，口气渐冷，烦渴喘急，则无论块痛与否，便须从权急救，于本方中加入人参三四钱。"（生化编《生化总论》）我们看了傅氏叙述的虚脱症状，可知病已濒于危险，虽急投大剂强心，犹虑勿及；乃仍用止痛为主的加参生化汤，怎能挽回垂绝的心脏呢？

矢数道明说："后阵痛有虚实两种：其一为出血少，腹部膨满，按之痛且觉不快者为实痛；其一出血多，甚至贫血，腹软弱，按之较好，且喜热熨，得食则痛稍稍缓解者为虚痛。实痛用桃核承气汤等，虚痛用小建中汤等。”（《汉方治疗各论》下卷）矢数道明把新产腹痛，分作虚实两种，各列症状及处方，较之傅氏生化总论所说的夸大谬妄，真有上下床之别。生化汤的应用标准，就是后阵痛的实证，我意应加益母草一味，以助子宫收缩。

山楂治妇人产后儿枕作痛（即后阵痛），煎汁，入沙糖服（见《本草》）。这个药方，可说是简便而验，尤其值得推荐。山楂是收缩子宫药，即使没有腹痛，也可取服。

生化汤的作用，既是弛缓子宫的紧张，那么，它的主治范围，不应限于新产块痛。其他如月经困难、痛经等，也必有效。这是就此方功效推测的私见，不知对否？希望同道做进一步的研究。

按：生化汤重用当归和血，川芎止痛，桃仁祛瘀，炮姜止血，全方药性偏于辛温，阴虚火旺之体，宜慎用。

谈方剂

中医的治疗，以方剂为主要。方剂的起源很早，秦汉时代所作之《内经》即有十二方，并有煎剂、九剂、酒剂等区别。自后汉张机作《伤寒杂病论》，不但方剂的数量增加，而且方剂的疗效又极准确，后人尊之为“经方”，至今沿用不替。自汉以后，方剂随年代而扩充，但变迁亦至大。所谓扩充者，即方剂数量之增加，如明·周定王櫹撰《普济方》，所收方剂达六万一千七百三十九首之多，与李时珍《本草纲目》为明代两大巨著。所谓变迁者，即方剂之派别，如金元四大家之治病，各有所长，具体地反映在所制的方剂上，均为一代名家。由于方剂的数量众多，内容丰富，所以它成为中医学的重要部分。现在我把关于方剂的基本问题，加以说明。

七方的举例说明

“处理方剂，是中医临床最后阶段的细致工夫。主要是根据诊断（望、闻、问、切）所得，运用辨证论治体系的方法，对疾病予以全盘的认识和分析。经过认识和分析以后，意识上有了比较全面的概念，便从而商议处方治疗的法则。法则确定了，于是据方用药，加减进退，轻重缓急，老于临床者，如此运用裕如，毫无牵掣。这就是所谓理、法、方、药的具体过程，而完结了对疾病的最后手段。”（任应秋《中医经验临床学》）《素问·至真要大论》云：“气有多少，病有盛衰，治有缓急，方有大小，愿闻其约，奈何？岐伯曰：气有高下，病有远近，证有中外，适其至所为故也……故曰：近者奇之，远者偶之，汗者不以奇，下者不以偶，补上治上制以缓，补下治下制以急，急则气味厚，缓则气味薄，适其至所，此之谓也。”我们临床治病，因为发病的原因不同，病人的体质各异，病状的轻重不一，所以方的组成，就有各种不同的类型。在古代就初步制定了七方。所谓七方，即大、小、缓、急、奇、偶、复七种不同性质的处方原则，兹一一举例说明如下。

大方　病有兼症，邪有强盛，非大力不能克之，如大承气汤之药品和分量皆胜于小承气汤。

大小承气汤中，大承气汤之主药大黄四两，小承气汤之主药大黄仍为四两，似无大小可分。但大承气之厚朴，较大黄加倍，小承气之厚朴，较大黄减少；大承气中之枳实五枚，小承气只三枚；又大承气有芒硝，小承气无之。故大承气为适量之大下剂，小承气为微量之缓下剂。以上单就方之配合，以证明大承气和小承气泻下力量之大小。若从病的症状比较，亦可见“症有缓急，故方有大小”。大承气证之主要症状，为不大便五六日以至十余日不解，小承气证仅大便满腹不通；又大承气证日晡潮热，独语如见鬼状，循衣摸床，而小承气证只有谵语。故一须急下，一只微和胃气而已。

小方　病无兼症，邪气轻浅，药少分量轻，中病而止，不伤正气，如仲景小承气汤之微下，小建中之微温，取其中病而止，力不太过。以大小建中汤为例：大小建中同为治脾阳虚而腹痛之方，小建中病属渐起，由虚劳而成，症兼里急，悸衄失精，四肢酸痛，手足烦热，咽干口燥，则其势缓；大建中病属暴发，由寒气逆冲，症兼呕不能食，腹中寒，皮起，出见有头足，则其势急。小建中之脾寒，由血亏而滞，故用桂、芍、姜、枣温血行滞，而脾阳自舒；大建中之脾寒，为阴寒上逆，中阳欲败，故用椒以驱寒，姜以温建脾阳，参以补其中气，则脾阳始复。是其症之缓急各别，轻重悬殊。

缓方　虚延之症，须缓药和之，有以甘缓之者，炙甘草汤之治虚劳是也；有以丸缓之者，乌梅丸之治久痢是也；有组合多药以成方，长时服食，使病渐愈者，如薯蓣丸之治风气百病，侯氏黑散之治大风是也。又如四君子汤，为治营养不良，胃肠机能衰弱及慢性胃肠炎之长服方剂，因此等病症，须缓缓调补，不能急切治愈，故方中诸药，性平效缓，利于长服。

急方　病势急则方求速效，如仲景用急下之法，宜大承气汤；急救之法，宜四逆汤之类。盖发表欲急，则用汤散；攻下欲急，则用猛峻。审定病情，合宜而用。如以四逆汤而言：伤寒至于手足厥冷，下利清谷，脉微欲绝，则阴盛阳亡，证象危急可知，故以附子挽垂绝之阳气，干姜温中以遏水，甘草调济附性之燥烈。此方有厚土制水，扶阳抑阴之功，为温肾回阳之主方，亦拯危续焰之急方也。

奇方　病有定形，药无牵制，意取单锐，见功尤神，如仲景治少阴病咽痛，用猪肤汤；又五苓散、厚朴三物汤、厚朴七物汤，皆以奇数名方。然奇方总是药味少而锐利者也。猪肤汤中之猪肤，为营养性强壮药，其治咽痛心烦下利，亦养阴滋液之效。此方药少而数奇，故曰奇方。

偶方　偶对单言，单行力孤，不如多品力大。譬如仲景用桂枝、麻黄，则发表之力大；若单用一味，则力弱矣。又如桂枝汤不单用桂枝，而必用生姜以助之，是仍存偶之意也。肾气丸桂、附同用，大建中椒、姜同用，大承气硝、黄同用，皆是此意。如大建中汤中，蜀椒、干姜均为辛热健胃药，均有促进食欲，镇吐止冷痛之功效，今两药并用，所以名为偶方也。

复方　复，重复之义。两证并见，则两方合用；数证相杂，则化合数方而为一；如桂枝二越婢一汤，是两方相合；五积散是数方相合（包括麻黄汤去杏仁、桂枝汤去大枣、平胃散、二陈汤）。又有本方之外，别加药品，如调胃承气汤加连翘、薄荷、黄芩、栀子为凉膈散，再加麻黄、防风、白术、荆芥、芍药、桔梗、川芎、当归、石膏、滑石、生姜为通圣散，病之复杂者药亦繁多也。以防风通圣散言之，此方为解表攻里、清热利尿、和血健脾之复方，药品繁多，主治亦广，故曰复方。

方的效用举例说明

“根据处方的法则，从而配伍药味，这便叫做调剂，即是说药味的调配，是完全要接受处方的法则指挥的。张子和云：‘剂者，和也’，也就是调和药味的意思。从北齐徐之才起，便有十剂的创说，后增为十二剂，流传至今，一直广泛地为中医界所采用。”（任应秋）十剂，即将各种不同效用的方剂，归纳为十类。《中国医药汇海》云：“医者但熟七方十剂之法，便可以通治百病。”盖七方十剂及君臣佐使，是方剂的制度，也是方剂学的基本知识，学者对此不可不熟读精思。

补剂 补可扶弱。先天不足宜补肾，如六味丸；后天不足宜补脾，如四君子汤；气弱者宜补肺，如人参等；血弱者宜补肝，如当归等；神弱者宜补心，如枣仁等。再审阴阳轻重治之，则妙于补矣。

重剂 重可镇怯。怯则气浮，重以镇之。镇之之道有四：惊则气乱，宜至宝丹之类；恐则气下，宜二加龙骨牡蛎汤之类；怒则气逆，宜生铁落饮之类；虚则气浮，宜朱砂安神丸之类。

轻剂 轻可祛实。风寒之邪，中于人身，痈疮疥痤，发于肢体，宜轻而扬之，使从外解。仲景用麻、桂，今人用人参败毒散，或香薷、白芷、薄荷、荆芥之类。

宣剂 宣可去壅。头目鼻病，牙噤喉塞，实痰在胸，气逆壅满，法宜宣达，或嚏或吐，或令布散，皆谓之宣。取嚏如通关散，取吐如胆矾，令其布散如越鞠丸、逍遥散之类。

通剂 通可行滞。大气郁滞，宜用通剂利其小便。滞于气分者，用木通、通草、茯苓之类；滞于血分者，用防己、大小蓟之类。

泄剂 泄可去秘。邪盛则秘塞，必以泄剂从大便夺之。备急丸泻寒实，承气汤泻热实，葶苈大枣泻肺汤是泄其气，桃仁承气汤是泄其血，十枣汤是泄其水，凡宜破利者皆泄之类。

滑剂 滑可去着。着谓留而不去也，痰黏肺、溺淋浊、大肠痢等皆是，宜滑泽以涤之。如海松子祛黏痰，滑石利尿道，薤白治泄痢。

涩剂 涩可固脱。脱如开肠洞泻，溺遗精滑，汗多阳虚之类，宜用涩剂以收敛之。如桃花汤之止利，金锁固精丸之止遗，桑螵蛸散之止小便。大约牡蛎、龙骨、海螵蛸，其质收涩；五味、诃子，其味收涩；莲房、棕灰、麻黄根，其性收涩；随加寒热气血诸品，乃为得宜。

湿剂 湿可润燥。燥者枯也，风热怫郁（怫音佛，怫郁谓郁极也），则血液枯竭而为燥病。上燥则渴，或为肺燥，宜清燥救肺汤；胃燥则膈食，用地黄、麦冬、当归煎膏，入乳汁、韭汁、芦根汁、桃仁泥等和匀，徐徐呷之；筋燥则挛缩，用生熟地、白芍、当归、阿胶等以治筋急。

燥剂 燥可祛湿。外感之湿，宜神术汤汗之；湿泛为痰，宜二陈汤降之；胃湿宜平胃散，脾湿宜肾着汤，皆治寒湿也。又有湿热之证，反忌燥药，当以苦坚清利治之。

寒剂 寒能胜热。热证如伤寒温热，何一不有，当以寒药治之，其间进退出入，在人审矣。甘寒之剂，如白虎汤；苦寒之剂，如黄连解毒汤；大抵肺胃肌热，宜银、翘、石膏；心腹热，宜芩、连；肝肾热，宜黄柏、知母、胆草。

热剂 热可制寒。寒者阴气也，积阳生热，能制寒证，辛热之品是矣。如四逆汤、理中汤治脾肾之寒，吴茱萸汤治肝寒，四味回阳饮统治里寒，桂枝汤统治表寒，方难尽录，读者宜遍查之。

方的组织

方剂为历代医家临床治疗的经验结晶，它的组织由简单趋于复杂，有一定的方式，即所谓君臣佐使是也。沈乾一云："盖药之治病，各有所主。主治者君也，辅治者臣也，与君药相反而相助者佐也，引药至于病所者使也。"蔡陆仙云："一方中对主要病症之专力药宜重用者为君，其治兼病兼症药为臣，助君药者则谓之佐焉，供导引前驱者别谓之使焉。"兹根据古义，并我的意见，将中医方剂的组成，举例说明于下。

例一：麻黄汤 主治太阳伤寒，表实证。

组织：
- 君药——麻黄（发汗解表）
- 臣药——杏仁（平其兼症之喘）
- 佐药——桂枝（助麻黄散寒）
- 使药——甘草（协和诸药）

例二：桂枝汤 主治太阳中风，表虚证。

组织：
- 君药——桂枝（发汗解热）
- 臣药——芍药（益阴和营）
- 佐药——姜、枣（生姜助桂枝发散，大枣助芍药养脾）
- 使药——甘草（协和诸药）

例三：大青龙汤 主治太阳病无汗而烦躁者。

组织：
- 君药——麻桂（发汗解表）
- 臣药——石膏（治其烦躁）
- 佐药——姜、枣、杏仁（姜、枣调和营卫，助麻、桂发汗解表，杏仁利肺气）
- 使药——甘草（协和诸药）

按以上三例，仅对麻、桂、青龙三方之药品略加分析，以明方之组织方式，至此三方在临床应用之区别，尤觉重要，兹就我意列表于下，以备参考：

汤名	功用	主治	适应证
麻黄汤	发汗重剂	感寒之重症或兼咳嗽气喘者	恶寒发热，无汗而喘，头痛身疼腰痛，四肢疼痛，脉象浮紧
桂枝汤	发汗轻剂	感寒较轻者	头痛发热，汗出恶风，鼻鸣干呕，脉象浮缓
大青龙汤	发汗解热重剂	急性热病初起热高者	发热恶寒，头痛身疼，不汗出而烦躁，脉象浮紧

方药碎语

一、肺病咳嗽痰血之调养方，元霜膏最为合理有效：乌梅汁、梨汁、萝卜汁、甜杏汁、柿霜、冰糖、白蜜各四两，生姜汁一两，茯苓（人乳拌蒸，晒干研末）八两，川贝母（粉）三两，（原方有款冬、紫菀，今易杏、贝）。先将诸汁熬浓，入蜜、糖、柿霜，再熬稠，然后和苓、贝粉为丸，如弹子大。每用一丸，口中噙化，润肺化痰，止血宁咳，堪与《十药神书》噙化丸相伯仲焉。

二、热性病恢复期之食饵疗法，除肉汁（仲景猪肤汤，即肉汁也）、鸡卵、牛乳、藕粉外，六神粥允称妙品，方用：蒸芡实、炒米仁、炒糯米各三斤，炒莲子（去皮、心）、炒山药、煮栗肉（去皮、壳）各一斤，茯苓（乳蒸）四两（原方有粟米，今易栗肉）。共磨为粉，煮成薄粥，晨夕代点。按：米仁、栗肉，俱富滋养分；莲、芡、山药，含淀粉甚丰，产妇老幼，常服甚妙。胃酸不足者，宜少食蛋白质，此粉更为珍品。

三、黑大豆（炒香磨粉）、红枣（蒸熟去核），共捣泥为丸，如梧桐子大，名坎离丸。每服三钱，淡盐汤或黄酒送下。日服无间，至老勿辍，培脾养肾，并治虚劳。

四、昔见治童劳并大人内热津损方，用：鲜百合、鲜地骨皮、红枣、藕、粳米等分。砂甑蒸露，常服代茶，百日自效云云。按：此露移治温病热盛伤津，堪与五汁饮媲美，阴虚内热之体，夏日以此代茶，其功不下生脉散也。

五、肺病咳嗽咯血，除上述元霜膏外，八仙玉液、五汁猪肺丸，亦颇合治疗原理，并录如下：

八仙玉液　藕汁两杯，梨汁、蔗浆、芦根汁各一杯，茅根（水煎浓汁一杯，再同药、汁、乳炖滚）、人乳、童便各一杯，生鸡子白三枚。和匀频服。

五汁猪肺丸　猪肺一个（不落水，去膜扯碎，忌铁器），人乳、藕汁、青皮甘蔗汁、梨（连皮）汁、童便各一碗，用瓦锅同肺煮烂，入山药、茯苓末，捣和为丸，早晚送下二三钱。

肺病无不阴虚，阴虚则火炎，火炎则灼肺，故咳嗽痰血，为痨瘵常见之症。治法宜甘寒养阴，苦寒温补，切忌滥投。

六、王宇泰治痨瘵盗汗，痰涎上逆，脉浮部洪大，沉部空虚，用米仁、百合、天麦冬、桑白皮、地骨皮、枇杷叶、五味子、枣仁、生地、藕汁、童便。咳甚多用桑皮、枇杷叶；有痰加川贝，有血多用米仁、百合，加阿胶；潮热多用地骨皮；食少多用炒米仁，此亦守“甘寒养阴”之旨，而选药成方也。惟尚系治标之法。治本如六味地黄丸、八仙长寿丸、人参固本丸、保阴煎，皆名方也。

七、西瓜子熬膏，治血压高（见俞凤宾《卫生丛话》）。棉花根（每用一两至四两）煎服，治肺痨、神经衰弱等虚弱病（陈邦贤传方）。棉子炒捣碎，米饭和丸，治老年足软不能行，及梦泄、痔疾（见袁中郎《杂识》）。小金丹治骨结核。仙鹤草治痨病吐血。野菊花捣汁饮治疔疮。蝼蛄煅灰酒服，治湿热蕴结之癃闭。千层石榴花一钱，大梅片三分，研匀吹耳，治耳内流脓。蒲公英捣汁，温饮，消乳痈。红藤煎服，治盲肠炎。以上十方，药简功弘，录之以广流传。

八、牛乳为优良之滋养品，病后饮之尤宜。惜多不纯品，且易于腐败。余拟以黄豆四钱，落花生、甜杏仁各三钱，照制豆浆法制成浆液，名曰人造乳。清晨煮饮，补身之力不亚牛乳，且润肺化痰，降气止咳，对于咳嗽、肺病、胃病、虚弱等证，更为有益。盖黄豆含蛋白甚丰，落花生含脂肪甚丰，杏仁含固定油蛋白质杏仁酶，三物佥含维生素甲、乙，故人造乳与牛乳比较，除缺乏维生素丙、丁及淀粉量稍欠外，其他实无逊色。至于牛乳诸缺点，人造乳反无之。

九、黄精为百合科黄精属之根茎，种类甚多，南北都产，而以湖南产味纯甘者为正。此物蒸之极熟，味颇甘美，可代粮食，古人称为米铺，补诸虚，益脾胃，祛风湿，核其性效，与玉竹近似，盖为一种滋养缓和药。体弱之人，冬令服之，弥佳。服法：先煮去苦味，然后浸酒，熬膏（收膏时少加黄酒，则不易变坏），蒸捣为饼，俱无不可。

十、桃花入药，始于《本经》，近世医工罕有用之。按：本品能兴奋肠壁神经，亢进肠部蠕动而促宿粪下降，与大黄、芦荟同为泻下药。证诸本草，言桃花除水气，消肿满，利大小肠。考之方书，用于大便艰难，产后秘塞，痰饮宿水，脚气肿满等症。故桃花者，实一种良好之天然泻药也。当农历三月，采白桃花（入药以白色为上）阴干研末，每服三分至八分。体虚者以薄粥调服。

入蜀论医选集

沈仲圭　著

李　序

夫学术何分国界，但求其旨趣之所归，学理本无中西，惟在持论之得平而已，方今中西医界，呶呶聚讼，欲争一日之短长者久矣，或毁中医而提倡西医，或摈弃西医而尊崇中医，是皆门户之见，意气之争也。试以个人临床实验一事证之，万县海关梁君之夫人，产后三日，发热微寒，午后夜间较重，经西医治，或认为疟疾，或断为产褥热，六日而热势转剧，请予诊之。脉濡，苔白滑浮黄，胸闷不饥，不渴，不便。余曰湿温，即西说肠热症也。处方用藿香、佩兰、花粉、滑石、茅根、芦根、苡仁、枳壳、竹叶之属。越二日，热如故，但病人自觉轻快。余更邀友人左正凡西医师诊之（左君好学之士也，曾服务北平协和南京中央各医院有年，对中医颇有认识，常欲习之，与余研讨者久。现万川东医院院长）。诊查病人胸际有蔷薇疹，遂断定实为肠热症。询其治法，彼固无有特效药也。以彼经验，认为热度须四周始可下降。且产后抵抗力弱，或五六周亦难断定云云。余为处方，仍以前法，芳香化浊，宜透渗湿，清热厚肠为治。旬日而热退病安矣。执此论之，中医疗法，岂胜于西医乎？然犹未也，梁君以侍疾操劳，其夫人初愈，彼本人忽寒热剧作，热达四十度以上，日作数次，无定时。指甲眼珠散黄，寒从背起，余以为温疟也。用桂枝白虎汤，加茵陈青蒿治之。三日，而病未减，余复请左君视之。左君诊其脾脏特大，断为回归热症（Pctafsing Jevcr）。与注射洒尔佛散（Saluorsan）两针，而寒热如失。越日，入室辨公矣。由上述二症观之，中西疗法，各有短长，殆难轩轾也明矣。余与左君，虽不能代表中西医界，然肠热症之无特效药，为世界学者所公认。回归热症，中药远不及西医注射效力之速，亦中医所无可奈何者也。是中西医学之优劣，安可听一二无识之辈，而妄为左右袒乎？余常思之，洒尔佛散之所以能愈回归热者，以该剂中含砒甚重，砒能直接杀血中之螺旋菌故也。考晋人葛洪，撰《肘后卒救方》，载有砒霜、大黄、绿豆、雄黄、朱砂等，和丸，用治鬼疟不止。当时之鬼疟，即类似回归热症。是西医今日以砒剂治回归热症，称为特效者，我国已远在一千六百年前发明矣。其后《本事方》《摘元方》《本草权度》等（见《中国发明之科学药方》），历代俱载以砒治疟之良方，奈何至今反少采用？发明虽早，继起乏人，不能做进一步之精当研究，遂坐令外人为特效药，不亦大可悲乎！至于肠热症，中药疗之有效矣，吾人初未可矜式也，不特如是，且凡各病症，西医现当未发明特效药者，皆拙于应付，而中医治疗皆优为之。虽然，吾人尤未可据以为自满，何也？盖以吾人所恃以疗疾之方之法，皆数千年来，吾先圣先贤历代所传之经验方法也。今日中医界中容有杰出之士，然皆辨正旧说，发挥古义者多，治疗方面未闻有特殊创获也。反观国外，医学、药学，皆设立专门研究院，集多数学者，以毕生精力，穷年累月，于病理、生理、药理，分科研究，化学分析，动物实验，理学电学疗法之补助，日新月异，进步之速，讵可限量？安知今日彼之拙于应付者，异日而无特效药剂发明乎？苟有之，则将来中医所恃者，是何在？是以吾中医不欲进步则已，如欲进步，必须研究我古圣先贤所传之疗法方剂，远搜各国精良研究之方法，擅中医之特长，吸西学之真髓，融会而贯通之，以臻医学治疗之极轨。夫然后，中医不仅有保存之真价值，且可推行于全世界矣。是岂门户之见，意气之争，所得而蒇事者哉！

沈子仲圭，笃学特行之士也。其治医，不主一家言，惟择其理之所当，旨趣之所归，古今中外，并蓄兼收，盖不囿于门户之见矣。其为人也，恂恂儒雅，不出恶声。其为文，朴实无华，平易近人，如白居易诗，老妪都解。其论人论世，皆持平议，曾无浮泛激烈之言，粹然学者态度，故其所入特深，所得益夥。今之医界，间有不肖之辈，略知一二，辄大言炎炎，小言詹詹，摇唇鼓舌，徒作意气之争者，以视沈子，盖可自反而缩矣。民国廿七年，沈子过万，同游匝月，快慰平生。益深知沈子之所长者，多在人所忽略之小方，或民间流行之单方，沈子能加以实验之体会，学术之研究，归纳散漫者成系统，化无用为有用，俾引中医入于科学整理之正途。顷者，集其入蜀所为文，颜曰《入蜀论医选集》，属序于余。余知其贡献医林之功甚伟也，爰妄论医界门户意气之非，及所以知沈子者以归之。

民国三十年十一月四日

奉节李重人序于万县之三理斋

小 引

余于民廿六冬，随中医救护医院入蜀，自万而渝，由城而乡。时节如流，裘葛四易。每当诊病之暇，辄喜执笔涂抹，虽一知半解，无裨医林，然积习已深，未能改也。辛巳冬，结集入蜀后所为文字，益以在巴蜀觅得之旧稿，厘为一卷，题曰《入蜀文存》，因印价高昂，谋梓非易，复就文存选录十余篇，易名《入蜀论医选集》，附载克蕙兄大著之末，以就正于并世贤达。

国难后四年岁次辛巳九秋

沈仲圭志于青木关诊疗所

贫血概论

一、何谓贫血症

贫，不足之义。贫血者，血液中血色素之含量减少，或红血球之含量减少，或两者俱形减少发生之病症也。欲知病者究竟是否贫血，必须以器械检验其血中所含血色素及红血球之数量是否正常，方能确知。但熟练之医生，亦得观病者所呈之证候及眼结膜、口唇、爪甲等处殷红与否，而知其梗概焉。中医称此病为血亏、血虚，殆即指血球之亏损也。

二、贫血之原因与症状

本病之起因，可分为：①血球损失太多（如外科手术、妇人分娩、内脏出血）。②血球新生障碍（如胃肠久病、消化不良，或饮食粗恶、营养不足）。③血液中毒（如传染病毒、药物慢性中毒），其他日光空气之供给不足，精神肉体之操劳太过，以及慢性疾患，亦易成贫血。至其所显之症状，大都面容苍白，肌肤枯燥，虽轻度运动，易致呼吸促迫，心悸亢进，屡发头痛、头晕、耳鸣、目暗，精神委顿，动作呆滞，食量减少，便秘呕吐。患者衰弱困顿，至不能离蓐。

三、中医之补血剂

西医治疗贫血，向用砒铁剂。故红色补丸、伯劳丸及国货之自来血等成药，曾风行遐迩。近知动物之肝脏，能增加红血球，故肝脏颇为一般西医所常用。兹将中医补血方药，甄录一二于后，以备同道之参考。

1. 当归补血汤

黄芪、当归身。

主按：方见《卫生宝鉴》。原治气血俱虚，脉洪大而虚，重按则微，《汉和处方学津梁》以为补血之效，捷于八珍。如脾虚者，合六君子汤同煎。胃强者，加熟地黄四五钱。

2. 八珍汤

川芎、杭芍、地黄、归身、人参、於术、茯苓、甘草。

主按：此方亦名八物汤（《和济局方》）。渡边熙谓治疗以气血两虚为目的，无论何症，凡气血不足者，均可准此而对症加减之。

3. 当归羊肉汤

黄芪、人参、归身、生姜、羊肉。

主按：此方《医方集解》虽治产后发热自汗，肢体疼痛，名曰"蓐劳"，实亦补血之剂，惟生姜为副药，二三片已足。

4. 黄芪散

黄芪（炙）、阿胶、糯米（炒黄），等分为末，米汤下三钱。

主按：此方林珮琴用以治劳嗽唾血，其实芪、阿皆有补血作用也。

5. 十全大补汤

即八珍汤加黄芪、肉桂。

主按：此方渡边熙氏云：治气血虚弱、续发性贫血、神经衰弱。盖与八珍汤同具补血之效，而兼有健胃作用也（肉桂为辛辣性健胃药）。

6. **龙眼膏**

龙眼和以十分之一的西洋参与冰糖，熬成流膏。

圭按：此方《随息居饮食谱》称为玉灵膏，一名代参膏，谓大补气血，力胜参、芪，余意此方最适用于神经衰弱病之贫血，因龙眼有补血壮神经之作用，为一种甘美缓和之滋养药耳。

四、中医之补血药

上列六方，仅就管窥所及，提出补血专方，以宏贫血之治疗。若单味补血之药物，当推当归、熟地、黄芪、阿胶、桂圆等味。兹录时贤谭次仲先生之言如下。

1. **当归**

补血之药，首推当归，兼为调经安胎之主要品，自古应用于妇科。在药理观察，能刺激造血脏器，使机能旺盛，或足以充实血液制造之原料者，皆可用于补血剂。当归之补血作用，当不出此。兹再从古人经验，以证明当归补血之实例。《千金》治虚劳，有当归建中汤。陈修园《时方妙用》治劳倦内伤，用补中益气汤；血虚身热，用当归补血汤；血气不足，用八珍汤、十全大补汤、人参养营汤；心血虚，用圣愈汤；气不统血、怔忡悸动，盗汗失眠、健忘损食，用归脾汤。凡此各方，皆有当归一味，因各方所主治之症，即可作当归功能补血之证。且《千金》《外台》用当归治虚损之例，尤多用于男子，是不独为血分剂中整理子宫之要药，而并为男妇老少强壮疗法中补血通用之要药也。

2. **熟地**

地黄经九蒸十晒之制炼为熟地，甘寒之性已失，适用为补血剂。最著效用者，当推《外科症治全生集》之阳和汤，方中以熟地为君，用至两余，合鹿角胶、肉桂等颇有补血强壮之力。故慢性结缔组织炎，中医名为阴疽者，每奏卓效，即熟地补血之功。《神农本草》称伤中、逐血、除痹、疗折跌绝筋，此言其活血之效。又曰：除寒热，则言其退热之能。又曰：填骨髓，长肌肉，则称其补益之功，完全与后人经验相一致。但熟地胶黏凝滞，肠胃有病者宜注意。

圭按：《本草经新注》云生地能补血，可治贫血症。又云：熟地补血之效为最大。又野精猛男亦列地黄为制血药，以为其效与铁剂规尼涅相同，皆因其内含铁质甚富也。余于血虚有热者，用干地黄；消化不良者，用熟地黄，或以砂仁末少许为佐，自无凝滞妨胃之弊。

3. 黄芪

黄芪补脑之外，又能补血。观《神农本草》主痈疽、久败疮，排脓止痛之力，及后人当归补血汤之君以黄芪，皆黄芪兼有补血作用之佐证也（以上节录《中药性类概说》）。

4. 阿胶

阿胶系阿井之水，以黑驴皮煎熬而成。今阿井已封闭，市上出售之阿胶，俱系杜煎。杜煎者，取本地之山泉、湖水，和驴皮煎成也。《纲目》云："疗吐血、衄血、血淋、尿血、肠风、下痢、女人血痛、血枯、经水不调、无子、崩中、带下、胎前产后诸疾。"盖为一种补血调经止血药（徐灵胎读为止血调经之上品，补血药中之圣品）。近世日人对于阿胶，亦颇称道。如猪子称为汉医之强壮剂。《古方药物考》曰：专主补血，可疗虚烦。《新本草纲目》引《古方药品考》曰：阿胶补血，固卫血液。《和汉药物学》曰：治虚劳病及体液脱泄与精力虚耗之消削病，并止血药剂也。吾人观日人之说，可知阿胶不但为补血良品，且可应用于一切消耗症，以资补养。若肺病失血，女子血崩，慢性赤痢，尤有卓效。

5. 龙眼

王秉衡曰：龙眼肉纯甘而温，大补血液，蒸透者良。黄宫绣曰：龙眼于补气之中，又更有补血之力，故古书载能益脾长智，养心保血，为心脾要药。是以心脾劳伤而见健忘、怔忡、惊悸，暨肠风下血，俱可用此为治。余意龙眼诚为补血药，但尤适应于神经衰弱之贫血。盖本品古来本草俱著其功用为长智养心，主治劳伤心脾，健忘怔忡。以今语译之，盖即龙眼有滋养神经，补益血液之效用，故克治因操劳用心神太过之神经衰弱症也。

五、贫血之食饵疗法

贫血治疗，约分药物、输血、食饵等法。主治贫血之方药，已见上文。输血法多施用于大量出血，手续亦颇繁难，姑从略。兹列举对于贫血病有裨益之食物三十余种于下，以为家庭疗养之助。

食饵疗法者，乃摄取食物中所合多量之荣养分，以补充不足之血液成分也。据《新医药刊》严华仁君之报告，略云："经余多时间之试验，证明食物中以小麦粉、鸡蛋、干酪、小犊牛肝数种，含有机性盐类及维他命类最富。"余思菠菜、发菜、大豆、花生、杏仁、枣子、葡萄含铁质亦多。猪胃能引起抗贫血素。猪胃血含有机铁，中山先生在《建国方略》中赞叹备至，谓其补血之力，远在无机铁之上。鳖肉，据吾友高思潜体验，云有补血作用。凡此种种，皆贫血家之无上珍品也。余如动物类之羊肉、牛肉（消化不易，宜制汁饮）、鸡、凫、比目鱼、鲻鱼、鲷鱼、鲂鱼、牡蛎，植物类之白菜、包心菜、莱菔、薯蓣、马铃薯、番茄、百合，以及鱼子、鸡肝，或富滋养分，或含维他命，或扶助消化，随意常啖，获益自非浅鲜。

六、治疗贫血宜注意健胃

贫血固能使消化障碍，但消化障碍亦能召致贫血。吾人治疗贫血，对于病人之胃肠机能，宜设法使其健全，俾营养分之输入无阻，则亏损之阴血，方能渐复。高鼓峰云：“血症延久，古人多以胃药收功，如乌药、沉香、炮姜、大枣，此虚家神剂也。”此言殊有卓见。吾人虽不必定用其所举之药，但补血剂中不可无健胃剂为之辅佐，此实当然之事。一面并须将胃脏摄生，详告病家，令其遵守。如是药疗与调养，双轮并进，贫血自能迅速康复也。

肺病漫谈

名医家丁福保曰：“肺病实为易愈之病，若及早疗治，无有不愈者，试以余自身之经历言之，即可知肺病之不足惧矣。余自幼多病，身体虚弱，手腕细小，筋肉柔软无力，久咳多痰，消化不良，面无血色，顾君小东谓余他日必病瘵死，此余二十岁以前病情也。延至二十八岁，来上海，身体之虚弱如故，若步行一二里，则气喘力竭，精神亦疲乏不堪矣。又不能向右边侧卧者已十余年，右卧则气急万状，故每夜非向左边不能安睡。考中医书谓仅能向一边睡者必死，是时体重不足九十磅，保险行医生为余检查身体，诊断为肺结核第二期，至不敢保寿险十年，并劝余服药，余不之信，乃求三国时华佗吐故纳新、熊经鸟伸等法，即所谓“五禽之戏”是也。惟此法运动太剧，恐伤内脏，不宜于病体，乃师其意而改良之，初起时运动甚微，不用丝毫力量，虽极弱者亦能胜任也，又兼习静坐法，凝神于玄关一窍，息心静气，将过去、现在、未来之事，一切放下，不许思量，使精神得以休息，又采用日光、空气、食物等各种疗养法，无一不合于科学之原理者，是时余之自信力甚强，以为余病必愈，且能以坚忍不拔，勇猛精进之毅力精神，战退此后数十年中之病魔，其一意孤行，坚僻可笑如此。迨行之二年，病体果愈。至三十岁，遂应京师大学堂之聘，为算学、生理卫生学教习矣。每日功课甚繁冗，任事几三年，未尝一日请病假也。其后回上海，为出版事业，又为人治病者二十余年，今年已六十矣，卧则左右皆可安睡，须发虽白，而身体尚顽健，在此三十年中，固未尝有一日因病谢客，或卧床而不能起也。”肺病确非不治之证，苟能早期觉察，笃信自然疗法功效之伟大，耐心履行而不懈，殆无不愈之理。余朋辈中若裘吉生、黄劳逸、王士弘皆尝患肺病，以静养获愈，裘君年逾花甲，精神矍铄，终日忙迫，毫无倦容，老而续弦，获生子女数辈，肥硕可爱。上录丁氏所自述，不过肺病治愈之一例，若详细调查，若丁氏者，正不知几何也?

丁氏所举疗养法，为呼吸、静坐、日光、空气、食物等，除呼吸外，皆为肺病疗养上之要则。呼吸法之不利于肺病，原荣博士言之最为透澈，渠云：“夫人身外部发生炎证或溃疡时，医师必于该部施以绷带，不使动摇，令该部安静，俾早结瘢痕，速就治愈。肺结核证，亦一种慢性炎证耳，则其治疗之际，又何能不守安静？且也，吾人对于身体他部结核证之疗法，要亦以固定患部为唯一方法（如结核性膝关节炎，则应用副木以固定之；结核性副睾丸炎，则提举阴囊，不使动摇皆是也）。诚以患部固定，斯能使新生之结缔组织，速行包围病灶，而自然助长其瘢痕形成之倾向，乃能渐趋治愈也。不然，苟仍事运动，则该部渐见硬化之病灶周围，受其伸展牵引之作用，而血行亢进，组织崩溃，反足破坏软弱之新生结缔组织，大有妨于瘢痕之形成。不特此也，其结果凡病灶部所蓄积之结核菌及其毒素，更将由血行而循环于全身，致使发热，如无热病人，偶因微细运动，即见体温上升，是其明证也。”又曰：“夫深呼吸法，实肺脏之运动法耳，然而肺结核病人，应守绝对安静，已如上述，则此种以肺脏运动为目的之操练，其有害于治疗也，晓然可知矣。”盖深呼吸在平人行之，诚有强壮肺脏，预防肺病之效；病人行之，反能阻止病灶之硬化，促进病势之进展，此平人与病人摄生之异点，万难强同也。

疗养肺病，除丁氏所举者，余如安静绝欲，亦颇重要。肺病所以不宜运动之原理，原荣博士言之已详，惟实行安静疗法（亦名横卧疗法，即仰卧于藤椅之上，庭院之中，衣间移入室内，须将窗户开放，如恐有风，可用屏风立于床前障蔽之，如冬日畏寒，厚其衣被，或以汤婆子温暖足部）。须有鲜洁之空气、愉快之心情，为之辅佐，否则，易致食欲不振，消化障碍也。若夫绝欲，理亦易晓，因肺病为进行性慢性传染病，消耗体力甚速，试观患者莫不骨瘦如柴，面色萎败，行动气促，精神不振，稍不如意，愤怒随之，此皆结核菌盘踞肺叶，散布毒素，使全身营养，逐渐亏损之结果也。倘病人不知保养，纵情女色，重损其精，无异枯槁之木，日以双斧伐之，脆弱之生命，将不能久延矣。

肺病虽易治愈，但觉察宜早，疗养务久。世之患此病者，不治者多，康复者少，其故端在于此。兹将肺病初期之自觉症状，条列如下：①作事易疲，或生厌倦，易于发怒，类似神经衰弱症者。②食欲减退，消化障碍，类似胃病者。③常觉体疲头重，午后五六时，有一分至三分之轻热而持续不变者。④常有微咳干咳，咯痰黄色而黏，或于痰中夹血丝血点。⑤突然吐血，时发时止。⑥颜色灰败，渐次羸瘦贫血。⑦肩重肩疲，或发钝痛。⑧女子月经减少，或困难，或闭止，或经前发热。上列证状并非悉具，如有一种或二三种，即宜请医诊断，以便从速疗养。

若药物治疗，当标本兼筹，钱仲阳之六味地黄丸、顾松园之保阴煎，治本培元之方也。葛可久之保和汤（咳嗽多痰）、十灰散（咯血咳血）、《直指》之秦艽扶羸汤（骨蒸潮热）、王肯堂之聚精丸（厚味填精）、水陆二仙丹（固涩精管）、缪松心之四五培元粉（养胃生肺），皆标本兼顾之方也。他如八仙早朝糕（健脾消食），骆龙吉接命丹（滋补肾阴），鲍相璈之枇杷叶膏，仲景之猪肤汤，则足为食养之资也。

附方

六味地黄丸　熟地、萸肉、山药、泽泻、丹皮、茯苓。

保阴煎　二地、二冬、二甲、牛膝、茯苓、山药、玉竹、龙眼。

保和汤　知母、贝母、天冬、款冬、花粉、米仁、五味、甘草、兜铃、紫菀、百合、桔梗、阿胶、当归、紫苏、薄荷、百部、杏仁、地黄。

十灰散　大蓟、小蓟、荷叶、扁柏、茅根、茜草根、山栀、大黄、丹皮、棕榈皮。

秦艽扶羸汤：银胡、秦艽、鳖甲、地骨皮、当归、西洋参、紫菀、半夏、甘草。

聚精丸 鱼线胶、潼蒺藜。

水陆二仙丹 金樱子、芡实。

四五培元粉 百合一斤，山药、菟丝、莲肉、茯苓各半斤，谷芽、麦芽、神曲、砂仁、荷叶各四两，芡实六两，米仁十二两，扁豆、於术各五两，粳米、糯米各一斤，百合（煮捣）、菟丝、砂仁（生研），余均炒香为末，混和，晒干，磨粉。

八仙早朝糕 白术、山药、芡实、莲肉、山楂、麦芽、米仁各四两（炒香），茯苓、陈皮各二两，桔梗一两，粳米五升，糯米二升（炒香），共磨粉，用蜜三斤，拌匀为糕。

接命丹 人乳两酒盏，梨汁一酒盏，重汤炖滚。

枇杷叶膏 方载《验方新编》用枇杷叶、湘莲肉、雪梨、红枣、白蜜五味。愚拟改变其法，将前四味熬浓汁入蜜，再熬至稠厚为度。

猪肤汤 原方见《伤寒论》。兹师其意而易其方，用火腿熬清汁去浮油，乘热冲拌炒米粉。此法似较原方不腻口而补力相埒。

论解热剂

余于去年五月十九日，身忽发热，午后热势升腾，至夜为甚，手足心焦燥，虽不恶风而衣棉不温，头胀，大便溏泻，昧爽盗汗遗精，脉浮数。至第三日，热仍不撤，乃依虚体感受温邪例，投辛凉解表轻剂，如桑叶、连翘、豆卷、象贝、竹茹、橘红、黄芩、佩兰、茯苓、楂炭等，煎两大碗，注保温瓶内，口渴即饮。翌晨，脉静身凉，神爽体适，此病盖为神经性流行性感冒，所服之方，类似桑菊饮、银翘散。叶、薛、雷、王之方，巧小轻灵，经方家斥为果子药，谓此等功过两无之药，轻病服之渐愈者，体功战胜病邪之力也，重病服之增剧者，坐失治疗时期之过也。但余服叶派方，捷于影响，不得云非药效，特小方轻剂，不克任重致远，而体虚症轻，反为恰好。细思温病退热之方，当以仲景麻杏石甘汤（可以薄荷易麻黄）、洁古清心凉膈散为首选，一则石膏伍薄荷，一则芩连合薄荷，皆符"体若燔炭，汗出而散"之经训，虚人病温，或温轻热微，则银翘散已堪胜任，如表邪入里，壮热烦躁，渴欲饮冷，唇焦齿黑，谵语不眠者，余师愚清瘟败毒饮最为合拍。其方重用石膏、犀角、生地，助以芩、连、丹、芍、元参、知母、栀子、竹叶、桔梗、甘草，大举挞伐，菌纵顽强，亦必披靡，余氏之方，原治瘟疫发瘢，故名其方曰"清瘟"。但移治温病气血燔热，似无不合，观其用知、膏、甘草，白虎汤也（减粳米一味）；犀、地、丹、芍，犀角地黄汤也；芩、连、栀子，黄连解毒汤也（减黄连一味）。合三方之力，以扑灭燎原之火，焉有不济者乎?！他如神犀丹之治痉厥昏狂，清营汤之治营热舌绛，犀连承气汤之治热壅便秘（此方与白虎承气对待，一治血热壅滞，一治气热壅滞），皆时方中之佼佼者。

附方

麻杏石甘汤 麻黄、杏仁、石膏、甘草。

清心凉膈散 栀子、连翘、黄芩、甘草、薄荷、竹叶、桔梗。

银翘散 银花、连翘、桔梗、薄荷、荆芥、豆豉、牛蒡、竹叶、甘草。

神犀丹 犀角、菖蒲、黄芩、生地、银花、金汁、连翘、板蓝根、香豉、元参、花粉、紫草。

清营汤 犀角、黄连、连翘、元参、麦冬。

犀连承气汤 犀角、黄连、生大黄、枳实、生地、金汁。

民国二十九年元旦作于巴蜀

截疟剂

疟之寒热，由病原虫在血液中行裂体生殖而起。故欲平疟之寒热，常先杀灭存于血液内之疟虫芽胞为先务。中医之截疟剂，如常山、草果，最为常用。但其药理作用，未能明悉。阎德润《伤寒论评释》引周黄两氏之说，谓："柴胡能制止疟原虫之发育，且能扑灭之。"信石为抗原动物病之强有力药，故李士材云："入丸药中，劫喘痰疟，诚有立地奇功。"（西医用以治慢性疟及疟病恶液质）雄黄为三硫化砒，作用与砒霜同，故治疟亦效。朱氏方治久疟不止，用硫黄、腊茶等分为末，发日朝，冷水服二钱，二服效。寒多加硫，热多加茶。又半硫丸亦可疗疟，皆因天然硫黄含有信石之故也。他如青蒿治顽滞之间歇热（语见《荷兰药镜》），意在退热。鳖甲治老疟、疟母，意在化癥。半夏、贝母治三日疟（二味等分，姜汁调匀，隔水炖热，先一时服），意在化痰。凡投截疟剂，须在疟三五发后，并须殿以健脾或养阴之剂，方无后患，兹将截疟诸方。选录如下。

信雄丹 白砒二钱，明雄黄八钱，朱砂（水飞为衣）研细末。端五午时，用七家粽尖为丸，如麻子大，朱砂为衣。大人五丸，小儿三丸，无根水，于发时早半日服，忌茶水半日，即愈。四日疟亦愈。

止疟丹　治疟证二三发后，以此止之，应手取效，常山（酒炒）、草果仁、半夏（姜汁炒）、香附米（酒炒）、青皮（醋炒）各四两，真六神曲十二两。为末，用米饮煮糊为丸，如弹子大，朱砂为衣。轻者一丸，重者二丸。红枣五六枚煎汤化下，清晨空心服。

疟疾不二饮　常山二钱（鸡油炒），槟榔雌雄各一钱（尖者雄，平者雌），知母、贝母各钱半，酒水各半盅。煎七分，不可过熟，熟则不效。露一夜，临发日五更天温服，一服即止。

截疟神方　青蒿八两，青皮、川朴、神曲、半夏、槟榔各二两，川贝两半，甘草五钱。上药共为末，姜汁为丸，绿豆大，朱砂为衣，于未发前三个时辰服三钱，姜汤送下，切忌即用饮食。

断疟如圣散　砒一钱，蜘蛛大者三个，雄黑豆四十九粒。上为末，滴水为丸，如鸡头大。如来日发，于今晚夜北斗下先献过，次朝以纸裹，于耳内札一丸，立愈如神。一粒可救二人。

七宝饮　截一切疟疾，无问寒热多少先后、连日、间日。厚朴（姜汁制）、陈皮、炙草、草果仁、常山（鸡骨煮）、槟榔、青皮各一钱，或加生姜三片，乌梅一个，尤效。水酒各半煎，露一宿。空心，面东温服。睡少顷，午前再进一服。

截疟剂当于发作前四五时服，不必定在朝晨。上列各方，多有露一宿者，其理颇不可解。四日疟原虫抵抗特效药之力甚强，施用截疟剂，宜少增其量，或多服一二剂。恶性疟之恶寒短而轻，发热重而长，如每日发作者，其休止时间，不过数时，时医名为暑湿类疟，治以芳香化浊，苦寒泄热，淡渗祛湿。愚意除服此类药剂外，仍须佐以截疟丸散，方奏全功。若徒恃清化，疟不能除，驯致酿成贫血及慢性，而趋不良之转归者，皆医者畏首畏尾，不敢放胆用截疟剂之故也。

庚辰端阳作于巴蜀

陆清洁按：沈仲圭先生医药作品，遍刊全国医药刊物，久已脍炙人口。此篇截疟剂系极有心得之作，所云："徒恃清化，疟不能除，驯致酿成贫血及慢性，而趋不良之转归。"确系实验之论。惟洁意截疟法，须在三五发后，至为稳妥。

与友人论正疟宜用柴胡书

先生谓时疟不得用柴胡，此温热家一致之主张，而梦隐辨之尤精详（一见《经纬·叶香岩外感温病篇》第七条又按，再见同书小柴胡汤雄按）。仆少时受业于王师香岩，师为叶派名家，以善治温病著称于世，故仆对于时疟禁用小柴胡汤之义，闻之熟知之审矣。但以后临症，见秋令痎疟，大都如《素问·疟论》所云："疟之始发也，先起于毫毛，伸欠乃作，寒栗鼓颔，腰脊俱疼，寒去则内外皆热，头痛如破，渴欲饮冷。"寒、热、汗三型，厘然不紊，如此之症，似不得不名之曰"正疟"，而以柴胡、常山治之。先生乃云秋令无正疟，所见都系时疟，此言恐与事实不符，秋令时疟，未尝蔑有，即《时病论》所谓伏暑是也，其证微寒微热，不如疟之分清，脉滞苔腻，脘痞气塞，渴闷烦冤，每至午后为甚，入暮更剧，热至天明，得汗则诸恙稍缓，每日如是，无间日者，此证寒热不分清，脉滞苔腻脘闷，暑湿之象，显然有据，不与小柴胡，犹可通也。

先生又云：柴胡劫肝阴，葛根竭胃汁，此天士引张司农之言，考本草柴胡润心肺（见大明诸家本草），葛根生津止渴，其性非燥可知，且用柴、葛退热，多在热病初期，热邪未传于里，阴津尚非枯涸，苦平甘辛之性，何至遽酿劫阴竭汁之变哉！

汪谢城曰："治正疟必宜此汤（指小柴胡汤），暑温亦有正疟，不独风寒方用，黄芩是清热，非祛寒也。且柴胡主半表半里，黄芩里药，亦非以治表邪，但当辨其是否正疟耳。"陆定圃曰："治疟有谓必当用柴胡者，以疟不离乎少阳，非柴胡不能截也。有谓不当概用柴胡者，以风寒正疟则宜之，若感受风温、湿温、暑热之气而成疟者，不可执以为治也。窃谓疟邪未入少阳，或无寒但热，或寒热无定候者，原不得用柴胡。若既见少阳症，必当用柴胡，以升清肝胆之热，虽因于温热暑湿亦何碍乎？"二氏胸无成见，审症辨药，洞中病机，其真知灼见，胜于孟英之偏陂多矣。

先生又谓一部《验方新编》，惟倪涵初疟疾三方，绝不可用，毋乃主奴之见。倪氏第一方，平胃消痰，理气除湿，有疏导开塞之功，正符无湿不成痰、无痰不成疟之训，倪氏谓受病轻者，二服即愈，理有可信者。

夫以小柴胡汤治疟，不过示人以规矩，随症化裁，活法在人，如寒重加姜、桂，热重加知母，有痰加川贝、陈皮，有食积加山楂、枳实，虚人加首乌、鳖甲，夜发者加当归、红花、丹参，截疟加常山、草果、槟榔。仆以此方治疟，只取柴胡、黄芩、半夏三味，余皆随症加味焉。

仆之所以絮絮为先生言者，因宗叶法治正疟，收效殊鲜，病人望愈心切而疑中医治疟无良法，其实中医治疟，妙方正多，特须不惑于叶、王之说，而能选用柴胡、常山、信石、雄黄等品配合之方，审症投之耳。

先生又云：以小柴胡截疟，愈后多复发，或变肿胀，叶法则反是，此亦过信叶说，征诸实际，岂尽然乎？缘疟之病源为胞子虫，其传染由肉叉蚊，而此病又无免疫性，愈后重复感染，病即再作，倘于病后善为调养，使元气迅速恢复，并预防蚊虫之螫刺，又何患疟之复发耶？

大埔林德臣作《秋疟指南》二卷，其治暑疟之首方，名香茹斸暑饮，方用：香茹、黄芩、杏仁、赤苓、麦冬、葛根、甘草、川连、花粉、滑石、元参十一味。先生胸中治时疟之方，得毋与此类似？仆以为执此方以治疟，勿论其为时正，如见寒热往来，所谓少阳证者，窃恐少效。缘疟证之热，非银翘散一类之药所能除，亦犹痢证之热，非白虎汤一类之药所能平。疟之热重者，蒿芩清胆汤或可合用，以柴胡、青蒿，俱主间歇热也。

仆于疟痢二症，自谓小有心得，乃与高见相左如此，仆固不敢轻议。先生治疟之主张，亦不自承其说之非，爰本讨论学术之旨，缕述管见如上，倘抛砖得以引玉，则幸甚矣。

胃肠病治疗剂

胃病

（一）胃痛

1. 治九种心胃气痛方

因受寒而痛者尤效。

五灵脂二钱，公丁香（不见火）四分，明雄黄四钱，白胡椒四分，巴豆（去油）四分，广木香（不见火）四分，子红花、枳壳各二钱。为极细末，瓷瓶收贮，勿泄气。每服五分，津咽下，一时内勿饮茶。

圭按：方见鲍氏《验方新编》。破血散气，乃治胃痛之重剂。

2. 梅蕊丸

治肝胃久痛，诸药不效。或腹有癥瘕，此方皆验。孕妇慎用。

绿萼梅蕊三两，滑石七两，丹皮四两，制香附二两，甘松五钱，莪术五钱，远志二钱，半山药、木香各钱半，桔梗一钱，甘草七分，人参、嫩黄芪、砂仁、益智仁各三钱，茯苓三钱半。研末。白蜜十二两，捣丸龙眼大，白蜡封固。每服一丸，开水送下。

圭按：方见《潜斋医学丛书》。补脾胃，利气血。治远年脘痛脾虚胃弱者。

3. 调中散

治诸般腹痛奇方。

牡蛎六两，甘草、丁香、肉桂、胡椒各二两。

圭按：牡蛎解胃酸之过多，桂椒止痛，丁香平呕，实神经性胃痛之良方也。

（二）呕吐

1. 镇逆通阳法

治肝气犯胃，呕吐酸水。

代赭石四钱（打碎），旋覆花三钱（包煎），瓜蒌三钱，薤白二钱，半夏三钱，生姜三片，茯苓三钱，竹茹三钱，橘皮一钱半，左金丸一钱，金铃子三钱，金石斛三钱。

主按：此系先师王香岩经验方，隐括代赭旋覆花汤、橘皮竹茹汤、小半夏加茯苓汤、左金丸、瓜蒌薤白半夏汤诸名方。确有降胃逆，止吐酸之功。余常用之，非虚语也。

2. 治胃气疼痛呕吐清水

高良姜二钱，杭白芍四钱，薤白（酒炒）三钱，制香附、姜半夏、白术各三钱，云茯苓、代赭石各四钱，左牡蛎五钱。

主按：本方与前方同治胃病呕吐，但此方主证为痛，前方之主证为呕，大同之中。不无小异。良、附、芍药，正为痛而设也。

3. 治呕吐吞酸干哕兼治反胃恶阻

雅连四分，苏叶三分，灶心土三钱，生姜二钱。

主按：黄连、苏叶之方，本治湿热证呕吐不止，见薛生白《湿热病篇》。今复益以灶心土、生姜，止呕之力，自更巨矣。

（三）不能食（消化不良）

1. 瑞莲丸

补元气，健脾胃，进饮食，治泄泻。

人参二两，土炒於术三两，白茯苓二两，炒山药二两，炒莲肉二两，炒芡实二两，酒炒白芍一两，陈皮一两，炙甘草五钱。上为末，用猪肚一个，煮烂杵千下，入药捣和为丸，如梧子大，每服三钱，米饮下。

2. 健脾消食丸

治脾胃虚弱，纳谷不香，胸次满闷，嗳气糟杂，舌胎垢腻，口臭口腻，大便或结或溏。

陈皮一两，焦麦芽四两，焦於术三两，川朴五钱，神曲三两，鸡内金三两，木香五钱，枳壳一两半，蔻仁五钱，炒米仁四两，茯苓三两，山楂三两，莲肉四两，潞党参三两，甘草五钱，山药四两，半夏三两，扁豆四两，柏子仁三两。上十九味。研末，水丸，如桐子大，每饭后嚼服二钱。

圭按：前为古方，后系拙拟。同为扶助消化之剂，但前方专培后天，后方寓补于消，故脾胃虚而不甚者宜后方，脾胃大虚不胜消导者宜前方。

（四）泄泻

1. 醉乡玉屑

治食伤水泻。

生苍术一钱，生川朴一钱，炒陈皮钱半，炙草八分，鸡内金三钱，砂仁一钱，丁香五分，车前、泽泻各三钱。

圭按：此方温运脾胃，燥湿利水，食泻之正治也。

2. 半夏泻心汤

治上吐下泻，形似霍乱，但胸痞腹疼，苔黄粪臭，溺短赤为异，中土谓之热霍乱，实即急性胃肠炎也。

半夏、黄芩各三钱，黄连一钱，太子参一钱，生甘草六分，大枣三枚，干姜一钱。

圭按：此方无偏热偏寒之弊，有止吐止泻之功，非燃照、蚕矢诸汤所能及也。

（五）肠痈（盲肠炎）

大黄牡丹皮散合意苡附子败酱散

治腹部剧痛，痛处在右腹角，红肿有块，右足不能伸直。

生大黄三钱，芒硝二钱，桃仁三钱，冬瓜仁五钱，薏苡仁五钱，丹皮三钱，附子一钱，败酱二钱。

兼服六神丸，外敷余氏消炎止痛膏。

圭按：二方皆治肠痈，今合为一方，其效更胜。排脓祛瘀，通利大肠，为脓未成之主方。若脓已成，薏苡附子败酱散合排脓散主之。

（六）痔瘘及下血

脏连丸

治肠风脏毒，诸痔赤痢肠痈。

黄连八两，槐米、地榆各三两，苍术、枳壳、香附各一两，防风、牙皂、木香各五钱。用猪大肠一具，以糖盐各半，擦去秽，蒸烂，捣和为丸，晒干，空心，开水送下二三钱。另以苦参子去壳，吞服二十粒，分二次服，尤效。赤痢以白头翁汤送下。

圭按：大便下血，清者为肠风，浊者为肠毒，皆因大肠热结所致。《内经》云：阴结者便血是也。此方以黄连、苦参子、槐米、地榆清火凉血，皂角、枳壳、香附、木香利气开结，正合经旨。痔漏、赤痢，亦大肠积热为患，故并主之。惟此方治以上四证，只宜初起。若病已延久，气血交虚，苦寒破泄，非所宜矣。

（七）便秘

四物润导汤

治男人精血不足，妇人气血干枯，大肠失润，便结不行。

生地四钱，油当归四钱，白芍二钱，川芎一钱，松子仁五钱，柏子仁三钱，肉苁蓉四钱，甘杞子三钱，人乳一杯（冲）。

程钟龄云：“余尝治老人便秘，数至圊而不能便者，用四物汤及滋润药加升麻，屡试屡验。”

圭按：治虚秘如二冬膏（阴虚）、半硫丸（阳虚）皆属名方。又傅青主男科大便不通用热地、元参、升麻、火麻仁、牛乳，与本方彷彿也。

（八）虫积（肠寄生虫）

榧子数斤，陆续去壳炒香，每晨空心啖一二十枚。一月之后，其虫尽去。

圭按：顾氏《本草必用云》："榧子不问何虫，小儿空心食七枚，大人食二十一枚，七日虫皆死而出矣。"此方简便有验，大有传播价值。又常食大蒜，驱虫亦效。

二十八年初冬作于巴县歇马乡

遗精治疗剂

一、凡消耗体液之病，多使人衰弱，况精为人身三宝之一，可令其频频外溢乎？故遗精之疾，端宜早治，毋得因循。

二、古来治遗大法，约分清火，滋养，固涩诸法。清火施于梦遗初起，滋养固涩则为久遗体虚而设。

三、遗精兼胃弱者，治疗较难，因滋补之药，腻滞者多，固涩之品，类含钙盐或酸，并有害于消化也。

四、治遗不得专恃药物，当注重精神之修养。修养精神之道固多，而"清心寡欲"四字，尤宜时时省察，牢守勿失。

五、睡前以冷水洗涤外阴部，有镇静性神经之效。苟能无间冬夏，持久行之，遗患自绝。

六、失精家宜多进滋养剂，无论药剂食饵，总须久服，方能弥补消耗之精液。

七、中医治疗此病，颇多妙方，兹选录十一首于下，以便采择。

1. 黄连清心饮

治心有所慕而遗者。

川连五分，生地五钱，归身钱半，人参一钱，甘草五分，茯神二钱，炒枣仁三钱，莲子（连心）九粒。

2. 心肾两交汤

治劳心过度而遗者。

熟地、麦冬各一两，山药、芡实各五钱，川连五分，肉桂三分。

3. 评琴书屋方

宁心，益肾，固精。

桑螵蛸、云茯神各三钱，大麦冬（连心）二钱，建莲米（连心）五钱，熟枣仁钱半，制远志五分，加龟板五钱，龙骨（打碎）三钱，二味先煎，或加菖蒲、云连各三四分为佐。

4. 治梦遗频数方

韭子五合，龙骨一两，为末，空心，酒服方寸匕。

5. 治梦遗小便数方

韭子二两，桑螵蛸一两，微炒，研末，每早酒服二钱。

6. 丹方汇报方

治梦遗，腰膝酸软乏力，或盗汗，或记忆衰弱。

龙骨六钱，韭菜子一两，茯苓一两，山药一两，芡实一两，莲肉一两，共为粉，每服三钱，日三次，淡盐汤下。

圭按：以上三方皆用韭子，《喻选古方试验云》：韭乃肝之菜，入足厥阴经。《素问》曰："足厥阴病则遗尿。思想无穷，入房太甚，发为筋痿及白淫，男随溲而下，女子绵绵而下，韭子之治遗精漏泄，小便频数，女人带下者，能入厥阴，补下焦肝及命门之不足。命门者，藏精之府，故同治云。"叶橘泉云："韭子为兴奋性强壮药，治阳痿遗精及利尿频数，疝痛及下利。"审此，可知韭子乃治遗精之属虚寒者，若阴虚火动之体，殊不相宜。

7. 治梦遗滑泄真阴亏损者

沙苑蒺藜（微焙）八两（四两为末入药，四两熬膏入蜜），川断（酒蒸）二两，菟丝子（酒蒸见丝）三两，山萸肉、芡实粉、莲须各四两，覆盆子、甘杞子各一两。上药以蒺藜膏和炼蜜为丸，如梧子大，每服四五钱，空心淡盐汤下。

8. 茯菟丸

治遗精，不拘有梦无梦。

茯苓、菟丝子、建莲子各一两，酒糊丸，桐子大。

圭按：一方有五味子，山药。

9. 石莲散

治遗精。

莲肉、芡实、人参、麦冬、茯神、远志、甘草，锉末，煎汁，空心服。

圭按：此方有宁神固精之功。惟石莲鲜真品，用建莲肉亦可。

10. 白龙汤

治男子失精，女子梦交，盗汗等症。

白芍（酒炒）、煅龙骨、煅牡蛎、桂枝各三钱，炙甘草三分，枣三枚为引。

圭按：此即《金匮》桂枝加龙骨牡蛎汤，治失精，少腹弦急，阴头寒，目眩发落，虚极之证。

11. 玉锁丹

治精气虚滑，遗泄不禁。

煅龙骨、莲花蕊、鸡头实、乌梅肉各等分，研末，以山药煮熟，去皮捣烂如泥，和丸，如小豆大，每服三十丸，空心米汤送下。

圭按：另有玉锁丹，用五倍子一斤，白茯苓四两，龙骨二两为末，水丸，梧子大，每服七十丸。食前盐汤下，一日三服。此方五倍子之分量太重（超过茯苓之量三倍，龙骨之量七倍），服量又太多（一日服二百一十丸），用时似宜酌量减轻为妥。

12. 济生固精丸

牡蛎、龙骨、菟丝子、茯苓、韭子、桑螵蛸、五味子、白石脂。

圭按：此方以固精为主，而稍佐以养肾之品。盖为久病滑精虚损者所宜饵也。

痢疾治疗剂

1. 赤痢身发高热，恶寒脉浮数，腹稍痛，宜葛根汤（桂枝、芍药、甘草、生姜、大枣、葛根、麻黄）。

2. 下痢脓血，身热口渴，后重肛门灼热，宜白头翁汤（白头翁、北秦皮、黄连、黄柏）。

3. 痢初起，无表证，可攻下（须有腹痛拒按，舌苔黄腻，里急后重之证）。如木香槟榔丸（木香、槟榔、青皮、陈皮、枳壳、黄柏、黄连、三棱、莪术、大黄、香附、黑牵牛）。

4. 痢已久，邪将净，可酸涩，如乌梅丸（乌梅、细辛、干姜、当归、黄连、附子、蜀椒、桂枝、人参、黄柏）。

5. 虚人患痢，不堪攻下者，可用油当归、白芍、枳壳、槟榔、莱菔子、木香、甘草、滑石（傅青主方，方内归、芍宜重用)。

6. 赤痢初起，无表证者，宜芍药汤（黄芩、芍药、甘草、大枣、木香、槟榔、大黄、黄连、当归、官桂)。

7. 赤痢见真武证者（腹痛，小便不利，四肢沉重疼痛)，或遗尿者，或舌本纯红者，宜真武汤（茯苓、芍药、生姜、白术、附子)。

8. 赤痢腹痛后重特甚者，宜香连丸（黄连、木香)。

9. 痢至后期，呕吐噤口者，宜人参、石莲肉、黄连煎汤，入生姜汁少许，徐徐呷之（朱丹溪方)。

10. 下痢日久，后重脱肛，痢如鱼脑，脐腹绞痛者，宜养脏汤（人参、焦术、肉桂、诃子肉、木香、肉豆蔻、罂粟壳、当归、白芍、炙草)。

上列十方，虽不能泛应临床所见痢证，然能熟记深思，变通化裁，获效已非小矣。他如梅蜜饮、姜茶饮、二宜丸（甘草、干姜)、莱菔英、苦参子，皆单方中之尤著者也。

擦 牙 剂

吾人所以饭后漱口，晨起刷牙者，为扫除留滞齿隙之食屑食片，以免发酵而侵蚀齿质酿成龋齿也。凡齿牙排列不齐，易积齿垢。或唾液稠厚，不能行自净作用之人，对于口腔之清洁，尤宜十分注意。不但朝起须刷牙，即膳后睡前，亦宜各刷一次。牙粉多以制酸药为主要原料，因由碳水化合物发酵所生之酸类，有害于齿，中和口腔之酸性，乃齿牙保健上之重要事项。兹举牙粉处方二例如下。

1. 沉降性碳酸钙 8.0g，碳酸镁 2.0g，龙脑、薄荷少许，混和。

2. 沉降性碳酸钙 40.0g，碳酸镁 10.0g，糖精 0.3g，安息香酸 1.0g，薄荷油 0.1g。

中药海螵蛸亦可为牙粉原料者，因含磷酸钙甚丰故也。总之，吾人用牙粉之目的，不外除酸洁齿两端。齿洁，则齿垢无由积聚，酸除则齿质不至腐蚀。不但龋齿可免，即各种齿病亦得预防之道也。

中医之擦牙剂，其功用主在固齿止痛。龋齿作痛者，用之尤宜。兹选试验方二则如下。

1. 生大黄一两（煅），石膏八钱，杜仲五钱，青盐一两，共研为末。

圭按：此方载清梁章距《浪迹丛谈》。梁氏患牙痛颇剧，用此方顿差，赞为擦牙第一善方。今考方中药性，石膏为含水硫酸钙，经火煅，水分消失而为硫酸钙，钙为齿质主要成分，以之擦牙，功能固齿。惟石膏有软硬之别，制牙粉宜取软石膏。盐有洁齿作用，并止齿龈出血。二者为牙粉之基本原料。大黄清胃降火，杜仲补肾，肾主骨，齿为骨之余，肾强则齿自固矣。

2. 青盐五钱，石膏五钱，补骨脂四钱，白芷钱半，旱莲草二钱半，细辛、花椒（去目）各钱半，薄荷、防风各一钱半。以上九味，共为细末。

圭按：此方除盐、膏外，他如补骨脂治肾虚牙痛，兼能固齿。旱莲草滋肾而固齿。细辛、薄荷，散风止痛。白芷、防风，祛风镇痛。花椒坚齿定痛，治口齿浮肿动摇。且石膏合细辛，治阳明火热上攻之齿痛，旱莲配青盐，乌须固牙，又细辛、白芷、薄荷，均除口气臭恶，为牙粉中应加之良好香料也。

牙粉须研至极细，方不损珐瑯质，上列两方中之青盐及石膏(宜取软者)，均须煅过，其他诸药，或晒或焙，共磨为粉，过箩，再入乳器研至无声，密藏候用。

素无牙病之人，即以盐、膏两物，煅存性，研细，入薄荷自然汁少许，以之擦牙，亦堪与西药制成之牙粉颉颃焉。

欲使齿牙健全，除晨兴夜睡，两度刷牙，并食后以微温水漱口外，宜常啖坚硬之物，充分使用咀嚼器官，则龈部血流良好，自然齿健病去。《陆地仙经》云：叩齿无牙病，法于天曙睡醒时，在床上叩齿三十六次，化为齿之运动法，幼时养成习惯，至老齿牙不坏。

庚辰年秋作于巴蜀

谨按：齿牙之根脚缝隙中，有石灰质（一称白垩质）填塞其间，一如砌墙之须石灰，故能整齐排列而不动摇。近代牙粉以制酸护齿为原则是矣，虽然，此不过消极防免齿牙不受酸类侵蚀而已，若我国固有之擦齿固齿散，如《医宗金鉴》用骨碎补、牡鼠骨煅末擦牙，《本草纲目》用牛齿煅末，及沈君所举试验方揩牙，在消极方面，既能制酸护齿，积极方面，复能直接填补齿缝牙龈之石灰质，似较近代之牙粉为胜。不患齿牙疼痛，时愈时作，凡煎炒发物（如香菇、春笋等）几至不敢沾唇，食之则发作尤勤，应用近代牙粉刷牙之习惯，数十年如一日，不之牙病，固依然自若，嗣后改用梁氏擦牙方（即本文之第一方），不数月痛苦顿减，发作渐稀，不谓与近代牙粉较胜一筹者，盖有事实为根据也。甚愿齿牙患者，均能试用国产牙粉，并望实业家根据固有成方，加以改良精制，推销市厘，岂仅能与西药制成之牙粉相颉颃已哉！

质之沈君，以为如何（李克蕙附识于吉安）。

方药碎语

1. 肺病咳嗽痰血之调养方，元霜膏最为合理有效。乌梅汁、梨汁、萝卜汁、甜杏汁、柿霜、冰糖、白蜜各四两，生姜汁一两，茯苓（人乳拌蒸，晒干研末）半斤，川贝母粉三两（原方有款冬、紫菀，今易杏、贝）。先将诸汁熬浓，入蜜、糖、柿霜，再熬稠，然后和苓、贝粉为丸，如弹子大，每用一丸，口中噙化，润肺化痰，止血宁咳，堪与《十药神书》噙化丸相伯仲焉。

2. 热性病恢复期之食饵疗法，除肉汁（仲景猪肤汤，即肉汁也）、鸡卵、牛乳、藕粉外，六神粥允称妙品。方用：蒸芡实、炒米仁、炒糯米各三斤，炒莲子（去皮心）、炒山药、煮栗肉（去皮壳）各一斤（原方有粟米，今易栗肉），茯苓（乳蒸）四两，共磨为粉，煮成薄粥，晨夕代点。米仁、栗肉，俱富滋养分，莲实、山药，含淀粉甚丰，产妇老幼，常服甚妙。胃酸不足者，宜少食蛋白质，此粉更为珍品。

3. 黑大豆（炒香，磨粉）、红枣（蒸熟，去核），共捣泥为丸，如梧子大，名坎离丸。每服三钱，淡盐汤或黄酒送下，日服无间，至老勿辍，培脾养肾，并治虚劳。

4. 曩见治童劳，并大人内热津损方，用鲜百合、鲜地骨皮、红枣、藕、粳米等分，砂甑蒸露，常服代茶，百日自效云云。此露移治温病热盛伤津，堪与五汁饮媲美，阴虚内热之体，夏日以此代茶，其功不下生脉散也。

5. 肺病咳嗽咯血，除上述元霜膏外，八仙玉液、五汁猪肺丸，亦颇合治疗原理，并录如下：①八仙玉液：藕汁两杯，梨汁、蔗浆、芦根汁各一杯，茅根（水煎浓汁一杯，再同浆、汁、乳，炖滚）、人乳、童便各一杯，生鸡子白三枚，和匀频服。②五汁猪肺丸：猪肺一个（不落水，去膜扯碎，忌铁器），人乳、藕汁、青皮甘蔗汁、梨（连皮）汁、童便各一碗，用瓦锅同肺煮烂，入山药、茯苓末，捣和为丸，早晚送下二三钱，肺病无不阴虚，阴虚则火炎，火炎则灼肺，故咳嗽痰血，为劳瘵常见之症。治法宜甘寒养阴，苦寒温补，切忌滥投。

6. 王宇泰治劳瘵盗汗，痰涎上逆，脉浮部洪大，沉部空虚，用米仁、百合、天麦冬、桑白皮、地骨皮、枇杷叶、五味子、枣仁、生地、藕汁、童便。咳甚多用桑皮、枇杷叶。有痰加川贝。有血多用米仁、百合，加阿胶。潮热多用地骨皮。食少多用炒米仁。此亦守“甘寒养阴”之旨，而选药成方也。惟尚系治标之法，治本如六味地黄丸、八仙长寿丸、人参固本丸、保阴煎，皆名方也。

7. 西瓜子熬膏，治血压高（见俞宾凤《卫生丛话》）。棉花根（每用一两至四两）煎服，治肺痨、神经衰弱等肺弱病（陈邦贤传方）。棉子，炒，捣碎，米饭和丸，治老年足软不能行及梦泄痔疾（见《袁中郎杂识》）。小金丹治骨结核。仙鹤草治劳病吐血。野菊花捣汁饮，治疔疮。蝼蛄煅灰，酒服，治湿热蕴结之癃闭。千层石榴花一钱，大梅片三分，研匀吹耳，治耳内流脓。蒲公英捣汁，温饮，消乳痈。红藤煎服，治盲肠炎。以上十方，药简功弘，录之以广流传。

8. 牛乳为优良之滋养品，病后饮之尤宜。惜多不纯品，且易于腐败。余拟以黄豆 40 分，落花生、甜杏仁各 30 分，照制豆浆法制成浆液，名曰人造乳。清晨蒸饮，补身之力，不亚牛乳。且润肺化痰，降气止咳，对于咳嗽、肺病、胃病、虚弱等证，更为有益。盖黄豆含蛋白甚丰；落花生含脂肪甚丰；杏仁含固定油、蛋白质、杏仁酯，三物佥含维生素甲乙。故人造乳与牛乳比较，除缺乏维生素丙丁及淀粉量稍歉外，其他实无逊色，至牛乳诸缺点，人造乳反无之。

9. 黄精为百合科黄精属之根茎，种类甚多，南北都产，而以湖南产纯味甘者为正。此物蒸之极熟，味颇甘美，可代粮食，古人称为米铺。补诸虚，益脾胃，祛风湿，核其性效，与玉竹近似。盖为一种滋养缓和药，体弱之人，冬令服之，弥佳。服法：先煮去苦味，然后浸酒，熬膏（收膏时少加黄酒，则不易变坏），蒸捣为饼，俱无不可。

10. 桃花入药，始于《本经》。近世医工，罕有用之。本品能兴奋肠壁神经，亢进肠部蠕动，而促宿粪下降。与旃那、大黄、芦荟，同为泻下药。证诸本草，言桃花除水气，消肿满，利大小肠。考之方书，用于大便艰难，产后秘塞，痰饮宿水，脚气肿满等证。故桃花者，实一种良好之天然泻药也。当农历三月，采白桃花（入药以白色为上），阴干研末，每服三分至八分，体虚者以薄粥调服。

棉子之功用

《袁中郎杂识》载："侯师子年老，双足软不能行。有人教以炒棉子捣碎，和米饭为丸，足健如初。时一医在侧云：某曾用此方治梦泄并痔亦效，奇方也。"考棉子系草棉之子实，气味辛热，功能补虚、暖腰、治损。《凌云集方》健步方，用棉花子仁一斤

（净肉，用烧酒三斤炒干），枸杞子四两（酒浸），杜仲四两（盐水煮炒），菟丝子四两（酒炒），归身二两，破故纸四两（酒洗炒），胡桃仁四两，共为末，炼蜜为丸，桐子大，每服三钱，空心滚汤下。此方温补肝肾、坚筋壮骨，治高年阳衰，腰腿酸软无力，阴虚有火者忌用。《集验良方》长春丸，治肾虚精冷，用鱼鳔一斤（蛤粉炒成珠，极焦），棉花子（取净仁）一斤（去油净，酒蒸），白莲须八两，金樱子（去仁毛净）一斤，金钗石斛八两，炒蒺藜（圭按：当是沙苑蒺藜）四两，枸杞子四两，五味子四两，鹿角五斤（锯薄片，河水煮三昼夜，去角，取汁熬膏），和药末为丸，梧桐子大，每服三钱。此方温补肾经，涩精填髓，乃滑精年久，体日虚损之妙方。梦泄初起宜清心火者切忌。《周氏家宝方》治痔管漏，棉花子仁（炒）、急性子（炒）、草麻子仁（炒）各等分，为末。每服三钱，空心，好酒下。轻者半月，重者一月，管自退。此方草麻子追脓拔毒，急性子透骨软坚，辅以棉子之补虚益损，对于痔漏确有追毒化管之力。观以上三方，可知棉子之疗足软、梦泄、痔漏，其效端在补虚耳。陈邦贤医师传方，棉花根煎汁服，治肺劳、神经衰弱等虚弱病极效，每用一两至四两。棉根本草未收，棉子虽见本草，而功用主治记载甚略，兹特表而出之，以供药学家之研究。吾友裘吉生医家尝谓余曰：搜集儒家笔记中之医事、卫生、方药诸端，编纂成书，是为儒家医话。采取医家著作中之养生节欲诸诗，排比成编，是为医家诗话。两书诊余流览，足为益智粽。惜裘翁诊务冗繁，握管鲜暇，未克将此别开生面之佳著，寿诸梨枣。今见《袁中郎杂识》足软验方，聊想及此，故并记之。

论睡眠

据近世新说，真正之酣睡，三小时已足。所谓真正之酣睡者，其人之精神肉体，完全沉静，头面四肢，略无动摇，且达《庄子》所谓至人无梦之境，但此种酣睡，常人殊不易得。美京麦伦学院，曾就青年十二人，测验一万四千四百十八次，结果彼辈全夜之真正酣睡时间，每人平均不过五分钟而已。曾国藩云："养生之道，当于眠食二字，悉心体验。食即平日饭菜，但食之甘美，即胜于珍馐也。眠亦不在多寝，但得神宁梦酣，即片刻亦足摄生矣。"曾氏此言，不但与新说吻合无间，抑亦养生家之瑰宝也。

神经衰弱者，都苦失眠，此病非医药所能治，必须实行卫生及转地静养，所谓卫生者，如床蓐轻软，睡前沐浴，避烟酒浓茶之刺激，无名缰利锁之萦心是也。

吴山散记

沈仲圭 著

吴山散记小引

余于国学喜读笔记，于医学喜读医话，以其或述心得，或话见闻，颇隽永有味也。回忆民七受业于吾杭名医王师香严，师命读《医经原旨》《难经经释》等书，颇苦其文义艰涩，不易彻悟，因以医话为常课。及长，任教席于沪杭各医校，授课之暇，偶有所得，伸纸濡墨，所作亦以医话为多。兹遴选若干，附于赵先生医话之末，不知能免狗尾续貂之诮否？

丙子季春古杭沈仲圭志于吴山寄庐

一、杨君孝绪，患遗精脑弱。其脑症状为不能多阅艰深之科学书，及微受刺激下部即有似欲遗精之感觉，求治于余。余以滋阴平脑固精之药进退为方，服二月，遗精虽减而未痊。余嘱其长服桂枝加龙牡汤先除脑弱之根源，（遗精）病根既刈，再注意睡眠、饮食、空气、运动等卫生疗法，自可渐复健康。此乙亥春月，余在祥林医局中医疗养室时，为渠治疗之情形也。后杨君游嘉善，月余始返，适余脱离祥林医局。余与杨君，因诊病而成良友，六桥徐步，湖心荡桨，几于无日不见。今相距较远，过从遂疏。一昨杨君来访，谓遗精服桂枝龙牡汤顿差，脑弱吞兔脑丸亦效。所谓兔脑丸者，即上海博济书药局登报赠送之肾脑再造丸也。方为人参一钱，土炒於术钱半，云茯神二钱，天麦冬各钱半，远志一钱，石菖蒲一钱，取汁，清炙甘草一钱（按：此即定志丸。治思虑伤神，遗精脑弱之病）。淡苁蓉二钱，獭肝一具，净枣仁二钱，归身二钱，炮益智仁钱半，牡狗精一钱二，杭芍钱半，熟地五钱，兔脑一具。上药研末，炼蜜为丸，血珀为衣，再被极薄青黛一层。每服六粒，日服三次，饭后开水下。去腊杨君合此丸时，曾询余可否服用，余为之删去苁蓉、牡狗精二味。及今思之，以雄鼠睾丸一二对代替牡狗精，易熟地为生地，并将獭肝、兔脑、鼠肾三物，取鲜者捣烂，和药末加蜜为丸，似尤妥善。因獭肝含维他命甲，兔脑含磷，鼠肾含内分泌，皆神经衰弱之要药。余如菖蒲、远志、枣仁，古人认为健忘、不眠等症之专药，近世亦延用之。地、芍、归、参、术、茯、甘，即八珍汤去川芎。八珍对此病，据金正愚君之经验，亦有效。故余认此方可为神经衰弱者服食之资。惟一日量只十八粒，抑何少耶？

二、常习性失眠，多属神经衰弱之结果。患者精神抑郁，思虑纷然，卧时常觉睡意毫无，而神情又非常疲乏，勉强入睡，有彻夜不交睫者（是曰前睡眠障碍）。有只睡三四小时，一到习惯醒时，即不能复睡者（是曰后睡眠障碍）。日间肉体困倦，心绪恶劣，脑昏耳鸣，目眩头重，思考迟钝，做事厌倦，勉强为之，乖舛百出。其精神上之不快感觉，有非楮墨所能形容者，故不幸而成斯证，人生乐趣，尽付东流矣。此病治法，当分标本。治标如酸枣仁汤、琥珀多寐丸，或以酸枣仁一两，生地五钱，米一合，煮粥食，亦良。治本如黑归脾丸、天王补心丹及兔脑丸。总须还定一方久服不辍，方有巨效。此症乃神经官能疾患，尤宜注重卫生，特撮述失眠之无药疗法如下。

1. 妄想过甚时，宜起床徐步，或流览报章，待神经渐觉疲倦，再行安睡。

2. 倘觉睡思为妄想所占据。宜勉力沉静观念，理其头绪。一念初发，即穷此念之起源而澄清之，再发他念，亦复如是。此以念制念也。

3. 静听壁上钟声而默计其次数，此集中思想也。

4. 入寝前，或轻微运动，或少食流汁，或温水洗脚。此引去脑部之充血也。

5. 枕宜稍高，并须轻软。

6. 注意大便之调整，夜膳后勿饮汤水茶酒，咖啡尤忌，夜膳亦戒太饱。

7. 寝室须南向，幽静，勿点灯，但宜开窗以通空气。

8. 在不易入睡时，可低声背诵爱读之诗歌。然陈玉梅之催眠曲，俚俗不足取也。

9. 临卧用盐含口溶化，或饮盐汤一杯，有镇静神经之效。

余久患神经衰弱，并常失眠，故于此稍有心得。同病诸君，苟照上述药物、卫生等法，遵行不懈，则失眠之苦痛，将消灭于不知不觉间矣。

三、中医治遗精，有清火、渗湿、滋阴、止涩、升提诸法，随症采用，自有良效。以吾经验，单纯的遗精病，初起用封髓丹（黄柏、砂仁、甘草），久病投桂枝加龙牡汤（桂枝、白芍、甘草、生姜、大枣、龙骨、牡蛎）或金锁固精丸（龙骨、牡蛎、芡实、莲肉、莲须、沙苑蒺藜），最为佳妙。章次公《药物学讲义》牡蛎条下，有余尝以龙牡为末，治遗滑疾，病已而大便秘结之句，极言二物止涩效用之强大也。所谓单纯的遗精者，对因他病伴发之遗精而言也（如慢性淋浊、精囊炎、摄护腺肥大、膀胱炎、膀胱结石、膀胱肿疡、尿道狭窄、龟头炎、包茎、痔核、直肠炎、初期结核、伤寒之恢复期、糖尿病、脊髓劳、脊髓外伤、脊髓炎等皆可伴发遗精）。此症或宜祛其致病之因，或本病与遗精兼顾，不得概与上方。然临床所见，一般青年患此疾者，大都由手淫、意淫、房劳所造成，或用功太过，脑弱遗泄，选用上述三方，殊觉允当。友生林君之遗精处方，用盐水炒知母二钱，盐水炒黄柏二钱，龙骨、牡蛎、莲须各三钱，芡实四钱，砂仁八分（分冲），炙甘草五分。盖合封髓丹与金锁固精丸而为一方，与余意不谋而合也。友人慈航居士近制一方，将六味地黄丸、水陆二仙丹、聚精丸，三方合并，复加牛脊髓、百合，共成十二味。以治肾亏遗精，肺病梦泄，此方滋养固涩，兼筹并顾，苟病人食欲如常，可以试服。

四、常习性便秘，多见于营坐业少运动之智识阶级，埋头研究不喜体操之中大学生，亦恒患之，故有学生病之称。此外，如神经衰弱、肺病、胃病、萎黄病、摄护腺肥大等，每苦便秘，腹部压重膨满。胃纳不振，嗳气头晕。大都系大肠部蠕动缺乏，分泌减少，或肠肌弛缓无力所致。欲根治此病，非注意卫生，辅以甘寒养阴剂不可。徒事攻下，无益反损。兹就管见，条举如下：

1. 生活宜有规则。

2. 养成早起如厕之习惯。

3. 每日宜啖新鲜之水果与野菜。

4. 晨起饮盐汤一杯。

5. 排便时以手掌徐摩腹部。

6. 行适宜之运动。

7. 练习腹式呼吸法。此关于卫生方面者。若夫药饵，如增液汤、二冬膏、桑椹膏养阴润肠，最称稳健。他如麻仁丸，或以大麻仁一味，捣碎煎服。或取大生何首乌，以人乳拌蒸，均有缓下坚粪之作用。余昔尝患此，日常三四度如厕，努力挣扎，便终不下，颇苦之，后除遵行上述卫生疗法外，并长吞服“卡斯卡拉片”①，宿疾乃蠲。

五、余鉴于中医之特长在治疗，治疗之优良在方剂。故于读书临床之际，遇有验方，随手摘录，日久成帙，颜曰“非非室验方选”。除一部分发表于昔年王一仁主编之《中医杂志》外，其余尚待整理。兹将吐血单方，略录数条，以告世之患此证者。

【劳证吐血】 仙鹤草六钱，大枣十六枚，水六杯，同熬五六点钟之久，俟水已收成一杯服之（此方肺结核咳血最宜）。

【吐血衄血下血】 白及三钱，藕节二钱。研末，开水冲服

---

① 卡斯卡拉片：Cascara Sagrada，美鼠李皮片，一种通便缓下药，剂量每次0.3～0.6g。现已少用。

（此系浅田宗伯方）。

【卒暴吐血】　海螵蛸研末，米饮下一钱（此治胃出血之方也）。

【吐血初起】　生牡蛎、生龙骨各七钱，白及三钱，参三七八分（研末调服），鲜藕半斤（捣汁冲入），酒炒大黄钱半，鲜茆根六钱，温饮。

张腾蛟曰：吐血急则治标，以龙、牡、白及、三七为主；缓则治本，以鲜藕、大黄、茅根为要，更随症加减，治无不效。

圭按：此方分量，余已略加损益。

【吐血】　龟肉炙炭，研末水下，功能止血。

【失血】　赤芍、丹皮各钱半，藕节五个，鲜生地一两，茆根一两，十灰丸三钱（分吞），黄芩一钱，黑三栀三钱。

陆九芝原注：血证多矣，初起必有所因，凡理气达郁，清热降火之法，俱不可废。

【吐血】　丹参饭锅蒸熟，泡汤代茶，日日饮之（此方用于吐血愈后，以资调理甚佳）。

【虚火吐血】　甘蔗汁、藕汁、芦根汁各一酒杯，白果汁二匙，白萝卜汁半酒杯，梨汁一酒杯，鲜荷叶汁三匙，七汁和匀，炖热，冲入西瓜汁一酒杯，缓缓呷尽。

【阴虚咳嗽吐血】　米仁、玉竹各四钱，白芍、枸杞、麦冬、沙参各三钱，川断二钱，建莲、百合各三钱。

陆定圃原按：此方治阴虚咳嗽吐血最良，然必收效于数十剂后，谓非王道无近功乎？

圭按：原方无分量，今为酌定如上。

【肺病吐血】　童雌鸡一只（治净），麦冬二钱，童便一盅，用河水瓦锅煮烂，于天未明时连鸡肉服下，连服二三鸡，无不见效。

栩园按：方曾刊昔年《申报·常识》，有多人来函报告确效。

圭按：童鸡为未产卵之鸡，胃弱之人，但饮其汁，肉不吃亦可。

【吐血】 鲜梨一个（去核连皮），鲜藕一斤（去节），荷叶一张（去蒂），鲜白茆根一两（去心），柿饼一个（去蒂），大红枣十枚（去核），煎汤代茶，数日见效。以后逢节前一日煎服。

圭按：藕取汁冲入，尤妥。

【痰血】 白茅根（去心）、马兰头（连根）、湘莲子（去心）、红枣各四两，先煎茅根、马兰，滤去渣，再入湘莲、红枣。入罐文火炖，随时取食，二旬即愈。

以上三方，载《家庭常识》，以其俱属食品，自然有益无损，诚虚证吐血之良方也。

六、偶阅《崇善报》116 期，有小儿病之几种鲜果疗法一文，兹撮述大旨于下，亦家庭之药笼也。

【橘】 促胃液和汗液之分泌，制胆汁之排泄。治感冒，黄疸，消化不良。

圭按：中医向以橘皮为开胃药、发表药，盖皮与肉之功效，相仿佛也。

【苹果】 含铁质，性收敛，能制腐，治贫血，营养不良，食滞，下痢。

圭按：水果皆含果酸，助消化，惟苹果尤擅胜场，并堪消除食滞之炎症，他如神经衰弱、赤痢，用之亦良。

【梨】 含葡萄糖，为水果中之补品。

圭按：中医向用作祛痰药，相传可治肺萎。

【葡萄】 含铁质、葡萄糖、甲乙二种维他命，治贫血、淋巴腺结核。

圭按：以葡萄制成之酒，曰葡萄酒，有红白两种，尝谓诸酒皆害，惟此有益，盖其酒中所含之醇，只百分之七八耳。

【香蕉】 富淀粉，含黏液汁，治常习性便秘。

圭按：蕉根捣汁冷饮，治疔毒。

【西瓜】 含磷质颇多，治神经衰弱，又糖尿病亦可食。

圭按：中医向用以治热性病之高热汗出，美其名曰天生白虎汤。

【桑椹】 含酸质及细胞膜质，治由便闭而起之身热头痛，以其有清血和泻下之力也。

圭按：余尝谓桑椹治便秘之虚证，桃花瓣（研末，每服五分，调粥中服）治便秘之实证，堪称简效单方。

七、碘质有改进人体新陈代谢，减少蓄积脂肪，以治肥胖病之效。考海藻含碘 0.339%，昆布含碘 1.234%，海带含碘 1.168%，皆富于碘质之海产植物也，故以昆布、海藻煎汤代茶，海带、海蜇作肴佐膳，乃减肥之简便单方也。民廿二，余在上海中国医学院执教，有女生张嘉卉，貌端好而体丰盈，张恐减损绰约芳姿，询余有无中药可以消肥，余搜索枯肠，一无所得，今阅《中医新论汇编》引本草“多食昆布，令人消瘦”之语，遂悟碘之作用，用著于编，以告世之苦肥者，并望张生盍一试之。

八、韦陀鞭鲜者二三两，白附子、防风各三钱，治痛风甚灵，此民间单方也，医生多不取用，惟适应证如何，传者未详。愚意此方证实体强而又属于古人所谓痛痹者，确甚佳妙。传者又云，韦陀鞭即鬼箭羽，药肆备售，因已曝干，一两已足，如病在下肢，加牛膝三钱。

九、因多进生冷瓜果而致胃呆泄泻，或感寒泄泻日久不差者，理中汤最妙。如兼呕吐，去术加半夏（生用）、姜汁，如兼腹痛，加木香。惟用此方，以脉沉无力为据，否则，夏秋常见之假性霍乱，治以温药，或将助其病势矣。民廿一夏，余服务复旦实中，某生因过啖冷食，得河鱼疾，同事俞东君，为处理中汤，一服而起。盖俞君于《伤寒今释》一书，反复探索，颇多心得也。

十、燕窝系金丝燕所营之巢，以备产卵哺雏之用也，以其营巢之材料，纯由黏稠如阿拉伯树胶之唾液而成，故久浸水中，则膨大而柔软。此物入药，年代未远，方书著其功用，谓能养胃液，滋肺津，止虚嗽、虚痢，理膈上热痰，时医治虚损劳瘵，咳吐红痰，每以此物加入药剂，或劝病家煮食。惟据西医言，燕窝治病之功效，实微乎其微，不能与其高昂之代价相称。余意本品既系燕之唾液造成，似有裨于胃脏之消化，又以是项唾液，浓厚如胶，或可减少支气管之分泌而为滋养化痰药，促进血液之凝固而为止血药，惟功效既弱，自非长食不可矣。是物本草虽有载及，但记述简略，近人曹炳章等，皆有详细之论文，发表于早年医刊，论之甚详。

十一、鲍氏《验方新编》颇多妙方，兹摘录一二如下。

【代参膏】 此膏大补气血，可代参用。嫩黄芪（壮嫩而箭样者切片用），白归身（截去头尾，酒洗净泥）各五钱，肥玉竹一两，化州橘红三钱（如无真者用新会陈皮去净白亦可），共入砂锅内，用天泉水熬成膏，每早滚水调服。

圭按：此方妙在橘红，健运脾胃，使滋补之品，无滞腻之弊，较当归补血汤仅用归、芪二味者尤为妥善，惟功在补血，方名代参，未免夸张失实。

【法制陈皮】 善能消痰顺气，止渴生津。陈皮一斤（清水泡七日，去净白），台党、甘草各六两，同煮一日，去参、草，留陈皮，加川贝母两半研细，青盐三两拌匀，再用慢火煮一日夜，以干为度。

圭按：此方性质纯和，制为成药，胜于礬制、戈制半夏多多矣。研末密藏，可以致远。

【保精汤】 遗久则玉关不闭，精尽而亡，世人往往用涩精之药，所以不救，倘于未曾太甚之时，大用补精补气，何至于此？芡实、真山药各一两，莲子五钱，茯神二钱（炒），枣仁三钱，台党一钱，水煎服。先将药汤饮之，后加白糖五钱，拌匀，连渣同服，每日如此，不须十日，即止梦不遗矣。

圭按：此方安神固精，而稍兼滋补，久遗体虚，长饵此方，确极佳妙。

【盗汗】 莲子、真浙江黑枣各七个，浮小麦、马料豆各一合，水煎服，数次全愈，其效如神。

【神仙鸭】 治劳伤虚弱，无病食之，亦能健脾益精，功效甚大。乌嘴白鸭一只（去净毛，破开，去肠杂，不可用水，或用白毛老鸭亦可），南枣四十九枚（去核），白果四十九枚（去壳），建莲四十九粒（去心），人参一钱，陈甜酒三杯，好酱油二杯，各放鸭肚内，不放水，瓦钵装好封紧，蒸烂为丸，陈酒送服。

圭按：此方健脾固精，滋阴清热，肺劳、遗精皆颇相宜。以上五方，为余览鲍氏《验方新编》时所抄存，一为补血剂，二为化痰剂，三为固精剂，四为敛汗剂，五为滋补剂，药既平正无疵，方之应用亦广，故为转载于此，洵家庭间之药笼也。

十二、清道光梁晋竹《秋雨盦随笔》载："诸城刘文正相国，食量倍常，蓄一青花巨盎，大容数升，每晨以半盎白米饭，半盎肉脍，搅匀食之，然后入朝办事，过午而退；同时尹望山相公，但食莲米一小碗入朝，亦过午而退，然两公同享盛名，并臻耆寿。此如宋张仆射齐贤每食啖肥猪肉数斤，夹胡饼，黑神丸五七两；而同时晏元献清瘦如削，止析半叶饼以箸卷之，捻其头一茎而食，后亦并享遐龄。"

圭按：四公赋禀特异，不能以常情衡之，然食量过多过少，皆非卫生之道。据霍伊特氏所定之保健食物，谓中等壮年而操中等之劳动者，每日须给与蛋白质 118 克，脂肪五六克，含水炭素 500 克，方为适当。但欲将每日所进菜饭，精密估计其所含之营养分，使之适如上数，不但为事实上不易办到，抑且无甚意义，大约吾人食物，以糙米、麸麦为主，辅以少量之肉类、蛋类、乳类、鲜蔬、水果，日进二三餐，每餐以八分为度，则营养既不虞缺乏，而胃肠亦常保健全矣。

十三、西湖名胜甲天下，而醋溜鱼之名，亦与西子湖并传，遐迩咸知，凡来杭垣游览西湖者，莫不一尝醋溜鱼之美味焉。考此物系宋五嫂遗制，烹调得法，味颇不恶，番禺方橡坪孝廉有诗咏之曰："小泊湖边五柳居，当筵举网得鲜鱼。味酸最爱银刀绘，河鲤河鲂总不如。"醋溜鱼系鲩鱼和醋制成，鲩补胃，肥健人，纵不如鳗、鲥、鲫鱼之富滋养，补虚劳，但消化迅速，味清不腻，较诸兽肉，固胜一筹，病人老幼，食之咸宜。

十四、偶阅《浙江新闻千秋副刊》，载有张君《何首乌之考正及虚伪》一文，因忆民十七在上海中医专门学校任教时，曾听顾惕生先生演讲肺痨病之食养疗法，顾氏尝患肺痨，以中药调理获愈，其子亦患是病，延西医疗治，卒不救，故其演词颇扬中抑西。其实肺病无论中西，佥乏特效药，全赖调养得宜，方能渐愈，调养之道，中医不及西法完美，顾氏因爱子夭折，悲愤之余，遂谓西医不善治痨，其言虽失之偏激，但演词中所举治痨方药，确属经验有效，弥觉珍贵，爰为移录如下，以便病肺诸君酌量制服。“日人又盛称何首乌治痨，鄙人亦尝试服，首乌与六味丸之主药地黄，皆含铁之有机体物。服首乌之法：每首乌一斤，加茯苓半斤，咳者加五味子半斤，欲求子者加枸杞半斤，中药不但令人愈病，且令人有子，斯为奇也。初服即健啖倍常人，苦粳米饭不耐饥，须糯米饭方能果腹，其后多服，效力亦减，乃知治痨之法，药物不如食养”。又此物有调整大便之用，患常习性便秘之人，取鲜首乌研末，蜜为丸，临睡以淡盐汤送下三四钱，自无如厕挣扎之苦。

十五、挚友黄劳逸，以研究国产药物，著称于世，尝语余云：鸡卵之滋养价值，黄胜于白，消化吸收，亦黄速于白，故讲求卫生者，恒倾去卵白，因卵白属半可溶性，经高热即凝固不易消化。专取卵黄打松，调于将起锅之粥中食之，每粥一碗，可调入卵黄二枚，用代早食，长啜不断，殊体虚者之恩物也。因卵黄中含有多量之含磷脂肪、蛋白、维他命甲及戊，皆人身之重要营养素也。惟此物生啖熟食，皆非所宜，最好半熟，故须热粥调之。

十六、客有询本草善本于余者，答曰：诸家本草，每谓《本经》言简意赅，精微处自有神妙不测之用，惟其文字高洁，每多含意未伸，非得慧心人悟彻隐微，得其真解，亦最易自趋歧途，所以后人之说药性者，辄有似是而非，演成幻景之弊。迨唐以降，本草愈繁，主治更备，非不明白畅晓，言之成理，有时足补《本经》所未及，然已多数浮泛，难以尽信，甚至将《本经》旧说，别伸一解，而失之毫厘，谬以千里，全非古人之本意者，所在多有，贻误后学，为害亦巨。李濒湖《纲目》，纲罗一切，最为渊博，有时殊病其繁，然罗列古籍，汇为一编，听学者自为抉择，可谓集其大成。以后诸家，缪氏《经疏》，差有发明，而时失之庸，似少精义。徐氏《百种录》，文笔简明，阐发精当，最是上乘，惜其太少，必不足用。石顽《逢源》，大有独得之见，启迪后人不浅，皆治药物学者不可不读之书。余若叶天士、张隐庵、陈修园喜言气化，貌似高深，实则空谈，何裨实用。又若汪氏之《备要》，吴氏之《从新》，则仅于纲目中撮取一二，以为能事已足，实如乞儿乍入宝山，舍珠玉而拾瓦石，不值识者一笑耳(以上节录《疡科纲要》)。惟何廉臣之《实用药物学》，按西法分类，每品注明用量，体裁最善，学者若照何氏分类，将《本经逢原》重加编辑，而以徐氏《百种录》附入，作为参考，则众美咸具，允称善本。吾子既习本草，敢以是举之成功相期也。

十七、东医东洞吉益曰："《名医别录》言石膏性大寒，自后医者怖之，遂置而不用，仲景举白虎汤之证曰，无大热，越婢汤之证亦云，而二方主用石膏，然则仲景之用是药，不以其性寒也，不难概见。余笃信而好古，为渴家而无热者，投以石膏之剂，病良已。方炎暑之时，有患大渴引饮而渴不止者，使服石膏末，烦渴顿止，石膏之治渴而不足怖也，可以知已。"又曰："后世以石膏为峻药，而怖之太甚，是不学之过也。仲景氏之用石膏，其量每多于他药，恒半斤至一斤，盖以其气味俱薄故也。”斯与张锡纯石膏宜重用之论若合符节，而一援《本经》，一征《伤寒》，汇而观之，无余义矣。东洞又曰：“用之之法，只须打碎，近世以其性寒，用火煅之，臆测之见，余无取焉。大凡制药之法，制而倍毒则制之，去毒则不制，以毒外无能也。”观此，石膏之忌煅用，东洞亦早见到，不待张锡纯之大声疾呼，然亦足征识者所见略同。惟欲医林佥明斯义，医报宣传，犹病不广，最好刊成小册到处分送，俾温热重候，医生放胆重用，病家信服不疑，挽救民命，当必尤溥，世之慈善家，其以是言为然否？

十八、客有询余曰：世俗谓牛乳性温助火，然乎？否乎？曰：牛乳味甘气微寒，功能养心肺，润大肠，解热毒，泽皮肤，主治消渴、热哕、劳损。按：三证皆原于火，而牛乳能治之，其性非温，灼然可见，矧陈藏器有“冷补”之明文乎？此物润燥生津，为病后调理，高年体虚唯一之补品。贱体阴虚火亢，饮用牛乳将及一载，只蒙其益，未见其弊，此尤足破俗说之谬矣。惟与酸物相反，误和食，令人腹中癥结，饮牛乳者，不可不知。

十九、大枣气温味甘，滋脾土而益气强力，润肺金而生津止咳，调荣卫，治泄泻。近世医家，多用红枣，惟鞠通吴氏独持异议，谓“大枣色赤黑，味甘微酸，取其以补脾经血分之阴，去核使不走下焦，配以生姜，补胃中气分之阳，一阴一阳之谓道，为中焦调和荣卫之要品，而今人多用红枣，《本草纲目》谓红枣理疏不入药，岂未之见耶？”

主按：黑枣味厚，补脾专长；红枣力薄，和胃最宜。佐参、芪以建中州，宜投黑枣；合生姜以和荣卫，当用红枣。且久饵黑枣，有助湿热之弊，而红枣则否，细核二者功用，大同之中，不无小异，爰为分析如此。

二十、羚羊角与犀牛角，皆为清凉剂，但犀角兼有强心作用，羚羊兼有镇痉作用。故高热而脉搏细数或促数者宜犀角，高热而四肢搐搦者宜羚羊，古人认犀角为心药、羚羊为肝药者以此。

二十一、愚杭人，执教鞭于鄞南惠风小学。乙丑圣诞，应友人之召，赴镇海横河，便道谒师兄王仲生，为愚述夏令所治湿温、暑温诸症，佥以大冬瓜半枚，鲜青蒿一握为主，随证加佐使数味，浓煎一甑，一日或二日饮完，无不立愈。按：冬瓜寒能泻热，淡以渗湿，性通利便，兼解暑邪；青蒿苦寒清湿热，芬芳不伤脾，以疗暑温及湿温之热多于湿者，确属针锋相对，矧鲜药味全，量重力专，迅奏肤功，可无疑义，爰为抉出，以视同道。

二十二、产妇气血亏损，生产努力太过，或产后即行劳动，辄致子宫脱垂。西医对于此症，只用子宫托及外科手术，爰将中医药方录下，藉供临床之借镜。

1. 人参一钱，炙黄芪三钱，当归身三钱，川芎六分，清炙甘草四分，升麻三分，五味子五粒。

2. 蜜炙黄芪二钱，土炒白术一钱，归身三钱，人参一钱，蜜炙升麻三分，炙甘草五分，陈皮一钱，生姜一片，红枣二枚。

以上二方，以补益升提为主，盖原因疗法也。

二十三、苏东坡诗："主人劝我洗足眠，倒床不复闻钟鼓。"此诱导上部血液下行之法也，与元明粉（即硫酸钠）之治喉痛，（见十九年《中西医学报》），清宁丸（即一味大黄酒制为丸）之治目赤，调胃丸（即大黄、芒硝、甘草为末，蜜丸）之治齿痛出血（见《玉枢微义》），同一理由。

二十四、方书治吐血痰血，多用藕节，而鲜有用藕者，余初以为新鲜之藕，其疗效必胜于干燥之节，凡用藕节之方，允宜代以鲜藕取汁，方为合理，今乃知古人用藕节以止血，亦含有科学原理，未可一笔抹杀，遽斥其非。缘藕之所以能治血证者，恃其所含多量单宁酸有愈合创面血管之效耳，藕中所含固富，但其节几全为单宁而乏淀粉，收效自然更大也。

二十五、《随息居饮食谱》载："玉灵膏，一名代参膏。自剥好龙眼肉，盛竹筒式瓷碗内，每肉一两，入白洋糖一钱，素体多火者，再入西洋参片如糖数，皿口幂以丝绵一层，日日于饭锅上蒸之，蒸至百次。凡衰羸老弱，别无痰火便滑之病者，每以开水瀹服一匙，大补气血，力胜参芪，产妇临盆，服之尤妙。"

圭按：龙眼本草著其功用为定志安神，养心补血，列其主治为思虑劳伤心脾。译以西说，此物实为大脑之滋养药，对于神经衰弱、少寐善忘等症，照上述蒸膏之法，长服无间，确有殊效，惟王氏赞为"大补气血，力胜参芪"，未免言实两歧矣。

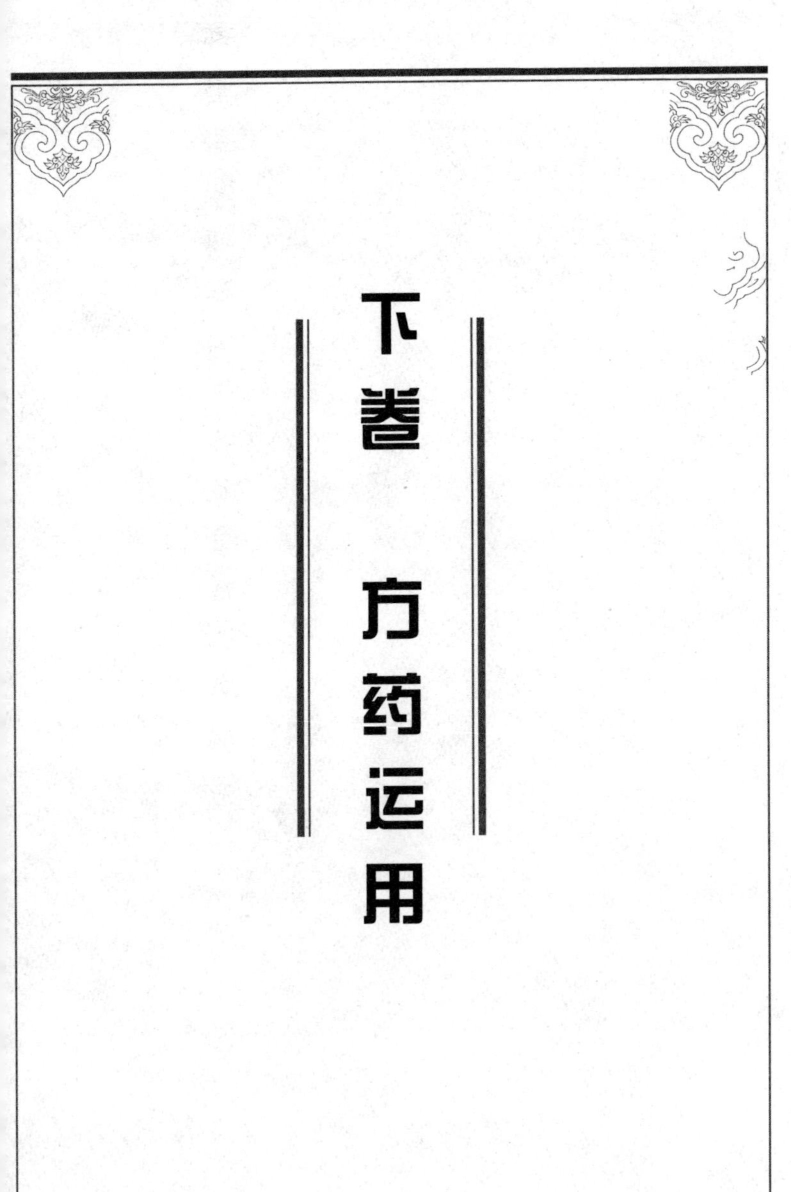

下卷 方药运用

临床实用中医方剂学

沈仲圭　编著

第一篇　总　　论

第一章　方的起源及变迁

中医的治疗技术，以方剂（即药物疗法）为主要治法。方剂的起源最早，约在公元前 2697～2597 年黄帝与岐伯所作之《内经》中，即有十二方，并有煎剂、丸剂、酒剂等区别，自后商·伊尹作《汤液经》（书已不传），汉·张机作《伤寒杂病论》，不但方剂的数量渐有增加，而且方剂的疗效又极准确，后人尊之谓“经方”，至今沿用不替。自汉以后，方剂随年代而扩充，变迁亦至大。所谓扩充者，即方剂数量之增加，如明·周定王橚撰《普济方》，所收方剂达六万一千七百三十九首之多，与李时珍《本草纲目》为明代两大钜著；所谓变迁者，即方剂之派别也，如金元四大家之治病主张，出入颇大，但治疗成绩均极优越，各为一代名家。兹将自《内经》十二方起至清代止之重要方书，略举其要，并说明其变迁概况，亦研究方剂学者不可不知之基本知识也。

一、《内经》方举例

铁落饮　即生铁落一味，约一升，铁铫内煅赤，醋淬七次，煎服。铁落性沉下降，降心肝二经之热，为治怒狂之良品。《笔花医镜》用本方加麦冬、川贝、胆星、橘红、远志、菖蒲、茯苓神、玄参、丹参、钩藤、辰砂等，治颠狂。

兰草汤 兰草即佩兰，芳草类，入药用梗叶，功能宣中辟秽，祛湿利气，开胃化浊，和脾行水。主治口中甜腻，臭气，胸膈痞闷，噫嗳哇酸，胃中水谷不化，呕恶不能纳食，《素问》以本品除陈气，因其有芳香化浊之专长也。

鸡矢醴 用鸡矢白干者八合，炒香，以无灰酒三碗入之，共煎至一半许，用布滤出其汁，五更热饮。鸡矢白微寒无毒，下气破血，利二便，主治心腹膨胀颇效。

四乌鲗骨一藘茹丸 即乌鲗骨四分，藘茹一分，以雀卵作丸，大如小豆，鲍鱼汤送下。乌鲗骨咸温下行，性涩止脱，久服令人有子，可知其固气益精之功。藘茹即茜草，咸酸入肝，活血通经。雀卵壮阳益血。此方温涩止血，兼能活血祛瘀，《内经》治血枯月事衰少，时时前后血，近世以此方治赤白漏下。

二、汉代张机《伤寒杂病论》

张机在原序中云："余宗族素多，向余二百，建安纪年以来，犹未十稔，其死亡者三分有二，伤寒十居其七，乃勤求古训，博采众方，撰用《素问》《九卷》《八十一难》《阴阳大论》《胎胪药录》并《平脉辨症》，为《伤寒杂病论》合十六卷。"《伤寒论》为汉以前各临床医师经验方剂之结晶，近人推为中医方剂第一次总结。徐大椿云："仲景治病，其论脏腑经络病情传变，悉本《内经》，而其所用之方，皆古圣相传之经方，并非师心自造，间有加减，必有所本，其分量轻重，皆有法度，其药悉本于《神农本草》，无一味游移假借之处，非此方不能治此病，非此药不能成此方，精微深妙，不可思议，药味不过五六味而功用无不周。"

吾人体会徐氏之言，可知仲景《伤寒论》虽只一百一十三方，但对证用之，如立杆见影，其方所以有此伟效者，由于仲景之方，皆古圣相传之经方，非私心自造者，后世推重其书为经方之鼻祖，足可当之而无愧矣。

三、晋代《肘后备急方》

葛洪撰，八卷，是书初名《肘后卒救方》，梁陶弘景补其阙漏，得一百一首，名《肘后百一方》，金代杨用道又取唐慎微《证类本草》诸方附于《肘后》随症之下，名《附广肘后方》，书分五十一类，有方无论，不用难得之药，简要易明，近世通用之葱豉汤、獭肝散，即出于此书。

四、唐代《千金要方》及《翼方》

孙思邈撰，两书各三十卷，凡诊治之诀，针灸之法，以至导引养生之术，无不周悉。徐大椿云："《千金方》则不然，其所论病，未尝不依《内经》，而不无杂以后世臆度之说；其所用方，亦皆采择古方，不无兼取后世偏杂之法；其所用药，未必全本于神农，兼取杂方、单方及通治之品。故有一病而立数方，亦有一方而治数病，其药品有多至数十味者，其中对症者固多，不对症者亦不少，故治病有效有不效。"观徐氏之说，可见经方至唐已有变迁，即方之组成，其药品多寡不等，方之主治范围，或泛或专一，凡此皆异乎仲景之方制也（据李涛考证，唐代佛教徒翻译印度医书多种，因此中医学的内容搀入印度医学的理论和药物，孙思邈《千金方》的方制，多与仲景不同者，恐系有一部分印度药方搀入其中）。

五、唐代《外台秘要》

王焘撰，四十卷，书分一千一百四门，皆先论而后方，其论多以巢氏《病源》为主，方则纂集自汉以来各家名方，如小品、深师、崔氏、许仁则、张文仲等失传之方，犹得见于此书。焘居馆阁二十余年，多见宏文馆图籍方书，其作是编，则成于守郿时，其结衔称持节郿郡诸军事兼守刺史，故曰外台。以上两书，收载宏富，集唐代以前方剂之大成，近人推为中医方剂第二次总结。

六、宋代《和剂局方》

徽宗时刊布《太平惠民和济局方》十卷，后简称《太平和济局方》，宋库部郎中提辖措置药局陈师文等奉敕编。《读书后志》云："《太医局方》十卷，元丰中诏天下高手医，各以得效秘方进，下太医局验试，依方制药，鬻之，仍摹本传于世。"据《后志》记载，可知《局方》系汇集天下名医之得效方，又经太医局研究试用，始成定本，乃当时全国临床医家之经验结晶，殊堪珍贵；至历代相传专门禁方，亦包涵在内。我意此书可称为中国第一部方典。

七、宋代《圣济总录》

《圣济总录》共二百卷，徽宗政和间敕廷臣修纂，集天下名医，搜古今秘笈，无有巨细，概为列入，首详运气之微，次备六淫之变，七方十剂，三因并举，以及针灸、符禁、神仙、服饵，咸有方法可循。宋代崇尚医学，搜罗至富，古来专门授受之方，得见其大略。此书搜载广博，卷帙浩繁，近人称为中医方剂第三次总结。宋代帝王敕编之方书，有《太平圣惠方》一百卷、《太平惠民和剂局方》十卷、《圣济总录》二百卷。私家著作关于方书者，亦复不少，如严用和之《济生方》，为其从事治疗工作五十余年之经验总结，近世医界常用之归脾汤、橘核丸，均出是书。

八、金、元代的四大家（即刘张李朱）

刘完素，字守真，金，河间人，生平好用凉剂，以降心火，益肾水为主，著有《河间六书》，其中关于方剂者，有《河间方十八剂》《伤寒直格方》《宣明方论》。

张从正，字子和，号戴人，睢州考城人，精于医，贯通《素》《难》之学，其法宗刘守真，用药多偏寒凉，然起疾救死甚效，而于汗、吐、下三法，运用最精，世称为张子和汗、吐、下法，著有《张氏经验方秘录奇方》。

李杲，字明之，号东垣老人，金元间真定人，幼而聪颖，性好医药，从易人张元素学医，不数年而尽得其秘，治病以脾胃为重，于伤寒、痈疽、眼目病，尤为专长，著有《东垣试效方》。

朱震亨，字彦修，元，义乌人，学者尊之曰丹溪翁。从罗知悌学医，得刘完素、张从正、李杲之真传，发明相火之根源，为“阳常有余，阴常不足”之论，治病灵效，冠绝一时，从游颇多，名重江浙，著有《局方发挥》《平治荟萃方》。

金、元四大家之治疗主张，完素、子和均主泻火；震亨则主滋阴降火，与完素之说相去不远；惟东垣独重甘温补脾，其主张与刘、张又不相同也。

九、明代之温补派

薛己、张介宾、赵献可均温补派之代表人物。兹介绍其学术思想之概况如下：

薛己，字新甫，号立斋，明，吴县人，得父铠之传，其立法处方，偏于刚燥。徐大椿谓己温补之弊，终于自戕，卒以疡死。然其治病颇能推求本源，加减出入，俱有至理，著有《薛氏医案》十六种。

张介宾，字惠卿，号景岳，明，山阴县人。介宾年十四，即游于京师，从金梦石学医，尽得其传。以为凡人阴阳但以气血脏腑寒热为言，此特后天之有形者，非先天之无形者也。病者多以后天戕及先天，治病者但知有形邪气，不顾无形元气，河间、丹溪，立论皆偏，致后世寒凉之弊，多减元气，故其注本草，独详参、附之用，其治病单方重剂，应手霍然。介宾医法东垣、立斋，喜用熟地黄，人呼为“张熟地”，著有《景岳全书》。关于方剂者，有新方二卷、古方九卷，皆以八阵分类。

赵献可，字养葵，好学淹贯，尤善于《易》而精于医。其医以养火为主，尝论命门乃人身之君，养身者既不知撙节，致戕此火，以至于病，治病者复不知培养此火，反用寒凉以贼之，安望其生？著有《医贯》盛行于世。景岳、养葵均宗薛己，景岳鉴于宗丹溪者恣用知母、黄柏，戕伤元气，故批评刘、朱不遗余力，而其著书立说，惟以益火为宗，此矫枉过正之弊也。养葵生当明末，世乱民穷，其所接触之病，盖以虚证为多，故六味、八味为常用之方。自后，徐大椿作《医贯砭》，陈修园作《景岳新方砭》，均肆意攻击张、赵温补之害。又岂能免于矫枉过正耶！

十、清代之温病派

此派以叶、薛、吴、王四人为代表。兹介绍四人之著作及学术思想如下：

叶桂，字天士，号香岩，清吴县人，祖紫帆，通医理，父阳生，益精其术。桂少受家学，年十四，父殁，从父门人朱某学，又历事多师，故能淹有众长，名著朝野。他对急性热病之病邪传变及诊疗方药，均与仲景大异。叶氏《外感温热篇》云："温邪上受，首先犯肺，逆传心胞。"此与仲景六经传变之次第大不相同，又将温热病程分为卫、气、营、血四个阶段，其治疗原则，为在卫汗之，在气清之，入营透热，入血凉血，亦与仲景各经方药迥异，故自叶氏之说盛行，中医对急性热病之治法，从根本上发生变化矣。

薛雪，字生白，号一瓢，清，吴县人，善医术，性孤傲，与叶桂同时，均负盛名，其所作《湿热病篇》，王孟英辑入《温热经纬》中。

吴瑭，字鞠通，清，江苏清河县人，九岁父病，年余，卒致不起，遂发愤学医，师法叶氏，长客京师，颇多治验，著有《温病条辨》，为温病专书。

王士雄[①]，字孟英，晚号梦隐，又号潜斋，清，海盐县人，迁居于杭，三世均善医。士雄少孤贫，矢志向学，操术尤精，著有《潜斋医书》五种，内《温热经纬》尤为医界传诵。温病派之一致见解，以为《伤寒论》方只适用于伤寒，不宜于温热，于是创立理论，别出治法，与伤寒派对峙。有清一代伤寒与温病之争

① 王士雄：王孟英，清，杭州人，祖籍海宁。

辩，至为激烈，直至目前，在中医界中，仍不能将两者之治法及方剂融化而为一也。

第二章　方以性质分类的举例说明

任应秋云："处理方剂，是中医临床最后阶段的细致工夫，主要是根据诊断（望闻问切）所得，运用辨证论治体系的方法，对疾病予以全盘的认识和分析，经过认识和分析以后，意识上有了比较全面的概念，便从而商议处方治疗的法则，法则确定了，于是据方用药，加减进退，轻重缓急，老于临床者，如此运用裕如，毫无牵掣，这就是所谓理法方药的具体过程而完结了对疾病的最后手段。"（《中医经验临床学》）《素问·至真要大论》云："气有多少，病有盛衰，治有缓急，方有大小，愿闻其约，奈何？岐伯曰：气有高下，病有远近，证有中外，适其至所为故也……故曰：近者奇之，远者偶之，汗者不以奇，下者不以偶，补上治上制以缓，补下治下制以急，急则气味厚，缓则气味薄，适其至所，此之谓也。"我们临床治病，因为发病的原因不同，病人的体质各异，病状的轻重不一，所以方的组成就有各种不同的类型，在周秦之世，就初步制定了七方，所谓七方，即大、小、缓、急、奇、偶、复七种不同性质的处方原则，兹一一举例说明如下：

一、大方

病有兼症，邪气强盛，非大力不能克之。如大承气汤之药品和分量皆胜于小承气汤也。

举例说明：如大、小承气汤，大承气汤之主药大黄四两，小承气汤之主药大黄仍为四两，似无大小可分。但大承气之厚朴，视大黄加倍；小承气之厚朴，视大黄减倍；大承气中之枳实五枚，小承气只三枚；大承气有芒硝，小承气无之。故大承气为适量之大下剂，小承气为微量之缓下剂，以上单就方之配合以证明大承气和小承气泻下力量之大小。若从病的证状比较，亦可见“证有缓急，故方有大小”，大承气证之主要症状，为不大便五六日以至十余日不解，小承气证仅腹满、大便不通，又大承气证日晡潮热，独语如见鬼状，循衣摸床，而小承气证只有谵语，故一须急下，一只微和胃气而已。

二、小方

病无兼症，邪气轻浅，药少分量轻，中病而止，不伤正气。如仲景小承气汤之微下，小建中之微温，取其中病而止，力不太过也。

举例说明：如大、小建中汤，大、小建中同为治脾阳虚而腹痛之方。小建中病属渐起，由虚劳而成，症兼里急，悸衄失精，四肢酸痛，手足烦热，咽干口燥，则其势缓；大建中病属暴发，由寒气逆冲，症兼呕不能食，皮起，出见有头足，则其势急。小建中之脾寒，由血亏而滞，故用桂、芍、姜、枣温血行滞，而脾阳自舒；大建中之脾寒，为阴寒上逆，火不生土，中阳欲败，故用椒以驱寒，姜以温建脾阳，参以补其中气，则脾阳始复。是其症之缓急各别，轻重悬殊矣。

三、缓方

虚延之症，须缓药和之。有以甘缓之者，炙甘草汤之治虚劳是也；有以丸缓之者，乌梅丸之治久痢是也；有组合多药以成方，长时服食，使病渐愈者，如薯蓣丸之治风气百病，侯氏黑散之治大风是也。

举例说明：如四君子汤。此方为治营养不良，胃肠功能衰弱及慢性胃肠炎之长服方剂，因此等病症，须缓缓调补，不能急切治愈，故方中诸药，性平效缓，利于长服。又茯苓含脱水葡萄糖（占全量84.2%），有显著之营养价值，冉雪峰云：苓原作蘦，本自育阴，中西学理，若合符节。

四、急方

病势急则方求速效。如仲景急下之宜大承气汤，急救之宜四逆汤之类，盖发表欲急则用汤散，攻下欲急则用猛峻，审定病情，合宜而用。

举例说明：如四逆汤，伤寒至于手足厥冷，下利清谷，脉微欲绝，则阴盛阳亡，征象危急可知，故以附子挽垂绝之阳气（即命门之真火），干姜奠土以遏水，甘草调济附性之燥烈，此方有厚土制水，扶阳抑阴之功，为温肾回阳之主方，亦拯危续焰之急方也。

五、奇方

病有定形，药无牵制，意取单锐，见功尤神。如仲景少阴病咽痛用猪肤汤。又五苓散、厚朴三物汤、厚朴七物汤，皆以奇数名方，奇方总是药味少而锐利者也。

举例说明：如猪肤汤，猪肤为营养性强壮药，其治咽痛、心烦、下痢，亦养阴滋液之效，此方药少而数奇，故曰奇方。

六、偶方

偶对单言，单行力孤，不如多品力大。譬如仲景以桂枝与麻黄同用，则发表之力大，若单用一味则力弱矣。又如桂枝汤不单用桂枝，而必用生姜以助之，是仍存偶之意也。肾气丸桂、附同用，大建中椒、姜同用，大承气硝、黄同用，皆是此意。

举例说明：如大建中汤，蜀椒、干姜均为辛热健胃药，均有促进食欲，镇吐止冷痛之功效，今两药并用，所以名谓偶方也。

七、复方

复，重复之义，两证并见，则两方合用，数证相杂，则化合数方而为一。如桂枝二越婢一汤，是两方相合，五积散是数方相合［包括麻黄汤（去杏仁）、桂枝汤（去大枣）、平胃散、二陈汤］。又有本方之外，别加药品，如调胃承气汤加连翘、薄荷、黄芩、栀子为凉膈散，再加麻黄、防风、白术、荆芥、芍药、桔梗、川芎、当归、石膏、滑石、生姜为通圣散，病之繁重者药亦繁多也。岐伯言：奇之不去则偶之，是复方乃大剂，期于去病矣。

举例说明：如防风通圣散，此方为解表攻里、清热利尿、和血健脾之复方，药品繁多，主治亦广，亦曰复方。

第三章　方以效用分类的举例

任应秋云："根据处方的法则，从而配伍药味，这便叫做调剂，即是说药味的调配，是完全要接受处方的法则指挥的，张子和云：‘剂者，和也’，也就是调和药味的意思。从北齐徐之才起，便有十剂的创说，后增为十二剂，流传至今，一直广泛地为中医界所采用。”十剂，即将各种不同效用的方剂，归纳为十类，《中国医药汇海》云：“医者但熟七方十剂之法，便可以通治百病。”盖七方十剂及君臣佐使，是方剂的制度，也是方剂学的基本知识，学者对此，诚不可不熟读精思焉。

一、补剂

补可扶弱：先天不足宜补肾，如六味丸；后天不足宜补脾，如四君子汤；气弱者宜补肺，如人参等；血弱者宜补肝，如当归等；神弱者宜补心，如枣仁等。再审阴阳轻重治之，则妙于补矣。

举例：六味地黄丸，见补养之剂。补剂相当于今之强壮剂。

二、重剂

重可镇怯：怯则气浮，重以镇之。镇之之道有四，惊气乱，宜至宝丹之类；恐气下，宜二加龙骨牡蛎汤之类；怒气逆，宜生铁落饮之类；虚气浮，宜朱砂安神丸之类。

举例：至宝丹，见解毒之剂。重剂相当于今之镇静剂。

三、轻剂

轻可去实：风寒之邪，中于人身，痈疮疥痤，发于肢体，宜轻而扬之，使从外解，仲景用麻桂，今人用人参败毒散，或香薷、白芷、薄荷、荆芥之类。

举例：人参败毒散，见发表之剂。轻剂相当于今之发汗剂。

四、宣剂

宣可去壅：头目鼻病，牙噤喉塞，实痰在胸，气逆壅满，法宜宣达，或嚏或吐，或令布散，皆谓之宣。取嚏如通关散，取吐如胆矾，令其布散如越鞠丸、逍遥散之类。

举例：越鞠丸，见燥湿之剂。宣剂相当于今之兴奋中枢神经剂。

五、通剂

通可行滞：大气郁滞，宜用通剂利其小便。滞于气分者，用木通、滑石、六一散之类；滞于血分者，用防己、导赤散、五淋散之类。

举例：导赤散，见利湿之剂。通剂相当于今之利尿剂。

六、泄剂

泄可去秘：邪盛则秘塞，必以泄剂从大便夺之。备急丸泻寒实，承气汤泻热实，葶苈大枣泻肺汤是泄其气，桃仁承气汤是泄其血，十枣汤是泄其水，凡宜破利者皆泄之类。

举例：《千金》三物备急丸，见攻下之剂。泄剂相当于今之泻下剂。

七、滑剂

滑可去着：着谓留而不去也，痰黏喉，溺淋浊，大肠痢等皆是，宜滑泽以涤之。

举例：倪涵初痢疾第一方，见攻下之剂。滑剂相当于今之润滑剂。

八、涩剂

涩可固脱：脱如开肠洞泻，溺遗精滑，大汗亡阳之类，宜用涩剂以收敛之。如桃花汤之止痢，金锁固精丸之止遗，桑螵蛸散之止小便。大约牡蛎、龙骨、海螵蛸，其质收涩；五味、诃子，其味收涩；莲房、棕灰、麻黄根，其性收涩，随加寒热气血诸品，乃为得宜。

举例：金锁固精丸，见收涩之剂。涩剂相当于今之制泌剂。

九、湿剂

湿可润燥：燥者枯也，风热怫郁（怫音佛，怫郁谓郁极也），则血液枯竭而为燥病。上燥则渴，或为肺痿，宜人参白虎汤加花粉；下燥则结，宜麻仁丸。胃燥则膈食（食滞于胸膈也），筋燥则挛缩。总之，养血则当归、地黄，生津则麦冬、花粉，益精则枸杞、菟丝，诸如此类，在用者自己推广之。

举例：百合固金汤。湿剂相当于今之滋养剂。

十、燥剂

燥可去湿：外感之湿，宜神术汤汗之；湿泛为痰，宜二陈汤降之；湿停不溺，宜五苓散利之；胃湿宜平胃散；脾湿宜肾着汤。皆治寒湿也。又有湿热之症，反忌燥药，当以苦坚清利治之。

举例：二陈汤，见燥湿之剂。燥剂相当于今之健胃剂。

十一、寒剂

寒能胜热：热证如伤寒、温热、虚劳，何一不有，当以寒药治之，其间进退出入，在人审矣。甘寒之剂，如白虎汤；苦寒之剂，如黄连解毒汤。大抵肺胃肌热宜银翘、石膏，心腹热宜芩、连，肝肾热宜黄柏、知母、胆草。

举例：白虎汤，见清热之剂。寒剂相当于今之解热剂。

十二、热剂

热可制寒：寒者阴气也，积阳生热，能制寒证，辛热之品是矣。如四逆汤、理中汤治脾肾之寒；吴茱萸汤治肝寒；四味回阳饮统治里寒；桂枝汤统治表寒。方难尽录。读者宜遍查之。

举例：四味回阳饮，见温热之剂。热剂相当于今之兴奋剂。

第四章　方的组织

方剂为历代医家临床治疗的经验结晶，它的组织由简单趋于复杂，有一定的方式，即所谓君、臣、佐、使是也。沈乾一云："盖药之治病，各有所主，主治者君也，辅治者臣也，与君药相反而相助者佐也，引药至于病所者使也。"蔡陆仙云："一方中对主要病证之专力药宜重用者为君，其治兼病兼症药为臣，助君药者则谓之佐焉，供导引前驱者则谓之使焉。"和田启十郎云："中西医虽各有君、臣、佐、使之分，然其目的有霄壤之别，西医谓君药为合剂方中主效之药物；臣药为副效之药物，然多无用；佐药一名调制药，用以调和恶味恶臭；使药一名结构药，用以构成药剂为适当之形状。从以上之君、臣、佐、使观之，可知西医重在以单味药力治各种疾病，其在副发症状，则必复用单味诸剂以应之，如斯之处方法，余拟名之曰'单味复剂法'。中医之君、臣、佐、使说则不然，君药虽为合成方中有主效之药物，与西医同，然无臣药、佐药之力，则君药不为其用，固非如西医之佐、使等仅为调味调臭结构等虚饰之用也。其所以配合诸种药味成为一剂者，欲使药力强大，兼治诸种副发症状耳，故不如西医之欲兼用数剂，如斯之处方法，余拟名之曰'复味单剂法'。”以上三家之说，以和田启氏最为明显，并接近现代中医的一般处方法则。至谓中医之处方法是复味单剂法，西医之处方法是单味复剂法，更正确地指出中医处方法则的优越性。兹根据古义并个人意见，将中医方剂的组成，举例说明于下：

1．麻黄汤

主治：太阳伤寒，表不解。目的：欲令汗出。

组织：
- 君药——麻黄（发汗解表）
- 臣药——杏仁（平其兼症之喘）
- 佐药——桂枝（助麻黄散寒）
- 使药——甘草（协和诸药）

2．桂枝汤

主治：太阳中风，寒邪在肌肉营分，表反虚证。目的：解肌发表。

组织：
- 君药——桂枝（发汗解热）
- 臣药——芍药（敛汗和血）
- 佐药——姜、枣（生姜助桂枝发散，大枣助芍药养脾）
- 使药——甘草（协和诸药）

3．大青龙汤

主治：太阳无汗表不解。目的：发汗解热。

组织
- 君药——麻、桂（发汗解表）
- 臣药——石膏（治其兼症之烦躁）
- 佐药——姜、枣、杏仁（姜、枣调和营卫，助麻、桂发汗解表，杏仁利肺气）
- 使药——甘草（协和诸药）

以上三剂，仅对麻、桂、青龙三方之药品略加分析，以明方之组织方式，至此三方在临床应用之区别，尤觉重要，兹就我意列表于下，以备参考。

汤名	功用	主治	适应证
麻黄汤	发汗重剂	普通感冒之重症，或兼咳嗽气喘者	恶寒发热，无汗而喘，头痛身疼腰痛，四肢疼痛，脉象浮紧
桂枝汤	发汗轻剂	虚人感冒，或兼呕吐不食者	头痛发热，汗出恶风，鼻鸣，干呕，脉象浮缓
大青龙汤	发汗解热重剂	单纯型流行性感冒，各种急性热病初起，普通感冒热高者	发热恶寒，头痛身疼，不汗出而烦躁，脉象浮紧

第五章 方的选择及分类

中医的治疗，以药物疗法为主，《本草纲目》所载之药为1896种，明《普济方》所载之方为61739首，此数字虽不能代表中医方剂的实有数量，但一书所辑，已如是浩繁，则中医方剂之渊博，从可知矣。一人之精力有限，方剂之浩繁无穷，不但六万余方，无法记诵，即五十分之一，亦非易事。盖方剂全凭呆读强记，非如理论文字可以意会之，不必背诵其章句也。今欲解决方剂之记诵问题，惟有“选择”一法。历来有学识之医家，颇能应用古方，凡古方之主治、药品、分量，均了然于胸，故其临证处方，挥笔立就。此非其天才迥异他人，亦由对古方能“择要诵记”之诀耳。

大概古今方书中宜记诵应用之方，除《内经》各方及《伤寒论》《金匮》杂病论方之外，其他可酌量采用。因古人之制方剂，或别具巧思，或别饶经验，其方皆有专长，但未必所载录之方，方方尽善也，我人当就其专长者诵读之研究之，不必悉诵读之研究之也。《千金》《外台》等方，已不能尽记，下此更无论矣。他如四大家之方，若刘河间之长于泻火，李东垣之长于温补，张子和之长于攻下，朱丹溪之长于养阴清火。各家所专长方类中举例言之，如河间泻火剂中之天水散、通圣散，东垣温补剂中之补中益气、升阳顺气，张戴人攻下剂中之木香槟榔丸，朱丹溪清火剂中之左金丸等，皆为后人所应取法并常用者也。此外，如张景岳之玉女煎、左归饮，喻嘉言之清燥救肺汤，吴又可之达原饮，及叶天士、吴鞠通、王孟英等温热诸方，均为在应记诵范围内之佳方。至于丸散膏丹，或与汤药配合应用，以增加药物之效力，或缓病调理，利于长服，此类不同剂型之药品，在治疗上各有其优越之特点，为医者不可不熟习之方剂。兹将常用之丸散膏丹，分类列后，以作各同道研习之参考。

补益心肾类：十全大补丸、人参养营丸、天王补心丹、归脾丸、龟鹿二仙胶、两仪膏、琼玉膏、肾气丸、知柏地黄丸、金锁固精丸、朱砂安神丸。

脾胃泄泻类：香砂六君子丸、资生丸、四神丸。

饮食气滞类：保和丸、沉香化气丸、左金丸、木香槟榔丸、脾约麻仁丸、半硫丸。

痰饮咳嗽类：清气化痰丸、半贝丸、控涎丹、黑锡丹、贝母二冬膏。

六气类：豨莶膏、苏合香丸、圣济大活络丹、川芎茶调散、万氏牛黄清心丸、紫雪丹、黄连上清丸、当归龙荟丸、藿香正气丸、六合定中丸、三妙丸、青麟丸、紫金锭、行军散。

杂证类：仲景鳖甲煎丸、十灰丸、脏连丸、香连丸。

妇科类：八珍益母丸、乌鸡白凤丸、威喜丸、益母膏。

儿科类：牛黄抱龙丸、琥珀抱龙丸、鸡肝散、鸬鹚涎丸、八珍糕。

外科类：犀黄醒消丸、小金丹、冰硼散、锡类散、六神丸。

眼科类：石斛夜光丸、杞菊地黄丸、羊肝丸。

雷少逸之《时病论》，其自定之法，共得六十；陈修园之《时方歌括》，选切当精纯之方一百零八首；孟河丁氏用药法，为丁甘仁临证常用之方，数只一百一十三；秦伯未之《治疗新律》在上海中国医学院中医专门学校曾用为教材，只五十六律（即五十六法）；盐山张锡纯将生平历验之方，著成《衷中参西录》，全书之方，共约百首。由此估计，吾人如记诵常用方百首，并将每方之主要功能、适应证候、临床运用等项，深切了解，则于方剂之学，亦可谓有相当基础矣。

古今方剂之分类，不甚一致，有分为十八剂者，即轻、解、清、缓、寒、调、甘、火、暑、淡、湿、夺、补、平、营、涩、温、和各剂；有以病之名称分类者，如伤寒门、中风门、燥病门、湿病门等是；有以人之形体分类者，如头面部、胸肋部、腰腹部、手足部等是；有以方之功效分类者，如补益之剂、发表之剂、攻里之剂、涌吐之剂等是。

本书旨在切合临床实用，并与中医药理学分类取得一致，分为十八章，其目如下：解表（发汗）、清热（解热）、解毒（特殊消毒）、杀虫（驱虫）、温热（兴奋强心）、补养（滋养强壮）、重镇（镇静）、平肝（镇痉）、燥湿（健胃）、利湿（利水）、理气（镇痛）、和血（调经）、攻下（泻下）、消食（消化）、化痰（祛痰）、止咳（镇咳）、涌吐（催吐）及止吐（镇吐）、收涩（止血、止汗、制泻、制泌），并将历年所得轻验方，择尤附于同性质方后，全编共约二百余方（连附方在内），每方分来源、组成、主要效能、适应证、临床运用、参考资料等项，作繁简恰当之叙述。

第二篇　各　论

第六章　发表之剂（发汗）

麻黄汤

来源　《伤寒论》

组成　麻黄（去节）三两，桂枝二两，杏仁七十枚（去皮尖），甘草一两（炙）

先煮麻黄数沸，去沫，内诸药，煎热服，复取微汗，中病即止，不必尽剂，无汗再服。

主要效能　发汗解热，兼能镇咳平喘。

适应证　发热恶寒，头痛身痛，腰痛骨节痛，无汗而喘，脉浮紧。

方义略释　麻黄之作用，为放大皮下之微血管，同时振奋心力而发汗。桂枝亦为发汗药。麻、桂合用，发汗之力更大。故古来医家均认麻黄汤为发汗峻剂，治太阳伤寒，恶寒发热无汗，脉浮紧者。杏仁含苦杏仁素，入胃后分解为氰酸，有麻醉作用，为镇咳平喘药，对热性病之气粗气促有镇静缓和之功。甘草含甘草糖、葡萄糖，为调味药，并可润滑喉头气管而奏镇咳之效。全方各药之性效大致如此，故本方之效能，首为发汗解热，用于重感冒，但施用标准，须恶寒无汗，脉浮紧，苔薄白者。次为镇咳平喘，亦可用于剧烈之伤风咳嗽。如舌不白，脉不紧，恶寒不甚者，则辛凉轻剂之桑菊饮①，更为适合也。

本方中之麻黄、杏仁均有镇咳平喘之功用，故也可用于：①慢性支气管炎由感冒引起者；②感冒性支气管炎咳嗽剧烈者。但用于第一项，其效力不如小青龙汤，用于第二项，其效力不如华盖散②。

高德明谓本方发汗镇咳之作用并不如何强大，旧说将本方列为发汗峻剂，似不可靠。又谓必要时可加入防风、苏叶、前胡、贝母，以增强疗效。我意麻桂并用，其发汗之功用，似无可疑。但辛温发汗药，如收藏不合法，或服法不适宜，均可减弱其作用，非麻黄汤本身无发汗之力也。至其所加各味，亦可采用。

参考资料

(1)《中国医药汇海》云："无论风寒之微剧与夫伤肺及太阳(原文之意，风寒外袭之邪，剧者入皮肤稍深，则病在太阳，轻者但袭皮毛，则伤肺之阳气)，既为寒邪闭其皮毛，则治法自宜用辛味以开泄，用温性以驱寒，此至当不易之理也。麻黄汤之麻黄、杏仁皆辛温药也，故能开散皮毛，而驱其在表之风寒；风寒壅阻于外，则内气亦不能降利，杏仁微带苦味，以降利其气；益以桂枝之辛温，兼和其营，使内之抵御力增加，而寒邪自易驱散，又佐以甘草以和药力，此方不但治寒伤太阳之伤寒，即风寒

---

① 桑菊饮：吴鞠通方，治太阴风温，但咳，身不。甚热，微渴。组成：桑叶、菊花、薄荷、连翘、杏仁、桔梗、甘草、苇茎。

② 华盖散：《局方》，治肺感风寒，咳嗽上气，胸膈烦闷，项背拘急，鼻塞声重，痰气不利，脉形浮数。组成：麻黄、桑皮、苏子、杏仁、赤苓、橘皮、甘草。

感冒之伤肺者，投之亦无不可也。”此段解释麻黄汤之医治作用为“驱其在表之风寒”，其主治病症为“寒伤太阳及风寒感冒”，此与吾人对本方之意见毫无出入也。

（2）本方加石膏、姜、枣，名大青龙汤，治麻黄证而现烦躁者，为辛温合辛凉法，有发汗解热除烦之功效，用于各种急性热病之初期须发汗解热者。

桂枝汤

来源 《伤寒论》

组成 桂枝三两（去皮），芍药三两，甘草二两（炙），生姜三两，大枣十二枚（擘）

上五味，㕮咀，以水七升，微火煮取三升，去渣，适寒温，服一升。服已须臾，歠（音啜，饮也）热稀粥一升余，以助药力，温覆令一时许，通身微似有汗者，益佳，不可令如水流漓，病必不除。若一服汗出病差，停后服，不必尽剂。若不汗。更服依前法，又不汗，后服当小促其间，半日许令三服尽，若病重者一日一夜服，周时观之。服一剂尽病症犹在者，更作服，若汗不出者，乃服至二三剂。禁生冷、黏滑、肉面、五辛、酒酪、臭恶等物。

主要效能 轻微发汗、健胃。

适应证 轻性感冒，虚人感冒，头痛发热，汗出恶风，食欲不振，鼻鸣干呕。

方义略释 汤本求真云：“由《肘后百一方》至《荷兰药镜》所说，知桂枝有发汗解热及止汗作用，镇静、镇痉、镇痛作用，亢奋强心、强壮作用，祛痰作用，健胃驱风作用，疏通瘀血、通经催产及下胎盘、死胎之作用。”又云：“芍药为一种收敛药，欲使充分发挥发汗、祛痰、泻下、利溺诸作用，以不用此药为通则，故于止汗药之桂枝汤中有芍药，猛发汗剂之麻黄汤、大青龙汤中则无之。”生姜有祛寒发表，治伤寒之头痛，伤风之鼻塞、咳逆呕哕等作用。大枣为滋养药，本草著其功用为养脾，平胃气。甘草为缓和药，对全方各药有协调作用。读者既理解桂枝汤每药之性能，即可明晰本方之意义。桂枝发汗解热，芍药敛汗和血，生姜助桂枝发散，大枣助芍药养脾。因本方主治之病症为感冒，故以桂、姜之辛温发汗，但病人表虚自汗，故以芍药之酸收止汗为辅。

本方除治轻感冒外，亦可用于慢性胃肠病之发热，食欲不振，胸满呕吐，此因桂枝、生姜均为辛香健胃药，对胃脏功能衰弱之患者，有促进消化之效也。

临床运用 本方乃《伤寒论》之首方，历代医家皆称颂本方为张仲景群方之魁（仲景之方凡二百余首，用桂枝者殆六十方，其中以桂枝为主药者约有二十方，故云群方之魁）。常用之进退加减，以适应于各种病症为准，兹略举数例：

桂枝加葛根汤：即本方加葛根，用于感冒项背强痛。桂枝加大黄汤：即本方加大黄，用于感冒腹痛便秘。桂枝加附子汤：即本方加附子，用于发汗后汗出不止恶风。桂枝新加汤：即本方加芍药、生姜、人参，用于伤寒汗后身痛、脉沉迟。桂枝加厚朴杏仁汤：即本方加厚朴、杏仁，用于支气管炎之咳嗽气喘。小建中汤：即本方加芍药、饴糖，用于虚劳腹痛。

参考资料 常续和云：“盖古人以经验与理解所及，知人体虽云万有不齐，约其大旨，其表面皮肤，不外有致密与粗松之差，其体质功能，不外有强壮与柔弱之异。其皮肤之致密者，则汗腺闭塞而为无汗之症，乃凭其发热、头痛、恶寒、无汗等之整个症状，名曰伤寒，处用麻黄汤以发其汗。其皮肤之粗松者，则汗腺开辟而为有汗之症，亦但凭其头痛、发热、恶寒、有汗之整个症状，名曰中风，处用桂枝汤，仍取微汗法，而兼摄敛其汗腺之弛缓也。”常氏解释桂枝证自汗之原因，乃人体生理之个别现象，尚非桂枝证自汗之真因。例如，冬季不易出汗，感冒多见麻黄证，夏季易于出汗，感冒多见桂枝证，此缘气候之寒燠悬殊，造成症状上之差异也。至其认桂枝汤为微汗法，兼有敛汗作用，此与汤本求真考证桂枝之作用不谋而合。我更十分同意。

恽铁樵云："太阳病，发热形寒，头痛项强，口中和，汗自出，始可用桂枝汤。"又云："口中和，就是舌面润，舌质不绛，唇不干绛，不渴。如口渴、舌干、唇绛，即是温病，桂枝是禁药。"恽氏所述用桂枝汤之标准，亦即用"辛温发汗法"与"辛凉解表法"之鉴别诊断，学者宜熟记于心。

葛根汤

来源　《伤寒论》

组成　葛根四两，麻黄三两（去节），桂枝二两（去皮），芍药二两（切），甘草二两（炙），生姜三两（切），大枣十二枚（擘）

上七味，㕮咀，以水一斗，先煮麻黄、葛根，减二升，去沫，内诸药，煮取三升，去滓，温服一升，覆取微似汗，不须啜粥，余如桂枝汤法将息及禁忌。

主要效能　为亚于麻黄汤之发汗剂，有发汗退热健胃之作用，适用于感冒及热性传染病之初期。

适应证　恶寒发热无汗，项背强痛，或下利者。

方义略释　葛根汤即桂枝汤加麻黄、葛根二味，为辛温发汗剂。桂枝汤为解肌退热之方，今加麻黄、葛根，有发汗退热之效，并能缓解项背强直作痛。葛根味甘性平，有发汗解热，生津止渴，缓解头痛肩疼之作用。桂枝、生姜均为辛辣健胃药，能增加食欲。因此，本方除其主要之发汗解热作用外，并可治肩背神经痛、感冒并发呕吐或下痢（不下利但呕者本方加半夏）、赤痢兼有表症者、眼耳鼻之炎症、麻疹发而未透、荨麻疹①。

陆渊雷云："凡麻疹、猩红热、痘疮等病毒必须于皮肤排泄者，皆当与汗俱出，故葛根汤为必用之方。"用本方于麻疹，乃基于"发汗解毒"之原理也（麻疹、猩红热均为急性传染病，中医称为热毒壅于肺胃，陆氏谓必须于皮肤排泄甚是，但选方用药，宜辛凉透疹，不宜辛温发汗，特附管见，愿经方家考虑之）。

赤痢为里证，发热、头痛、恶寒、无汗等为表证，一病既有里证，又有表证者，先治其表，后治其里，用本方于赤痢，乃基于"先表后里"之治疗原则也。

所谓炎症，即发热、红肿、疼痛，中医对炎症之处理，以发汗疏散为主，不过有辛凉发汗法与辛温发汗法之异，用本方于眼、耳、鼻炎症，乃基于"炎症应先发散"之治疗原则也。

日本渡边熙谓"葛根汤以感冒同时兼肠胃病者为适应证"，是亦根据中医先治其表，后治其里之原则而定也。

参考资料　古今分量之大小，据王朴庄之考正，古之一两今重

---

①　荨麻疹：即风疹。

七分六厘强。本方按王氏考正折算，为葛根三钱，麻黄、生姜各二钱三分，桂枝、芍药、甘草各一钱五分，大枣十二枚。

银翘散

来源 《温病条辨》

组成 连翘一两，银花一两，桔梗六钱，薄荷六钱，竹叶四钱，淡豆豉五钱，牛蒡子六钱，荆芥四钱，甘草五钱

共杵为散，每服六钱，加鲜芦根煎服。

主要效能 本方为清凉性之发表解热剂，有退热利咳及解毒诸作用。

适应证 发热、有汗、口渴而不恶寒，凡感冒、流行性感冒、急性热性病初起、上呼吸道炎症，均可酌量投之。

方义略释 方中所用淡豆豉、荆芥、薄荷、牛蒡子皆系发表药，银翘、竹叶、鲜芦根皆系解热药，桔梗、甘草为祛痰缓咳药，综合全方作用，以银翘解热为主，发汗为佐之解热剂也。体质不良者，如神经质、贫血体质、结核体质等，如患感冒，多不任重剂，投以清凉性之发汗解热剂，其热即解，因此类辛凉平剂，对体质不良者，服之轻快而无流弊。

本方之主要效能，为发表退热，除应用于普通感冒，呼吸型感冒（即流感）①，各种急性热性病初起，作解热剂投与外，其他眼、耳、牙龈、扁桃腺、支气管之炎症，及各种热性瘢疹，亦可加减用之，有发汗、消炎、解热、排毒之作用。惟重感冒之寒

① 呼吸型感冒：以往将流行性感冒分为单纯性热型、呼吸器型、胃肠病型、神经型四种。所谓呼吸型感冒，即流感并发支气管炎，亦即风温而兼咳嗽者。

热无汗者，急性炎症之高热烦渴者，非麻、桂、芩、连、石膏，难奏肤功，本方不能为力也。

参考资料　热蕴于肌，有汗而喘者为麻杏甘石证，化燥灼津者为白虎证，然皆表虚肌实之热邪，若肌表兼实，舍银翘散从何觅对证之方剂耶！其视麻杏甘石及白虎汤，固不仅有轻重之差分也。且肌肉为营血所司，温热在此界分，最易传营而为鼻衄、瘢疹等症，欲从清营以透泄，舍银翘之功，又谁与归！惟寒邪之在肌表，无论有汗无汗，则此方又在所必禁，学者最宜分别治之（《中国医药汇海》方剂部）。从此段文献记载，可知用银翘散之标准：①温邪外袭，肌表兼实，即各种急性热性病初起，发热恶寒而无汗者。②兼治急性热性病病程中之鼻衄、瘢疹等症。③本方与白虎汤、麻杏甘石汤不同之点：a. 本方为发表解热之轻剂，麻杏甘石汤为发表解热之重剂。b. 本方治热在太阳（急性热性病的第一阶段），白虎汤治热在阳明（急性热性病的第二阶段）。c. 本方发表解热，兼能透达瘢疹，麻杏甘石汤消炎镇咳平喘，兼治大叶性肺炎①、支气管肺炎②。

麻杏甘石汤

来源　《伤寒论》

①　大叶性肺炎：即真性肺炎，大都系肺炎球菌所传染，发生于冬春二季，小儿老人虚体易染此病，其主要症状为壮热胸痛，咳嗽气急，痰呈铁锈色。

②　支气管肺炎：其病原菌由肺炎球菌传染者占60%～70%，最喜侵犯小儿、老人，多继发于传染病之后，如麻疹、百日咳、猩红热、白喉、流行性脑脊髓膜炎、伤寒、支气管炎等，病状与真性肺炎略同，如壮热咳嗽，气急痰黏等，唯热有弛张，口唇指甲呈青紫色，病之经过长短不等，与真性肺炎异。

组成 麻黄四两（去节），杏仁五十枚（去皮尖），甘草二两（炙），石膏半斤（碎，绵裹）

上四味，以水七升，先煮麻黄，减二升，去上沫，纳诸药，煮取二升，去滓，温服一升。

主要效能 辛凉解热，兼能消炎平喘。

适应证 身热自汗，咳嗽气喘等症。

方义略释 方中石膏为解热药，麻黄为发汗平喘药，杏仁为镇咳药，甘草为缓和药，兼有祛痰作用。就药效观察，本方为消炎镇咳平喘剂，适用于急性支气管炎重症，真性肺炎、支气管肺炎，有退热平喘之功。

临床运用 胡光慈治肺气壅塞，气喘鼻扇，胸高痰涌，用本方加葶苈子、苏子、瓜蒌仁三味。葶苈子主治咳逆上气，苏子润肺下气，瓜蒌仁降火涤痰，原方加此三味，则平喘祛痰之力益为显著矣。

本方除用于肺炎外，又可用于麻疹，据胡光慈的临床经验，用本方加西河柳、连翘、牛蒡子三味，每奏良效。西河柳清热发汗为透发麻疹要药，连翘清热解毒，牛蒡主治风湿瘾疹，原方加此三味，透疹之力愈大矣。

参考资料 本方与大青龙汤之比较：大青龙汤主治外有寒邪，内有壅热（肌表两实），故以麻、桂发汗为主，石膏清热除烦为辅，系发汗解热法，各种热性病高热无汗、恶寒烦躁者，为对症之剂。本方主治外无寒邪，内有热壅（表虚肌实），故麻黄、石膏并用，系辛凉解热法，各种热性病发热不恶寒、自汗口渴者（风温）为对证之剂。

本方与白虎汤之比较：白虎汤主治温邪化热伤津，治宜清热之中佐以生津（石膏配合知母）。本方主治温邪尚未伤津，治宜清热之中佐以透达（石膏配合麻黄）。

人参败毒散

来源　《活人书》

组成　人参、柴胡、前胡、羌活、独活、枳壳、茯苓、川芎、桔梗各一两，甘草五钱

共研为细末，每服二钱，水一盏，入生姜三片，煎七分，温服或沸汤点服。烦热口干加黄芩。

主要效能　发汗排毒解热，祛痰缓咳。

适应证　伤寒时气，头痛项强，壮热恶寒，身体疼痛，寒壅咳嗽，鼻塞身重，风痰呕哕。

方义略释　本方以羌、独、生姜祛风散寒，柴胡退热，桔、前、甘草祛痰缓咳，人参补气，茯苓合生姜以止呕，川芎合羌、独以除头痛身疼，枳壳合生姜芳香健胃，本方主要功用为发汗解热，兼能祛痰健胃，对感冒、流行性感冒，腮腺炎[①]气管炎、湿疹、疮疡及赤痢有表证者，均为对证良方。

参考资料　喻嘉言对本方必须用参之原理，曾有详明之辨论，其文曰："伤寒宜用人参，其辨不可不明，盖人受外感之邪，必先汗以驱之，惟元气旺者，外邪始乘药势以出，若素弱之人，药虽外行，气从中馁，轻者半出不出，重者反随元气缩入，发热无休矣。所以虚弱之体，必用人参三、五、七分入表药中，少助元气，以为驱邪之主，使邪气得药，一涌而出，全非补养衰弱之意也。即和解药中，有人参之大力者居间，外邪遇正，自不争而

① 腮腺炎：即痄腮，俗名搬耳寒。

退舍，否则，邪气之纵悍，安肯听命和解耶！不知者谓伤寒无补法，邪得补而弥炽，即痘疹、疟、痢以及中风、中痰、中寒、中暑、痈、疽、产后，初时概不敢用，而虚人之遇重病，可生之机，悉置不理矣。古方表汗用五积散、参苏饮、败毒散，和解用小柴胡汤、白虎汤、竹叶石膏汤等方，皆用人参领内邪外出，乃得速愈，奈何不察耶！外感体虚之人，汗之热不退，下之、和之热亦不退，大热呻吟，津液灼尽，身如枯柴，医者技穷，正为元气已离，故药不应手耳。倘元气未离，先用人参三、五、七分，领药深入驱邪，何至汗和不应耶！东垣治内伤外感，用补中益气加表药一二味，热服而散外邪。古伤寒专科，从仲景至今，明贤方书，无不用参，何为今日医家，除参不用，全失相传宗旨，使体虚之人，百无一活，曾不悟其害之深也！盖用参而杀人者，是与芪、术、桂、归、姜、附等药同行温补之祸，不谓与羌、独、柴、前、芎、半、枳、桔、芩、膏等药同行汗和之法所致也，安得视等鸩毒耶！嘉靖己未，江淮大疫，用败毒散倍人参，去前胡、独活，服者尽效。万历己卯大疫，用本方复效。崇祯辛巳壬午，大饥大疫，道馑相望，汗和药中惟加人参者多活。更有发斑一症，最毒，惟加参于消斑药中，全活甚众。凡遇饥馑兵荒之年，饮食起居不节，致患时气者，宜用此法。”用人参于解表药中，可使人身对病毒的抵抗力量加强，并充分发挥发汗剂之作用，因而病得速愈，此种优越的临床经验，确为虚体患急性热病之良法。考《神农本草经》记载人参之性效，为“补五脏，安精神，定魂魄，止惊悸，除邪气，明目，开心益智”等语，其对机体的作用，不过兴奋强壮而已。《本草经》谓“除邪气”，可知用于虚人外感有扶正驱邪之益，无助邪生热之弊。喻氏生于明末，目击当时一般技术水平较低之医师，畏忌人参，不敢用于伤寒，至令正虚邪实，病势进展，造成津液灼尽，身如枯柴之变，乃将败毒散不应除参之理，发挥详尽，义正词严，诚为矫正时弊之良箴！

温病派医家，对阳虚气弱之外感表证，有“助阳发汗法”，对阴虚血亏之外感表证，有“滋阴发汗法”，此种治法，已比仲景时代服桂枝汤后之热粥温覆法，进步多矣。

防风通圣散

来源　刘河间

组成　防风、荆芥、连翘、麻黄、薄荷、川芎、当归、白芍（炒），白术、山栀（炒黑）、大黄（酒蒸）、芒硝各五钱，黄芩、石膏、桔梗各一两，甘草三两，滑石三两

上十七味，为末，每服二钱，水一大盏，加生姜、葱头煎至六分，温服，自利去硝、黄，自汗去麻黄加桂枝，痰嗽加制半夏。

主要效能　解表清热，通便利溺，活血消肿。

适应证　憎寒壮热，头目昏晕，目赤睛痛，耳鸣鼻塞，口苦舌干，咽喉不利，唾涕稠黏，咳嗽上气，大便秘结，小便赤涩，疮疡肿毒，折跌损伤，瘀血便血，肠风痔漏，手足瘛疭，惊狂谵妄，鸦瘢隐疹。

方义略释　此方有解表（如荆、防、麻黄、薄荷、生姜、葱白、桔梗），清热（如连翘、黄芩、石膏、栀子），通便（如硝、黄），利尿（如滑石、甘草、栀子），活血消肿之效（归、芍、川芎配合本方其他疏散消炎之品）。故可治：①目赤睛肿（清疏头

面风热之效)；②疮疡肿毒(发表消炎，活血导滞之效)；③痱癍隐疹(宣透清热之效)；④便血痔漏(消炎导滞活血之效)；⑤惊狂、谵语、瘛疭(祛风清热导滞之效)。至于四时流行热病，既有壮热头昏，口苦舌干，咽喉不利，咳嗽上气之症，既有憎寒，我意温病派之辛凉平剂，为平正通用之法。既有便秘，硝、黄之量，不宜与解表清热之品等量。至于归、芍、川芎、白术，更无必要。胡光慈认为“本方为发汗消炎泻下剂，有解热作用，可用于急性炎症之发热及皮肤炎症、疮疡等病，若不恶寒者去麻黄，热不壮者去石膏，便不秘者去硝、黄。薄荷、白术、川芎、姜、葱皆赘味，可去而不用。”胡氏对本方之批判意见，与我略同，爰录出以资印证。

独活寄生汤

来源　孙思邈

组成　独活、桑寄生、杜仲、牛膝、细辛、秦艽、白茯苓、桂心、防风、川芎、人参各一钱半，炙甘草、当归、白芍、地黄各一钱

清水两大盏，加生姜三五片，煎至七分，去滓，食前温服。

主要效能　补气血，止痹痛，对腰膝冷痹尤有功效。

适应证　腰腿拘急，筋骨挛痛，脚膝缓弱疼痛。

方义略释　本方为强壮发汗镇痛之复合剂，参、苓、草、地、归、芍、芎为八珍汤去术，有补气益血之效。独活、防风、细辛有祛风发汗之效，杜仲、牛膝壮筋骨而利关节，主腰膝疼痛软弱。桑寄生祛风痹，桂心通血脉而利关节。秦艽祛风湿，主肢节痛。川芎祛风止痛，细辛发汗止痛，此二味为关节痛要药。地

黄、当归亦有舒筋络、主筋骨痛之效，全方十五味，对冷痹挛痛直接发生效力者占十一味之多，故本方对由冷卧湿地引起之风湿性关节炎①，及功能衰弱性之末梢运动神经痛，强壮镇痛，标本兼顾，近世医家，颇赏用之。

参考资料 本方出《千金方》，治肝肾虚弱，或冷卧湿地，或洗足当风，湿毒内攻，腰脚拘急，筋骨挛痛（此即风湿性关节炎之起因与症状），或当风取凉，风邪流入脚膝，为偏枯冷痹，缓弱疼痛，或腰痛牵引，脚重，行步艰难（此风湿性关节炎之发于局部者），妇人妊娠，腰腹背寒，产后腹痛不可转动，腰脚挛痛不得屈伸，痹弱，脚风（关节炎多发于四肢腰膝，本方除为痹痛专方外，兼治腰背神经痛，产后腹痛），细审主治文，可知本方系贫血体质（或衰弱体质）风湿性关节炎之主方，若急性关节炎②炎症显著者应禁用。

本方中之杜仲、川芎、桑寄生三味，均可平降血压，我意本方酌量加减，可移治原发性高血压四肢发麻者（麻木之治法同于痹痛），惟肥胖性中风体质之高血压忌用。

本章小结

本章列方八首，有发汗重剂之麻黄汤与发汗轻剂（解肌）之桂枝汤，有发汗解热兼止下利之葛根汤与发汗清热兼通大便之防风通圣散，有发汗清热兼能定喘之麻杏甘石汤与发汗排毒兼治疮

---

① 风湿性关节炎：即风湿痛痹。

② 急性关节炎：即急性历节痛痹，其病状先恶寒，继发热，四肢关节肿胀发赤疼痛，其疼痛肿胀游走于诸关节。

疡之人参败毒散。银翘散用于风温，与麻黄汤用于风寒，其证适相反。至独活寄生汤则为发汗止痛与滋养强壮适当配合之方。总观以上各剂，可见中医发汗剂内容繁复的一斑。

第七章　清热之剂（解热）

凉膈散

来源　《局方》

组成　连翘四两，大黄（酒浸）、芒硝、甘草各二两，黄芩（酒炒）、薄荷、栀子各二两

为粗末，每服三五钱，加竹叶入白蜜煎。

加减　咽喉痛、涎嗽加桔梗一两，荆芥五钱。嗽而呕者加半夏五钱，每服加姜三片。衄血、呕血加当归五钱，芍药五钱，生地一两。淋者加滑石四两，茯苓一两。风眩加川芎五钱，石膏、防风各二钱。酒毒加葛根一两。退表里热加益元散，效速。以上为刘河间加减法。

主要效能　解热通便。

适应证　烦躁口渴，目赤头眩，口疮唇裂，吐血衄血，大小便秘，诸风瘛疭，胃热发斑发狂，及小儿急惊。

方义略释　本方以黄芩苦寒清热，连翘（兼能消肿）、竹叶（兼能利溺）清心，栀子清肺（兼能除烦），薄荷辛凉发汗，承气咸寒润下。本方用意，首为解热，次为通便。用于温病（急性热病）、温疫（流行性热病）有发热、口渴、烦躁、便秘之症者，有卓越之效果。

临床运用　本方去硝、黄加桔梗，名清心凉膈散，为发汗解热剂，用于温病烦渴便不秘者。

本方加僵蚕、蝉蜕、姜黄、黄连，名加味凉膈散，为瘟疫主方，治大头瘟（颜面丹毒）①、瓜瓤瘟（瘟疫现胸高呕血之症者），尤为神效。

参考资料　凉膈散为时医常用之方，可以统泻诸火，并为伤寒表里两解之和剂。汪昂曰："此上中二焦泻实火之药也，热淫于内，治以咸寒，佐以苦甘，故以连翘、黄芩、竹叶、薄荷散火于上，而以大黄、芒硝之猛利，荡热于中，使上升下行，而膈自清。用甘草、生蜜者，病在膈甘以缓之也。"发汗、通便、利尿均为解热之法，例如：麻黄汤，发汗以解热也；承气汤，通便以解热也；六一散、导赤散，利尿以泻火也。本方除解热药（黄芩、连翘、栀子、竹叶）外，并佐薄荷以发汗，硝、黄以通便，竹叶以利尿，一方兼备诸法，所以有统泻三焦诸火之能也。

葛根黄芩黄连汤

来源　《伤寒论》

组成　葛根半斤，炙甘草、黄芩各二两，黄连三两

上四味，以水八升，先煮葛根减二升，入诸药，煮取二升，去滓，分温再服。

主要效能　发表解热，消炎治痢。

适应证　发热，自汗，下利。

---

①　颜面丹毒：丹毒之发于颜面者，系链球菌所传染之皮肤急性炎症，色红如丹，高出皮肤，边缘不规则，患处肌肉灼热疼痛，其全身症状有恶寒、高热、头痛、身疼等。

方义略释 葛根为发汗解热药，对肠黏膜有摄护缓和之作用，黄芩、黄连为肠胃消炎药，对伤寒菌、副伤寒菌、赤痢菌、霍乱菌、大肠菌均有杀菌作用，黄连对赤痢菌之杀菌力尤大，故中医用本方于急性肠炎及痢疾发热者，收效颇佳。

临床运用 胡光慈用本方加藿香、川朴、滑石、通草、豆卷、苡仁，治各种胃肠性病，有解热之效。用本方加藿香、半夏、陈皮、神曲、鸡内金、枳壳，治急性消化不良有高热者，有解热健胃助消化之效。又高德明云：本方加藿香、白术、枳壳、木香、神曲、麦芽、茯苓、泽泻、车前，治急性肠炎，收效较原方更宏。此种临床运用法，为个别医师之经验积累，殊堪重视。

参考资料 柯韵伯曰："太阳病外症未解，而反下之，遂协热而利，心下痞硬，脉微弱者，用桂枝人参汤。本桂枝症，医反下之，利遂不止，其脉促，喘而汗出者，用葛根黄芩黄连汤。二症皆因下后外热不解，下利不止，一以脉微弱而心下痞硬，是脉不足而症有余。一以脉促而喘，反汗出，是脉有余而症不足。表里虚实，当从脉而辨症矣。弱脉见于数下后，则痞硬为虚，非辛热何能化痞而软硬，非甘温无以止利而解表，故用桂枝、甘草为君，佐以干姜、参、术。桂枝症脉本缓，误下后而反促，阳气重可知。邪束于表，阳扰于内，故喘而汗出，利遂不止者，此暴注下迫属于热，与脉微弱而协热下利者不同。表热虽未解，而大热已入里，故君气轻质重之葛根以解肌而止利，佐苦寒清肃之芩、连以止汗而除喘。"柯氏将两方所主证候，作伤寒病理上的比较、分析，极为精辟。兹为读者易于了解起见，再以列表说明之。

	葛根芩连汤	桂枝人参汤
效能	解表消炎	强心止利
主治	协热下利（实证）	协热下利（虚证）
方义	热迫下注而心脏不衰弱者（脉促促数也），故用芩、连消肠炎，葛根解肌热	热迫下注而心脏衰弱者（脉微弱），故用桂枝、甘草兴奋心力，人参、干姜、白术健胃止利

小柴胡汤

来源 《伤寒论》

组成 柴胡半斤，黄芩、半夏、人参、炙甘草各三两，生姜三两，大枣十二枚

上七味，以水一斗二升，煮取六升，去滓，再煮取三升，温服一升，日三服。

加减 呕逆，加生姜、陈皮（生姜止呕，陈皮降气）；烦而不呕，去半夏、人参，加栝楼（荡涤郁热）；渴者，去半夏，加花粉（生津）；若不渴，外有微热，去人参加桂枝，应取微汗；咳嗽，去参、枣、姜，加五味、干姜（五味敛肺，干姜散寒）；虚烦，加竹叶、粳米（竹叶凉心，粳米和胃）；齿燥无津，加石膏（清胃止渴）；痰多，加栝楼、贝母（祛热痰）；腹痛，去黄芩，加芍药（甘芍止痛）；胁下痞硬，去大枣，加牡蛎（咸能软坚）；胁下痛，加青皮、芍药（平肝）；心下悸，小便不利，去黄芩，加茯苓（淡能利水）；发黄，加茵陈（利湿）。

主要效能 解热制疟，健胃镇吐。

适应证 往来寒热，胸胁苦满，默默不欲饮食，心烦喜呕。

方义略释 柴胡有阻止疟原虫发育和消灭之作用，并能解热，故用于间歇热、弛张热、日晡潮热及发热性疾患；黄芩亦为

解热药，二药配合，能发挥高度之退热作用。半夏为镇吐药，生姜为辛辣性健胃药，人参有兴奋新陈代谢功能，大枣为缓和强壮药，甘草为缓和药，缓和其他药物之刺激。本方功用，以解热为主，健胃镇吐为辅，兼有强壮之效。本方除用于良性疟外，又可用于产褥热①（仲景用本方治产后四肢苦烦热，头痛）、颈腺结核（原南阳氏以本方加石膏，治瘰疬）、支气管炎（仲景以本方治少阳病兼咳者，汤本求真用本方于支气管炎）、肋膜炎（仲景用本方治胸满胁下痛）、黄疸（仲景以本方治一身面目悉黄）、耳下腺炎（仲景以本方治耳前肿）、感冒（仲景以本方治妇人月经中罹感冒）。以上各病，均可酌量加减，研究试用，借以扩充本方之主治范围。

参考资料 日医鲇川静云："前年夏季，我还在用西医疗法治病的时候，我曾用西药与梅肉浸膏并用，治疗五名伤寒患者，获得很好的效果；但却没有像用梅肉浸膏与中医疗法并用的效果灵验。根据我的经验，梅肉浸膏与中医汤剂应用适当，伤寒可在十天内痊愈。发热后，解热剂滥用尤其是滥用解热剂与泻剂，对于伤寒有不良的作用。"鲇川静所用之处方，以小柴胡汤为主，有时与葛根汤合用，有时与桂枝茯苓丸合用，并加石膏或大黄，我意伤寒为胃肠型之急性传染病，小柴胡汤为解热健胃剂，以此方治此病自无不合。伤寒初起有表证时，可与葛根汤合用，以后热盛时，亦可酌加石膏。至于伤寒不可滥用解热剂与泻剂，尤为至理名言。以小柴胡汤治伤寒，日本皇汉医家、我国经方家俱有丰富之经验，殊堪借镜。故将鲇川静之临床经验附载本方之后，

① 产褥热：发病原因由于接生者未注意严密无菌处理，以致细菌侵入子宫腔内胎盘剥离创面，引起炎症。此病发于产后三至五日，发热，小腹痛，子宫收缩不良，恶露有臭气。

以作研究伤寒治疗时之参考资料。

白虎汤

来源 《伤寒论》

组成 知母六两，石膏一斤，甘草二两，粳米六合

上四味，以水煮，米熟成汤，去滓，温服一升，日三服（古之一升相当今之六勺七抄，古之一斗合今七合，即百分之七）。

主要效能 解热滋养。

适应证 高热头痛，自汗口渴烦躁，脉洪大而长，或日晡潮热，或阳毒发斑。

方义略释

（1）石膏有解热消炎之大效，用于阳明气分热盛。知母，据动物试验证明，有解热之效。粳米，含淀粉、蛋白质、乙种维生素及锰质，为神经滋养药。甘草有协和作用。全方之主要效能为退高热，止口渴，古来称为寒剂之祖方。

（2）冉雪峰云："查此方为甘寒清热之要方也。清热药多苦寒或咸寒，脱热甚津枯，火炎土燥，苦反助燥，咸反劫液，惟兹甘凉微寒，庶乎适合。此方应用甚广，大抵以清气分燥火为宜，知母助石膏清热，甘草粳米助石膏调中，方义至为明显。"胡光慈云："本方为解热重剂，有消炎退热之功用，于急性流行性热病之体温亢进者有退热之效。惟症候重在高热自汗烦渴，若热势不高，或无汗，或不烦渴，皆非其症，不宜用也。"费伯雄云："同一石膏也，合麻黄用之，则为青龙，合知母用之，则为白虎，一则欲其解外邪，一则欲其荡涤内热，义各有当。然用此方者，必须审而又审，自汗而渴，脉大有力，数者咸备，方可与之。若

一误投，祸不旋踵。缘此症为湿热郁蒸，故有汗而烦热不解，既有汗，故不可表，表则阳脱，亦不可下，下则耗阴，惟有大清肺胃之热为正法也。”

冉氏谓本方以清气分燥火为宜，胡氏谓施用本方之证候为高热自汗烦渴。费氏谓用此方之标准，为自汗而渴、脉大有力。此种适应证候之鉴别，为中医诊断之精要所在，学者最宜领会；常有经验良方，甲用之有捷效，乙用之效微弱，丙用之无效，此种效与不效之不同情况，皆由于用方者未能掌握适应证之故。

参考资料

(1) 白虎汤加味证治方义表解：

方名	适应病症	加减药味	方义说明
人参白虎汤	伤寒吐下后，七八日不解，表里俱热，大渴烦躁	加人参一味	表里俱热，大渴烦躁，为热邪炽盛，故投白虎。吐下脾胃元气受伤，故加参以培养中宫。又人参主消渴，故用之以解口渴引饮
桂枝白虎汤	治温疟但热无寒，骨节疼痛，时呕	加桂枝一味	温疟，即恶性疟，热型稍有间歇，即第一次发后，旋即发第二次。此方以白虎清热，加桂枝以除骨节痛。江西杨志一用本方加竹茹、枳实（止呕）、花粉（止渴）、黄芩（解热）、川贝（祛痰）、五味，去粳米，重症日服两剂，有顿挫之效，收全愈之功
苍术白虎汤	治湿温壮热口渴自汗，身重胸痞，脉洪大而长	加苍术一味	壮热、渴饮、汗出、脉洪，非白虎不能治，但身重胸痞，可知太阴湿浊未尽化热，故佐苍术之辛燥，庶湿热并除，无寒凉太过之弊
化斑汤	治温病发斑，或赤或紫，神昏谵语	加犀角、元参	石膏清里热，知母清阳明独胜之热，犀角清心火，元参滋肾阴，本方有解热养液、除昏谵之效，为温邪入于营分之主方

（2）以白虎治伤寒、温病、温疫，其中石膏不妨重用，如清代之余师愚、江笔花、顾松园皆以善用石膏闻名于世，兹节录三氏重用石膏之文献于后，读者阅之，可知石膏质重味淡，必重用之，始能挽救危症也。

纪文达云："乾隆癸丑，京师大疫，以景岳法治者多死，以又可法治者亦不验。桐乡冯鸿胪星实姬人，呼吸将绝，桐城医士投大剂石膏药，应手而痊，踵其法者，活人无算。"余师愚《疫病篇》云："癸丑京师多疫，即汪副宪、冯鸿胪，亦以余方传送，服他药不效者，并皆霍然，故笔之于书，名曰清瘟败毒饮。"①纪氏所见之桐城医士，与此段互相印证，盖即师愚所谓大剂石膏药者，亦无疑即是清瘟败毒饮也。

汪笔花云："若舌中苔厚而黑燥者，胃大热也，必用石膏、知母，如连牙床唇口俱黑则胃将蒸烂矣，非石膏三四两，生大黄一两，加粪金汁、人中黄、鲜生地汁、天麦冬汁、银花露大剂投之，不能救也。此惟时疫发斑及伤寒症中多有之。余尝治一独子，先后用石膏至十四斤余，而斑始透，病始退。"

王士雄引《冷庐医话》载："顾松园治汪缵功阳明热症，主白虎汤，每剂石膏用三两，两服，热顿减，而遍身冷汗，肢冷发呃。郡中著名老医，谓非参附勿克回阳，诸医和之，群哗白虎再投必毙。顾引仲景热深厥亦深之文，及嘉言阳症忽变阴厥，万中无一之说，谆谆力辩。诸医固执不从，投参附回阳敛汗之剂，汗益多而体益冷，反诋白虎之害，微阳脱在旦夕，势甚危笃，举家

① 清瘟败毒饮：石膏、生地、犀角、栀子、桔梗、黄芩、知母、赤芍、元参、连翘、甘草、丹皮、竹叶，治表里热盛，狂躁心烦，口干咽痛，大热干呕，错语不眠，吐血衄血，热甚发斑，不论始终，以此为主方。

惊惶，复求顾诊，仍主白虎，用石膏三两，大剂二服，汗止身温，再以前汤加减，数服而痊。”顾松园治汪缵功之阳明病，为真热假寒亦称阳盛格阴，又名重阳必阴，本是热证，外有寒象。古人遇此种证候，以小便、舌苔为辨别阴阳之标准。小便清者为寒，小便赤者（或深黄如茶或短少而涩）为热。舌苔白润为寒，舌苔黄燥（或起刺或黑厚无津）为热。此种鉴别诊断，为用白虎大剂挽救危症之标准，亦中医诊断中之精华部分也。至江笔花以大剂石膏治胃热，为阳证用寒剂，尚易辨识。

三黄石膏汤

来源 陶华

组成 石膏一两五钱，黄芩、黄连、黄柏、麻黄各七钱，淡豆豉二合，栀子三十个

每服一两，加葱白三根，澄清地浆水煎，热服，气实者倍服。

主要效能 清热解毒，发汗透瘢疹。

适应证 伤寒六脉洪数，面赤鼻干，舌燥口渴，烦躁不眠，谵语鼻衄，发黄发疹发瘢等症。

方义略释 旧说黄芩泻上焦之火，黄连泻中焦之火，黄柏泻下焦之火，栀子泻三焦之火，麻黄、豆豉发散表邪，石膏清热止渴，此方三焦俱清，表里兼顾，盖针对表里三焦大热而为透达瘢疹之要方也。

本方系黄连解毒汤加麻黄、豆豉、石膏三味，为清热透疹法，凡急性传染病之发出血性瘢疹者，有退热解毒，宣达瘢疹之效。他如鼻衄等各种热性病之炎症出血，均适用之。

吕田《温热条辨摘要》列本方于表里三焦大热清剂，名为增损三黄石膏汤，即本方去麻黄，加僵蚕、蝉蜕、薄荷、知母四味，我意本方经《摘要》增损，化瘢透疹、清热解毒之力，比原方更进一步。《增损方》方后注云："若腹胀痛或燥结，加大黄。"使热毒由汗、下、清三法而解，亦良法也（大便燥结、腹部胀痛，为中医用下法之根据）。

参考资料　表实无汗，热郁荣卫，里未成实，热盛三焦，表里大热之证，若以大青龙汤两解之，则功不及于三焦，若以白虎汤两解之，则效不及于荣卫，故此汤以三黄泻三焦之火，佐栀子屈曲下行，使其在里之热，从下而出。以麻黄开荣卫之热郁，佐葱、豉直走皮毛，使其在表之邪，从外而散，倍用石膏以重任之者，以石膏外合麻、豉，取法乎青龙也，内合三黄，取法乎白虎也，且麻、豉得石膏、三黄，大发表热而不动里热，三黄得石膏、麻、豉，大清内热而不碍外邪，是此方擅"清表里热"之长，亦得仲景之心法者也（录《中国医学大辞典》）。此段解释本方和大青龙汤、白虎汤施用之异点，甚为透彻，我意大青龙重在发表（麻、桂并用），白虎重在清里（石膏、知母并用），此则表里两解（三黄、石膏加麻、豉），故里热甚重（面赤、舌燥、烦渴、谵语）表证未罢（身形拘急不得汗）者，为用此方之标准。

犀角地黄汤

来源　《千金方》

组成　犀角一两，生地黄八两，芍药三两，丹皮二两

上四味，以水九升，煮取三升，分三服（冉雪峰云：各本量数不同，大抵每一两作今一钱为宜）。

主要效能 解热止血。

适应证 吐血、衄血[①]、溺血、血崩、赤淋及小儿麻疹重症（即出血型麻疹）。

临床运用 喜妄如狂者加大黄，腹中有瘀血未下加桃仁、红花，口鼻出血加大蓟、茅根、藕汁、童便，小便溺血加小蓟。

方义略释 地黄有凉血止血之效，用于咯血、吐血、子宫出血等，犀角有解热解毒止血之效，丹皮凉血，芍药和血，综合本方之功用，为凉血止血解毒，既可用于各种急性出血，亦可用于温病热高神昏及血热发斑（热入血分）。

胡光慈云："本方为消炎解热剂，其功效有三：一用于各种急性出血；二用于一般炎症性之高热，或因高热而致之脑症候，有消炎解热回苏之功；三用于一般坏血病[②]。"本方之犀角，能解血毒及制止出血，并有消斑退疹之功。惟慢性出血、脑衰弱症，非其治也。宜慎用。

临床运用 恽铁樵氏曾以本方去丹皮，加胆草、川连、菊花、归身、全蝎等，名增损犀角地黄汤，用于流行性脑脊髓膜炎之神昏痉挛期，有良效。

参考资料 冉雪峰云："按此方《千金》用治伤寒温病热伤血分，吐血、衄血、蓄血、瘀血、溺血、妇人倒经、血崩、赤淋、妊娠吐血、产后衄血，小儿痘、麻以及喉痧重症，痧透咽烂火灼液亏者。查此方为解毒清热之要方，犀角解毒，生地益阴，芍药滋液，丹皮活血，此为甘寒苦寒化合，后贤于毒甚热炽之

① 衂：音浴，鼻出血也，通作衄。

② 坏血病：由缺乏维生素丙而起，其固有症状，为齿龈肿烂，易出血，此种症状，自门齿向臼齿逐渐发展，最后齿龈表面形成溃疡，齿牙松弛，易于脱落。除齿龈变化外，皮肤、皮下结缔组织、肌肉等处亦易出血。

证，用之颇多。虽曰清火而实滋阴，虽曰止血而实去瘀，学者谓瘀去新生，阴滋火熄，乃探本穷源之法。”冉谓本方滋阴，指地黄而言，谓本方去瘀，指丹皮而言，凉血滋阴，止血化瘀，乃中医治失血之常法也。

龙胆泻肝汤

来源　《太平惠民和剂局方》

组成　龙胆草（酒拌炒）、柴胡、泽泻各一钱，车前子（炒）、木通、生地黄（酒拌炒）、当归尾（酒炒）、栀子、黄芩（酒炒）、甘草各五分

上十味，清水三大杯，煮至一杯，食远热服。

主要效能　消炎利尿。

适应证　白浊溲血，小便涩滞，外阴部肿痛。

方义略释　胡光慈曰：“本方为治白浊、溲血、阴痛、阴肿方，方中以消炎之龙胆为主，栀子、黄芩、柴胡为辅，佐木通、车前、泽泻以利尿，当归、生地以养血凉血，为适用于泌尿系炎症疾患之良方。”又曰：“本方为消炎利尿剂，宜于泌尿生殖系炎性疾患之肿痛，如白浊、白带、溲血等症。又龙胆草、栀子，中医用于身体上部如眼、耳等之炎症。东垣方，去黄芩、栀子、甘草亦名龙胆泻肝汤，治外阴部湿疹痒痛，乃取其消炎解毒之功也。”本方亦可用于急性肾脏炎①、肾盂炎②、睾丸炎、鼠溪淋巴

---

①　急性肾脏炎：即急性血管球性肾炎，由细菌感染，大都从扁桃腺侵入，发病急剧，发热，轻度肾痛，浮肿，尿量减少，尿中含有蛋白、血液，尿呈红褐色而混浊，血压亢进。

②　肾盂炎：病原菌主要为大肠菌，或其他细菌，症状寒战高热，热呈弛张性间歇性，头昏体倦，食思缺乏，腰部按之觉痛，主症为脓样尿或血样尿。

腺肿胀。

参考资料 冉雪峰云："此方系《局方》用治肝经湿热不利，胁痛口苦、耳聋、耳肿、筋痿阴湿、热痒阴肿、白浊溲血及腹中作痛、小便涩滞等症。"查此方为泻肝火之要方，龙胆草涤荡燥火，泽泻、木通、车前利血中之水，即是去血中之热，去血中之热即是去肝家之热，又加柴胡以疏利，无俾火郁。前贤释此方为"以泻肝之剂，作补肝之药"，洵非虚语。

青蒿鳖甲汤

来源 吴鞠通

组成 青蒿二钱，鳖甲五钱，细生地四钱，知母二钱，丹皮三钱

水五杯，煮取二杯，日再服。

主要效能 滋养解热。

适应证 温病夜热早凉，热退无汗。

方义略释 青蒿为解热利尿药，鳖甲有滋养作用，二味合用，对各种虚性发热，有退热之效。知母、丹皮均有解热作用，生地有强心补血之功，全方为一滋养解热剂，除用于各种急性热病后期，滋养病中消耗之体液，并退弛张热外，并可用于肺结核之潮热、贫血性发热及其他虚性发热。

参考资料 吴鞠通云："邪气深伏阴分，混处气血之中，不能纯用养阴。又非壮火，更不得任用苦燥。故以鳖甲入肝经至阴之分，既能养阴，又能入络搜邪，青蒿芳香透络，生地清阴络之热，丹皮泻血中之火，知母佐鳖甲、青蒿而成搜剔之功。"伤寒（肠热病）至第三周热度稍带弛张，至第四周则为显著之弛张热，本方

用于此时期，一面养阴，一面退热，其意甚善。夜热早凉之弛张热，古人认为邪气深伏阴分，故对本方之解释，为搜剔阴分之热邪，并领之外出也。吴鞠通《下焦篇》治热邪深入阴分之方，除本方外，尚有加减复脉汤。今就我见将二方列表比较于下：

方名	药品	主治症候	说明
青蒿鳖甲汤（辛凉合甘寒法）	青蒿，鳖甲，知母，丹皮，生地	夜热早凉，热退无汗	热邪伤阴，阴虽伤，热尚未除，故养阴清热双管齐下。本方用于伤寒第四周之弛张热
加减复脉汤（甘寒存津法）	炙甘草，干地黄，白芍，麦冬，阿胶，麻仁	口干舌燥，手足心热，脉虚大	热邪伤阴，邪退正虚，故但用甘寒滋养之品，以补厥少二阴。本方用于伤寒恢复期

本章小结

本章列方八首，凉膈散为清热通便法；三黄石膏汤为清热透疹法；白虎汤治阳明燥热，口渴自汗；犀角地黄汤治热伤血分，高热神昏；龙胆泻肝汤消炎利尿，用于泌溺生殖器疾患之肿痛；葛根芩连汤发表解热，用于胃肠性热病；小柴胡汤用于间歇热；青蒿鳖甲汤用于消耗热。综观各方之功用，虽同为解热，但施用目标，各异其趋。

第八章　解毒之剂（特殊消毒）

普济消毒饮

来源　李东垣

组成　黄芩（酒炒）、黄连（酒炒）各五钱，陈皮（去白）、

生甘草、元参各二钱，连翘、板蓝根、马勃、牛蒡子、薄荷各一钱，僵蚕、升麻各七分，柴胡、桔梗各二钱

为末，汤调，时时服之。或蜜拌为丸噙化。一方无薄荷，有人参三钱；亦有加大黄治便秘者，或酒浸或煨用。

主要效能 解热解毒，消炎退肿。

适应证 大头瘟，腮腺炎，咽喉炎肿。

方义略释 黄芩、黄连、连翘俱有解毒作用（此三味对细菌之体外试验证明，对多种细菌有抗生作用，即抑制细菌生长之作用)，芩、连并能退热消炎，连翘并能消肿止痛，元参消炎解毒，治咽头炎、扁桃腺炎、丹毒等急性炎肿。牛蒡子为利尿解热药，治咽喉肿胀，透瘢疹痧痘。升麻为清热清血解毒药，张公让称本品为不可忽视之杀菌解毒药，对喉痛口疮齿痛有效。板蓝根即马蓝根，有清血解毒之效，主治头面赤肿，咽喉肿痛。马勃为收敛性消炎止咳药，治大头瘟、鼻衄、喉痹咽痛。桔梗、甘草，即仲景桔梗汤，治咽肿喉痹。薄荷为发汗药，柴胡为解热药，僵蚕为镇静药，疗喉痹咽痛。综合本方功效，为解热消炎解毒之复合剂，但对咽喉炎肿，尤为有效。

临床运用 胡光慈云："《温病条辨》以本方去升麻、柴胡、黄芩、黄连、人参、陈皮，加金银花、芦根，为普济消毒饮去升麻、柴胡、黄芩、黄连方，惟重症非芩、连不能消减其炎势，升麻为优良之灭菌药，与芩、连合用，决无刺激之副作用。"此诚经验有得之言，融合理论与技术而为一也。

参考资料 冉雪峰云："按此方东垣用治大头天行，初觉憎寒体重，次传头面，肿甚，目不能开，上喘，咽喉不利，口渴舌燥等症。查此方为清头面最上之方，方中药虽重浊，而为末调服，是以

散剂为汤剂，又用清宣升发之品，浮而上之，散而散之，其中煞费匠心。据传太和间多大头瘟，医以承气加蓝根①下之，稍缓，翌日下之又缓，终莫能救，东垣视之曰，此邪热客于心肺之间，上攻头面而为肿甚。以承气泻胃之实热，是为诛伐无过，病以适至其所为宜，故遂处此方，全活甚众，名曰‘普济’，昭其实也。”大头瘟即颜面丹毒，为链球菌所传染之急性炎症，其病状为寒战发热（39℃～40℃），头痛，关节疼痛，脉搏增快，厌食，严重者可致昏迷，白血球增至二万以上，多形核白血球增至80%～95%。局部症状：面如红丹，局部淋巴腺肿大。此病旧称面游风，由风热袭肺，热毒发丹，须用清热解毒佐以透达之品，冉氏称本方为清头面最上之方，亦谓其有清散之伟效也。

甘露消毒丹

来源　叶天士

组成　飞滑石十五两，黄芩十两，茵陈十一两，藿香四两，连翘四两，石菖蒲六两，薄荷叶四两，木通五两，射干四两，川贝五两，蔻仁四两

上十二味为末，每服三钱，开水调服，日二次；或以神曲糊丸如弹子大，开水化服亦可。

主要效能　解热消炎，利溺健胃。

适应证　发热倦怠，胸闷腹胀，肢酸咽肿，斑疹身黄颐肿，口渴溺赤便秘，并治吐、泻、疟、痢等症。

方义略释　本方为解热、消炎、解毒、健胃、利溺之复合

---

①　蓝根：蓝为一年生草，有马蓝、吴蓝、甘蓝、红蓝等种，今名板蓝根，用于热毒发斑咽痛等症。

剂，系叶天士之临证试效方（清雍正癸酉，疫气流行，天士制比方，活人甚众，时人比之普济消毒饮）。其主治病症，首为湿温（肠热症），次为夏季之胃肠炎及黄疸、腮腺炎、咽喉炎，兹一一分解如次：

肠热病：本方主治发热倦怠，胸闷腹胀，斑疹（肠热病第一周末多发蔷薇疹），便秘溺赤等，皆为肠热病应有之症状，此从证候判断，可知本方为本病第一周之要药也（王孟英云：此治湿温时疫之主方也，但看病人舌苔淡白，或厚腻，或干黄者，是暑湿热疫之邪，尚在气分，悉以此丹治之，立效）。本方各药，有健胃驱风（如菖蒲、藿香、蔻仁），解热利溺（如黄芩、连翘、茵陈、滑石、木通）之功用，为近世医家治肠热病常用之药，此从药效分析，可知本方为本病“湿邪未尽化热”之要方也。

胃肠炎：本方之黄芩、茵陈、藿香、蔻仁、菖蒲、滑石、木通，有消炎利溺，芳香健胃，止吐利之效。

腮腺炎：方内之连翘、黄芩、薄荷、菖蒲、贝母，有消炎散肿之效（菖蒲《本草经》主痈疽，《备要》主消肿止痛）。

黄疸：方中之茵陈、黄芩、木通、滑石等，有消炎、除黄、利尿之效（茵陈为发汗解热、利溺净血药，能促进胆汁分泌，为黄疸要药）。

咽喉炎：方内之黄芩、连翘、薄荷、射干、贝母等，有消炎解毒散肿之效（射干为解热解毒药，《本草经》主喉痹咽痛；贝母散结消肿，《备要》治喉痹）。

其他：对疟疾虽不能直接杀灭或抑制原虫，但有缓解症状之作用，对痢疾之作用亦复如是。对此二病，当以湿热所显之症状，为用本方之标准也。

至宝丹

来源 《局方》

组成 生乌犀屑、生玳瑁屑各一两，琥珀（研）二钱，朱砂一两（研飞），雄黄钱半（研细），龙脑、麝香各一钱半，牛黄半两（研），金箔银箔各十五张（研细）

用安息香一两，重汤炖化，和诸药为丸，每丸重一钱，金银箔为衣，蜡护，每服一丸，研末，开水送下。

主要效能 解热解毒，回苏镇静。

适应证 高热，神昏，谵语。

方义略释 本方有四大功效，即解毒、解热（如犀角、牛黄为解热解毒药，雄黄为清血解毒药）、回苏、镇静（如麝香、龙脑、安息香为兴奋回苏药，玳瑁、琥珀、朱砂为镇静神经药），主要用于各种急性流行性热病神识昏迷者，小儿惊风抽搐，大小癫痫心神恍惚等。

参考资料

至宝丹、紫雪丹、牛黄丸三方证治比较表

方名	组合	主治证候	方义说明	配合应用	三方在用法上的区别
至宝丹	见前	中恶气绝，中风不语，中诸物毒，伤寒狂乱，岚瘴蛊毒，产后血晕及邪气攻心，神魂恍惚，小儿诸痫急惊，风涎抽搐	见前	王晋三云：热入心胞络，舌绛神昏者，以此丹入寒凉汤药中用之，立展神奇，非他药可及	此三方，为温病派用治温邪逆传心胞、神昏、谵语，挽救危症之要方，但临症施用，略有区别：牛黄丸清

续表

方名	组合	主治证候	方义说明	配合应用	三方在用法上的区别
紫雪丹	滑石、寒水石各一斤,朴、硝二斤,元参、石膏各一斤,青木香五两,磁石一斤,硝石二斤,升麻半斤,公丁香、沉香、炙草各五两,辰砂三两,麝香一两二钱,犀角、羚羊角各四两,制成紫色之霜	烦热不解,狂易叫走,瘴疫、毒疠、卒死,温疟、五尸、五疰,热闭卒黄脚气,蛊毒,解热药毒发,小儿惊痫百病	石膏、寒水石解热消炎,滑石、朴、硝通利二便,磁石、辰砂、沉香镇静神经,麝香、丁香醒脑回苏,犀角、升麻、元参、甘草清热解毒,羚羊镇痉,木香健胃,此方主要功效为解热解毒、回苏镇痉之复合剂	温病至第四阶段,热入血分、现壮热、口渴、神昏、谵语、四肢抽搐、唇齿焦裂出血、舌燥边绛、尿赤、便闭之象,用玄参、生地、石斛、丹皮、连翘、羚羊角、玉金、胆星、竹沥、菖蒲、石决明、益元散等味配合紫雪丹一二钱,每奏伟效	热之功居多,至宝丹安神之效较著,紫雪丹除清心安脑同于二方外,又有行结滞通二便之功用
安宫牛黄丸	牛黄、玉金、山栀各一两,黄芩二两,金箔一两,犀角、川连各二两,雄黄三钱,朱砂一两,珍珠粉五钱,冰片钱半,麝香二钱半,炼蜜为丸	热邪内陷,昏狂谵妄,烦躁不安,舌绛无苔,中恶猝厥及小儿痉厥之因热者	牛黄、犀角解毒解热,芩、连、山栀亦均清热,麝香、冰片兴奋回苏,朱砂、珍珠安神,雄黄解毒,玉金活血,合而为强心解热、镇静回苏之复合剂	王晋三云:是方调入犀角、羚羊、金汁、甘草、人中黄、连翘、薄荷等汤剂中,以之治温邪内陷心胞络神昏者,屡建奇功	

清风养血汤

来源 《汇补》

组成 荆芥、蔓荆子、甘菊、防风、川芎、连翘、山栀、当

归、黄芩、甘草

主要效能　消炎镇痛。

适应证　目赤痒疼初起者。

方义略释　本方以荆、防、菊花、蔓荆、川芎祛风，黄芩、连翘、山栀泻火，当归活血，目赤肿痛由于风火外邪者。中医治疗风火病的规律，以清散为主，即本方所列各药是也。

甘菊养生，家用以作枕，可见其有清凉明目之功，防风散目赤，荆芥清头目，川芎主目泪，黄芩主目赤肿痛，栀子、蔓荆均主目赤（以上均见本草记载）。

本方为消炎解热，发汗镇痛剂，适用于急性结膜炎。

参考资料　急性眼结膜炎为临床常见之病，大多由细菌感染，寒冷、强度热气、鼻病等亦可引起。其症状为目赤肿痛，或痒或涩，羞明流泪，或卒生翳膜，或赤脉胬肉。余遇此病，常用桑叶、菊花、荆芥、蝉衣、夏枯草、谷精珠、夜明砂、密蒙花、丹皮、赤芍等品，每奏良效，爰附于此，与读者作临床经验之交流。密蒙花治目中赤脉翳障，为清凉消炎药；谷精草清凉明目，用于各种炎症性眼病；夜明砂明目去翳，治夜盲；蝉衣除目昏翳障；菊花疏风热，清头目，对结膜炎有效，均为眼科要药。

利咽解毒汤

来源　《证治准绳》

组成　山豆根、麦冬各一钱，牛蒡子（炒）、元参、桔梗各七分，甘草二分，防风五分，绿豆四十九粒

清水煎服。一方无绿豆、甘草。

主要效能　消炎解毒，解热消肿。

适应证 急性咽喉炎。

方义略释 本方中之山豆根，为解毒消炎药，可治各种急性炎症，如喉炎、扁桃腺炎。玄参为消炎解热药，可治白喉、猩红热、丹毒等。牛蒡子为透疹解热药，可治咽喉肿、猩红热。桔梗、甘草为桔梗汤，治喉痹肿痛。麦冬清心、润肺、除烦，并解热毒。元参、麦冬、桔梗、甘草四味配合，为民间流行之治咽喉痛方。防风去风胜湿，散头目滞气。绿豆清凉解毒，利尿解热。综合各药性效，可知本方有消炎解毒，解热消肿诸效。本方《准绳》治痘疮咽痛，可不拘执，吾人可视为一般咽喉炎肿之通用方也。

参考资料 叶橘泉临床经验治急性喉炎、扁桃腺炎方，用元参、麦冬、甘草、桔梗、升麻共五味，与本方有异曲同工之妙。叶方用升麻（解热、解毒、清血为咽喉肿痛之要药），本方用山豆根，均为咽喉炎症之专药也。又编者师传治咽喉肿痛及猩红热方辛凉透解法：元参、生地、丹皮、赤芍、犀角、牛蒡、连翘、山豆根、射干、郁金、僵蚕、贝母等，并配合吹喉药锡类散（或珠黄散），每奏良效，特贡献于此，以备临床择用（辛凉透解法比利咽解毒汤及叶橘泉方更胜，轻证可去犀角、生地、玉金，加青果、萝卜汁）。

牛蒡子汤

来源 陈实功

组成 牛蒡子三钱，金银花、连翘各四钱，山栀、黄芩各三钱，瓜蒌根三钱，柴胡二钱，青陈皮各钱半，皂角刺一钱，甘草二钱

水煎。

主要效能 消炎解毒，行滞消肿。

适应证 乳痈、乳疽结肿疼痛，未成脓者。

方义略释 本方用牛蒡子，疏散上焦风热，透发经络壅滞，为透疹解热消炎解毒药，治疮疡肿毒，银花、连翘亦有解毒消炎之功，连翘《本草经》治痈肿恶疮，金银花《准绳》以治痈疽发背，疔疮喉闭，名金银花汤（连藤叶用），盖此二味自来多用于外科病。黄芩、山栀为解热消炎药，山栀《本草经》治疮疡，黄芩《本草经》治恶疮疽蚀。皂角刺散肿毒，《本草备要》称其疗无名肿毒有奇功（用生肥皂去子弦及筋，捣烂，醋调敷，治奇疡恶疡）。柴胡发汗解热，助牛蒡子散乳腺之壅滞。青、陈皮利气消痰，助皂角消乳房之痈肿。瓜蒌根通乳消肿（本方用根，余意不如用仁）。甘草（本方用生甘草，余意不如用节）治肿毒。以上各药，或消炎解毒，或疏散壅滞，要皆针对痈肿而设也，故为乳腺炎之专方。

临床运用 据胡光慈之经验，本方去黄芩、山栀、瓜蒌根，加蒲公英、浙贝母，易青、陈皮为橘核、络，以治乳腺炎收效更佳，痛剧者加香附、川楝子。又本方不仅治乳腺炎，他如腮腺炎、淋巴腺炎亦可通治。

参考资料 仙方活命饮本治一切痈疽肿毒初起未溃者，为外科之首方。龚志贤医师用治乳痈，极有效。方为当归、乳香、没药、防风、白芷、皂角刺、穿山甲、银花、花粉、贝母、甘草节、陈皮等十二味，酒煎服。余曾用此方治自病齿龈炎肿，唇颊俱肿大。一剂颊肿大消，仍有微热畏寒，二剂颊肿消尽，热亦退。此方消炎之力不如牛蒡子汤，但消肿止痛之功（如当归、乳香、白芷、山甲）过之，两方各有特长，临床随宜用之。又活命饮中之花粉，最好改为栝蒌，银花连藤叶用，均须重用，收效更大。

白头翁汤

来源　《伤寒论》

组成　白头翁二两，黄蘗三两，黄连三两，秦皮三两

上四味，以水七升，煮取二升，去滓，温服一升。不愈，更服一升。

主要效能　杀菌消炎，收敛止痢。

适应证　细菌痢或阿米巴痢，里急后重，或心中烦渴欲饮水者。

方义略释　白头翁含白头翁素，为消炎药，用于热性下痢、里急后重及胃肠炎。黄柏含小蘗碱（蘗同柏）、賡碱及结晶性酮，对大肠菌、伤寒菌、霍乱菌等有杀菌力。秦皮为苦味健胃收敛药，对肠炎下利，有消炎止泻之效。黄连含小蘗碱，为苦味健胃药，又为抗生药，对赤痢菌之杀菌力甚大。综合全方作用，为杀菌消炎，兼能止痢。

参考资料

（1）本方主药白头翁，现代医界颇为推重，认为痢疾特效药，熊方武医师用白头翁煎剂治疗痢疾，共试验病人成人五十一人，婴儿一人，成人全部治愈，婴儿治愈后一月重复感染，再服药亦愈。成人每一疗程剂量为二十至八十公分，婴儿每一疗程剂量为六公分，熊氏施用此药已数年，在施用时，曾将此药与药特灵①及其他治痢药作过对比，结果发现白头翁的治效大，治程

---

①　药特灵：为直接扑灭阿米巴的治痢特效药，能使痢病速愈，不再复发，本品对赤白痢、休息痢、菌痢、慢性肠炎、阿米巴肝脓疡、小儿疫痢等，均可内服、注射、灌肠。

短，复发率低，为他药所不及。且白头翁售价特廉，在化学药品较缺、售价较高的目前情况下，确有推广之价值。据此，白头翁的疗效即可想见，而痢疾用白头翁汤，根据一般临床经验，比单独施用白头翁一味，治效较佳。

上海市第七人民医院于一九五四年八月，采用中药白头翁治疗阿米巴痢疾，先后共治疗十七个病例，都得到良好的效果，剂量十五至二十公分，加水一百五十毫升（即西西），煮沸五六分钟，过滤后，一日分三次服。据他们的试用经验，每日三十公分的剂量，比十五公分剂量的疗效好，疗程也短。以上两个白头翁治验例，系现代西医师采用单味中药治疗的优越成绩。至于白头翁汤方，载于张仲景《伤寒论》，自汉至今，用此方治痢之临床经验，有纸不胜书之概，今但举《类聚方广义》引骆邱岑之治验例一则，借以证明经方治病之显效。骆氏云："尝在甲斐时，痢疾流行，无不撄此患者，其症每大便肛门灼热如火，开此方多有效。"

（2）白头翁汤为杀菌消炎剂，桃花汤为收敛性吸着剂，同有止痢作用。但一用于热痢下重；一用于下痢便脓血，久不止。即一用于邪盛；一用于正虚。施用标准，适得其反。兹以表解释两方之异点，以供比较研究之助。

白头翁汤与桃花汤证治比较表

方名	药品	主治	说明
白头翁汤	见前	赤痢、伤寒肠出血，或急性肠炎，以下痢里急后重、口渴引饮为对象	用于痢疾初起，病势方盛之时（实热证），故以消炎解毒为目的，不论细菌性痢疾或原虫性痢疾，均可奏效

续表

方名	药　品	主　治	说　明
桃花汤	赤石脂一斤（一半全用，一半筛末），干姜一两，粳米一升，以水七升，煮令米熟，去滓，温服七合，内赤石脂末方寸匕，日三服，若一服愈，余勿服	慢性久痢、伤寒肠出血、虚性腹泻，以下痢便脓血、久不止、小腹痛为对象	用于久痢正气已虚之时，故以滋养健胃、收敛止痢为目的，不论赤痢或腹泻（脾虚洞泄），均收良效

香连丸

来源　《仁斋直指方》

组成　黄连二十两（吴茱萸十两同炒，去茱萸用），木香四两八钱（不见火）

醋糊丸，米饮下。一方等分蜜丸。一方加甘草八两，黄连用蜜水拌蒸，晒九次，入木香为丸。

主要效能　消炎杀菌，收敛止痛。

适应证　下痢赤白，脓血相杂，里急后重。

方义略释　黄连煎剂在人体外试验，对赤痢菌抑制生长的功效很大，故适合于细菌性痢疾，并有健胃（苦味健胃）消炎之作用。木香为芳香性健胃药，有防腐驱风之效。二药配合，一面消灭病原体，一面缓解症状（除后重、止腹痛），故为痢疾、肠炎之简效良方。

临床运用　本方加石莲子（清心火开胃）治噤口痢。本方加大黄（泻胃热，荡涤积滞）治热痢积滞。本方加吴茱萸、肉豆蔻、乌梅汤丸（吴萸利壅气，肉蔻、乌梅涩大肠）治痢疾，断下。又据胡光慈之临床经验，本方加白术、茯苓、猪苓、泽泻（燥湿利水）治泄泻。本方加槐花、地榆、赤芍（凉血止血）治便血。

参考资料

(1)《原病式》云："或言下痢白为寒者，误也。寒则不能消谷，何由反化为脓也。燥郁为白，属肺金也。泄痢皆兼于湿，湿热盛于肠胃之内，致气液不得宣通，使烦渴不止也。下痢赤白，俗言寒热相兼，其说尤误。寒热异气，岂能俱盛于肠胃而同为痢乎？各随五脏之部而见其色，其本则一出于热，但分浅深而已。或曰：何故服辛热之药亦有愈者？曰：为能开发郁结，使气液宣通，流湿润燥，气和而已，莫若用辛苦寒之药，微加辛热佐之，如香连丸之类是也。"痢疾为湿热阻于肠胃，自金至今，仍沿其说。因系湿热，故用苦寒之黄连为君，辛温之木香为佐，苦寒能清湿热，辛温开通郁结，又黄连之量，四倍于木香，即河间所谓"用苦寒之药，微加辛热佐之"是也。

(2) 编者于白头翁汤方后，曾将该方与桃花汤作对比说明，兹将本方与驻车丸亦按前例表解之。

香连丸与驻车丸证治比较表

方名	药品	主治	说明
香连丸	见前	下痢脓血相杂，里急后重，主治细菌性痢疾，急性肠炎	本方以黄连消炎解毒，木香止痛除后重，为消炎杀菌剂，用于赤痢初起
驻车丸	阿胶十五两，黄连一斤十四两，当归十五两，炮姜十两，为末，醋煮阿胶成膏为丸	下痢脓血，阴虚发热，主治赤痢后期，或慢性痢疾	本方以黄连消炎解毒，当归、阿胶滋阴养血（当归兼能润肠，阿胶兼能止血），炮姜温脾止血，为消炎解毒，滋养止血之复合剂，用于赤痢后期

常山饮

来源　《局方》

组成　常山二钱（烧酒炒），草果（煨）、槟榔、知母、贝母各一钱，乌梅二个，姜三片，枣一枚

半酒半水煎，露一宿，日未出时面东空心温服，渣用酒浸煎，待疟将发时先服。一方有良姜、甘草，无槟榔。一方加穿山甲、甘草。

主要效能　抗疟，解热，健胃。

适应证　疟久不已。

方义略释　常山含有甲、乙、丙三种常山碱，据药学家证明，鸡骨常山含有最高抗疟有效成分，常山甲种生物碱之药效，超过奎宁一百倍。又据临床实验报告证明，常山浸膏对患疟病人不论良性或恶性，都有治疗功效。惟常山种类甚多，入药应用黄常山即鸡骨常山。知母据金利彬于一九三四年动物试验有解热作用，草果为芳香性健胃药，据本草记载有燥湿逐寒，祛痰截疟之功。槟榔有健胃泻下等作用，本草记载消食行痰。贝母为镇咳药，本草记载下气消痰。乌梅为清凉性解热药，本草记载下气除烦，与常山配合，可减少常山引吐之副作用。综合全方功用，首为消灭血中疟原虫，兼有解热健胃作用。

参考资料

（1）赵以德曰："常究本草，知母、草果、常山、甘草、乌梅、槟榔、穿山甲，皆云治疟，集以成方者，为知母性寒，入足阳明，治独胜之热，草果温燥，入足太阴，治独胜之寒，是为君药。常山主寒热疟，吐胸中痰结，是为臣药。甘草和诸药，乌梅

去痰，槟榔除痰癖，破滞气，是为佐药。穿山甲入荣分以破暑结之邪，为使也。惟脾胃有郁痰者，用之收效。”（节录）古人对疟的病源未能认识，故对治疟方剂的解释，亦未能尽满人意，以今日的药学知识讨论此方，常山为君药，知母、草果为臣药，甘草、乌梅、槟榔、山甲为佐使，贝母可删去。

（2）古人以痰为疟的病源，有“无湿不成痰，无痰不成疟”之说，痰生于脾，去脾之痰，即是治疟之源，严氏清脾饮盖取义于此。抗疟、制疟之药如常山、草果，古人解释其作用为劫痰截疟，其他辅佐“抗疟药”之品，亦莫不以除痰为说。

（3）李时珍云：“常山、蜀漆（即甜茶，作用与奎宁同，治间日疟、三日疟），劫痰截疟，须在发散表邪及提出阳分之后，用之得宜。”近代中医用截疟剂，多主张在发疟三五次后，其意盖在期待“人体抗病力”之产生，以助抗疟药发挥更大之效力。我认为疟疾易于消耗人身之赤血球，抗疟药剂以早服为妥。

（4）本方后所载服法，“露一宿，日未出时，面东空心温服”等语，在学理上难以解释。现代抗疟药之服法，应在发疟前四五小时，较易发挥药效。

清脾饮

来源 严用和

组成 青皮、厚朴（醋炒）、柴胡、黄芩（炒）、半夏（姜制）、茯苓、白术土（炒）、甘草（炙）、草果

各等分，加生姜三片，大枣一枚煎，未发前服。一方加槟榔，大渴加麦冬、知母，疟不止加酒炒常山一钱，乌梅二个。

主要效能 制疟、解热、健胃。

适应证 疟疾热多寒少，口苦嗌（音益，咽喉也）干，小便赤涩，脉来弦数。

方义略释 本方以柴、芩清热，草果祛寒，二陈合槟榔除痰，白术合厚朴调中，古人治疟，恒用除痰之品，其义已见前述。本方中之柴胡，据周木朝、黄登云二氏报告，能阻止疟原虫之发育，并似有消灭之作用，为亚于常山之抗疟药。草果据文献记载，为截疟药，本方可加常山、乌梅，其抗疟作用更为强大。

本方为制疟解热健胃之复合剂，用于良性疟热多寒少者。

参考资料 温病派治疟不用柴胡，谓柴胡发汗力太峻，能升肝阳，劫肝阴。疟疾热盛寒微者，亦温病之类，恐酿热势燎原之变，故江浙叶派医家，忌用柴胡相沿成习，对秋季疟疾，名曰暑湿类疟，以温病法施治，未有投小柴胡汤者，此种治疗上之偏向，确有纠正之必要。考治疟不用柴胡，昉于叶天士，徐灵胎批注《临证指南》，对此问题，有深刻之批评，兹录其言如下：

徐氏曰："古圣凡一病必有一主方，如疟疾，小柴胡汤主方也。疟象不同，总以此方加减，或有别症，则不用原方亦可。盖不用柴胡汤而亦可愈者，固有此理，若以为疟断不可用柴胡，则乱道矣。余向闻此老（指叶天士）治疟禁用柴胡，耳食之人，相传以为秘法，相戒不用，余以为此乃妄人传说，此老决不至此，今阅此案（指《临证指南》）无一方用柴胡，乃知此语信然。是此老之离经叛道，真出人意表者矣！夫柴胡汤为少阳经之主方，凡寒热往来之症，非此方不可，而仲景用柴胡之处最多，《伤寒论》云：'凡伤寒柴胡症，但见一症便是，不必悉具。'推崇柴胡如此，乃此老与圣人相背，独不用柴胡，譬之太阳症独不用桂枝，阳明症独不用葛根，此必无知妄人，岂有此老名医而有此等议论者，真天下之怪事也。”徐氏为经方派名家，对天士以轻灵之药治热性病，深表不满，势如仇敌，但徐氏治疟不废柴胡之论，与今日药学家之研究证明，若合符节。

温病派治疟方药，有蒿芩清胆汤（俞根初方，俞氏清乾嘉间人，为绍兴名医，著《通俗伤寒论》十二卷，为温病派之晚出佳作）一方，虽不用柴胡，而以青蒿、黄芩清热，枳壳、竹茹、半夏、橘皮化痰浊、破滞气，碧玉、赤苓利小便、清湿热，诚为另一类型之治疟良方。特介绍于次：

方名：蒿芩清胆汤（和解利溺法）。

组成：青蒿二钱，枳壳钱半，制半夏二钱，赤苓三钱，黄芩二钱，竹茹三钱，广皮二钱，碧玉散三钱。

主要效能：解疟热，健胃，利溺。

适应证：往来寒热，寒轻热重，心烦作呕，痰涎壅滞，小便赤涩，脉弦滑数，舌苔白腻而干。

青蒿为治间歇热之良药，黄芩为解热消炎药，本方以此二味为主，辅以化痰平呕利溺之品，立方用意，与清脾饮不甚远也。

本章小结

本章列方十首，普济消毒饮与甘露消毒饮同为个别医家治疗急性传染病之经效良方，但两方组织各不相同，东垣方以消炎解毒（清疏头面热邪）为主，天士方除解热消炎外，并有健胃利尿除黄之功。至宝丹用于肠热症现神经症状者，清风养血汤用于急性结膜炎，利咽解毒汤用于急性咽喉炎，牛蒡子汤用于乳腺炎，以上三方为消局部炎性病灶之专方。白头翁汤、香连丸均治细菌性痢疾，但施用标准，未能尽同，常山饮、清脾饮同为抗疟剂，但抗疟效力，常山胜于清脾。

第九章　杀虫之剂（驱虫）

乌梅丸

来源　《金匮》

组成　乌梅三百个，细辛、桂枝、人参、黄柏、附子（炮）各六两，黄连一斤，干姜十两，川椒（去汗）、当归各四两

醋浸乌梅一宿，去核，蒸熟，和药蜜丸。

主要效能　驱蛔、健胃、强壮。

适应证　寒厥吐蛔，亦主久痢。

方义略释　乌梅为驱蛔药，治蛔虫症之呕吐腹痛。川椒为驱蛔药，并可促进食欲，止肠胃冷痛吐泻。黄柏所含之黄柏内脂，对蛔虫有“毒作用”。黄连对蛔虫呕出时有良效。人参、附子为参附汤，系兴奋性强壮剂。当归、桂枝、细辛为组成当归四逆汤之要药，能温和血行，改善末梢循环。干姜为辛辣性健胃药，止吐利。综合各药之效能，可知本方为强壮健胃驱虫之复合剂，用于胃肠功能衰弱之吐蛔症，有健胃止吐驱虫之效。

本方除治吐蛔症外，对慢性衰弱性胃肠病、反胃呕吐、慢性痢疾、肠寄生虫性腹痛，有良好之效果。因本方各药，如人参、附子、桂枝、干姜、川椒、乌梅、黄连、黄柏均为治慢性胃肠病之良药。

临床运用　以理中汤加炒川椒五分，槟榔五分，煎汁吞乌梅

丸，治胃寒吐蛔，较仅用本方，更佳。

参考资料 程郊倩曰："乌梅丸于辛酸入肝药中，微加苦寒，纳上逆之阳邪而顺之使下也，名曰安蛔，实是安胃，故并主久痢，见阴阳不相顺接而下痢之症，皆可以此方治之也。"本方以温胃止吐（参、附、连、姜）和驱除蛔虫（川椒、乌梅）为主要效能，程氏认此方是安胃药，殊有卓见。至云："凡见阴阳不相顺接之下痢，均可以此方治之。"则言词含糊，使人不易了解。当云："下痢已久，正虚邪微，故以温补收敛，少佐消炎组合成方。"

化虫丸

来源 《局方》

组成 鹤虱、胡粉（炒）、苦楝根东引未出土者、槟榔各一两，芜荑五钱，使君子一两，枯矾二钱五分

为末，酒煮面糊为丸如梧子大。量人大小服之，一岁儿服五丸，大人七、八、十丸。小儿服药比大人之减少量其计算公式如下：

$$\frac{(\text{小儿明年年龄})\times(\text{大人用量})}{24}$$

主要效能 驱除蛔虫、绦虫、蛲虫。

适应证 肚腹常热，呕吐清涎，唇色红白。

方义略释 鹤虱本草记载杀五脏虫，苦楝根杀三虫，槟榔杀虫，芜荑去三虫、逐寸白，使君子杀脏虫、治五疳，以上各药经各家试验证明，使君子、鹤虱为驱蛔药，槟榔为驱除绦虫、姜片虫药，苦楝根皮为驱除蛔虫、蛲虫药，胡粉即铅粉，本草记载杀

三虫，明矾杀虫，本方汇集各种杀虫之品，乃治肠寄生虫之复方也。

参考资料 吴鹤皋云：“古方杀虫如雷丸（驱绦虫）、贯众（驱绦虫）、干漆（破血消积杀虫）、明矾（化痰止血杀虫）、百部（杀蛔、蛲、蝇、虱）、铅丹（即黄丹消积杀虫）皆其所常用也。有加附子、干姜者壮正气也，加苦参、黄连者虫得苦而安也，加乌梅、诃子者虫得酸而软也，加藜芦、瓜蒂者欲其带虫而吐也，加芫花、黑丑者欲其带虫而下也。”此段说明杀虫剂虽以杀虫为主，仍须按病人体质的强弱、病情的不同，配合强壮药、苦味健胃药、引吐药、泻下药等，照顾病的全面，发挥杀虫剂伟大之效力。

张戴人云：“夫虫之所生，必于脾胃深处，药之所过，在于中流，虫闻药气而避之，安得取乎？法当先令饥甚，次以槟榔、雷丸为引子，别下虫药，大下十数行，可以搐而空也。”

此段说明投杀虫剂之先，停食一两顿，则药力专，收较大；又须与下剂同用，则死虫可迅速排除体外。

使君子丸

来源 《证治准绳》

组成 使君子（去壳，切薄片，屋瓦焙干）、槟榔、酸石榴根皮（洗净，剉焙）、大黄（半生半泡）各七钱五分

除槟榔剉晒不过火，余三味再焙，同槟榔为末，沙糖水煮面糊和丸如麻仁大，每服三十丸至五十丸，空腹时淡猪肉汁或鸡肉汁送下。

主要效能 驱除肠寄生虫。

适应证　腹内虫痛，口吐清水。

方义略释　本方以使君子杀蛔虫，槟榔杀绦虫及姜片虫，榴根皮亦杀绦虫（各种绦虫，均有驱除之效，对有钩绦虫奏效更确实）。大黄为缓下药，槟榔亦有泻下作用。综合四药功效，可确定本方为绦虫、蛔虫、姜片虫之驱除药。

本方以现代药学知识理解，首为驱除绦虫，次为蛔虫，亦可除姜片虫。爰将此三种虫病之主要症状列下，以供用方者之参考。

蛔虫病：有腹痛，异嗜，瞳孔散大（左右不同），鼻孔痒，流涎，小儿并有发热、咬牙、全身痉挛等症。绦虫病：有腹痛（得食即止），鼻孔、肛门作痒，异嗜等症。姜片虫病：有腹胀、腹痛，大便不整等症，小儿患之，发育受障碍。

第十章　温热之剂（兴奋强心）

四逆汤

来源　《伤寒论》

组成　甘草二两（炙），干姜一两半，附子一枚（生用，去皮，破八片）

上三味，以水三升，煮取一升二合，去滓，分温再服。强人可大附子一枚，干姜三两。

主要效能　强心健胃。

适应证　脉沉体痛，温温欲吐，下利清谷，手足厥冷，内寒外热，脉微欲绝。

方义略释 本方主药附子，历代医籍一致认为有强心兴奋作用，临床应用，收效伟大。干姜之主要成分为姜素及挥发油，有刺激胃黏膜，增加分泌，促进消化之作用，又能使血液循环增加，体温增高，自觉周身温暖。甘草含甘草糖、葡萄糖，有滋养作用。综合全方功效，为一有力之强心健胃剂，因胃肠病引起之心脏衰弱，确有挽救之功。

临床运用 本方加人参名四逆加人参汤，可使兴奋作用增强。

本方倍用干姜名通脉四逆汤，有通脉之效。

参考资料

(1)《汉方要诀》云："仲景设四逆汤，为温里之主方，治三焦伤寒，身痛腹痛，下利清谷，恶寒不渴，四肢厥冷，或反不恶寒，面赤烦躁，里寒外热，或干呕，或咽痛，脉沉细欲绝等虚脱症。此'正阳虚脏寒'，阳越于外之象也，亦即全身功能衰弱之证也。故用附子温里逐寒以强心，以其性辛热，走而不守，故用甘草以缓其走散之性，干姜以助其温里之力，而直达回阳之目的焉。《方考》曰：'经曰：寒淫于内，治以甘热，故用甘草、姜、附大热之剂，伸发阳气，祛散寒邪，能温经暖肌，而回四逆，因以名方焉'。然必凉服者，经曰'治寒以热，凉而行之'是也。否则，戴阳者反增上燥，以致耳目口鼻皆出血者有之。用药甚难，不可不慎也。"此段解释四逆汤各药性效，精当无匹。四逆汤所现各症，为全身功能陷于衰弱（尤其是心脏及胃肠功能衰弱），故以甘草、姜、附振起其功能（干姜振起胃肠功能，附子振起心脏功能），旧说温里逐寒（或曰回阳），即振起全身功能之意也。又，四逆汤主治各症，如四肢厥冷、脉微欲绝，乃心脏衰弱之征，温温欲吐，下利清谷，为胃肠衰弱之象。故既以附子强心救脱，又以干姜温胃逐寒，不愧为对症下药之经方。柯韵伯谓：此方必有人参，其识见高人一等。余亦谓此方如加人参，其兴奋全身功能之功，必尤大也。

（2）本方加人参即四逆加人参汤，张景岳名为四味回阳饮，主治中寒泄泻，喘汗厥逆。《汇海》云："中寒泄泻至于喘汗厥逆，元阳行将虚脱，势极危殆，故急以附子回肾阳，干姜归心阳，甘草守中阳，然阴阳互根，元阳在将亡之际，真阴又焉能独存！还借人参挽回元气（《本草新义》云：人参治脑、心、胃肠、子宫衰弱，各种贫血症，各种功能减退症，有滋养强壮之力。所以参、附并用，不仅兴奋心脏功能，兼可滋养血液），以收全功。经云：寒淫所胜，平以辛热，佐以甘寒。附子、干姜大辛大热，回将脱之微阳，以归窟宅。甘草、人参甘温微苦，挽不绝之元气。互相维系，诚为扶危之大方也。"此段解释四逆汤加人参有"回阳兼补气"之妙用，分析甚精，益人智慧不浅。

（3）本方合生脉散（敛肾阴，养胃液）、白术、夏、陈（健脾止吐）、肉桂（合四逆汤温补回阳）、麝香（兴奋壮神），即陶节庵回阳急救汤，何秀山极赞此方之妙（何氏赞此方为回阳固脱、益气生脉之第一良方），谓"少阴病下利脉微，甚则利不止，肢厥无脉，干呕心烦者，经方用白通加猪胆汁汤（附子、干姜、葱白、童便、猪胆汁），然不及此方面面周到，故俞氏每用之以奏效"。余曾将张氏四味回阳饮与陶氏回阳急救汤比较研讨，觉得陶方胜于张方，因陶方在四逆的基础上加人参、麝香，其强心壮神之力，比张方大。又陶方以术、姜、陈、夏健胃而止吐利，较张方仅有干姜一味者，其疗效自不相同。

参附汤

来源　《世医得效方》

组成　人参一两，附子五钱（炮，去皮脐）

每服五钱，加生姜、大枣，清水煎，徐徐温服。

主要效能　兴奋强壮，挽救虚脱。

适应证　上气喘急，自汗盗汗，气短头昏，手足厥逆，大便自利，或脐腹疼痛，呃逆不食，或汗多发痉。

方义略释　本方中之附子，阎德润教授谓其效能有四：①强心回苏；②兴奋神经；③镇痛止利；④利尿发汗。日医汤本求真认为恢复新陈代谢功能之衰减，附子之力胜于人参。本方中之人参，为强壮兴奋药，胡光慈《本草新义》推荐其功能为“挽救虚脱，治急性脑贫血大出血而呈之心脏衰弱，神昏自汗，肢冷脉伏等症，有兴奋回苏，强心复脉之功”。又云：“合附子用者，曰人参附子汤，人参得附子，兴奋之力益著，附子得人参，则兴奋之力持久，诚为挽救虚脱之良方也。”各家本草，均有人参大补肺中元气之句，《本草必用》并云：“气虚者固无论矣，即血虚者亦不可缺，所谓血脱者补气是也。”根据上述二药性能，可知本方为兴奋强壮剂，用于急救虚脱者，但以“虚寒”症为用方标的，急性热病之虚脱，不合宜也。

本方适用于虚脱，如脑贫血、大出血引起之虚脱；胃肠病引起之虚脱。适应证所记之手足厥逆，气短头昏，自汗盗汗，皆为虚脱现象，如大便自利，脐腹疼痛，呃逆不食，皆为胃肠功能衰弱症状。

临床运用　以黄芪易附子，名人参黄芪汤，有补气止汗之功。以生地易附子，名人参生地黄汤，有固气救阴之功。以白术易人参，名术附汤，有除湿温里，治阳虚厥汗之功。以黄芪易人参，名芪附汤，有补阳兼固表之功。

参考资料 胡光慈云："本方与四逆加人参汤比较，本方宜于大量出血者，而四逆加人参汤则优于胃肠功能衰弱者。"本方以人参为主，附子为辅，有滋养作用（补气生血），四逆加人参汤以炙草、附子为主，人参、干姜为辅，有止利作用（培脾止泻），所以本方主要用于大出血引起之虚脱，四逆加人参汤主要用于胃肠病引起之虚脱。

苏合香丸

来源 《局方》

组成 苏合香油一两五钱（丁香、安息香另为末，用无灰酒五合熬膏），薰陆香五钱，沉香一两，檀香一两，麝香七钱半，龙脑五钱，木香一两，香附一两，朱砂一两，犀角一两，荜拨一两，诃子一两

研为细末，将安息香膏与苏合香油和匀并炼蜜和丸，如芡实大，朱砂为衣，蜡壳封护，每服一丸。一方加白术去檀香、荜拨、诃子。一方有白术无诃子。一方无荜拨有白术。

主要效能 兴奋回苏，兼能镇静镇痛。

适应证 神昏不语，失神口噤，心腹猝痛，寒症气闭，中寒吐泻，小儿惊搐，昏迷僵仆等症。

方义略释 本方内苏合香为芳香性兴奋药，有回苏之效。安息香有兴奋中枢神经之作用（反射的兴奋）。麝香为兴奋性回苏药，亢进脑中枢功能。龙脑即冰片，为清凉性回苏药。沉香、丁香、木香、檀香、香附、荜拨均为芳香健胃药，但丁香能刺激大

脑主要神经，使之兴奋。沉香有镇静镇痛作用，治胃脘腹痛。木香有收敛止利之效。檀香能镇痛，用于神经性胃痛。荜拨有镇痛止泻之效。香附有镇痛之效，用于胃痛腹痛。薰陆香即乳香，为镇痛药。诃子为收敛药，用于慢性肠炎。犀角为强心解毒药，治小儿惊热。朱砂为镇静镇痉药，用于惊痫。根据上述各药性能，可知本方为兴奋回苏（主要效能）、镇静镇痛（兼有效能）之复方，既可治惊痫、中风、痰厥、昏迷僵仆（主治），又可疗心腹猝痛、寒霍乱吐泻（旁治）等症。

临床运用　本方配合卧龙丹①吹鼻取嚏，可使昏迷病人加速苏醒。

参考资料　本方为温中行气醒脑法，安宫牛黄丸为清热解毒、透窍安神法，虽同有兴奋回苏之功用，但本方不用于急性热病之神昏谵语，亦犹牛黄丸罕用于中风痰厥，盖两方药性之差别颇大也。

吴茱萸汤

来源　《伤寒论》

组成　吴茱萸一升（洗），人参三两，生姜六两，大枣十二枚

上四味，以水七升，煮取二升，去滓，温服七合，日三服。

主要效能　兴奋，强壮，健胃，止吐。

适应证　吐利，手足逆冷，干呕，吐涎沫，头痛。

方义略释　本方主药吴茱萸，有健胃（芳香性苦味，健胃

① 卧龙丹：功用：除热开窍，解毒理气。组成：西牛黄、金箔各四分，冰片、荆芥、羊踯躅各二钱，麝香五分，朱砂六分，猪牙皂角一钱半，灯芯炭二钱半，共研细末，瓷瓶密收，勿使泄气，每用少许，吹入鼻中，得嚏立愈。垂危重症，亦可以凉水调灌分许。

药）镇痛作用，本草记载温肠胃、疗心腹冷痛、寒疝，民间方本品开水吞服，治神经性胃痛。人参为滋养强壮药，能兴奋人体新陈代谢功能。生姜为辛辣性健胃药，善能止吐。大枣为滋养缓和药，可调济吴萸之辛辣刺激。综合各药性能，本方为兴奋强壮健胃止吐之复方，对于胃肠性虚寒症最为适合（手足逆冷为虚寒症状之一，由吐利丧失水分太多，以致血量减少，血流缓慢，血压降低所致）。

临床运用　本方去人参、大枣，清酒煎，温服，治寒疝往来（《肘后方》）。

参考资料

（1）北齐药方碑[①]，冷心痛方：吴茱萸一斗，桂心三两，当归三两，捣末，蜜和丸，如桐子大，酒服十丸，日再，渐加三十丸，以知为度。由此方可知在南北朝时，吴茱萸已作为镇痛剂，流传于民间。本方叶橘泉认为可治慢性胃加答儿及胃痛（《现代实用中药》），亦因吴茱萸为镇痛药也。

（2）冉雪峰云："查此方乃温暖厥阴，振起颓阳之要剂。与四逆、通脉四逆鼎足而三，附子温肾，干姜温脾，吴茱萸温肝，各有专长，但姜、附均守而不走，其能通脉宣阳，鼓舞一身之生气者，乃温以化气，温而行之，从功用推出。惟吴茱萸气味俱厚，又具特殊臭气，冲动力大，另成一格。桂为浊中之清，本品为清中之浊，故宣心阳，桂较超越，而开浊阴，则吴茱萸实为优异也。"冉氏以本方为振起颓阳（即微阳）之要剂，与四逆及通脉四逆等视齐观；但又分析三方之异点，以本方为温肝之剂，所谓温肝，易以今语，即

---

① 北齐药方碑：在洛阳龙门，碑之上层，方格细书，并有释迦像，题武平六年岁次乙未六月朔甲申等字样，下层为药方，已残缺不全，首尾完整者有十余方。

兴奋中枢神经之意，吴萸为芳香健胃药，非兴奋回苏药，本方可能有此种功效者，因吴茱萸配合人参，可能发生协同作用也。冉氏又云："宣心阳，桂较超越，开浊阴，则吴茱萸为优异。"宣心阳，即认肉桂有兴奋心力之功用；开浊阴，即认吴萸有健胃之功用（吴萸治腹痛而止吐利，吐利之虚寒症，中医认为浊阴，即寒湿之意）。以上所述，为我个人对吴茱萸汤之见解（人参振起代谢，吴萸、生姜健胃而止吐利），附载文末，以供研究。

右归丸

来源 张景岳

组成 大熟地八两，上肉桂、川附子（制）各二两，山萸肉、怀山药（炒）、川杜仲（姜汁炒）、枸杞子（盐水炒）、菟丝子（制）各四两，鹿角胶（炒成珠）、全当归（酒炒）各三钱（一方无附子、山茱萸，有枣仁三两。一方多茯苓、补骨脂各三两）

共研细末，炼蜜和丸如弹子大，每服二三丸或三钱，细嚼热汤送下。

主要效能 兴奋强壮，对性腺衰弱尤有功效。

适应证 脾胃虚寒，呕恶腹胀，腹痛寒疝，便溏泄泻，水邪浮肿，阳衰无子等症。

方义略释 地黄为强壮药，用于虚弱者有补血强心之效。山萸为收敛性强壮药，用于阴痿遗精，小便频数及多尿症。山药为滋养强壮药，微有收敛性，对虚弱者消化不良之慢性肠炎及遗精夜尿有效。附子为兴奋药，有强壮心力之作用。肉桂为健胃药，本草记载通血脉，治腰痛。鹿角胶为滋养强壮药，又为性腺强壮药，用于神经衰弱、遗精阴痿。菟丝子为滋养强壮药，治遗精阴痿。枸杞子为滋养强壮药，本草记载去虚劳，补精气。杜仲为强壮及镇痛药，用于腰背神经痛，本草记载补肝肾，强筋骨。当归为温性强壮药，有和血补血之功。综合各药性能，可知本方为兴奋性强壮剂，对性腺衰弱尤有功效（本方内鹿胶、菟丝、枸杞、地黄、山萸、山药，均为有益于内分泌衰弱之良药）。

本方适应证，列便溏泄泻，乃慢性衰弱性腹泻；水邪浮肿，乃缺乏营养之水肿；其他腹胀、腹痛、寒疝，亦莫不以“虚寒”为用方之目标。

参考资料

（1）徐镛曰：“仲景肾气丸，意在水中补火，故于群队阴药中加桂、附。而景岳右归，峻补真阳方中，惟肉桂、附子、熟地、山药、山萸与肾气丸同，而亦减去丹皮之辛寒，泽泻、茯苓之淡渗。枸杞、菟丝、鹿胶三味与左归同（左归丸：熟地、山药、山萸、枸杞、牛膝、菟丝子、鹿胶、龟板，治同六味，滋补过之）。去龟板、牛膝之阴柔，加杜仲、当归温润之品，补右肾之元阳，即以培脾胃之生气也。其加减之法：阳衰气虚，必加人参以为之主。阳虚精滑或带浊便溏，加补骨脂（兴奋强壮药治遗精白带及慢性下利）。飧泄①肾泄②不止，加五味子、肉豆蔻（五味子为收敛性滋养强壮药，肉豆蔻为健胃整肠药，用于久利），饮食减少，或不易化，或呕吞酸，加干姜（辛辣性健胃驱风药）。腹痛不止，加吴萸（芳香性健胃镇痛药）。腰膝酸痛，加胡桃肉

---

① 飧泄：《灵枢·师传》云：肠中寒，则肠鸣飧泄。雷少逸《时病论》分析飧泄之病，有属下焦虚寒，宜补火生土法。

② 肾泄：即五更泄。

（滋养强壮药，本草治腰脚虚痛）。阴虚阳痿，加巴戟、苁蓉（巴戟能旺盛性欲，苁蓉补精催淫，均为兴奋强壮药），或外加黄狗肾，与鹿胶同为血肉之补，诚为治命火衰微之要剂也。总之，景岳之左归、右归，原为补阴补阳而设，左归多滋养药，故滋补过之，右归多温壮药，故温补过之（节录《中国医药汇海》）。”徐氏对本方之加减，颇有法度，对景岳左归、右归之比较分析，亦多中肯，故附载之，以增加读者对本方的了解程度。

（2）本方前人有“八味丸（即金匮肾气丸）治之不愈者，宜用此方”之语，据近人研究与我个人意见，觉得两方所治病症，并不一致。爰将两方症治列表对比如下：

	附桂八味丸	景岳右归丸
主治病症	慢性肾脏炎，小便不利，老人肾萎缩，夜尿，尿频，尿后余沥（膀胱肌无力），腰神经痛 麻痹型、浮肿型脚气 慢性、衰弱性肾脏病	性神经衰弱，阳衰无子 脑神经衰弱，精神萎靡 老人衰弱贫血，或腰痛畏冷 慢性、衰弱性、腹泻 营养缺乏之水肿

本章小结

本章列方五首，虽同为兴奋剂，但功用主治，各不相同。①吴茱萸汤以止吐利为主要功效，兼有兴奋强壮作用。②四逆汤以附子为君，有强心作用，用于由吐利丧失水分而引起之心脏衰弱。③参附汤以人参为君，有兴奋强壮作用，用于脑贫血、大出血引起之虚脱。④右归丸有温补下元之功，用于神经衰弱、性神经衰弱、老人衰弱贫血等症。⑤苏合香丸有兴奋回苏镇静镇痛之功用，用于惊痫、中风、昏迷、僵仆。

第十一章　补养之剂（滋养、强壮）

四君子汤

来源　《太平惠民和剂局方》

组成　人参一至三钱（呕逆者姜汁炒；泻利者土炒；吐血者青盐或秋石水制），白术一至二钱（湿痰者生用，姜汁拌；泄泻者蒸熟土炒焦；燥咳或便难者，蜜水拌蒸；脾胃虚者，陈米饭上蒸数次），茯苓一钱至钱半（吐痰呕逆者，生姜汁拌；胃燥噎膈者，人乳汁拌；小便不通者，肉桂酒拌），甘草六分至一钱（呕吐者，生姜汁制；痞满者，砂仁汁制；小便不利者，生用；补虚者，炙用）（一方无甘草，有炙黄芪）

研为末，每服五钱，清水一杯加生姜、红枣，煎至七分，食后温服。内伤虚热或饮食不化作酸加炮姜。

主要效能　滋养强壮，健胃。

适应证　呕吐泄泻，气短面白，声微肢困，食少不化，口舌生疮，吐血便血，以及胎前产后诸病，凡属脾胃虚弱，脉象细软者皆可治。

方义略释　本方中之人参，有兴奋人体新陈代谢之功能，用于贫血及消化不良。白术为芳香健胃药，有兴奋精神之作用，本草记载补脾燥湿，利小便，止泄泻。茯苓含有丰富之茯苓糖（即脱水萄葡糖），营养价值颇高，本草记载益脾渗湿，治呕哕、水肿、泄泻。甘草有缓和滋养作用。本方列药不多，适应范围颇广，但其功用，不过滋养强壮，健胃利尿，且药性和平，久服始效。

临床运用 四君子为平调脾胃，补中平妥之方，由此方扩充或加减而另为一方者，指不胜屈。兹将普通常用者列表于后，以作比较研究之助。

方名	加减	功用及主治
异功散（钱氏）	本方加陈皮	健脾进食，为病后调补之方
六君子汤（《局方》）	本方加半夏、陈皮	脾胃虚弱，痞满多痰
香砂六君子汤（《局方》）	本方加半夏、陈皮、木香、砂仁	气虚痰饮，呕吐痞闷，脾胃不和，变生诸症
四兽饮（《简易方》）	六君子加乌梅、草果、姜、枣	和胃化痰，治食疟、瘴疟、诸疟
六君子汤	本方加黄芪、山药	病后调理，助脾进食
参苓白术散（《局方》）	本方加山药、扁豆、苡仁、莲肉、砂仁、桔梗	脾胃虚弱，饮食不进，胸中痞满，大便不实及久泻
七味白术散（钱氏）	本方加木香、藿香、葛根	脾虚，肌热泄泻，虚热作渴
启脾丸（《医学入门》）	异功加山楂、山药、莲肉、泽泻	治五更泻，消疳，去腹胀
八珍汤（《准绳方》）	本方合四物汤	脾胃虚损，肌肉消瘦，妇人胎产崩漏，气血俱虚者
六安煎（景岳方）	六君子去参、术，加杏仁、白芥子	痰滞气逆
寿脾煎（景岳方）	本方加当归、山药、枣仁、远志、炮姜、莲肉	脾虚不能摄血，大便脱血不止，妇人崩淋带下，为归脾之变方
人参养营汤（《局方》）	本方加陈皮、黄芪、桂心、当归、白芍、地黄、远志、五味（即十全大补去川芎加远志、五味）	脾肺俱虚，发热恶寒，肢倦体瘦，食少作泻等症，有补虚怯、生气血之功

参考资料　张路玉云："气虚者，补之以甘，参、术、苓、草甘温益胃，有健运之功，具冲和之德。若合之二陈，则补中微有消导之意。盖人之一身，以胃气为本，胃气旺则五脏受益，胃气伤则百病丛生，故凡病久不愈，诸药不效者，惟有益胃补肾两途。故用四君子随症加减，无论寒热补泻，先培中土，使药气四达，则周身之机运流通，水谷之精微敷布，何患其药之不效哉？是知四君、六君，为司命之本也。"张氏谓病久不愈，诸药不效者，惟有益胃补肾两途，又谓是知四君、六君，为司命之本也，此种对慢性衰弱症之治疗主张，可谓至当不易之规律。盖慢性衰弱，其病也渐，非急切所能奏效，必须一面长服汤丸，一面注意调摄，方能逐渐向愈。用药方针，惟有投滋养健胃剂，使病人胃纳加强，营养分之吸收率增高，一切衰弱症状，自可消除，所以慢性衰弱诸病，首应注重自然疗养，如增加食欲，充分睡眠，怡悦心情，节制性欲，流通空气等，均为必要条件。

六味地黄丸

来源　钱仲阳

组成　地黄八两，砂仁（酒拌，九蒸九晒）、山茱萸（酒润）、山药各四两，茯苓（乳拌）、丹皮、泽泻各三两

上六味，为末，炼蜜丸，如桐子大，空心盐汤下。血虚阴衰，地黄为君；精滑头昏，山萸为君；小便或多、或少、或赤、或白，茯苓为君；小便淋沥，泽泻为君；心虚火盛及有瘀血，丹皮为君；脾胃虚弱，皮肤干涩，山药为君。言为君者，其分量用八两，地黄只用臣分量。

主要效能　平性滋养强壮剂，兼可补血。

适应证 精血枯竭，憔悴羸弱，腰痛足酸，自汗盗汗，水泛为痰，发热咳嗽，头昏目眩，耳鸣耳聋，遗精便血，消渴淋沥，失血失音，舌燥舌痛，虚火牙痛等症。

方义略释 地黄有补血、强心、利尿之功用，并可抑制碳水化合物所引起之血糖过多之效。茯苓含有丰富之脱水葡萄糖，有高度之营养价值，本草记载宁心益气，小便结者能通，多者能止。山药富于淀粉，含有淀粉消化酵素及黏液质，有助消化及滋养之效，民间用治糖尿病，本草记载固肠胃、止泻痢，治健忘遗精。丹皮为解热药，本草引李时珍云：世人专以黄柏治相火，不知丹皮之功更胜，故仲景肾气丸用之。萸肉为强壮药，本草记载补肾温肝，固精秘气，暖腰膝，缩小便。泽泻为利尿药，本草记载泻肾经之火邪，治淋沥阴汗，消渴肿胀。综上所述，可知本方为滋养强壮剂，药性和平，应用广泛，为补虚益损之祖方。以肝肾阴虚为用本方之标准。

归纳适应证所列各症，本方可治下列各病，神经衰弱、贫血、肺结核、性神经衰弱、糖尿病、老人频溺、小儿遗尿等。

临床运用 根据本方加减之方颇多，兹举重要者列表于次：

方名	加减	功用主治	备考
八味地黄丸（崔氏）	本方加桂、附各一两	补火养血，治转胞溺阻①，夜多漩溺，上气喘急，耳聩虚鸣，便溏食少及疟劳	

① 转胞溺阻：胞乃尿胞，转胞溺阻，即游走肾之嵌顿症，缘肾脏附着于腰脊左右，全赖肾夹膜为之维系。肾夹膜系脂肪，消瘦之人，全身脂肪不足，肾即易于被输尿管牵引而游走下降，肾下降后，输尿管遂屈曲捻转，以致小腹急痛，不得小便。治以肾气丸者，因本方为滋养强壮剂，专补腰脚，对游走肾有恢复其位置的作用。

续表

方名	加减	功用主治	备考
知柏八味丸	加知、柏各二两	相火旺盛，咽痛、劳热、骨蒸，虚烦，盗汗，尺脉大者	
七味地黄丸（《疡医大全方》）	本方加肉桂一两	肾虚火炎，发热口渴，口舌生疮，牙龈溃烂，咽喉作痛	
都气丸	本方加五味子三两	劳嗽	
八仙长寿丸	本方加五味二两，麦冬三两	阴虚火旺，咳嗽吐血、遗精、潮热盗汗等症	虚损劳热加紫河车
益阴肾气丸（李东垣方）	本方加当归、五味、柴胡	治肾虚目昏，神水宽大，渐睹空中有黑花物成三体，久则光不收及内障神水淡绿淡白色者	
济生肾气丸	八味地黄丸加车前、牛膝	肾气不化，小便涩数	本方中车前、茯苓、地黄、泽泻，均有利溺之功
	本方加杜仲、牛膝各二两	肾虚，腰膝酸痛	
	本方去泽泻加益智仁三两	小便频数	小便频数，为肾萎缩，益智、萸肉均为收敛性强壮药，本草记载益智、萸肉均缩小便，茯苓亦用于多溺

参考资料 汪昂云：“熟地滋阴补肾，生血生精。山萸温肝逐风，涩精秘气。牡丹泻君相之伏火，凉血退蒸。山药清热于肺脾，补脾固肾。茯苓渗脾中湿热，而通肾交心。泽泻泻膀胱水邪，而聪耳明目。六经备治，而功专肾肝；寒燥不偏，而补益气

血；苟能常服，其功未易殚述也。”六味丸为平补肝肾之剂，故汪氏谓功专肾肝，寒燥不偏。六味丸中之地、萸、山药，有益于内分泌衰弱、神经衰弱，汪氏云补兼气血，不如云平补真阴，更为恰当。

左归丸

来源 张景岳

组成 熟地黄八两，山萸肉、枸杞子、鹿角胶（敲碎炒珠）、菟丝子（制）、山药（炒）、龟板胶（敲碎炒珠）各四两，牛膝（酒洗，蒸熟），茯苓各三两（一方无枸杞、鹿胶、茯苓）

共研末，炼蜜和丸如梧桐子大，每服百余丸，开水或淡盐汤送下。

主要效能 滋养性强壮剂，性腺衰弱之补益剂。

适应证 肾水不足，营卫失养，或虚热往来，自汗盗汗，或神不守舍，血不归原，或遗淋不禁，或气虚晕昏，或眼花耳聋，或口燥舌干，或腰酸腿软，一切精髓内亏，津液枯涸等症。

方义略释 此方为六味丸去丹皮、泽泻，加菟丝子、枸杞子、龟板胶、鹿角胶、牛膝共五味。菟丝子为滋养性强壮药，治阴痿遗精（茯菟丸用为主药，茯菟丸：治心肾不交，遗精白浊，茯苓、菟丝、石莲子），本草记载添精益髓。枸杞子为滋养强壮药，本草记载补精气，去虚劳（五子衍宗丸用为主药，五子丸：治精弱无子，方用枸杞、菟丝、五味、覆盆、车前）。鹿角胶为虚弱者之滋养强壮药（斑龙丸用为主药，斑龙丸：壮精神，育子嗣，方用鹿角胶、鹿角霜、菟丝子、柏子仁、熟地、茯苓、补骨脂）。龟板胶为滋养强壮药，慢性衰弱症用之，有补阴益血之功

（龟板胶含胶质脂肪及钙盐）。牛膝，本草记载益肝肾、强筋骨，疗男子阴痿。综合各药效能，有滋养强壮之效，并有益于内分泌衰弱。本方主治（即适应证）各症，乃精髓内亏，神经衰弱之一般现状，故以补肾益精为主。有谓本方治同六味丸而滋补过之，余谓六味丸为补肾阴之方，左归丸不但峻补肾阴，并有添精益髓之功。

参考资料　徐镛曰："左归宗钱仲阳六味丸，减去丹皮者，以丹皮过于动汗，阴虚必多自汗、盗汗也。减去茯苓、泽泻者，意在峻补，不宜于淡渗也。方用熟地之补肾为君，山药之补脾，山茱之补肝为臣，配以枸杞补精，牛膝补血，菟丝补肾中之气，鹿胶、龟胶补督任之源，虽曰左归，其实三阴并补，水火交济之方也。至于加减之法，如：真阴失守，虚火炎上者，去枸杞、鹿胶，加女贞、麦冬。火灼肺金，干枯多嗽者，加百合，夜热骨蒸者加地骨皮。小水不利不清者加茯苓。大便燥结，去菟丝，加肉苁蓉。一切柔润之品，在所必用。又如：气虚加人参。血虚微滞加当归。腰膝酸痛加杜仲。脏平无火而肾气不充，去龟胶，加补骨脂、莲肉、胡桃。宜清宜补，应寒应热，总在随症化裁也。"徐氏随症加减，丝丝入扣，足补原方未逮。景岳另方右归丸，用药与本方略同（见右归丸），而特多肉桂、附子二味温肾壮阳之品，盖其根据左为肾、右为命门之意，制此二方，一以峻补真阴，一以温壮元阳，分别施治，异途同归，奏效殊弘大也。

虎潜丸

来源　朱丹溪

组成　败龟板（酥炙）、黄柏（盐水炒）各四两，知母、熟

地黄各二两，牛膝（酒蒸）三两半，白芍两半，锁阳（酒润）、虎胫骨、当归各一两，陈皮（盐水润）七钱半，干姜五钱

共研细末，羯（音揭，去势之羊）羊肉二斤，酒煮，捣膏为丸，如梧桐子大，酒煮米糊为丸亦可，每服三钱，空腹时淡盐汤送下。痿而厥冷，加附子半枚。

主要效能　滋养消炎。

适应证　肾阴不足，筋骨痿软，不能步履，臁疮筋骨痿弱，下元虚冷，精血亏损及骨蒸劳热等症。

方义略释　本方中之龟板，为滋养强壮药，用于骨结核，本草记载养阴液、潜风阳，治骨中寒热。黄柏、知母为解热消炎药。黄柏治骨蒸劳热，诸痿瘫痪；知母亦治骨蒸。地黄、归、芍即四物汤去芎䓖，有补血养阴之效。陈皮、干姜，辛温健胃。锁阳为强壮补精药，本草记载润燥养筋，治痿弱。牛膝为强精药，能使脚筋强健。虎骨为镇痛药，治四肢、腰背诸骨骼之疼痛。综上所述，可知本方在滋养消炎的基础上辅以治痿专药而成，故其治疗对象以肾阴亏损为标准。如急性热病后足软无力、老人腰脚无力、慢性关节炎、肺结核之潮热、骨结核、干脚气等皆可衡量其证候而用之。

参考资料　王孟英培本丸，用西洋参、龙眼肉（同蒸透）、沙苑蒺藜（盐水炒）、萸肉（酒炒）、茯苓（人乳拌蒸）各二两，生熟地（砂仁末拌炒）各四两，杞子（酒蒸五次）一两半，肉苁蓉（焙）五两，血余一两二钱，虎胫骨（酥炙）一对，白术（土炒）四两，共十一味为末，用羯羊肉四斤，剔净油膜取纯精者，酒水煮，取浓汁，打丸，桐子大，每服四钱，淡盐汤下。治下元虚弱、腰足酸软、神疲色悴、劳怯损伤诸症

神效。此方与虎潜丸对比，填补肾阴之力较大，但无消炎之品，阴虚而火不上炎者最宜。又此方虎骨之分量颇大，对虚弱症之筋骨痿软，收效较佳。

百合固金汤

来源 赵蕺庵

组成 生地黄二钱，熟地黄三钱，麦冬钱半，百合、芍药炒，当归、贝母、生甘草各一钱，玄参、桔梗各八分

主要效能 滋养性镇咳祛痰剂。

适应证 补肺滋肾，治肺伤咽痛，喘嗽痰血。

方义略释 本方以四物汤去川芎，合桔梗汤，再加他药组成。四物汤为补血兼强心剂，桔梗汤为祛痰剂，百合为滋养性镇咳安神药，用于肺结核及慢性干性气管炎，有滋养止咳之功，本草记载润肺宁心，清热止嗽。玄参为解热消炎药，治咽炎扁桃腺炎，本草记载滋阴液、清肾火、止烦渴。麦冬为滋养强壮药，有镇咳祛痰，润肺止渴之功。贝母为镇咳药。综上所述，本方有滋养强壮，镇咳祛痰之效，治肺结核之咳嗽咽痛，若有痰血，尚须酌加止血药。据本草，贝母、当归虽可用于吐血，但当归辛温，于肺燥肺热不合，贝母止血，尚少经验。本方主要用于肺结核，其他如阴虚咽痛，亦可加减施治。

参考资料

（1）李士材曰：“蕺庵此方，殊有卓见，然土为金母，清金之后，亟宜顾母，否则，金终不可足也。”李氏此言，以今日的营养学说体会之，即是营养疗法在肺病的疗养上占一重要位置。因肺病为慢性消耗病，如无充分的营养分输入，将不能

配合其他疗法，使抵抗力增强，消灭病菌，此李氏“亟宜顾母”的主张，在肺病的治疗上，乃极有价值之言也。如恣用甘寒苦寒之品，戕脾败胃，实与今日营养疗法的意义，颇有抵触。费伯雄曰：“此方金水相生，又兼养血，治肺伤咽痛失血者最宜。李士材谓清金之后，急宜顾母，识解尤卓。予谓咽痛一症，即当培土生金也。”费氏不但同意李氏培土生金之治肺病主张，并推广其治，谓咽痛亦宜用此法。余意费氏所指之咽痛，乃劳瘵之一种，即近世所云之喉结核，此病治之不易，预后多不良，惟有增进营养，使体力转强，乃治疗上必须采用之法也。

（2）用于肺结核之滋养性镇咳祛痰剂，此类良方颇多，兹但举月华丸一方，其用药确比百合固金汤更为优越也。

月华丸：滋阴降火，消痰祛瘀，止咳定喘，保肺平肝，消风热，杀尸虫，此阴虚发咳之圣药也。

天冬、麦冬（去心蒸）、生地（酒洗）、熟地（九蒸九晒）、山药（乳蒸）、百部（蒸）、沙参（蒸）、川贝母（去心蒸）、真阿胶各一两，茯苓（乳蒸）、獭肝、广三七各五钱。用白菊（去蒂）二两，桑叶二两经霜者，熬膏，将阿胶化入膏内和药，稍加炼蜜为丸，如弹子大，每服一丸，噙化，日三服。此方以滋养（二冬、二地、山药、茯苓、阿胶）镇咳祛痰（百部、贝母、沙参、麦冬）为主，我意可去桑菊，加米仁、砂仁、陈皮等，并以羊肝易獭肝为丸长服。

孔圣枕中丹

来源　《千金方》

组成 败龟板（酥炙）、龙骨（研末，入鸡腹煮一宿）、远志、九节菖蒲

各等分，研为细末，水泛丸，每服一钱，熟汤送下，日三服。

主要效能 滋养强壮，助长记忆。

适应证 读书善忘，久服益智聪明。

方义略释 龟板含胶质、脂肪及钙盐等，为滋养强壮药，本草记载补心益肾，滋阴资智。远志为强壮药，本草记载强志益智，补精壮阳，治迷惑善忘，惊悸梦泄。龙骨为镇静药，本草记载敛心神、潜浮阳，安魂镇惊。菖蒲为清凉性健胃驱风药，有镇静作用，本草记载补五脏、通九窍、温肠胃。综上所述，本方滋养镇静，有益于中枢神经（如远志有聪耳明目之功，菖蒲有明耳目、发声音之功），对神经衰弱者之健忘，配合强壮剂用之，有助长记忆之效。

参考资料 费伯雄云："此心神不足之主方。"又云："体壮气浊痰多者，可服。若体气不甚强者，当加归、芍、丹参、柏仁等，方可久服。"费氏此言，纯从临床经验出发，实为有价值之注脚。中医治病，以虚实寒热等为辨症用药之要诀。健忘（神经衰弱）属实症者可投本方，若有虚象则宜柏子养心丸一类之方，或本方与天王补心丹、六味地黄丸等早晚分服亦佳，兹将以上二方录后（六味地黄丸见前）以备参考。

柏子养心丸：《体仁汇编》，治劳欲过度，心血亏损，精神恍惚，夜多怪梦，怔忡惊悸，健忘遗泄。方用柏子仁（蒸晒，去壳）四两，枸杞子（酒洗，晒）三两，麦冬（去心）、当归（酒浸）、菖蒲（去毛洗净）、茯神（去皮心）各一两，玄参、熟地

（酒蒸）各二两，甘草五钱。

先将柏子仁、熟地蒸过，石器内捣如泥，余药研末和匀，炼蜜为丸，如梧桐子大，每服四五十丸，龙眼汤送下。此方主药柏子仁为滋养健胃药，本草记载益智宁神、安魂魄、补气血，治惊悸恍惚，其余地、归、玄、麦、枸杞、龙眼，均为滋养强壮药，菖蒲、茯神则为镇静药，此方补性较大，宜于心肾并虚之症。

天王补心丹：《世医得效方》，治思虑过度，心血不足，神志不宁，津液枯涸，咽干口燥，健忘怔忡，大便不利，口舌生疮等症。方用生地、人参、茯苓、远志、菖蒲、玄参、柏子仁、桔梗、天冬、丹参、枣仁、甘草、麦冬、杜仲、茯神、当归、五味子各等分，研为细末，炼蜜和丸，每两作十丸，金箔为衣，每服一丸，食后临卧灯芯大枣汤化下。此方养心血、清心火，有虚性兴奋症状者甚相契也。

本章小结

本章选方六首，四君子汤平调脾胃，六味地黄丸平补肝肾，此二方应用广泛，由二方蜕化之方亦多，学者最宜细心玩味。左归丸峻补肾阴，又能添精益髓，虎潜丸用于腰足痿软，百合固金汤用于肺痨咳嗽痰血，孔圣枕中丹有助长记忆之功。上述各方，皆临床常用之剂，学者研读之余，再旁参附方，临床应用，获益匪浅。

第十二章　重镇之剂（镇静）

紫雪丹

来源　《局方》

组成　黄金一百两（可以飞金一万页代之），寒水石、磁石、滑石各三斤

以上并捣碎，用水一斛，煮至四斗，去滓，入下药。

羚羊角屑、犀角屑、青木香（捣碎）、沉香（捣碎）各五斤，丁香一两，玄参、升麻各一斤，甘草八两

以上八味，入前药汁中再煎取一斗五升，去滓，入下药。

朴硝精者十斤，硝石四升（如缺，芒硝亦得，每升重七两七钱半）

以上二味，入前药汁中微火上煎，柳木篦搅不住手，候有七升，投在磁盆中半日，欲凝入下药。

麝香　当门子一两二钱半，朱砂（研飞）三两

以上二味，入前药中搅调令匀，磁器收藏，药成霜雪紫色，每服一钱或二钱，大人小儿以意加减。

主要效能　镇静回苏，解热解毒。

适应证　烦热不解，狂越叫走，瘴疫毒疠，卒死温疟[①]，五

---

① 温疟：温疟之状，其脉如平，身无寒但热，骨节疼痛，时呕（《金匮》）。此病，唐有正译《中医诊疗要览》认为古人对疟疾证候不同所区别的病名，温疟即疟疾之热高而无恶寒或少恶寒者，时人萧俊逸治此种疟疾，高热神昏，脉细弦数，或洪大而不任按者，用紫雪丹配合强心解热清脑剂，有良效。

尸五疰，热闭卒黄，脚气蛊毒及诸热药毒，小儿惊痫百病等症。

方义略释 本方以羚角镇痉清肝，石膏镇静解热（据李时珍谓，唐宋方中之寒水石即是石膏）①，磁石、辰砂、黄金、沉香皆为镇静药，其他犀角、玄参、升麻、甘草有解热解毒之功，麝香、丁香有醒脑回苏之效，朴硝、滑石通利二便（《备要》云，《本经别录》朴硝、硝石虽分二种，而气味主治略同），木香芳香健胃，综合全方效能，为镇静解热、解毒回苏之复合剂，用于急性热病菌毒侵脑，狂越叫走，小儿惊痫，温疟瘴疫等症。

参考资料 冉雪峰云："查此方清热镇逆，宣窍透络，沉静循环，柔畅经隧，为中药镇静剂中之最有力者。旧注只知毒火穿经入脏，无药可治，此能消解。而不知此方之为镇静脑神经要剂。"冉氏认此方为镇静要剂，殊有高见，我意此方犀、羚、石膏萃于一方，清热之力綦大；二硝并用，使热毒从下而泄；玄参、升麻，又有清解血毒之功，故此方不仅镇静中枢神经之过度兴奋，清解热毒之力尤伟。胡光慈谓此方兼有至宝丹、安宫牛黄丸二药之长，殆亦指其挽救危症之功，比二药更大也。

抱龙丸

来源 《局方》

组成 陈胆星四两（如无只以生者剉炒熟用），天竺黄一两，雄黄（水飞）、辰砂各五钱（另研，飞净，一半为衣），麝香一钱（另研），全蝎二十个

① 寒水石：李时珍云：古方所用寒水石是凝水石，唐宋诸方用寒水石，即石膏，凝水石乃盐精渗入土中，年久结成，清莹有棱，入水即化，辛咸大寒，治时气热盛，口渴水肿。

研细末，煮甘草膏和丸如皂角子大，辰砂或金箔为衣，每服三五丸。五岁儿一二丸，百日小儿每丸分作三四服，温水化下（一方无全蝎）。

主要效能　镇静，镇痉。

适应证　伤寒温疫，身热昏睡，痰实壅嗽及小儿惊风。

方义略释　本方列药六味，每味功用大致如下：辰砂为镇静、镇痉药，有镇惊安神之效。天竺黄为清凉解热药，有镇静作用。胆星为镇静祛痰药，用于小儿痉挛。全蝎为镇痉药，用于小儿惊痫抽搐。麝香为兴奋神经药，用于热病中毒时之神经抑制症状，即昏迷状态。雄黄，本草记载劫痰解毒，治惊痫。综合各药效能，本方为镇静、镇痉剂，用于惊痫。

本方近世多用于小儿惊风，所谓惊风，乃中枢神经受急性热病菌毒侵犯后发生之病理现象，并不一定并发脑炎。故用镇静清热涤痰之剂即可平复。惊风有急慢之分，急惊为实热症，慢惊为虚寒症，本方只宜于热痰内壅之急惊。

本方在宋代并不专用于小儿，如大人伤寒温疫，身热昏睡，痰实壅嗽，中暑烦躁壮热等，亦多用之。我意温病逆传心胞症，本方亦可酌用。

参考资料　本方去麝香、全蝎，加人参、茯苓、甘草、山药、枳壳、枳实、檀香、琥珀八味，名琥珀抱龙丸，万氏《育婴家秘》方，治小儿诸惊温疫邪热，致烦躁不宁，痰嗽气急等症。常服祛风化痰，镇心解热，和脾胃，益精神。万氏方有人参、山药之滋养，枳壳、枳实之芳香健胃，檀香之温中和胃，琥珀、茯苓之镇静安神，虽有强壮健胃之效，但镇痉之力较差。本市张锡君同志治小儿急性热病，用此丸最多。

三种抱龙丸证治比较表

方名	组成	临床应用之区别
《局方》抱龙丸	胆星、天竺黄、雄黄、辰砂、麝香、全蝎	此方安神通窍涤痰，而少祛风之品，痰热内阻，神昏将欲动风之候宜之
琥珀抱龙丸	胆星、天竺黄、雄黄、辰砂、人参、茯苓、甘草、山药、枳壳、枳实、檀香、琥珀（与抱龙丸同者四味）	此方有人参、山药补脾，亦无祛风之品，方最和平，小儿体虚病不重者可服
牛黄抱龙丸	牛黄、琥珀、犀黄、胆星、赤苓、全蝎、辰砂、僵蚕、天竺黄、麝香（与抱龙丸同者五味）	此方最峻，治痰迷心窍，手足搐搦，谵语狂乱，非但小儿急惊，即大人温邪化热，癫狂神昏等症，亦可服之

朱砂安神丸

来源 李东垣

组成 朱砂一钱（另研），黄连一钱五分，当归头一钱，生地黄一钱，甘草五分

上为细末，酒泡蒸饼为丸，如黍米大，朱砂为衣，每服三十丸，卧时津液下。

主要效能 镇静，滋养。

适应证 心乱烦热，头晕气浮，心神颠倒，兀兀欲吐，寤寐不安，胸中气乱而热，有似懊恼之状。

方义略释 朱砂为镇静药，本草记载镇心清肝。黄连，本草记载泻心火、除烦。生地黄为滋养强壮药。当归，本草记载治阴虚而阳无所附者。甘草为缓和药。本方用药虽少，但对神经虚性兴奋之习惯性失眠，临床应用证明，确实有效。

参考资料

（1）“心为君主之官，主不明则精气乱，神太劳则魂魄散，所以寤寐不安、淫邪发梦，轻则惊悸怔忡，重则痴妄癫狂。朱砂重能镇怯，寒能胜热，甘以生津，抑阴火之浮越，以养上焦之元气，为安神之第一品。心苦热，配黄连之苦寒，泻心热也。更佐甘草之甘以泻之。心主血，用当归之甘温，归心血也，更佐地黄之寒以补之。心血足，则肝得所藏而魂自安，心热解，则肺得其职而魄自宁也。”（节录叶仲坚说）叶氏所说寤寐不安、淫邪发梦、惊悸怔忡诸症，皆由神经衰弱而起，古人认为心病。此心字，系指大脑之中枢神经。朱砂安心神，谓朱砂有镇静神经之作用也。黄连泻心热，谓黄连可抑制神经之过度兴奋也。当归归心血，生地补心血，谓此二药有滋养强壮之效也。

（2）东垣主治文（即适应证所记者），乃阴虚阳浮之象，即神经衰弱之虚性兴奋现象。近世医家对此种证候，多用养阴清心佐以安神之品，配合本方治疗，颇见功效。兹将凌晓五及丁甘仁二氏临症经验方并列于下，以备取法。

凌氏清心和胃法：丹参、玄参、朱茯神、枣仁、半夏、陈皮、竹茹、龙齿、龟板、石决明。

丁氏养阴安神法：生地、石斛、白芍、枣仁、远志、茯神、龙齿、朱灯心、夜交藤、淮小麦。

本章小结

本章列方三首，紫雪丹为镇静回苏、解热解毒之复方，主要用于急性热病之烦热不解，狂易叫走。抱龙丸为镇静镇痉剂，主要用于小儿急性热病之现抽搐者（急惊）。朱砂安神丸为镇静滋养剂，用于神经衰弱有虚性兴奋症状者（失眠）。

第十三章 平肝之剂（镇痉）

钩藤饮

来源 《证治准绳》

组成 钩藤、犀角、天麻各七分，全蝎五个，木香、甘草各五分

清水一钟，加生姜二片，煎至五分，不拘时服。

主要效能 镇痉，解热。

适应证 天钓，风搐。

方义略释 钩藤为镇痉药，本草记载除心热、平肝风，治小儿惊啼瘛疭。犀角为解热解毒药，本草记载凉心解毒，治小儿惊热。全蝎为镇痉药，治小儿惊痫抽搐，大人诸风掉眩。天麻为镇静药，主诸风湿痹，小儿风痫惊气。木香为芳香性健胃药，有疏肝和脾之功。综上所述，可知本方为一有力之镇痉剂，并有解热之效，适用于小儿由热毒引起之四肢抽搐。

天钓系小儿惊风之一种症状，头目仰视，四肢抽搐（风搐），此种症状，也见于流行性脑脊髓膜炎（头痛、呕吐、颈肌强硬、头向

后仰）、流行性大脑炎①，但急性热病脑受菌毒侵犯时，亦呈瘛疭之状，故中医所称之惊风，多数为脑性痉挛症状。

临床运用　本方配合紫雪丹，治急性热病之脑性痉挛，效力比单用本方更大。

参考资料　华实孚《内科概要》治流行性脑脊髓膜炎等一方及第二方，方制稳健，附载于次，以便与本方对照研究。

（1）龙胆草五分，白滁菊、当归各三钱，鲜地黄五钱，黄连三分。见痉挛抽搐者，加犀角尖三分，研末，冲。此方系恽铁樵经验方，当时淞沪一带，脑脊髓膜炎流行，恽氏创制此方，临床试用有良效，遂刊传遐迩，一时认为脑脊髓膜炎之专方。方中各药，胆草、黄连泻火解毒，生地、菊花平肝凉血，当归温润，意在调济黄连、胆草之苦寒。此方解热消炎之功大，镇痉定惊之力弱，可酌加钩藤、全蝎、地龙之属。

（2）羚羊角三分（研末，冲），黄连三分，龙胆草五分，白滁菊、钩藤、白僵蚕各三钱，西黄三厘（冲）。此方有解热消炎（黄连、胆草、西黄）镇痉（钩藤、菊花、羚角、僵蚕）诸效，为时方中之佼佼者。

凉惊丸

来源　钱仲阳

组成　龙胆草、防风、青黛各三钱匕，钩藤钩二钱匕，黄连五钱匕，牛黄、冰片、麝香各一钱匕

---

①　流行性大脑炎：在我国流行的是日本乙型脑炎，发于夏季，由黑斑蚊传染，多侵犯小儿。病源：嗜神经性滤过性病毒。症状：俄然恶寒，伴以高热（39℃～40℃），头痛体倦，神识蒙眬、昏睡，继乃项部强直，四肢痉挛，强直麻痹。

共研细末，面糊为丸如粟米大。每服三五丸至一二十丸，金银煎汤放温送下（一钱匕相当于五分六厘）。

主要效能 镇痉解热，消炎回苏。

适应证 小儿惊风。

方义略释 牛黄清心解热，利痰凉惊，为镇痉解热药。钩藤平肝风、除心热，治小儿惊啼瘛疭，为镇静药。防风祛风胜湿，有镇静之效。龙胆草益肝胆，泻火。黄连镇肝定惊，泻火凉血。青黛泻肝，散郁火、治惊痫。以上三味，为解热药。麝香开经络、通诸窍，治痰厥惊痫。冰片通诸窍、散郁火，治惊痫痰迷。以上二味为兴奋回苏药。归纳各药效能，为镇痉解热兼有回苏之复方，用于小儿急性热病现痉挛症状者。他如流行性大脑炎①、流行性脑脊髓膜炎，亦可酌情用之。

临床运用 编者意见，本方去防风，加滁菊、羚羊角，则疗效更大。

活络丹

来源 《太平惠民和剂局方》

组成 川乌头（炮，去皮脐）、草乌头（炮，去皮脐）、地龙（去土，泡，焙干，另研）、胆南星各六两，乳香（另研）、没药（酒研飞，澄定，晒干）各二两二钱

研为末，酒煮面糊为丸，如梧桐子大，每服二三十丸，空腹，日午冷酒或荆芥汤或四物汤化下。

---

① 流行性大脑炎：在我国流行的是日本乙型脑炎，发于夏季，由黑斑蚊传染，多侵犯小儿。病源：嗜神经性滤过性病毒。症状：俄然恶寒，伴以高热（39℃～40℃），头痛体倦，神识蒙胧、昏睡，继乃项部强直，四肢痉挛，强直麻痹。

主要效能　镇痉，镇痛。

适应证　中风手足不仁，日久不愈，及风痹手足挛蜷，筋脉不舒。

方义略释　川乌头含乌头碱，有麻醉性，为镇痛镇痉药，本草记载为附子正根，散风邪、除寒湿，治风痹血痹，半身不遂。草乌头含乌头素，为镇痉药，本草记载搜风胜湿，开顽痰，治中风、寒湿痹。胆南星为镇痉药，本草记载治风散血，主中风、麻痹。地龙为著名之解热药，可降低血压，本草记载通经络，治中风、痫疾。乳香为镇痛药，能消瘀血。没药，本草记载散结气、通滞血。综上所述，本方为镇痉镇痛剂，用于中风后遗症偏瘫、慢性关节炎及跌打损伤、瘀血停滞。

参考资料　冉雪峰云："查此为温寒散结、逐痰透络之方，对于寒湿郁滞经隧痹阻为宜。川乌、草乌合用，冲激力大，乳香、没药合用，香窜力大，南星逐痰，地龙通经，复味单味，方制颇有法度，冷酒下荆芥汤下，均有意义。此外《圣惠》亦有与此同名之大活络丹，用药共约五十味之多，窃两种物质化合，原有性质均变，聚五十药于一剂，化合成何物？剂之言齐，将何以驾御而齐一之乎？海上方多有此项状况，殊不足取。"旧说痹为风、寒、湿气留滞经络，故周身疼痛，或腰腿脚一点作痛，邪在四肢，轻剂少效，故用搜风逐寒、开痰化瘀大力之药，以期速效。中风之半身不遂，治与痹同，故方亦通用。又本方药味精简，确比大活络丹之药味庞杂为胜。如每日所服，约为三钱（大活络丹如桂圆核大，每服一丸），一方包涵之药味既多，则每味之含量极微，服如不服。余对冉氏批判大活络丹之精神，固甚赞佩也。

本章小结

本章选方三首，钩藤饮、凉惊丸均治小儿惊风，前方用犀角解毒消炎，全蝎镇痉截惊，而无醒脑回苏药配合。后方用胆草、黄连清热解毒，麝香、冰片醒脑回苏，钩藤、牛黄镇静镇痉。方制虽较完善，但截惊之效，逊于前方。活络丹温寒散结，活血通络，为中风手足不仁及风湿痛之要方。

第十四章　燥湿之剂（健胃）

二陈汤

来源　《局方》

组成　半夏（汤洗七次）、橘红各五两，茯苓三两，甘草一两半（炙）

上四味，每服四钱，用水一盏，生姜七片，乌梅一个，同煎六分，去滓热服。一本生姜三片，无乌梅。

主要效能　健胃镇吐，兼可祛痰。

适应证　痰饮为患，或咳嗽胀满，或呕吐恶心，或头眩惊悸，或中脘不快，或因食生冷、饮酒过度，脾胃不和。

方义略释　半夏为制吐祛痰药，本草记载和胃健脾，除湿化痰，下逆气、止烦呕，反胃吐食。陈皮为芳香性健胃药，本草记载调中快膈，导滞消痰，宣通五脏，统治百病（此言多数病症皆可用陈皮调中导滞），皆取其理气燥湿之功。茯苓含有84.2%之脱水葡萄糖，为营养性强壮药，本草记载宁心益气，调营理卫，定魄安魂，治咳逆呕哕，膈中痰水。甘草为缓和药，用以协和诸药。综上所述，本方为健胃镇吐剂，兼可祛痰，用于胃功能障碍各病。

临床运用　本方为健胃祛痰之通用方，以此方为基本而增损化裁之方颇多，兹择其常用者介绍如下。

方名	加减	主治及功用	备考
二术二陈汤(《张氏医通》方)	本方加白术、茅术	脾虚饮食不运，有健胃燥湿、祛痰化饮之功	此为泛治胃功能减退之一般性健胃剂，对各种胃病均有应用之机会，但施用时以舌苔白滑黏腻、胸次胀闷、消化迟缓为标准
二陈加枳壳汤(《证治准绳》方)	本方加枳壳	和胃行气理湿	二陈汤为芳香健胃剂，兼有镇吐之效，枳壳为芳香性苦味健胃药，善消痞胀，本方加此一味，不但健胃之作用增强，并对食后作胀之症，尤觉适合
二陈平胃散(《沈氏尊生书》方)	本方加苍术、厚朴、山楂、神曲、砂仁、草果、枳实	治宿食不消，有健脾消积、行气理湿之功	巢氏《病源·宿食不消候》云：宿谷未消，新谷又入，脾气既弱，故不能磨之，则经宿而不消也，令人腹胀气急，噫气酸臭，时复憎寒壮热。按：宿食有便闭腹胀痛之候者宜泻下为主，有发热恶寒之候者以解热消炎为主，若但脘胀嗳气酸臭不思食，宜以健胃制酵为主，如沈氏方是也。方中厚朴、枳实、砂仁、草果、陈皮、苍术均为芳香健胃药，山楂、曲为酵素消化药，故此方有振起消化功能，除发酵腐气之功
小半夏加茯苓汤(《金匮》方)	本方去陈皮、甘草、乌梅	治水停胸膈，眩晕呕吐	小半夏汤为镇呕之祖方，加茯苓者因胃中停水，头晕心悸故也(茯苓镇悸行水)，野精猛《汉法医典》序云："昔在门司开业，英国军医官阿来甫氏患胃病，呕吐不止，久绝饮食，时阿来甫之弟适为船医，与美医宁马氏合治之，百施其术，呕吐终不能止，病人日益衰弱，有宣教师为之乞诊于余，余往诊，宁马氏等告余以症状及治疗经过，则余所欲用之镇呕法，彼二人皆已先我用之，遂制小半夏加茯苓汤，令其服用，一二服后，呕吐几止，疗治数日，竟复健康。至今半夏浸剂遂为一种镇呕剂。"观野精猛之临床记录，可见此方对于胃病呕吐奏效之大矣

续表

方名	加减	主治及功用	备考
陈皮半夏汤(《沈氏尊生书》方)	本方去乌梅加黄芩、紫苏、枳壳	治恶阻呕吐,饮食少进,有化湿和胃调气止呕之功	余于一九五二年治西南卫生部李同志之爱人患妊娠恶性呕吐,其症为呕吐不食,时已一月,体重减轻十磅,余用温胆汤去甘草、大枣,以枳壳易枳实,合左金丸加藿香、苏梗、砂仁、灶心土共十二味,一剂吐止,易方调理而愈,此以二陈加味治孕妇恶阻有良效之临床实例也
橘皮汤(《金匮》方)	本方去半夏、茯苓、甘草、乌梅	治干呕哕手足厥	本方见《金匮·呕吐哕下利病脉证治第十七》。陆渊雷对此条解释,谓是神经性病之冲逆症,又云本方以橘皮为主药,有下气健脾之效,下气云者,犹言平冲逆之神经证状也。余意此病既有手足厥寒,可加人参、吴茱萸,不但兴奋血液循环,并可温胃止呕
胡光慈临床经验方(一)	本方加神曲、鸡内金、枳壳	消化不良	
胡光慈临床经验方(二)	本方加黄连、山栀、玉金、赤芍	胃炎	
胡光慈临床经验方(三)	本方加川朴、乌药、香附、延胡	胃脘痛	陈无咎《医垒》治胃脘痛,用本方去甘草加香附、木香、豆蔻、乳香、没药、肉桂、白芍、山楂、柴胡、荆芥、五灵脂、伏龙肝共十五味,煎服,名驱寇方。万县李重人临床应用,颇著良效,其弟子友人用之亦效。按:胡氏方简洁稳健,陈氏方用药较多,但温胃止痛之力(如肉桂、豆蔻、香附、乳、没、灵脂)亦大,并有疏肝解郁之效(如荆芥、柴胡、白芍),我意伏龙肝、五灵脂、木香三味可简省。此方不仅治神经性胃痛,其他胃病之胃痛,亦可酌用

参考资料　胡光慈云："本方为芳香健胃剂，用于一般胃疾患之胸满呕恶，不思饮食等症，有畅胃平呕，增进食欲之功。又旧说本方能祛湿痰，故用于慢性气管炎咳嗽痰稀薄者，有镇咳祛痰之效。"

冉雪峰云："查此方为降逆气，散结气，除痰安中之方。方名二陈，侧重气分，佐茯苓方可除痰。前贤释本方为治痰专剂者，尚微有差别，准以仲景用药凡例，咳者加半夏，未闻痰多加半夏、陈皮也；不过气降则痰自出，气化则痰自豁，可以理气，可以除痰，若专祛痰，须再加祛痰之品。"二氏主张，均不否认本方有祛痰之效，不过主要功能为健胃止吐。我意二陈化痰，由来已久，证之临床，未可尽非。如清气化痰丸治一切热痰，即本方去甘草，加胆星、杏仁、黄芩、桔梗、蒌仁。

越鞠丸

来源　朱丹溪

组成　香附（醋炒）、苍术（米泔水浸炒）、川芎（炒）、神曲（炒）、栀子（炒黑）

等分，曲糊为丸。湿郁加茯苓、白芷，火郁加青黛，痰郁加南星、半夏、栝蒌、海浮石，血郁加桃仁、红花，气郁加木香、槟榔，食郁加麦芽、山楂、砂仁，夹寒加吴茱萸。

主要效能　健胃止痛。

适应证　统治六郁，胸膈痞闷，吞酸呕吐，饮食不消。

方义略释　香附为芳香性健胃药，兼可镇痛，本草治痞满、饮食积聚。苍术为芳香驱风药，本草燥胃除湿，散郁逐痰。神曲为酵素消化药，用于消化不良，痞满膨胀。川芎为镇痛药，用于胃痛头痛。山栀为消炎药，古人用治胃脘火痛。综合本方功用，为健胃止痛剂，用于神经性胃肠病、消化不良、胸闷脘痛。

参考资料 季楚重曰："是方也，丹溪本《内经》五郁之法而变通以治气、血、痰、食、湿、火诸郁也。气统于肺，血藏于肝，痰湿与食，则并属于太阴阳明，火则并司于少阴少阳。香附长于行气，所以开气之郁也；苍术苦燥，所泄湿与痰之郁也；川芎上升，所以调血之郁也；栀子苦寒，所以清火之郁也；神曲消食郁，更所以发越其郁遏之气也。气郁则血与痰、食、湿、火，靡不因之而俱郁，故以香附为君。方后更备随症加减之法，用治一切郁症，无余蕴矣。"本方为治神经性胃肠病之主方，神经性肠胃病之所由起，主要由于木郁，木郁即精神悒郁，悒郁日久，遂成胃病（如胸膈痞闷，吞酸呕吐，饮食不消等症）。本方中之香附、川芎均为镇静镇痛药，不但为神经性胃痛之常用药，配合栀子，并可疏肝解郁，治兴奋性症状（如头昏心烦不眠等）。季氏又云："女子多气多郁，故又为女科要方。"（指本方）又云："逍遥治虚症，此方治实症。"吾人体会季氏所言，再结合芎（本草主肝木为病开诸郁）、附（本草解六郁治多怒多忧）、栀子（本草主心烦懊侬不眠）三药之作用，不难了解本方兼有疏肝解郁之功也。

左金丸（又名茱连丸）

来源 朱丹溪

组成 黄连六两，姜汁（炒）、吴茱萸一两（盐水炒）

水丸，或蒸饼丸，白汤下五十丸。

主要效能 健胃消炎。

适应证 肝火旺盛，左胁作痛，吞酸吐酸，胃部痞结，亦治噤口痢汤药入口即吐（本方加糯米一撮浓煎，但得三匙下咽，即不复吐矣）。

方义略释 本方主药黄连之主要成分为黄连素，能增加胆汁分泌，制止发酵，有收敛性，能治胃肠炎症，本草记载泻火除烦，燥湿，益肝胆，厚肠胃，治肠澼泻痢，痞满腹痛。吴萸为芳香性健胃驱风药，有镇痛之效，本草记载温中下气，除湿治呕逆吞酸，痞满噎隔，食积泻痢。综合本方效能，主要为健胃消炎，兼有制吐镇痛，用于胃炎、胃酸过多、肠炎下痢、肝胆炎、疼痛呕吐等症。

临床运用 本方加炒黄芩、苍术、陈皮亦名茱连丸，治同。本主加芍药名戊己丸，治热痢热泻。本方除吴茱萸，加附子一两，名连附六一汤，治胃脘痛。

参考资料 朱丹溪云："予尝治吞酸，用黄连、茱萸制炒，随时令迭为佐使，苍术、茯苓为辅，汤浸蒸饼（小麦面加酵糟蒸成之饼，用时入水浸胀，擂烂滤过，功能养脾胃，消食化滞）为丸，吞之，仍粝食蔬果自养，则病易安。"

吴萸长于镇痛。黄连长于消炎。据丹溪用本方的经验，两药迭为佐使，可见胃痛属寒者，应以吴萸为主药。大约胃炎用黄连之机会较多，神经性胃痛用吴萸之机会较多。

戴氏云："房劳肾虚之人，胸膈多有隐痛，此肾虚不能纳气，气虚不能生血之故，气与血犹水也，盛则流畅，虚则鲜有不滞者，所以作痛，宜破故纸之类补肾，芎归之类补血，若作寻常胁痛治，则殆矣。"戴氏所云乃胃痛之属虚寒者，用温性强壮药振奋各脏器功能，痛自可止（补骨脂为兴奋性强壮药，本草云：补命门，纳肾气。当归为温性强壮药，本草云：治心腹诸痛。川芎为镇静药，用于胃痛)。费伯雄曰："此方之妙，全在苦降辛开，不但治胁痛、肝胀、吞酸、疝气等症，即以之治时邪霍乱，转筋吐泻，无不神效。"费氏所云霍乱，即急性胃肠炎，本方消炎镇痛，制止吐利，对假性霍乱自有功效。

枳实导滞丸（又名枳术导滞丸）

来源 李东垣

组成 枳实五钱（麸炒，去瓤)，白术（土炒)、黄芩（酒炒)、茯苓、黄连各三钱，泽泻二钱（炒)，神曲五钱（炒)，大黄一两（煨)

共研细末，汤浸蒸饼，或神曲煮糊为丸，如梧桐子大，每服三钱，食远热汤送下。

主要效能 健胃消炎，缓下利尿。

适应证 脾胃困于湿热，不得运化，胸闷腹痛，积滞泄泻。

方义略释 本方主药枳实为健胃驱风药，配以白术，名枳术丸（张洁古方)，治饮食不化，心下痞闷，有强胃消食之功。大黄为缓下药，配黄连、黄芩名三黄丸（李东垣方)，有消炎泻下之功。白术、茯苓、泽泻即五苓散（张机方）去猪苓、桂，有利尿之功。神曲为酵素消化药，用于消化不良，腹泻痞满。综合全方效能，为健胃消炎、缓下利尿之复方，凡由消化障碍引起之便秘或腹泻，均有使用之价值。

参考资料 汪昂曰："饮食伤滞，作痛成积，非有以推荡之则不行，积滞不尽，病根不除，故以大黄、枳实攻而下之，而痛泻反止，经所谓通因通用也。伤由湿热，黄芩、黄连佐之以清热，茯苓、泽泻佐之以利湿，积由酒食，神曲蒸窨（音荫）之物，化食解酒，因其同类，温而消之，黄连、大黄，苦寒太甚，恐其伤胃，故又以白术之甘温，补土而固中也。”

汪氏解释饮食积滞之原因为湿热，治疗之方法为清热导下，其理似颇通晓，但湿热之生，由饮食积滞而来，并非先有湿热，乃至饮食积滞也。

蔡陆仙云：“近医以痢疾滞下初起，在夏日者木香槟榔丸（方附后）甚效，在秋季者用枳实导滞丸下之更效。但余之施用二方，若痢疾里急后重甚者用木香槟榔丸，积滞甚者用枳实导滞丸，肠热甚者用香连丸。或见痢属实症，先用木香槟榔丸，次用枳实导滞丸，此亦因木香槟榔丸之消导力较峻于枳实导滞丸故也。”蔡氏区别木香槟榔丸及本方用于痢疾之标准，一为里急后重甚者，一为积滞甚者，尚欠确当，余意木香槟榔丸之泻下作用大于本方（牵牛为峻下药，辅以硝、黄，其力更大），消滞之力亦超过本方（枳壳、陈皮、香附、莪术等芳香健胃之品，萃于一方），此外，连、柏之消炎，木香、槟榔之除后重，三棱、香附之镇痛，对阿米巴痢疾初起症实脉实者，诚有伟效。若症实体虚者，不可服之。

藿香正气散

来源 《太平惠民和剂局方》

组成 藿香、紫苏、白芷、大腹皮、茯苓各三两，白术（土炒）、半夏曲、厚朴（姜制）、桔梗各二两，甘草一两

上为细末，每服五钱，加姜、枣煎，伤食重者加消食药。

主要效能 健胃整肠。

适应证 外感风寒，内伤饮食，憎寒壮热，头痛呕逆，胸膈满闷，咳嗽气喘及伤冷伤湿，疟疾中暑，霍乱吐泻，凡感山岚瘴气，不正之气，并宜增减用之。

方义略释 本方主药藿香，芳香健胃，有镇呕之效，本草记载快气和中，开胃止呕，治霍乱吐泻，心腹绞痛。紫苏为芳香健胃药，本草记载开胃益脾，发汗解肌。白芷为镇痛药，对头痛有卓效，本草记载发表祛风散湿。厚朴为健胃整肠药，用于腹痛下利呕吐。白术、陈皮为芳香性健胃药，能增进食欲，制止发酵。茯苓有营养及利尿作用。大腹皮能利溺，主痞胀霍乱。桔梗、甘草有祛痰之效。综合诸药性效，本方为健胃整肠剂，稍有发汗解热之作用，用于胃肠型感冒（发热恶寒、头痛呕逆、胸膈满闷等症）、急性胃肠炎（霍乱吐泻）、水土不服等病。

临床运用 高德明谓本方系由二陈汤、平胃散合方加味而成，为治胃肠性疾患之基本要方，据他经验，如发热较盛可酌加黄芩、连翘，呕吐甚剧则不妨配入生姜、竹茹，倘腹痛而泻频可增用木香、泽泻，此外如神曲、麦芽等消化药，亦可酌量情形选用。至桔梗似可摒弃不用。

参考资料

（1）吴鹤皋曰："四时不正之气，由鼻而入，不在表而在里，故不用大汗以解表，但用芬香利气之品主之。苏、芷、陈、腹、朴、梗皆气胜者也（芬香利气即芳香健胃之意），故足正"不正之气"。茯、半、甘草则甘平之品，所以培养中气者矣，若病在太阳，与此汤全无相干（因此方以健胃整肠为主，仅略有发汗作用，故不适用于太阳病）。伤寒脉沉发热与元气本虚之人并夹阴发热者宜戒（本方有攻无补，元气虚之人，宜慎用）。又不换金正气散，即平胃散加半夏、藿香，凡受山岚瘴气，及出远方不服水土吐泻下利者主之，盖平胃散可以平湿土而消瘴，半夏之燥以醒脾，藿香之芳以开胃，名曰正气，谓能正“不正之气”也（不换金正气散，为本方之基础，两方同一类型，惟本方多腹皮、紫苏、茯苓、白芷、桔梗五味，组织更为完备，治疗范围亦较广泛）。”吴氏以本方所主之病，不在表而在里，并肯定地说，若病在太阳，与此汤全无相干，其识见之明确，可谓超越侪辈矣！

（2）本方去半夏、茯苓、腹皮，加羌活、防风、前胡、川芎、柴胡、连翘、枳实、山楂、神曲、麦芽、陈茶，糊成小块，名午时茶，载《经验百病内外方》，治风寒感冒，停食，水土不服，腹泻腹痛。所加各品，有解表清热（羌活、防风、前胡、柴胡、连翘）、镇痛（羌活、川芎同用，治太阳少阴头痛）、消食（枳实、山楂、神曲、麦芽）诸效，其主治虽与藿香正气散略同，但解表退热，健胃消食之力，均大于藿香正气散。又午时茶用茶叶二十斤，即三百二十两，各药分量合计共二百两，茶叶分量超过总药量，即半茶半药，既便携带，又易服用，诚为简便良方。茶叶内含咖啡碱、鞣酸及大量维生素C等，有强心利尿，兴奋精神，增高血压等作用，再加葱、姜煎，热服取汗，则外受风寒，内停饮食之病，自易解除。

本章小结

本章列方五首，二陈汤为健胃祛痰之通用方。越鞠丸为健胃止痛剂，用于神经性胃病，以胸膈痞闷，饮食不消为适应证。左金丸重在消炎，治胁痛吐酸及噤口痢。枳实导滞丸有消炎健胃缓下之作用，治便秘、泄泻、痢疾，均以湿热为用方之标准。藿香正气散有健胃整肠作用，用于胃肠型感冒、急性胃肠炎、水土不服，温病派医家用于伤寒初期，有宣化湿热之功。

第十五章　利水之剂（利尿）

五皮散

来源　《淡寮》

组成　大腹皮、赤茯、苓皮、生姜皮、陈皮、桑白皮（炒）各等分，研为粗末，每服五钱，清水一大盏，加木香（浓磨水一呷）煎至八分，去滓，不拘时温服，每日三次，忌食生冷油腻坚硬之物。《中藏经》方无陈皮、桑皮，有地骨皮、五茄皮。《六科准绳》方无陈皮，有地骨皮。

主要效能　利尿健胃。

适应证　治脾虚肿满，及病后周身四肢浮肿，小便不利，脉虚大，妇人妊娠胎水。

方义略释　桑皮为利尿药，本草记载去肺中水气，主水肿腹满，利二便。大腹皮为利尿药，本草记载下气行水，治水肿脚气。茯苓皮，本草记载利水道、开腠理，治水肿肤胀，此物行水而不耗气。生姜皮，本草记载和脾胃、行水，治四肢浮肿。陈皮为健胃药，本草记载调中快膈，导滞利水。木香为健胃药，能理气调中。综合本方效能，为利尿健胃剂，适用于肾脏炎或心脏病性浮肿[1]，上气喘逆，小便不利。

临床运用 上肿加苏叶、荆芥、防风、杏仁，下肿加防己、木通、赤小豆，喘而腹胀加莱菔子、杏仁，小便不利加赤小豆、防己、地肤子，小便自利加苍术、川椒，热加海蛤、知母，寒加附子、干姜、肉桂，呕逆加半夏、生姜，腹痛加白芍、桂枝、炙草。

参考资料 费伯雄云："此亦为水邪客于皮肤而设，以其病不在上，故不用发汗逐水之法，而但利小便也。近时治水肿者多用此方加减，亦轻易可法。"

时逸人云："心脏性水肿脚先肿，宜强心利尿；肾脏性水肿面先肿，宜散风宣达，此为水肿病正当治法，古人不明此理，疑皮可治皮，汇集五皮，为治肿病之秘方，姜皮可和胃气，腹皮能消胀满，茯苓皮可以利水，地骨皮可以退热，五茄皮可健强腰膝，桑白皮可降气平喘，以上三方（五皮饮有三方大同小异）所用药味，大概如斯，加减更换，无甚深意，世医以为前代医家真传，奉为治水肿之主方，未免所见不广。以余所知，用五皮为治水肿之点缀品，亦无不可，因其力薄，有不堪重任之叹。"以皮行皮，殊不可解，至谓五皮饮力薄，不堪重任，须按病情加减，前人亦有此种主张，如陈修园云，"此方出华元化《中藏经》，颇有意义，宜审其寒热虚实而加寒温补泻之品"是也。又心脏性水肿与肾脏性水肿，其病属于虚，泄水峻剂如舟车神佑丹（牵牛、大黄、甘遂、大戟、芫花、青皮、橘红、木香、槟榔、轻粉，治

---

① 心脏病性浮肿：在心力衰竭期发现，因血液循环不良，肾脏排出钠盐的功能降低，钠盐停滞组织中，大量水分潴留不能排出，因而产生水肿。

水肿水胀、形气俱实）等，未可滥施，而利尿轻剂如五皮饮者，正为合宜。余治水肿，喜用导水茯苓汤，即本方去生姜皮加泽泻、紫苏、白术、麦冬、木香、砂仁、木瓜、槟榔，治水气肿胀、眼胞上下微肿、肢体重着、咳嗽怔忡、股间清冷、皮薄色亮，或肿有分界，或自下而上，或头面手足尽肿、手按随起、小便秘涩，主此加减，往往有效。

五苓散

来源 《伤寒论》

组成 茯苓、猪苓、白术（炒）各十八铢，泽泻一两六铢半，桂半两

为末，每服三钱。《长沙方歌括》以十八铢为今四钱五分，二十四铢为今六钱，一两二铢为今六钱五分，照此推算，一两六铢半为今七钱五分强，半两为今三钱，即每铢为今二分半。

主要效能 利尿。

适应证 脉浮，小便不利，微热消渴，或渴欲饮水，水入即吐，并治诸湿肿满，水饮水肿，呕逆泄泻。

方义略释 二苓、泽泻均为利尿药。本草记载茯苓主呕逆，膈中痰水，水肿泄泻。猪苓主消渴、肿胀、泻利。泽泻主消渴、呕吐、泻利、肿胀、水痞。白术为健胃利尿药，本草记载进饮食、祛劳倦，消痰水肿满。桂为健胃药，本草记载治脾虚恶食，湿盛泄泻，又能宣导百药。综上所述，本方有显著之利尿作用，

近人用于水肿、小便不利、慢性肠炎、小便短少，胃无力①、下垂②、扩张③，胃肠内有振水音者，霍乱后口渴尿少。

临床运用　本方主治范围较广，故由本方增损另成一方者甚多，兹择其通用者简介如次。

方名	加减	主治	说明
四苓散（《瘟疫论》方）	本方去桂	湿热霍乱，胸间胀痛，溺涩烦渴	溺涩、烦渴、痞满等症，均在仲景五苓散主治范围以内，其治霍乱吐泻则为后人之经验积累，其去桂者，以辛热之品不宜于湿热也
猪苓汤（《伤寒论》方）	本方去桂、术，加阿胶、滑石	近人用治尿血、血淋、膀胱炎、溺道炎	凡肾脏、膀胱、尿道之疾患，及出血性素质，均可招致尿血，本方以利尿为主，滋养止血为辅，洵为有效良方（叶橘泉云本方治尿血功效颇好）。膀胱炎除尿之性状或为黏液，或有臭气，或为血样外，尚有食少、烦渴、羸瘦、潮热等，故治以利溺养阴止血之剂

①　胃无力：即胃肌紧张性减退，胃蠕动减弱之病，为无力性体质之一症状，因不规则之饮食习惯，使胃过劳，或贫血、肺结核、伤寒等病，使胃肌营养发生障碍而起。症状：食后胃部膨满，有重压感，食量减少，嗳气恶心，或吞酸嘈杂，便秘，饮后有振水音。

②　胃下垂：为无力性体质内脏下垂之一分症，或继发于胃癌、胃扩张（因胃之重量增加），又常与胃无力症并发。症状：腹部膨满压重，嗳气恶心，头痛眩晕，心悸亢进，腰痛，大腿易于疲劳。以上各症，不一定发现。

③　胃扩张：即胃排出功能不全，内容物停滞，胃继续保持扩张状态，本症主要原因，由于幽门或幽门附近狭窄，幽门狭窄之原因，由于胃溃疡之瘢痕性收缩，幽门、胆囊、胰、肝等处之癌肿，或因暴饮暴食，习惯性多食，或由慢性胃炎，胃无力症引起。症状：食后压重膨满，吞酸嘈杂，嗳气呕吐，吐物量多并混有陈旧食物，营养衰退，肌肉瘦削，易于疲劳，肌肤菲薄干燥，口渴尿少，便秘，胃部有振水音。

续表

方名	加减	主治	说明
茵陈五苓散（《金匮》方）	本方加茵陈	郁滞性黄疸	黄疸由于胆管障碍，胆汁不能流入肠中，反逆行入血，遂致全身皮肤发黄。本方以茵陈促进胆汁之分泌，并协同五苓散共奏消炎利尿之功，使血中胆汁排除，故为黄疸通用方
桂苓甘露饮（刘河间方）	本方加石膏、寒水石、滑石	霍乱温热病，烦渴引饮、小便不通、大便泄泻者	本方以五苓散治烦渴引饮、尿闭泄泻，以石膏、寒水石、滑石解热消炎，用治暑季急性热病（温热病）、急性胃肠炎（霍乱），有解热消炎利尿止泻之功
胃苓汤（《证治准绳》方）	本方合平胃散	脾胃受湿、饮食停积、霍乱、呕吐、浮肿、泄泻	本方近人用治泄泻，以平胃散健胃整肠，五苓散利尿止泻
柴苓汤（《沈氏尊生书》方）	本方合小柴胡汤	发热、泄泻、口渴，疟疾热多寒少，口燥、心烦	用本方治疟，以小柴胡为主，合五苓散利溺以解热。用本方治泄泻，以五苓散为主，合小柴胡以解热消炎

参考资料 陈来章曰：“治秘（指小便不利）之道有三：一曰肺燥不能化气，故用二苓、泽泻之甘淡，以泄肺而降气。一曰脾湿不能升津，故用白术之苦温，以燥脾而升津。一曰膀胱无阳不能化气，故用肉桂之辛热，以温膀胱而化阴，使水道通利，则上可以止渴，中可以祛湿，下可以泄邪热也。”汪讱庵曰：“五苓利水，何以能止渴生津，盖湿热壅于中焦则气不得施化，故津竭而小便不通也。用五苓利其小水，则湿热下消，津回而渴止矣。”以上两段解释五苓散既能利尿，又能止渴之原理。旧说脾湿郁滞，津不上升，故口渴。膀胱不能化气，故小便不利。今以肉桂之辛热助阳化气，白术之醒脾燥湿，二苓、泽泻之利水，则水有去路，脾不为湿困，津液上升，口渴小便不利两症，同时俱解

矣。由此点来看，可知本方以利水湿为主，其所治各症，亦系水湿为病。

防己茯苓汤

来源　《金匮》

组成　防己、黄芪、桂枝各三两，茯苓六两，甘草二两

上五味，以水六升，煮取二升，分温三服。

主要效能　利尿。

适应证　皮水为病。四肢肿，水气在皮肤中，四肢聂聂动者（聂，动貌，聂聂动，即瞤动）。

方义略释　防己、茯苓为利尿药，本草记载防己通腠理、利九窍，泻下焦血分湿热，为疗风水（脉浮，恶风，骨节疼痛）之要药。茯苓通膀胱，治水肿。黄芪为缓和强壮药，有利尿作用（朴柱秉与伊博恩用三狗及二兔做实验，均证明黄芪有利尿作用）。桂枝为健胃药。甘草协和诸药。本方以茯苓为君，防己、黄芪为臣，桂枝为佐，甘草为使，其主效为利尿，兼有强壮之效，用于心脏及肾脏性浮肿。

参考资料　和久田氏曰："防己茯苓汤治皮水病，四肢肿、冲逆、肉瞤者，是亦正气不通达于皮肤而肿满也。加以水气冲逆，至于肉瞤。故重用茯苓为主治，佐以防己、黄芪、桂枝、甘草，以宣正气而降冲气，可见是利水气之意。"和久田氏以茯苓为本方主药，并认本方是利水气，均极正确。惟解释四肢瞤动，尚欠明显。补录陆渊雷之说如下："四肢聂聂动，为防己茯苓汤之主证，盖因水毒停滞于肌肉，肌肉中老废物质不得排泄，末梢运动神经起自家中毒症状，故瞤动也。"

导赤散

来源 钱乙

组成 生地、木通、甘草梢、竹叶各等分

上三味，水煎服。

主要效能 利尿消炎。

适应证 治心热口糜舌疮，小便黄赤，茎中作痛，热淋不利。

方义略释 木通为消炎性利尿药,用于小便淋沥不通。生地为滋养性解热药,有泻火止血之功。竹叶为清凉解热药,能止血,用于尿血。甘草为滋润缓和药,用于小便赤涩淋痛。综上所述,本方为消炎利尿剂,用于尿道炎(热淋不利茎中作痛)及口腔炎(口糜舌疮)。

临床运用 由本方加味之方，略举三则，借以推广临床应用之方剂。

方名	加减	主治	说明
小蓟饮(《济生方》)	本方加小蓟、蒲黄炭、藕节炭、当归、黑山栀、滑石	下焦结热，尿血成淋	所加小蓟、蒲黄、藕节皆止血之品，当归亦用于血症，山栀有消炎止血之功，滑石为利尿药，此方之止血作用比导赤散大
导赤各半汤(秦皇士方)	本方去竹叶加川连、山栀、犀角、麦冬、知母、黄芩、滑石	心火内炽，小便淋闭	川连、黄芩、栀子、知母均为消炎药，犀角有止血之功，滑石、麦冬均为利尿药，此方消炎之力大于导赤散
大府丹	本方去甘草加黄芩，蜜丸	心热、溺涩、淋浊	本方与导赤散对比，消炎之力较大

参考资料 季楚重曰："钱氏制此方，意在制丙丁之火（心及小肠之火），必先合乙癸之治（治肝与肾）。生地黄凉而能补，直入下焦，培肾水之不足，肾水足则心火自降。犹虑肝木横行，能生火以助邪，能制土以盗正，佐以甘草梢下行缓木之急，即以泻心火之实，且治茎中痛。更用木通导小肠之滞，即以通心火之郁，是一治两得者也。""肾水足则心火自降"，此为中医病理之说明，举一反三，许多病症，皆可由此理解。然心火之盛，必以舌红、溺赤为凭。至本方又治口糜舌烂者，上病治下也（诱导疗法）。

完带汤

来源 傅青主

组成 白术一两（土炒），山药一两（炒），人参二钱，白芍五钱（酒炒），车前子三钱（酒炒），苍术三钱（制），甘草一钱，陈皮五分，黑芥穗五分，柴胡六分

清水煎服，二剂轻，四剂止，六剂愈。

主要效能 利尿、强壮、健胃。

适应证 白带。

方义略释 白术为利尿药，本草记载补脾燥湿，利小便。苍术、陈皮为芳香健胃药。山药为滋养强壮药，稍有收敛性，有制泌之效。人参为兴奋性强壮药，用于妇科病有补虚之效。车前、白芍（本草记载白芍利膀胱、大小肠）有利尿之效。柴胡用于妇科病，有宣畅气血之效。荆芥有通利血脉之效。综上所述，本方系以利尿为主，强壮健胃为辅之复方，用于慢性白带及由全身性慢性疾病引起之白带。

参考资料

（1）傅青主曰：“白带乃湿盛而火衰，肝郁而气弱，则脾土受伤，湿土之气下陷，是以脾经不守，不能化荣血以为经水，反变成白滑之物，由阴门直下，欲自禁而不可得也。治法宜大补脾胃之气，稍佐以舒肝之品，脾气健而湿气消，自无白带之患矣。”又曰：“此方脾、胃、肝三经同治之法，寓补于散之中，寄消于升之内，开提肝木之气，则肝血不燥，何至下克脾土，补益脾土之元，则脾气不湿，何难分消水气，至于补脾而兼补胃者，脾非胃气之强，则脾之弱不能旺，是补胃正所以补脾耳。”傅氏之意，白带之基本病原，由于脾虚湿滞，故其自制之完带汤，首以白术、山药、人参、甘草培补中宫为君，车前利水祛湿为臣，陈皮、苍术燥湿利气为佐，柴胡、荆芥、白芍疏肝敛阴（肝以散为补）为使，共奏脾强湿去，则带自愈之效。在中医学理上，亦觉言之成理，故慢性白带，临床家颇赏用之。又，西医妇科言白带之原因为淋病、滴虫性阴道炎、老年性女阴炎、子宫颈炎、子宫体肿瘤、子宫颈癌、心脏病之郁血、全身性慢性疾病（如结核等）、性交过度等。白带之性状，亦分黄绿色、赤色、脓性液、清稀液等。中医文献对白带病源，虽觉空泛，但其按症用药之法则，由二千余年之临床经验积累而成，颇可采取，如白带显虚症者以补涩为主（黄芪、杜仲、紫石英、龙骨、牡蛎、川芎、陈皮、白果之类），显湿热症者以清利为主（可用《世补斋不谢方》止带方）。中西医学所说病源，各异其趋，而治疗方药，颇有相同之点，如利尿消炎法可用于白带初起有炎症者，补虚制泌法可用于慢性衰弱病人。

（2）完带汤用于慢性白带体未衰羸者，若炎性症状显著，须以利尿消炎为主，如不谢方之止带方：茵陈、黄柏、黑栀、赤芍、丹皮、牛膝、车前、猪苓、茯苓、泽泻，或加二妙丸、三妙丸，此方方首注云："止者，以通为止也。"此方首以二苓、泽泻、车前利尿为君，次以茵陈、黄柏、山栀泻火为臣，其余丹、芍凉血，牛膝补肝肾，则为佐使之品，另加二妙丸（黄柏、苍术等分为丸，治下焦湿热）或三妙丸（二妙丸加牛膝，治同）。以助清利下焦湿热之效。此方不但治带，亦一配合得体之利尿消炎剂也。

本章小结

本章选方五首，五皮饮为利水轻剂，治脾虚肿满，小便不利，临床施用，可酌情加味。五苓散为利尿剂，用于水饮（胃无力症、胃下垂、胃扩张等胃内有振水音者），急性胃肠炎（霍乱）后之口渴溺少、水泻性下利、浮肿等。防己茯苓汤亦为利尿剂，用于心脏及肾脏性浮肿。导赤散为利尿消炎剂，用于尿道炎（小便黄赤，茎中作痛，热淋不利）。完带汤为强壮利尿剂（本方白术、山药各用一两，其他各药，不过数钱或数分），用于慢性白带。

第十六章　理气之剂（镇痛）

良附丸

来源　宋验方

组成　高良姜四钱，香附四两，干姜二两，沉香一两，青皮、

当归、木香各三两

共研细末，水泛丸如梧桐子大，每服三钱，米汤送下。

主要效能 镇痛健胃。

适应证 胸脘气滞，胸膈软处一点疼痛者，或经年不愈，或母子相传。

方义略释 本方主药高良姜，为芳香性健胃药，本草记载暖胃散寒，止痛消食。香附为芳香健胃药，又为镇痛药，本草记载调气解郁，除诸痛。干姜去脏腑沉寒痼冷。当归为镇静药，本草记载和血散寒，治心腹诸痛。此二味助良姜温胃散寒以止痛。沉香为镇痛药，本草记载温中行气，治心腹疼痛。木香，本草记载疏肝气、和脾气，治九种心痛（寒、热、气、血、湿、痰、食、蛔、悸）。青皮，本草记载疏肝破滞，治肝气郁结。此三味助香附疏肝和脾以止痛。综合上述各药性效，本方为镇痛健胃剂（温通调气），用于神经性胃痛。惟主药良姜之分量太少，似应酌量加重。

临床运用 本方去干姜、沉香、木香，加五灵脂（制）、川乌、白芍各等分研末蜜丸，名加味良附丸，每服钱半，食前米饮下，治气滞，胸脘疼痛，苔白脉滞者。川乌含乌头碱，为麻醉镇痛药。白芍为解痉镇痛药，用以治腹痛。五灵脂治心、腹、胁肋、小腹诸痛。此方加此三味，温胃止痛之效，更为显著。

又，编者经验治胃脘痛方，用甘松三钱（镇痛健胃），高良姜钱半，香附三钱（即良附丸），吴茱萸钱半，黄连五分，白芍三钱（即局方戊己丸），瓦楞子四钱煅（制酸药本草消血块，散痰积），刺猬皮三钱（收敛性止血药用于胃溃疡吐血），苏梗四钱，金橘饼三个（李冠仙治肝胃气痛方原用黑芝麻荄，余改为苏梗）等，附载于此，以备采用。

参考资料　《中国药学大辞典》引录心口痛方云："凡男女心口一点痛者，乃胃脘有滞，或有虫也，多因怒及受寒而起，遂致终身，俗言心气痛者，非也。用高良姜以酒洗七次，焙研，香附子以醋洗七次，焙研，各记收之，病因寒得，用姜末二钱，附末一钱，因怒得用附末二钱，姜末一钱，寒怒兼有，各一钱半，以米饮加入生姜汁一匙，盐一捻，服之立止。韩飞霞《医通》亦称其功云。"良附丸有二方，一方用药七味（见组成），一方只用二味（即此方），均系宋代验方。七味方沪杭中药店有制成品出售，可见流传已久，治妇女肝胃气痛，颇有功效。

沉香降气散

来源　《太平惠民和剂局方》

组成　沉香二钱八分（另研），甘草五钱五分（炙），缩砂仁七钱五分（捶炒），香附子二两（盐水炒去毛）

研为极细末，每服二钱，空腹时沸汤调下，虚者人参汤下。一方有乌药。

主要效能　镇痛，兼可健胃、制吐、驱风。

适应证　一切留饮气滞，胸胁痞闷，噫酸吞酸，妇人经水不调，少腹刺痛。

方义略释　沉香为镇痛药，有驱风之效，治神经性胃脘痛，胸闷腹痛，本草记载理气调中，治心腹疼痛。香附为镇痛药，有芳香健胃之效，用于神经性胃痛，胸闷呕吐，本草记载调气解郁，消饮食积聚痰饮（即慢性胃炎、胃扩张胃中停滞之黏液）痞满。砂仁为健胃驱气药，能刺激胃神经，促进食欲，快利胸膈，本草记载主行气，开胃消食，治呕吐胀满腹痛。综上所述，本方以镇痛为主，兼有健胃、驱风、制吐之功，用于神经性胃痛、慢性胃炎、妇人痛经。乌药应加，可增止痛之效。

参考资料

(1) 绍兴名医裘吉生氏，自订疏肝和胃散，治神经性胃痛，极有灵效。张简斋《经验处方集》将裘方附载流传。余在重庆中医院工作时，曾用其方治久治不愈之胃脘痛，有一剂知、二剂已之显效。兹介绍其方并附药性解释于后：疏肝和胃散，即本方去砂仁、甘草，加甘松（镇静，为缬草之代用品）、延胡（镇痛，其所含罂粟止痛碱，有与鸦片碱同样之麻醉作用）、降香（镇痛、健胃）、九香虫（镇痛、强壮）、刺猬皮（收敛止血）、瓦楞子（制酸）、左金丸（治胃酸过多）、生姜汁（辛辣健胃）、甘蔗汁（甘寒缓痛），此方不仅止痛作用大于本方，且有制酸止血之功，故不但用于神经性胃痛，即胃溃疡之胃痛，亦可加减酌用。又本方及疏肝和胃散均用于实证寒证，阴虚火旺者忌用。

胃痛可见于各种胃病，故其鉴别诊断，不可不知。兹将神经性胃痛与消化性溃疡、胃酸过多之胃痛性状，分列于下，以作临床辨证用药之参考。

胃溃疡、十二指肠溃疡（以上两病总称消化性溃疡）及胃酸过多：此三病胃痛之发作，与食物有关。食后立即发生或1小时内发生，过冷、过热及固形食物，均易引起疼痛者，多为胃溃疡。其痛常限于心窝部，时因体位之变动增减，不能任重压。倘摄食后二三小时在胃内容将已空虚之时，发生疼痛，则以单纯性之过酸症或十二指肠溃疡为多，往往可再进食物而痛减。过酸症以液体食物，十二指肠溃疡以稍近固体之食物，尤易发生作用。略能任重按。

神经性胃痛：疼痛之发作与食物无关，无论空腹或饱食，过冷过热及食物之形质如何，均无影响。疼痛常先起于心窝部，逐渐向背部左侧、肩部、脐部、季胁等处放射，加以强压则见轻快，发作时间无定。此外，神经性胃痛发作前，常有胃部膨满、嗳气恶心、呕吐涎液、精神违和、头痛眩晕等前驱症，胃溃疡则常有吐血或潜在出血、压痛点等。

（2）叶橘泉氏治慢性胃炎、胃痛、痞满呕吐，用沉香三钱，肉桂三钱，白豆蔻二钱四分，黄连二钱四分，丁香三钱，共研细末，每服三分，一日四次，温水送服。此方以肉桂、丁香温胃止痛，沉香、白蔻散气止痛，黄连健胃止呕，除其主效止痛外，又有开胃消胀镇呕之功，胃病现寒证者，颇堪采用。又，慢性胃炎之局部症状，为胃呆，胃部膨满，压之觉痛，有水音，嗳气嘈杂，舌苔灰白滑泽，在酒客则早晨呕吐。此等症状，即所谓留饮气滞也。此方辛温调气，可收一时之效（缘慢性胃炎由于消化吸收功能的障碍，往往营养不良，全身瘦弱，治标之剂，只宜暂服）。

续断丸

来源　《奇效方》

组成　川续继、当归（炒）、萆薢、附子、天麻、防风各一两，乳香、没药各五钱，川芎七钱五分

共研细末，炼蜜为丸，如梧桐子大，每服四十丸，空腹时温酒或米饮送下。

主要效能　镇痛。

适应证　风湿流注，四肢浮肿，肌肉麻痹。

方义略释 川断为镇痛及强壮药，本草记载利关节、补不足，宣通血脉。附子为镇痛药，《本草经》主寒湿痿躄，拘挛，膝痛不能行。乳香、没药为镇痛药，乳香，本草记载去风伸筋，活血调气；没药功用同于乳香。当归为镇静及强壮药，对贫血血行不畅者能改善之，本草记载助心散寒，治痿痹。川芎为镇痛药，本草称为血中气药，治寒痹筋挛。天麻为镇静药，《开宝本草》主诸风、湿痹，四肢拘挛，利腰膝、强筋力。防风为镇痛药，用于关节痛。萆薢为缓和利尿药，本草记载祛风祛湿，坚筋骨，治风寒湿痹。综上所述，本方以镇痛为主，兼有强壮之效，用于慢性风湿痛痹（各药据古今临床经验，多用于风湿性关节炎，故本方可为治一般风湿痛痹之专方）。又，本方中附子用少量有强心作用。当归，本草云助心复脉。乳、没，本草云活血调气。故本方又可兼治肌肉麻痹。

参考资料 编者对慢性风湿痛痹常用顾靖远痛痹主方，附录于此，以资印证。

痛痹主方：秦艽（祛风湿）、续断（宣通血脉）各四钱，当归（和血止痛）八钱，没药（破血止痛）、威灵仙（风痛要药）、松节（搜风祛湿）、晚蚕砂（胜湿祛风）、虎骨（祛风定痛）各四钱，羌活（疗百节痛风）、防风（主周身骨节疼痛）各一钱，桂枝（通血脉）三钱。桑枝（通利关节）三四两煮汤煎药。顾氏方以温通血脉为主（当归、桂枝、没药、川断），祛风定痛为辅（虎骨、秦艽、松节、蚕砂、灵仙）。有对症下药之长，惟用药太多，尚有精简必要。

荔枝散

来源 《证治准绳》

组成 荔枝核十四枚（用新者，烧灰存性），八角茴香（炒）、沉香、木香、青盐、食盐各一钱，川楝子肉、小茴香各二钱

研为细末，每服三钱，空腹时热酒调下。

主要效能 镇痛。

适应证 疝气阴核肿大，痛不可忍。

方义略释 荔枝核散滞气，辟寒邪，合茴香、青皮各炒为末，酒调服，治㿗疝卵肿。八角茴香即大茴香，为芳香健胃药，《本草图解》记载逐膀胱、胃间冷气，调中进食，疗诸疝。黄宫绣云："盖茴香与肉桂、吴茱萸皆属厥阴燥药，但萸则走肠胃，桂则能入肝肾，此则体轻能入经络也，必得盐引入肾，发出阴邪，故能治疝有效。"小茴香，本草记载理气开胃，亦治寒疝。川楝子泻热利水，为疝气要药。沉香、木香有止痛之效，青盐、食盐取盐能软坚之义。综合各药效能，本方系以镇痛为主之复方，用于睾丸炎。

参考资料 中医分疝为七种，出张子和《儒门事亲》：

（1）寒疝，囊冷结硬如石，阴茎不举，茎痛引丸。

（2）水疝，肾囊肿痛，阴汗时出，或肿如水晶，或发痒而搔流黄水，或少腹按之作水声。

（3）筋疝，阴茎肿胀，或溃或痛，或里急筋缩或挺纵不收，或茎中痛极作痒，或白物随溲下流。

（4）血疝，如黄瓜，在少腹两傍，横骨两端约中，俗云便痈，甚则血溢气聚，流入脬囊，结成痈肿。

（5）气疝，上连肾区，下及阴囊，或因号哭忿怒则气郁而胀，怒哭号罢则气散。

（6）狐疝，状如瓦，卧则入小腹，行立则出小腹入囊中，狐则昼出穴而溺，夜则入穴而不溺，此疝出入上下往来，正与狐相类。

（7）㿗疝，阴囊肿硬，如升如斗，不痛不痒。

张氏七疝，系依据病状区分，并非专指睾丸炎而言，如㿗疝、狐疝近似赫尼亚[①]，寒疝近似睾丸结核[②]，水疝近似鞘膜积水[③]，血疝近似股疝，由于证候相同（睾丸肿痛）方亦可通用。大致中医治疝方用于睾丸炎收效较大，若赫尼亚应以手术治疗为根本解除之法。

川芎茶调散

来源 《局方》

组成 白芷、甘草、羌活各二两，荆芥、川芎各四两，细辛一两，防风一两半，薄荷叶八两

上八味，为细末，每服二钱，食后清茶调下，常服清头目。

主要效能 镇痛，发汗解热。

适应证 诸风上攻，头目晕重，偏正头痛，鼻塞声重，伤风壮热，肢体烦痛等症。

---

① 赫尼亚：即疝气，又名小肠气，胎儿在母腹内约至第九月，睾丸从腹腔降入阴囊时，造成一条通道，名腹股沟管，疝气即腹内小肠等由腹股沟管入于鞘状突而成。

② 睾丸结核：为慢性继发性疾患，由他处结核病灶之结核菌，借血液流行而传染。症状：先为副睾丸结核，继则睾丸发硬肿胀，输精管亦变为粗硬。

③ 鞘膜积水：鞘膜系睾丸自腹腔下降至阴囊时造成之鞘状突，其被复于睾丸之前上方者名睾丸鞘膜，鞘状突之任何部分都可积水，但以睾丸鞘膜积水为多见。

方义略释　川芎对大脑有麻痹作用，为镇静镇痛药，本草记载搜风治头痛。白芷为镇痛药，对头痛有卓效，用于流行性感冒及产前产后之头痛眩晕。细辛为镇痛发汗药，治感冒头痛。羌活为镇痛镇痉药，对冒寒性头痛及各种神经痛有效。防风为镇痛药，用于感冒头痛。荆芥、薄荷为发汗解热药，有消散风热，清利头目之效。综上所述，本方以镇痛为主，稍有发汗解热之复方，用于感冒性头痛、神经性头痛。

临床运用　本方加僵蚕、菊花名菊花茶调散，可使镇痛效力益著。

参考资料　冉雪峰云："按此方祛风通络，醒脑散结，服量较小，下用清茶，统疗诸风，不厌常服，盖轻扬清疏缓调之方也。方制用羌、荆、防、薄四复味表散药，义取表气通则里气和。方注主治，谓清头目，头目晕重，诸风上攻，血风攻注云云，尤重在治脑。"冉氏总结本方之功用为轻扬清疏缓调之方，盖即谓镇痛药中之和缓者，故可常用。因其有轻扬清疏之功，故可治鼻塞声重，伤风壮热。

蔡陆仙云："用此方之标准，总以身热恶寒，头顶痛，鼻塞无汗或有汗，目眩，一有思想，头必晕胀，痛更厉，舌薄白，根微黄，脉浮滑等症状为主，如外感头不痛者，亦非本方之适应症。"又云："数年前，余感冒头痛（头顶痛），眩晕且重，若有思想，头痛更甚，身微热，恶风微汗，服川芎茶调散原方，一剂即愈，后治数人亦效，惟茶须绿茶陈者为佳。若便秘者，加瓜蒌八钱，杏仁四钱，火甚或加大黄（酒洗）三钱亦可，莫不见效。惟细辛一物之用量须少，以余之经验，二分至七分为限，不可多用，因细辛味辛性散，多用恐重门洞开，反引三阳之邪，内犯少阴，少用能引药上巅而达病所，此亦施用川芎茶调散之注意要点也。”观蔡氏用本方之标准及加减药味，亦平正可法。惟本方不仅用于感冒性头痛，他如神经性头痛用之亦有效，盖本方中之川芎、羌活、细辛、白芷，乃四复味镇痛药也。

本章小结

本章列方五首。良附丸与沉香降气散，均为镇痛健胃剂。良附丸用于神经性胃痛（胸膈软处一点疼痛，痛处喜按）；沉香降气散除用于神经性胃痛外，又可治妇女月经痛。续断丸用于慢性风湿痛痹，荔枝散用于睾丸炎、赫尼亚（即小肠气，此病用中药方虽不能根治，可收一时之效）。川芎茶调散用于感冒性头痛、神经性头痛（偏正头风）。

第十七章　和血之剂（调经）

四物汤

来源　《太平惠民和剂局方》

组成　熟地黄（血热换生地黄）、当归身（大便不实者用土炒）各三钱，白芍药（泄泻腹痛酒炒，失血醋炒）二钱，川芎（血逆童便浸）一钱五分

研为粗末，清水煎，临卧时热服，先服后食，勿过饱。若春加防风倍川芎；夏加黄芩倍芍药；秋加天门冬倍地黄；冬加桂枝

倍当归；亡血过多，恶露不止者，加吴茱萸（病人阳脏[1]则少用，阴脏[2]则多用）。一方有香附。

主要效能　调经、补血、镇痛。

适应证　一切失血体弱，或血虚发热，肝邪升旺，或痈疽溃后，晡热作渴，及妇人月经不调，脐腹疼痛，腰中疼痛，或崩中漏下，或胎前腹痛下血，产后血块不散，恶露，凡属于血液亏少之病，皆可治。

方义略释　本方主药当归，含有当归油，能使紧张之子宫弛缓，并直接刺激子宫之肌纤维，令子宫内瘀血得以排出，子宫内血循环得以畅流。川芎为调经药，能使血管扩张，且有使子宫出血现象（经利彬：《中国数种药材之药理作用》）。芍药，据中医临床经验，能缓解腹部疼痛（包括胃肠性及子宫挛痛）。地黄有补血强心之功。综合上述各药性效，可知本方有调经补血镇痛等作用，为一般性之妇科调经要方。

临床运用　经血紫黑、脉数为热，加芩、连。血淡、脉迟为寒，加桂、附。肥人有痰，加半夏、南星、橘红。瘦人有火，加黑栀、知母、黄柏。郁者，加木香、砂仁、苍术、神曲。瘀滞，加桃仁、红花、延胡、肉桂。气虚，加参、芪。气实，加枳、朴。

本方为妇科调经之基本方剂，历代医家治疗妇科各病，咸以此方为主，兹将四物加味方及名同实异之四物汤，列表汇录，以供读者参考。

方　名	加　减	主治及功用	说　明
四物加黄芩白术汤（王海藏方）	四物汤四两，黄芩、白术各一两	治经水过多，有养血和脾清热之功	黄芩协生地有凉血止血之功，白术补脾和中

① 阳脏：阳盛之体，用药宜偏于清滋者。
② 阴脏：阴盛之体，用药宜偏于刚燥者。

续表

方名	加减	主治及功用	说明
四物加熟地黄当归汤（王海藏方）	四物汤四两，熟地黄、当归各一两	治经水少而色和，有补血之效	熟地、当归并用即当归补血汤去黄芪，本方以此二味为主，养阴补血之功颇大
四物苦楝汤（《证治准绳》方）	四物汤四两，玄胡索、苦楝实各一两	治产后儿枕痛，有和血行滞之效	延胡、川芎、芍药均为镇痛药，川楝子本草云止心腹痛，故此方之止痛作用颇强。又，川芎用于产后，有收敛子宫效能（经利彬）
四物益母丸（《济生方》）	当归、熟地各四两，川芎、白芍各一两，益母草八两，香附一斤，吴萸二两	治经水不调，小腹块痛，有和血行滞之效	益母协四物调经，香附、吴萸用于经来腹痛
艾附暖宫丸（《沈氏尊生书方》）	艾叶三两，香附六两，当归三两，川断一两半，吴萸、川芎、白芍、黄芪各二两，生地黄一两，官桂五钱	通气补血，治子宫虚寒不孕及经水不调，行经腹痛，胸膈胀闷，肢怠食减，发热盗汗，腰酸带下，久服多子	黄芪协四物补血，官桂（肉桂之古籍别名）补命火，艾暖子宫，香附治行经腹痛，吴萸治胸膈胀满，川断治腰酸带下
胶艾汤（《金匮》方）	阿胶、川芎、甘草各二两，艾叶、当归各三两，芍药四两，干地黄原方无分量	治妇人漏下，或半产后下血不绝，或妊娠下血腹痛胞阻，亦治冲任损伤，月水过多，淋沥不断	有四物以补血，而又加阿胶、芍以和阴阳，故为止崩漏腹痛之良法（费伯雄）
连附四物汤（丹溪方）	四物汤加香附、黄连	治经水过期，紫黑成块	黄连以清血热，香附以通厥阴，不凉不燥，最为合法（费伯雄）

续表

方　名	加　减	主治及功用	说　明
四物汤（《医垒元戎》方）	本方加煨大黄、桃仁	治经水不调	桃仁、大黄本草均治经闭，四物加此，有养血祛瘀之功
四物汤（《奇效方》）	归、芍、地、芎、艾、阿胶、黄芩各五钱	治妇人有热，久患崩漏	此方即胶艾汤去甘草加黄芩，有补血、止血、凉血之效

参考资料　费伯雄云："理血门以四物汤为效方，药虽四味，而三阴并治，当归甘温养脾，而使血有统，白芍酸寒敛肝，而使血能藏，生地甘寒滋肾而益血，川芎辛温通气而行血，调补血分之法，于斯著矣。乃或有誉之太过，毁之失实者，不可以不辨也。誉之过者，谓能治一切亡血及妇人经病。夫亡血之证，各有所由起，此方专于补血滋肾而已，无他手眼，不溯其源而逐其流，岂能有济！至妇人经病，多有气郁、伏寒、痰塞等症，未可以阴寒之品，一概混投，此誉之太过也。毁之失实者，谓川芎一味辛散太过，恐血未生而气先耗。殊不知亡血之人，脾胃必弱，若无川芎为之使，则阴寒之品，未能滋补，而反以碍脾，此毁之失实也。至精求之，以为凡治血证，当宗长沙法，兼用补气之药，无阳则阴无以生，此论最确。又有执定有形之血不能速生，无形之气所当急固，遂至补气之药多于补血，是又矫枉过正，反坐抛荒本位之失矣，此愈不可不知也。"费氏释四物汤各药性能简明扼要，继论四物汤用于妇科病，未可一概混投，及补血须兼用补气药两意见，均系至理名言，可作治疗规律。费氏为清代大医，宜乎知见不同于凡俗也。《玉机微义》曰："此特血病而求血药之属者也，若气虚血弱，又当从长沙血虚以人参补之，阳旺即

能生阴血也，辅佐之属，若桃仁、红花、苏木、丹皮、血竭者，血滞所宜。蒲黄、阿胶、地榆、百草霜、棕榈灰者，血崩所宜。苁蓉、锁阳、牛膝、枸杞、龟板、夏枯草、益母草（夏枯草，丹溪云补厥阴肝家之血。益母草补血之说，本草未见）者，血虚所宜。乳香、没药、五灵脂、凌霄花（泻血热，破血瘀）者，血痛所宜。乳酪，血液之物，血燥所宜。姜、桂，血寒所宜，苦参、生地汁，血热所宜。苟能触类而长，可应无穷之变矣。”四物汤为调经及补血之基本要方，必须随症加味，始克泛应各病。特录徐氏（《玉机微义》明徐用诚撰，刘纯续增）各类应加药味如上，以备参考。

益母胜金丹

来源　《医学心悟》

组成　大熟地（砂仁酒拌，九蒸九晒）、当归（酒蒸）各四两，白芍三两（酒炒），川芎一两五钱（酒蒸），丹参三两（酒蒸），茺蔚子四两（酒蒸），四制香附四两，白术四两（陈土炒）

上为末，以益母草八两，酒水各半，熬膏，和炼蜜为丸，每朝开水下四钱。血热者，加丹皮、生地各二两。血寒者，加厚肉桂五钱。若不寒不热，只照本方。

主要效能　调经行血。

适应证　经期先后无定，或行经腹痛。

方义略释　本方即四物汤加味，以益母为主药（草、子共十二两）。《纲目》记载“草”活血调经，治胎漏难产，崩中漏下。“子”《日用本草》记载补中益气，通血脉、填精髓，《纲目》记载顺气活血，养肝益心，调女人经脉，治崩中漏下，产后胎前诸疾，久服令人有子。盖为强壮性调经药，并有收敛止血作用，用于子宫诸病。丹参为强壮性调经药，《日华诸家本草》记载破宿血、生新血，安生胎、落死胎，止血崩带下，调妇人经脉不匀。香附为镇痛药，本草记载止诸痛，治崩中带下，月候不调。白术为健胃药，本草记载燥湿补脾。四物汤为调经要方。综合全方各药功用，乃强壮性之调经剂，用于功能障碍之月经不调。

临床运用 叶橘泉临床经验方，治月经困难、月经痛，用四物汤加丹参、香附，即本方去白术、益母。

参考资料 程钟龄云："方书以超前为热，退后为寒，其理近似，然亦不可尽拘也。假如脏腑空虚，经水淋沥不断，频频数见，岂可便断为热。又如内热血枯，经脉迟滞不来，岂可便断为寒。必须察其兼症，如果脉数内热，唇焦口燥，畏热喜冷，斯为有热。如果脉迟腹冷，舌淡口和，喜热畏寒，斯为有寒。阳脏阴脏，于斯而别。再问其经来血多色鲜者，血有余也。血少色淡者，血不足也。将行而腹痛拒按者，气滞血凝也。即行而腹痛喜手按者，气虚血少也。予以益母胜金丹及四物汤加减主之，应手取效。"程氏为清代医家，著有《医学心悟》流传后世。书中自制方如止嗽散、治痢散、益母胜金丹等，现代临床医家都言有相当疗效。此段程氏以执简驭繁之法，用益母胜金丹及四物汤两方加减，统治一般性月经不调，余深表同情。盖中医方剂，浩如烟海，医家各守师承，同一病症，处方互异，对统一疗效，推广经验，不易着手进行。故余以为一般性之常见疾病，确有仿程氏法，统一方剂之必要。至言治月经病必须察其兼症，以辨别寒热，不得以超前、落后为用药标准，尤为精当不易之辨症法。

延胡索散

来源 《沈氏尊生书》

组成 延胡索、当归（酒制）、赤芍、蒲黄（炒）、官桂（忌火）各五钱，黄连（姜汁炒）、木香（忌火）乳香、没药各三钱，炙甘草二钱半

吹咀，每服四钱，加生姜五片，清水煎，食前服。吐逆加半夏、橘红各五钱。

主要效能 镇痛调经。

适应证 妇女七情六郁，心腹作痛，或连腰、胁、背膂上下攻刺，经候不调及一切血气疼痛。

方义略释 本方主药延胡索，含罂粟止痛碱，其止痛作用同于鸦片，为镇痛药，《备要》记载治气血结，上下内外诸痛，月候不调。乳香、没药、芍药、肉桂、木香均可止痛，为延胡之辅佐。蒲黄为止血药，但历代医家临床经验，有行血消瘀，通经脉之效。当归有弛缓子宫肌之特长，治月经不调，对痛经尤良。杨大荒、赵慧君医师用当归治痛经病者一二九人，证明确有效用，且长期服用，可增进子宫发育。炙草为缓和药，与芍药配合治腹痛，黄连为消炎药，《日华诸家本草》止心腹痛，《本草图解》清肝胆。缘本方主治之心、腹、腰、胁攻刺作痛，经候不调，都由七情六郁而起，郁久化火，肝强脾弱，可能发生食少吐逆之症。黄连协夏、陈有和胃制吐之效。综合各药性能，为镇痛调经之复方，主用于痛经外，又可兼治由精神悒郁而起之神经性胃痛。

活血通经汤

来源 罗谦甫

组成 肉桂、当归、荆三棱、蓬莪术、木香、红花、苏木、血竭、熟地

研末为丸。

主要效能 活血通经。

适应证 妇人寒客胞门，经闭血凝，坚硬如石。

方义略释 肉桂，本草记载益阳消阴，治痼冷陈寒，腹中冷痛。当归温中止痛，除客血内塞，近世用作调血通经药。莪术消瘀通经，治心腹诸痛。三棱散一切血瘀气结。木香疏肝和脾，治气结痃癖癥块。红花破瘀活血，治妇人月经不调，腹中诸块。苏木，《海药本草》治虚劳血癖，气壅滞；《大明诸家本草》治妇人血气，心腹痛，月候不调。血竭，《纲目》散滞血妇人血气诸痛，近世用为收敛止血药。熟地滋肾补阴，主胎产百病，为补血上剂。综合以上记载，可知本方有温中活血，消瘀止痛诸作用，用于月经闭止。编者意见可去血竭、苏木二味。

参考资料 孟河丁氏用药法，治血滞经闭，因寒客子门而成者用温营通经法：当归、川芎、丹参、艾叶、茺蔚子、香附、延胡、红花、泽兰、鼠矢、月季花、青皮、砂仁。此方以当归、艾叶、丹参、茺蔚温营调经，红花、泽兰、鼠矢（时珍云，通女子月经）、月季花（活血）行瘀通经，香附、延胡、川芎、青皮、砂仁破气活血以止痛，与活血通经汤用药各异，但主治对象略同。由此可见，中医方剂同性质者较多，临症处方，证候虽同，方药不能一致也。又，丁氏方复味药过多，我意尚可简化。

本章小结

本章列方四首，四物汤为调经补血之基本要方，临床应用，

可适当加减。益母胜金丹由四物加味而成，为一般性月经不调之通用方。延胡索散主在镇痛，用于痛经及神经性胃痛。活血通经汤为活血温中法，用于经闭血凝。

第十八章　攻下之剂（泻下）

备急丸

来源　《金匮》

组成　巴豆一两（去皮尖，熬研如脂），干姜二两，大黄二两

上三味，先捣大黄、干姜为末，入巴豆，合捣千杵，和蜜为丸，如小豆大，密器中贮之，莫令歇气，每服三四丸，暖水若酒下（王补庄考正，一小豆折合二厘半）。

主要效能　峻下，健胃。

适应证　心腹诸卒暴百病，寒实冷积，心腹胀满，痛如锥刺，气急口噤，如卒死等证。

方义略释　本方主药巴豆，含有巴豆油30%～40%，巴豆油入肠与碱性之肠液相遇，析出巴豆酸，即呈剧烈之峻下作用，使肠起炎症，其蠕动旺盛强烈，大黄为缓下药，可助巴豆泻下。干姜为健胃药，其所含挥发油，能使血液循环增加，体温增高，精神亦随之兴奋，不致因峻泻药引起循环障碍。综合各药效能，可知本方为峻下剂，用于食物停滞，急性黏液性胃炎，胸腹满闷，大便不下者。本方泻下力虽大，但服用剂量颇小，且巴豆经过炮制，已减损一部分油质，服之并无较大之副作用。

临床运用　本方为温下法，治寒积之实证。《千金》另有温脾汤，用大黄五钱，人参一钱，甘草一钱，炮姜三钱，熟附子一钱，芒硝一钱，当归三钱，治寒积之虚证。如遇脐腹绞痛之症，病人素体虚弱，未便用峻下药者，可与温脾汤。

参考资料

（1）冉雪峰云："本方用干姜以益其温，大黄以益其泻，不啻为巴豆暴悍，再整个增加其原动力，靡阴不消，靡坚不破，诚为捣锐攻坚雄师。但此方系丸剂，只服小豆大三四丸，方制虽较重较强，而服法则较轻较缓。"冉氏谓方制虽较重较强，而服法则较轻较缓二语，颇有见地，盖古人用巴豆之方颇多，不但用于大人实证，即小儿老弱，亦不禁用。如《全幼心鉴》治小儿下痢赤白，用巴豆一钱（煨熟去油），百草霜（系灶突内用杂草烧成之烟煤，用作止血药）二钱（研末），飞罗面煮糊丸，黍米大，量人用之，赤用甘草汤，白用米汤，赤白用姜汤下。巴豆去油，泻下力已弱，又有百草霜收敛止血，故可用于小儿。又如李时珍云："巴豆峻用，则有戡乱劫病之功，微用亦有抚缓调中之妙。王海藏言其可以通肠，可以止泻，此发千古之秘也。一老妇年六十，饮病溏泄已五年，肉食、油物、生冷，犯之即作痛，服调脾升提止涩诸药，入腹则泄反甚，延余诊之，脉沉而滑，此脾胃久伤，冷积凝滞，王太仆所谓大寒凝内，久利溏泄，愈而复发，绵历年岁者，法当以热药下之，则寒去利止，遂用蜡匮巴豆丸药五十丸与服，二日，大便不通，亦不利，其泄遂止。自是每用治泄痢积滞诸病，皆不泻而病愈者，为数甚伙，妙在配合得宜，药病相对耳。苟用所不当用，则犯轻用损阴之戒矣。"李氏据王太仆久利溏泄，绵历年岁者，当以热药下之，又结合病人脉象沉滑，沉为里病，滑为阳脉，年老而体未虚，遂用蜡匮巴豆丸，其诊断之明确，足为后人效法。但用巴豆丸反能止利，殊不可解。或者方中药味众多（观其每服五十丸，可知巴豆在此丸之比重极微），配合得宜，故能不泻而病愈。考古人用巴豆之方，巴豆必先炮制，以去其油，减弱其泻下作用。如此用法，自然有利无弊。

(2)《中国医药汇海》编者蔡陆仙曾用本方治愈小儿病二例，移录于下，以作用备急丸之参考。蔡氏云："以余之经验，本丸因寒积腹痛，舌白，胸闷欲绝为最验。一九三一年，余治一苏姓小孩，因食油腻过多，腹痛欲死，气粗胸高，肢厥面青，舌白口渴，十分钟内曾昏厥一次，余即投丸半钱，令研细，用温水送下，数分钟腹鸣作泻，病势顿缓，连泻十余次，即嘱服冷粥一小碗，安眠，次日病除。又治一孩，腹胀气急，便闭纳呆，经医生投葶苈、麻黄之品不应，再投郁李仁等通便药，亦不验。延余诊治，时腹部膨胀，脐突青筋密布，按之如内有水，平卧则气塞，直立则腹重，余亦试用三物备急丸半钱，分二次研服，用陈皮汤送下。初服水泻三次，腹即稍宽，再服竟泻七次，腹虽大而软，而气不急，但精神疲乏，言语声微。次日腹膨减退，惟增头昏口淡、不能坐立等症，即改用补益方剂，又加附子一钱。翌日气色尚佳，惟仍泻二次，粪便溏薄，色黄而少，余知险势已去，遂嘱病家安心调理，又数日而瘥。以上二人，均系急症，所用之量均极重，而二人均竟治愈，可见治病只要胆大心细，诊断确切，用药不必犹豫莫决。惟本方所应注意者，盖因所用之药，均属峻厉，非急莫施，故《千金》取名备急，良有以也。"蔡氏治验案第一例之主症为腹痛欲死，气粗昏厥，第二例之主症为腹胀气急，此种证候，均为用备急丸之标准，再结合体非虚弱，证属寒积，即可放胆用之。

更衣丸

来源 待考

组成 朱砂五钱（研如飞面），芦荟七钱（研细，生用）

滴好酒少许，和丸如梧桐子大，每服一钱二分，好酒或米汤送下。

主要效能 泻下，镇静。

适应证 津液不足，肠胃干燥，大便不通。

方义略释 本方主药芦荟，含有芦荟苦味素、芦荟大黄素及树脂，为峻下药，用0.05～0.10公分（指制成之粉末），有苦味健胃作用。用0.2～0.3公分，能亢进大肠蠕动，八小时至十二小时见效，无副作用，起缓和的通便，见效后不起便秘，故适用于习惯性便秘。用多量芦荟，起峻烈的泻下作用，下腹和骨盆起充血，有一般峻泻药的副作用。本草记载大苦大寒，功专清热杀虫，凉肝明目，镇心除烦，治小儿惊痫五疳（心疳、脾疳、肝疳、肺疳、肾疳）。朱砂为镇静镇痉药，镇惊痫、安神经，用于夜寐恶梦恐怖，郁血经闭（本草云通血脉）。综上所述，本方为泻下药，用于温病便秘，常习便秘，小儿惊痫，虫积，大人神经性睡眠不安，妇女郁血经闭等。

参考资料 冉雪峰云："芦荟中含阿路爱罄，具强泻下作用，并含多量弱泻下之芦荟脂，外人专用为泻下药，服少量为苦味健胃药，与大黄同，适量则刺激大肠而增进其蠕动，故对于大肠无紧张力所引起之大便秘结，或习惯性之便秘等均用之。大黄含单宁酸，泻下后呈秘涩状态，而本品则无之，是本品在下药类较大黄为尤优异也。朱砂含汞百分之八十四，化学上谓之硫化水银，功能杀虫、灭菌，若系虫积当下，尤为相宜。”冉氏此解，平正简要，可作用本方之准绳。中医下剂，有寒下、温下、润下诸法，本方为寒下法，与承气同属一类。便秘由于肝热液枯气滞者最为合宜。另有当归龙荟丸，亦治肝经实火之便秘，附录于次，以便比较研究。

当归龙荟丸：宋钱氏方，主治头晕目眩，耳聋耳鸣，神志不宁，惊悸搐搦，躁扰狂越，咽膈不利，大便秘结，小便涩滞，或胸胁作痛，阴囊肿胀，并治盗汗。方用：全当归、龙胆草、栀子仁、黄连、黄柏、黄芩各一两，大黄、芦荟、青黛各五钱，木香二钱半，麝香五分，研细末，炼蜜为丸，如小豆大，每服二三十丸，生姜汤送下。汪昂对是方之解释云：“芦荟、青黛、胆草清胆火，黄芩清肺火，黄连清心火，黄柏清肾火，大黄清肠胃火，栀子清三焦火，备举大苦大寒以直折之，使内蕴之火，悉从大小便利出，少加木香、当归、麝香，取其调气活血，然非实火，不可轻投。”此方为通便清火之复方，治肝经实火，古人所谓肝经实火，多指神经兴奋及四肢痉挛症状，如头晕目眩，耳鸣，神志不宁，惊悸搐搦等皆是。今以芦荟、大黄通利大肠，诱导气血下降，诸苦寒药直折肝火，则上述一切冲逆症状，俱可消除。惟用此方，须以大便秘结，小便赤涩为标准。

脾约麻仁丸

来源　《伤寒论》

组成　麻仁五两（另研），大黄十两（蒸焙），厚朴（姜炒）、枳实（麸炒）、芍药（炒）各五两，杏仁五两上为末，蜜丸，梧子大，临睡用白汤送下二十丸，大便利即止。

主要效能　缓下。

适应证　习惯性便秘，热性病后津液干枯之便秘及痔疾之慢性便秘等，均适用之。

方义略释　此方即大承气汤去芒硝，加麻仁、杏仁、芍药而成，其主要效能为润肠通便。麻仁含脂肪油45%～55%；杏仁含脂肪油35%；大黄为缓下药，能刺激肠黏膜，增进其蠕动，使积滞肠管之燥矢向外排出；枳实去胃部痞闷；厚朴去腹部胀痛；芍药含安息香酸，对大肠有消毒作用。综合全方作用，乃一滑润肠管之缓下剂也。

参考资料　初和甫曰："余历观古人用通药，率用降气等药，盖肺气不下降，则大肠不能传送。又老人、虚人、风人津液少，大便秘，经云：涩者滑之，故用胡麻、杏仁、麻子仁、阿胶之类是也。今人学不师古，妄言斟酌，每至大便秘结，即以驶药荡涤之，既走津液气血，大便愈更秘涩，兼生他病。"

吴茭山曰："人病失血耗气之余，老人血少，多有秘结之患，人皆不知此，好用大黄、朴、硝，重者牵牛、巴豆，随利随结。殊不知此辈皆血少津液枯竭，肠胃干燥之人宜用麻子、杏仁润滑之剂，肠润皆通，其病渐愈，若妄用大黄、巴豆之类，损其阴血，故病愈加矣，所以《局方》制麻仁丸，少用大黄，凡治老人风秘血少，肠胃燥结者，此也。"（《诸症辨疑》）

蒋自了《医意商》叙下药云："余遇一老人，大便苦结，结而下，下后复结，将已垂毙，其时攻下则元气难堪，润燥则力缓不应，偶以润燥汤中加猪油一两同煎，服后竟愈，盖其肠胃枯燥已极，故油以润之，亦古法之未言及者也。”大便秘结，由于血枯津少者，古人一致主张用滑润药，如吴初二氏所言者是也，蒋氏之治疗经验，更可为治虚秘应用油类下药的一个证明，脾约麻仁丸大黄之量倍于麻仁、杏仁，又无养血生津之品辅佐其间，尚非治老人、虚人、风人血枯津少之便秘。沈金鳌之润肠丸，用麻仁、杏仁、当归、生地、枳壳，或以四物汤加苁蓉、枸杞、松子仁、柏子仁、人乳（名四物润导汤）及二冬膏、桑椹膏，皆为虚秘对症之方，临床家颇堪采用也。

芍药黄连汤

来源 张洁古

组成 芍药、黄连、当归各五钱，大黄一钱，肉桂五分，炙甘草二钱

上为粗末，每服五钱，痛甚者加木香、槟榔末各一钱，调服。按《准绳》芍药汤，有黄芩、大黄，列于方后加减法。

主要效能 泻下消炎。

适应证 治痢下脓血及后重窘痛。

方义略释 大黄为缓下药，本草记载荡涤肠胃，除瘀热。黄连为消炎药，本草治肠澼（便血曰澼）泻痢。当归有润下作用，本草治澼痢。芍药为镇痛药，本草缓中止痛，治泻痢后重。槟榔有健胃泻下作用，本草攻坚祛胀，消食。木香为健胃药，本草治泻痢后重。肉桂为辛香健胃药，可使药汁加速吸收。又黄连、当归、芍药、大黄均为抗生药，对赤痢菌有杀菌或抑制作用。综合各药性效，本方有泻下消炎之功，并对病原菌有抗生作用，用于

赤痢初起无表证者。

临床运用　时逸人止痢通便法，照本方去肉桂、槟榔、甘草，加川朴、黄芩、泽泻、焦山楂、陈皮。其意槟榔可用，肉桂未妥，故去之。

本方去大黄、甘草、肉桂，加黄芩、川朴、枳壳、青皮、山楂、地榆、红花、桃仁，即倪涵初“痢疾初起煎方”，治痢疾或红或白，里急后重，身热腹痛。如白痢去地榆、桃仁，加橘红、木香，涩滞甚者加大黄，此方用于三五日神效，用于旬日亦效。此方以芩、连消炎，当归润下，芍药镇痛，桃仁、红花活血以治便脓，木香、槟榔、川朴、青皮调气以除后重，复加地榆以凉血止血，山楂、枳壳以健胃消食。方制本亦寻常，但此等药品用治原虫性赤痢，往往效果显著。

参考资料　陈修园曰：“此方原无深义，不过以行血则便脓自愈，调气则后重自除立法。方中当归、白芍以调血，木香、槟榔以调气，黄连燥湿而清热，甘草调中而和药。又用肉桂之温，是反佐法，黄连必有所制之而不偏也。加大黄之勇，是通滞法，实痛必大下之而后已也。余又有加减之法，肉桂色赤，入血分，赤痢取之为反佐，而地榆、川芎、槐花之类亦可加入也。干姜辛热入气分，白痢取之为反佐，而苍术、砂仁、茯苓之类亦可加入也。”和血行气，为中医治痢要诀，故归、芍、桃仁、红花、木香、槟榔、枳壳、青皮为必用之品，此外清热燥湿如芩、连、苦参，通滞祛积如大黄，亦多用之。因此，黄连芍药汤可作一般原虫性痢疾通用之剂，医家以此方为基础，临床随症加减，对下痢赤白后重腹痛之症，可谓游刃有余矣。

大黄牡丹汤

来源 《金匮》

组成 大黄四两，丹皮一两，桃仁五十枚（研），冬瓜仁五合，芒硝三合

上五味，清水六升，煮取一升，去滓，内芒硝，再煮数沸，顿服之，有脓当下，无脓当下血。

王朴庄氏考正，古之药升一升，只今六勺七抄。

主要效能 泻下，消炎。

适应证 肠痈，少腹肿痞，按之即痛，如淋，小便自调，时时发热，自汗出，复恶寒，其脉迟紧者。

方义略释 大黄为植物性缓下剂；芒硝为盐类下剂；丹皮，本草记载泻血中伏火，破积血，疗痈疮；桃仁通大肠血秘，有行血润燥之功；冬瓜仁，《本草述钩元》记载疗肠痈，主腹内结聚，破溃脓血，凡肠胃内壅，最为要药。综上所述，本方为泻下消炎退肿之复方，主治亚急性阑尾炎①。他如产后瘀血腹痛，大便秘，痔肿疼痛甚剧而便秘者，淋毒性副睾丸炎②，肾盂炎，有便秘倾向者，亦可用之。本方对肿物有软化缩小之效。叶橘泉氏临床经验，本方效果确实可靠。

临床运用 本方去大黄、芒硝，加米仁，名肠痈汤，《金匮》

---

① 阑尾炎：阑尾为六至八厘米长的短窄盲管，上端连于阑肠，下端垂于回结肠之内下方，此病多发于十至三十五岁之年轻人，病原菌主要为大肠菌、急性阑尾炎起病突然，病势急剧。症状：发热脉数呕吐，右下腹绞痛，腹肌强直，尤以右下腹为甚，右腿不能伸直。慢性阑尾炎症状缓和，无急性病状。

② 淋浊性副睾丸炎：副睾丸像帽形，复盖于睾丸上后缘之外侧。本病为淋浊之合并症。

方，治慢性盲肠炎、局限性盲肠穿孔、腹膜化脓。

本方加苍术、苡仁、甘草，名腾龙汤，日本方，亦治盲肠炎及睾丸炎、痔疮等。以上二方，均加薏苡仁，唐甄权《药性本草》记载，本品煎服破毒肿，今与冬瓜仁、丹皮、桃仁配合，可增加消炎退肿排脓之效。

高德明临床经验，本方加红藤、败酱，对阑尾炎之疗效更为确实。编者之意加紫花地丁、败酱亦可，因紫花地丁泻热解毒，治痈疽、发背、疔肿；败酱清热泄结，活血排脓消痈肿，均为疮疡药，有消炎退肿之功（败酱更能排脓）。

参考资料 冉雪峰云："查此方仲师治热毒内郁，气血壅滞，因而成痈，重用硝、黄，所以开大肠之结，重用冬瓜仁，所以消大肠之肿，兼用桃仁、丹皮，消瘀解凝，所以去败坏将化脓之血，脓已成未成，可下不可下，煞有分寸。西说有盲肠炎，颇与此类似，但肠痈系泛指肠部而言，盲肠炎系专指盲肠局部而言，医林借用此方，亦颇有效。余每用减硝、黄之半，加重冬瓜仁，再加三七末、土贝母、土牛膝、土木香之属，历年在汉，治愈在十人以上，客万时治万有银号程贡禹、民康轮船茶房马姓，亦以此方全愈。"冉氏谓此方系治热毒内郁，气血壅滞，颇有见地。其所加三七等四味，亦系疏通气血之品（本草记载三七行瘀消肿，土贝母消痈疽恶毒，土牛膝除热解毒破血，土木香治风气痞滞），故对阑尾炎有一定之功效。

张景岳治肠痈方，生于小肚，微肿而小腹隐痛不止者是，若毒气不散，渐大内攻而溃，则成大患，急宜以此药治之，先用红藤一两许，以好酒二碗煎，午前一服，醉卧之，午后服紫花地丁一两许，亦如前煎服，服后痛必渐止为效，然后再服末药除根，末药方：蝉蜕、僵蚕各二钱，天龙、大黄各一钱，石蛤蚆五钱，老蜘蛛二个，新瓦上以酒杯盖住，外用火煅干存性，同诸药为末，空心用酒调服一钱许，逐日服，自渐消。红藤治肠痈之说，流传已久，不自张景岳始。末药方中之石蛤蚆，一说即映山红之根，治肿毒；蜘蛛治疮肿（时珍）；蜈蚣（即天龙）性散，消肿止痛。

本章小结

本章列方五首，备急丸为峻下剂（温下法），用于食物停滞（寒实冷积），心腹胀满，大便秘结。更衣丸为泻下剂（寒下法），兼能镇静神经，用于急性热病之便秘，小儿惊痫虫积，大人睡眠不安兼有便秘者。麻仁丸为缓下剂（润导法），用于热性病后津液干枯之便秘，痔疾患者之慢性便秘。芍药黄连汤为消炎泻下剂，用于原虫性赤痢初起无表证者。大黄牡丹皮汤为消炎退肿泻下剂，用于亚急性阑尾炎之早期及慢性阑尾炎尚未化脓者。

第十九章　消食之剂（消化）

保和丸

来源　朱丹溪

组成　山楂肉二两（姜汁泡），半夏（姜制）、橘红（炒）、神曲（炒）、麦芽（去壳炒）、白茯苓各一两，连翘壳、莱菔子（炒）、黄连（姜汁炒）各五钱共研细末，水泛丸，如梧桐子大，每服二三钱，茶清或熟汤送下。

主要效能　助消化，健胃。

适应证　食积，酒积，痰饮，胸膈痞满，嗳气吞酸，泄泻腹痛及疟、痢。

方义略释　本方神曲含多量酵母菌，借其发酵作用以消化，惟胃内异常发酵者忌用。麦芽之主成分为麦芽糖化酵素，为强壮性辅助消化药，用于胃弱者之消化不良，能催进食欲。山楂含有柠檬酸，能增加胃中酵素，促进消化，用于食积、肉积、腹胀痛等症，以上均为消化药，能直接消化胃肠间积滞之食物。莱菔子、橘红均为健胃药，用于消化不良。黄连为苦味健胃药，能刺激消化器黏膜，使其分泌及蠕动功用增加。茯苓，本草记载益脾助阳，淡渗利湿。半夏为镇呕药。连翘亦有制吐作用。综合上述，本方有促进消化之作用，用于消化不良。余意连翘可删，或易吴萸、枳实均可。

临床运用　本方加白芍（止腹痛）、白术（助吸收），去半夏、莱菔子、连翘，蒸饼糊丸，名小保和丸，助脾进食。本方加白术二两，名大安丸。或加人参，治饮食不消，气虚邪微。

高德明云：如因消化不良而有饱胀腹痛现状，可就本方酌加枳壳、厚朴、香附或木香，则效果当更为完善。

参考资料　汪昂云："山楂能消油腻腥膻之食，神曲能消酒食陈腐之积，菔子下气制面，麦芽消谷软坚，伤食必兼乎湿，茯苓补脾而渗湿，积久必郁为热，连翘散结而清热，半夏和胃而健脾，陈皮调中而理气，此内伤而气未病者，但当消导，不须补益。"汪氏此解，平易近情，惟"积久必郁为热"，殊欠允当。查本草，连翘主治未有言及饮食积滞，反云多用胃虚食少（见《求真》），故消化不良之症，无用此药之必要。费伯雄云：“此亦和平消导之平剂，惟连翘一味可以减去。”其意见与余正同。

又，保和丸消食而不健脾，若脾虚气弱，饮食易于停滞者，当一面振起其功能，一面辅助其消化，此即《准绳》健脾丸之方制也。爰录如下，以便对照研究。

健脾丸：治脾虚气弱，饮食不消。方用人参、白术（土炒）各二两，陈皮、麦芽（炒）各二两，山楂（去核）两半，枳实三两，神曲糊为米饮下。人参，本草记载治胃肠中冷，心下痞硬，有兴奋胃肠功能，使食物易于消化吸收之功用。白术为芳香健胃药，有强壮、助消化、利尿等作用，陈皮、枳实均有芳香健胃之效，麦芽、山楂为酵素消化药。此方消补并施，对虚弱者之消化不良，长服有效。

又，本方亦治痰（亦作淡）饮，所谓淡饮，据陈邦贤考证，即慢性胃炎而成胃扩张的现象，《病源候论》云：“又其人素盛今瘦，水走肠间，漉漉有声，谓之淡饮。其为病也，胸胁胀满，水谷不消，结在腹内两胁，水入肠胃，动作有声。”胃扩张即胃之运动不全症，饮食物下咽，停滞于胃，未能按时输送于肠，故胸次胀满，水谷不消，水入肠胃，动作有声，此病易发呕吐，吐物颇多，有强酸味及臭气。保和丸除助消化外，并用茯苓以利水，半夏、陈皮、黄连以止吐，神曲以消食，可谓药症相对，面面俱到，惟病属慢性，全身营养障碍，本方内尚须酌加人参、白术等味，方于虚体有益。

加减思食丸

来源　《证治准绳》

组成　神曲（炒黄）、麦芽（炒黄）各二两，乌梅四两，干木瓜五钱，白茯苓、甘草（细剉，炒）各二钱半

共研细末，炼蜜为丸，如樱桃大，每服一丸，不拘时，细嚼熟汤送下，如渴时，噙化一丸。

主要效能　辅助消化，制止吐泻。

适应证　脾胃俱虚，水谷不化，胸膈痞闷，腹胁时胀，食减嗜卧，口苦无味，虚羸少气，或胸中有寒，饮食不下，反胃恶心，霍乱呕吐，及病后心虚，不胜谷气，或因病气衰，食不复常。

方义略释　乌梅，本草记载敛肺涩肠，止渴调中，用于下利。木瓜，梦隐云：调气和胃养肝，消胀舒筋。陈藏器云：下冷气，止呕逆，消食，止水利后渴不止。《大明》云：止吐泻、奔豚、心腹痛。神曲、麦芽均有辅助消化之效，茯苓健脾行水。综合全方效能，为辅助消化制吐止泻之复方。徐灵胎云：此收纳胃气之方，用乌梅、木瓜甚巧。

参考资料　木瓜、乌梅均含果酸，有水果助消化润肠之一般作用，但不能认为酵素消化药，所以历代本草罕有以木瓜、乌梅为消导药者。徐灵胎释为“收纳胃气”，尚欠圆满，我意本方用此二味，或系对“反胃恶心，霍乱呕吐”而设者。

另有番木瓜，产两广沿江西一带，属番瓜树科，落叶乔木，果实形如甜瓜而大，呈卵圆形，每个大者六七斤，小者二三斤，味甜，供食用。此种木瓜之乳状液汁中，含有木瓜酵素，即蛋白

分解酵素，未熟之青木瓜，其中所含之酵素，作用尤强，与胃液蛋白酵素、胰液蛋白酵素相同，有直接消化作用，为消化不良之良药。本方以助消化为主效，其中木瓜一味，应易为番木瓜，则于“脾胃俱虚，水谷不化”之证，收效更著。

消食丸

来源 《证治准绳》

组成 缩砂仁（炒）、陈皮（炒）、三棱（煨）、神曲（炒）、麦芽（炒）各五钱，香附子一两，米泔浸一宿（一方加蓬莪术煨、枳壳、槟榔、乌梅各五钱，丁香二钱五分）

共研细末，水煮曲糊为丸，如绿豆大，每服二三十丸，食后紫苏汤或熟汤送下，量儿大小加减。

主要效能 消食化积。

适应证 小儿哺乳，饮食取冷过度，脾胃不和，宿食不消，常服宽中，消乳食，正颜色。

方义略释 神曲含酵母菌，本草记载调中开胃，化水谷，消积滞。麦芽含淀粉分解酶、蛋白分解酶、维生素乙，有助淀粉性食物消化之作用。砂仁为芳香性健胃药，能刺激胃神经，促进食欲，快利胸膈，又有驱气之效。陈皮为芳香性健胃驱风药，本草记载调中快膈，有理气燥湿之功。香附子为芳香健胃药，用于胸闷呕吐，下利腹痛。三棱为通经药，最好改为莪术，莪术为芳香健胃药，本草记载开胃化食，治心腹诸痛。综上所述，本方系消化药与健胃药适当配合之复方，有消食化积之效。

参考资料 《世补斋不谢方》儿科项下云：“儿病都从食上起，故以消导为主。”方用建神曲、焦谷麦芽、半夏、陈皮、木香、藿香、枳壳、山药、炙甘草，方末注云：和中加生姜、红枣，热加黄连，寒加干姜，有虫加使君子、榧子。此方亦系消化药（神曲、麦芽、谷芽、山药）与健胃药（藿香、木香、陈皮、枳壳）适当配合之复方，对乳儿积滞或小儿多食成积等症，用之最佳。余曾将此方选入《临床备忘录》，并名为儿科消食通用方。

益脾饼

来源 《衷中参西录》

组成 白术四两，干姜二两，鸡内金二两，熟枣肉半斤

上药四味，白术、鸡内金皆用生者，每味各自轧细焙熟，再将干姜轧细，共和枣肉同捣如泥，作小饼，木炭火上炙干，空心时当点心细细咽之。

主要效能 助消化，健脾胃。

适应证 脾胃寒湿，饮食减少，长作泄泻，完谷不化。

方义略释 鸡内金含胃激动素，用于因缺乏消化素之胃消化不良。本草记载消水谷，治泻痢反胃。白术为芳香健胃药，《本草经》云：消食，作煎饵，久服轻身。《别录》云：暖胃，消谷，嗜食。甄权云：治心腹胀满，胃虚下利。李士材赞谓：补脾胃之药，更无出其右者。干姜为辛辣健胃药，本草记载去脏腑沉寒痼冷，用于呕吐腹痛。大枣为缓和强壮药，又为矫味药，本草记载补中益气，滋脾土，缓阴血。综上所述，本方为消化药和健胃药配合之复方，用于脾胃虚寒之消化不良。

参考资料 张锡纯云："余为友人制此方，和药一料，服之而愈者数人，后屡试此方，无不效验。"张氏之方，以可供药用之干果和药制饼，一面代替食物，一面治疗疾病。此种剂型用于

慢性消化不良者，文献所载，多为糕和粥，兹选录《沈氏尊生书》八仙糕于下，以备参考。功用：健脾化积。组成：枳实、白术、山药各四两，山楂肉三两，茯苓、陈皮、莲子肉各二两，人参一两，研为末，加粳米粉五升，糯米粉一升五合，白蜜三斤，和蒸作糕，焙干食之。此方山药含淀粉消化酵素，此种酵素，在摄氏四十五至五十五度之温度中，糖化力最为显著，在此温度之弱盐酸酸性中，可消化五倍分量之淀粉。山楂为酵素消化药，用于食积肉积，白术（用于慢性泄泻）、枳实（用于胃部胀满）、陈皮（有促进消化液分泌之功用）均为芳香健胃药，人参（用于胃脏衰弱，痞硬）、莲子（用于慢性肠炎）、茯苓（含脱水葡萄糖）均为滋养强壮药。以上各药，组合成方，制糕长服，对身体衰弱，消化迟缓之症最为合宜。

本章小结

本章列方四首，保和丸、消食丸、益脾饼均为消化药配合健胃药之合剂，保和丸用于食积、胸膈痞满、嗳气吞酸，消食丸用于小儿乳食之积，益脾饼用于脾胃寒湿，久泻食少。加减思食丸为消化剂，用于慢性消化不良（脾胃俱虚，水谷不化），或病后消化不良（病后脾胃虚弱，不胜谷气）。

第二十章　化痰之剂（祛痰）

金沸草散

来源　《太平惠民和剂局方》

组成　金沸草（去梗叶）、麻黄（去节泡）、前胡（去芦）各三两，荆芥穗四两，甘草（炙）、半夏（汤洗七次，姜汁浸）、赤芍药各一两

研为末，每服二钱，清水一杯半，加生姜三片，大枣一枚（擘），煎至八分，去滓，不拘时温服。有寒邪则汗出嗽甚加杏仁、五味子，舌肿清水煎，乘热以纸笼熏之。

主要效能　祛痰止咳，发汗解热。

适应证　肺感风寒，头目昏痛，鼻塞声重，咳嗽喘满，痰涎不利，涕唾稠黏，舌肿牙疼，头项强急，往来寒热，肢体烦疼，胸膈胀满。

方义略释　本方系以祛痰药与发汗药组合而成，旋覆花、前胡、半夏、芍药为化痰药，麻黄、荆芥、生姜为发汗药，但麻黄兼有解除支气管痉挛而奏镇咳平喘之效。本草记载旋覆花下气消痰结坚痞；半夏消湿痰、除腹胀、下逆气；前胡功专下气，气下则火降痰消，并治胸腹中痞，解风寒；芍药治心痞胁痛，肺胀喘噫。牟鸿彝云：本品所含安息香酸之祛痰作用，由于颈部发生持续性的苛烈感觉，因而引起咳嗽，有促进祛痰之效；麻黄发汗，祛寒邪，治咳喘；荆芥发汗散风湿，治伤寒头痛项强；生姜祛寒发表，治伤风鼻塞，咳逆呕哕，胸壅痰膈。综上所述，本方不但有祛痰止咳、发汗解热之主效，兼能缓解胸膈胀满（前胡、旋覆花、半夏）。

临床运用　宋·朱肱《活人书》金沸草散，无麻黄、赤芍，有细辛、茯苓，亦治伤风头昏，咳嗽多痰。细辛辛温散风，治咳嗽上气，头痛项强，其与荆芥配合，亦犹麻黄与荆芥同用，其治喘咳之效，与麻黄不相上下。故两方主药无大出入，可各就临床经验选用。

参考资料 《三因方》云："一妇人牙痛治疗不效，口颊皆肿，以金沸草散大剂煎汤熏漱而愈。"本方中之麻黄、荆芥、生姜、前胡均有散寒消肿之功，细辛治齿牙疼痛，《圣惠方》治口疮䘌齿（汪昂云：䘌齿乃虫蚀脓烂）肿痛，用细辛一味煮浓汁，热含冷吐，取瘥。故疗龋齿肿疼，以用《活人》方为妥。

本方方后所列加减，咳甚加杏仁、五味子。五味子为收敛性镇咳药，有滋养强壮作用，用于慢性支气管咳嗽及心脏性喘息，本方虽与麻黄并用，究与外感不合，痰多者尤宜禁忌。

三子养亲汤

来源 《韩氏医通》

组成 紫苏子（沉水者）、白芥子、莱菔子

各微炒，研，煎服。或等分，或看病所主为君。

主要效能 祛痰，镇咳，健胃。

适应证 老人气实痰盛，喘满懒食。

方义略释 白芥子为刺激性祛痰药，能反射的增加呼吸道黏膜的分泌，本草记载发汗散寒，利气豁痰，温中开胃。莱菔子为祛痰健胃药，《本草纲目》记载下气定喘，治痰消食，《食医心镜》治气嗽痰喘吐脓血，用本品研汤煎服。苏子有祛痰镇咳定喘之功。以上三药总的功用，为祛痰镇咳，并有健胃作用。

临床运用 另一三子养亲汤，除三子外，尚有半夏、胆星、黄芩、枳实、生姜、甘草，治咳逆痰喘。此方加枳实降气，南星、半夏祛痰，黄芩清肺，生姜散寒，虽复味药较多，方意颇觉完善，可备临床采用。

参考资料 余云岫曾撰文推荐本方，谓其用三子养亲汤在临

床上治愈不少慢性气管炎病人，价格低廉，又无副作用。中医用本方，以气实痰盛为标准，并非凡属慢性气管炎均用此方。

竹沥达痰丸

来源 《沈氏尊生书》

组成 姜半夏、陈皮、白术（微炒）、大黄（酒浸，蒸，晒干）、茯苓、黄芩（酒制）各二两，甘草（炙）、人参各一两五钱，青礞石一两（同朴硝一两火煅金色），沉香五钱（一方无人参、白术、茯苓）

以竹沥一大碗半，姜汁三匙，拌匀，盛磁器内晒干，研细，如此五六度，再以竹沥姜汁和丸，如小豆大，每服一百丸，临卧时米饮或熟汤送下，能运痰从大便出，不损元气，孕妇忌服。

主要效能 泻下，祛痰，健胃。

适应证 痰火喘急，昏迷不省，厥逆惊痫等症。

方义略释 本方以二陈汤化痰健胃，参、术培脾补气（人参含皂素能祛痰），礞石协大黄、黄芩清痰火、通大肠（礞石泻热痰，治痰涎喘急，痰积惊痫），竹沥润燥行痰，沉香降气定喘，全方功用为泻下祛痰健胃剂。除用于痰火喘急外，又可用于小儿惊痫（方内礞石治大人癫痫、小儿惊搐，竹沥治癫狂烦闷）、大人中风（卒中苏醒后用之可轻减脑压）、胃内停水（慢性胃炎及胃扩张，胃内易于积存黏液，用此丸排除之，不伤胃气）。

本方即王隐君滚痰丸加人参、白术、甘草、半夏、陈皮、竹沥、生姜七味，药性和平，长服始能获效，故病势稍急者，以用去参术苓之方为胜。

清气化痰丸

来源 宋验方

组成 姜半夏、胆星各一两半，橘红、枳实（麸炒）、杏仁（去皮尖）、栝蒌仁（去油）、黄芩（酒炒）、茯苓各一两

共研细末，姜汁糊丸，如梧子大，每服二钱，姜汤送下。

主要效能 清肺健脾，顺气宽胸，消食化痰，宁嗽定喘，开胃进食。

适应证 一切热痰。

方义略释 本方用二陈汤去甘草加胆星，燥湿除痰；枳实破气行痰；杏仁下气止咳；黄芩、栝蒌清上焦之火（本草记载栝蒌为治嗽要药，张元素云：黄芩泻肺热，消热痰），为肺热痰嗽之通用方；二陈又能健胃，枳实为芳香苦味健胃药，消痞胀。故本方兼有开胃进食之功效。

参考资料 元《瑞竹堂经验方》顺气消食化痰丸，治酒食生痰，胸膈膨满，五更咳嗽，方用姜半夏、胆星各一斤，青陈皮（去白），生莱菔子，苏子沉水者（炒），山楂、麦芽、神曲（以上俱炒），葛根、光杏仁（炒），制香附各一两，研为细末，姜汁和蒸饼糊丸，如梧桐子大，每服三钱，姜汤送下。方中各药，可区为二组：①化痰顺气以止咳，如半夏、南星、陈皮、莱菔子、苏子、杏仁等是；②为解酒消食兼除胀闷，如葛根、神曲、麦芽、山楂、青皮、香附等是。缘此方有化痰止咳，辅助消化之作用，故以“顺气消食化痰”名方。我意此方用于慢性胃炎合并慢性气管炎，此方主治文云“酒食生痰”，殆指素有酒癖或食物失宜之人，此种狂饮饱啖之不良习惯，为酿成慢性胃炎之原因，主治文又云“胸膈膨满”，此症为慢性胃炎主要症状之一。此外，尚有朝晨呕吐（酒客），胃部有振水音，舌苔灰白滑润或干燥，面白肌燥瘦削，营养不足，时发喘息，消化不良等性。主治文又云“五更咳嗽”，患慢性气管炎者，往往早晨咳嗽，而嗜好烟酒，为酿成此病之根源，故余以为此方乃为此等病人而设也。

又，清气化痰丸与顺气消食化痰丸皆治脾肺同病，咳嗽气

喘，消化不良。但前者治痰而兼有火者，后者治痰而兼消食（费伯雄语），临床施用，仍有区别。

本章小结

本章列方五首，金沸草散为表散性祛痰镇咳剂，用于感冒咳嗽；三子养亲汤为祛痰镇咳剂，用于气实痰盛喘满；竹沥达痰丸为祛痰健胃泻下剂，用于痰火喘急，惊痫中风；清气化痰丸为祛痰消炎剂，为肺热痰嗽之通用方。

第二十一章　止咳之剂（镇咳）

止嗽散

来源　《医学心悟》

组成　桔梗（炒）、荆芥、紫菀（蒸）、百部（蒸）、白前（蒸）各二斤，甘草（炒）十二两，陈皮（水洗去白）一斤

共为末，每服三钱，开水调下，食后临卧服。

加减　暑气伤肺，口渴心烦溺赤者，加黄连、黄芩、花粉。湿气生痰，痰涎稠黏者，加半夏、茯苓、桑白皮、生姜、大枣。燥气焚金，干咳无痰者，加瓜蒌、贝母、知母、柏子仁。七情气结，郁火上冲者，加香附、贝母、柴胡、黑山栀。肾经阴虚，水衰不能制火，内热脉细数者，宜朝用地黄丸滋肾水，午用止嗽散去荆芥加知母、贝母以开水郁，仍佐以葳蕤胡桃汤（人参、胡桃肉、葳蕤）。客邪混合，肺经生虚热者，更佐以团鱼丸（贝母、知母、前胡、柴胡、杏仁各四钱，大团鱼一个，十二两以上，去肠，药与鱼同煮熟，取肉连汁食之，将药渣焙干为末，用鱼骨煮

汁一盏，和药为丸，如桐子大，每服二十丸，麦冬汤下）。病势沉重变为虚损者，或尸虫入肺喉痒而咳者，更佐以月华丸（方见百合固金汤）。内伤饮食，口干痞闷，五更咳甚者，乃食积之火，加连翘、山楂、麦芽、莱菔子。以上为普明子自定之加减法。

主要效能 镇咳，祛痰，发汗。

适应证 一般感冒咳嗽。

方义略释 桔梗合甘草即仲景桔梗汤，有缓和喉头黏膜及祛痰之效。百部有镇静作用，能抑制呼吸中枢之兴奋，故有止咳之效。紫菀含皂素，为镇咳祛痰药。白前，《本草经疏》云，主胸胁逆气，咳嗽上气，有驱痰镇咳之效。陈皮为芳香健胃药，有镇咳祛痰之效。荆芥为发汗祛风药，治感冒头痛眩晕。综上所述，本方为镇咳祛痰发汗剂，用于感冒引起之急性支气管炎。

临床运用 聂云台云："此方原出《医学心悟》，《验方新编》载其方，漏去陈皮、甘草两味，且各药均经炒制，服之者皆嫌燥。一九三九年余将原方加桑白皮，又用枇杷叶汤、萝卜子、萝卜汁合以为丸，各药一概生研勿炒，从此每用必效，风寒痰热皆治，前后共制过二十料左右。一九四〇年再加象贝、蝉衣、蔻仁、杏仁效验更佳。后又将白前删去，效亦同。"聂云台先生因自身多病，研讨中医药，尝精选古今经验良方，略为加减，制药施送，均有显著之功效，如表里和解丹、温病三连丸，均为久经试用卓著良效之成品。余曾作专论介绍其痢疾芩黄丸、重伤风标准汤于医刊，盖心折聂氏研究中医之精神，堪为一般临床中医师借镜也。本方经聂氏加药八味，治疗效果比原方更进一步。录方于次，以备参考。

云制咳嗽丸：荆芥、桔梗、紫菀、百部、白前、陈皮、象贝、蝉蜕、甘草各一两，蔻仁半两，均生研极细，生萝卜子二两，光杏仁一两（研），用枇杷叶三两，桑白皮一两煎汤，加入子仁二味挤滤得汁，再加萝卜汁二两，炼蜜二三两为丸，每丸重二钱五分。用开水化服，每次一丸，小儿减半，每日早晨空腹及晚间临睡各服一次。

参考资料　唐容川云："肺体属金，畏火者也，遇热则咳，用紫菀、百部以清热；金性刚燥，恶冷者也，遇寒则咳，用白前、陈皮以治寒。且肺为娇脏，外主皮毛，最易受邪，不行表散，则邪气流连而不解，故用荆芥以表散；肺有二窍，一在鼻，一在喉，鼻窍贵开而不贵闭，喉窍贵闭而不贵开，今鼻塞不通，则喉窍启而为咳，故用桔梗以开鼻窍。此方温润和平，不寒不热，肺气安宁。"唐氏云肺体畏火，金性恶冷，外界冷热之刺激，均可引发呼吸道之炎症而成感冒性咳嗽，此为中医辨证用药之理论基础，尚未可遽行舍弃；惟解释药效，空泛失实，殊不可从。末云：此方温润和平，不寒不热，则以临床经验估计本方功效，甚为恰当也。

紫菀汤

来源　王海藏

组成　紫菀（洗净炒）、阿胶（蛤粉炒成珠）、知母、贝母各一钱，桔梗、人参、茯苓、甘草各五分，五味子十二粒

水煎，食后服。一方加莲肉。

主要效能　镇咳，祛痰，滋养。

适应证　肺伤气极，劳热久嗽，吐痰吐血及肺痿变痈。

方义略释　本方主药紫菀含紫菀皂素，为祛痰药，与桔梗配合，有稀释痰涎，使痰易于咯出之效。川贝为镇咳药，用于肺结核、急性或慢性支气管炎、肺炎、百日咳，与五味子配合，有补肺止咳之效。人参为滋养强壮药，茯苓含有丰富之脱水葡萄糖，二药对患者体力之维持与恢复，有甚大之裨助。阿胶含胶蛋白，能促进血液凝结，可治肺结核之咳血。知母有解热作用，可除肺结核之潮热。综上所述，本方为滋养性镇咳祛痰剂，兼有解热止

血作用。用于劳热久嗽、咯痰不利、痰中夹血，有缓解症状之效。

临床运用 费伯雄云："此方治气极久嗽，失血，极佳。若肺痈便当去五味子，以肺气壅塞成痈，不宜收敛也。"气极久嗽，寖成肺痈，即肺结核空洞期之咳嗽吐脓性痰或血性痰等症候群，此时投以镇咳祛痰，止血滋养之复方，颇觉合理。此时之病理情况，为肺结核之干酪变性，不能再进一步形呈石灰化[①]，反将干酪溶崩，成为空洞，此种干酪样物质之溶解崩溃，乃衰弱性慢性病病势进展之表征，投以鹿角（为滋养强壮药，本草记载散热行血消肿，治疮疡肿毒），似尚适合，故我意本方治气极久嗽寖成肺痈者，以去五味加鹿角为妥。

参考资料

（1）陆士谔云："海藏出东垣门下，已变东垣之法，如此方用知母清肺热，贝母破肺结，阿胶补肺阴，君紫菀而佐桔梗，开泄肺气，使呼吸畅达，人参、茯苓、甘草以顾其气，少佐五味以敛之，则菀、桔之升泄，不致于伤阴，组织有法，较之东垣，似已出蓝矣。"陆氏方解，平正通达，不带丝毫玄学色彩，颇可取法。惟贝母释为破肺结，不如释为润肺止咳，较为明显。

（2）本方去人参、茯苓、桔梗、甘草、五味，加款冬、秦艽、百部、糯米，即皱肺丸，全方各药均一两，为末，用羊肺一个灌洗令净，杏仁四两，研煮沸滤过，灌入肺中，系定，以糯米泔煮熟，研烂成膏，捣和前药末，杵数千下，丸梧子大，每服五十丸。此方镇咳化痰之力大于紫菀汤，并以药物、食品混合配成，不伤胃气，利于久服，亦一治肺结核劳热久嗽吐血之良方也。故附载之。

---

① 石灰化：现称钙化。

苏子降气汤

来源　《太平惠民和剂局方》

组成　苏子（炒）、半夏（汤泡）、前胡（去芦）、厚朴（去皮，姜制炒）、陈皮（去白）、甘草（炙）各一钱，当归（去芦）、沉香各七分（一方加苏叶，一方无沉香有肉桂，一方无沉香、陈皮、当归，有肉桂）

主要效能　镇咳祛痰。

适应证　虚阳上攻，气不升降，上盛下虚，痰涎壅盛，肺逆喘嗽，胸膈噎塞者。

方义略释　本方主药苏子为镇咳祛痰药，有润肺下气、止咳定喘之功，佐以沉香、厚朴，其效尤弘。前胡为解热镇咳祛痰药，有下气定喘、降火消痰之效，佐以半夏、陈皮，祛痰之力更大。当归为强壮药，本草主治咳逆上气。综上所述，本方以镇咳祛痰为主效，用于痰涎壅盛，肺逆喘嗽。

参考资料

（1）费伯雄云："此等方施之于湿痰壅塞，中脘不舒者，尚嫌其太燥，乃注中主治虚阳上攻，喘嗽呕血（《医方集解》主治文有喘嗽呕血，或大便不利之句）等症，是益火加薪，吾见其立败也。"胡光慈云："余尝用于老年人哮喘痰稀薄不任小青龙汤发汗者，颇有良效，惟痰黄稠者忌用。"吾人细观本方各药之性效，体会费胡二氏之临床经验，不难对本方有明确之认识，如遇"虚阳上攻""上盛下虚"之证，殊无用本方之价值。

（2）张简斋经验方温和平逆法，用苏子梗各钱半，当归、白芍各二钱，云茯苓三钱，炙桂木一钱二分，炒於术二钱四分，炙甘草八分，法半夏三钱，陈皮钱半，炙淡姜八分，细辛四分，五味子五分，上沉香二分，研末和服，主治脾肾阳虚，水饮上泛，咳喘痰多，劳则尤甚，神气疲乏。此方温和脾肾，有平逆化痰之效。张氏此法，即苏子降气汤去前胡、厚朴，合苓桂术甘汤、苓甘五味姜辛半夏汤加芍药组成。苓桂术甘汤用于心脏性喘息（脾肾阳虚之喘），苓甘五味姜辛半夏汤用于慢性支气管炎（痰饮），苏子降气汤用于前病喘息痰多者，今去前胡、川朴之损气，加白芍之敛阴和血，诚脾肾阳虚，咳嗽上气之良方。若与黑锡丹①配合应用，对肾虚喘逆不得平卧之症，尤有显效。

（3）清凌奂《凌临灵方》降气豁痰法与苏子降气汤用意相同，处方互异，兹介绍其方于次，以便读者比较研究。凌氏降气豁痰法：沙参、竹茹、半夏、陈皮、茯苓、白蒺藜、苏子、旋覆花、杏仁、紫石英，我前在重庆卫协会门诊部工作时，常用此方，收效颇佳。方中白蒺藜一味，据《本经别录》记载，治咳逆伤肺，肺痿，止烦下气。

本章小结

本章列方三首。止嗽散为镇咳祛痰发汗剂，用于感冒性咳嗽，但药性温润和平，须随症加味，方有显效。紫菀汤为滋养性镇咳祛痰剂，用于劳热久嗽，咯痰不利，痰中夹血（肺结核病）。

---

① 黑锡丹：《局方》治真元亏损，上盛下虚，心火炎盛，肾水枯竭，三焦不和，呕吐痰喘，冷气刺痛，腰背沉重，男子精冷滑泄，妇人赤白带下，血海久冷无子。黑铅（熔去渣）、硫黄各二两，沉香、附子（炮）、胡芦巴（酒浸炒）、阳起石（煅研细，水飞）、破故纸、舶上茴香（炒）、肉豆蔻（面裹煨）、金铃子（酒蒸，去皮核）、木香各一两，肉桂五钱，将黑铅入铁铫内熔化，入硫黄，结成砂子，摊地上出火毒，研令极细，余药并细末和匀，自朝至暮，研至黑光色为度，酒面糊丸，如梧桐子大，阴干，每服四五十丸，空腹时淡盐汤、姜汤或大枣汤送下。徐大椿云：黑锡丹镇纳元气，为治喘必备之药，当蓄在平时，非一时所能骤合也。

苏子降气汤为镇咳祛痰剂，用于痰涎壅盛，肺逆喘嗽（慢性支气管炎喘息痰多者）。

第二十二章　涌吐及止吐之剂（镇吐、制吐）

瓜蒂散

来源　张仲景

组成　瓜蒂二分（熬黄），赤小豆一分

各另捣筛为散，取一钱匕，以香豉一合，用热汤七合，煮作稀粥，去滓取汁，和散，温顿服之，不吐者少少加，得快吐乃止。诸亡血虚家忌之。

主要效能　催吐。

适应证　痰饮宿食停滞，胸中痞硬，气上冲喉，不得息，脉浮滑者。

方义略释　本方主药甜瓜蒂（属葫芦科，实为瓠果，盛夏成熟，呈椭圆形，长四寸许，色黄，有绿色纵线，瓜味甘甜，入药用未熟瓜之蒂）。含有甜瓜蒂苦毒素，为催吐药，内服适量，刺激胃神经而起呕吐，并不起吸收作用，故不致中毒。赤小豆有滋养缓下利尿之作用，与瓜蒂配合，可缓和其毒性，并使瓜蒂粉末均匀撒布于胃黏膜。本方有强大之催吐作用，为吐剂之主方，用于不易消化物，或中毒性食物停滞胃部为害时。

临床运用　取未成熟瓜蒂，焙燥，研细粉，磁瓶密贮。黄疸用以吹鼻，流出黄水而愈。食伤欲吐不得吐者，本品和赤豆粉等分，顿服二至三公分，吐出黏液为度。

参考资料　费伯雄云：“高者因而越之，经有明训，即吐法

也。后人视为畏途，久置不讲，殊不知痰涎在胸膈之间，消之非易。因其火气上冲之势，加以吐法，使倾筐倒箧而出，则用力少而成功多，瓜蒂散之类是也。且吐法必有汗，故并可治风治黄。注中（指《医方集解》瓜蒂散主治文）食填太阴，欲吐不出二语，须与申明，盖饮食必先入胃，食填太阴者，非既出胃而入脾（脾字指消化器之消化吸收作用）也，乃胃中壅塞，使脾气不通耳。又必新入之食，尚为完谷（完谷指未消化之食物，《内经》以谷字代表一切食物），故可用吐，若经宿之后，将为燥粪，滞于胃中（胃字指大肠，如《伤寒论》胃中有燥矢之胃字，系指肠部），便宜攻下，岂可尚用吐法乎？”此段文献，说明吐法用于伤食，须在食后四五小时，则不消化物尚未离胃，可以因势利导。若伤食已越一宿，则食已离胃下肠，结为燥矢，须用下法。此理本属粗浅，人所易知，故中医用吐法必依据证候，即胸下痞硬，欲吐不吐是也。

橘皮竹茹汤

来源 《金匮要略》

组成 橘皮、竹茹各二两，大枣三十枚，生姜八两，炙甘草五两，人参一两

清水一斗，煮取三升，温服一升，日三服。

主要效能 制吐，健胃，滋养。

适应证 胃虚哕逆。

方义略释 本方主药橘皮，有健胃制吐作用；竹茹为清凉解热药，有止呕利痰之功，二药与生姜配合则镇呕健胃之疗效，益为显著确实。人参能兴奋新陈代谢功能，大枣为缓

和强壮药，二药配合，有滋养神经效能。综上所述，本方为制吐健胃滋养之复方，用于神经性胃病、消化不良、呕吐哕逆等症。

临床运用 本方加半夏、茯苓、枇杷叶、麦冬，亦名竹茹橘皮汤，治久病虚羸，呕逆不已及吐利后胃虚呃逆。此方加夏、苓以助制吐之力，加麦冬以增滋养之效，又益以枇杷叶之降气消痰，方剂内容虽比仲景原方充实，但疗效未必一定增加，后人方惯用复味，往往如此。

增损代赭旋覆汤

来源 张仲景代赭旋覆汤加减

组成 旋覆花二钱（布包）、代赭石三钱（打碎）、制半夏钱半，陈皮钱半，吴茱萸五分，小川连一钱，茯苓四钱，炒枳壳钱半，鲜竹茹四钱，制香附钱半，沉香末五分（吞），鲜枇杷叶五钱（去毛）

共煎服。

主要效能 镇呕健胃。

适应证 痰涎壅盛，心下痞硬，呕吐不止，胁下胀痛，气逆不降等症。凡气逆填胸，呕吐哕噫，以此方治之最佳。

方义略释 代赭石为镇呕收敛止血药，用于胃病呕吐，胃出血，妊娠呕吐，并有补血之功。旋覆花为健胃祛痰药，治胸中痞闷胀满，呕逆。半夏、陈皮、茯苓、竹茹、枳壳为《千金》温胆汤去甘草，治热呕吐苦，痰气上逆，有和胃清痰之效。黄连、吴萸为丹溪左金丸，治胁痛吞酸呕吐，一切肝火之症。香附调气解郁，治饮食积聚，痰饮痞满。沉香调中降气，用于呕吐心腹痛。

枇杷叶和胃降气，用于火逆呕吐。综上所述，可知本方为镇呕健胃，兼可除噫气消胀满之复方，用于神经性呕吐、各种胃病呕吐①剧烈时。

参考资料

（1）时逸人云："精神郁结，气闷不舒，或郁怒太过，或痰涎停滞，发为呕吐痰涎，不思饮食，轻则噫气胸痞，重则呃逆胃胀，中医以此为肝气横逆，用舒肝调气之方，投之辄效，实有真确之经验，故用赭石降气镇逆，旋覆化痰通结，佐以萸、连、橘、半苦辛通降，以清肝和胃，沉香、香附辛香利气，以疏气平逆，竹茹疏通，枇杷叶、赤苓降泄，此为清肝镇逆法，惟初病在气，气盛而血尚不亏，脉弦苔腻者，始为相宜。呃逆甚者，加公丁香六分，柿蒂三钱。若痞胀甚者，加川朴一钱，槟榔钱半。因于食滞者，加莱菔子三钱，砂仁八分。如大便秘结，脘腹胀痛者，加郁李仁二钱。"本方载《时氏处方学》，以代赭旋覆汤（去参、草、姜、枣）合温胆汤（去甘草）、茱连丸三方增损而成，有清肝火，降胃气，止呕吐哕噫之功。适当加减，可广泛应用于各种胃病之痞满食少、胸脘胀痛、呕吐噫气等症，但方中不乏损气之品，胃病现虚寒症者忌之。至时氏解释方义，加减药味，均极允当。

（2）编者师传经验方："镇逆通阳法"治肝气犯胃，呕吐酸水。方为旋覆花三钱（包煎），瓜蒌三钱，薤白二钱，半夏三钱，生姜三片，茯苓三钱，竹茹三钱，橘皮一钱半，左金丸一钱（吞），金铃子三钱，金石斛三钱。此方隐括代赭旋覆汤、橘皮竹

① 呕吐：为消化系疾病之一症状，如急慢性胃炎、食道癌、胃癌、胃溃疡、胆囊炎、阑尾炎、腹膜炎等，均可发生呕吐。

茹汤、小半夏加茯苓汤、瓜蒌薤白半夏汤，有降胃逆、止吐酸之功，此方与增损代赭旋覆汤相同者八味，均在代赭旋覆汤的基础上扩充而成，均以清凉镇吐为立方主旨。《内经》云：诸呕吐酸，皆属于热。故止呕之方，不宜涉于温燥。

（3）余曾以代赭旋覆汤合沉香降气散加减化裁，治建筑工人之噫气，有覆杯而愈之效。兹将当时病状及处方摘录于下：症状：噫气声声不绝，舌无苔，舌心有脱液一条，除噫气外，他无所苦。处方：初用温胆汤加代赭石、旋覆花，无少效，易方用代赭石、旋覆花、生姜、半夏、茯苓、陈皮、砂仁、沙参、麦冬、白芍、沉香曲、枇杷叶（详见《新华医药》一卷四期《非非室医话》）。此方与增损代赭旋覆汤、镇逆通阳法大意相同，而捷效如是，可见以代赭旋覆汤增损治呕吐噫气，殊觉平稳可靠。

本章小结

本章列方三首，瓜蒂散为催吐主方，用于急性胃炎（即宿食停滞）胸中痞塞，汤入欲吐，及癫痫胸中痞塞，火气上冲，不得息者。橘皮竹茹汤为滋养性健胃制吐剂，用于神经性消化不良，呕吐哕逆（即胃虚哕逆）。增损代赭旋覆汤为镇呕健胃剂，主用于神经性呕吐，各种胃病呕吐剧烈时，亦可酌用，其施用标准为痰涎壅盛，心下痞硬，呕吐不止，胁下胀痛，气逆不降等。

第二十三章　收涩之剂（止血、止汗、制泻、制泌）

金锁固精丸

来源　《局方》

组成　沙苑蒺藜（炒）、芡实（蒸）、莲须各二两，龙骨（酥炙）、牡蛎（盐水煮一日一夜，煅粉）各一两

共为细末，湘莲肉煮糊和丸，每服三钱，空腹时淡盐汤送下。

主要效能　制泌，强壮。

适应证　真元亏损，心肾不交，梦遗滑精，盗汗虚烦，腰痛耳鸣，四肢无力。

方义略释　沙苑蒺藜为滋养强壮药，用于遗精、神经衰弱、小便频数。芡实为滋养强壮药，有收敛镇静作用，用于遗精、带下、慢性淋浊。莲须为滋养强壮药，用于遗精、神经衰弱、失眠。龙骨为镇静药，本草记载敛心神，潜浮阳，固精，缩小便，主夜卧自惊汗出。牡蛎，本草记载性涩收脱，治遗精、崩带，止嗽敛汗。综上所述，可知本方为一滋养性之制泌剂，用于真元亏损，梦遗滑精。

临床运用　时逸人有加味金锁固精丸，即本方去芡实加破故纸、五味子、山萸肉、熟地、白芍、党参、陈皮，各等分，研末，金樱子膏为丸，每服三钱，食前淡盐汤下，早晚各一次。原注云：本方汇集多数收敛固涩之品，参用滋阴补气之法，能使精关固闭，不至门户洞开，此为固精止遗之法。

玉屏风散

来源 《世医得效方》

组成 黄芪六两，防风二两，白术二两

研为细末，每服三四钱，黄酒调服；或不研，加生姜、大枣，清水煎服。

主要效能 强壮止汗。

适应证 风邪久留不散及卫虚自汗不止。

方义略释 黄芪为缓和强壮药，近人研究有止汗作用，能闭塞皮肤的分泌孔，抑止发汗过多和肺结核的盗汗，本草记载补阳虚、温分肉、实腠理。白术，《本草经》记载止汗除热，消食，作煎饼，久服轻身，延年不饥。防风，《大明本草》记载治三十六般风，男子一切劳伤，补中益神，风赤眼，止冷泪及瘫痪，通利五脏关节，五劳七伤羸损，盗汗心烦体重，能安神定志，匀气脉。综上所述，可知本方有强壮止汗之作用。

参考资料 徐灵胎云："此（指本方）能固表，使风邪不易入，加牡蛎名白术散。"此方之止汗作用，历代医家，均无异词，惟对防风用于本方中所起之作用，尚少认识，盖防风原是祛风药，有发汗作用，与黄芪功效适相背，前人有称防风能制黄芪者，以黄芪得防风，其功愈大，故在本方中为促使黄芪起更大之止汗作用，乃相畏而相使也。防风与人参、浮麦同用，亦能实表止汗，兹列验方三则于下。

治自汗不止：防风去芦，为末，每服二钱，浮麦煎汤服。防风用面炒，猪皮煎汤下（《朱氏集验方》）。

治睡中盗汗：防风二两，芎䓖二两，人参半两，为末，每服

三钱，临卧饮下（《易简方》）。

治盗汗：防风细切，为细末，浮麦煎汤服之，婺州汪伯敏将仕云：尝见周仲恭尚书，言旧有盗汗之疾，每至大屋，则肢体凛然，须以帏幕遮护，后得此方，遂愈（《洪氏集验方》）。

柏叶汤

来源 《金匮》

组成 柏叶（炒）、干姜（炮）各三两，艾三把

清水五升，取马通汁一升合煮，取一升，分温二服。《千金》加阿胶三两亦佳。如无马通汁①以童便代之。

主要效能 止血。

适应证 吐血不止。

方义略释 本方主药柏叶，《别录》记载治吐血衄血；干姜，《别录》记载温中止血；艾叶，《别录》记载作煎止吐血下利；马通，本草记载止吐血下血鼻衄。综上所述，本方为一有效之止血剂。《方函口诀》云“此方为止血专药”，近人陆渊雷云：“柏叶、艾叶、干姜、马通，《本草经》皆明言止吐血，本条经文（即柏叶汤条文）亦云吐血不止，可知意在止血，无寒热之意存焉。惟吐血热症显著者，本方有所不宜，则葛可久花蕊石散②、十灰散③之类，亦可用也。”余体会以上两家均认本方有止血之专长，可用于无热象之吐血证。

---

① 马通汁：马通即马屎，陈修园《金匮方歌括》：“马粪用水化开，以布滤汁澄清，为马通水。”

② 花蕊石散：花蕊石研细，童便冲服。

③ 十灰散：大蓟、小蓟、侧柏叶、荷叶、茜草根、茅根、山栀、大黄、牡丹皮、棕榈皮各等分，烧灰存性，纸裹，盖地上一宿，出火毒，研为细末，每服二三钱至五钱，空腹童便或藕汁、莱菔汁磨京墨半钟调下。

参考资料 《圣惠方》治吐血不止，单用柏叶为末，米饮服二钱。一方用鲜柏叶捣汁一碗，入管仲末二钱，血余炭五分（管仲为收敛性止血药；血余补阴消瘀，治诸血疾），重汤煮一炷香，取出待温，入童便一小盅，黄酒少许，频频温服。观此二方及柏叶汤之功用，可推知柏叶止血，超越常品，性涩微寒，兼可凉血。诚良药也。

近人叶橘泉治吐血、便血、子宫出血经验方，用侧柏叶、棕皮、艾叶、大生地煎服。此方即柏叶汤去干姜、马通，加生地、棕皮，有凉血止血之效，如吐血热证显著者宜之。

四神丸

来源 《证治准绳》

组成 肉豆蔻（面裹煨）、五味子（炒）各二两，补骨脂四两（酒浸一宿，炒）、吴茱萸（淡盐汤炒）一两

研为末，用生姜八两，红枣一百枚（清火煮烂，去皮核），与药末捣和，丸如梧桐子大，每服五七十丸，食前空服时，米饮、熟汤或盐汤送下。

主要效能 强壮止泻。

适应证 脾肾虚寒，五更泄泻，不思饮食，或久痢虚痛，腰酸肢冷。

方义略释 本方君药补骨脂为兴奋强壮药，用于慢性下痢、肠结核，本草记载暖丹田、壮元阳，治腰膝冷痛，肾虚泄泻。肉豆蔻为健胃整肠药，本草记载暖脾胃、固大肠、治宿食。吴茱萸为芳香性苦味健胃镇痛药，用于腹痛吐泻，本草记载温肠胃、疗心腹冷痛。五味子为收敛性强壮药，本草记载止呕住泻。综上所述，可知本方为强壮性止泻剂，用于慢性肠炎、结核性下利至夜

间五更时较甚者。

临床运用 单用补骨脂四两，肉豆蔻二两。先以大枣四十九枚，生姜四两，煎熟，去姜，取枣肉和药为丸，名二神丸，《类证普济本事方》治同。

参考资料 费伯雄云：“命门为日用之火，所以熏蒸脾胃，运化水谷，若肾泻者宜二神丸，脾泻者，若由木旺克土，则吴萸能散厥阴之气，用以抑木则可，非此，则不如去五味、吴萸，加茴香、木香者（此方亦名四神丸，以大茴香协同补骨脂补命门，木香佐肉蔻止泻调中，系淡寮方）之为佳也。”费氏之意，肾泻宜二神丸，脾虚泄泻宜淡寮四神丸，余意三方（准绳四神丸、淡寮四神丸、本事二神丸）药品，出入不大，功效类似，肾泻脾泻，均可选用，若欲判别何方最优，必须以临床疗效统计为依归。

本章小结

本章列方四首，金锁固精丸为滋养性制泌剂，用于神经衰弱、梦遗滑精、盗汗虚烦、腰痛耳鸣。玉屏风散为强壮性止汗剂，用于卫虚自汗。柏叶汤为止吐血之专方，用于吐血无热象者。四神丸为强壮性止泻剂，用于慢性腹泻、结核性下利、久痢，以脾胃虚寒为标准。

编　后　语

编者常于工作之暇，从事写作。一九四三年编成《中医经验处方集》一卷（一九四六年增订再版），解放后，作成中医方剂专题研讨十余篇。今岁以六个月时间，写成本书。其主要内容：一、以本草记载之功用，主治，解释方剂所治证候，惟方中药品多数已经科学研究而证明其作用者，则尽量采录现代学说；二、选方以一般常用者为主，编者平时搜集了经验良方，附载于参考资料（或临床运用），以便读者对比研究；三、中医用方之标准，在对症投方，故适应证项下，详列主治文，以作用方之标的；四、本书为照顾初学起见，特将书中所用现代病名，一一注释清楚，有无师自通之益。惟编者能力有限，时间短促，编写时，每成一章，均承胡光慈同志审阅。但错误疏漏之处，仍恐不少。切望读者提出宝贵意见，以便再版改正。

一九五五年十一月中旬沈仲圭附志

新编经验方

沈仲圭　编

内容提要

此书共选集古今常用而又疗效较好的验方204首，主治病症45种。

本书所选方剂的范围很广，有选自《伤寒论》《金匮要略》《千金方》等书，有选自近人如费伯雄、丁甘仁、张简斋等名医的有关著作。所列病症包括常见疾病如疟疾、痢疾、黄疸、霍乱及慢性病如高血压、水肿、消渴等。每一处方后作者附上按语，说明处方的组织大意及所用药的作用，使读者易于理解和掌握。此书可作为临床处方的参考。

凡　例

一、本书编写目的，在提供内科各病有效处方，以供初学中医者，读完《内经》《伤寒》《金匮》《本草》《四诊》《杂病》《温病》等书后临床实习时之参考。

二、本书所列处方，和一般方剂学稍有出入。选方范围，不以古人成方为限，近代经验方，如顾靖远、俞根初、费伯雄、潘兰坪及解放前名中医丁甘仁、张简斋及时贤黄省三等，亦多选录。此类处方，源本古方，经过化裁，且久著灵效，初学易于掌握。

三、本书仿《笔花医镜》病症分类法，以脏腑为纲，病症为目，每病酌选效方数首，方后解说，简明扼要，读者一览了然。

四、本书共列病症 45 种，选方 208 首。读者如将本书处方尽心钻研，对四时常见疾病的治法，已有成竹在胸。

五、诊断是认识疾病的方法，方剂是向疾病斗争的武器，医者必于此钻研有素，才能药到病除。本书在方剂方面，提供了一些经验，关于认症法则，颇为重要，初学须同时进行研究。

六、药品分量，各地习惯不同。江南地区用细辛、麻黄、桂枝常在一钱以下，四川用附子常至一两，麻、桂多为三钱。分量轻者未尝无效，分量重者未见有害，由此可见，中药的用量，似可依据当地习惯，不必定照原方；不过全方各药的轻重比例，应按原方推算。

第一节 心 病

怔 忡附惊悸

柏子养心丸

《体仁汇编》。

柏子仁（蒸晒，去壳）四两，枸杞子（酒洗，晒）三两，麦冬（去心）、当归（酒浸）、菖蒲（去毛，洗净）、茯神（去皮心）各一两，玄参、熟地（酒浸）各二两，甘草五钱。

先将柏子仁、熟地蒸过，石器内捣如泥，余药研末和匀，炼蜜为丸，如梧桐子大，每服四五十丸，龙眼汤送下。

按：本方以熟地、枸杞补肾滋肝；柏仁、归身养心益血；玄参、麦冬壮水制火；菖蒲开心，治多忘；茯神补心，治多恚。综合各药效能，补肾滋阴，宁心定志。怔忡、惊悸、健忘、遗泄等症由于心、肾两虚者，用此丸调治，最为合宜。

平补镇心丹

《局方》。

酸枣仁（炒），二钱半，车前子、白茯苓、麦冬、五味子、茯神、桂心（不见火）各一两二钱半，龙齿、熟地黄（酒蒸）、天冬、远志（甘草水煮）、山药（姜汁制）各一两半，人参、朱砂（飞）各五钱。

共为末，炼蜜丸，以方内朱砂为衣。

按：二地、二冬、五味补肾滋阴；车前强阴益精；远志、茯神补心肾，治惊悸；龙齿、丹砂镇心安魄；枣仁疗虚烦不寐；参、苓益气壮神；山药补脾益心。综合各药效能，心、肾、脾兼补，尤有镇心宁神之功。用于心血不足，时或怔忡，夜多怪梦等症。

通神补血丸

见《洄溪秘方》。

白茯神二两半，生地三两，炒枣仁二两，紫石英（研，水飞）、远志各二两，胆星四钱，全当归一两半，党参一两，川连二钱，半夏一两半，丹参一两，琥珀三钱，菖蒲八钱，麦冬一两，辰砂三钱。

炼蜜为丸，每丸重一钱半，辰砂为衣。每服一丸，淡盐汤下。

按：本方以参、归、地补气血之虚，黄连、麦冬清心肝之火，半夏、胆星化痰涎之凝聚，石英、辰砂重镇去怯，枣仁疗胆虚不寐，菖蒲、远志主迷惑善忘，茯神、琥珀宁心养神，丹参补心生血。综合诸药性效，补气血，清痰火，镇惊怯，安心神，对怔忡、惊悸、健忘、不寐之症，为一般通用之方。

安神定志丸

茯苓、茯神、人参、远志各一两，石菖蒲、龙齿各五钱。

炼蜜为丸。如梧子大，辰砂为衣，每服二钱，开水下。

按：本方以人参合茯苓神、龙齿补气宁神，镇心安魂。远志合菖蒲豁痰涎，止惊悸。全方各药，有补心镇惊豁痰之功。用于乍受惊恐，神志恍惚等症。

珍珠母丸

《本事方》。

珍珠母三两（研细，同碾），熟干地黄各一两半，当归一两半，人参、柏子仁、酸枣仁各一两半，茯神、龙齿各半两，木香、莲芯各半两。

共为细末，炼蜜为丸，如梧子大，辰砂为衣。每服四五十丸，金银薄荷汤送下，日午、夜卧服。

按：本方以参、归补气血，地黄滋心阴，龙齿、珠母镇浮阳，茯神治健忘多怒，柏子仁益智宁神，枣仁疗心虚不眠，木香和脾利气。综合各药性能，安心神，益气血。用于惊悸不寐，乱梦纷纭等症。

归脾汤

《济生方》。

人参、黄芪、龙眼肉各二钱半，炙甘草五分，白术、茯苓各二钱半，木香五分，远志、当归、炒枣仁各一钱（炒研），加姜三片煎。

按：健忘怔忡，惊悸盗汗，食少不寐诸症，皆由思虑过度，神经衰弱所致。本方用龙眼、当归、枣仁、茯神补心神之弱；参、芪、术、草培脾气之虚；木香调气醒脾，行补药之滞；远志交通心肾，助龙眼、当归以补心。综合全方性效，益气养血，心脾并补，确为治疗神经衰弱之专方。如发热者加丹皮、山栀，食少者加神曲、麦芽，盗汗者加牡蛎、浮小麦，惊悸者加琥珀、朱砂。

又按：本方加地、芍、香附，治心脾肝虚，经水不调，或前（酌加柴胡、鳖甲、山栀、麦冬）或后，或经闭不行（后期及经闭酌加柏子仁、枸杞子、鹿角、人乳），或月事过多，淋沥不断（酌加麦冬、鳖甲、莲须、牡蛎、五味、萸肉、发灰）。

不寐附健忘

酸枣仁汤

《金匮》方。

酸枣仁八钱，知母、茯神各三钱，川芎二钱，甘草钱半。

加减法：本方用于健忘、惊悸、怔忡，随症加入黄连、辰砂。

按：本方的主药为酸枣仁，本品为收敛性药，无论不眠多眠者悉用之；知母降火以除烦，川芎调血以养肝，苓、草培土以荣木，这是平调木土之方剂。用于虚劳证虚烦不得眠。

加减补心丹

见《顾氏医镜》。

生地、枣仁各五钱，朱茯神四钱，麦冬、金石斛、桂圆肉各三钱，丹皮、白芍各二钱，竹叶一钱，远志钱半。

加减法：有痰加竹沥，心火甚者加犀角、黄连，虚者加人参。

按：前方平调木土，此方清心安神，审核两方之功用，皆可治神经衰弱之失眠，但本方药性偏凉，用于心火上亢之证最佳。

天王补心丹

《道藏》方。

人参、茯苓、玄参、桔梗、远志各五钱，当归、五味子、天冬、麦冬、丹参、酸枣仁各一两，生地四两，柏子仁一两。

共为末，炼蜜丸，如弹子大，朱砂为衣，临卧灯芯汤服一丸。

按：生地滋肾阴，为本方之主药。柏子清气，枣仁补血，参、苓补心气，五味敛心气，二冬、丹参清心火，当归、玄参补心血，桔梗为诸药舟楫，远志交通心肾。又茯苓、远志、柏仁均有定惊悸、治健忘之效，人参益智壮神，枣仁为安眠专药。综合各药性能，滋阴清火，养血安神。对心阴不足，心火上亢之证，用之有效。柯韵伯云："诸药入心而安神明，以此养身则寿。"徐大椿云："此方药性和平，配合得体，利于长服。"

又按：本方用于思虑过度，心血不足，神志不宁，津液枯涸，咽干口燥，健忘怔忡，大便不利，口舌生疮等症。

加味黄连阿胶汤

从仲景方加味。

真阿胶二钱（烊冲），鸡子黄一枚（先煎代水），白芍三钱，黄连八分，麦冬三钱，茯神四钱，煅龙齿三钱，夜交藤八钱。

按：黄连阿胶汤见《伤寒论》少阴篇，治心中烦，不得卧。故以芩、连之苦寒直折心火，胶、黄之柔润滋肾补阴，佐以白芍和血敛阴，于是心火下降，肾水上升，成水火既济之象，而卧自安。本方以麦冬易黄连，又加龙齿靖心阳，茯神安心神，夜交藤交阴阳，故对肾阴不足，心火上亢之失眠，用之有效。

清心和胃法

凌奂方。

丹参三钱，玄参、茯神各四钱，枣仁四钱，龙齿三钱，炙龟板四钱，石决明四钱，法半夏三钱，陈皮钱半，菖蒲八分，郁金钱半，竹茹二钱。

按：二参、竹茹、郁金凉心清热，龟板滋肾补心，龙齿镇心神，决明除肝热，菖蒲、夏、陈化痰利窍。综合诸药性效，化痰除热，清心安神，对心火炽盛，痰热内留之证，颇为适合。

又按：本方除用于失眠心悸外，又可治癫狂病。

按：中医书中，无神经衰弱之名词，而有怔忡、惊悸、不寐、健忘等症状。怔忡就是惕惕然心动而不宁；惊悸就是因外来刺激，而引起心跳；健忘即记忆力减退；不寐即失眠。这都是神经衰弱常有的症状，古人治疗这类病，有镇心安神，养血清火，化痰补虚之法。这里所选各方，诸法粗备，学者遇此等病，可互相通用，随症加减。

《万病回春》云："癫狂健忘，怔忡失志及恍惚、惊怖入心，神不守舍，多言不定，一切真气虚损，用紫河车入补药内服之，大能安心养血宁神。"又云："健忘、惊悸、怔忡、不寐，用六味丸加远志、菖蒲、人参、茯神、当归、枣仁同为丸服。"我认为在此方内再加紫河车一味，可作神经衰弱之通用方。因为六味平补肝肾，河车治男女一切虚损劳极，功能安心养血，益气补精；人参补气，当归养血，枣仁敛气，茯神安神，远志、菖蒲皆益智而治健忘。统观全方，心肾并补，补而不滞，如能长期服用，自然能收到较好的效果。

癫狂痫

柴胡加龙骨牡蛎汤

从仲景方加减。

柴胡、生军（后入）、黄芩、潞党参、茯苓、法半夏、龙骨各三钱，牡蛎四钱，生铁落一两，桂枝二钱，生姜三片，大枣三个。

林珮琴云："狂症多由肝胆谋虑不决，屈无所伸，怒无所泄，木火合邪，乘心则神魂失守，乘胃则暴横莫制。"因为狂由心、肝火炽，痰涎蒙蔽清窍，故以降火化痰之法治疗。本方柴、芩清心、肝之火，龙、牡、铁落镇浮越之阳，大黄通大肠之燥结，桂枝降气血之冲逆，半夏和胃化痰，参、苓益气宁心。综合各药效能，潜阳降火为主，通腑化痰为佐，用于癫狂初起，证实脉实者，颇为合宜。广东蕉岭钟春帆医师曾用此方加桃仁、红花、郁金、石菖蒲等治愈狂证。我曾用牛黄清心丸治癫证，有显效。

控 涎 丹

《类方》。

生川乌、半夏（汤洗）、白僵蚕（炒）各半两，朱砂三钱，全蝎（炒）、甘遂（面裹，煨）各二钱半。

共为细末，生姜自然汁为丸，如绿豆大，朱砂为衣，每服十五丸，食后生姜汤下，忌食甘草。

按：本方以川乌、全蝎、僵蚕祛风，甘遂、半夏逐痰，朱砂（原方为铁粉，今易朱砂）凉心定惊。全方用意，以祛风逐痰为目的，用于诸痫久不愈。

痫症效方

见《广笔记》。

茯神四两，远志二两，天冬、麦冬、白芍（酒炒）各三两，皂荚（去皮弦酥炙）、半夏（同姜汁、明矾少许，拌炒）、旋覆花、天竺黄、真苏子（炒）各二钱，香附（醋浸，童便炒）三两，真沉香二钱。

共为细末，怀山药粉作糊丸，绿豆大，朱砂一两为衣。每服三钱，竹沥汤下。

顾靖远论痫证治法云："此症当以清心安神豁痰以治病之标，滋肾壮水，导火归原（六味加牛膝、车前）以治病之本。"又云："昔人论痫病专主于痰，因痰涎壅盛，火热冲动而作，以消痰降火为治。"本方用茯神、远志安神明，白芍敛逆气，二冬滋阴降火，其余皂荚、半夏、旋覆、竺黄、苏子、香附、沉香皆除痰利气之品。综合各药性效，消痰为主，滋阴为辅，用治一般痫证有效。若多年痼疾，屡发屡止，必须察其何脏虚弱，以补药调治，才能断根。

尿 血附血淋

治尿血方

见《评琴书屋医略》。

龟板一两（先煎），菟丝子四钱，大生地五钱，鹿角霜三钱（先煎），当归钱半，建莲肉五钱（连心用，打破），乌梅炭二个（米醋泡洗）。

加减法：如阴虚火炎加知母、黄柏，用猪腰子汤或京柿黑豆汤、旱莲草汤，代水煎药，俱佳。

按：潘兰坪云："尿血之源，由于肾虚，非若血淋由于湿热，其分辨处以痛不痛为断，痛属血淋，不痛属尿血。余订是方，施治颇效。且此方不但治尿血，方中乌梅炭、当归、菟丝子皆倍用，生地改用熟地，其当归、莲肉二味，同用黑米醋煮透，炒干，妇女崩漏久不愈，亦曾迭效。"本方以补肾止血为主，但鹿角与龟板并用，不仅补肾阴，而亦兼补肾阳，尿血属肾虚者，自是合宜。

小蓟饮子

验方。

小蓟、蒲黄（炒黑）、藕节、滑石、木通、生地、栀子（炒）、淡竹叶、当归、甘草以上各等分。

按：小蓟、藕节祛瘀止血，生地、蒲黄凉血止血，栀子导下火泄，竹叶凉心清肺，木通、滑石利窍通淋，当归、甘草和血止痛。综合各药性效，凉血止血，清热利水，用于小便时血淋刺痛。

第二节 肝胆病

头 痛

菊花茶调散

从《局方》加味。

薄荷八钱，川芎四钱，荆芥四钱，羌活、白芷、甘草（炙）、细辛、菊花各一钱，防风钱半，僵蚕三分。

研末为散，每用三钱，食后清茶调服。

按：羌活、白芷、川芎、细辛为头痛专药，荆、防、薄荷散风，菊花清利头目。古人云：巅顶之上，惟风药可到。本方汇集祛风之品，升散头面之风，故为偏正头风之专方。又可兼治感冒，身热恶寒，鼻塞头晕，用本方宣散，常能微汗而解。

治偏正头风方

见《凌临灵方》。

羌活、藁本、白芷各一钱，川芎、天麻各二钱，秦艽三钱，香附三钱，贝母三钱，马料豆五钱，白鲞头二两，红枣四个。

按：巢氏《诸病源候论》云："风痰相结，上冲于头，即令头痛，数岁不已，即连脑痛，手足寒至节，即死。”体会此条文义，可知风与痰是偏头痛的病源。本方用羌、藁、芷、麻、芎、艽散风止痛为主，香附、贝母调气化痰，大枣滋脾和血（风药刚燥，故和以大枣），对偏正头风无气虚血弱之证者用之有效。

白鲞即石首鱼鳖，据本草记载，此物对偏豆[①]头风无直接作用，拟删去。

养血祛风法

见《凌临灵方》。

西洋参一钱，归身、白芍各三钱，制首乌四钱，丹皮二钱，桑叶、甘菊各三钱，蔓荆子三钱，石决明五钱，朱茯神三钱，玫瑰花二朵。

按：内伤头痛，有由肾虚内热者；有由血虚者；有由气虚者；有挟痰者；有由饮食自倍，胃气不行，壅逆作痛者；有由怒气伤肝，肝气暴逆作痛者。本方以归、芍、首乌、洋参补气益血，决明、丹皮、桑、菊清热息风，蔓荆为头痛脑鸣之专药，有搜风凉血之功。综观全方，以养血祛风为主。对头痛眩晕，潮热口苦等症，极为适合。

柔肝息风法

《潘兰坪方》。

生熟地各三钱，天冬三钱，玉竹五钱，黑芝麻四钱，钩藤三钱（后入），白菊花二钱，鲜莲叶四钱，羚羊角八分，苦丁茶三钱。

按：本方用桑、菊、羚、钩、苦丁茶清肝热、息肝风，地黄、天冬、玉竹、芝麻则滋肝益肾。潘兰坪云：“此养肝体佐以

---

① 豆：豆，疑“正”字之误。

清肝用法，阴虚火浮之头痛最宜，即偏正头风亦可治。叶案所谓育阴和亢阳，柔润息内风者此也。此等证或全用静药，羚羊、钩藤、菊花或不用，或少佐之。”此方清热息风，滋阴益血，用于阴虚阳亢、血压上升而头痛者，亦颇合宜。

清肝涤痰法

见《凌临灵方》。

半夏三钱，陈皮二钱，朱茯神四钱，陈胆星钱半，竹沥一两，石菖蒲八分，羚羊角八分，天麻、钩藤各三钱，石决明四钱（青黛拌），玄参三钱，丹皮二钱，郁金钱半，木蝴蝶一钱。

按：本方用决明、羚角、丹皮清肝热，玄参、郁金凉心火，天麻、钩藤祛肝风，二陈合南星、竹沥涤痰浊。用于肝风挟痰上逆之头痛、头晕，有清肝涤痰之效。

又按：本方亦治癫痫。顾靖远论癫证治法，以清心安神豁痰为主。论痫证治法，亦以清心安神豁痰为主，兼平肝镇坠之剂（如羚羊角、代赭石）。如随风热上涌而发者，治宜祛风除热（如天麻、钩藤、甘菊、薄荷）豁痰（如瓜蒌、花粉、竹沥、梨汁）。

又本草记载羚角主治狂易，郁金主治癫狂失心。综观上述，可知本方各药用于癫痫，原极相宜，并与顾氏治痫的用药法相类似也。

胁　痛

柴胡疏肝散

《统旨》方。

柴胡、陈皮各一钱二分，川芎、赤芍、枳壳（麸炒）、香附

（醋炒）各一钱，甘草（炙）五分。

加减法：唇焦口渴，乍痛乍止，火也，加山栀、黄芩。痛而有一条扛起者，食积也，加青皮、麦芽、山楂。痛有定处而不移，日轻夜重者，瘀血也，加归尾、红花、桃仁、牡丹皮。干呕，咳引胁下痛者，停饮也，加半夏、茯苓。喜热畏寒，欲得手按者，寒气也，加肉桂、吴茱萸。

林珮琴云："肝脉布胁，胆脉循胁，故胁痛皆肝胆为病。凡气血食痰风寒之滞于肝者，皆足致痛。"本方用柴胡清厥阴之热，散气血之滞；川芎搜风散瘀，主气血郁滞；赤芍泄肝火，行血滞；香附解郁止痛；陈皮导滞消痰；枳壳破气消胀。综合各药性效，调肝散郁，理气止痛（本草记载柴胡、川芎、赤芍均主胁痛，香附主一切气病、止诸痛），用于各种胁痛，随症加味。

泄木和中法

凌奂方。

旋覆花三钱（包煎），红花一钱，青葱管三支，法半夏三钱，橘红钱半，赤苓三钱，竹茹三钱，瓜蒌三钱，玫瑰花三朵（冲），广郁金钱半，丝瓜络、白蒺藜各三钱。

按：本方以旋覆花汤（旋覆、红花、青葱）协玫瑰花、郁金通血络之瘀滞，二陈协瓜蒌、竹茹、蒺藜涤热痰、止咳逆（本草记载蒺藜主咳逆），丝瓜络通络行血。综合各药性效，降气化痰，通络止痛。用于大叶性肺炎两胁作痛，气逆痰稠之证有效。

中　风

息风宣窍涤痰法

王香岩方。

羚羊角一钱，滁菊二钱，橘络一钱，蝎尾一钱，胆星钱半，竹沥一两（冲），半夏三钱，天麻二钱，桑叶二钱，石菖蒲一钱，茯苓三钱，钩藤三钱，圣济大活络丹一颗（化服）。

原注：羚羊息风靖肝，胆星涤痰宣络，桑叶散风清火，竹沥通络豁痰，菖蒲为斩关夺门之将，橘络、半夏祛太阴之湿痰，蝎尾祛肝风而通舌窍，天麻、钩藤宣发清阳。大活络丹搜风涤痰开窍，为安内攘外之主帅。

镇肝息风汤

张锡纯方。

怀牛膝、生赭石各一两，生龙骨、生牡蛎各五钱，生杭芍、玄参、天冬各五钱，川楝子、生麦芽、茵陈各二钱，甘草钱半，生龟板五钱。

加减法：如心中热甚者，加生石膏一两；痰多者，加胆星二钱；尺脉重按虚者，加熟地八钱，萸肉五钱；大便不实，去龟板、赭石，加赤石脂一两；手足瘫痪者，加桃仁、红花、三七。

按：本方以龙、牡合牛膝潜阳，白芍敛肝，川楝清火，龟板、玄参、麦冬滋阴。对气血并走于上之大厥，有潜镇摄纳之效。

治中风方

近人方。

当归三钱，生地四钱，西洋参一钱，石斛、丹参各三钱，红花二钱，棕榈皮炭三钱，滁菊二钱，钩藤、天麻各三钱，僵蚕二钱，竹沥一两，姜汁十滴。

原注：归、地、参、斛为滋养药，丹参有补血之功，协以滁菊又能降低血压，棕榈皮止脑动脉出血，红花、丹参能行血祛

瘀，与棕榈同用，一止一行，有开阖相济之功。余药皆镇静神经，降痰活络。

三　化　汤

洁古方。

大黄二钱，枳实三钱，厚朴二钱，羌活三钱。

陆定圃云：中风最宜辨闭脱，闭证口噤目张，两手握固，痰气壅塞，语言蹇涩，宜开窍通络，清火豁痰之剂，如稀涎散、至宝丹之类。脱证口张目合，手撒遗尿，身僵神昏，宜大补之剂，如参附汤、地黄饮子之类。然闭证亦有目合遗尿，身僵神昏者。惟当察其口噤手拳，面赤气粗脉大以为别。脱证亦有痰鸣不语者，惟当辨其脉虚大以为别。

高血压病中医称为肝风

羚羊角汤

费伯雄方。

羚羊角一钱，龟板八钱，生地六钱，白芍二钱，丹皮钱半，柴胡、薄荷各一钱，菊花二钱，夏枯草钱半，蝉衣一钱，红枣十枚，生石决明八钱（打碎）。

按：本方以羚角祛肝风，龟、地滋肾阴，丹、芍、夏枯助羚角清肝，蝉、菊助羚角祛风，柴、薄散肝火，决明镇肝阳。合而为清肝益肾，潜阳祛风之剂。用于高血压病头痛、头晕之证。

羚角钩藤汤

俞根初方。

羚角片一钱（先煎），霜桑叶、真川贝（去心）各二钱，鲜生地五钱，钩藤（后入）、滁菊、抱木茯神、生白芍各三钱，生甘草八分，鲜竹茹五钱（先煎）。

按：本方以羚、钩、桑、菊祛肝风，生地、甘、芍养肝阴，茹、贝涤痰热，茯神宁心神。合而为柔肝息风之剂。用于高血压病头晕胀痛，耳鸣心悸等症。

滋水平木法

缪仲淳方。

桑叶二钱，胡麻四钱，甘菊、白蒺藜各三钱，制首乌、生地各四钱，天冬、女贞子各二钱，牛膝三钱，柏子仁二钱。

按：本方用首乌、地黄、牛膝、女贞补肝益肾，桑、麻、菊、藜平肝祛风，柏仁、天冬滋肝润燥。本方以补肾阴，祛肝风为目的，用于高血压病头晕手麻，足软无力，便结目昏等症。

养阴和阳法

叶桂方。

制首乌五钱，桑叶二钱，黑芝麻四钱，北沙参、天冬、女贞子、茯神各三钱，穞豆衣三钱，柏子仁二钱。

按：参、冬、女贞均益肝肾，首乌养血祛风，桑、麻滋肝息风，柏仁明目，茯神疗风眩。综合诸药性能，滋阴养血，祛风明目，用于水亏木旺，肝风上扰，头目眩晕等症。

镇静气浮法

秦伯未方。

青龙齿钱半，生牡蛎六钱，旋覆花钱半（包煎），代赭石钱半，朱茯神、益智仁、酸枣仁、柏子仁各三钱。

按：龙、牡、赭石潜阳，茯神、枣仁、柏仁补心宁神，旋覆下气消痰，益智温中开胃。本方的主要功用为重坠潜阳，用于高血压病有镇静安神之效。

潜阳滋降法

张伯龙方。

炙龟板四钱，灵磁石一钱，真阿胶二钱（烊化），生熟地各三钱，甘菊、黑豆衣各三钱，蝉衣一钱，女贞子三钱。

加减法：微见热加石斛，小便多加龙齿，大便不通加麻仁。

按：本方以龟、地、阿胶滋阴益血，磁石、蝉、菊镇肝息风，女贞补风虚。综合各药性能，补肾阴之虚，靖浮越之阳，用于下虚上实之高血压证。

治肝风上窜方

见《临证指南医案》。

生地六钱，丹皮钱半，白芍三钱，钩藤、黄菊花、白蒺藜各三钱，橘红一钱，天麻三钱。

按：本方叶桂用治肝风上窜，目跳头晕，左脉弦劲。头晕有虚有实，今左脉弦劲，则为肾虚于下，风窜于上之证。本方以地黄补肾，丹、芍泻火，钩、菊、藜、麻平肝息风，可谓方与证合，药无虚设。

治内风神不安寐方

见《临证指南医案》。

丹参、玄参各三钱，茯神、枣仁各四钱，远志钱半，菖蒲八分，生地五钱，天麦冬各二钱，朱砂四分（分冲），桔梗一钱。

按：本方即天王补心丹去人参、归身、五味子、柏子仁，加菖蒲、朱砂，其功用与补心丹同。用于高血压病之不寐梦多，有养心宁神之效。

又按：高血压病在初期，有头痛不眠，耳鸣眩晕，善忘疲劳，注意力散漫等脑神经症状及心跳、气促、胸闷等循环系症状。病势发展至相当程度，可出现狭心症、心脏性喘息、下肢浮肿、夜尿频多等。在高血压初期或良性者其颜面为赤色多血性，如为恶性者，则颜面苍白。血压初期容易动摇，后期则常固定。以上所述症状，以中医学理分析之：①出现头痛眩晕，手麻便秘等症者，多系肾虚于下，风窜于上；②出现善忘少寐，心跳气促等症者，多系心血不足或心肾两虚。但临床所见两类症状，多系参杂互见，并非界限分明。上列处方八则，用于初期高血压病，大都有效。若后期高血压病，效果不显。至于雪羹、臭梧桐、杜仲、桑寄生、桑根等单方，有相当功效，可采用。作者于1954年底患此病，初服夏枯草、黄芩、牛膝、杜仲、石决明、白芍等品配成丸药一料，服完，血压仍为160/120mmHg。乃改用重庆唐阳春老医师亲验方大黄䗪虫丸，配合温补肾阳丸药，服至半年，血压降至130/70mmHg。仍继服原方半年，至今血压不复上升。唐医师初用䗪虫丸治愈自己之高血压病，又用于就诊病员十余人，均有良效。不过中医治病，须按辨证施治的规律，不能执一方，治一病。因此经验良药用之不当，亦常有不效者。

半身不遂

补气养血汤

顾靖远方。

人参、黄芪各三钱，地黄五钱，当归、白芍各三钱，首乌四钱，胡麻三钱，甘菊二钱，天麦冬各三钱，秦艽、牛膝、川断、虎骨各三钱，茯苓四钱，橘红钱半，人乳一杯（分冲），梨汁一杯（分冲），竹沥一两（分冲），桑枝二两（先煎，代水煎药）。

按：半身不遂为中风的后遗症，治之宜速，若年久失治，药石无效。本方以参、芪、归、芍、地黄、首乌、人乳补气益血，芝麻、菊花养血祛风，天麦冬滋阴清热，牛膝、川断、秦艽通调血脉，虎骨追风健骨，苓、橘、梨、沥降火消痰，桑枝祛风、利关节。综合诸药性效，以补养气血为主，通血脉，壮筋骨，清痰热为佐，对中风后半身不遂有效。

史国公药酒

虎胫骨酒浸一日（焙干酥炙），当归、炙鳖甲、羌活、防风、萆薢、秦艽、牛膝、晚蚕砂、松节各二两，干茄根（蒸熟）八两，枸杞子五两。

共为粗末，绢袋盛，浸高粱酒十斤，封十日，滤清，加冰糖一斤。取饮时不可面向坛口，恐药气冲人头面。

按：本方以羌、防、虎骨、松节、萆薢、蚕砂、秦艽祛风，当归、枸杞养血，鳖甲补肝阴，牛膝益肝肾。且牛膝主足痿筋挛，萆薢主瘫痪不遂，蚕砂主肢节不遂，松节、虎骨、秦艽均主拘挛疼痛。综合各药性能，养血祛风，舒筋止痛，用于中风后肢节不遂。

独活寄生汤

《千金方》。

独活、桑寄生、杜仲、牛膝、细辛、秦艽、白茯苓、桂心、防风、川芎、人参各钱半，炙甘草、当归、白芍、地黄各一钱。

按：本方以十全大补汤去白术、黄芪，有补气益血，疏通血脉之效；加杜仲、牛膝补肝肾，强筋骨，治腰痛足痿；独活、防风、细辛祛风止痛；秦艽养血散风；寄生益血强筋。综合诸药性效，有补气血，利关节，治足膝痿弱，四肢麻木之效。

补阳还五汤

王清任方。

生黄芪四两，归尾二钱，赤芍钱半，地龙（去土）一钱，川芎一钱，桃仁、红花各一钱。

加减法：初得半身不遂，加防风一钱，服四五剂后去之。如已病两三个月，用寒凉药过多者加附子四五钱，如用散风药过多者加党参四五钱。

按：本方用黄芪合地龙补气祛风，归、芍、芎合桃仁、红花和血行瘀，用于半身不遂，口眼歪斜，口角流涎，大便干燥，小便频数等症，有逐渐康复之功。

目　病

祛风明目法

丁甘仁方。

荆芥穗钱半，谷精草，夏枯草各三钱，冬桑叶钱半，密蒙花钱半，生甘草一钱，甘菊花三钱，煅决明五钱，连翘、黑山栀各三钱，桔梗一钱，薄荷一钱（后下）竹叶钱半。

按：本方用荆、薄祛风疏邪，桑、菊祛风明目，翘、栀、竹叶除上焦邪热，石决、夏枯清肝火、主目痛，谷精明目退翳，密蒙治目赤肿眵泪。综合各药性能，外散风热，内清肝火。用于目暴赤肿，目矢畏光等症。余曾试用，功效颇著。

清肝降火法

丁甘仁方。

冬桑叶钱半，石决明五钱（打，先煎），细生地、甘菊花、钩藤、赤芍、黑山栀、大贝母各三钱，粉丹皮二钱，茶花钱半，鲜芦根五钱。

按：本方用桑、菊、钩藤祛风明目，石决、山栀清肝降火，地、芍、丹皮和营凉血，芦根、贝母清热散肿，山茶凉血。综合诸药性效，清肝降火，祛风明目（桑菊、石决，均有明目之功），用于目暴赤肿，多泪痛痒，羞明紧涩等症。

乙癸同治法

丁甘仁方。

细生地四钱，冬桑叶二钱，蝉衣钱半，肥知母二钱（盐水炒），甘菊花三钱，石决明五钱（打，先煎），炒丹皮二钱，谷精草三钱，黑芝麻三钱，云茯神三钱，石蟹一钱（水磨，开水送下）。

按：地黄、丹皮、知母滋阴降火；桑叶、芝麻祛风明目；蝉衣、菊花散风去翳；石决明清肝热、除内障；谷精草功同菊花，明目退翳；石蟹主青盲；茯神益心气。综合诸药性能，滋阴降火，散风退翳，用于目生翳障。

古人云：热极兼风，则目生翳膜。如张子和谓："黑水神光被翳，火乘肝与肾也。"本方凉血泻热，尤有明目退翳之专长，故对翳膜遮睛之证有效。

石斛夜光丸

见《苏沈良方》。

石斛五钱（酒洗），人参、生熟地（酒洗）、天麦冬（去心）、白茯苓、防风、草决明、黄连以上各一两，犀角、羚羊角、川芎、炙甘草、炒枳壳、青葙子（炒）、五味子炒，苁蓉（酒洗）

以上各五钱，怀牛膝（酒洗）、白蒺藜（去刺）、菟丝子、菊花、山药、杏仁（去皮）、枸杞（酒洗）以上各七钱。

将石斛熬膏，和药末，炼蜜为丸。

按：本方以参、药、苓、草甘平培脾，二地、二冬、五味甘凉滋阴，苁蓉、菟丝、枸杞、牛膝补肾益肝，犀、羚、黄连凉心清肝，青葙、决明、菊花祛风热、去翳障，蒺藜、防风散风明目，石斛养阴除热，杏、枳、川芎行滞散瘀。综合诸药性效，养胃清肝，补肾益精。用于神光散大，昏如雾露，眼前黑花，睹物成二，久而光不收敛及内障瞳神淡白绿色诸症。

顾氏加减杞菊地黄丸

顾靖远方。

萸肉、山药各四钱，熟地八钱，丹皮二钱，茯苓、枸杞子、甘菊、麦冬、白蒺藜以上各三钱，北五味一钱。

用羊肝为丸。

加减法：养血加白芍、黑芝麻、栀子仁，清肾热加玄参、女贞子、龟板，清肝热加羚角、犀角、槐角，退翳加决明子、谷精草、木贼草，镇心肾加磁石、朱砂，随症采用。

按：杞菊地黄丸治肝血肾水虚衰，为滋阴明目第一方。今去泽泻之昏目，加麦冬清心肺之火，五味收缩瞳神，蒺藜补肝明目。综合各药性效，滋阴养血，明目敛瞳，用于老年精血衰少，视物昏花。

顾氏《医镜》论内障云："此症有因暴怒伤肝，致神水渐散昏花者，急宜滋肾水，养肝血，收其散大之瞳神，镇其上冲之逆气，宜杞菊地黄丸合磁朱丸治之。"本方如再加谷精草、夜明砂、炙龟板、石决明、女贞子等品，用羊肝捣烂为丸，治疗内障，更为有效。

疝　气

济生橘核丸

《济生方》。

橘核（炒）、海藻、昆布、海带（各泡）、川楝肉（炒）、桃仁（麸炒）以上各一两，制川朴、木通、枳实（麸炒）、延胡索（炒）、桂心、木香各一两。

上为细末，酒丸，桐子大，每服七十丸，酒、盐汤下。

按：本方用桃仁、延胡、桂心通血结，枳实、厚朴、木香行气滞，海藻、昆布味咸软坚，川楝子、木通引导湿热由小便出。综合各药性能，活血利气，软坚除湿。徐灵胎云："此软坚之药。"即指此方有消㿗疝之功。《外台》云："㿗疝坚大如斗。"张子和有七疝之说：囊大如升如斗，不痛不痒者，曰㿗疝。肾囊肿痛，阴汗时出，或肿如水晶，或发痒而搔流黄水，或少腹按之作水声者，曰水疝。形如黄瓜，在少腹两旁，血溢气聚，流入脬囊，结成痈肿者，曰血疝。本方利气活血，咸寒软坚，渗利除湿，对以上三种疝气，均可酌用。我尝用本方治睾丸肿痛，应手而愈。

茴香乌药汤

顾靖远方。

茴香（炒研）一钱半，乌药二钱，吴萸（汤泡）八分，破故纸钱半，川萆薢五钱，木瓜二钱，木香、砂仁钱半，荔枝核五钱。

本方亦可浸酒服。

加减法：痛引腰脊加牛膝、杜仲，寒甚加肉桂，虚甚加人参。

按：大茴辛热，主㿗疝阴肿；故纸辛苦温，补命火，散寒湿；吴萸辛苦热，逐风寒，主阴疝；乌药辛温香窜，主血凝气滞。以上四味，为寒湿疝气之要药，萆薢除湿，木瓜缓筋急，木香、砂仁止冷痛，荔枝核善止疝痛。综合各药性效，祛厥阴之寒湿，疏气以止痛。此为辛温之剂，如寒湿郁久成热者不宜用。

温通利湿法

丁甘仁方。

柴胡钱半，炒桂枝钱半，荔枝核（打）、橘核（打）各三钱，香附（醋炒）、延胡索（醋炒）各三钱，茴香一钱，小青皮二钱，云苓、泽泻（盐水炒）各三钱，路路通三钱，桔梗一钱，广木香一钱。

侯敬舆按：此治疝气之因于寒者，故用温通之法也。柴胡疏肝；桂枝散寒；苓、泽利湿；延胡、茴香、香附、青皮、木香、橘核、荔枝核利气行滞，以止疝痛；路路通舒畅筋络。

金铃黄柏散

顾靖远方。

金铃子、黄柏、车前子、茯苓各二钱，泽泻钱半，川萆薢五钱，延胡、楂肉各二钱，青皮钱半，橘核（炒，研）五钱。

加减法：如湿热内蕴，寒气外束者，加茴香、吴茱萸以散外寒，外煎浓紫苏汤熏洗。如镇逆气，加槟榔、代赭石；散瘀血加蒲黄、五灵脂；清肝火加龙胆、黑山栀；舒筋加羚羊角，燥湿加苍术。

按：金铃子导小肠、膀胱之湿热，通利小便，为疝气要药。黄柏协萆薢除湿热，车前、茯苓、泽泻利水渗湿，延胡、楂肉行瘀止痛，青皮、橘核疏滞止痛。全方用意，首在清利湿热，佐以行瘀疏滞之品，以止疝痛。顾氏云："此苦寒清热去湿之剂，宗丹溪治疝法也。"

治疝痛药酒

顾靖远《重订广笔记》方。

熟地八两，山药四两，丹皮、茯苓、泽泻各三两，枸杞子四两，巴戟、牛膝各二两，茴香、沉香各一两。

将糯米一升拌药，如常造黄酒法，俟浆足，用烧酒十五斤入糟中，封置大坛内，一月开用，空心饥时饮一二杯。

原注：此方肾虚入感寒湿成疝作痛者宜之。

按：疝病都与肝肾二经有关，此方以六味丸去萸肉加枸杞、巴戟、牛膝补肝肾之阴，茴香散寒湿，为疝气专药，沉香助阳疏气。

又按：顾靖远云："疝病初起，未有不因寒湿，其邪或结少腹，或结阴丸之上下左右，而筋急绞痛，以寒主收引故也。"缪仲淳的意见，疝病由肾虚寒湿之邪乘虚客之所致。朱丹溪的意见，疝病由肝经有湿热之邪，又因寒气外束，不得疏散，是以痛甚。疝气的病因，一般皆由寒湿，但丹溪、仲淳之说，亦非空谈。因为各病都有寒热虚实之辨，不能以一方治一病。

疟 疾

疟疾第一方

倪涵初方。

半夏三钱，陈皮钱半，茯苓三钱，苍术二钱，厚朴钱半，柴胡二钱，黄芩二钱，炙甘草一钱，生姜三片，威灵仙二钱，青皮钱半，槟榔三钱。

饥时服。

加减法：头痛加白芷。

原注：本方平胃消痰，理气除湿，有疏导开塞之功。受病轻者二服即愈，若三服后病虽减而不全愈用下方，少则三服，多则五服。

疟疾第二方

倪涵初方。

生首乌三钱，柴胡二钱，黄芩二钱，鳖甲四钱（先煎），知母二钱，焦术二钱，陈皮钱半，茯苓三钱，当归二钱，威灵仙二钱，炙甘草八分，生姜三片。

水酒各半煎，空心服。

原注：本方清补兼施，极弱之人，缠绵之证，十服后立愈，所谓加减一二即不验者，正此方也。

久疟全消方

倪涵初方。

威灵仙、蓬莪术、炒麦芽各一两，生首乌二两，金毛狗脊八钱，青蒿子五钱，飞黄丹、穿甲片、炙鳖甲各五钱。

用山药粉、饴糖各一两，加水捣匀为丸。每用三钱，半饥时服。

按：疟久，脾脏肿大，故用鳖甲、灵仙、莪术、麦芽、山甲消之；疟久体虚，故用首乌、狗脊补之；疟久寒热已轻，故仅用青蒿清之。

常 山 饮

《局方》。

常山（酒炒）二钱，草果（煨）一钱，知母一钱，贝母一钱，槟榔一钱，乌梅二个，姜三片，枣一枚。

未发时温服。

按：常山截疟，收效颇大；惟服后易吐，酒制或配乌梅、红枣则可减少其引吐之作用。若与甘草同用，尤易引吐。草果祛寒，知母清热，川贝化痰，槟榔利气。药只六味，对疟疾的病因症状俱已顾到，故此方对正疟不论日发、间日发均有功效。

柴胡桂枝干姜汤

见《伤寒论》。

柴胡、桂枝各三钱，干姜一钱，天花粉、黄芩各三钱，牡蛎五钱，甘草一钱。

按：柴胡、黄芩治少阳之疟热，桂枝、干姜温经散寒，花粉止渴，牡蛎止汗。吉益东洞云：“本方治疟疾恶寒甚，胸胁满，胸腹有动气而渴者。”本方用于疟疾寒多热少，或但寒不热，胸胁满闷，口渴等症，疗效很好。

何 人 饮

张景岳方。

何首乌八钱，台党参四钱，当归二钱，陈皮二钱，煨姜二钱。

按：参、归补气血，首乌疗虚疟，陈皮、煨姜温中理气。本方用于久疟缠绵，气血交虚，脉搏细弱等症。

疟疾外治方

见《汉法医典》。

朱砂五钱，斑蝥七十只，雄黄一两二钱，麻黄一两二钱。

共研细末，每用少许，入膏药内，贴项后第三骨节。无论每日疟、间日疟、三日疟均有效。惟须在发作前三四点钟贴用。

按：疟疾用发泡药，每有效验。又，雄黄为砒之化合物，当有杀灭疟疾原虫之效。

第三节　脾　胃　病

不　食

楂曲平胃法

雷少逸方。

楂肉（炒）、神曲（炒）各三钱，苍术（土炒）、厚朴（姜制）、陈广皮各一钱，甘草八分，鸡内金二枚。

按：本方即平胃散去陈皮加神曲、山楂、鸡金三味。平胃散为消导要剂，治宿食不消，满闷呕泻。神曲、鸡金化水谷、治泻痢，山楂消食滞，本方不仅为因食泄泻之良方，凡脾胃不和，纳谷不香，食后胀满等症，用之亦极适合。

香砂养胃汤

见《沈氏尊生书》。

香附、砂仁、木香、枳实、蔻仁、川朴、藿香以上各七分，白术、陈皮、茯苓、半夏以上各一钱，甘草三分。

加姜、枣煎。

按：本方即香砂六君子汤去人参，加藿、朴、枳、蔻、香附，共十二味。汇集芳香温燥之品，有调中理气之效。凡脘腹胀满疼痛，呕哕泄泻，消化迟缓等症，皆可制丸长服。

启脾丸

杨氏方。

人参、白术各一两，炙甘草五钱，青陈皮各一两，神曲、麦芽炒，川朴、干姜、砂仁各一两。

研末，水泛为丸，如弹子大，每服一丸，食前细嚼米汤下。

按：本方用参、草、术、姜以温脾补气，曲、麦、陈、砂以调气消导，厚朴、青皮以泄满消痞，故对脾胃不和，痞满腹胀之证有效。脾胃虚甚者不太相宜。

开胃健脾丸

重庆桐君阁方。

党参、白术、茯苓各三两，炙甘草八钱，神曲、麦芽（炒）、楂肉（炒）各三两，山药（炒）四两，广木香、砂仁各一两，草果（煨）一两，陈皮一两半。

研末为丸。

按：本方即香砂六君子汤去半夏，加山药健脾止泻，山楂、麦芽消食行气，神曲调中开胃，草果暖胃燥湿。综合全方药性，消补兼施，对脾虚气滞，湿浊内阻，而呈现食不运化，呕恶胀满，肠鸣泄泻等症，用之颇佳。此方系重庆桐君阁中药房之制成品，销行多年，用者俱称有效。

呃　逆附嗳气

降逆化浊法

丁甘仁方。

代赭石三钱（煅），旋覆花三钱（绢包），制半夏三钱，炒陈皮二钱，云茯苓三钱，丁香五分，柿蒂七个，姜竹茹三钱，江枳壳二钱（炒），蒌皮三钱，川贝母三钱，枇杷叶三钱（去毛，切），白蒺藜三钱（去刺，炒）。

按：本方用旋覆、代赭镇逆下气，蒌、贝合温胆汤（枳壳、竹茹、半夏、陈皮、茯苓。原有甘草，本法未用）化痰降气，丁香、柿蒂温胃止呃，枇杷叶和胃降气，蒺藜疏肝泻肺。综合全方药性，乃治痰气交阻，气冲而呃之方。

又按：丁香、柿蒂为治呃专药，代赭旋覆花汤原治噫气（即嗳气），今四药并用于一方，降气之力甚大。本方除丁香、柿蒂、蒌皮、川贝，加吴萸、黄连、木香治肝气犯胃，胃气挟痰涎上逆，以致呕吐痞闷，两胁胀痛，或噫气不止者，颇有捷效。

治肝气横逆呃逆不止方

王士雄方。

旋覆花三钱（包煎），代赭石三钱，吴茱萸五分，黄连钱半，金铃子三钱，延胡二钱，乌药三钱，木香钱半，槟榔钱半，枳壳三钱，沙参三钱。

按：本方用左金丸清肝火以止呃，金铃子散泻肝热以止痛，旋覆、代赭降逆止呃，槟榔、枳壳下气消胀，乌药、木香理气止痛，沙参养肝益肾。综合全方药性，凉肝下气，止呃定痛，为治肝气横逆，气火偏胜之方。如肝强脾弱，或阴虚火旺，均不相宜。

治下虚冲气上逆虚呃方

王士雄方。

龙骨、牡蛎各四钱，青铅四钱，铁落一两，石决明、蛤壳各四钱，龟板（炙）、鳖甲（炙）各四钱，紫石英四钱，熟地六钱，苁蓉四钱，牛膝三钱，枸杞子三钱，胡桃肉四钱，白薇二钱，沉香末八分（冲）。

按：本方用龙、牡、石英、铅、铁镇坠之品，降冲气之逆；熟地、苁蓉、枸杞、胡桃填下焦之虚；二甲、白薇、决明补阴清火；沉香降气温肾。综合全方药性，补虚降逆，洵为肾虚呃逆之良方。稍为加减，亦可用来医治肾不纳气之虚喘。列方如下，以供参考：熟地、苁蓉、枸杞子、胡桃肉（连衣用）、牛膝、沉香、紫石英、炙龟板、煅牡蛎、白薇、青铅、铁落。

又按：呃逆者，逆气于下，而向上冲，喉胸之间，呃呃作声，而无物吐出。其症有兼热者，有兼寒者，有兼气滞者，有兼食滞者，有中气虚者，有阴气竭者。属火属热者，呃逆之声，连属而有力，虽手足厥冷，大便必坚，亦宜下之；属虚寒者，呃逆之声，低怯而不能上达于咽喉，虽无厥冷，亦宜用丁、附之属以补其阳。凡病皆有寒热虚实之异，临床最宜细辨，庶不致误。

治噫气声声不绝方

作者试效方。

旋覆花三钱（包煎），代赭石三钱，姜半夏三钱，橘红钱半，茯苓三钱，西洋参一钱，麦冬三钱，沉香末四分（吞），砂仁钱半，枇杷叶三钱（去毛）。

林珮琴云："嗳气，即《内经》所谓噫也。经言：脾病善噫。又言：寒气客于胃，厥逆从下上散，复出于胃，故为噫。后人因谓脾胃气滞，起自中焦，出于上焦。凡病后及老人脾胃虚弱（据《类证治裁》补）者多有之，顾亦有肝气乘胃[1]，嗳酸作饱，心

---

① 乘胃：《类证治裁》作逆乘。

下痞硬，噫气不除者。仲景谓胃虚，客气上升，必假重坠以镇逆。”本方以参、麦补胃，旋覆、代赭镇逆，二陈合枇杷叶和胃降气，治胃虚客气上升之证，殊为合宜。我曾用本方治噫气声高，频频不绝，投温胆汤加旋覆、代赭少效，改用本方，两剂病除。

呕　吐

加味二陈汤

林珮琴方。

姜半夏三钱，广陈皮二钱，茯苓四钱，生甘草八分，白蔻仁一钱，吴茱萸一钱，生姜汁十滴。

按：二陈汤为理气化痰之剂，吴萸、蔻仁气味辛热，功能温胃下气，止吐逆，消痞闷；生姜辛温，调中开胃，开痰散气。二陈加此三味，有温胃开痰止吐之效，用于胸痞痰阻，食后漾漾欲吐之证，亦有疗效。

安胃降逆法

《评琴书屋医略》方。

金石斛五钱（先煎），制半夏二钱，细甘草五分，云苓三钱，化橘红五分，鲜竹茹三钱。

加生姜一钱同煎。

按：本方首用二陈汤和胃顺气，以止呕逆；生姜善散逆气，为呕家圣药；竹茹凉胃清热；石斛平胃气，除虚热；甘草味甘，甘能守中，易致壅气发呕，本非所宜，但以石斛味苦，故只用五分以减苦味。综合各药性效，有降气止呕之功，用于胃气上逆，食入即吐之证。

平肝镇逆和胃通阳法

王香岩经验方。

代赭石三钱，旋覆花三钱（包煎），法半夏三钱，橘红钱半，白茯苓四钱，炒竹茹二钱，瓜蒌三钱，薤白三钱，生姜三大片，左金丸钱半（分二次吞），金铃子三钱，金石斛三钱。

按：本方用代赭、旋覆镇肝下气，左金丸协金铃子抑肝泻火，二陈丸协竹茹、生姜调中止呕，石斛清虚热、平胃气，瓜蒌、薤白除胸脘疼痛。全方用意，以平肝镇逆为主，和胃止呕为辅，药性偏于苦降辛通，宜于肝气犯胃，脘痛吐酸之证。本方系先师经验效方，有覆杯而已之效。

温胃平肝法

林珮琴方。

人参钱半，干姜一钱，丁香一钱，半夏四钱（制），青皮钱半，白芍三钱。

按：本方用人参补气，干姜、丁香温胃止呕，白芍泻肝火，青皮疏肝气。全方有温胃平肝之效，用于胃阳衰弱，肝木克土，食入不变之呕吐。

又按：《伤寒》《金匮》两书中治呕吐之方颇多，如吴茱萸汤、生姜泻心汤、半夏泻心汤、大半夏汤、生姜半夏汤、半夏干姜散、橘皮汤、橘皮竹茹汤等，疗效亦佳，都可参考。

泄　泻

疏邪化浊法

丁甘仁经验方。

大豆卷三钱，生苡仁五钱，扁豆衣二钱，山栀皮二钱（炒），焦六曲三钱（炒），赤苓三钱，佩兰叶二钱，枳壳二钱（麸炒），车前子三钱（炒，研），桔梗一钱，鲜荷叶一角（连脐）

侯敬舆云：“此治邪湿交阻而泄泻之法也。佩兰、荷叶芳香化浊，扁豆、神曲健脾化积，苓、苡、车前行水化湿，豆卷疏邪，栀皮除热。”

按：此治外有感邪，内有湿浊，身热泄泻之方。但内湿重于外邪，故方意注重行气化湿，淡渗利溺。

加味五苓法

土炒白术三钱，茯苓、猪苓、泽泻各三钱，官桂八分，藿香、川朴各钱半。

按：本方以五苓散渗湿，加藿、朴辛温燥湿，乃治湿胜则濡泻之法。

醉乡玉屑

见徐氏《医统》。

苍术、真川朴、炒广皮各钱半，炙甘草八分，焦鸡金两张，母丁香四分，春砂仁八分（冲），车前子、泽泻各二钱。

按：本方以平胃散除湿祛满，车前、泽泻利水，丁香、砂仁温胃调气，鸡内金消水谷、治泻痢。全方以燥湿为主，利水消食为辅，用于食泻水泻。

温中化浊法

丁甘仁经验方。

制附片、桂枝各二钱，川朴、干姜各钱半，广藿梗二钱，姜半夏三钱，煨姜钱半，佩兰梗二钱，广皮钱半，白茯苓三钱，焦神曲三钱，车前子（炒，研）三钱。

按：本方用附、桂、二姜温脾逐寒，藿、朴、陈皮醒脾化浊，半夏、神曲调中行气，车前、茯苓利水除湿。此治中寒泄泻之方，多有脉沉细，苔淡白，腹痛绵绵，大便鹜溏等症，故以温化法治之。

益火扶土法

丁甘仁经验方。

白术三钱（土炒），益智仁三钱（煨），广木香八分（煨），云茯苓三钱，炮姜炭八分，诃子皮钱半，炙甘草一钱，补骨脂三钱，御米壳钱半，佩兰叶钱半，广陈皮钱半，炒谷芽三钱。

按：《内经》云："寒入下焦，传为濡泄。"此言久泻伤脾，子病传母，宜用温涩之法。本方以术、姜、草合诃子、御米壳理中焦以止泻，益智仁、补骨脂补命火以生土，陈、苓、木香、谷芽调气和胃。综合全方药性，为治脾肾虚寒，久泻不止之良剂。曾用此方治慢性肠炎有显效。

脾肾双补丸

顾靖远方。

人参四两，炒山药四两，炒莲肉四两（去心），橘红、砂仁各二两，车前子、补骨脂（盐水炒）、肉豆蔻（煨）、五味子（蜜炙）、菟丝子（制）、巴戟、萸肉、茯苓以上各四两。

共研细末，炼蜜为丸，如绿豆大，空心饥时服。虚而有火者去人参、肉豆蔻、补骨脂、巴戟天。

原注云：此方补脾温肾，酸收固涩四法同用，经所谓虚者补之，寒者温之，散者收之，滑者涩之是也。

按：肾泄即五更泄，溏而不甚，累年不愈，由肾虚火衰所致。本方系参苓白术散合四神丸加减而成。顾靖远谓："此方补脾温肾，酸收固涩，四法同用。"余谓此方于补涩之中，仍佐调中开胃，利水祛湿之品，补而不滞，尤为可贵。人参、莲肉、山药、肉豆蔻补脾以止泄；补骨脂、五味子、菟丝、巴戟、萸肉补肾以固脱；橘红、砂仁和胃醒脾；车前子利小便以实大便。此方治脾肾两虚，久泻不止，诚为佳品。

霍　乱

芳香化浊法

丁甘仁方。

广藿香三钱，佩兰叶三钱，广木香（煨），一钱半，姜半夏三钱，广皮钱半，白茯苓三钱，川朴（姜汁炒）二钱，大腹皮（洗）三钱，猪苓三钱，苡仁五钱，车前子（炒，打）三钱，春砂仁（打）二钱，灶心土一两，鲜荷叶（连脐，洗，切）半张，焦神曲三钱。

侯敬舆按：《灵枢·五乱篇》曰：“清浊相干，乱于肠胃，则为霍乱。”其证上吐下泻，成于顷刻之间。乃四时不正之气，由口鼻入，着于肠胃。故不用发汗以解表，而主芳香以化浊，扶土以和中。方中藿、佩、荷叶芳香化浊，灶心土扶土止泻，木香、砂仁行气止痛，神曲、腹皮消积去胀，茯、猪、苡仁淡渗利湿，车前开窍导水，此方即藿香正气散、六和汤之类。

黄芩定乱汤

王士雄方。

黄芩酒（炒），焦栀子、香豉（炒）各钱半，原蚕砂三钱，制半夏、橘红（盐水炒）各一钱，蒲公英四钱，鲜竹茹二钱，川连（姜汁炒）六分，吴萸二分。

加减法：转筋者加生苡仁八钱，丝瓜络三钱（小便通畅者用木瓜三钱）；湿热盛者加连翘、茵陈各三钱。

按：本方用栀子、豆豉透热外达，黄芩清气分之热，蒲公英凉血分之热，黄连、吴萸泻热止吐利，半夏、橘红理气和胃，蚕砂治口渴。综合全方功用，清热为主，和胃止吐利为辅，治温病转为霍乱，腹不痛而肢冷脉伏，或肢不冷而口渴苔黄，小水不行，神情烦躁。王氏在纪达翔案中云："方以黄芩为君，臣以栀、豉、连、茹、苡、半，佐以蚕矢、芦根、丝瓜络，少加吴萸为使，阴阳水煎，候温徐徐服之（此系初次拟定，后又加减，成为定方），名其方曰黄芩定乱汤。嗣治多人，悉以此法增损获效。"

然照汤

王士雄方。

飞滑石四钱，香豉（炒）三钱，焦山栀二钱，黄芩（酒炒）、佩兰各钱半，制川朴、制半夏各一钱。

水煎去滓，研入白蔻仁八分，温服。

加减：苔腻而厚浊者，去蔻仁，加草果仁一钱。

按：本方用焦栀协豆豉透达暑邪，黄芩挟夏、朴清化湿热，佩兰、蔻仁疏化湿浊，滑石利窍除湿。本方苦寒与温燥互用，乃治外受暑秽，内蕴湿浊之霍乱。必有脘痞烦闷，苔色白腻，恶寒肢冷等症，其他暑温、湿温，病在太阴阳明，亦可酌用。石念祖在本方后注云："以滑石、栀、芩为正治，就中以滑石清其沉份之热，以栀、芩清其浮份之热，宣之以香豉，通之以夏、朴，行之以蔻仁。"凡属暑湿夹杂之证，必用此法，外解暑邪，内除湿热（淡渗以除湿，苦寒以清热，芳香以化浊），才能使病速愈。

又按：顾靖远云："霍乱者，挥霍变乱，起于仓卒，心腹大痛，呕吐泻利，或憎寒壮热，头痛眩晕，先心痛则先吐，先腹痛则先泻，心腹俱痛则吐泻交作。吐泻躁扰烦乱者，方为霍乱，不烦乱者止名吐泻。”

又云：“霍乱每起于夏秋之间，皆由外受暑热，内伤饮食，郁遏正气，不得宣行，陡然而发者居多。”顾氏所述霍乱之证状与病因，颇觉扼要，用附方后，以资参证。

痢　疾

止 痢 散

见《医学心悟》。

葛根（炒）、苦参、陈皮、陈松萝茶各一斤，赤芍（酒炒）、麦芽（炒）、山楂（炒）各十二两。

研细末，每服四钱，水煎，连末药服下，小儿减半。忌荤腥、面食、煎炒、闭气、发气诸物。

按：痢之病源，总由先感暑热，继食生冷，暑热为阴寒所遏，遂郁伏肠间而成痢。故以葛根鼓舞胃气，陈茶、苦参清化暑热，麦芽、山楂消宿食，赤芍行血则便脓愈，陈皮调气则后重除。惟本方只宜于痢疾初起，腹不胀痛者。

王太史治痢奇方

黄连、黄芩、白芍各二钱，当归钱半，红花五分，桃仁钱半，枳壳三钱，青皮、槟榔、厚朴各钱半，木香八分，楂肉三钱，地榆三钱，甘草一钱。

加减法：如单白无红，去桃仁、地榆加橘红；涩滞甚者加酒军二钱；腹痛甚加延胡；如发热者加柴胡；若痢至月余，脾胃弱而虚滑者加参、术。

顾靖远云：此方和解清热，破结消积，调气行血，为治痢之神剂，即芍药汤之法，随痢之新久，而加减用之。

痢疾效方

广木香四两，苦参（酒炒）六两。

为末，将甘草一斤，煎膏和丸，如桐子大，每服三钱。

按：苦参苦寒清热，木香辛温除后重，甘草甘平和中。若病由积滞腹胀痛者，宜加消导药煎汤送下。

小香连丸

蕲艾八两（捣如绵，以黄米煮成薄浆，拌透，晒干），陈香薷八两，苦参八两，青木香三两，甘草一两，川连二两，槟榔、牵牛子各四两，乌药六两。

为末，水丸，外加川郁金二两，研末为衣。白痢砂糖汤下，余俱姜汤下，每服二三钱，量大小投之，效在大香连丸之上。

按：本方以苦参、黄连苦寒清热，艾叶、乌药温中开郁，木香、槟榔除后重，牵牛、香薷利二便。综合各药性效，温中焦，泻下焦，清利暑热，顺气磨积。王馥原论痢疾云：“时医冒为高古，擅用温热者十有其二，妄用凉泻而称稳当者十有七八，殊不知各得其偏，而未协中和之道。是症治法，太凉不得，太热不得。”又云：“叔和氏云诸痛属寒，经云诸痛属火，余执其中以治痢症，每用温凉并进之法，往往获效如响。”王氏为晚清绍兴名医，其治痢经验，温凉并进，正与本方用药相同。由此可知，本方用于痢证，其效定在一般套方之上。

噤口痢方

老藕捣汁。

煮热，稍和砂糖频服。

按：下痢而不能食，此为胃气已败，但大剂竣补，又非所宜。故以甘平养胃之品缓缓调补，冀其胃气稍复，方可用收涩之药止其痢。

加味参苓白术散

吴鞠通方。

人参二钱，白术钱半（炒焦），茯苓钱半，扁豆二钱（炒），苡仁钱半，桔梗一钱，砂仁七分（炒），炮姜一钱，肉豆蔻一钱，炙甘草五分。

共为细末，每服一钱五分，香粳米汤调服，日二次。

吴鞠通云："积少痛缓，则知邪少。舌白无热，形衰不渴，不饮不食，则知胃关欲闭矣。脉弦者，《金匮》谓弦则为减，盖谓阴精阳气俱不足也。"此病邪少虚多，故用甘平益胃之剂，调补中焦，稍佐淡渗除湿，温涩止痢。俾营养素的输入渐增，虚羸自可恢复。

吴氏又云："参苓白术散原方兼治脾胃而以胃为主者也，其功但止土虚无邪之泄泻而已。此方参、苓、白术加炙草则成四君矣，加扁豆、苡仁以补脾胃之体，炮姜以补脾肾之用，桔梗从上焦开提清气，砂仁、肉蔻从下焦固涩浊气。上下斡旋，冀其胃气渐醒，可以转危为安。"此方不仅治噤口痢，对脾虚久泻，用之亦有效。

胃脘痛附胃及十二指肠溃疡

疏肝和胃法

裘吉生经验方。

甘松钱半，制香附三钱，煅瓦楞四钱，九香虫一钱，刺猬皮

（焙）三钱，沉香曲三钱（包煎），降香片钱半，延胡三钱，左金丸一钱（吞），甘蔗汁一杯，生姜汁半茶匙。

按：胃脘痛有气郁、血瘀、食积、痰饮之别，又有因寒、因火、因虫、因虚之不同。本方以甘松、香附、沉香理气，延胡活血，九香虫疏胸腹滞气，瓦楞子消癥，猬皮凉血，姜汁辛温畅胃，蔗汁甘寒和胃，左金丸泻肝火而止呕。全方用意，在调气止痛，专治肝气犯胃之脘痛。本方系浙江绍兴裘吉生治肝胃不和，当心而痛之临床验方，余常用之，确有显效。

治肝气犯胃脘胁作痛呕吐酸水食不得下方

见《本草用法研究》。

佛手、香附、延胡、广木香、砂仁、吴茱萸、黄连以上各半两，沉香、丁香以上各一两，麝香五分，附片、五灵脂、蒲公英、当归以上各半两，甘草五钱。

以上十五味，共研细末，另用煅石决明、煅瓦楞子、路路通、旋覆花（绢包）、新绛（可改红花）、乌药以上各二两，青葱管一把，以上七味煎汁泛丸。

按：本方汇集芳香理气，活血止痛之品，以治脘胁作痛，呕逆吐酸之证。乌药、香附、沉香、佛手理气以止痛，附子、麝香温胃以止痛，延胡、灵脂、当归活血以止痛。旋覆、新绛、青葱即《金匮》治肝着的旋覆花汤，有通阳活血之效。黄连、吴萸即左金丸，佐以丁香温中下气而止呕逆，香、砂疏肝和胃而去胀满。他如蒲公英（配合砂仁、陈皮治胃脘胀痛）、路路通均为止痛药，瓦楞子（配合橘皮治胃酸过多）为解酸药。本方香燥之品居多，对胃寒脘痛最为合宜。如脉象弦细，舌质绛色，便秘尿短者，不可轻用。

治肝气痛脉虚得食稍缓方

见《冷庐医话》。

北沙参、金石斛、归须、白芍以上各三钱，甘草一钱，木瓜二钱，茯苓三钱，橘红钱半，鳖血（炒）、柴胡钱半。

按：本方以柴胡疏肝气，参、斛养肝阴，芍、甘、归须和血止痛，橘红、茯苓、木瓜抑木崇土。此为养阴疏肝法，不用辛香破气之品，而奏止痛之效。胃痛属虚者用之最宜。

沉桂止痛散

叶橘泉方。

沉香三钱，安桂三钱，白蔻仁、黄连各二钱四分。

研细粉，每用三分，一日四次，温水送服。

按：肉桂温通血脉，沉香温中行气，均治心腹疼痛。蔻仁除寒燥湿、化食宽膨，黄连燥湿泻火（蔻仁辛热，黄连苦寒，二味合用，犹如姜连丸姜连合用）。本方肉桂配沉香，意在急速止痛；蔻仁配黄连，意在止吐逆，消痞闷。本方虽有黄连，仍属燥热之剂，阴虚火旺之体忌用。

治消化性溃疡方

见《浙江中医杂志》试刊号。

党参三钱，白术三钱，甘草二钱，白芍三钱，白及三钱，乌贼骨四钱。

加减法：泛酸多者加左金丸、煨益智仁，疼痛剧烈者加甘松、木香，呕血或大便有隐血者加仙鹤草、乳香珠，大便秘结者加瓜蒌仁、麻仁。

按：本方以参、术健脾，芍、甘止痛，乌贼骨除胃酸过多，白及去腐生新。全方用意，以解胃酸，治溃疡（白及，本草记载主恶疮、痈肿、败疮，可知其有去腐逐瘀生新之功用）为主，兼有健脾止痛之功。所加各药，左金丸协益智治酸水上泛，甘松、木香理气止痛，仙鹤草、乳香止吐血下血，麻仁、栝蒌润大肠燥结。

溃疡病合剂

福建人民医院经验方。

制乳没各二钱，吴萸五分，黄连一钱，香附子三钱，台乌药二钱，广木香、砂仁各钱半，川楝子三钱，延胡二钱，海螵蛸四钱。

按：本方用药十一味，吴萸、黄连为左金丸，治肝火旺盛，吐酸吞酸。金铃子、延胡为金铃子散，泻肝火，治脘腹痛。香砂疏肝醒脾，消食止呕。香附、乌药疏气止痛，兼治痞满。乳、没活血调气，生肌止痛。海螵蛸和血除湿，近人用作制酸药，对胃酸过多及胃溃疡有解酸止血之效。综上各药性能，可知本方有利气活血，清火解酸之功效，用于胃及十二指肠溃疡的胃痛、呕吐酸水、痞满嗳气等症。

治胃溃疡方

近人方。

山药一两，甘草二钱，乌贼骨三钱，茯苓五钱，白芍四钱，苡仁五钱，川贝一钱，仙鹤草三钱，阿胶、瓦楞子（煅）各四钱。

按：本方以山药、苡仁、茯苓健脾益胃，乌贼、瓦楞制酸，芍、甘止痛，仙鹤草、阿胶止血。综合全方功用，补虚制酸止血之力大，止痛之力弱，用于虚人胃溃疡病，似更合宜。

又按：胃溃疡之重要证候为胃痛、吐血、呕吐，却不一定呈现全部症状。胃痛有广泛性疼痛与局限性疼痛，诊断上之重要所见为局限性压痛、幽门部溃疡，压痛在心窝正中线，或稍偏右，小弯部溃疡在左心窝部，或于左季肋部有疼痛。胃出血的出现为吐血、下血、潜出血。其他症状：常兼有胃酸过多、嘈杂、吞酸、口渴，食欲或平常或亢进，大便多秘结。十二指肠溃疡的症状多与胃溃疡相同，不过胃痛的时间有差别。胃溃疡多在食后作痛，十二指肠溃疡则在食后二至四小时作痛。本病治法，以制酸及化瘀生肌为最要，故乌贼骨、白及二味，为本病主药。重庆市第一中医院治疗本病的经验：以白及粉（每用一钱，每日三次）或乌贝散（乌贼骨六份，浙贝母四份，共研为末。每用一钱，每日三次）为主，再配合其他方剂，试用 11 例，成绩颇佳。

腹　痛

温通理气法

丁甘仁方。

姜半夏三钱，广陈皮一钱半，白茯苓三钱，老苏梗三钱，佩兰叶三钱，陈香橼一钱半（去瓤），砂仁壳一钱半，上桂心一钱半，台乌药二钱，川楝子三钱（焙），白芍三钱，瓦楞子五钱（煅），橘叶二钱。

按：本方治肝气犯胃，胃寒脘腹作痛。用桂心温胃活血，乌、砂、苏、橼理气止痛，二陈协佩兰和胃化浊，川楝、橘叶、瓦楞平肝泄木。综合各药性能，有温通理气，平肝泄木之效。

加味芍甘汤

仲景方加味。

白芍四钱，当归三钱，桂心、炙甘草各钱半，大枣四个。

按：白芍、甘草即芍药甘草汤，乃健脾胜剂，能治血虚腹痛。当归和血散寒，桂心温经活血，大枣滋脾缓痛。综合全方功用，有温通血脉，甘缓止痛之效，治血虚腹痛，遇饥遇劳更甚者。曾用小建中汤治虚劳腹痛，收效颇速，此方即小建中汤去姜、饴加当归，比原方更进一步，治虚寒腹痛，确为良方。

五 磨 饮

广木香、真沉香、炒枳实、槟榔、台乌药等分。

共研细末，磁瓶收贮，每用一钱，开水送下。虚人用党参、炙甘草、大枣煎汤送下。

按：木香、沉香调气开郁，枳实、槟榔降气破结，乌药专疏气滞。方中各药，疏气止痛，凡胃脘胸腹因气郁不舒，痞塞攻痛者，用之有效。但药性过于散气，必须证实脉实者，方可暂用。

温运中宫法

作者自订方。

台党参四钱，干姜、炙甘草各钱半，广木香、砂仁各二钱，法半夏三钱，陈皮二钱，云茯苓三钱，乌药三钱。

按：本方治脾阳衰弱，外感寒邪（太阴中寒），腹痛喜热按，脉象沉迟，或吐或泻。用参、姜、草温中散寒，乌药、香砂理气止痛，二陈和中止呕。综合全方功用，温运脾阳，理气止痛。如虚甚寒重加附子，泄泻加白术。

治经行腹痛方

当归、白芍各三钱，川芎一钱半，广皮钱半，云茯苓三钱，制香附、延胡各三钱，吴萸一钱，粉丹皮二钱。

加减法：经期延迟，经色淡者，加官桂、炮姜、艾叶各一钱。经期超前，经色紫者，加条芩三钱。

按：本方用归、芍养血，陈、苓和胃，香附、延胡、丹皮、川芎活血利气，吴萸主心腹冷痛。综合各药性效，行气血，治痛经，对经闭血滞，小腹满痛之证，余曾用之，奏效颇速。

槟 黄 丸

见顾氏《医镜》。

鸡心槟榔、雄黄、制绿矾。

等分为末，饭丸，如米大，每服一至三钱，服药之日，先勿食物，空心白汤送下。

按：虫痛之证，痛有休止，面生白瘢，或吐清水，淡食而饥则痛，厚味而饱则安。本方用槟榔、雄黄、绿矾三味，皆能杀虫，虫去则腹痛自止。

林珮琴云："大抵腹痛寒淫为多，热淫为少，以阴寒尤易阻塞阳气也。腹痛气滞者多，血滞者少，理气滞不宜动血，理血滞则必兼行气也。古谓痛则不通，通则不痛。故治痛大法，不外温散辛通，而其要则，初用通腑，久必通络，尤宜审虚实而施治。"林氏这段话，将治痛大法，概括无余，诚为可贵，特附于此，以备参考。

齿 痛

齿痛验方

生石膏六钱，生地五钱，粉丹皮三钱，荆芥、防风各二钱，青皮钱半，生甘草一钱。

加减法：心火旺加焦山栀、麦冬，相火旺加知母、黄柏，肝火旺加龙胆草、黄芩，便秘加制军、枳壳，恶寒头痛加羌活、白芷。

按：本方用荆、防协青皮祛风消肿，丹、地协石膏清热凉血。综合各药性效，清热止痛，散风消肿，用于气火上升，齿痛龈肿。方后附列各品，随症加用。本方流传民间，功效颇著。

加减竹叶石膏汤

仲景方加减。

生石膏五钱，竹叶二钱，人参叶三钱，薄荷钱半，细辛八分，玄参四钱，麦冬三钱，银花三钱。

按：本方用竹叶、石膏、栀子、薄荷、细辛（本草主齿䘌）散上焦之风热，玄参、麦冬、银花、参叶（生津润燥）滋阴清火，对齿痛龈肿由于风热者有效。

减味玉女煎

景岳方减味。

生石膏一两，干地黄、玄参各五钱。

按：玄参、地黄滋少阴之阴，石膏（张元素云：石膏止牙痛）清阳明之火。本方即玉女煎减去牛膝、知母、麦冬，加玄参，治少阴不足，阳明有余之齿痛龈肿，颇有功效。

桃仁承气汤

仲景方。

桃仁、酒军（后入）、玄明粉（后入）各三钱，桂枝、炙甘草各钱半。

按：桂枝、桃仁温通血脉，大黄、芒硝咸寒下降，全方功用，降冲逆，平血压，活血消炎，诱导上部之瘀血下行。用于龋齿炎肿疼痛，有立竿见影之效。钟春帆“用此方治愈蛀牙肿痛之病例颇多，故敢介绍”。

擦　牙　膏

骨碎补十两（铜刀切细），青盐二两半，桑椹二两半。

瓦锅熬膏。

原注：治牙痛，并能固齿益髓，去骨中毒气。牙痛将落，用此膏擦一月后，再不复动。

按：骨碎补苦温补肾，主牙痛。桑椹甘凉补肾，青盐降虚火、坚骨固齿。肾主骨，齿为骨之余，故补肾即是固齿。本方治少阴虚火上攻之齿痛或齿浮动摇，颇佳。

虫　　积

治疳积生虫方

近人经验方。

雷丸、槟榔各一钱，黑丑五分，五谷虫（瓦上焙）一钱，使君肉五个（切焙）。

共为细末，每服三分。用鸡蛋一个，打破空端，纳药于内，外用湿纸封固，饭上蒸熟，令患儿食之，药完病愈。

按：使君子健脾胃，杀蛔虫；雷丸消积，杀绦虫；槟榔消食，杀绦虫、姜片虫；五谷虫清热，治疳积；牵牛利大小便。综合各药性效，杀虫除积，用于绦虫病。

下　虫　丸

见《兰台轨范》。

苦楝根皮为末，面糊丸，弹子大。如欲服药，宜戒午饭，晡时预食油煎鸡蛋饼一二个，待上床时，白滚汤化下一丸，至五更，取下异虫为效。

按：苦楝根皮能杀蛔虫、绦虫、蛲虫，并通大便。本方药少而力专，颇堪珍贵。林珮琴云："凡治虫势骤急者，行攻逐，如大黄、黑丑、干漆、槟榔、三棱、莪术等，虫去则调其脾胃。势缓者用伏制，如川连、胡连、乌梅、苦参、苦楝、川椒、芜荑、鹤虱等。脾弱者兼运脾，胃滞者兼消导，脾胃气强，虫乃不生。"林氏所言，语极精简，确为治虫大法。

水肿

疏鉴饮

《济生方》。

商陆、茯苓皮、大腹皮、泽泻、木通、赤小豆、羌活、秦艽、槟榔、椒目以上等分，生姜皮、大枣。

实脾饮

严用和方。

白术、茯苓各三钱，甘草五分，煨附子二钱，炮姜、厚朴、草豆蔻各一钱，木瓜二钱，大腹子三钱，木香一钱，生姜三片，大枣三枚。

按：沈金鳌云："水肿有阴阳之别，阳水多外因，其肿先现上体，其脉沉数，其症兼发热烦渴，溲赤便秘。轻则四磨汤、五苓散，重则疏凿饮子。阴水多内因，其肿先现下体，其脉沉迟，其症兼身凉不渴，溲清便利或溏，宜实脾饮。"疏凿饮行水消肿，为实证之直捷治法。实脾饮温补脾肾，行气消肿，用于肿胀虚证。

麻附五苓散

仲景方加味。

猪苓、茯苓、白术各三钱，泽泻三钱，肉桂末八分（分冲），麻黄二钱（先煎去沫），附块四钱。

按：沈金鳌云："业师庆曾先生尝谓余曰：肿胀门惟水病难治。其人必真火衰微，不能化生脾土，故水无所摄，泛溢于肌肉间，法惟助脾扶火，足以概之。而助脾扶火之剂，最妙是五苓散。肉桂以益火，火暖则水流；白术以补土，土实则水自障；茯苓、猪苓、泽泻以引水，则水自渗泄而可不为患。每见先生治人水病，无不用五苓散加减，无不应手而愈，如响应者。"观此一段记载，可知五苓散为水肿要方，随症化裁，可奏水去肿消之效。今于五苓散中加麻黄以泄水，附子以温肾，对周身水肿有行水消肿之力。

鸡 矢 醴

《素问》方。

羯鸡矢八合（研，炒焦），无灰酒三碗。

共煎干至一半许，用布滤取汁，五更热饮，则腹鸣，辰巳时行二三次，皆黑水也。次日觉足面渐有皱纹，又饮一次，则渐皱至膝上，而病愈矣。

按：李时珍云："臌胀生于湿热，亦有积滞而成者，鸡屎能下气消积，通利大小便，故治臌胀有殊功，此岐伯神方也。醴者，一宿初来之酒醅也。"鸡矢宜雄鸡者，在腊月预收，用时取干鸡矢半斤，袋盛，以酒醅一斗，渍七日，温服三杯，日三。或研为末，酒下二钱。

绿豆附子汤

朱氏《集验方》。

绿豆二合半，大附子一只（去皮脐，切作两片）。

水三碗，煮熟，空心卧时食豆。次日将附子两片作四片，再以绿豆二合半，如前煮食。第三日别以绿豆、附子如前煮食。第四日如第二日法煮食。水从小便下，肿自消，未消再服。忌生、冷、盐、酒六十日，无不效者。

按：附子温脾逐寒，绿豆利水消肿，且绿豆甘寒，可解附子之热毒。

导水茯苓汤

赤茯苓、麦冬、泽泻、白术各三两，桑皮、紫苏、槟榔、木瓜各一两，大腹皮、陈皮、砂仁、木香各七钱半。

共为粗末，每用五钱，布包，加灯草二十五根煎服。如病重者，可用药五两，再加麦冬二两，灯草五钱，水一斗，于砂锅内熬至一大盏，温服。

按：顾靖远云："此导水之平剂，治头面遍身肿如烂瓜，手按之塌陷，手起则随手而起，喘满倚息，小便涩少。此即《内经》水肿之证，经言：水始起也，目窠上微肿，颈脉动，时咳，阴股间寒，足胫肿，腹乃大，其水已成。以手按其腹，随手而起，如裹水之状。其论肿的病因说：三阴结谓之水。三阴者，手太阴肺、足太阴脾也。"本方以白术理脾，麦冬清肺，使脾能转输水津于上，肺能通调水道于下，自无泛滥成肿之患。其余香、砂、陈皮之利气，茯苓、泽泻、二皮之导水，又为治肿之常法。本方方后注云：重症用药五两，再加麦冬二两，灯草五钱。虽重症必需重剂，但麦冬甘寒，灯草利窍，皆于虚寒之体不宜。本方只宜用于阳水，阴水忌用。

补 化 汤

潜斋方。

漂於术、漂茅术、紫朴各钱半，天生苓三钱，干姜五分，熟附片二钱，桂枝尖、毕澄茄各钱半，西茵陈二钱，广木香七分，泽泻、木通各钱半。

另用雄鸡屎二两，开水淋汁，煎服。每日另化吞十香丸一枚。守服十余日，大气自运，中满自消矣。

按：水肿之本，多由脾阳不振，肾气衰微。本方以桂、附补命火，术、苓、姜振脾阳，此为治肿之本。水气结而不通，则周身浮肿，故以泽泻、木通、茵陈、厚朴、木香运气利水，此为治肿之标。毕澄茄暖脾胃、除腹胀，鸡矢下气利二便，十香丸主寒凝气滞，均为本方有力之辅佐。综合各药性效，标本兼顾，补泻互用。如肿病见神色枯瘁，面目淡黄，脉象迟濡，或弦大无力，舌白不渴等症，用本方最宜。

附十香丸

治一切气滞寒凝诸病。

煨木香、沉香、泽泻、乌药、陈皮、丁香、小茴香、香附（酒炒）、荔枝核（煨焦），以上九味各等分，皂角微火烧至烟尽照，各药减半。

为末，酒糊丸，弹子大，磨化服。癞疝之属温酒下。

按：徐大椿云：水肿之病，千头万绪。虽在形体，而实内连脏腑，不但难愈，即愈最易复病。所以《内经》针水病之穴，多至百外，而调养亦须百日，反不若臌胀之证，一愈可以不发。治此证者，非医者能审定病症，神而明之，病者能随时省察，潜心调养，鲜有获痊者。

程国彭云：水肿既消之后，宜用理中汤健脾实胃。或以《金匮》肾气温暖命门，或以六味加牛膝、车前泄肾水、清余热，庶收全功。

泄水之法，不外发汗利尿两种。如麻黄、羌活、防风、柴胡、牛蒡子、葱白、忍冬藤之类，皆可开鬼门；如泽泻、木通、香薷、灯心、冬葵子、蜀葵子、葶苈、防已、昆布、海藻、海金沙、赤小豆、茯苓、猪苓之类，皆可洁净府。上下分消，水气自去。至于泄水猛药，如甘遂、芫花、大戟、商陆、续随子等，以其性猛，中病即止，并须注意调养，方无复发之虞。

黄　疸

经验治疸方

见顾氏《医镜》。

生地三钱，当归、红花、橘红、枳壳各一钱，厚朴八分，黄芩二钱，黄连五分，车前二钱。

另用鹅毛茵陈、摇铃茵陈各五钱，煎汤一碗，白酒一碗，汤与酒代水煎药，加炒砂仁末四分（冲服）。

按：本方用归、地养血润燥，红花行血瘀，枳、朴疏气滞，芩、连清湿热，车前利小便，茵陈发汗利水，为黄疸专药。顾靖远云：此为滋阴活血，清热利湿之剂，数剂之后，黄自渐退。

张石顽云："茵陈有二种，一种叶细如青蒿，名绵茵陈，专于利水，为湿热黄疸要药。一种生子如铃者名山茵陈，又名角蒿，其味苦辛，小毒，专于杀虫，治口齿疮绝胜。《本经》主风湿寒热，热结黄疸，湿伏阳明所生之病，皆指绵茵陈而言。茵陈专走气分而利湿热，若蓄血发黄，非此能治也。"古今文献，对茵陈的种类、名称，尚不一致，兹录张氏之说，以供参考。

化疸汤

见《沈氏尊生书》。

茵陈五钱，苍术钱半，猪苓三钱，茯苓三钱，木通钱半，山栀三钱，薏仁五钱，泽泻三钱。

加减法：酒疸加葛根，女劳疸加当归、红花。

按：茵陈协二苓、泽泻、木通以利湿热，栀子苦寒清热，苍术辛温燥湿，苡仁健脾行水。此方清利湿热，故为黄疸之通治方。

猪膏发煎

《金匮》方。

猪膏、乱发各四两。

发和膏煎，发消煎成，分再服，病从小便出。

加减法：女劳疸加生地、牛膝、鳖甲、花粉。

按：黄疸皆由湿热郁蒸，日久阴血必耗，不论气分血分，皆宜兼滋其阴。本方用猪膏凉血润燥，通二便，退诸黄。乱发消瘀血，利小便。猪膏借血余之力，引入血分而润血燥，并借其力开膀胱瘀血，利小水以除湿热，故能通治诸黄（节录顾靖远说）。

顾靖远云："统言疸症，清热除湿利水为主，兼养胃气。因食伤者消其食积，因酒伤者解其酒毒，因瘀血者行其瘀血，虽有汗下之法，而汗法固难轻用，即下法亦在所慎施。所以古人云：治疸忌大汗大下及温补燥热，并破气闭气等剂，不可不知。"顾氏对黄疸治法的宜忌，做了简明扼要的介绍，使初学者获益不浅。

三 消

麦冬饮子

《宣明》方。

人参钱半，麦冬三钱，五味子一钱，生地五钱，知母三钱，葛根三钱，天花粉三钱，茯神三钱，炙甘草一钱。

共为粗末，每服五钱，加竹叶十四片，水煎服。

按：参、麦、味为生脉散，补气阴，除烦渴；地黄、知母滋阴润燥，主燥渴虚烦；花粉、葛根生津止渴，茯神宁心泻热。综合各药性效，补气滋阴，泻火除烦，为肺热化燥，渴饮无度，心烦神疲之主方，但肺热而阴不伤者，非宜。

猪肚丸

黄连、粟米、花粉、茯神各四两，知母、麦冬、葛根各二两，地黄四两。

研细末，将大猪肚一个，洗净，入末药于内，以麻线缝好，煮极烂，取出药，别研，以猪肚为膏，加炼蜜捣为丸，如梧子大。每服五十丸。

按：三消多由燥热伤阴，肺热化燥，渴饮无度，是为消渴。胃热善饥，能食而瘦，是为消谷。虚阳烁阴，引水自救，溺浊如膏，精髓枯竭，是为肾消。赵养葵说："治消症无分上下，但滋肺肾。"赵氏之意，盖谓滋燥清火，为消渴之正治。本方以地黄甘寒滋阴；葛根、茯苓生津止渴；知母、麦冬润燥泻热；黄连、花粉泻火解渴；粟米甘咸补肾，治胃热消渴；猪肚健脾补胃。综合各药效能，以滋燥泻火为主，对中消（即消谷）证有效。

元菟丸

菟丝子（酒浸，焙干）十两，五味子（酒浸，焙干）七两，茯苓、莲肉各三两，山药六两。

共研末，将所浸酒打糊为丸，空心米饮下。

按：菟丝子强阴益精，治口苦燥渴；五味子滋肾涩精；莲子补脾固肾。综合各药效能，补肾养阴，敛气涩精。养阴则燥渴可解，涩精则溺如膏油之证可除（溺如膏油之证不除，必致精髓枯竭），此证用药，殆与肾虚滑精同法。

八仙长寿丸

熟地八钱，萸肉四钱，丹皮、泽泻各二钱，茯苓三钱，五味子钱半，麦冬三钱。

按：六味地黄丸补肾阴亏损，治消渴。五味滋肾止渴，麦冬润燥清火，合而为方，有壮水降火之功。对下消证溲溺频数，膏浊不禁，烦渴引饮，耳轮焦枯等症，均可加减施治。

又按：北京市地方工业局职工医院用地黄合剂治疗20例糖尿病患者，症状减退或消失的有效率达98%，血糖降低、尿糖消失的有效率达80%，且在治疗过程中不需管制饮食。地黄合剂之处方为熟地四份，人参一份，萸肉、枸杞子、天冬各二份。

糖尿病由于症状不同，处方未便一律，特将消渴、消谷、肾消三类处方，选录于上，以供临床择用。

第四节　肺　病

咳嗽附痰饮

止　咳　散

程钟龄方。

玉桔梗（炒）、紫菀（蒸）、百部（蒸）、白前（蒸）、荆芥各二斤，陈皮（水洗去白）一斤，甘草（炒）十二两。

为末，每服三钱，开水调服，食后临卧服。初感风寒生姜汤调下。

按：程氏云："余制此药普送，只前七味，服者多效。"可见此方对感冒咳嗽，已久经试效矣。

百　花　膏

《济生续方》。

款冬花、百合（蒸焙）。

等分，为细末，炼蜜为丸，龙眼大，每服一丸。

按：款冬、百合均有润肺泻热、消痰止咳之功，款冬并主咳吐脓血。故本方用于喘嗽不止或痰中夹血等症。

加味杏苏二陈丸

杏仁三钱，苏子四钱，川贝、蒌仁、半夏各三钱，陈皮二钱，茯苓三钱，甘草一钱，细辛、干姜、五味子各八分。

按此比例增加为丸。

按：本方系杏苏二陈丸加蒌、贝、味、姜、辛。二陈为化痰通用方，今加杏、苏降气，蒌、贝润肺，味、姜、辛镇咳，功效较原方更大。惟方内虽有蒌、贝之清润，不敌姜、辛之辛热，故热咳不宜。本方前北碚中医院曾监制赠送，服者多效。

治咳痰不松方

近人方。

桔梗二钱，甘草一钱，浙贝母、杏仁、百部各三钱，远志、前胡各钱半。

按：桔梗、甘草有化痰作用。远志祛痰。前胡降气。杏、贝止咳化痰。百部据《别录》云：治咳嗽上气。时珍云：气温而不寒，寒嗽宜之。综观各药性效，本方系治由感冒引起的支气管炎而无寒热者，对咳痰不松者尤宜。

治肺虚咳嗽方

近人方。

麦冬三钱，五味子八分，甘草一钱，前胡二钱，百合四钱，川贝三钱。

按：川贝、麦冬润肺，百合止嗽，五味敛气，前胡降逆。从药测证，可知本方是治肺虚有热者，故投以清润，即可咳止痰稀。虚寒证禁用。

降气豁痰法

凌奂方。

粉沙参、姜汁炒竹茹、宋半夏各三钱，新会皮钱半，赤苓三钱，杏仁三钱，炒苏子四钱，旋覆花三钱（包煎），紫石英四钱，炒白蒺藜三钱。

按：本方系杏苏二陈丸加味。二陈化痰，杏、苏合旋覆、石英降气，竹茹清肺燥，沙参泻肺火，蒺藜泻肺气。综合诸药性效，降气化痰，兼筹并顾。用于咳逆痰稠，不能平卧等症，余曾用本方治小儿百日咳痉挛期，四剂有良效。

小青龙汤

张仲景方。

麻黄（去节）、白芍各三钱，五味子一钱，干姜一钱，炙甘草一钱，细辛一钱，桂枝（去皮）、半夏各三钱

按：此为发表镇咳之主方，风寒挟饮而咳者最宜。《方函口诀》云："又用于溢饮咳嗽，其人咳嗽喘急，遇寒暑则必发，吐痰沫，不能卧，喉中涩，此为心下有水饮，宜此方。"溢饮咳嗽，即痰饮喘咳而兼头面手足微肿者，其人以下十九字，乃痰饮之一般症状。痰饮近似慢性支气管炎，此病既成，颇难根治，本方只奏一时之效。

苓甘五味姜辛蒌杏汤

仲景方加减。

茯苓四两，甘草一两，五味子、干姜、细辛各一两，栝蒌四两，杏仁三两。

水熬三次，量加白蜜收膏。

按：本方是苓甘五味姜辛夏仁汤，以栝蒌易半夏。见《类聚方广义》。谓"痰饮家平日苦咳嗽者，用之甚效"。此方之功用主为镇咳，兼能化痰。痰饮主要症状为咳喘多痰，故用之有效。汤本求真以为苓甘五味姜辛夏仁汤用于老人慢性支气管炎兼发肺气肿者，得伟效。肺气肿系饮病延久失治所致。

降气止喘法

见上海国医学院《药物学讲义》。

麻黄一钱（凡使麻黄均须先去沫），炙款冬、杏仁各钱半，

白果三粒（去壳，打碎），炙紫菀钱半，制川朴一钱，炒苏子、姜半夏各钱半，甘草八分。

按：麻黄、白果为治喘要药，厚朴去胸满，杏、苏降肺气，紫、款镇咳逆，半夏化痰涎。本方功用，定喘镇咳俱备，对痰饮倚息不得卧者，用之无有不验。

温肾纳气法

丁甘仁方。

桂枝二钱，白术（土炒）三钱，云苓三钱，炙甘草八分，补骨脂、胡桃肉各三钱，熟地五钱，萸肉三钱，附块三钱，五味子一钱，半夏三钱，远志钱半，沉香末五分（冲）。

按：本方用补骨脂、胡桃肉有温肾纳气之功；苓、桂、术、甘治短气，有微饮，合半夏有燥湿利水，温化饮邪之功；熟地、萸肉补肾阴；附子补命门；五味敛肾气；沉香降逆气；远志补心肾。综合诸药性效，补肾纳气，温化饮邪，对素有痰饮，肾气上逆之喘证，屡用有效。

哮　喘

射干麻黄汤

张仲景方。

射干二钱，麻黄三钱，生姜三钱，细辛一钱，紫菀、款冬各二钱，五味子一钱，大枣五枚，半夏三钱。

按：《方函口诀》云：“此方用于后世所谓哮喘，水鸡声形容哮喘之呼吸也。合射干、紫菀、款冬之利肺气，麻黄、细辛、生姜之发散，五味子之收敛，大枣之安中，成一方之妙用，殊胜于西洋合炼制药。”陆渊雷云：“厚朴麻黄汤治咳逆上气，胸满而痰不多者。射干麻黄汤治咳逆上气而痰多者。”余谓本方之麻黄、射干皆能定喘，紫菀、款冬皆能镇咳，姜、味、辛、夏为镇咳化痰要药。故《方函口诀》及陆氏均云本方为治咳喘之剂。

虚　喘　方

白蜜、胡桃肉各二斤。

先捣胡桃，入蜜拌和，隔汤炖熟，开水冲服，不拘时。

按：胡桃温肺，治虚寒喘嗽。蜂蜜甘柔，有润肺止咳之功。本方系治老年虚喘。胡桃勿去衣，去衣少效。

加味紫金丹

见《通俗伤寒论》。

信砒五分（研细，水飞如粉），淡豆豉（晒干，研末）一两五钱，麻黄（去节）四钱，麝香四分。

共研细极匀，绿豆粉捣和为丸，如芥菜子大，每服十丸，少则五丸。

按：何廉臣云：“予治哮证，审其内外皆寒者，每用麻黄二陈汤，迅散外邪以豁痰，送下加味紫金丹速通内闭以除哮，用以救人，屡奏殊功。”本方用麻黄开肺散寒，主治咳逆上气，痰哮气喘；信砒大热大毒，燥痰除哮；麝香辛温香窜，通窍宣气；豆豉苦寒，调中下气；绿豆甘寒，清热解砒毒。综合诸药性效，宣肺散寒，开窍劫痰，为治寒哮之良方。本方信石虽有毒性，但有甘寒之绿豆，以清其热，解其毒，适量用之，自无危险。本方治寒哮颇有良效，惟以内有信砒，倘制不如法或用量过大，每致中毒，用者慎之。又方，用红砒二克，淡豆豉二十克，制成丸，如麻子大，每次服二三丸，治多年喘急哮咳（见《现代实用中药》)。此方药简价廉,尤便推行。

鹅 梨 汤

费伯雄方。

鹅管石(煅研)、蜜炙麻黄各一钱,栝蒌仁四钱,光杏仁三钱,川贝、茯苓各二钱,广橘红、竹沥半夏、苏子各钱半,射干二钱,梨汁两大瓢,姜汁四滴(同冲)。

按:鹅管石即钟乳石之细小者,助阳温肺,能治咳逆;梨汁甘凉润肺,消痰降火;二陈合杏、苏降气化痰;蒌、贝清润涤痰;麻黄辛温散寒,射干泻热消痰,二者均为喘咳要药。综合诸药性效,温凉互用,补泻兼备,有宣肺豁痰,降气定喘之功。余常用于哮喘证,颇有捷效。

又按:本方经何廉臣氏加减,与费氏原方微有出入。

纳肾通督丸

见《通俗伤寒论》。

熟地(水煮)四两,归身、鹿角、泽泻、姜半夏(炒黄)各两半,茯苓、生白术(米泔浸,晒干)、羊脊骨(炙黄,打碎)、杏仁霜各三两,橘红一两,炙甘草五钱,熟附子七钱,怀牛膝一两四钱,生牡蛎(研细,水飞)二两,北细辛(晒干)三钱,蛤蚧两对(去头足,炙为末)。

薏苡煮浆为丸,每服三钱,早晚空肚淡姜盐汤送下。

按:本方以熟地、牛膝、附子、蛤蚧、牡蛎摄纳肾阳,鹿角温补督脉,白术合泽苡健脾利湿,二陈合杏仁化痰降气,细辛、当归和血散寒,均主咳逆上气。综合诸药性效,摄纳肾阳,温通督脉,疏利肺气,开豁浊痰,为治肾虚哮喘之良方。

又按:何廉臣云:“《内经》有喘无哮,至唐宋始哮喘并论,虽皆属呼吸困难，而病理证候不同。哮者，气闭而不得出，其初多冷痰入肺窍，寒闭于上，则气之开阖不利，遂抑郁而发声，故俗称气哮病。有肺症，有胃症，有督脉症。肺症多起于风寒，遇冷则发，气急欲死。胃症多起于痰积，内兼湿热，惟脾有积湿，胃有蕴热，湿与热交蒸，脾胃中先有顽痰胶黏不解，然后入胃之水，遇痰而停，化为浊痰热饮，不能疾趋于下，渐滋暗长，绵延日久，致肺气呼吸不利，因之呀呷有声而为哮。遇风遇劳皆发，秋冬以后，日夜如此。痰虽因引而潮上，而其气较肺症稍缓，必待郁闷至极，咳出一二点宿痰如鱼脑髓之形，而气始宽，哮渐减。督脉症与肺常相因，多起于太阳经受风寒，内伤冷饮水果，积成冷痰，日久浸淫于肺脏，乃成哮喘。遇冷即发，背膂恶寒，喘息不得着枕，日夜倚几而坐。”以上何氏所谈哮证之种类、病因、病状，至为详尽，足补古书之未逮。大抵哮病初起在肺，证亦多实；久则病及于肾，多虚实相兼，或虚多实少。辛散治肺实，温补治肾虚，乃治哮常法，而临床所见，以冷哮虚喘为多。上列三方，皆何氏一生经验之结晶，对证用之，效如桴鼓。

肺　痈

肺痈验方

银花四钱，薏苡仁六钱，葶苈子三钱，桔梗、生甘草、白及各三钱，黄芪四钱，生姜三片。

按：银花泻热解毒，治痈疽；苡仁清肺热，治肺痈咳吐脓血；桔梗开痰，治肺痈干咳；甘草泻热，止痛生肌；葶苈除痰下气；白及祛腐生新，治痈肿；黄芪泻火，排脓生肌；生姜散寒，治咳逆痰壅。综合各药性效，清热毒，化痰浊，止咳逆，用于肺痈已溃，胸中隐痛，时出浊唾腥臭，吐脓如米粥者。

《金匮》① 述肺痈的症状，其人则咳，口干喘满，咽燥不渴，多吐浊沫，时时振寒，蓄积脓痈，吐如米粥。又说："口中燥咳，胸中隐痛，脉象滑数。"此种症状，相当于现代医学的肺脓肿、肺坏疽。此病按中医的辨证施治处理，首宜清热解毒，消肿排脓，但化痰止咳之品亦不可少。本方所用各药，切合病情，确为肺痈有效良方。

苇茎汤

《千金方》。

芦根二两，薏苡仁、冬瓜仁各五钱，桃仁三钱。

按：苡仁治肺痈咳吐脓血；冬瓜仁化浊痰脓血；芦根清肺热；桃仁祛瘀血，止咳逆上气。本方以清肺热，消痈脓为主，兼有止咳喘之功。用于肺痈咳嗽微热，烦满，胸中甲错等症。

清肃上中法

凌奂方。

苡仁、冬瓜子各六钱，芦根一两，杏仁、紫菀、款冬、川贝各三钱，陈年芥菜卤一杯，桑叶、银花、连翘各三钱，用冬瓜煎汤代水熬药。

按：紫、款、贝母降气消痰，古人多用于肺痈；银、翘、冬瓜清热解毒，古人多用于痈肿；桑叶、芦根清热凉血，苡仁、瓜仁、芥菜露（有清热下痰定嗽之功）均为肺痈妙药。综合各药性效，清热解毒为主，止咳逆，化痰浊为辅。用于咳吐脓血，气逆

---

① 《金匮》:《金匮·肺痿肺痈咳嗽上气病》云："蓄积脓痈"作"蓄结痈脓"。

痰稠，右胁引痛等症。

清金祛痰法

丁甘仁方。

光杏仁三钱（去衣尖，打），桃仁三钱（去衣尖，打），大贝母三钱，竹茹二钱，瓜蒌皮三钱，薏苡仁八钱，活水芦根一两，冬瓜子三钱，丝瓜络三钱（水炙），冬桑叶钱半，金丝荷叶五钱，海蛤壳（打先煎）。

侯敬舆按：杏仁、桑叶泄风，桃仁化瘀排脓，茹、贝化痰，蒌皮、瓜仁宽胸，加以蛤壳之消肿化痈、润肺宁嗽，金丝荷叶之宁嗽下痰、温肺散寒，芦根之清肺泄热，以治肿痈，其效甚著。

吐 血

治吐血方

见《评琴书屋医略》。

大生地八钱，茅根四钱，焦山栀、大天冬各三钱，茜草根二钱，细甘草一钱，侧柏叶三钱，藕节三个。

加减法：如服后血仍不止，加生莲叶四钱，生艾叶三钱，炮姜八分，童便一杯（冲），或用田三七末七分（冲）。如脉数热甚，加犀角、黄柏、丹皮，倘属轻证，旱莲草、女贞子、黑豆皮、浮小麦、麦冬、桑寄生、知母等品可随意加入。如无外感，鳖甲、龟板、玄参、牛膝、秋石皆可酌用。若咳而胸胁引痛者，加冬瓜仁、生苡仁、苏子、降香以通络，桃仁、红花以活血。吐血先见胸痛，血黑成块者，此为瘀血，加桃仁、丹皮、香附、大黄治之，皆去甘草。

按：本方用地、冬清肺金之燥热，茅根、栀子引火下降，茜草、藕节消瘀止血，柏叶滋阴止血。综合各药性效，滋阴润燥，降火消瘀。吐血由于阴虚火旺者，服之立效。

清肃上焦法

丁甘仁方。

石决明五钱（煅），桑枝三钱（炒），川贝母（去心）、瓜蒌皮、甜杏仁各三钱，丹参、竹茹、茜草炭各三钱，旱莲草钱半，藕汁一盅（冲），橘络钱半，丹皮炭钱半。

侯敬舆按：此治热在上焦而吐血之法也。桑枝、决明平肝息风，丹参、旱莲和营理血，丹皮、茜草、藕汁化瘀止血，橘络、蒌皮宽胸通络，茹、贝、杏仁宣肺化痰。

三黑神效散

丹皮炭、焦栀仁各四钱，蒲黄炭一钱，酒生地六钱，川贝三钱，藕汁、童便各一盅。

按：丹皮凉而散血，蒲黄凉而止血，生地凉而养血。栀子清肺胃之火，川贝散郁结之气，复益以童便、藕汁之止血，所以疗效颇高。

清火凉血汤

归尾、赤芍各三钱，生熟地共六钱，百合四钱，贝母、黑山栀、麦冬各三钱，川芎钱半，桃仁三钱，蛤粉炒阿胶三钱，丹皮钱半，蒲黄炭一钱，生姜二片。

按：本方以四物汤养血为主，栀子清上焦之火，丹皮凉血分之热，麦冬、川贝化痰，阿胶、蒲黄止血，桃仁祛瘀，百合补肺，乃治肺劳咯血之法。

止 血 丹

见《洄溪秘方》。

阿胶二两（炒），百草霜一两，白及四两（炒炭），三七一两（焙），炙甘草六钱，蒲黄一两（蜜炙），桑皮、大黄各一两，艾绒、血余各六钱，丹参、侧柏各一两。

研细，每服二钱，童便调服，或茅根汤送下，或加琼玉膏调藕汤中送下，更妙。

按：阿胶和血，童便降火，丹参治血虚，白及止肺血，桑皮泻肺火，血余、三七散瘀止血，大黄入血泻热。其余侧柏、艾叶、蒲黄、百草霜功专止血。综合诸药性效，以止血为主，兼有和血凉血，祛瘀生新之效。一切血证，均可通治，但对肺络伤之吐血，尤为合宜。

五汁猪肺丸

猪肺一个（不落水，去膜扯碎，忌铁器），人乳一碗，藕汁一杯，青皮甘蔗汁一碗，梨汁（连皮捣汁）一碗，童便一碗。

用瓦锅煮烂入山药、茯苓末，捣烂为丸。

按：本方用于吐血后以资调养最佳。

劳　瘵

保肺济生丹

费伯雄方。

天麦冬各钱半，人参一钱，沙参四钱，五味子五分，玉竹三钱，女贞子二钱，茯苓二钱，山药三钱，贝母、杏仁、茜草根各二钱，藕三两（切片，煎汤代水）。

按：本方以沙参、二冬清肺润燥，杏、贝润肺止咳，茜、藕止血化瘀，苓、药清虚热，参、竹补肺气，五味敛气定喘，女贞补肾除热。综合全方药性，以清肺热，润肺燥，补肺气为主；清虚痰，止咳血为辅。用于肝肾阴虚，木火刑金（即肺结核），咳嗽气短，失血咽痛，疗效较好。

金水济生丹

费伯雄方。

天麦冬各钱半，人参一钱，沙参四钱，生地五钱，龟板八钱，玉竹、石斛各三钱，茜草根二钱，蒌皮、山药各三钱，贝母二钱，杏仁三钱。

另用淡竹叶十张，鸡子清一个，藕三两，煎汤代水。

按：本方以沙参、麦冬养肺阴，生地、天冬滋肾阴，人参、玉竹补肺气，山药、石斛清虚热，蒌、贝清火涤痰，杏仁降气止咳，茜、藕行瘀止血，竹叶、鸡子散热开音，龟板补阴益血。综合各药性能，补气阴，清肺火，阴足火降，则咳血失音之患自除。

清肺饮

当归三钱，白芍三钱，生地五钱，知母三钱，贝母三钱，紫菀二钱，前胡二钱，人参一钱，麦冬三钱，五味子五分，川连八分，地骨皮八钱，童便一钟（兑服），甘草八分。

按：本方用归、芍、参、草补气养血，麦冬、知、贝清肺消痰，前、紫下气止喘，黄连、地骨、五味凉血止汗，生地、童便降火滋阴。综合诸药效能，清肺火，凉血热，补气血，对阴虚火旺，发热咳嗽，吐血盗汗，痰喘心慌等症，用之有效。

秦艽扶羸汤

《直指方》。

柴胡钱半，秦艽二钱，炙鳖甲五钱，地骨皮一两，归身三钱，人参一钱，紫菀二钱，炙甘草八分，半夏二钱。

按：柴胡、秦艽、鳖甲均治虚劳骨蒸，参、草补气，当归补血，紫菀、半夏消痰下气，地骨清肺止咳。综合诸药效能，补阴退热，清肺宁嗽，用于肺劳潮热盗汗，咳嗽音哑之证。

救痨杀虫丹

见《冷庐医话》。

鳖甲一斤（酒醋浸透），茯苓五两，熟地、山药、沙参、地骨皮各一斤，山萸肉八两，白芥子、白薇各五两，人参二两，鳗鲡一条（重一斤多的，二斤的更好）。

先将鳗鲡捣烂，烘干，和前药为细末，粳米粉糊丸，梧子大，每服五钱，日服二次。

按：本方用地、萸补肝、肾，参、苓培脾气，鳖甲、鳗鲡治劳瘦骨蒸，地骨、白薇泻热凉血，沙参清肺治嗽，芥子下气豁痰。综合各药性能，补阴培气，凉血退蒸，清肺止嗽，为肺劳骨蒸咳嗽长服调补之方。

滋阴全元丸

石斛四两（用水拌，或稠粥汤和匀，焙炒研末，酒蒸），枸杞子三两，麦冬（去心）、天冬（去心）各一两，山药、萸肉、枣仁、米仁、白茯苓、地骨皮、鳖甲（酥炙）各二两，五味子、青蒿叶各五钱。

共为末，炼蜜丸，每服三钱，淡盐汤下。

按：本方用二冬清肺滋燥，苡仁补肺清热，则咳逆痰血可止；鳖甲、地骨、青蒿滋阴退热，则潮热盗汗可除；萸肉、五味补肾涩精，则遗精可愈。余如枣仁养心，枸杞滋肾，苓、药培脾，石斛补虚除热。综合诸药性能，清肺补肾，兼顾脾胃，无苦寒伤阳之弊。用于虚劳咳嗽，痰中见血，口干唇燥，遗精盗汗，神悴便赤等症。

臞仙琼玉膏

生地黄四斤（若取鲜生地汁须用十斤），白茯苓十二两，白蜜二斤，人参六两，沉香、血琥珀各一钱五分。

以地黄汁同蜜熬沸，用绢滤过，将参、茯、沉、珀为细末，入前汁和匀，以磁瓶用绵纸十数层加箬叶封瓶口，入砂锅内，以长流水没瓶颈，桑柴火煮三昼夜，取出换纸扎口，以蜡封固，悬井中一日，取起仍煮半日，汤调服。

按：本方用人参合地黄补肺，人参合茯苓益脾，白蜜润肺止咳，沉香、琥珀降气宁嗽。综合各药性能，气阴并补，兼可润肺止咳，用治虚劳干咳，确为珍品。徐灵胎赞此膏为血证第一方。

乌骨鸡丸

熟地八两，萸肉四两，山药四两，丹皮、茯苓各三两，泽泻二两，莲肉三两（去心），桑叶钱半，芡实三两，百合三两，枇杷叶三十张（去毛），阿胶三两。

前十味共研细，枇杷叶熬汁，入阿胶化烊候用。另用乌骨雌鸡一只，去毛及肠杂，缓火炖糜，取净肉，捣极烂，和药再捣，入枇杷叶、阿胶汁、鸡汁为丸，如梧子大，晒干，每服四钱，开水送下。

按：本方于六味丸中加培脾清肺之品，又加入滋补之乌鸡，所以较六味原方更胜。

又按：《顾氏医镜》对虚劳病论述颇详，他说此病总由阴虚生内热，治法宜用甘寒养阴，切忌温补辛散。列举治劳之误有七：一为引火归元之误，二为理中温补之误，三为参、芪助火之误，四为苦寒泻火之误，五为二陈消痰之误，六为辛剂发散之误，七为治疗过时之误。顾氏所谈七误，可作本病治法之准绳。顾氏少患虚劳，注意调养而愈，故于此病颇多心得。他自制“保阴煎”方，为阴虚火炎长服调治之良品。王孟英也盛赞此方。

鼻　衄

豢龙汤

费伯雄方。

羚羊角钱半，牡蛎四钱，石斛三钱，南沙参四钱，麦冬钱半（青黛少许拌），川贝二钱（去心，研），夏枯草钱半，丹皮一钱半，黑荆芥一钱，薄荷炭一钱，茜草根二钱，牛膝二钱，茅根五钱，藕五大片。

费伯雄云：“鼻衄一症，与吐血不同。吐血者，阴分久亏，龙雷之火犯肺，日受熏灼，金气大伤，其来也渐，其病也深。鼻衄之证，其平日肺气未伤，只因一时肝火郁结，骤犯肺穴，火性上炎，逼血上行。……予自制豢龙汤一方，专治鼻衄，无不应手而效，此实数十年历历有验者。”阅此段记载，可见本方为费氏一生经验之结晶，专治鼻衄，平稳可靠。方用羚羊、荆芥降火祛风，牡蛎清热，牛膝引火下行，夏枯、薄荷清肝散火，此皆治肝者；参、麦、斛、贝益阴清肺，丹皮、茅根凉血，茜、藕行瘀，此皆治肺者。综合诸药性效，以凉润之品、清肝降火为主，止血行瘀为辅，用药多而不杂，殊为可贵。

六味地黄汤加龟板味芍方

干地黄六钱，萸肉三钱，山药三钱，丹皮三钱，茯苓三钱，泽泻三钱，炙龟板八钱，五味子一钱，白芍四钱。

按：六味地黄治真阴亏损，诸般失血，龟板补水制火，白芍和血敛阴，五味壮水镇阳。综合诸药效能，以滋阴降火为主。用于酒色伤肾，阴虚火炎，鼻衄时作，脉洪大无力，或细数无神，或弦芤。

鼻　渊

加味葛根汤

仲景方加味。

葛根五钱，麻黄一钱（先煎去沫），桂皮钱半，赤芍、桔梗各三钱，苡仁六钱，生石膏一两，辛夷钱半，生甘草二钱，生姜四片，大枣四个。

钟春帆按：余学医时，患鼻渊，鼻中时流黄水，恶臭难闻。后见《上海国医学院院刊》有“王润民论鼻渊”一文，文中介绍本方，乃依方加辛夷配服。仅三剂，数年顽疾，一旦霍然。去年遇一妇人，患此病数载，亦以本方治之，五剂而愈。

按：本方用葛根汤加石膏发表消炎；辛夷宣散风热，通九窍，主鼻渊鼻塞；桔梗化痰，主鼻塞；苡仁清肺热，主咳吐脓血，今借治涕浊如脓。综合各药性能，有发表消炎，兼化浊涕之功。

治鼻渊方

见《兰台规范》。

藿香叶生晒，研末。

用猪胆汁和水泛丸。每日服二钱，开水送下。

按：藿香芳香化浊，猪胆苦寒泻火，相合成方，有辛凉宣郁之功。

林珮琴云：“有脑漏成鼻渊者，由风寒入脑，郁久化热，宜辛凉开上宣郁。用辛夷消风散：辛夷、细辛、藁本、川芎、白芷、防风、甘草、升麻、木通外加羚羊角、苦丁茶、黑山栀。”汪昂云：白芷同细辛、辛夷治鼻渊。又羚角、苦丁茶、山栀善清肝热，余药散风通窍。此方与第一方用药不同，但有异曲同工之妙。

百日咳

鸬鹚涎丸

光杏仁二两，大力子三两，黑山栀二两，生甘草四钱，石膏二两，麻黄八钱，青黛一两，蛤粉、天花粉各二两，射干一两，细辛五钱。

为细末，用鸬鹚涎三两，加蜜打丸，如弹子大。

按：本方以麻杏甘石汤扩充而成。麻杏甘石汤原治喘而无大热者，今加细辛，则止嗽定喘之力更为强大；射干泻火消痰，牛蒡清热润肺，蛤粉清热化痰，青黛、山栀泻火止血。综合各药性效，清热止嗽为主，润肺化痰为辅。用于小儿鸬鹚咳，连声咳嗽，甚或呛血音哑，面目浮肿等症。

辛宣肃化法

张简斋方。

炙麻黄一钱，炒射干一钱二分，橘皮钱半，光杏仁二钱，百部钱半，桔梗一钱二分，炙紫菀钱半，白前一钱二分，生甘草八分，款冬花二钱，法半夏三钱，赤苓芍各二钱，细辛四分，淡干姜八分。

按：此系复方，以射干麻黄汤去味、枣，合止嗽散去荆芥，加苓、芍、杏而成。射干麻黄汤主治咳而上气，止嗽散程氏治诸般咳嗽，悉以此方加减。今两方相合，止咳化痰之功更大。本方用于百日咳痉挛期，惟药性偏于温燥，肺经燥热者不宜用之。

又按：百日咳是小儿病，初起微热咳嗽，鼻塞喷嚏。继则咳嗽增加，入夜更为剧烈，此为卡他期。以后不但剧咳，并显示本病特有之阵发性痉咳。每一阵发，需二三分钟，一日数阵或十数阵不等，夜间尤为频繁。痰少而黏，颜面浮肿，时作呕吐，此为痉挛期。以后阵咳和缓，逐渐向愈，此为恢复期。此病病程约在三四个月，以痉挛期为最剧烈。

第五节　肾　　病

遗　　精

宁心益肾固精法

见《评琴书屋医略》。

桑螵蛸、云茯神各三钱，大麦冬（连心）二钱，建莲米（连心）五钱，熟枣仁钱半，制远志五分，龟板五钱（先煎），龙骨（打碎）三钱（先煎）。

加减法：或加菖蒲、云连各三四分为佐。

按：本方为治梦中泄精之常法。桑螵蛸、龟板补肾，龙骨、莲肉固精，茯苓、枣仁宁心，麦冬清心火，远志交心肾。本方用药不多，对遗精的病因，已面面顾到，古人立方精义，于此可见一斑。

益肾固精法

丁甘仁方。

生地、山萸肉、煅龙牡、怀山药、泽泻（盐水炒）、金樱子（焙）、茯神、天冬、北芡实以上各三钱，川黄柏（盐水炒）、远志（去心）各钱半，白蒺藜（去刺，炒）、女贞子各三钱，莲蕊须二钱。

侯敬舆按：此治遗精之要法也。以生地、怀药、萸肉、泽泻，取六味地黄丸之四以补肾，黄柏、芡实益肾，天冬补肺，蒺藜（圭按：宜用沙苑蒺藜）聚精，茯神、远志养心，龙、牡、金樱、莲须涩精。于是心肾相交，精关固闭，而遗精可愈也。

顾靖远云："梦遗者，因梦交而精始出，精滑者，不因梦而精自泄。症状不同，有小便后出多不禁者，有不小便而自出者，或茎中痒痛，常欲如小便者，皆由肾水虚衰，相火妄动所致。"又引沈氏云："遗病多端，治法大要，总不越乎补肾水，敛元精，安心神，清相火为主。"二氏之说简明扼要，可作遗精治法的一般准绳。

填精潜阳固涩法

林珮琴方。

熟地三两，砂仁末三钱（拌），鱼鳔胶一两，炙龟板、煅牡蛎、炒山药、莲肉（去心）、菟丝子（酒煮烂，焙干）、茯苓以上各二两。

共研细末，以猪脊髓和炼蜜为丸，每服三钱，日服二次。

按：本方用熟地、鱼鳔、猪脊髓厚味填精，龟板、牡蛎介类潜阳，山药、莲子、菟丝养阴固精，茯苓宁心泻火。综合各药性效，以补精潜阳为主，养阴固涩为辅，用于肾精素亏，相火易动之证。

大补阴丸

朱丹溪方。

黄柏四两（盐水炒），知母四两（盐水炒），熟地六两（酒蒸），败龟板六两（酥炙）。

研为细末，用猪脊髓和炼蜜为丸，如梧桐子大，每用二钱，一日二次。

按：本方用熟地、脊髓补阴填精，龟板补阴益血，知母、黄柏坚肾泻火。此为滋肾阴泻相火之法，用于火动精遗之证。

桂枝加龙骨牡蛎汤

《金匮》方。

桂枝、白芍各钱半，生姜三片，大枣三个，龙骨、牡蛎各四钱，甘草一钱。

按：本方以龙、牡固涩止遗，桂、芍、姜、枣调和营卫，用于虚劳遗精，小腹弦急，阴头寒，目眩及心悸、失眠、遗尿等症。

阳　痿

葆真丸

《证治准绳》方。

鹿角胶八两（用鹿角霜拌炒成珠），杜仲（盐水炒）三两，巴戟肉（酒炒）一两，远志（甘草汤泡去骨）一两，怀山药（微焙）三两，益智仁（盐水炒）一两，五味子一两（云茯苓人乳拌蒸晒）三两，大熟地三两，淡苁蓉（洗去皮垢，切开，心有黄膜去之）二两，川楝子（酒煮，去皮核）一两，沉香（另为末，勿见火）五钱，破故纸一两，山萸肉三两，胡芦巴（与破故纸同羊肾煮，汁尽为度，焙干）一两。

共为细末，入沉香和匀，以苁蓉好酒煮烂如糊，同炼蜜杵匀，丸如梧子大。每服五十丸，空心温酒下，以美食压之。

按：熟地、萸肉、苁蓉、巴戟、鹿角温补肾经，益智仁、补骨脂、胡芦巴补命门之火，杜仲补肝健筋，五味补肾涩精，远志补精壮阳，山药、茯苓、沉香健脾调气，川楝子泻肝火。综合各药性效，以温补少阴为主，仍兼顾厥、太二阴，功能壮元阳，涩精气，缩小便，暖腰膝，祛寒湿。用于肾气虚衰，阳事痿弱，精寒无子等症。

河车大造丸

紫河车（一具，长流水洗净，拌蜂蜜八两，藏入乌铅匣中，仍将匣口烙没，隔水煮一炷香，候冷开出，石臼中捣烂，拌入诸药末中，捶千下，烘脆重磨），嫩鹿茸（酥炙）、虎胫骨（酥炙）、大龟板（酥炙）各二两，怀生地（九蒸九晒）八两，怀山药四两，泽泻（去毛）、白茯苓（乳拌三次，晒干）、牡丹皮（去骨，酒洗）各三两，山茱萸（酒洗，去核）四两，天门冬（去心）、麦门冬（去心）、辽五味各三两，枸杞子四两，补骨脂（盐酒炒）二两，当归身（酒洗）四两，菟丝子（酒煮）、怀牛膝（去芦，酒洗）各三两，川杜仲（去皮，酒炒）、淡苁蓉（酒浸）各三两。

磨细末，入炼蜜为丸，如梧子大。

按：本方首用六味地黄丸协菟丝、牛膝、杜仲补肝肾，故纸、苁蓉补命门。鹿茸、枸杞生精助阳，龟板、二冬滋肾润燥。河车协当归大补气血，五味敛肾涩精，虎骨健骨祛风。综合各药性效，阴阳兼顾，不寒不燥，不但生精养血，补肾种子，并有乌须发，固齿牙，润肌肤，壮筋骨之功。用于虚损阳痿等症。

玉 霜 丸

《局方》。

白龙骨一斤（细捣，罗，研，水飞三次，晒干。用黑豆一斗，蒸一伏时，以夹袋盛，晒干），牡蛎（火煅成粉）、木贼各三两，牛膝（酒浸，炙干，秤）、磁石（醋淬七次）、紫巴戟（穿心者）、泽泻（酒浸一宿，炙）、石斛（炙）、朱砂（研，飞）、肉苁蓉（去皮，酒浸一宿，炙干）各二两，茴香（微炒）、肉桂（去皮）各一两，菟丝子（酒浸一伏时，蒸，杵为末），鹿茸半两（酒浸一伏时，慢火炙脆），韭子（微炒）各二两，天雄（十两，酒浸七日，掘一地坑，以炭烧赤，速去火，令净，以醋二升沃于坑，候干，乘热便投天雄在内以益合土拥之，经宿后取出，去皮脐）。

为细末，酒炼蜜各半，和丸，如桐子大。每服三十丸，空心、晚食前温酒下。

按：龙骨固精，牡蛎固肠，天雄、肉桂补命门，主脾虚寒泻；茴香补命门，调中开胃；鹿角养血助阳，主腰肾虚冷；韭子补肝肾，主遗尿泄精；菟丝、巴戟强阴益精，苁蓉、牛膝益髓强筋，以上四味功专补肾；石斛强阴，泽泻泻肾，磁石补肾，丹砂镇心。综合各药性效，温补肾阳，固涩精气。用于肾虚滑精，脾虚久泻，阴痿失溺，腰膝冷痛等症。久服续骨联筋，秘精坚髓，安魂定魄，健身壮阳。徐灵胎云:“此药秘精纳气，肾中阳虚者最宜。”可谓扼要之论。

羊 肾 酒

生羊腰一对，沙苑蒺藜四两（隔纸微炒），桂圆肉四两，淫羊藿四两（用铜刀去边毛、羊油拌炒），仙茅四两（用淘糯米汁，泡去赤油），苡仁四两。

用滴花烧酒二十斤，浸七日，随量饮。

原注：本方种子延龄，乌须发，强筋骨，壮气血，添精补髓。有七十老翁，腿足无力，寸步难移。此方甫服四月，即能行走如常。后至九旬，筋力不衰，其方秘而不传，董文敏公重价得之。凡艰于嗣续者，服之即能生子，屡试如神。

按：本方用淫羊藿、仙茅、羊肾、蒺藜诸药，有补肾益精，疗阴痿之功，故能壮强种子。又淫羊藿、仙茅、苡仁，有补腰膝，坚筋骨，祛风湿痹之功，故治老人脚足无力。

小便不禁

固脬丸

顾靖远方。

熟地八两，枸杞子、山萸肉各四两，五味子一两，龙骨（煅）、牡蛎（煅）各三两，覆盆子、续断各四两，鸡肠一付（焙干，研），猪脬一个（焙干，研），紫河车一个（焙干，研），台党参、柏子仁各四两。

共磨为粉，糯米糊为丸，桐子大，空心白汤下。

加减法：挟热加知母、黄柏、天麦冬、白薇，挟寒加破故纸、益智仁。

顾靖远云："此方补肾益阴敛涩，以助其封藏，固其脬气为主，当因其症之寒热而随宜加减之。"

固脬汤

沈芊绿方。

桑螵蛸（酒炒）二钱，黄芪（酒炒）五钱，沙苑子、萸肉各三钱，当归（酒炒）、茯苓各二钱，白芍钱半，升麻五分，羊脬一个（煎汤代水煎药）。

按：本方用黄芪补气，升麻升气，归、芍补血。螵蛸、萸肉、蒺藜补肾，且为小便不禁之专药。茯苓补心，止小便过多。综合各药性效，补气益血，补肾固脱，对老人肾气虚弱，小便频数或不禁者，用之有效。

桑螵蛸散

照寇氏方加减。

桑螵蛸（炙）四钱，党参、归身各三钱，龟板（炙）、茯神各四钱，龙骨三钱，远志钱半，菟丝子、覆盆子各四钱。

按：本方以参、归补气血，龟板、远志、龙骨、茯神养心安神，桑螵蛸、菟丝、覆盆补肾而缩小便。综合各药性效，心肾并补，尤能约制小便过多。对神经衰弱、健忘溺频等症，功效颇著。

麦味地黄汤

钱乙方加味。

熟地六钱（砂仁末拌），萸肉三钱，山药四钱，丹皮二钱，茯苓四钱，益智仁二钱，五味子八分，麦冬（去心）三钱。

按：小便不禁，有由肾阴亏损者，有由下元虚寒者，本方用六味地黄合麦冬滋阴清火，五味补肾敛气，乃治肝肾阴虚，小便不禁之方。余曾用本方治产后小便频数，三剂全愈。

腰 痛

温和疏化法

张简斋方。

橘核钱半，桑寄生四钱，秦归、秦艽各二钱，炙桂枝一钱二分，炒白芍二钱，杜仲二钱，炒怀膝钱半，云苓三钱，甘草八分，淡干姜八分，炒防风钱半，炒干地黄四钱，北细辛四分，川芎一钱。

按：本方用四物汤合秦艽养血祛风，桂枝温经散寒，防风、细辛散风胜湿，干姜、茯苓温脾除湿，杜仲补腰膝，牛膝、寄生强筋骨，橘核主腰肾冷痛。综合诸药性效，补肾益血，祛风寒湿痹，用于腰背酸痛，上连颈项等症。

又按：本方除治腰背痛外，慢性风湿性关节炎亦可酌用。

聚 宝 丹

见《顾氏医镜》。

木香、沉香、砂仁各三钱，麝香八分，延胡、乳香、没药各三钱，真血竭一钱五分。

为细末，糯米粉糊丸，如弹子大，朱砂为衣。或酒，或随症用汤化服。

顾靖远云："此方气血兼理，治诸痛颇效者，以凡痛必因气滞血凝故也。"本方用沉香、木香、砂仁调气，麝香辛香止痛，乳、没、延胡活血，血竭散瘀。本草记载没药主金创杖伤，血竭主金创折跌，本方除用于气血凝滞之腰痛外，又治闪挫或跌仆损伤之腰痛。

青 娥 丸

《局方》。

胡桃二十个（去壳皮），破故纸（酒炒）六两，蒜四两（熬膏），杜仲（姜汁炒）十六两。

共为末，丸如桐子大，温酒下，妇人淡醋汤下三十丸。

按：杜仲补肝肾、强筋骨，胡桃、补骨脂温补命门，以上三味均主腰脚痛。大蒜辛温，祛寒湿。综合各药性效，可知本方性非大补而系燥热，故肾阳虚弱或受寒湿以致腰痛者，均可用之。

鹿 茸 丸

《本事方》。

鹿茸一两，菟丝子末一两，舶上茴香半两。

为末，羊肾一对，酒煮烂，去膜研和，丸桐子大。如羊肾少，入酒糊佐之。每服三五十丸，温酒或盐汤下。

按：鹿茸甘温，生精补髓，养血补阳，治腰肾虚冷。菟丝甘辛，补三阴；茴香辛热，补命门。综合各药性效，可知本方乃治肾阳衰弱之腰痛。《类证治裁》定本方之适应证为脉微无力，小便清利，神疲气短。肾阴虚者亦有腰痛，但脉多细数，虚火时炎，小便黄赤，宜用六味地黄丸一类之方。

林珮琴云："凡腰脊酸痿，绵绵作痛，并腿足酸软者，肾虚也。遇阴雨则隐痛，或久坐觉重者，湿也。得寒则痛，喜近温暖者，寒也。得热则痛，喜近清凉者，热也。闪挫或跌仆损伤者，血瘀也。肝脾伤，由忧思郁怒者，气滞也。负重致痛者，劳力也。凡此皆属标，而肾虚为本。"观林氏之言，可见腰痛之原因不一，但以肾虚为本。分标本之病因，别补泻温凉之治法，乃临床家首当注意之关键问题也。

第六节　大　肠　病

便　秘

导腑通幽法

丁甘仁方。

油当归三钱，桃、杏仁（去衣尖，打）、火麻仁、郁李仁、瓜蒌仁（打）各三钱，制广军、黑芝麻、松子肉、冬瓜仁（打）各三钱，炒枳壳二钱，焦谷芽五钱。

侯敬舆按：此治气血弱，津枯便秘之法。即尊生五仁汤加减，去柏子仁，加火麻仁、蒌仁、芝麻仁也。方中桃、杏、蒌、麻、郁、松诸仁，皆富脂肪，可以导秘润肠；油归养血润肠；制军化滞降浊；枳壳、冬瓜仁宽中下气；谷芽和中安胃。盖便秘之证，皆由阴虚血燥，火盛水亏，津液枯涸，传导失职，故宜养血润燥，而便自通也。

养阴清热润燥汤

顾靖远方。

生熟地各四钱，天麦冬各二钱，黑芝麻五钱，肉苁蓉四钱，牛乳、梨汁各一杯（分二次冲入药内）。

按：二地、二冬、芝麻滋肝肾之阴，润大肠之燥；牛乳补血润肠；苁蓉温肾润肠；梨汁清火润肠。综合各药性能，滋阴液，清虚火，润大肠。凡便秘由于虚热者，如肺劳之便秘、温病差后之便秘、中风后之便秘等，皆可加减用之。

象 胆 丸

见《顾氏医镜》。

真芦荟（研细）一两四钱，朱砂（研细）一两。

滴花酒少许和丸，小豆大，天晴时修合。每服一钱二分至三钱，白汤送下，朝服暮通，暮服朝通。

按：芦荟苦寒，清热杀虫，属峻下药。朱砂重坠，泻心肝火。本方除清热通便外，又可治小儿虫积，大人心火旺盛，睡眠不安。惟方中芦荟苦寒伤胃，虚人禁用，即实热便秘，亦不可多服。

便 血

凉血止血法

见《评琴书屋医略》。

银花、槐花、地榆（炒黑）各钱半，乌梅二个，黄柏一钱，生地六钱，赤小豆五钱，木贼草一钱。

加减法：热甚加黄芩、荷叶，或加桑叶、丹皮。血虚加黑芝麻、生首乌，去木贼、乌梅。因湿加防风、白术，去生地。因风加荆芥、当归，去银花、槐花。下血色淡，另方，四物汤加龟板、生地、制首乌。便血流连，另方，生首乌研末，米糊为丸，每服三四钱，以黄柿、黑豆煎汤送下。

按：本方以银花、槐花凉血泻热，地黄、黄柏滋阴坚肾，乌梅、地榆止血涩肠，赤豆散血，木贼散风。综合全方药性，为凉血止血的通用方，故备列加减药味，以便辨证论治。

槐 角 丸

见《沈氏尊生书》。

槐角四两，当归、枳壳、防风、地榆、黄芩各二两。

共为细末，神曲糊丸，每服三钱，空心开水送下。

按：本方以槐角为君，有苦寒泻热之效，主痔血肠风。辅以地榆止血，当归和血，枳壳利气，防风祛湿。故对血痢肠风，有凉大肠，止便血之功。

猪脏丸

见《兰台轨范》。

猪脏（肠）一条（洗净，捏干），槐花（炒，为末，填入脏内，两头扎定，磁器内米醋煮烂）。

上药捣和为丸，如梧子大，每服五十丸，食前当归汤下。

按：槐花苦凉，入大肠血分而凉血，治赤白泄痢，五痔肠风，吐血血崩。猪肠入大肠，治肠风血痢。凡便血赤痢属于湿火为病者，用本方甚佳。

黄土汤

《金匮》方。

甘草钱半（炙），干地黄五钱，白术三钱，附块三钱，陈阿胶三钱，黄芩三钱，灶心土一两。

按：先便后血，乃脾不摄血，故用灶心土、炙甘草、白术、附子温脾止血。血伤则阴虚火动，故用阿胶、熟地、黄芩补血清火。综合全方药性，乃用温清之品以滋补气血，为下血崩中之总方。但属阴虚血热者，可去附子，再加清药。属气虚阳衰者，可去黄芩，再加温药。余曾用本方治体虚便血，收效良好。

治肠风方

见《广笔记》。

党参、黄芪各三钱，归身二钱，白芍三钱，生地四钱，麦冬五钱，地榆三钱，萸肉二钱，五味子八分，荆芥炭一钱，柴胡、白芷各五分，炙甘草一钱。

顾靖远云:“此方补气养血，滋阴清热，酸敛升举，诸法俱备。”用于便血久远不愈，自有功效。

肠　痈

大黄牡丹皮汤

《金匮》方。

大黄三钱，粉丹皮钱半，桃仁三钱，冬瓜仁五钱，玄明粉二钱（冲）。

按：急性阑尾炎的症状，为腹痛，腹壁紧张，发热恶寒，恶心呕吐，右肠骨窝有持续性剧痛，大腿蜷缩。急性盲肠炎的症状：突然觉右肠骨窝剧痛，并有肿疡状隆起，大腿蜷曲，腹部鼓胀，恶心呕吐，嗳气，有微热。此二病都易引起腹膜炎。阑尾炎及盲肠炎的症状与《金匮》称为肠痈症的症状很相似。《金匮》所记肠痈症状为少腹肿痞，按之即痛如淋，小便自调，时时发热，自汗出，复恶寒，脉象迟紧，此为痈未成脓，可用下法。如腹皮紧，按之濡，如肿状，身不热而脉数，此为痈已成脓，不可用下法。此病后世有称为肚角痈，并谓腹中痛甚，手不可按，右足屈而不伸，则痈之所在处及大腿蜷曲的主要症状，已明白指出。

本方用大黄、芒硝泻实热，丹皮、桃仁祛瘀消肿，冬瓜仁疗肠痈（杨时泰云：冬瓜仁主腹内结聚，破溃脓血，凡肠胃内壅，最为要药）。日本皇汉医家认为本方有消散硬结肿疡之效，用于脉迟紧，肿疡为局限性的盲肠炎，可使肿疡迅速消失。或疼痛剧烈高热者，亦适用本方。

以本方治急性阑尾炎，据近人经验，加红藤、紫花地丁二味，收效更好。或加败酱、苡仁二味亦可。

《中医外科学概要》肠痈节编者按语云："肠痈一证，不论已成未成皆可服红藤丹皮大黄汤，方为红藤一两，粉丹皮、大黄各五钱，桃仁泥、元明粉各四钱，蒌仁四钱，赤芍三钱。清水煎，或加白酒一杯调匀服下，得泻数次后，大黄、桃仁稍减，去元明粉，加紫花地丁、银花藤各六钱，续服二剂，然后再服调理方。"此方硝、黄之量过重，似可酌减。又此方只可用于肠痈未成者，如脓已成，可用薏苡附子败酱散。

上海第六人民医院的红藤煎剂，用红藤二钱，紫花地丁一两，乳香、没药各三钱，连翘、银花各四钱，粉丹皮三钱，玄胡索二钱，大黄钱半，甘草一钱。水煎服。此方清热解毒，消肿止痛，该院试用于阑尾脓肿病人8例，收效均佳。

薏苡附子败酱散

《金匮》方。

薏苡仁一两，附块三钱，败酱五钱。

按：苡仁用于各种脓肿，能促进脓肿之吸收及排泄；败酱草有消散脓肿之效；附子用于元气衰弱者，能使之旺盛，并有发扬诸脏器机能之效。综合各药性能，本方有止痛利尿及消散肿疡诸作用，用于阑尾炎腹壁弛缓软弱，脉来弱数，颜面苍白，元气疲惫者，又用于阑尾炎局部已化脓者（以上节录大塚敬节之说）。

治慢性盲肠炎方

近人方。

香附三钱，乌药三钱，槟榔钱半，法半夏三钱，陈皮钱半，沉香八分（研细，分冲），丹皮二钱，黄芩二钱，香连丸二钱（分吞），白芍三钱，甘草二钱，苏梗三钱，谷麦芽各三钱，生姜三片（后入）。

按：本方用乌药、香附（均治疮疡）行气通血，槟榔（治癥结）破滞攻坚，黄芩（治疮疡）、丹皮清热凉血，沉香（治癥癖）、苏梗、二芽行气化积，甘、芍专止腹痛，夏、陈、姜和胃止呕，香连丸调气泻火。综合各药性效，利气活血，清热凉血，由气凝血滞而起之痈疡，有消散之功。本方用于慢性盲肠炎，不仅止痛，兼有消散之力。本方系上海市某名医治盲肠炎经验有效之方，余曾试用，确能止痛。

第七节　其　他　病

痹

独活寄生汤

《千金方》。

独活三两，桑寄生、秦艽各三两，防风二两，细辛六钱，归身、白芍各三两，生地四两，川芎一两半，桂心八钱，茯苓三两，杜仲、牛膝、党参各三两，甘草一两。

十五味，为粗末，每服四钱，煎服。

按：本方以驱风寒为主，稍寓补养气血之品。对体虚或久患风湿痛痹，颇为适合。

行痹主方

顾靖远方。

秦艽、续断、当归、没药、威灵仙各二钱，松节、晚蚕砂、虎骨（酥炙）各四钱，羌活、防风各一钱，桑枝三两（煎汤代水）。

加减法：头目痛加甘菊、川芎。肩背痛加桔梗，倍羌活。手臂痛加片姜黄。腰膝脚痛加牛膝、杜仲、川萆薢。筋脉挛急加羚羊角、羊胫骨。红肿疼痛加生地、黄芩。

原注：风气胜者为行痹，不拘肢体上下左右，骨节走痛，或痛三五日，又移换一处，日轻夜重，或红或肿，按之极热，甚而恶寒喜热。

痛痹主方

前人。

即行痹主方加桂枝，倍当归，宜酒煎。外用蚕砂炒热，绢包熨之。或用牛皮胶同姜汁烊化贴之。

原注：寒气胜者为痛痹，不拘肢体上下左右，只在一处，疼痛异常。

着痹主方

前人。

即行痹主方加苍术、茯苓、泽泻、天麻，甚者加白鲜皮。脚膝肿痛加黄柏、防己。

原注：湿气胜者为着痹，肢体重着，不能移动，疼痛麻木。

又注：此病总以通经活血，疏散邪滞之品为主。随所感三气邪之轻重，及见证之寒热虚实，而加对证之药。其痛痹证，若初感寒即痛者，可用桂枝及酒煎，熨贴，久则寒化为热，戒用。虽云痛无补法，然病久痛伤元气，非补气血不可，参、芪、白术、地黄之属，可随症用之。凡治病用药，审明何症，即投何药，须活泼泼地不必拘定本门方药。

按：顾氏行痹主方，余屡用有效。

桂枝芍药知母汤

仲景方。

桂枝、芍药各三钱，甘草二钱，麻黄（先煎去沫）二钱，白术、知母、防风各三钱，附子钱半，生姜五钱。

丹波氏云：桂、麻、防风发表行痹，甘草、生姜和胃调中，芍药、知母和阴清热，而附子用知母之半，行阳除寒。白术合于桂、麻，则能祛表里之湿。而生姜多用，以其辛温，又能使诸药宣行也。

按：本方治慢性关节炎肿痛，颇有良效。

蠲痹汤

见《医学心悟》。

羌独活各一钱，桂心五分，秦艽一钱，当归三钱，川芎七分，炙草五分，海风藤二钱，桑枝三钱，乳香、木香各八分。

加减法：风气胜者倍秦艽加防风。寒气胜者加附子。湿气胜者加防风、萆薢、苡仁。痛在上者去独活加荆芥。痛在下者去羌活加牛膝。间有湿热者，其人舌干喜冷，口渴溺赤，肿处热辣，此病久变热也，去肉桂加黄柏。

按：羌、独、秦艽祛风，桂心、归、芎和血除寒，乳、木止痛，桑枝利关节，方颇平妥。余曾治一妇人患痹痛，手不能高举，投以本方，应手而效。

固春酒

见《随息居饮食谱》。

鲜软桑枝、黑大豆、生苡仁、十大功劳、红子或叶或南天烛子各四两，金银花、五加皮、木瓜、蚕砂各二两，川柏、松仁各一两。

上药盛入绢袋，以烧酒十斤浸之，并加生蜂蜜四两，封口，蒸三炷香，置土上七日。每饮一二杯，病浅者一二斤即愈。

原注：本方主治风寒湿袭入经络，四肢痹痛不舒，新久都效。

按：本方各药，皆治风湿痛痹，并有利关节，强筋骨之功用。友人于某，患此病，驰书求方，余录此药酒方报之，遂愈。孟英谓一二斤即愈，确是经验之谈。痹俗称痛风，相当于风湿关节炎，中医治此病，以祛风湿，活血脉为常法。如羌独活、牛膝、威灵仙、片姜黄、虎骨、木瓜、桑枝、五加皮、秦艽、苡仁、蚕砂、松节、防风、狗脊、杜仲、乳香、没药、当归、赤芍等，皆常用之品。

痿

加减四斤丸

《三因方》。

肉苁蓉（酒浸）、牛膝（酒浸）、干木瓜、鹿茸（酥炙）、熟地、五味子（酒浸）、菟丝子（酒浸）各等分。

上为末，炼蜜丸，桐子大，每服五十丸，温酒米汤下。一方不用五味，有杜仲。

按：熟地、菟丝平补肝肾，苁蓉补命门而益髓强筋，鹿茸补肾阳而强筋健骨，杜仲补腰膝，牛膝主足痿筋挛，木瓜主腰足无力。综合各药性效，除补益肝肾外，对筋骨痿弱，尤有作用。主治肝肾虚，筋骨痿弱，足不任地。

思仙续断丸

《本事方》。

思仙术、生地各五两，五加皮、防风、米仁、羌活、川断、牛膝各五两，萆薢四两。

上为细末，好酒三升，化青盐三两，用大木瓜半斤，去皮子，以盐酒煮木瓜成膏，杵丸如桐子大，每服三四十丸，空心，食前温酒盐汤下。膏少和酒可也。

按：地黄补阴凉血，牛膝、川断补肝肾、强筋骨，五加皮坚骨祛风湿，萆薢补肝祛风湿，羌活、防风祛风胜湿，白术、米仁健脾除湿，木瓜利筋骨。综合各药效能，补肝肾，祛风湿，尤有坚骨强筋之效。用于肝肾风虚气弱，脚不可践地，腰脊疼痛等症。

徐灵胎云："《内经》针痿之法，独取阳明，以阳明为诸筋总会也。而用药则补肾为多，以肾为筋骨之总司也。养其精血而逐其风湿，则大略无误矣。"余意痹证属实者多，痿证属虚者多。痿证虚寒者可投桂、附、鹿茸，如虎骨四斤丸。虚热者宜用地、冬、知、柏，如虎潜丸。兹将两方附列于次，以便参考。

虎骨四斤丸

《局方》治脚弱。

宣木瓜、天麻、苁蓉、牛膝各焙干一斤，附子、虎骨各一两（酥炙）。

先将前四味用无灰酒浸，春秋各五日，夏三日，冬十日，取出，焙干，入附子、虎骨共研为末，用浸药酒打面糊为丸，如梧子大，每服五十丸，食前盐汤下。

虎潜丸

丹溪方。

治肾阴不足，筋骨痿，不能步履。

龟板、黄柏各四两，知母、熟地各三两，牛膝三两半，锁阳、虎骨、当归各一两，白芍一两半，陈皮七钱半。

冬月加熟姜五钱，为末，煮羯羊肉，捣为丸，桐子大，淡盐汤下。

脚气

鸡鸣散

紫苏三钱，桔梗一钱，生姜三片，橘红、槟榔、木瓜各三钱，吴茱萸一钱。

《千金方》论脚气云："凡脚气皆感风毒所致。"又云："始起甚微，饮食如故，惟卒起脚屈弱而不能动为异耳。黄帝云：缓风湿痹是也。"脚气初起，以足胫肿，脚弱不能行为主症。系风毒兼湿，故以辛温行气利水为正治。本方用紫苏、生姜开腠理以逐风寒，槟榔、陈皮破滞行水以消肿胀，桔梗宣通气血，木瓜除湿消胀，吴萸温中下气。全方功效，以行气逐湿为主，用于寒湿脚气有效。

《中医诊疗要览》云：鸡鸣散加茯苓为脚气之常套药，用于下肢倦怠，知觉麻痹，腓肠部紧张，压痛显明，心悸亢进，下肢浮肿者，如便秘加大黄。

防己饮

见《顾氏医镜》。

汉防己钱半，黄柏二钱，忍冬花、川萆薢各五钱，木瓜、白茯苓各三钱，泽泻、木通各钱半，石斛、米仁各五钱。

加减法：如红肿加犀角，冲心烦闷除加犀角外，再加槟榔、羚羊角。如喘呕加麦冬、枇杷叶，头痛加甘菊。

原注：此清热除湿利水之剂。脚气皆由湿热，统宜以此方为主，随兼症而扩充以加减之，则善。

清热渗湿汤

盐水炒黄柏、苍术各钱半，紫苏、赤芍、木瓜、泽泻、木通、防己、槟榔、枳壳、香附、羌活、甘草各一钱。

加减法：痛加木香，肿加大腹皮，热加大黄、黄连。

按：本方用木通、泽泻、赤芍、防己使湿下行，苏叶、羌活使湿外散，槟榔、枳壳、香附利气止痛，木瓜舒筋。又苍术、黄柏为二妙散，原治下焦湿热。故本方有消肿止痛之功用，治湿热脚气甚为平妥。

杉 木 汤

《本事方》。

杉木节一升，橘叶一升（如无橘叶以橘皮代之），大腹槟榔七个（合子碎之）。

用童便三升，共煮一升半，分二服，若一服得快利，停后服。

原注：本方治脚气痞绝，左胁有块如石，困塞不知人，此方利二便，令气通块散。

按：唐·柳子厚病脚气冲心，垂死进此方得救。及门袁海峰曾用本方加味治愈贾茂森脚气，可见经验良方，用之得当，效如桴鼓。贾氏之病，起于腰痛之后，脚腿俱肿，脚部作痒，皮烂频流黄水。病延数月，求治于袁君，袁用杉木节、橘皮、桑枝、紫苏、益元散、茯苓、槟榔、大腹皮等品，共服十余剂全愈。

槟榔散

《活人书》。

橘叶一大握，沙木一握，小便一盏，酒半盏，同以上药煎。

上煎数沸，调槟榔末二钱，食后服。

按：脚气为壅疾，忌温补，宜疏下。橘叶、橘皮、槟榔皆疏气药，故为脚气要药。沙木即杉木，朱丹溪云："其节煮汁，浸捋脚气，肿满尤效。"本方与前方相同，前方剂大，故治冲心危候，本方剂小，故治脚弱腿肿。

又按：古人分脚气为三类，一为湿脚气，其状筋脉弛张，足胫浮肿；一为干脚气，其状筋脉挛缩，足胫枯细；一为脚气冲心，其状神昏谵语，喘息呕吐。而湿脚气又有湿热与寒湿之异。孙思邈云："凡脚气皆由气实而死，终无一人服药致虚而殂，故不得大补，亦不可大泄。"孙氏之说，我意是指湿脚气而言。若干脚气腿足干瘦，知觉麻痹（其麻痹自足胫至股腹，口唇亦麻），则养血润燥，舒筋壮骨之品，如黄柏、知母、龟板、生地、虎胫骨、木瓜、当归、白芍、牛膝、川断、锁阳等，俱可选用。

风　疹

治身痒难忍方

见《验方新编》。

荆芥、防风各二钱，赤芍、银花各三钱，小生地四钱，木通八分，生甘草五分。

按：本方用荆、防祛风，地、芍、银花凉血解毒，木通利尿导热。综合各药性效，主为凉血祛风，用于风热痦瘆，成颗成片，奇痒难忍。又方用生地、丹参、牛蒡各三钱，荆芥、防风、木通各钱半，石斛、连翘各二钱，紫草茸、蝉蜕、郁金、犀角各一钱，西河柳叶五钱。此方方义大致与前方相同，但凉血活血，祛风透瘆之力更大。用于风热瘆子，身热口渴，状如红云一片。

当归饮子

见《金鉴》。

生地五钱，当归、赤芍各三钱，川芎钱半，生黄芪、生首乌各四钱，刺蒺藜三钱，荆芥、防风各二钱。

按：风痦相当于西医的荨麻瘆，俗名风瘆块。初起宜凉血祛风，病久血虚者宜养血祛风。本方用四物汤合黄芪补血益气，荆、防、蒺藜祛风，首乌养血祛风。综合各药性效，养血为主，祛风为辅。余常用于体虚血弱，风瘆时发，颇有显效。

洗痒方

见《金匮翼》。

紫背浮萍半碗，豨莶草一握，蛇床子五钱，苍耳子一两。

煎汤浴身。

原注：思永堂松年大伯常用此方治遍身痦瘤作痒，以之浴身。后先父用之，无不效。

按：本方列药五味，均是祛风湿之品，其中浮萍、苍耳、蛇床又能止痒，故煎汤浴身，有散风止痒之功。编者曾用本方配合当归饮子，内服外洗，治风瘆作痒，收效颇速。

补 益

燮理十全膏

见《重庆堂随笔》。

台党参、黄芪、白术（炒）各三两，炙甘草、陈皮各一两，法半夏二两，熟地五两（砂仁末五分拌）、归身、白芍各三两，川芎一两，鹿角胶三两，龟板胶三两。

熬膏。

按：本方系六君子汤、四物汤去茯苓加黄芪、龟鹿平补气血，调和阴阳，用龟、鹿血肉之品，滋阴补阳，即佐陈、夏以运中宫，配合之妙，似在十全大补汤、十四味建中汤之上。凡贫血、神经衰弱、气血不足、身弱胃呆，皆可长服，疟痢后身体虚羸者，亦可用此膏调养。

卫 生 膏

见《顾氏医镜》。

党参、黄芪各三两，生熟地各四两，天麦冬（去心）各三两，枸杞子、牛膝、桂圆（去核）各三两，五味子八钱，砂仁八钱。

熬成膏，再加鹿角胶、龟板胶各三两，虎骨胶二两及冰糖收膏。

按：本方系集灵膏加味，集灵膏为大补肝肾真阴之剂，今加黄芪之甘温补气，鹿角之益气壮阳，虎骨之辛温善走，颇堪调和二地、二冬之阴腻。凡先天不足，体弱善病，病后衰弱，均颇合宜。

延 寿 丹

见《浪迹丛谈》。

何首乌（黑豆汁浸，九蒸九晒），菟丝子一斤（酒浸，九蒸九晒），豨莶草一斤（蜜酒拌，九蒸九晒），桑叶八两（制同莶草），女贞子八两（酒蒸），金银花四两（制同莶草），生地四两杜仲八两（青盐姜汁拌炒），牛膝八两。

以上共七十二两，何首乌亦用七十二两，以旱莲草膏、金樱子膏、黑芝麻膏、桑椹膏各一斤半，捣千下为丸。

加减法：阴虚人加熟地一斤，阳虚人加附子四两，脾虚人加人参、黄芪各四两，去熟地，下元虚人加虎骨一斤，麻木人加天麻、当归各八两，巅晕人加元参、天麻各八两，目昏人加滁菊、杞子各四两，肥人多湿滞者加半夏、陈皮各八两，各药加若干，首乌亦加若干。

原注云："前明华亭董文敏公，有久服之延寿丹，公年至耄耋，精神不衰，皆此丹之力。传至我朝，服者亦不乏其人，俱能臻老寿，享康强，须发复黑，腰脚增健，真却病延年之良方也。"本方各药多经蒸晒，有平补肝肾，久服延年之效。老人多腰脚不利，本方之牛膝、杜仲，为强筋骨专药。阴虚血弱者多便秘，本方之桑椹、芝麻有滋燥润肠之功。又近人用本方于高血压病（肝、肾阴虚者），久服有效。

培　本　丸

西洋参（桂圆肉同蒸透）、沙苑蒺藜（盐水炒）、萸肉（酒炒）、茯苓（人乳拌蒸）各二两，生熟地（砂仁末拌炒）各四两，枸杞子（酒蒸）两半，肉苁蓉（焙）五两，血余炭一两二钱，虎胫骨（酥炙）五两，白术（土炒）四两。

共十一味，为末，羯羊肉四斤，剔净油膜，取纯精者，酒水煮取浓汁。打丸，桐子大，每服四钱，淡盐汤下。

按：本方中之熟地、枸杞、沙苑、苁蓉皆补肝肾而性温，妙在生地甘凉，苓、术健脾，佐使得法。凡下元虚弱，腰足酸软，神疲色悴，劳怯损伤诸症，长服自效。惟阴虚火亢者，仍不相宜。

加减八味丸

熟地八两（砂仁酒拌蒸，杵膏），山萸肉（酒润，炒）、山药（炒）各四两，丹皮（酒洗，微炒）、茯苓（人乳制焙）、泽泻（淡盐汤酒拌，炒）各三两，肉桂、鹿茸片、五味子各一两。

研末为丸。

按：此为六味地黄丸之变方。六味丸平补真阴，此方补肾阴而兼补肾阳，主治腰背足膝厥冷而痛，神困耳鸣，小便频数，精漏不断，为阴阳两虚者所宜饵也。

返 本 丸

见《乾坤生意》。

黄犍牛肉（去筋膜，切片，河水洗数遍，仍浸一夜，次日再洗三遍，水清为度。用无灰好酒同入坛内，重泥封固，桑柴文武火煮一昼夜，取出，如黄砂者为佳，焦黑无用）、山药（盐炒）、莲肉（去心盐炒）、白茯苓各四两，小茴香一两。

共为末，每牛肉半斤，入药末一斤，以红枣蒸熟去皮和捣。丸梧子大，每空心酒下五十丸，日三服。

按：本方有增进营养之效。

补天大造丸

见《医学心悟》。

党参、黄芪（蜜炙）、白术（土蒸）各三两，当归（酒蒸）、枣仁（炒）、远志（去心，甘草水泡，炒）、白芍（酒炒）、山药（乳蒸）、茯苓（乳蒸）各一两半，枸杞子（酒蒸）、大熟地（九蒸九晒）各四两，河车一具（甘草水洗），鹿角一斤（熬膏），龟板八两（与鹿角同熬膏）。

以龟鹿胶和药，加炼蜜为丸，每朝开水下四钱。

加减法：阴虚内热甚者加丹皮二两，阳虚外寒甚者加肉桂五钱。

按：本方以枸杞、地黄补肝肾，党参、黄芪补脾肺，当归、枣仁补心肝，白术、苓、药补中宫。一方兼顾五脏，故能补五脏虚损。

五　益　膏

玉竹、黄芪（蜜炙）、白术（土炒）各一斤，熟地、枸杞子各半斤（熬膏）。

按：本方补先后天不足，治诸虚百损。

中医经验处方集

彭佑明　参校
周复生　参订
沈仲圭　编著

再版赘言

癸未岁冬，余任职赈济委员会北碚中医院，奉令编述中医处方集一帙。因院中经费奇绌，无力印行，乃商由广东医药旬刊社，以单行本之形式，作方剂学专号刊出。迄于今日，盖已三阅寒暑矣。

周子复生，设中西医药图书社于渝州，时有四方读者，询购此帙，嘱余扩充内容，由伊重付剞劂。爰区拙作为上下两卷，上卷即处方集原稿，下卷为旧稿之关于处方剂者，另增陈邦贤君简便良方一编，纯以科学目光为辑录标准，其生平经验处方药亦悉附入。余又重加删订，汰杂存醇，益堪珍贵。医之精粹，在药与方。拙作如布帛菽粟，或临床实用，不无小补乎？

丙戌仲冬沈仲圭记

吴　序

中国医学建筑于经验积累，已成定论，而药物学与方剂学尤为中国医学发展史之结晶体，亦近世医药学术界一伟大奇迹。二十年来，为中华民族本位医药坚守岗位而作深入研究之志士，渐幸不乏其人。浙江沈仲圭先生此中佼佼，早为世重，抗战以远，主持国内仅有之国立中医院。院务繁忙中，尤著述不辍。客岁奉命编《中医经验处方集》，因定由院方印行，以经费过钜，格于院中预算不果，乃商借本刊篇幅。读原稿，见选方谨严，说理确当，不涉空谈，尽求实用。本经验心得，阐方剂精义，诚属当前善本。用将二卷九、十期作为方剂专号刊出。借编者公私蝟集，出版未克及期，且负沈先生嘱为参校，竟未赞一辞编成。惭歉之情，不能自已，率志数言，以明梗概。

一九四四年三月吴粤昌序

小　引

壬午之冬，奉赈济委员会之命，来碚主持北碚中医院院务。考该院之沿革，初由过京难民诊疗所扩大为中医救护医院，继改称“中医救济医院”，复易今名。时越六载，地经三迁，在抗战期中，对于伤病兵民之医药救济，盖亦尽其相当之责任矣。又考本院之所以日趋进展者，系由壬午之春，振委会另派张君大用为本院副院长，经八个月之擘画整顿，复由卫生所王所长迪民之时加指导，院务遂益见推进。癸未之夏，本院拟具改进计划，内有编纂《经验方》一项，奉令饬编就呈核。仲圭对于中国医学，夙所爱好，平时耳目所及，或读书有得，则将灵验方药，记之简册，以备临证之借镜。今就个人经验，并参考诸家方书，益以曩昔之所记载，精选切合使用者，一百一十五方。分门别类，排比成编，颜曰《中医经验处方集》。言其旨趣，约有三端：

一、抗战期中，精神食粮颇感缺乏。中医书之编辑与翻印，殊鲜有人注意。纵有少数医书出版，仍觉供不应求。此吾人于公余之暇，应就一得之愚，以芹献于社会也。

二、施方施药，同属救济。且施药居于一隅，施方无远勿届。如将每方“主治”“药品”“服法”“意义”详载无遗，使阅者按图索骥，一览了然。则于普通习见之四时病症，即不求医，亦知如何疗治。其对于民众之健康裨益殊多。

三、市医不喜读书，学术罕有进步。若欲一一施以训练，势不可能。唯有编印浅显易知之实用医书，供彼参考，庶可于无形中提高一般中医之学术水准，而减低疾病之死亡率。

综上所言，可见编行《经验方》，对于保障民众健康与提高中医学术水平，均有深切之关系矣。本集仓促脱稿，罣漏甚多，幸所选各方皆平正稳妥，亦间有采经方、单方者，均于方后详加注释。以期用方者不致有误投贻害之弊，想亦为有道者所嘉许与!?

癸未孟冬浙江沈仲圭自序于四川北碚中医院

上　卷

时　令　病

疟疾（麻拉利亚）

倪函初疟疾第一方

平胃消痰，理气除湿，有疏导开塞之功。受病轻者，二服即愈。若三服后病虽减而不痊愈用下方，少则三服，多则五服。

半夏三钱，陈皮钱半，茯苓三钱，苍术钱半，厚朴一钱，柴胡二钱，黄芩三钱，炙草八分，生姜三片，威灵仙二钱，青皮钱半，槟榔三钱。

（原注）头痛加白芷一钱，饥时服。

倪函初疟疾第二方

清补兼施。极弱之人缠绵之症，十服后立愈，万无一失。所云加减一二即不验者，正此方也。

生首乌三钱，柴胡二钱，黄芩三钱，鳖甲四钱，知母二钱，焦术三钱，陈皮二钱，茯苓四钱，当归三钱，威灵仙二钱，炙草八分，生姜三片。水酒各半煎，空心服。

（圭按）倪氏两方，分量俱极轻微，征诸经验，恐有病重药轻之嫌，难收立竿见影之效，爰为酌量加重，以挫病势。

清化汤时贤吴杰人

主治每日疟、间日疟或恶性疟疾。

酒炒常山四钱，柴胡钱半，青蒿三钱，莪术三钱，广郁金三钱，青皮三钱，鳖甲四钱，川贝母三钱，法半夏三钱，砂仁三钱，桃仁四钱，三棱三钱，神曲三钱，白芥子三钱，茯苓四钱。

（圭按）此方有截疟解热，理血化痰诸功效。

常山饮《局方》

治痰疟。

（圭按）本方对正规疟疾均有效，无论其为间日疟、四日疟，及久发不止而气血未大虚者，均可用。

常山（酒炒）、草果、知母、贝母、槟榔各一钱，乌梅三个。加姜、枣煎，未发时温服。

（圭按）常山治疟有殊效，唯服之易吐，酒制则可减少其引吐之副作用，配乌梅或红枣亦然；若与甘草同用，引吐尤甚。草果去寒。知母清热。川贝化痰。槟榔利气。药只六味，对疟之病源诸症候，已面面俱到矣。

柴胡桂枝干姜汤《伤寒论》

治疟疾寒多，微有热，或但寒不热，两胁胀闷，口渴，脉象迟细，舌苔淡白。

柴胡三钱，桂枝三钱，干姜三钱，天花粉三钱，黄芩三钱，牡蛎六钱，甘草一钱。

（圭按）柴胡、黄芩治疟之间歇热；桂枝、干姜温经散寒；花粉止渴；牡蛎敛汗。吉益东洞云："本方治疟疾恶寒甚，胸胁满，胸腹有动气而渴者。"仲景《伤寒论》以本方治胸胁满微结，小便不利，渴而不呕，但头汗出，往来寒热心烦者。故愚意疟疾寒胜于热，而又兼见仲景所举诸证者，此方投无不效矣。

清瘴汤自拟

主治温疟、恶性疟。

柴胡二钱，黄芩三钱，半夏三钱，知母三钱，石膏一两，青蒿三钱，陈皮三钱，酒炒常山二钱，枳实三钱，竹茹三钱，茯苓三钱，黄连一钱，六一散三钱（包煎）。

（圭按）温疟之状，其脉如平，身无寒但热，骨节疼痛，时呕。恶性疟之状，无剧烈之寒战，仅以恶寒发热或无寒但热，热度持续时间约三十至三十六小时，终于发汗热退。其热型极不规则，第一次发热方已，即继第二次发热，如此继续，一起一伏，极似《伤寒论》之寒热往来。在体温上升时，发剧烈之头痛，胸脘闷痛，四肢酸痛，口渴呕恶，皮肤苍白干燥，易于破裂。面部及上肢常致浮肿。病之经过，奇险奇重。多现神经系之沉重证候，如意识朦胧，肌肉震颤。或如破伤风样之痉挛，或终日昏睡不醒。

本方以知、膏、芩、连、青蒿退热；陈、夏、苓、茹化痰止呕；柴、常截疟；枳实去满。如壮热神昏，可加紫雪丹五分至一钱，另吞。

时贤萧俊逸论恶疟云：“当高热持续，脉搏弦数洪大之际，当用解热清脑剂。以白虎汤合小柴胡汤去参、草、姜、枣，加常山、草果、连翘、桑叶、钩藤。若高热神昏，脉细弦数，或洪大而不任按，当用强心解热清脑剂。前方勿去人参，并加紫雪丹。准此疗法，治愈本病甚多。”

萧叔轩云：“恶性疟疾，服雄黄有效。每次一分，日服三次，饭后服，连服四日，停二日，再连服三日，迭经试效。”

梁乃津云：“凡疟疾之有呕吐、胸闷者，投以紫金锭，不数小时，即有宽胸止呕之效。唯此丹治疟一次顿挫者甚少，大都由减轻而达于顿挫。同时并予对症剂尤为捷速。”紫金锭之主治文中，有山岚瘴疟一句。瘴疟，亦恶性疟之类也。

何人饮张景岳

久疟缠绵，症状轻微，身体衰弱，胃虚贫血，脉搏细弱。

何首乌一两，人参五钱，当归五钱，陈皮五钱，煨姜五钱。

（圭按）此方参、归补养气血；首乌对虚疟有殊效；陈皮、煨姜为健胃药。

外治法《汉法医典》

朱砂五钱，斑蝥七十只，雄黄一两二钱，麻黄一两二钱。上药四味，共研细末，每用少许，入膏药，贴项后第三骨节，无论每日疟、间日疟、三日疟，均效。唯须在发作前三四点钟贴用。

（圭按）疟疾用发泡药，每有效验。况此方之雄黄，为砒之化合物，有直接杀灭疟疾孢子虫之功效乎。

单方《医宗必读》

常山（为末）一钱八分（酒拌），加入乌梅肉四个。研烂为丸，为截疟疾之良药。

（圭按）截疟以常山为最；柴胡次之；青蒿清疟热；首乌疗虚疟；草果化疟痰；雄黄灭疟虫，俱有奇效。本方以常山、乌梅配合为丸，可免吐呕之弊。

久疟全消方倪涵初

疟疾缠绵日久，左胁结成疟母。

威灵仙、蓬莪术、炒麦芽各一两，生首乌二两，金毛狗脊八钱，青蒿子五钱，飞黄丹、穿甲片、炙鳖甲各五钱，用山药、饴糖各一两，加水捣匀为丸。每用三钱，半饥时服。

（圭按）疟久脾必肿大，故以鳖甲、莪术、山甲消之；疟久体虚，故以首乌、狗脊补之；疟久寒热已轻，故仅用青蒿、灵仙已足；时珍云："黄丹能杀虫。"殆以此物为铅、硫黄、硝石炼成；硫黄含砒，故能杀虫耳。

（乃津谨按）年来疟疾残害国人，至深且巨，今秋韶地恶疟流行，剧烈者十数小时即不治，至今入冬不杀。此时西药如奎宁、阿的平、扑疟母星、九一四之类，效力虽大致较中药为捷，凶险者有效亦有不效。无论普通疟疾，或严重之恶疟，余喜在可能范围内中西混合并投，效速而确。惜医家病家能信心乐用之者殊鲜耳！若为环境所限，则单用中药亦无不可。恶性疟疾症状大致俱如沈师"清瘴汤"节下所云。今年韶地流行者，病者百分之四十强，常诉腰痛，眩晕不能起坐，坐即立倒，神经朦昧，或竟昏迷，脉弦细（或大）虚数，此时纯用中药，于"清瘴汤"诸味中加入淮山、萸肉、狗脊、元参、钩藤等，再予紫金锭一钱，紫雪丹三四分，俾分三次服。此等症状，石膏极不相宜，往有服后旋觉足软，头眩更甚者。虽有高热，只可以滑石、茅根代之。如此出入为剂，非极沉重，或病者躁急惶惑，胡乱投医吃药，甚少不愈。本节所列各方，皆沈师经验有得慎选而成，绝非凭空杜撰者可比。合鄙说而观之，治疟之道当可以无大过矣。

痢疾（地方性赤痢）

痢下纯血

苦参子（即鸦胆子）七粒，以桂圆一张包之。七包为一日量，分三次服。

（圭按）苦参子味苦性寒，为凉血解毒之要药。用治热性赤痢，洵属对症良药。唯以桂圆衣包，不若以豆腐衣包。盖肠中湿热方炽，不当以补药助邪也。

热痢脓血

白头翁、北秦皮各三钱，黄柏一钱，黄连五分。水煎服。

（圭按）此方出张仲景《伤寒论》，原治协热下利。白头翁、北秦皮、黄柏、黄连，性俱苦寒。寒以清血分之火，苦以燥脾家之湿。湿热为痢之病源。湿热铲除，下痢自瘳。且秦皮能固下焦，黄连堪厚肠胃，于清热之中寓固涩之意。余疗赤痢，则用是方，奏效甚确也。

（王一仁按）要以脉滑数、苔黄有热而不挟滞者为宜。挟虚挟寒腹痛者忌之。

痢疾效方

广木香四两，苦参六两（酒炒为末），将甘草一斤煎膏和丸，如桐子大。每服三钱。

（圭按）苦参大苦大寒，既能消肠中之炎，又堪杀痢疾之菌，用之为君；木香辛温除后重；甘草甘平和中宫，所以佐君药以立功也。

（王一仁按）若有积滞腹痛者，宜加消导药参合用之。

噤口痢方

老藕捣汁煮熟，稍和砂糖频服。

（圭按）下痢而至不能食，此胃气已竭之征也。然大剂补药，又非虚甚者所能受。故必以甘平养胃之品如藕汁者，缓缓调补。冀其胃气一复，而后可以收敛剂止其痢也。

痢疾初起

葛根（炒）、苦参、陈皮、陈松萝茶各一斤，赤芍（酒炒）、炒麦芽、炒山楂各十二两，研细末。每服四钱，水煎，连末药服下。小儿减半。忌荤腥、面食煎炒、闭气、发气诸物。

（圭按）痢之病原，总有先感暑热，继食生冷。暑热为阴寒所遏，遂郁伏肠间而成痢。故以葛根鼓舞胃气；陈茶、苦参清化暑湿；麦芽、山楂以消宿食；赤芍行血则便脓愈；陈皮调气则后重除。唯只宜于腹不胀痛者。盖无腹满拒按之症，便不须下也。

痢疾身热

葛根钱半，黄芩一钱，黄连五分，甘草八分。水煎服。

（圭按）痢疾无表证者易治，有表证者难治。所谓表证者，即除大便下痢之局部症状外，复有身热怯寒，头痛脉浮之全体症状也。是项全体症状，最为治疗之掣肘。盖以下剂荡涤肠垢，则表邪即有内陷之虞耳。本方以芩、连治痢，即以葛根解表。内外合治，并行不悖。

（王一仁按）若寒热头痛无汗，表证重者，宜参用败毒散。久痢不止，石榴皮烧灰存性，研末，米汤调下二钱。

（圭按）初痢必兼通下，久痢则当止涩，此治痢大法也。石榴皮味酸气温，涩肠止痢，功与御米壳、赤石脂相若，故克治之。

呼吸系病

咳嗽（气管支炎）

感冒咳嗽

玉桔梗（炒）、紫菀（蒸）、百部（蒸）、白前（蒸）、荆芥各二斤，陈皮（水洗，去白）一斤，甘草（炒）十二两。共为末。每服三钱，开水调服，食后临卧服，初感风寒，生姜汤调下。

（圭按）程钟龄云："余制此药普送，只前七味，服者多效。"余云岫云："此方治感冒性咳嗽有效。"

咳嗽不已

款冬花、百合（蒸焙）等分。为细末，炼蜜为丸，龙眼大，每服一丸。

（圭按）此方名百花膏，见《济生续方》，治喘嗽不已，或痰中有血。

解表止咳

麻黄（去节）、芍药各三钱，五味子一钱半，干姜二钱，炙甘草钱半，细辛一钱半，桂枝（去皮）三钱，半夏三钱。

（圭按）此即仲景“小青龙汤”，为发表镇咳之主剂，风寒挟饮咳嗽之主方。《方函口诀》云：“又用于溢饮咳嗽，其人咳嗽喘急，遇寒暑则必发，吐痰沫，不能卧，喉中涩。此为心下有水饮，宜此方（指小青龙汤）。”溢饮咳嗽，即痰饮喘咳而兼头面手足微肿者，其人以下十九字，乃痰饮之通共症状，痰饮即今所谓慢性支气管炎。此病既成，颇难根治。不但小青龙汤只奏一时之效，既他方亦莫不如是。兹将本方对痰饮之施用鉴别，揭櫫于下：

痰饮　实证——小青龙汤

　　　虚证——金匮肾气丸

痰饮　挟风寒外邪者——小青龙汤

　　　无风寒外邪者——苓甘五味姜辛夏仁汤

痰饮咳嗽

茯苓三两，甘草一两，五味子一两，干姜一两，细辛一两，瓜蒌三两，杏仁三两。酌量加白蜜熬膏。

（圭按）此即苓甘五味姜辛夏仁汤，以瓜蒌易半夏，见《类聚方广义》。谓痰饮家平日苦咳嗽者，用之甚效。此方之功用，主为镇咳，兼能化痰。痰饮家所苦，厥为咳喘多痰，故用之有效。汤本求真以为苓甘五味姜辛夏仁汤于老人慢性支气管炎兼发肺气肿者，得伟效。慢性支气管炎即中医所谓痰饮，青年得此病者盖寡。肺气肿系饮病延久失治所致。

咳逆上气

射干二钱，麻黄三钱，生姜三钱，细辛钱半，紫菀二钱，款冬花二钱，五味子钱半，大枣五枚，半夏三钱。

（圭按）此即《金匮》射干麻黄汤。治咳而上气，喉中水鸡声。《方函口诀》云："此方用于后世所谓哮喘水鸡声，形容哮喘之呼吸也。"合射干、紫菀、款冬之利肺气；麻黄、细辛、生姜之发散；五味子之收敛；大枣之安中。成一方之妙用。夐胜于西洋合炼制药。陆渊雷云："故知厚朴麻黄汤，治咳逆上气，胸满而痰不多者。射干麻黄汤治咳逆上气而痰多者。"余谓本方之麻黄、射干皆能定喘（麻黄有止喘之功，无待赘言。射干《本经》治咳逆上气。上气即喘也，大明治气喘）；紫菀、款冬皆能镇咳；姜、味、辛、夏为镇咳化痰要药。故《方函口诀》及陆渊雷佥以本方为治咳喘之剂也。

止咳定喘

白蜜、胡桃肉各二斤。先捣胡桃（肉），入蜜拌和，隔汤燉熟，开水冲服，不拘时。

（圭按）胡桃温肺，治虚寒喘嗽；蜂蜜为缓和药，兼有滋养之功。此方治老年虚喘。胡桃勿去衣，去衣寡效。

咳痰不松

桔梗二钱，甘草一钱，浙贝母、杏仁、百部各三钱，远志、前胡各钱半。

桔梗甘草即《金匮》"桔梗汤"，治肺痈。肺痈固非桔梗汤所能为力，但甘、桔确有化痰作用；远志祛痰；前胡清热降气；

杏、贝乃止咳化痰之常品；百部，《别录》云："治咳嗽上气。"时珍云："百部气温而不寒，寒嗽宜之。"纵观各药性效，此方盖治支气管感冒而无寒热者。对于咳痰不松者尤宜。杭州民生药厂之"安嗽精"，即以桔梗、甘草、川贝、远志等制成液汁，销行遐迩。两方相较，此优于彼矣。本方见叶橘泉编《丹方汇报》，殆系流传民间之验方也。

肺虚咳嗽

寸冬钱半，五味、甘草、前胡、百合各一钱，川贝三钱。水煎。此方须连服八九剂。

（主按）川贝、寸冬润肺；百合止嗽；五味敛气；前胡降逆。从药测证，可知本方系治肺虚有热者，故投以清润，咳止痰稀。若虚寒证，仍应禁忌。

化痰止咳

杏仁三钱，苏子三钱，川贝三钱，蒌仁三钱，半夏三钱，陈皮二钱，茯苓三钱，甘草一钱，细辛一钱，干姜一钱，五味一钱。

（主按）此方拙拟。系杏苏二陈丸加蒌贝并味姜、辛。二陈丸为化痰之通用方，加杏、苏以降气；蒌、贝以润肺；味、姜、辛以镇咳。但此方虽有蒌、贝之凉润，仍不敌姜、辛之温燥，故热咳在所不宜。曩在青木关中医施诊所，监制成方数种，临证施送，内唯杏苏蒌贝二陈丸独早赠罄，盖服者多效，索者乃增。今此方有味、姜、辛之镇咳，逆料其治效，必尤胜于杏苏丸也。

降气止喘

麻黄八分（凡使麻黄均须先去沫），炙款冬、杏仁各钱半，白果三粒（去壳打碎），炙紫菀钱半，制川朴一钱，炒苏子、姜半夏各钱半，甘草八分。

（圭按）此方从章次公《中华药物学》录出，主治气喘。麻黄、白果治喘专药；厚朴去胸满；杏、苏降肺气；紫菀、款冬镇咳逆；半夏化痰涎。此方功用，定喘镇咳兼俱。对痰饮倚息不得卧者，自投无不验也。

吐血（肺出血）

《评琴书屋》方

治阴虚阳亢之吐血。

生地八钱，茅根四钱，黑山栀二钱，天冬三钱，茜草根一钱，甘草五分，生柏叶二钱，鲜藕节三个。

加减法：服后血不止，加生莲叶三钱，生艾叶三钱，炮姜五分，童便一盏，三七末七分；如脉数甚，加犀角、黄柏、丹皮；轻证可任加旱莲、女贞、黑豆皮、浮小麦、麦冬、桑寄生、知母；如无外感，酌加鳖甲、龟板、玄参、怀牛膝、秋石；咳而胸胁引痛者，加冬瓜仁、米仁、苏子、降香、桃仁、红花，去甘草；先胸痛，后吐血，血黑成块者，加桃仁、丹皮、香附（醋炒）、大黄，去甘草。

止血丹《洄溪秘方》

驴皮胶二两（炒），百草霜一两，白及四两（炒炭），三七一两（焙），炙甘草六钱，蒲黄一两（蜜炙），桑皮、大黄各一两，艾绒、血余各六钱，丹参、侧柏各一两。上细研，每服二钱，童便调服，或茅根汤送下，或加琼玉膏，调藕汤中送下更妙。

吐血神验方《千金》

专治吐血，百发百中。

生地一两，大黄末五分。先煎地黄，去渣，入大黄末，调和。空腹饮之。

（圭按）地黄甘凉，为凉血补血药；大黄苦寒，为凉血消瘀药。吐血多属火证，凉血自属正治。

三黑神效散

治吐血。

丹皮（炒黑）四钱，焦栀仁四钱，蒲黄（炒黑）一钱，酒生地六钱，川贝三钱。水煎。加藕汁、童便各一盅为引。

（圭按）丹皮凉而散血；蒲黄凉而止血；生地凉而养血；栀子清肺胃之火；川贝散郁结之气；复益以童便、藕汁之止血。宜乎其有神效也。

柏叶汤《千金》

治吐血不止。

柏叶五钱，干姜三钱，艾叶三钱，阿胶四钱，童便一盏。上四味，先熬前三味，次纳胶烊化，滤汁去渣，和入童便。每服一杯，日服三次。

（圭按）柏叶，《别录》载治吐血、衄血；艾叶，《别录》载作煎，治吐血、下痢；干姜，《别录》载温中止血；阿胶，时珍云“疗吐血、衄血”，朱震亨云“滋阴降火甚速”。《方函口诀》云：“此方为止血专药”；陆渊雷云：“柏叶、艾叶、干姜、马通（《金匮》柏叶汤治吐血不止，药为柏叶、干姜、艾叶三味，另以马通汁和服。《千金》治吐血内崩，上气、面色如土方，多阿胶一味，亦以马通汁和服。今易马通为童便），《本经》皆明言止吐血。本条经文（即柏叶汤条文）亦云吐血不止，可知意在止血，无寒热之意存焉，唯吐血热证显著者，本方（即《金匮》柏叶汤）有所不宜。则葛可久花蕊石散（花蕊石研细，童便冲服）、十灰散（大蓟、小蓟、茅根、椶皮[1]、侧柏、大黄、丹皮、荷叶、茜草、栀子等分为炭）之类亦可用也。”综观柏叶汤诸药之功效，及《方函口诀》、陆渊雷氏之解说，可知本方以积极止血为目的。若无显著之热证，可放胆用之。苟热证显著，吾意犀角地黄汤（犀角、地黄、芍药、丹皮治鼻衄吐血、内余瘀血），较花蕊石散、十灰散尤妥。四生丸（生荷叶、生艾叶、侧柏叶、生地等分。捣烂，丸如鸡子大，每服一丸。水煎，去渣服。治吐血、衄血，血热妄行）亦妙。因前方药性俱凉，后方有生地之凉血，堪济柏、艾之性温也。

《圣惠方》治吐血不止，单用柏叶为末，米饮服二钱。一方用鲜柏叶捣汁，一碗，入贯众末二钱，血余炭五分（二味皆有止血作用）。重汤煮一炷香，取出待温，入童便一小盅，黄酒少许，频频温服。可见柏叶止血超越常品。性虽温燥亦不妨暂用，以蕲速效也。

中医之止血药，有含鞣酸者，有含钙质者，有含胶质者。柏叶汤之为止血专药，殆以方中含鞣酸及胶质甚丰故耳。

验　方

治吐血。

蛤粉五钱，阿胶四钱，三七一钱，藕汁二杯，白蜜一匙。上五味，先将蛤粉布包熬汁，去蛤粉，入阿胶融化，次入藕汁、白蜜调和。分二次温服。

（圭按）此方系照陈果夫先生经验方加三七一味。因阿胶配以三七，有止血化瘀之功用。李时珍云：“蛤蜊粉者，海中诸蛤之粉，以别江湖之蛤粉、蚌粉也。今人指称，但曰海粉、蛤粉。寇氏所谓众蛤之灰是矣。近世独取蛤蜊粉入药，然货者亦多众蛤

---

①　椶皮：棕榈皮。

也。大抵海中蚌、蛤、蚶、蛎，性味咸寒，不甚相远。功能软散，大同小异。”考蛤蜊粉之功用，如化痰清热，定喘嗽，利小便，治遗精、带下，皆与钙剂之功用相类，则蛤粉必含有钙质也；至藕汁之含鞣酸，阿胶之为胶质，已无疑问。故此方为钙质、胶质、鞣酸之混合制剂。用以止血，自有良效。三七祛瘀生新，用于止血方中，可无留瘀之患。唯生用性颇猛烈，熟用性方和缓，爰将治法附载于次。用强健人乳一茶杯，将三七（不拘多寡）浸入乳汁内，在饭甑内蒸透，夜间露天井中，如是者九次，以乳汁蒸干为度。另用新瓦（去火气）焙干，研极细末，以小口瓷瓶贮藏之，不另泄气（节录《汉和药报》创刊号）。

白　及　汤

治内伤吐血。

白及一钱，茜草一钱半，生地五钱，丹皮、牛膝各三钱，广皮一钱，归尾三钱，荷叶蒂为引。

（主按）此方凉血降火、止血祛瘀之品兼收并蓄，治内伤吐血之通则也。

（乃津谨按）本节各方，皆对肺出血而发。肺出血与胃出血，在吐血一证之鉴别诊断上甚为重要。盖肺出血之主要常见病为肺结核，胃出血之主要常见病为胃溃疡。二者之区别，在实地上至不能轻视。今略述其不同之点如下：

（1）未出血之前症状不同：肺结核有咳嗽、痰、热等；胃出血先有胃溃疡症状如胃痛、呕吐等。

（2）出血之种类不同：肺出血之出现，常因咳嗽；胃出血之出现，常因呕吐。但亦有无咳嗽、呕吐而突然咳出或吐出者，且咳出与呕出二者有时不易断定，事实上双方往往并存。呕吐之剧烈者可引起咳嗽，肺出血咽下之血液偶亦能引起呕吐，故医者在吐血中属于咳血或呕血，不可不细心详辨。

（3）血液之性状不同：肺出血大多鲜红而有泡沫，不易凝固；胃出血之血液大抵呈暗赤色，杂有食物之残余，一部分结成块状。

（4）出血以后之症状不同：肺出血一旦发生，以后数日中尚多排出纯血性或带血之痰；胃出血则其下次之粪便必因含有分解之血液而呈黑色。

（又按）肺结核中法用药大纲，医界中今仍稍有若干之不同之意见。有主建中法者，有主养阴法者。沈师来函有云："谭次仲大作：《肺病自疗法》以建中疗肺病，实有错误。虽系名家伟著，亦难赞同。黄坚白兄已作书与之讨论，拙作《中医经验处方集》选吴球大造丸为长服方，则甘寒养阴法之一种也。"谨按：肺结核在学理与经验上皆不宜建中。其言颇繁，不能在此详述。余最近有两友人，曾因读某方书以建中疗肺病（以建中疗肺病当然不自谭先生始），自服建中反增剧。其一从连县来书，其一则特由马坝亲自到韶商讨并求疏方，皆以甘寒清润而轻减。观此两例自可略概其余。谭先生在学术界之伟论素所钦佩，于此则事关病人生命与中医信誉，不可不以力正。谭先生今方对肺病特别用力研究，不知其肺病用建中之说出自学理欤？出自经验欤？如为理论，则个人仅凭书本上之推测，实不能绝对可靠；如属经验，则适用建中之肺结核症状为何如，余欲领教之！

劳瘵（肺痨）

长服补方

大造丸：紫河车一具，男用女胎，女用男胎。初生者，米泔洗净，新瓦焙干，研末。或以淡酒蒸熟，捣晒研末，败龟板（童便浸三日，酥炙黄）二两，黄柏（盐、酒浸，炒）一两半，杜仲一两半，牛膝一两二钱，生地二两半，入砂仁六钱，白茯苓二两。绢袋盛，入瓦罐酒煮，去茯苓、砂仁不用，杵地黄为膏听用，天冬、麦冬、人参（宜用西洋参）各一两二钱。夏月加五味子七钱。各不犯铁器，为末，同地黄膏入酒米糊丸，如小豆大。每服八九十丸，空心盐汤下。女人去龟板，加当归二两；男子遗精，女子带下，并加牡蛎粉一两。

（按）河车即人胞，古人用治虚劳。天冬、生地、龟板、杜仲、牛膝，皆补肝肾；人参、麦冬、五味保肺生津；黄柏苦寒，河车甘温，二药合用，性乃和中。

潮热劳嗽

秦艽扶赢汤：柴胡一钱，秦艽、鳖甲、地骨皮、当归、人参各钱半，紫菀、半夏、炙甘草各一钱。水煎。

（圭按）此方具退热祛痰、护持体力诸作用，故潮热、盗汗、咳嗽、体倦者，持续服之甚佳。方中药量甚轻，逐渐增加可也。

咳嗽吐血

干咳无痰：臞仙琼玉膏：人参六两，生地四斤，取汁，茯苓十二两，白蜜二斤，沉香、琥珀各钱半。熬膏。每服四钱，开水冲服。

痰味腥臭：加味獭肝散：獭肝钱半，桔梗二钱半，犀角一钱，牛黄、甘草各五分。为丸。每服一二钱。

（圭按）獭肝散含维他命甲，能增加抵抗力；犀角、牛黄消血中毒素；桔梗祛痰。

咳嗽气喘：水晶桃：胡桃仁、柿霜饼各一斤。先将胡桃蒸熟，再与柿霜饼同入一器蒸之，融化为一。晾冷随食。

（圭按）《本草》称胡桃止喘；柿饼止咳。盖二物均含单宁酸故耳。

痰血

（1）白及三钱，藕节二钱。研末。开水送服。

（圭按）白及含植物性胶质；藕含单宁。故有止血作用。

（2）阿胶五钱，三七钱半。研末。将阿胶加水煮烊。分二次送服三七末。

（圭按）阿胶为动物性胶质；三七有止血行瘀之效。

咯血

（1）生梨一个（去心），柿饼二个，红枣二个，荷叶一张，鲜藕一斤。打汁。前四味煎汤，冲藕汁服。

（圭按）此方之主药为藕汁，有收敛止血之力。

（2）仙鹤草六钱，红枣十六枚。水六杯，煎至一杯。

滋养食物

所谓滋养品者，乃在改善病人之营养，使其抵抗力日增，而达治愈之目的也。兹将本病最宜之食品列举于次：

兽肉、鸟肉、鱼肉、鲜蔬鲜果；水族中之甲鱼；干果中之胡桃（与黑枣肉合捣为泥，味殊甘美）、长生果（此物消化不易，切勿多啖），以及百合、绿豆（二物煮汤饮）；银耳、燕窝、海参、淡菜、豆浆（以大豆、落花生、胡桃三物制成之浆，功同牛乳，味亦腴美。食时若加打松鸡卵一二枚，或枇杷叶一二匙尤胜）；牛乳（可和以桂圆汁、柠檬露）、鸡卵（打松，以热粥调食，尤易消化）、肉汁等类。皆宜用为日常食料，并常变换烹调。多餐少食，则虽胃弱之病人，宜无虑积滞矣。

消化系病

胃痛（神经性胃痛）

治九种心胃气痛方

因受风寒而痛者尤效。

五灵脂二钱，公丁香（不见火）四分，明雄黄四钱，白胡椒四分，巴豆（去油）四分，广木香（不见火）四分，红花子、枳壳各二钱。为极细末。瓷瓶收贮，勿泄气。每服五分，连津咽下，一时内勿饮茶。

（圭按）方见鲍氏《验方新编》。破血散气，乃治胃痛之重剂。

梅　蕊　丸

治肝胃久痛，诸药不效，或腹有癥瘕。此方皆验。孕妇慎用。

绿萼梅蕊三两，滑石七两，丹皮四两，制香附二两，甘松五钱，莪术五钱，远志二钱半，山药、木香各钱半，桔梗一钱，甘草七分，人参、嫩黄芪、砂仁、益智仁各三钱，茯苓三钱半。研末。白蜜十二两，捣丸，龙眼大，白蜡封固。每服一丸，开水送下。

（圭按）方见《潜斋医学丛书》。补脾胃，利气血。治远年胃痛脾虚胃弱者。

调　中　散

治诸般腹痛奇方。

牡蛎六两，甘草、丁香、玉桂、胡椒各二两。

（圭按）牡蛎解胃酸之过多；桂、椒止痛；丁香平呕。实神经性胃痛之良方也。

（乃津谨按）胃痛见于多种之胃病。主要者为胃神经痛、酸过多症、胃溃疡、胃癌等。酸过多症与胃溃疡有密切关系。胃癌痊愈者极少。神经痛则一过性之，治愈不难，根治殊不易。胃溃疡之治法，中医最宜注意，稍一不慎，甚易召来物议。各种胃痛鉴别法，为临床医家及医学常识上不可不备之知识。略述如下：

胃溃疡、十二指肠溃疡及酸过多症：上列数病疼痛之发作与食物至有关系，食后立即发生，或一小时内发生，过冷过热及固形食物均易引起疼痛者，多为胃溃疡。其痛常限于心窝部，时因体位之变换增减（例如幽门部溃疡，则右侧卧时剧痛，左侧卧较和缓），不能任重压，倘摄食后二三小时，在胃内容物将已空虚之际发生疼痛，则以单纯性之过酸症或十二指肠溃疡为多，往往可再食物而痛减。过酸症以液体食物，十二指肠溃疡以稍近固体之食物，尤多易发生作用，略能任重压。过酸症常有吞酸嘈杂等并发。十二指肠溃疡与胃痛合并发生之症状，与胃溃疡大致相同。

胃神经痛：疼痛之发作与食物无关。无论空腹或饱食，过冷过热及食物之形质如何，均无影响，疼痛常先起于心窝部，逐渐向背部左侧、肩、胛、脐部、季肋等处放散，加以强压，则见轻快，发作时间无定，忽然而来，忽然而止。此外胃神经痛发作之前，常有胃部膨满感，嗳气，恶心，呕吐涎液，分泌亢进，精神违和或亢奋，头痛、眩晕等前驱症。胃溃疡则常有吐血，或潜在出血压痛点等。能注意胃溃疡与胃神经症，其他症状诊断亦自不难。

胃溃疡之治法，以被护胃黏膜，镇痛安静，避免一切刺激为要旨。酸过多症，当注意中和胃酸及健胃镇痛。胃神经痛，以镇痉镇痛，麻醉神经为主。本节所述各方，胃神经痛当有效，后方调中散，过酸症亦可有效。胃溃疡之首要，即在安静。各方皆含刺激品，能否收效，不言可喻。

呕吐（胃炎）

镇逆通阳法

治肝气犯胃，呕吐酸水。

代赭石四钱（打碎），旋覆花三钱（包煎），瓜蒌三钱，薤白二钱，半夏三钱，生姜三片，茯苓三钱，竹茹三钱，橘皮一钱半，左金丸一钱，金铃子三钱，金石斛三钱。

（圭按）此系先师王香岩经验方，隐括代赭石旋覆花汤、橘皮竹茹汤、小半夏加茯苓汤、左金丸、瓜蒌薤白半夏汤诸名方。确有降胃逆、止吐酸之功。余尝用之，非虚语也。

治胃气疼痛，呕吐清水

高良姜二钱，杭白芍四钱，薤白（酒炒）三钱，制香附、姜半夏、白术各三钱，云茯苓、代赭石各四钱，左牡蛎五钱。

（圭按）本方与前方同治胃病呕吐，但此方之主证为痛，前方之主证为呕。大同之中，不无小异。良、附、芍药，正为痛而设也。

治呕吐、吞酸、干呕，兼治反胃恶阻

雅连四分，苏叶三分，灶心土三钱，生姜二钱。

（圭按）黄连、苏叶之方，本治湿热证呕吐不止，见薛生白《湿热病篇》。今复益以灶心土、生姜，止呕之力自更巨矣。

不能食（消化不良）

瑞 连 丸

补元气，健脾胃，进饮食，治泄泻。

人参二两，土炒於术三两，白茯苓二两，炒山药二两，炒莲肉二两，炒芡实二两，酒炒白芍一两，陈皮一两，炙甘草五钱。上为末，用猪肚一个煮烂，杵千下，入药末捣和为丸，如梧桐子

大。每服三钱，米饮下。

健脾消食丸

治脾胃虚弱，纳谷不香，胸次满闷，嗳气嘈杂，舌苔垢腻，口臭口腻，大便或结或泻。

陈皮一两，焦麦芽四两，焦於术三两，川朴五钱，神曲三钱，鸡内金三两，木香五钱，枳实（壳）一两半，蔻仁五钱，炒米仁四两，茯苓三两，山楂三两，莲肉四两，潞党参三两，甘草五钱，山药四两，半夏三两，扁豆四两，柏子仁三两。上十九味，研末，水丸，如梧桐子大。每饭后嚼服二钱。

（圭按）前为古方，后系拙拟，同为扶助消化之剂。但前方专培后天，后方寓补于消，故脾胃虚而不甚者宜后方；脾胃大虚，不胜消导者宜前方。

泄泻（大肠炎）

葛粉十两，黄柏、党参各二钱半，胡椒五钱。上为粉末，混合。每次一食匙。

（圭按）胡椒、党参皆健胃药；葛粉含淀粉，为包摄药，对于肠部，有避免刺激、减少蠕动之功；黄柏在胃促进其食欲，在肠消退其炎症，与葛粉共奏止泻之效。

半夏泻心汤

治上吐下泻。形似霍乱，但胸痞腹痛，苔黄粪臭。溺短赤为异，中土谓之热霍乱，实即急性肠炎也。

半夏、黄芩各三钱，黄连一钱，太子参一钱，生甘草六分，大枣三枚，干姜一钱。

（圭按）此方无偏热偏寒之弊，有止吐止泻之功。非燃照、蚕矢诸汤所能及也。

肠痈（盲肠炎）

大黄牡丹皮散合薏苡附子败酱散

治腹部剧痛，痛处在右腹角，红肿有块，右足不能伸直。

生大黄三钱，芒硝二钱，桃仁三钱，冬瓜仁五钱，薏苡仁五钱，丹皮三钱，附子一钱，败酱二钱。兼服六神丸，外敷余氏消炎止痛膏。

（圭按）二方皆治肠痈，今合为一方，其效更胜。排脓祛瘀，通利大肠，为脓未成之主方。若脓已成，薏苡附子败酱散合排脓散主之。

痔漏及下血（痔瘘）

脏　连　丸

治肠风脏毒，诸痔，赤痢，肠痈。

黄连八两，槐米、地榆各三两，苍术、枳壳、香附各一两，防风、牙皂、木香各五钱。用猪大肠一具，以糖、盐各半，擦去秽，蒸烂，捣和为丸，晒干。空心开水送下二三钱。另以苦参子去壳，吞服二十粒。分二次服，尤效。赤痢以白头翁汤送下。

（圭按）大便下血，轻者为肠风，浊者为肠毒，皆因大肠热结所致。《内经》云："阴结，便血是也。"此方以黄连、苦参子、槐米、地榆清火凉血；皂角、枳壳、香附、木香利气开结。正合经旨。痔瘘、赤痢亦大肠积热为患，故并主之。唯此方治以上四证，只宜初起；若病已延久，气血交虚，苦寒破泄，非所宜矣。

便秘

四物润导汤

治男人精血不足，妇人气血干枯，大肠失润，便结不行。

生地四钱，油当归四钱，白芍二钱，川芎一钱，松子仁五钱，柏子仁三钱，肉苁蓉四钱，甘杞子三钱，人乳一杯（冲）。

程钟龄云："余尝治老人便秘，数至圊而不能便者，用四物汤及滋润药加升麻，屡试屡验。"

（圭按）治虚秘如二冬膏（阴虚）、半硫丸（阳虚），皆属名方。又《傅青主男科》大便不通用熟地、元参、升麻、火麻仁、牛乳，与本方仿佛也。

虫积（肠寄生虫病）

榧子数斤。陆续去壳，炒香，每晨空心啖一二十枚。一月之后，其虫尽去。

（圭按）顾氏《本草必用》云："榧子不问何虫，小儿空心食七枚，大人食二十一枚，七日虫皆死而出矣。"此方简便有验。又常食大蒜，驱虫亦效。

泌尿系病

水肿（肾脏炎）

疏凿饮

行水消肿，为实证之直捷治法。

商陆、茯苓皮、大腹皮、泽泻、木通、赤小豆、羌活、秦艽、槟榔、椒目。以上等分。生姜皮、大枣水煎。

实脾饮严氏

温补脾肾，行气消肿。主治虚证肿胀，便溏纳少。

白术、茯苓各三钱，甘草五分，煨附子二钱，炮姜、厚朴、草豆蔻各一钱，木瓜二钱，槟榔三钱，木香一钱，生姜三片，大枣三枚。

沈金鳌曰："水肿有阴阳之别。阳水多外因，其肿先现上体，其脉沉数，其证兼发热烦渴，溲赤便秘。轻则四磨汤、五苓散，重则疏凿饮子。阴水多内因，其肿先现下体，其脉沉迟，其证兼身凉不渴，溲清便利或溏，宜实脾饮。”

麻附五苓散

治周身水肿。

猪苓、茯苓、白术各三钱，泽泻三钱，肉桂一钱，麻黄（先煎去沫）、附块各二钱。水煎。

沈金鳌云：“业师庆曾先生尝谓余曰：肿胀门唯水病难治。其人必真火衰微，不能化生脾土，故水无所摄，泛溢于肌肉间。法唯助脾扶火，足以概之。而助脾扶火之剂，最妙是五苓散。肉桂以益火，火暖则水流；白术以补土，土实则水自障；茯苓、猪苓、泽泻以引水，则水自渗泄而可不为患。每见先生治人水病，无不用五苓散加减，无不应手而愈，如响应者。”观沈氏此段记载，可知五苓散为水肿之通用方。随证化裁，损益至当，自奏水去肿消之效。今于五苓散中更加麻黄以泄水；附子以温肾。则其行水消肿之力，必较原方更大。

桂姜草枣黄辛附子汤仲景

治水肿、肢冷、恶寒、身疼。

桂枝三钱，生姜三钱，甘草二钱，大枣十二枚，麻黄（先煎去沫）、细辛各二钱，附子一枚（炮）。水煎。

（圭按）本方《金匮》原治水饮，今借治水肿自无不合。麻、附、细辛皆能逐水；桂、附、生姜又堪温经散寒。故用本方以治阴水，诚如丽日当空，阴霾全消矣。

鸡矢醴《素问》

治心腹满，旦食不能暮食，名为鼓胀。

羯鸡矢八合，研，炒焦。无灰酒三碗。上共煎干至一半许，用布滤取汁。五更热饮则腹鸣。辰巳时行二三次，皆黑水也。次日觉足面渐有皱纹。又饮一次，则渐皱至膝上而病愈矣。

李时珍曰："鼓胀生于湿热，亦有积滞而成者。鸡屎能下气消积，通利大小便，故治鼓胀有殊功。此岐伯神方也。醴者，一宿初来之酒醅也。"

（圭按）鸡矢宜雄鸡者，在腊月预收。用时取干鸡矢半斤，袋盛，以酒醅一斗，渍七日。温服三杯，日三。或研为末，酒下二钱。

煨肾散《肘后方》

治身面洪肿。

甘遂二钱（生研为末），以豮（雄）猪腰一个（细披破）。入末在内，湿纸包煨（荷叶更好），令熟。温酒嚼服。平旦服，至四五服，当觉腹鸣小便利，是真效也。

（圭按）甘遂苦寒有毒，治面目浮肿，为泄水圣药。

绿豆附子汤《朱氏集验方》

治十种水气。

绿豆二合半，大附子一支（去皮脐，切作两片）。水三碗，煮熟。空心卧时食豆。次日将附子两片作四片，再以绿豆二合半，如前煮食。第三日别以绿豆、附子，如前煮食。第四日如第二日法煮食。水从小便下，肿自消，未消再服。忌生冷、盐、酒六十日，无不效者。

（圭按）此方有强心利尿之效。

赤豆商陆汤苏颂

治水气肿胀。

赤小豆五合，大蒜一颗，生姜五钱，商陆根一条。切碎，同水煮烂，去药，空心食豆。旋啜汁令尽，肿立消也。

（圭按）赤小豆，《本草经》云：下水肿，《别录》云：利小便；商路通二便，泄水尤神；佐以大蒜之辛温健胃。自奏水去肿消之捷效也。

麻豆汤《千金翼方》

治偏身肿，小便涩。

麻黄三钱，乌豆十二两，桑根白皮六钱。上三味水煎。

（圭按）乌豆即黑大豆，《别录》云：逐水胀。《唐本草》云：治温毒水肿；麻黄发汗利水，并擅胜长；桑皮，时珍云：长于利小水，合发汗利水之力，以成消肿之功。麻黄如用大量，易致妨碍心脏。故此方宜于肾脏炎之水肿。

徐大椿云：水肿之病，千头万绪。虽在形体而实内连脏腑。不但难愈，即愈最易复病，复即更难再愈。所以《内经》针水病之穴，多至百外。而调养亦须百日。反不若鼓胀之证，一愈可以不发。治此证者，非医者能审定病症，神而明之，病者能随时省察，潜心调养，鲜有获痊者。

程国彭云：水肿既消之后，宜用理中汤健脾实胃。或以《金匮》肾气丸温暖命门（理中、肾气为阴水病后调理之剂）。或以六味加牛膝、车前，泄肾水，清余热（此为阳水病后调理之剂）。庶收全功。

（圭按）：泄水之法，不外发汗利尿两道。如麻黄、羌活、防风、柴胡、牛蒡子、葱白、忍冬藤之类，皆可开鬼门。如泽泻、木通、香薷、灯芯、冬葵子、蜀葵子、葶苈、防己、昆布、海藻、海金沙、赤小豆、茯苓、猪苓之类，皆可洁净府。上下分消，水气自去。至泄水猛药，莫如甘遂、芫花、大戟、商陆、续随子等味，以其性猛，中病即止，并须注意调理，方无复发之虞。

运动器病

痹（关节炎）

独活寄生汤《千金方》

治风湿痹，偏枯脚气。

独活三两，桑寄生、秦艽、防风、细辛、归身、生地、白芍、川芎、桂心、茯苓、杜仲、牛膝、人参、甘草各等分。上十五味，为粗末。每服四钱，煎服。

（主按）此方以驱风寒为主，但稍寓养血之品，于体虚或久病尤为相宜。

行痹主方顾靖远

风气胜者为行痹，不拘肢体上下左右，骨节走痛。或痛三五日，又移换一处，日轻夜重。或红或肿，按之极热，甚而恶寒喜热。

秦艽、续断、当归、没药、威灵仙各二钱，松节、晚蚕砂、虎骨各四钱，羌活、防风各一钱，桑枝三四两。煎汤代水。煎服。

（加减法）头目痛加甘菊、川芎；肩背痛加桔梗、倍羌活；手臂痛加片姜黄；腰膝脚痛加牛膝、杜仲、川萆薢；筋脉挛急加羚羊角、羊胫骨；红肿疼痛加生地、黄芩。

痛痹主方顾靖远

寒气胜者为痛痹。不拘肢体上下左右，只在一处，疼痛异常。前方加桂枝、倍当归，宜酒煎服。外用蚕砂炒热，绢包熨之，或用牛皮胶同姜汁化贴之。

着痹主方前人

湿气胜者为着痹。肢体重着，不能移动，疼痛麻木。

前方加苍术、茯苓、泽泻、天麻；甚者加白鲜皮；脚膝肿痛加黄柏、防己。

（原注）此病总以通经活血、疏散邪滞之品为主。随所感三气、邪之轻重及见症之寒热虚实，而加以对症治疗的药。其痛痹证，若初感寒即痛者，可用桂枝及酒煎熨贴。久则寒化为热，戒用。虽云痛无补法，然病久痛伤元气，非补气血不可，参、芪、白术、地黄之属，随宜用之。凡治病用药，审明何证，即投何药，须活泼泼的，不必拘定门方药也。

（圭按）顾氏行痹主方，余屡用之，均获良效。

桂枝芍药知母汤

治肢节疼痛，身体魁瘰，脚肿如脱，头眩短气，温温欲吐。陆渊雷云："此方治急性关节炎。"

桂枝、芍药各三钱，甘草、麻黄各二钱，白术四钱，知母、防风各四钱，附块二钱，生姜五钱。水煎。

丹波氏云："桂、麻、防风发表行痹；甘草、生姜和胃调中；芍药、知母和阴清热；而附子用知母之半，行阳除寒；白术合于桂、麻，则能祛表里之湿；而生姜多用，以其辛温，又能使诸药宣行也。"

蠲痹汤《医学心悟》

通治风寒湿三气合而成痹。

羌活、独活各一钱，桂心五分，秦艽一钱，当归三钱，川芎七分，炙草五分，海风藤二钱，桑枝三钱，乳香、木香各八分。水煎服。

加减法：风气胜者倍秦艽，加防风；寒气胜者加附子；湿气胜者加防风、萆薢、米仁；痛在上者去独活，加荆芥；痛在下者去羌活，加牛膝；间有湿热者，其人舌干喜冷，口渴尿赤，肿处热辣，此病久变热也，去肉桂，加黄柏。

（圭按）羌活、秦艽祛风；桂心、归、芎和血除寒；乳、木止痛；桑枝利关节。方颇平妥，治无不合。余尝诊一妇人，患痹痛，手不能高举，疏此汤与之，应手取效。

固春酒《随息居饮食谱》

主治风寒湿袭入经络，四肢痹通不舒，新久都效。

鲜软桑枝、黑大豆、生米仁、十大功劳红子（或叶或南天烛子各四两），金银花、五加皮、木瓜、蚕砂各二两，川柏、松仁各一两。上药盛入绢袋，以烧酒十斤浸之，并加生蜂蜜四两封口，蒸三炷香，置土上七日，每日饮一二杯。病浅者一二斤即愈。

（圭按）各药皆治风湿痛痹，并有利关节、强筋骨之功用。友人于宾贤构斯疾，驰书丐方。余疏此药酒方报之，遂愈。孟英谓一二斤即愈，洵非虚也。

痹俗称痛风，即关节炎。中医治此，以祛风湿，活血脉为常法。如羌独活（祛风）、牛膝、威灵仙（病在腿、足用之）、片姜黄（病在手臂用之）、虎骨、木瓜、桑枝、五加皮、秦艽、米仁、蚕砂、松节、防风、狗脊、杜仲（痛在腰用之）、乳香、没药（痛不止用之）、当归、赤芍（和血）等，皆为痹痛要药。

神经系病

中风（脑溢血）

涤痰宣窍息风法朱仁康

远志、菖蒲、胆星、天虫、半夏、滁菊、郁金、橘红、石决明、钩藤、赤白苓、白蒺藜、竹沥、姜汁、苏合香丸。

（原注）菖蒲、苏合香、远志以宣窍；半夏、郁金、橘红、竹沥以涤痰；滁菊、钩藤、决明、蒺藜、天虫以息风。

息风宣窍涤痰通络法王香岩

羚羊角、滁菊、橘络、蝎尾、胆星、竹沥、半夏、天麻、桑叶、石菖根、茯苓、钩藤、圣济大活络丹。

（原注）羚羊息风靖肝；胆星涤痰宣络；桑叶散风清火；竹沥通络豁痰，得菖蒲为斩关夺门之将；橘络、半夏祛太阴之湿痰；茯苓淡以渗湿；蝎尾祛肝风而通舌窍；天麻、钩藤宣发清阳；大活络丹搜风涤痰开窍，为安内攘外之主帅。

补阳还五汤王清任

主治半身不遂，口眼歪斜，语言謇涩，口角流涎，大便干燥，小便频数，遗尿不禁。

生黄芪四两，归尾二钱，赤芍钱半，地龙一钱，川芎一钱，桃仁一钱，红花一钱。初得半身不遂加防风一钱，愈后仍须间三五日或七八日服一帖。

（主按）此方之主药为黄芪，其功用殆可益气祛风；地龙为清热祛风之品；余药则以活血化瘀为目的。中风初起，宜止血行瘀，相济合施。迨已成半身不遂，不需再事止血，但去病灶之瘀血可也。

镇肝息风汤张锡纯

怀牛膝一两，生赭石一两，生龙骨、生牡蛎各五钱，生杭芍、元参、天冬各五钱，川楝子、生麦芽、茵陈各二钱，甘草钱半，生龟板五钱。如心中热甚者加生石膏一两；痰多者加胆星二钱；迟脉重按虚者加熟地八钱，净萸肉五钱；大便不实去龟板、赭石，加赤石脂一两；手足瘫痪者加桃仁、红花、三七。

（圭按）此方全从肝字着眼。龙、牡潜肝之阳；牛膝降肝之阳，白芍敛肝之阳；川楝清肝之火；龟板、麦冬滋肝之阴，实符“血气并走于上则为大厥”之古训。余意在中风现先驱症时，如头痛、眩晕、耳鸣不寐、精神兴奋、脉象弦长有力，此方可收曲突徙薪之效。若中风已现，先宜息风化痰，尚有增损必要。

张氏中风方张一麟

主治口眼歪斜，半身不遂，痰少面热，有血燥兼证者。

当归、生地、西洋参、石斛、丹参、红花、棕榈皮炭、滁菊、钩藤、天麻、僵蚕、竹沥、姜汁。

（原注）归、地、参、斛为补血药，丹参亦有补血之功；协以滁菊，又能低降头部之充血；棕榈皮止脑动脉出血；红花、丹参能行血祛瘀，与棕榈同用，一止一行，有开合相济之功；余药皆平静神经，降痰活络。

三 化 汤

治中风腑实，脉洪大而紧，腹满胀闷，大便秘结。

大黄、枳实、厚朴、羌活。

（圭按）中风之作，由于气血上冲，脑动脉破裂，脑皮质受伤，攻下润导之剂正可以借其诱导之力，减少头部血量，降低血压，故证脉俱实者宜之。他如承气汤、麻仁丸，用意相同，均可选用。

圭按曰：中风即脑溢血，固有止血行瘀之法。风者，神经也。风药即为矫正神经之药。化痰则呼吸顺利，肺脏不致陷于麻痹；攻下则气血下降，病灶得以减轻压迫；开窍意在刺激神经，使其复醒（如用皂角末吹鼻）。他如温补清滋，各视其证之属阳属阴以为断。

陆定圃曰：中风最宜辨闭脱。闭证口噤目张，两手握固，痰气壅塞，语言謇涩。宜开窍、通络、清火、豁痰之剂，如稀涎散（皂角、白矾、藜芦）、至宝丹（砂仁、安息香、犀角、金箔、银箔、冰片、玳瑁、麝香、雄黄、牛黄、琥珀）之类。脱证口张目合，手撒遗尿，身僵神昏，宜大补之剂，如参附汤、地黄饮子（熟地、萸肉、五味、巴戟、苁蓉、附子、官桂、远志、菖蒲、石斛、茯苓、麦冬、姜、枣、梨汁、人乳、竹沥）之类。然闭证亦有合目遗尿、身僵神昏者，唯当察其口噤手拳、面赤气粗、脉大以为别。脱证亦有痰鸣不语者，唯当辨其脉虚大以为别。

不寐（失眠）

酸枣仁汤《金匮》

主治虚劳，虚烦不得眠。

《叶氏统旨》云："虚烦者，心中扰乱，郁郁而不宁也。"《类聚方广义》云："健忘、惊悸、怔忡三证，有宜此方者，随证择加黄连、辰砂。"

酸枣仁八钱，甘草一钱，知母三钱，茯苓三钱，川芎二钱。

（圭按）此方之主药为酸枣仁。汤本氏云：酸枣仁为收敛性神经强壮药，无论不眠、多眠及其他的苟属神经症而属于虚证，须收敛者，悉主治之。知母降火以除烦；川芎调血以养肝；苓、草培土以荣木。此平调木土之剂也（节录张石顽说）。

加减补心丹《顾氏医镜》

生地五钱，白芍、丹皮各二钱，麦冬三钱，枣仁五钱，远志钱半，朱茯苓四钱，石斛三钱，竹叶一钱，桂圆肉三钱。有痰加竹沥；心火甚者加犀角、黄连；虚者加人参。

（原注）此方养血，清心，安神。宗仲淳法，甚效。随证加减治之。

（主按）前方平调木（肝）土（脾），此方清心安神。但审核两方之功用，皆治神经衰弱之失眠。可见古人既以神经症状为肝病，亦以神经症状为心病。如酸枣仁汤有安眠作用，而曰安肝胆；补心丹为安眠剂，而曰补心；养心汤（参、芪、芎、归、二茯、半、草、柏仁、远志、枣仁、五味、肉桂）乃治神经衰弱之方，而曰养心。诸如此类，俱可证明古人以“心”字、“肝”字代表神经系也。

健忘（神经衰弱）

天王补心丹《道藏》

治心血不足，神志不宁，津液枯竭，健忘怔忡，大便不利，口舌生疮等证。

人参、茯苓、元参、桔梗、远志各五钱，当归、五味子、麦冬、天冬、丹参、酸枣仁各一两，生地四两，柏子仁一两。上为末，炼蜜丸，如椒目大。白汤下。

归脾汤《济生方》

治思虑伤脾，或健忘怔忡，或惊悸盗汗，寤而不寐。

人参、龙眼肉、黄芪各二钱半，甘草五分，白术二钱半，茯苓二钱半，木香五分，当归、炒枣仁、远志各一钱。上加生姜三片，水煎服。

怔忡（同前）

通神补血丸《洄溪秘方》

治怔忡惊悸，健忘不寐，易恐易汗。

白茯神二两半，生地三两，炒枣仁二两，紫石英二两（研，水飞），远志二两，胆星四钱，全当归一两半，党参一两，川连二钱，半夏一两半，丹参一两，琥珀三钱，菖蒲八钱，寸冬一两，辰砂三钱。炼蜜为丸，重一钱半，辰砂为衣。每服一丸，淡盐汤送下。

柏子养心丸

柏子仁、元参、枸杞、寸冬各三两，茯神三两，熟地五两，当归二两，石菖蒲一钱，甘草五钱。蜜丸。

朱砂安神丸

治血虚心烦懊恼，惊悸怔忡，胸中气乱。

当归（酒洗）二两，生地（酒洗）五两，黄连一两半，炙甘草五钱，朱砂一两（另研），人参二两，白术二两，茯神二两，枣仁二两，寸冬二两。上为末，炼蜜为丸，如黍米大。每服五十丸，食远空心米汤送下。

惊悸（同前）

孔圣枕中丹《千金方》

治读书健忘，惊悸少寐，时有盗汗。

败龟板（炙透）、煅龙骨、远志（去心）、石菖蒲（去毛）。上四味，等分为末，酒调，方寸。日三服。令人聪明。

珍 珠 母 丸

治肝虚有热，液少气滞，头目眩晕，惊悸气逆，自汗烘热。

珍珠母五两，熟地五两，枣仁三两，犀角一两，沉香五钱，当归二两，人参二两，柏子仁二两，茯苓三两，龙齿二两。研末蜜丸。每服三钱。

时贤陆渊雷云：“此方治神经衰弱殊妙。”

安神定志丸

治心神虚怯，神思不安，或言语鬼怪，喜笑惊悸。

茯苓、茯神、人参、远志各一两，石菖蒲、龙齿各五钱。炼蜜为丸，如梧子大，辰砂为衣。每服二钱，开水下。

（圭按）中医典籍，无神经衰弱之名词，而有健忘、怔忡、惊悸等病名。健忘即记忆力减退；怔忡者，惕惕然心动而不宁也；惊乃惊骇，悸乃心动。是三者，皆神经衰弱应有之症状。古人治健忘、怔忡、惊悸，有镇心安神、养血清火、化痰补虚诸法。拙选各方，诸法粗备。学者遇此等证，可互相通用。化裁随心。《万病回春》云："癫狂、健忘、怔忡、失志及恍惚，惊怖人心，神不守舍，多言不定，一切真气虚损，用紫河车入补药内服之，大能安心、养血、宁神。"又云："健忘、惊悸、怔忡、不寐，用六味丸加远志、菖蒲、人参、茯神、当归、枣仁，同为丸服。"愚意此方内再加紫河车一味，可为神经衰弱之通用方。缘六味丸平补肝肾；河车治男女一切虚损劳极，功能安心养血，益气补精；人参补气；当归养血；枣仁敛气；茯神安神；远志、菖蒲，皆益智而治健忘。统观全方，心肾并补，补而不滞，果能长服，厥疾自瘳。

（乃津谨按）惊悸、怔忡、不寐诸症，西医皆在神经衰弱名下统括之。西医之所谓"神经衰弱"与中医之所谓"内伤"，同为含混笼统之病名，范围极广泛。神经衰弱，中西治疗成绩之比较，说者多以为中胜。此在近年日人治验报告亦可征。所以然之故，殆西医之长，仍多在迹象中研究所得。神经病变不易寻求病灶，而中国为数千年文明古国，极弱者居多，神经衰弱之病乃常见。久病成良医，治疗亦因而进步欤？沈师对调养补虚之学素见特长。本章不寐、健忘、怔忡、惊悸各节及吐血、劳瘵诸章、"按语"、"选方"，精义入神，迥非凡辈所能及，读者其亦有同感乎！？

营养缺乏病

脚气

鸡　鸣　散

行气逐湿，为脚气肿胀之主方。

苏叶三钱，桔梗一钱，生姜三片，橘红、槟榔、木瓜各三钱，吴茱萸一钱。水煎。

防己饮顾靖远

治湿热在足，脚胫红肿，筋挛掣痛，发热恶寒。主次加减。

汉防己钱半，黄柏二钱，忍冬花、川萆薢各五钱，木瓜、白茯苓各三钱，泽泻、木通各钱半，石斛、米仁各五钱。如红肿加犀角，冲心烦闷亦用，再加槟榔、羚羊角；如喘呕加麦冬、枇杷叶；头痛加甘菊。

（原注）此清热、除湿、利水之剂。脚气皆由湿热，统宜以此方为主，随兼证而扩充以加减之，则善。

杉木汤《本事方》

治脚气痞绝。左胁有块如石，困塞不知人。此方利二便，令气通块散。

杉木节一升，橘叶一升（如无叶，以皮代之），大腹槟榔七个（合子碎之），童便三升。共煮一升半。分二服，若一服得快利，停后服。

（主按）唐柳子厚病脚气冲心，垂死，进此方得救。经验良药，弥足珍贵，而今人罕有用之者。特著于编，以示同道。

槟榔散《活人书》

治脚肿。

橘叶一大握，沙木一握，小便一盏，酒半盏，同以上药煎。上煎数沸，调槟榔末二钱。食后服。

（圭按）脚气为壅疾，忌温补，宜疏下。橘叶、橘皮、槟榔皆疏气滞，故为脚气要药；沙木即杉木，朱丹溪云：“其节煮汁，浸捋脚气，肿满尤效。”此方与前方相同，前方剂大，故治冲心危候；此方剂小，故治脚弱腿肿。

清热渗湿汤

盐水炒黄柏、苍术各一钱，紫苏叶、赤芍、木瓜、泽泻、木通、防己、槟榔、枳壳、香附、羌活、甘草各七分。痛加木香；肿加大腹皮；热加大黄、黄连。

（圭按）此方用木通、泽泻、赤芍、防己，使湿下行；苏叶、羌活使湿外散；槟榔、枳壳、香附利气止痛；木瓜舒筋；苍术、黄柏为二妙散，原治下焦湿热。故此方有消肿止痛之功用，治湿热脚气，甚为平妥。

蒜豆花生汤

落花生肉四两，蚕豆三两（带壳），大蒜二两，红枣二两。水煎。分饮。

（圭按）前列各方皆治脚气之症状，此方乃治脚气之原因。盖脚气由缺乏维生素乙而引起，此方之花生、蚕豆、大蒜皆含有此素。故常用此方，浓煎代饮，殊与注射维生素乙同一意义。若与对症方剂同时并服，去病尤捷。

古人区脚气为三类：曰湿脚气，其状筋脉弛张，足胫浮肿；曰干脚气，其状筋脉挛痛，足胫枯细；曰脚气冲心，其状神昏谵语，喘息呕吐。而湿脚气又有湿热、寒湿之异。孙思邈曰：“凡脚气皆由气实而死，终无一人服药致虚而殂。故不得大补，亦不可大泻。”余以为此指湿脚气言。若干脚气，腿足干瘦，知觉麻痹（其麻痹自足胫以至股腹，口唇亦麻）。则养血润燥，舒筋壮骨之剂，在所不禁矣（如黄柏、知母、龟板、生地、虎胫骨、木瓜、当归、芍药、牛膝、川断、锁阳等，俱可选用）。

家庭药库

藿香正气散

疏表和中。

主治：外受风寒，内停饮食，头痛寒热，或霍乱吐泻，或寒热疟疾，并治暑湿，不服水土等证。

药品：厚朴、陈皮、桔梗、半夏各二两，炙甘草一两，槟榔、白芷、茯苓、苏叶各三两，广藿香三两。研末，水泛为丸。孕妇酌用。

服法：每服三钱，日服二次，开水送下。

人参败毒散

解表退热。

主治：感冒风寒，头痛，发热恶寒，身痛，无汗，咳嗽，鼻塞声重。及痢疾发热、诸般疮毒、脚气痿弱、疯狗咬伤诸证。

药品：潞党参、茯苓、枳壳、桔梗、柴胡、前胡、羌活、独活、川芎各一两，甘草五钱。为末。以生姜十片，薄荷五钱，煎水泛丸。

服法：每用一两，纱布包煎，温服取汗。

参苏饮

疏表治咳。

主治：四时感冒，发热头疼，咳嗽声重，涕唾稠黏，中脘痞满，呕吐痰水。

药品：紫苏、前胡、桔梗、枳壳各一两，葛根二两，陈皮、半夏、茯苓各一两，甘草七钱，广木香五钱，研末。以生姜十片，红枣十个煎水，泛丸。

服法：每服二三钱，开水送下。

香薷丸

解表利水。

主治：暑热乘凉饮冷，阳气为阴邪所遏。头痛，发热恶寒，腹满，吐泻。气弱表虚者忌服。

药品：香薷一斤，厚朴、白扁豆（炒）各半斤。为末，水丸。

服法：每服二三钱，凉水送下。本方可与藿香正气丸和服，治夏月受寒吐泻。

七宝饮

化痰截疟。

主治：疟疾三五发后，或屡发不愈，以此截之，神效。

药品：青皮、陈皮、常山（鸡骨煮）、草果仁、厚朴、槟榔、炙甘草各一两。为粗末。

服法：每用八钱，纱布包，加乌梅一个，生姜三斤。水、酒各半煎。于发疟前三四小时，分二次服。孕妇忌用。

治痢神效丸

清肠去痢。

主治：下痢赤白，腹痛，里急后重，身无热者。

药品：黄芩三两，黄连一两，白芍三两，川朴一两，广木香一两半，槟榔三两，甘草一两，槐米三两，枳壳三两，川柏二两，桃仁三两，归尾三两，大黄三两，神曲三两。研末。水泛为丸。

服法：每服二三钱，开水送下。或用一两，纱布包煎，温饮。另用鸦胆子三十粒，去壳，以桂圆肉三枚，分做三包，三次分吞。孕妇酌用。

保　和　丸

健胃消食。

主治：专消食积、酒积。脾胃虚弱、饮食不化者非宜。

药品：山楂肉二两，神曲、陈皮、麦芽、茯苓、半夏各一两，黄连、莱菔子（微炒）、连翘各五钱。为末，水丸。

服法：每服二三钱，食前开水送下。

醉乡玉屑

燥湿利水。

主治：夏秋多食瓜果致成痢疾。或食伤水泻，或腹部受寒，致患泄泻。

药品：生苍术一两半，生厚朴一两半，炒陈皮一两半，炙甘草五钱，鸡内金（炙）一两半，春砂仁一两，公丁香五钱，车前草二两，福泽泻二两。为细末，水泛为丸。

服法：每服二三钱，开水送下。

陆氏润字丸

润肠导滞。

主治：湿热食积，胸满不食，腹痛便秘及夏秋赤白痢等证。

药品：酒炒大黄一两，半夏、陈皮、枳实、槟榔、白术、山楂、前胡、天花粉各一钱二分半。晒干为末。姜汁打神曲为丸，如梧桐子大。

服法：每服二三钱，开水送下。

卫生防疫宝丸

急救防疫。

主治：霍乱吐泻转筋，下痢腹痛及一切痧证。又治头痛、牙痛（含化），心下、胁下及周身关节、经络作痛；气郁、痰郁、食郁、呃逆、呕吐等症。功能醒脑养神。在上能清，在下能温。平素含化，并能预防一切疫疠传染。

药品：粉甘草十两，北细辛一两半，香白芷一两，薄荷冰四钱，冰片二钱，朱砂三两。

制法：先将前五味研细和匀，用水泛丸，如梧桐子大，晾干（不宜日晒），再用朱砂为衣，勿令余剩，装以布袋，杂以流珠，往来冲荡。务令光滑坚实。

服法：霍乱每服八十丸，余症四五十丸。服后均宜温覆取汗。平素含化，自一丸至四五丸。孕妇忌服。

行　军　丹

逐寒健胃。

主治：头痛牙痛，胸闷气郁，反胃呕吐，胃疼胃呆，腹痛水泻，酒醉积食，晕船晕车，猝发痧气诸证。药性辛热，温病忌投。

药品：白芷二钱，甘草一两，细辛一钱，薄荷冰八分，冰片四分，公丁香五分，肉桂一钱二分，儿茶一钱，胡椒一分，干姜三分，草豆蔻二分，小茴香二分，甘松一钱，薄荷一钱，朱砂一钱，海椒一分半。研末。

服法：每服五分，凉水送下。孕妇忌服。

人马平安散

急救开窍。

主治：霍乱痧胀，山岚瘴疠及暑热秽恶诸邪，以致昏晕不省人事。并有截疟功效。

药品：雄黄、硼砂、硝石各一两，朱砂五钱，梅花冰片、当门子各二钱。研末和匀，瓷瓶紧装。

服法：每服二三分，净开水调下。或嗅少许于鼻内。孕妇忌服。

补　遗

盗汗方《外台》

麻黄根五分，牡蛎一钱，黄芪、潞党参各五钱，龙骨、枸杞根白皮各六钱，大枣一枚。上以水煎服。

（圭按）此方亦治阳虚自汗。

青娥丸《局方》

治肾虚为风冷所乘，或处湿地，或坠堕伤损，或因风寒，皆令腰间似有物垂坠也，悉主之。

胡桃二十个（去壳、皮），破故纸（酒炒）六两，蒜四两（熬膏），杜仲（姜汁炒）十六两。上共为末，丸如桐子大，温酒下。妇人淡醋汤下，三十丸。

徐灵胎云："腰痛肾虚者固多，而因风寒、痰湿、气阻血凝者亦不少。一味蛮补，必成痼疾，不可不审。"

（圭按）此方据《局方》所载主治观之，凡肾虚、风寒、寒湿、堕伤诸证，皆可随证投之。

济生橘核丸

治四种㿗病，卵核肿胀，偏有大小，或坚硬如石，痛引脐腹，甚则囊肤肿胀成疮，时出黄水，或致溃烂。

橘核（炒）、海藻、昆布、海带（各泡）、川楝肉（炒）、桃仁（麸炒）各二两，制厚朴、木通、枳实（麸炒）、延胡索（炒）、桂心、木香各五钱。上为细末，酒丸，桐子大。每服七十丸，酒或盐汤下。

徐灵胎云："此软坚之药。"

（圭按）《康熙字典》引《正字通》云："癞疝，经言丈夫阴器连少腹急痛也。"《外台秘要》云："癞疝坚大如斗。"徐灵胎云："诸疝唯癞疝最大而坚。"据此，可见癞疝为睾丸炎之重症也。陆渊雷云："睾丸炎治法，通常用橘核、茴香、延胡、金铃等药，试之多不效。唯日人野津氏《汉法医典》载'橙皮汤'一方，无论偏大两大、有热无热，服之皆效。其方乃橙皮、木通、大黄、茴香、桂枝、槟榔也。橙皮，药肆所无，须自觅之，代以橘皮则不效。"

（圭按）前在重庆中医救护医院治一疝气，初投普通治疝方药，病如故。改用济生橘核丸加减，应手而效。故橘核丸与橙皮汤可并称为疝气专方也。

桂枝加龙骨牡蛎汤《金匮》

治色欲过多，身体羸瘦，面无血色，身常微热，四肢倦怠，唇口干燥，小腹弦急，胸腹痛甚（节《类聚方广义》）。并治遗尿。

桂枝、芍药、生姜各三钱，大枣六枚，甘草二钱，龙骨、牡蛎各三钱。水煎。

（圭按）此方不过止遗、健胃而已，殊无补益之力。故色欲太多，或久遗不止以致体力虚惫者，须用十补丸等方（熟地四两，山萸肉三两，山药三两，龙骨、牡蛎各一两，当归、白芍各二两，杜仲三两，川断二两，人参二两，黄芪四两，白术四两，茯苓一两，枣仁、远志各二两，北五味一两，用石斛四两熬膏，或炼蜜为丸。每朝开水下四钱）。培补脾胃肾，养心固精，本方似无能为力。唯梦遗体未肾虚者，最为对证。或梦遗初起，体本未虚，则龙、牡有镇静神经之功用。仿《小品》二加龙牡汤之法，本方去桂枝，加黄连、黄柏亦妙。若体已虚羸，则当补虚止遗，兼筹并顾矣。

羊肾酒

种子延龄，乌须发，强筋骨，壮气血，添精补髓，有七十老翁，腿足无力，寸步难移，此方甫服四月，即能行走如常，后至九旬，筋力不衰。其方秘而不传，董文敏公重价得之。凡艰于嗣续者，服之即能生子，屡试如神。

生羊腰一对，沙苑蒺藜四两（隔纸微焙），桂圆肉四两，淫羊藿四两（用铜刀去边毛，羊油拌炒），仙茅四两（用淘糯米汁泡去赤油），薏仁四两。用滴花烧酒二十斤，浸七日，随量饮。

（圭按）本方之功效有二。一为壮阳种子，如淫羊藿、仙茅、羊肾、蒺藜，能补肾益精，而疗阴痿是也。一为消风痹，如淫羊藿、仙茅、米仁，能补腰脚，坚筋骨，而去风湿挛痹是也。本方主治云：有老人腿足无力，服此酒行走如常。又云：艰于嗣续者，服之即能生子。按之药理，皆非虚言。

痨核丸

主治肺痨，肺疽，恶核，瘰疬，横痃及一切腐烂性阴疽。

麝香、西牛黄各三分，制乳、没各一两，米仁三钱，白及、广皮各钱半，姜水和黄米饭各一半，捣烂为丸。每服三钱，热酒送下。患在上部，临睡服；患在下部，空心服。

（圭按）此方即西黄醒消丸加米仁、白及、广皮三味。

保元止血汤

治血崩。

高丽参半两至一两，当归头一两，黄芪、熟地各一两，川断二钱，阿胶四钱（另炖），冲入棕皮炭、侧柏炭、地榆炭各三钱，荆芥炭、蒲黄炭、粉甘草各二钱。煎服。加三七末吞服。

（圭按）此方补气止血。同用一方，急救大出血，莫不皆然。不仅血崩，当如是也。

乳痈方

治乳房红肿坚硬，傍有小孔流脓。

瓜蒌一个（连皮捣），生甘草五分，当归三钱，乳香、没药各五分（灯心炒），银花三钱，白芷、青皮各一钱，水煎。或另服醒消丸。

（圭按）王肯堂云："夫妒乳者，由新产后儿未能饮之，及乳不泄，或乳胀捏其汁不尽，皆令乳汁蓄结。与血气相搏，即壮热，大渴引饮，牢强掣痛，手不能近是也。初觉便以手捋，捏去汁，更令傍人助吮引之。不尔，或作疮有脓，其热势盛，必成脓也。"又曰："轻则为吹乳、妒乳，重则为痈。"周岐隐《妇科不谢方》治妒乳、吹乳；用瓜蒌、当归、乳、没。治乳痈初起，用青皮、白芷、甘草、贝母、穿山甲。

《不谢》两方诸药，本方大致以备，故不论妒乳、乳痈，并擅胜长。醒消丸即西黄、乳、没、麝香，治肠痈、乳痈坚硬肿痛、身热，为臃肿圣药。已成脓者不可用。又蒲公英亦为乳痈妙药，采其鲜者，捣烂取汁，以热黄酒冲服；渣敷患处，若核大痛甚欲作脓者，以热水冲服，不宜用酒。

附　前赈务委员会中央国医馆设立中医救护医院选制成药一览表

1. 内科类

品名	功　用	配合成分	调　制
清脾饮	治疟疾。寒热往来，胸闷口苦，苔腻，脉弦滑	青皮、柴胡、炙草、白术、厚朴、半夏、茯苓、草果、黄芩、生姜	研细为散
痢疾散	消积，通下，运气。治赤白痢下	硼砂三钱，辰砂二钱，木香、丁香各二钱，沉香，当归、甘草、生军各二钱，巴豆一钱	不见火，共研末
杏苏二陈丸	化痰镇咳。为风寒咳嗽之通用方	苦杏仁、苏子、陈皮、半夏、茯苓、甘草	研末为丸
藿香正气散	治身热形寒，肢软，胸闷，腹痛，便溏，呕吐纳少，苔白腻，脉濡滑	藿香、紫苏、白芷、白术、半夏曲、甘草、大腹皮、茯苓、陈皮、厚朴、桔梗、生姜、红枣	藿香等十一味研细，生姜、大枣煎水为丸
午时茶	治感冒停食，水土不服，腹泻、腹痛等症	茅术、陈皮、柴胡、连翘、白芷、枳实、山楂、羌活、前胡、防风、藿香、甘草、神曲、川芎各十两，陈茶二十斤，厚朴、桔梗、麦芽、苏叶各十五两	研细和匀。于夏历五月午时糊成小块
表剂退热灵	发汗退热	麻黄二两，杏仁、甘草各一两	甘草研细，杏仁熬汁，麻黄半研半熬。将汁拌药，烘干再拌，以汁尽为度

续表

品名	功　用	配合成分	调　制
合剂退热灵	治寒热往来，胸胁苦闷	柴胡二两，半夏一两，黄芩五钱，甘草一两	半夏研末，黄芩、甘草熬汁，柴胡、半夏半研半熬，以汁拌末，烘干再拌，汁尽为度
通便灵	治热性病大便秘结，舌苔黄燥者	厚朴、枳实各一两，大黄二两	大黄研末，厚朴、枳实半熬半研。制法同前
利尿灵	化气行水	甘遂四两，白芷一斤	研细
新胃活	治吐逆反胃，嗳气噫酸，食不消化	半夏、生姜各一两，蔻仁五钱，茯苓一两	半夏、生姜熬汁，蔻仁、茯苓研细。制法同前
回阳丸	治脉微，肢厥	附子二两，干姜、甘草各一两	甘草研细，干姜、附子半研半熬，将汁代水泛丸
补天石	治脑充血	铁锈二两，大黄、赤石脂、赭石、磁石、花蕊石、滑石、龟板、龙齿、牡蛎各一两，竹沥二两	铁锈、大黄研细，三鳞介药、五石药半研半熬，将汁及竹沥代水泛丸，如梧子大
导滞散	行气破积	厚朴、槟榔、枳实、芍药各一两，甘草五钱	芍药、甘草煎浓汁，厚朴、槟榔、枳实研细，将汁入末、烘干为散

续表

品名	功　用	配合成分	调　制
逐瘀散	化瘀血，破结积	桃仁、红花各二两，枳实五钱，大黄一两	大黄研细，桃仁、枳实熬汁，红花半研半熬。制法同前
消食丸	健运脾胃，消食化积	山楂、麦芽各二两，厚朴、枳实、槟榔、鸡内金、大黄各一两	山楂、麦芽、鸡内金、大黄研细，厚朴、枳实、槟榔熬汁，将汁泛丸，如梧子大
卒中夺命丸	通气血，豁痰涎，宣肺窍，回闭厥，苏昏迷	麻黄、大黄各一两，细辛、牙皂各五钱，冰片一钱，麝香五分，紫藤香一两，苏合香油一两	麻黄等七味研细，入苏合香油，泛丸如小豆大

2. 外伤科类

品名	功　用	配合成分	调　制
洗创药水	洗涤创口	金银花、野菊花、西月石	蒸馏法
甘硼水	为洗涤剂。消炎，解毒，祛腐	硼砂（西月石）半斤，炉甘石半斤	上药二味以十倍之水煎汁，滤净去渣，候冷，贮于玻瓶
止血药棉	轻度创伤出血	石榴皮半斤，明矾六两	上药熬为浓汁，以脱脂棉浸透，于蒸馏箱蒸干，候用
神效排脓生肌膏	收敛生肌	血竭六两，赤石脂、牡蛎、龙骨、陀僧、五倍子各三两，冰片三钱	研末乳细

续表

品名	功　用	配合成分	调　制
散瘀软膏	治一切外伤未破皮，而青肿疼痛者	血竭、降香、川芎、赤芍、白芷各三两，归尾三两，红花、细辛各一两	研细，和入软膏基质，摊布上
接骨软膏	消炎，祛瘀，定痛，续绝，收口生肌	大黄、紫荆皮、骨碎补、乳香、没药各三两，白及一两，五灵脂、海螵蛸各二两，桑皮四两	研细，和入软膏，摊布上
挫伤软膏	治一切外伤未破皮，而红腰肿痛甚者	生草乌、生南星、归尾、白芷各二两，黄柏、大黄、瓦楞子各四两，穿山甲一两，栀子三两	同上
化管软膏	软坚去管，化腐肉	银朱一两，血竭六钱，轻粉三钱，瓦楞子一两	研为极细末，用凡士林或麻油、黄蜡熬膏调制
防腐软膏	阻止细菌之繁殖(解毒)，预防肌肉之腐化(防腐)	西月石二两，青黛五分，升麻一两	同上
清凉软膏	一切无名肿毒，红肿焮疼之证	川黄柏一两，焦川栀、瓦楞子各一两，忍冬藤一两五钱	同上
化滞通气软膏	局部水肿，或气肿	皂荚五钱，升麻二两	同上
消炎软膏	清热，退肿，止痛，并一切炎症	芙蓉叶一两，生大黄一两，生南星四钱，升麻五钱	同上
生肌软膏	生肌收口	炉甘石二两，陈熟石膏一两	同上
火烫油膏	凉血消炎，退肿解毒	地榆炭二两，生鸡蛋清一两，煅海蛤壳一两	地榆、海蛤壳二味研为细末，以鸡蛋清调拌。另稍加凡士林或白蜜

续表

品名	功　用	配合成分	调　制
解毒利湿软膏	一切皮肤病，如疥疮、癣等	地肤子、大枫子、枯矾、广皮、密陀僧、儿茶、升麻、苍术	研极细末，用凡士林调制
军阵止血丹	治一切创伤，出血不止	紫藤香（最佳之降香）、五倍子、牡蛎、三七各一两，生半夏、血竭、乳香、去油象皮（焙黄）各五钱	共研细末，掺用
外科五保丹	一切痈疡创伤，久不敛口者。用此能拔毒祛腐，生肌收口	广丹、银硃、白蜡、血竭、轻粉各一钱	同上
外科平胬丹	治创伤痈疽等内肉突出，兼治痔疮、脱肛	熟地黄三钱，乌梅肉二钱	上药二味焙干，研细，再加轻粉一钱，共研和
简易排脓散	排脓	黄芪一两，当归二钱，皂角刺一钱，穿山甲一钱	研末
神效排脓生肌散	防腐生肌，解毒定痛	儿茶、轻粉各一钱，冰片三分，黄蜡三钱，麻油二两	儿茶、轻粉冰片研末，麻油熬至滴成水珠，入黄蜡熔化，稍冷，再入二末，搅合成膏
救急开关散	宣窍透络	牙皂五钱，白芷、细辛各三钱，冰片、麝香各二钱，蟾酥五钱	研末乳细
神效止血散	外用止血药	乌贼骨二两，枯矾一两，五倍子一两	同上

续表

品名	功用	配合成分	调制
神效止痛散	止痛,止血,消毒	朱砂一钱二分,麝香一分二厘,冰片一分二厘,乳香、没药、红花各钱半,儿茶一钱半,血竭一两	同上
简易生肌散	生肌结痂	熟石膏一两,黄丹二钱,冰片二分	研末乳细
伤科万应膏(硬膏之一)	治跌打损伤。消瘀散毒,舒筋活血,兼去麻木风疾,寒湿疼痛等症	生川乌、生草乌、生大黄、生半夏、生南星、生香附、生麻黄、桂枝木、大皂荚、白芥子五加皮、全当归、杜红花、木鳖子,上药十四味各二两,切片。升麻半斤,官桂、甘松、乳香、没药各四两,丁香、芸香各二两,麝香一两。各研末	先将十四味切片者,用大磨麻油十斤浸透煎枯,去渣,再用老松香(研末)四两,广丹热天用八十两、冬天用七十两。频频放下熬至滴水成珠为度,用杨柳粗枝搅冷。然后八味药末放下搅匀,半小时后,将膏药倾入冷水中凝结成块
接骨膏(硬膏之二)	散瘀结骨功效如神	全当归四两,川芎、苏木、桃仁、红花、血余、生川乌、胡椒、牛角、骨碎补各二两,地龙一两五钱,广木香六钱,大䗪虫七十个,上药十三味共入麻油十斤内,浸透。生乳香、生没药、上血竭各一两半,真虎骨、松香、自然铜各三两(共研细末)	制法同上

(圭按)此表系民国二十七年余任职中医救护医院时编制。

下　卷

吐血治疗纲要及止血剂

一、中医分吐血为三因：外因：风、火、暑、燥之邪也。内因：肝、肾、心、脾之损也。不内外因：堕、跌、努力、烟酒之伤也。补泄温凉，因证施治。

二、凡血逆上行，宜降气，气降火即降。若徒以寒凉降火，往往伤脾作泻，脾寒不能行血，血瘀不归经，宜行血，血行归经自止。若徒事止血，必有瘀蓄之患。宜补肝，不宜伐肝。肝火动，由肝血之虚，滋阴则火自降。用寒凉伐肝，火被郁则怒发，而愈烈矣。此治吐血、咯血之大法。所谓“止血必兼化瘀，凉血必兼降气”与西医之专事止血者有别。

三、凡吐血属火者，饮童便立止。或捣侧柏叶汁，以童便二分，酒一分。合而温饮之，大能止血。或白汤化阿胶二钱，发灰二钱，入童便，生藕汁、生地黄汁、刺蓟汁各一杯。仍浓磨好墨汁，顿温服。此止血之急救方也。

四、凡吐衄失血如涌，多致血脱气亦脱。危在顷刻者，此际有形之血不能即生，无形之气所当急固。急用人参一二两，为细末，加飞罗面一钱许，或温水，或井花冷水，随其所好，调如稀糊，徐徐服之。或煎浓独参汤，徐服亦可。此正血脱益气，阳生阴长之理也。此救治大吐血之法。西医遇此症，注射生理食盐水或输血，以救危殆，较之独参汤，收效更为确切。

五、肾寒火虚，逼阳上升，载血而出。脉沉足冷，舌必无苔，即有亦白薄而滑，虽渴不能饮冷，强饮亦不能多，少顷即吐出，面虽赤色必娇嫩。宜八味汤冷服。内伤吐血多属阳亢，但未尝无虚寒证。此明吐血有温补一法也。

六、感冒小恙，不知解表，过服寒凉，肺经之血凝滞，咳嗽带痰而出。证见恶寒而脉紧，或寒束热于肺，久嗽出血。宜麻黄、桂枝、甘草、当归、杏仁、枳壳（后症宜加清凉之品），得微汗愈。外感吐血，都系温邪灼肺，但未尝无表寒证，此明吐血有汗解一法也。

七、李中梓曰："予于诸血症，率以桃仁、红花行血破瘀之剂，折其锐气而后区别之。虽获中病，然犹不得其所以然也。后遇四明故人苏伊举论诸家之术，伊举曰：'吾乡有善医者，每治失血蓄狂，必先以快药下之，或问失血复下，虚何以当？则曰：血既妄行，迷失故道，若不去蓄利瘀，则以妄为常，曷以御之，且去者自去，生者自生，何虚之有？'此言失血首宜去瘀，堪为俗医好用止涩者戒。

八、咯与嗽为一类，皆因有痰而欲出之。或费力，或不费力，总以出痰为主，非欲出血也。因值其失血，故血随痰出耳。唾与吐为一类，此则因血而然。缘血为火所涌上升，出自咽喉，多则吐，少则唾，并不费力，皆系纯血，无痰涎夹杂，此辨咯血出于肺，吐血出于胃。咯出之血，必鲜艳而夹杂痰涎。吐出之血，必紫暗而夹杂食渣。以此分辨，尤为简捷（以上各条多系采录《医编》）。

九、吐血之脉，宜滑小沉弱，忌实大急数。

十、吐血之时，宜静心安卧，饮食宜温凉，口渴饮盐汤或藕汤。

十一、下列各方，皆从拙编《临证备忘录》选出。止血之方，略举其要。余如葛氏十灰散、花蕊石散、四生丸、生地黄汤、犀角地黄汤、黄土汤、侧柏叶汤、归脾汤等为医家所熟知，故不备录。

（1）孟河丁氏治吐血三法

清肃上焦法：桑叶、石决明、丹参、丹皮、橘络、蒌皮、茜草、竹茹、旱莲、川贝、甜杏仁、藕汁、藕节。

养阴祛瘀法：生地、石斛、黛蛤散、山药、茯神、橘络、蒌皮、川贝、竹茹、茜草、旱莲草、甜杏仁、光杏仁、藕汁、藕节。

养阴生津法：生地、石斛、阿胶、元参、茯神、川贝、竹茹、谷芽、冬青子、白芍、蒌皮、秫米、琼玉膏。

（2）清肺平肝法（王师香岩经验方）

治肝火冲肺、肺络损伤、络血外溢。

小蓟炭、茜根炭、旱莲草、川贝、蛤壳、茅根、藕节、生地、竹茹、丹参。

（3）止血丹（《徐洄溪秘方》）

驴皮胶二两（炒），百草霜一两，白芷四两（炒炭），参三七一两（焙），炙甘草六钱，蒲黄一两（蜜炙），桑皮、大黄各一两，艾绒、血余各六钱，丹参、侧柏各一两。上研细。每服二钱。童便调服，或茅根煎汤送下，或加琼玉膏调藕汤中送下更妙。

（4）治咯血方

生熟地、川贝、杏仁、桔梗、甘草、麦冬、桑皮、知母、白芍、阿胶、红花。引用鸡卵一个，打松，调入药汤。煎药渣时亦用鸡卵一个。服法同前。

（圭按）：此方侧重清肺化痰，不仅仅于止血。肺痨痰中夹血，用之为宜。此方为一采药者所传，云投无不效。余记之简册已四载矣。今附于此，祈高明鉴定。

（5）清火凉血汤

治吐血，一服立已。

归尾、赤芍、生地、百合、贝母、黑山栀、麦冬、川芎、熟地、桃仁、蛤蚧炒阿胶、丹皮、蒲黄（炒黑）、生姜为引。

（圭按）此方四物汤为主，加栀子清上焦之火；丹皮凉血分之热；麦冬、川贝以化痰；阿胶、蒲黄以止血；桃仁祛瘀；百合补肺。盖治肺痨咯血之方也。

（6）吐血神方

轻者一服，重者三服除根。

鸡血藤胶二钱，三七一钱，茜草钱半。煎服。

（7）咯血调养

燕窝、冰糖各四钱。煎服。

（8）吐血善后

如生脉六君子汤，生脉四君子汤，四君子汤加黄芪、当归，四物汤加龟板、首乌、地榆，归脾汤，左归饮加参、归。皆可随证选用。

（9）西方（陈邦贤医师经验方）

氯化钙 12.0g，白阿胶 12.0g，阿片酊 2.0g，麦角酊 20.0g，汽水 200.0g。上为二日量。六次分服。

（圭按）此方系钙剂、胶质及收敛剂配伍而成，专以止血为目的。

上列各方，有注明治咯血者，系指肺出血；有注明治呕血者，系指胃出血；有注明治吐血者，则肺血、胃血皆可用之。

肺 痨 方

谭君次仲著“肺病自疗法”一文，分五节，即精神、安静、自然、强壮、药物诸种疗法是也。其于药物疗法中，又分钙剂及健胃剂。肺痨的症状及诊断、肺痨的原因及诱因、肺痨之中药处方四段。在首段钙剂及健胃剂中，推重小建中汤为治疗肺痨之第二方。余读而疑之，认为莠言乱道，乃捉笔草成“小建中汤可否治肺痨之商榷?”附刊於《中国发明之科学药方》，并另录寄视陈邦贤、任应秋、梁乃津三君，征求批评。梁君乃在拙稿《中医经验处方集》痨瘵门附增评语，即谭君对某刊梁、沈二君指弟误用小建中汤治肺痨之辩论篇首所引者。谭君辩论，洋洋洒洒，累四千言，分载《中国医药月刊》二、三两期。余阅闭，原思略抒管窥，就正大雅！适值敝院易人主管，公私栗六，无暇为文。今欲伸纸濡毫答复谭君之辩论，已成明日黄花之憾！且余对于肺痨不宜用小建中之理由，已在《科学药方》附录中言之明白畅晓，无复赘词之必要。故仅选录古今贤哲治肺痨良方数首于下，望谭君细察之。其所用之药为甘寒养阴乎？为辛温助阳乎？矧“甘寒养阴”为治痨常法，非创自鄙人，昔贤早有成规，近人亦多沿用。至于病情变化，万有不齐，或有不宜“甘寒”，而必须投“辛温”者，要为例外权法。岂能执例外之权法，以非议一般之常法乎？

河 车 丸

治妇人瘵疾痨嗽，虚倦骨蒸等症。

紫河车（出生男子者一具，于长流水中洗净。煮熟，擘细，焙干，研），山药二两，人参一两，白茯苓半两。为末，酒糊丸，梧子大。每服三五十丸，盐汤下。

乌骨鸡丸

治痨瘵咳嗽，胃弱脾泄。

熟地八两，萸肉四两，山药四两，丹皮三两，茯苓三两，泽泻二两，莲肉三两（去心），桑叶钱半，芡实三两，百合三两，枇杷叶三十张（去毛），阿胶三两。前十味共研细。枇杷叶熬汁，入阿胶化烊候用。另用乌骨雌鸡一只，去毛及肠杂，缓火炖糜，取净肉，捣极烂，和药再捣，入枇杷阿胶汁、鸡汁，为丸，如梧子大，晒干。每服四钱，开水送下。

（主按）此方于六味丸中加培脾清肺之品，复益以滋补之乌鸡，较六味原方更胜。

救痨杀虫丹

鳖甲一斤（酒醋浸透），茯苓五两，熟地、山药、沙参、地骨皮各一斤，山萸肉八两，白芥子、白薇各五两，人参二两，鳗鲡重一斤余或二斤更好，先将鳗捣烂，和前药为细末，粳米饭碾成丸，梧子大。每服五钱，开水送下。

（主按）鳗油中含有甲、丁两种维生素，其功用与鱼肝油相埒；鳖甲为钙质，堪使病灶硬化。其他滋阴退热、清肺化痰之品亦悉备，可为肺痨常服之方。

滋阴全元丸

治脾倦肺伤，咳嗽气喘，痰中见血，口干唇燥，遗精盗汗，神悴便赤。

石斛粉四两（以稠粥汤和匀，焙炒，研末，酒蒸），枸杞子三两，天麦冬各一两，山药二两，萸肉、枣仁、米仁、茯苓、地骨皮、炙鳖甲各二两，五味子、青蒿叶各五钱。共为末，炼蜜丸。淡盐汤下，每服三钱。

又方施今墨

治肺病二期以前。

冬虫夏草一两，海浮石一两，青黛五钱，桔梗五钱，南北沙参各一两，西洋参一两，蛤粉一两，白茅根二两，西瓜子仁二两，生龙骨一两，生牡蛎一两，阿胶一两，炙款冬五钱，仙鹤草一两，杏仁五钱，獭肝一两，大小蓟炭各一两，炒枳壳五钱，薤白一两，茯神一两，炙远志一两，炙紫菀一两，百合一个，化橘红五钱，炒玉竹一两，半夏曲一两，百部五钱，炙甘草五钱。共研末，蜜丸，梧子大。每朝、晚各服三钱，白汤下。

（主按）此方化痰、止咳、止血之品居多。咳嗽咯血之肺病，服之最宜。

又方张锡纯

治肺病潮热，咳嗽懒食，或干咳，或痰腥，或喘促，脉细数无力。

生山药、熟地、枸杞、柏子仁、元参、沙参、川贝、甘草、三七。若咳吐脓血者，去熟地，加牛蒡子、蒌仁；若其人每日出汗者，加龙骨、牡蛎、萸肉。

清　肺　饮

治男子阴虚火旺，发热咳嗽，吐血盗汗，痰喘心慌。

当归、白芍、生地、寸冬、知母、贝母、紫菀、前胡、川连、五味、地骨皮、人参、甘草。煎成，童便兑服。

五 汁 肺 丸

治虚劳咳嗽见血。

猪肺一个（不落水，去膜，扯碎，忌铁器），人乳一碗，藕汁一杯，青皮甘蔗汁一碗，梨（连皮）汁一碗，童便一碗，用瓦锅煮烂，入山药、茯苓末，捣和为丸。

（圭按）此方用于咯血后，以资调理最佳。余昔在杭州专治肺胃诸病，于肺痨诸方搜集颇多。曾作“肺结核药方”“肺结核药物疗法之一格”“肺病漫谈”诸篇，披露医志。凡已选载以前拙稿者，今不再录。又肺病无特效药，不过滋补与对症治疗而已。医者用药得当，诚可缓解症状，增强体力，以辅助自然疗法之不逮。若以药物为救命灵丹，则失之千里矣

平 补 方

燮理十全膏

人参、黄芪、白术、甘草、陈皮、半夏、地黄、归身、白芍、川芎、鹿角胶、龟板胶。熬膏。

（圭按）此方见《重庆堂随笔》。系六君子汤合四物汤去茯苓，加黄芪、龟、鹿，平补气血，调和阴阳；用龟、鹿血肉之品滋阴补阳；即佐陈、夏以运枢机。配合之妙，似在十全大补汤、十四味建中汤之上。凡续发性贫血、神经衰弱、气血不足、身弱胃呆，皆宜长饵。亦为疟、痢、虚羸之调养方。

卫 生 膏

人参、黄芪、生熟地、天麦冬、枸杞、牛膝、桂圆、五味、鹿角胶、龟板胶、虎骨胶。熬膏。

（圭按）此方见《顾氏医镜》，系集灵膏加味。集灵为大补肝肾真阴之剂，今加黄芪之甘温补气；鹿角之益气壮阳；虎骨之辛温善走，颇堪调和二地、二冬之阴腻。先天不足，体弱善病，病

后衰弱，戒除嗜好，均颇合宜。

补天大造丸

人参、黄芪、白术、枣仁、当归、山药、茯苓、枸杞、河车、熟地、鹿角、龟板。为丸。

（圭按）此方以枸杞、地黄补肝肾；人参、黄芪补脾肺；当归、枣仁补心肝；白术、茯苓、山药补中宫。一方兼顾五脏，故曰补五脏虚损，实亦平补之剂也。

培　本　丸

西洋参（同龙眼肉蒸），沙苑蒺藜（盐水炒），萸肉（酒炒），茯苓（人乳拌蒸），生熟地（砂仁末拌），白术（土炒），杞子（酒蒸），苁蓉（焙），血余，虎胫骨（酥炙）。瘦羊肉汁和丸。

（圭按）此方如熟地、枸杞、沙苑子、苁蓉皆补肾养肝之品，而性稍温；妙在生地之甘凉；苓、术之健脾，佐使得法，凡下元虚弱、腰足酸软、神疲色瘁、劳怯损伤等症，长服自效。唯阴虚相火亢盛者，仍不相契。

养阴健脾膏

山药、鸡内金、砂仁、首乌、杞子、玉竹、金樱子、莲肉、茯神、远志。加红枣、阿胶熬膏。

（圭按）此方系拙拟。补肾固精，运脾安神，兼而有之。主治久患遗泄、操劳过度、纳少运迟、健忘少寐诸症。药力轻淡，人人可服。

加减八味丸

熟地、山药、萸肉、泽泻、茯苓、丹皮、肉桂、五味、鹿茸为丸。

（圭按）此为六味丸之变方。六味丸为平补真阴之剂，此则补肾阴而兼补肾阳。主治腰、背、足、膝厥冷而痛，神困耳鸣，小便频数，精漏不断，为阴虚及阳虚者所宜饵也。睾丸内分泌旺盛者，则思想发达，肢体多力，有欣欣向荣之象。否则身心萎靡，未老先衰。睾丸内分泌说者谓即中医所指先天之肾，故此方功用，近于赐保命。

返本丸

黄健牛肉（去筋膜，切片，河水洗数遍，仍浸一夜，次日再洗三遍，水清为度。用无灰好酒同入坛内，重泥封固。桑柴文武火煮一昼夜，取出，如黄砂为佳，焦黑无用）、山药（盐水炒）、莲肉（去心，盐炒）、白茯苓、小茴香（炒）各四两。共为末。每牛肉半斤入药末一斤，以红枣蒸熟去皮，和捣，丸梧子大。每空心酒下五十丸，日三服。

（主按）此方出《乾坤生意》。内含丰富之蛋白质、纯净之淀粉及葡萄糖。其治诸虚百损者，增加身体营养之力也。惟茴香之量太重，二两已足。

延寿丸

何首乌（黑豆汁浸，九蒸九晒）、菟丝子一斤（酒浸，九蒸九晒），豨签草一斤（蜜酒拌，九蒸九晒），桑叶八两（制同豨莶），女贞子四两（酒蒸），金银花四两（制同豨莶），杜仲八两（青盐、姜汁拌炒），牛膝八两。以上共七十二两，何首乌亦用七十二两，以旱莲草膏、金樱子膏、黑芝麻膏、桑葚膏各一斤半，捣千下为丸。阴虚人加熟地一斤；阳虚人加附子四两；脾虚人加人参、黄芪各四两，去熟地，下元虚人加虎骨一斤；麻木人加天麻、当归各八两；巅晕人加元参、天麻各八两；目昏人加涤菊、杞子各四两；肥人多湿滞者加半夏、陈皮各八两。各药加若干，首乌亦加若干。

（圭按）此方见清《浪迹业谈》。方首云："前明华亭董文敏公，有久服之延寿丹方，公年至耄耋，精神不衰，皆此丹之力。传至我朝，服者亦不乏其人。俱能臻老寿，享康强，须发复原，腰脚增健。真却病延年之仙方也。"云云。此方本为凉补肝肾之剂，但诸药经九蒸九晒，凉性亦变平性，故能有益无损，久服延年。又动植物经太阳之紫外线照射，其体内即能产生丁种维生素。此丹各药久经日曝，自必含有丁种维生素，而能预防软骨病及齿病也。又老人多腰脚不利，此方之牛膝、杜仲为强筋骨专药；少运动者多便秘，此方之女贞子、桑葚有滋燥润肠之功。是此丹之妙用焉。

十补丸

黄芪、白术、熟地各四两，萸肉、杜仲、山药各三两，续断、枣仁、人参、当归、白芍、远志、茯苓各二两，五味、龙骨、牡蛎各一两。为丸。

（圭按）此方见《医学心悟》。以萸肉、熟地、山药、杜仲、五味、龙、牡补肝肾；参、芪、苓、术、归、枣、远志养心脾。实兼有六味丸、归脾丸之长，故克治气血大亏之证。而遗精年久，心肾两虚之人，服之尤针锋相对。

五益膏

玉竹、蜜炙黄芪、土炒白术各一斤，熟地、杞子各半斤。熬膏。

（圭按）此方补先后天不足，治诸虚百损。与王母桃意同药歧。

致肥方

陈俊编《健康之路》第八章："你要做胖子吗?"略谓致肥之道。非由闲逸愉快，乃因情绪上之骚扰，促成一种内在之推动力，使人过量贪食。以人受赈济时，常会变胖为证。夫以精神上之烦扰，为肥胖之原因，适于吾国古训"心广体胖"之意。背道而驰，余自民国十九年以来，体重渐减。民国二十七年入川后，消瘦益甚。揽镜见容，颧耸辅削，静夜抚身，髀骨高突。自思消瘦之来，殆由胃病乎？余每日所进食物，多寡靡定。若将所进食品，衡量其热量，恐不满二千卡。故规定食单，选配各种滋养、易于消化之品，多餐少食，安闲静养，则转瘦弱为强壮，亦非难事。当此国难时期，百物飞涨，为一般公务员经济力量所许可之滋养品，约有糙米、雀麦、黄豆制品、有色蔬菜、胡萝卜、洋芋、番茄、猪肝、猪血、鸡蛋、豆浆、落花生、红枣等十数种而已。酒能使人肥胖，睡前饮少量之淡酒，既可宁睡，亦以强身。凡物皆有利弊，要在善用之耳。《本草纲目》引《刘松石保寿堂》方，用白色苦参二两，白术五两，牡蛎粉四两。为末。雄猪肚一具，洗净，砂罐煮烂，石臼捣，和药，干则入汁，丸小豆大。每服四十丸，米汤下。日三服，久服自肥。

按：猪肝补羸助气（苏恭）；苦参平胃气，令人嗜食（弘景），此方致肥之道，盖得力于苦参之开胃进食也；又《纲目》果部胡桃条云"补气养血，食之令人肥健"，此因胡桃多油，补充吾人脂肪之效也。

古方有胡桃酒、胡桃粥。用胡桃、杜仲、小茴三味浸酒，是名胡桃酒，治虚损腰疼。胡桃和米煮粥，是名胡桃粥，治阳虚腰疼及五淋、五痔。别有服胡桃法，初服一颗，每五日加一颗，至二十颗止。周而复始，常服令人能食，骨肉细腻圆润，须发黑泽，血脉通润，养一切老痔。

按：胡桃淡食，味殊不美，若以盐炒、糖煎，则松脆可口。唯所含维生素未免为高热破坏矣。

食补方

服大豆法《延年秘录》

长肌肉，益颜色，填骨髓，加气力，补虚能食。

大豆五升，如做酱法，取黄捣末，以猪脂炼膏，和丸，梧子大。每服五十丸或百丸，温水下。肥人忌服。

（圭按）此方消瘦者宜服。

坎离丸《日用新本草》

治男妇虚损。

黑豆（炒研），红枣（煮熟，去皮、核）。共捣为泥，丸如梧子大。每服三钱。

六神粥

治精血不足，神气虚弱，益脾健胃。

芡实三斤，米仁、粟米、糯米（俱炒）各三斤，莲肉（去皮、心，炒），山药（炒）各一斤，茯苓四两。共研为粉，每日煮粥服之。

（圭按）煮粥之物甚多，如火腿、瘦肉、猪腰、山药、赤豆、绿豆等，俱无不可。吾乡有藕粥，秋日售于市，即以糯米注藕孔中，复和糯米、红糖煮成也。

白雪糕

扶元气，健脾胃，进饮食，润肌肤，生精脉，补虚羸，内伤虚劳泄泻者，宜当饮食用之。

大米、糯米各一斤，山药（炒）、莲肉（去心）、芡实各四两，白砂糖一斤半。共为粉末，搅合匀，入笼蒸熟，任意食之。

返本丸《乾坤生意》

补诸虚百损。

黄健牛肉（去筋膜，切片，河水洗数遍，仍浸一夜，次日再洗三遍，水清为度。用无灰好酒同入坛内，重泥封固。桑柴文武火煮一昼夜，取出，如黄砂为佳，焦黑无用，为末），另用山药（盐炒）、莲肉（去心，盐炒）、白茯苓、小茴香（炒）各四两。共为末。每牛肉半斤入药末一斤，以红枣（蒸熟，去皮）和捣，丸如梧子大。每空心酒下五十丸，日三服。

日用仙酥丹邓松波

补百损，除百病，返本还童，卓有奇效。

莲肉、柏子仁各半斤（为末），杏仁六两（捣），胡桃四两（去皮，捣），枣肉半斤（煮，去皮，捣），砂仁末二两，酥油半斤，白蜜半斤。先用文火炼蜜，次入酥油，搅匀，数沸。入莲、柏末，又数沸。入桃、杏、枣泥，慢熬半炷香，入砂仁末，搅匀。用瓷罐置冷水中一日。每服三匙，空心卧时，温酒一二盅送之。

（圭按）《金川琐》记载，酥油系取牛乳积盆盎中，渐满，取皮囊盛之，两人对立，挪转之，令匀化，置静处，俟凝定，即可用之。

理　脾　膏

治脾弱水泻。

百合、莲肉、山药、米仁、芡实、白蒺藜各末一升，粳米粉一斗二升，糯米粉三斗，用砂糖一斤，调匀蒸糕，火烘干，常食。

简便良方

内科之部

（一）呼吸器病

伤　风

伤风初起，形寒头痛，咳嗽痰多，鼻流清涕。

荆芥一钱五分，防风一钱，桔梗八分，豆豉、象贝各三钱，薄荷八分，葱白二枚。

上，水煎服。

又方：

苏叶、桔梗各一钱五分，杏仁（去皮、尖，研）三钱，甘草五分。

上，水煎服。

咳　嗽

诸咳通用。

杏仁、茯苓各一钱，橘皮七分，五味子、桔梗、甘草（炙）各五分，干姜五分、细辛二分。

上，水煎，温服。

又方：

寒咳宜用。

核桃（连皮捣烂），加冰糖少许，开水冲服数次。

又方：

热咳宜用。

柿饼煎水服，或用扁柏叶煮豆腐食。

气　　喘

治痰饮气喘。

麻黄（先煎去沫）、甘草各八分，炙款冬、杏仁、炙紫菀、炒苏子、姜半夏、桑白皮各一钱半，白果三粒（去壳，打碎）。

上，水煎服。

老人气实痰喘

白芥子、苏子、莱菔子各等分。

上，水煎服。

哮　　喘

麦芽糖入高粱酒，浸化，□斤酒□斤糖，自冬至起，每日随量饮之，尽九乃止。

咯　　血

不论咯血、吐血，皆治。

白及为末。每服二钱，临卧，糯米汤送服。

又方：

黑芥穗、炒丹皮各三钱，当归一钱五分，藕节五枚。

上，水煎服。

（二）消化器病

口 舌 生 疮

麦冬（去心）、元参等分。煎服。

唇 裂 生 疮

橄榄（炒、研），猪脂。和涂之。

牙 齿 疼 痛

无论风、火、虫均可用。

川椒三分，细辛二分，白芷、防风各一钱。

上用滚开水泡透，时时含水，入口漱之，片刻吐去。

又方：

治虫牙。

五倍子煎浓汁，含漱数次。

竹叶膏：

生竹叶（去梗、净）一斤，生姜四两，净白盐六两。

上，先将竹叶熬出浓汁，又将姜捣汁，同熬，沥净，将盐同熬干，如遇牙痛用擦一二次。

牙衄

黄柏、薄荷、芒硝、青黛各等分。

上为末，入冰片少许，掩牙床上即止。

一切食积

麦芽、砂仁、橘皮、三棱、莪术、神曲各五分，香附一钱。

上为末，面糊丸，如麻子大。白汤送下。

开胃进食

谷芽四两（为末，入姜汁、盐少许，合作饼，焙干），炙甘草、砂仁、白术（面炒）各一两。

上，共为末，每服三钱。白汤调服，或丸服。

恶心吞酸

黄连六钱，吴萸一钱。

上，水泛为丸。每服五分至一钱。

又方：

核桃嚼烂，姜汤送下。

呕哕

生姜三片，半夏三钱。水煎服。

肝胃气痛：

痛时服下方。

酒浸良姜二钱，醋浸香附三钱，陈皮二钱。

上，水煎。温服。

又方：

黑芝麻茎尺许，金橘饼三枚。水煎服。

呃逆

柿蒂五枚，丁香一钱。

上，水煎服。一方加刀豆子三钱。

吐血

白茅根一握。煎服。

腹痛

白芍三钱，甘草、肉桂各一钱。

上，水煎服。

腹痛诸药无效

白豆蔻、丁香、檀香、木香各二钱，藿香、甘草各一钱，砂仁四钱。

上，研细末。每服二三钱，白汤送下。

腹胀泄泻

益智仁二两，面裹煨之。煎服。

又方：

治水泻。

白术五钱，车前子三钱。水煎服。

便血

大便下血。

大萝卜皮灰、荷叶炭、蒲黄炭等分。每米饮调下一钱。

疝　气

金铃子七粒，大小茴香（盐水炒）各五分。水煎服。

黄　疸

西茵陈、黄栀子、龙胆草。水煎服。

又方：

茵陈、白术、茯苓各三钱，陈皮五分，苡仁四钱。

上，水煎服。

蛊　疾

鸭蛋一个（破一小孔），入使君子肉末一钱，槟榔末一钱。用纸封口，蒸熟，食之。

绦　虫

贯众三钱至五钱，石榴根皮五分至一钱，槟榔一两。

上，水煎二次，分服。须先一日不食晚膳，次晨先服此药，然后服大黄水（大黄一钱，泡水）。服至痊愈为止。

（三）排泄器病

小便不通

芹菜一把，捣融，用新台布扭出汁，蒸熟，温服。

又方：

牛膝二钱，车前子一钱。同研粗末。水煎。空心服。

尿　血

小便出血，痛不可忍。

木通二钱，滑石三钱，黑丑六分，灯芯一扎，葱白二根。

上，水煎服。

淋　病

胡桃肉五钱，大麦、茯苓各三钱，甘草梢六分，灯心三分。

上，水煎服。

诸淋急痛

海金沙一钱五分，滑石、甘草梢各二钱。

上，为细末，每服二钱。用木通、麦冬煎水，调服。

（四）神经系病

头　痛

白芷二两五钱，真川芎、甘草、川乌头（半生半熟）、明天麻各一钱，共为末。每服一钱。食后服，细茶、薄荷汤下。

偏正头痛

川芎二两，香附子四两。

上为末。每服一钱，好茶调下。

头风眩迷

香白芷一味，洗晒，为末，炼蜜丸，如弹子大，每嚼一丸，以清茶或荆芥汤化下。

失　眠

酸枣仁三钱，熟地五钱。水煎服。

脚　气

甲鱼加蒜头煮食。

又方：

红枣、花生，煨服。或麸皮煮粥食亦可。

（五）全身病

身体虚弱

不论劳瘵，或神经衰弱，均可常服。

棉花根，每晚煨服。略加冰糖亦可。

多　汗

不论自汗、盗汗。

浮小麦三钱，糯稻根一两，红枣三四枚。水煎服。

自汗、盗汗

黄芪（去芦，蜜炙）六两，甘草（炙）一两。

上研末。每服五钱，枣汤送下。

筋骨疼痛

当归、赤芍、海桐皮、片姜黄各二钱，白术一钱五分，羌活、甘草各一钱。

上，水煎服。

胁痛

小茴香一两（炒），枳壳五钱（麸炒）。共为末。每服二钱，盐、酒调服。

各种腰痛均治

当归、红花、牛膝各一钱，威灵仙五分，生桃仁七粒，水一碗。煎好加老黄酒一碗。服之（侯敬舆云："此方若加杜仲、川断各二钱，尤效。"）

妇科之部

（一）调经

月经不调

经行或前或后。

台党、白术、茯苓、炙草、当归、川芎、陈皮、丹参、香附、丹皮各一钱。

上，姜、枣引，水煎服。

月经先期

经来超前。

丹皮三钱，地骨皮五钱，酒白芍、熟地各三钱，青蒿二钱，云茯苓三钱，盐黄柏一钱。

上，水煎服。

月经后期

经水落后。

熟地五钱，酒白芍五钱，酒川芎、土炒白术各二钱，五味子三分，肉桂五分，续断钱半。

上，水煎服。

行经腹痛

经水将行，腰胀腹痛。

归尾、川芎、赤芍、丹皮、香附（制）、元胡索各一钱，生地、红花各五分，桃仁二十六粒。

上，水煎服。

经后腹痛

经水过后，腹中疼痛。

台党、白术、香附（醋炒）、茯苓、归身、川芎、白芍、生地各一钱，炙草、木香、青皮各五分。

上加姜、枣，水煎服。

经闭不通

好红花、苏枋木、当归各等分。酒、水煎服。

经逆上行从口鼻出

先以好陈墨磨水一盏服。次用归尾、红花各三钱，水一盅半。煎八分服。

血崩不止

陈莲蓬壳（烧灰存性）五钱，棉花子（烧灰存性）五钱。共研末。米酒冲服。

带　下

不论红白，均治

鸡冠花末三钱（白者用白花，红者用红花）。空心酒下。

（二）胎产

孕妇恶食呕吐

台党、砂仁（炒、研、冲入）、甘草各一钱，白术、香附（炒），真乌梅、陈皮各钱半。

上生姜为引，水煎。食远服。

又方：

食盐三分，煨姜六分，竹茹三分，老米一撮（炒），砂糖三钱。

上，煎水。徐徐食之。

保产无忧方

专治胎动不安，服之立见安宁。如劳力见红尚未大伤动者，即服数剂，亦可保胎。唯阴虚火旺之体不宜。

紫厚朴（姜汁炒）、蕲艾（醋炒）各七分，当归（酒炒）、川芎各一钱五分，生芪、荆芥穗各八分，川贝母（去心，净为末，不入煎，以药冲服）、菟丝子（拣净，酒泡）各一钱，川羌活、生甘草各五分，枳壳（麸炒）六分，白芍（酒炒）二钱（冬月用一钱）。引用老生姜三片，水二大盅，煎至八分服。预服者，空心温服。

乳汁不下

产后无乳。

黄芪五钱，当归、白芷各二钱半，黄酒一盅。

上加猪蹄煨服。

又方：

王不留行煨猪蹄服。

乳 胀

乳中作胀，甚则起核。

青橘叶一两。水煎服。

回 乳

小儿断乳，须停止母乳者。

麦芽一两，枳壳二钱。水煎服。

产后虚汗

小麦麸、牡蛎各等分。为末。以猪肉汁调服二钱，日二服。

产后水肿

泽兰、防己等分，为末。每服二钱，酒下。

儿科之部

(一) 初生

鹅 口

口内白屑满舌，拭去复生。

食盐五分，滑石三钱，甘草六分，灯心一扎。

上，煎水饮，并用黄连、甘草煎水拭洗。再取桑白皮白汁涂之，或用陈墨点之。

乳 积

焦麦芽三钱。浓煎汁服。

初生不得小便

凤仙根五钱，凤仙叶三钱。煎洗外肾两胯。

不大便

儿生三四日不大便，名曰锁肚。

煨枳壳三钱，甘草梢一钱。水煎服。

目不开

川黄连三分。煎水洗。

（二）惊风

清热镇惊汤

治急惊。身热，面赤，搐搦，上视，牙关紧闭，痰涎潮壅等现象。

连翘（去心）、柴胡、地骨皮、龙胆草、钩藤、黄连、栀仁（炒黑）、酒芩、麦冬（去心）、木通、赤苓（去皮）、车前子、枳实（炒）各四分，甘草、薄荷各二分，滑石末八分，灯心一团，淡竹叶三片。水煎。分数次服。

逐寒荡惊汤

专治小儿其体本虚，或久病不愈，或痘后、疹后，或误服寒凉，泄泻、呕吐转为慢惊。

胡椒、炮姜、肉桂各一钱，丁香十一粒。

上，研为细末。以灶心土二两煮水，澄极清，煎成大半茶杯，频频灌之，接服后方，定获奇效。

加味理中地黄汤

专治小儿精神已亏，气血大坏，形状狼狈，瘦弱至极，皆可挽回。

熟地五钱，焦术、党参、当归、炙芪、故纸、枣仁（炒研）、枸杞各二钱，炮姜、萸肉、炙草、肉桂各一钱。上，加姜三片，红枣三枚，胡桃二个（打碎）。用灶心土二两煮水煎药，取浓汁一茶杯，加附子五分，煎水搀入。

如咳嗽不止加粟壳一钱，金樱子一钱；大热不退加白芍一钱；泄泻不止加丁香六分。只服一剂即去附子，只用丁香七粒。

外科之部

（一）痈疖

无名肿毒

治一切无名肿毒及痈疖发背等症。凡红肿者均可用之。

芙蓉叶、丝瓜叶晒干，研极细末。用蜜调敷。一方加赤小豆研末。

又方：

鲜菊花叶。捣融，敷患处。

乳痈肿痛

马鞭草一握，酒一碗，煎汤。生姜一块，擂。服汁，渣敷。

乳　痈

并治对口发背及一切无名恶毒。

水仙花根。捣融。敷患处。

肺　痈

多年陈芥菜。卤米汤冲服。

肠　痈

初起宜服此方。

丹皮五钱，苡仁一两，瓜蒌仁（去油）二钱，桃仁（去皮、尖，研）二十粒。

上，水煎服。

（二）疮毒

疔　疮

干白菊花四两，甘草四钱。酒煮温服（侯敬舆云：“此方应加紫花地丁一两，全当归六钱。”）。

又方：

紫花地丁一两，白矾、甘草各三钱，银花三两。煎服。

疔疮出血不止

饮真麻油或真菜油。均效。

疔疮走黄

用芭蕉根搥汁。敷之。

天　疱　疮

亦治黄水疮、坐板疮等。

松香用紫红纸包好，浸入麻油中燃火烧之，将滴下之油存性，擦患处。

黄　水　疮

蚕豆壳瓦上焙枯，研末，加黄丹少许，以真菜油或麻油调敷。

漆　疮

杉木屑煎水洗。或用白果树叶煎水洗，亦效。

疥　疮

硫黄、川椒各五钱。研末。加葱头、姜各五钱，和生猪板油捣融，用布包好，烘热，时时擦之。

脓窠疥疮

整块川厚朴（以真香油磨浓如酱），加枯矾少许。擦之。

癣　疮

土荆皮（醋磨）。涂患处。

又方：

雄黄、滑石、硼砂各一钱。研细末。擦患处。

癞痢疮

剃头后，用大荸荠擦之。

冻　疮

肿而未烂者。

生附子三钱，当归二钱，红花一钱。煎汤。乘热浸洗。

又方：

白及（磨）。敷患处。

湿　疮

一切浸淫湿疮、脚丫湿烂、肿疮、湿癣等证。

黄连、大黄各一两，黄柏八钱，茵陈六钱，麻油一斤。共入锅，煎枯去渣，再入锅，下黄蜡三两熔化，收藏。敷擦患处。

烂　腿

久不愈者。

制炉甘石。研末，水飞。麻油调敷。

（三）杂类

瘰　疬

顶好陈醋熬至滴水成珠，加半夏末一钱，调匀敷之，过夜即换（侯敬舆云："此病常用海带、麻油拌作菜食，可消。又每日化服小金丹一粒，亦可消散。"）。

又方：

已溃、未溃均可。

蓖麻子三十粒，杏仁三十粒，松香一两。

上，研和，外敷。

痄　腮

皂角、生南星各二钱，糯米一合。共为末，姜汁调敷。

又方：

大黄、白及、五倍子。共为末，鸡蛋清调擦。

耳　疳

耳内闷肿成脓。

核桃油一钱，冰片三分。和匀，滴少许于耳内。

耳内流脓

千层石榴花一钱，上梅片三分。研和。先将脓水拭清，以药末吹入。

目　赤

眼目肿赤，弦烂流泪，或痛或痒，畏光多屎。

羯羊胆汁、蜂蜜等分。熬膏点眼。

羞明怕日

石决明、黄菊花、甘草各一钱。水煎。冷服。

风火目赤

甘菊花三钱，荆芥、龙胆草、黄连、防风、白芷各一钱，密蒙花三钱，甘草六分。

上，水煎服。

赤眼生翳

秦皮一两。煎水，日日温洗。

服药调养须知

1. 补血药以铁质制成，铁与鞣酸相遇，化合而成鞣酸铁，不能为消化器官吸收，故服铁剂时须忌饮茶，即因茶叶中含有多量（茶之生叶含鞣酸12.91）之鞣酸故也。唯服肝素粉则否。至菠菜、葡萄、苹果、龙眼、红枣、鸡卵、黄牛骨髓等有补血作用之食物，可常用于佐膳。

2. 大便秘结，食欲缺乏，口腻苔厚，其胃肠必有障碍。此时除服开胃通便之药外，宜减少食量，避忌不易消化之物，能断食一二餐，以养胃力尤佳。并宜多啖蔬菜水果，早起饮盐汤一杯，以助粪便之排泄。

3. 淋病宜多饮开水以增尿量，冲洗尿道。

4. 感冒须多着衣，避风寒，行热水浴，使全身皮肤汗出，颇有功效。

5. 截疟剂须在发疟前三小时服，愈后须进补血药，以补充发疟时消耗之红血球。

6. 腹泻痢疾，宜安卧床上，不可劳动，排便次数太繁者，可用替盆在床上排泄，或于褥上衬以油纸，或将床穿一圆孔，下承便桶。病人大便，使从床孔流入便桶。

7. 咳嗽须忌烟、酒、辛辣。以生萝卜切片，和麦芽糖置碗中蒸熟，取出萝卜，和开水时时饮之。有润喉生津，化痰止咳之功（此方新咳、久咳、皆宜）。如咳而且喘者，以生萝卜捣汁，和温开水饮，有化痰平气之效（此方虚证及新感喘咳不宜）。

8. 肾亏精损，其来也渐，欲其痊愈，非认定一种药品耐心常服不可，且此病多由手淫恶习、房事过度酿成，故须一面服药补养，一面清心寡欲，双轨并进，方克有济。凡肾亏者，多有早泄、阳痿、神经衰弱、嗣育艰难、腰酸头晕、体疲肢冷等症。但服补肾之药，诸病自逐渐向愈，所谓本固则枝自茂也。

9. 神经衰弱，病属慢性，速效难期。而病人心理，变易常态，对于医药常致怀疑，往往一药暂尝，则又弃去，改服他药。故此病大都带病延年，而根本治愈者盖寡。今略述疗养大法，愿患本病者切实遵守之。

（1）蛋黄素、白胶及鸟卵、鱼子、兽脑、肉汁、桂圆、莲实、苹果、青豆、牡蛎等，宜长期交换服食，以滋养神经。

（2）变换食品，讲究烹调，以兴奋食欲（豆豉不但蛋白质甚富，且含淀粉消化素，味亦可口，可常充肴馔）。常啖水果，注重运动，以促进通便。至于烟、酒、辛辣，则宜切戒。

（3）失睡时，可在睡前饮牛乳一杯，或以温水沐足后就寝（莒苣治不眠及神经过敏，宜常佐盘飧）。

（4）性神经衰弱者，可以冷水摩擦荐腰部。

（5）精神宜安静而愉快，不可忧虑或愤怒。

（6）转地海滨，沐浴温泉，按摩肢体，呼吸清气。是数者，皆有效之物理疗法也。

10. 十滴水多以镇痛及苛辣性开胃药配合而成，不但为夏秋时疫之通用药，即平时受寒腹痛水泻，或胃痛之属寒者，用之亦效。夏日饮冰太多，以致脘腹不舒，服此犹沃汤于雪，立见融化矣。

11. 夏季清凉饮料，当以金银花露为首选。因露由蒸馏而得，纯洁无匹，饮之可免传染病毒。而金银花有清热解毒，除痢宽胀之功，对于疮疡痈肿，尤为要药。易生疮疖之小儿，以此代茶甚妙。唯脾胃虚寒者不宜。

12. 脚气病除服维生素乙外，可以落花生、赤小豆、红枣、绿豆等分。水煮啖食，并以汁代茶。

13. 川俗造饭，先将米煮至半熟，然后去汁再蒸。此种蒸饭，调养病体，至不合宜。不如改用煮饭为佳。盖米淘洗太过，尚须消耗其中之营养素，况以猛火煮之，其溶解于水中者，自更伙颐，且淀粉类食物苟不煮至软化，消化亦甚迟钝。故虚损或重病后衰弱，以饮食调养，粥宜稠而饭宜软。此固不易之定理也。

14. 小儿服药之分量，宜较大人减少，其减少法如下：小儿明年之年龄乘大人用量，其乘积以二十四除之。例如解疟片，大人之用量为六片，则七岁小儿可服$\frac{(7+1)\times 6}{24}=2$片。若六十岁以上之老人可用大、小药量二分之一或四分之三。

15. 怀孕期之妇人，不能用峻泻药、麻醉药及减低血压之药。

梁跋

沈师仲圭，学术经验，均有大过人处。论医文字，以简朴精慎见长。数月前，奉令编著《中医经验方》，曾下书嘱搜集。素性懒废，又适新从连山辞去中山林场医席，到韶悬壶，生活环境一切大变，久久未报□命，方以为歉！月前又奉来书为印刷发行便利计，拟将稿交旬刊社，作旬刊两期合刊印行，以津在韶嘱为参校，更殷殷着加批评意见。上星期全稿寄下，恭读之余，兴奋与惭愧交集。每读一节，遇有不能已于言者，则不辞浅陋，时加拙见，不敢谓有补原作，亦所以期不负良师厚意耳！

本书编述经过及其旨趣，具详卷端“小引”，无待赘言。其切合实用博采约取用心，读者当自得之，更毋庸揄扬介绍，中医之经验方，当不止此，而在一般常见之内科病中，是篇亦多付缺如。沈师之所以独采此者，亦足见其述作态度之矜慎也。津批读之余，窃仍不免稍赘数词者，书中病名主题纯用中名，当是沈师为便利读者，不得已之苦衷，□中名下附注西名，实甚重要。鄙见以为中医旧名大部分不能成立，今后亟宜逐渐废除。在目前新旧交替，青黄不接中，不存旧名，往往使一般国人不能理解。本书读者对象，以普通人，尤其中医为多数，如“目录”中的办法，固甚适合时需，但于篇中每节标题下，则似仍一如“目录”注以西名为善。曾拟迳行代为加入，旋于稿中见有曾经注入而复涂去之痕迹，不知是否别有深意或苦衷，乃不敢率尔操觚，窃意既仍以附入为较妥。无已，只得在此补充说明，因此等事关系不少也。如胃痛项下，“目录”中注以“胃神经痛”一名，篇中各方，亦洵唯胃神经痛为有效。考胃痛之病甚多，略述于该条窃按，果读者未加细检目录，遇“胃溃疡”之胃痛一例与之，必鲜能收效。此等事，苟用方者对旧学根底深厚，自不致有此误。然一般市医，诚如沈师在本书“小引”所说，不喜读书者甚多。津曾亲见有，但见胃痛而随手检出燥烈刺激之药，以治胃溃疡之“名医”方，既服后，不旋踵而高热呕血。病者本对中医药极信仰，平时对彼“名医”亦极信仰，经此投后，不复再行领教矣。因鉴于此种事实，不避多事之嫌，述其所见，庶用方者索方之际，中名外再参西名。两相符合者，临床时用之必当。其他如吐血、呕血、泄泻等亦有类似。检方者果不慎而误用之，无疑是书之玷也。本书印行计划，除大部分已由沈师自定外，尝征求粤昌兄及津等参加意见。稿到后两日，粤昌兄展读一遍，遂即交津读览，并商量付印办法。沈先生于津为良师，粤昌兄为益友。良师益友，学问经验皆远胜于不学如津者。厚意热肠，犹若是，谨勉就所知以报命。小子狂简，不知所裁，恃爱妄言，不审有当。沈吴二先生及读者高见否!?

三十二年十二月十八日梁乃津谨跋

彭跋

我国医药，发明最早，至今已五千余年。历代递嬗演进，名医辈出，医药著述，汗牛充栋。其学说虽多立论玄渺，杂说纷纭。但其间尚存有不少经验良方，以为吾民族保健延命之所需。百年以来，欧风东渐，西医传入，我国医药几至废灭。迄今尚能存在者，厥唯经验之治疗方剂，与有效之实验药物，为两大因素。降至近代，有识之士努力倡导我国医药进入科学途径。积年累月，已著相当成效。将来医药发扬光大，计日可待也。

沈师仲圭天资卓绝，学验宏富，寝馈于医学者，近三十年，近更从事中医学术之改进，不遗余力。抗战前，执教沪上各中医院校，诲人不倦，融会新知，发皇古义，间撰医论，发表各地医刊，读者无不景仰。抗战间，避难来川，于长赈济委员会北碚中医院时，佑明常以医药问题通函求训，得沈师函授疑问，医药知识始有进步。在院期中，沈师曾将历年经验有效之方，编著《中医经验处方集》一卷，于四时习见诸病，列方释义。全本科学方法，亦不附会穿凿，堪称医林佳著！后于《广东医药旬刊》列为专号出版，颇受医界欢迎，咸认为方剂实用之要籍。

去年冬，沈师改任卫生署陪都中医院妇科主任，深觉《中医经验处方集》匆匆编述，未臻完美，有增订之必要。今年冬，着手扩充内容，并谋再版。时佑明已赴陪都，服务于华西医药杂志社，常相过从，执弟子礼，亲聆沈师教诲，受益良多。今处方集增订再版之际，承沈师命嘱校对，更获先睹之快，欣慰曷极，爰志数语于书末，以告读是书者。

中华民国三十五年仲冬受业四川梁山彭佑明谨跋

附　我是怎样学习中医的

【作者简介】 沈仲圭（1901—），浙江杭州人。早年受业于王香岩先生。一九二八年任教于上海南市中医专门学校，一九三〇年任教于上海国医学院，一九三二年又任教于上海中国医学院。抗战期间，曾任北碚中医院院长。解放后先任教于重庆中医进修学校，一九五五年受聘到中医研究医教育外，早年起即为多种中医刊物撰文，为普及中医知识做出了贡献。主要著作有《养生琐言》《仲圭医论汇选》《肺肾胃病研讨集》《中医经验处方集》《中国小儿传染病学》等。

我生于一九零一年，祖籍杭州。父亲是清代两浙盐运使署房吏，家境小康。到我中学二年级肄业时，家已衰败，只得改弦学医，拜本地名医王香岩先生为师。王师为湖州凌晓五门人，擅长治疗温热病，和善治杂病的莫尚古同为杭人所称道。我在师门上午随诊，下午摘抄医案，同时看书学习。

满师后，我一面做小学教员，一面钻研医学，并执笔写文，投寄医刊。当时如王一仁主编的《中医杂志》、吴去疾主编的《神州国医学报》、陈存仁主编的《康健报》、张赞臣主编的《医界春秋》、陆渊雷主编的《中医新生命》等刊物，登载拙作颇多。

我于一九二八年在上海南市中医专门学校任教职，该校为孟河丁甘仁先生所创办。我在该校执教时，丁氏已去世，长孙丁济万继其业，在上海白克路悬壶，同时主持校务。所用教材，有的自编讲义，有的选用古今名著。教员有程门雪、陆渊雷、时逸人、余鸿孙及我等。

一九三零年下半年至一九三一年，我再次到上海国医学院任教职，该院系陆渊雷、章次公、徐衡之三人所创办，聘章太炎为名誉院长。陆渊雷讲授《伤寒论》，章次公讲授药物学，徐衡之讲授儿科，我讲授中医常识及医案。由于师生共同努力，造就了一批优秀人才，如中国医学史专家范行准、浙江中医学院教授潘国贤，均在该院毕业。

一九三二年九月至一九三三年七月，我第三次到上海中国医学院任教职。该院系上海国医学会设立，实际上由上海名医朱鹤皋出资兴办，教务长为蒋文芳。教材全用讲义，有的参以西医学说，有的纯是古义。学生大都勤奋好学，成绩斐然，如著名中医师肖熙即是该院高材生。此为三个医学院校的概况。

那时中医界出版的医学刊物可分为三个类型：一为中医学术团体主办的，如《神州国医学报》《中医杂志》等；一是以研究学术，交流经验为宗旨的，如张赞臣主编的《医界春秋》，陆渊雷主编的《中医新生命》等；一为宣传中医常识，唤起民众注意卫生的，如陈存仁创办的《康健报》，吴克潜创办的《医药新闻》，朱振声创办的《幸福报》等。但总的来说，当时研究学术未成风尚，刊物稿源常虑不足，因此更促进了我对写稿的兴趣。

另外，那时要在十里洋场以医业立足，颇不容易，大都先做善堂医生，取得民众信仰，然后自立门户。如陆渊雷是善堂医生，章次公是红十字会医院医生，徐衡之家境宽裕，自设诊所。由于当时政府崇西抑中，设备完善的西医院专为官僚富商服务，贫困的劳动人民只能到善堂求医。即如《神州国医学报》编辑吴去疾终因业务萧条，抑郁而死。又我老友张汝伟，虽自设诊所，却无病人上门，赖其女资助，生活艰难。那时上海虽有声望卓著的中医，但为数不多，大多数中医同道门庭冷落，为柴米油盐操心，哪有心情研求学术。回忆往事，令人感叹不止。

在半封建半殖民地的旧中国，当时政府千方百计排斥和摧残祖国医学。一九二九年，国民党政府第一次中央卫生委员会议通过了余云岫等提出的“废止旧医”案，并提出了消灭中医的六项办法，立即引起了全国中医界的极大愤怒和强烈反对。全国各地中医团体代表聚集上海，召开全国医药团体代表大会，向反动政府请愿，强烈要求取消提案。当时裘吉生、汤士彦和我等，作为杭州代表出席会议，强烈呼吁，一致反对，迫使国民党反动政府不得不取消了这个提案。

抗日战争爆发后，我只身逃难入蜀，到达重庆，任北碚中医院院长等职。

解放后，我在四川重庆中医进修学校任教，那时副校长胡光慈，教务主任任应秋，均为西南中医优秀之士。我在那里讲授方剂、温病，编了两种讲义，讲义稿后在上海、南京出版。

一九五五年底中医研究院在首都建院，应钱信忠部长的邀请，我与蒲辅周、李重人等大夫从四川调京，参加中医研究院工作迄今，韶华荏苒，忽忽二十五年过去了。

以上谈了我学医的经过。下面再谈谈我的治学体会，约有下列几项：

熟读精思　不断总结

古人读书，有“三到”之说，即口到、眼到、心到。口到是指朗诵，眼到是指阅看，心到是指领会和思考。后人又加上手到，即要求勤记笔记。这四到，概括了读书的基本方法。

我青年时代，因文化程度不高，感觉古典医籍深奥难懂，故采取了从流溯源的学习方法，即先从浅显的门径书学起，逐渐上溯到《伤寒》《金匮》《内经》《难经》等经典著作。和当时一般中医学徒一样，首先读《汤头歌诀》《药性赋》《医学三字经》《濒湖脉学》等书，做到能熟练地背诵，即使到了现在也大半能记得。根据我的经验，年轻时要读熟几本书做底子。因年轻记忆力强，一经背诵，便不易忘记，可以终身受益，同时为以后进一步学习打下基础。

我酷爱读书的习惯，即在那时养成。我平生所读之书，以明清著作为多。清末民初，浙江桐乡大麻金子久先生曾对门人说；"《内》《难》《伤寒》《金匮》为医学之基础，然在应用时即感不足，如《金匮要略》为杂病书之最早者，然以之治内妇科等病，不如后世医书之详备。所以唐宋诸贤补汉魏之不足，金元四家又补唐宋之不足，迨至明清诸名家，于温病尤多发挥。"金氏这段话，与我治学之路正复相同。我细心阅读的书有汪昂的《素灵类纂约注》、徐大椿的《难经经释》《医学源流论》，治《伤寒》《金匮》宗《医宗金鉴》，温病宗《温热经纬》。明·王肯堂《证治准绳》，清国家编纂的《医宗金鉴》，以及沈金鳌的《沈氏尊生书》，均是煌煌巨著，内、外各科具备，也是我案头必备的参考书。其他如本草、方书、医案、笔记等，平居亦常浏览，以扩见闻，这些书仅是所谓眼到而已，不要求背诵。

从前读书，强调背诵，对初学来说，确是一个值得重视的好方法。清·章学诚说："学问之始，非能记诵。博涉既深，将超记诵。故记诵者，学问之舟车也。”（《文史通义》）涉山济海，少不了舟车，做学问也是如此。只要不是停留在背诵阶段，而是作为以后发展的基础和出发点，那么，这样的背诵便不得以“读死书”诮之。

熟读了，还要精思，把读的东西消化吸收，领会其精神实质，同时要善于思考，养成一定的鉴赏能力，既不要轻于疑古，也不要一味迷信古人，这就是心到。

所谓手到，就是要记笔记。笔记可分两种：一种是原文精粹的地方节录下来，作为诵读学习的材料；一种是读书心得，这是已经经过消化吸收，初步整理，并用自己的文字作了一定程度的加工的东西，比起前一种笔记来，是又进了一步。在学习过程中，这两种笔记都很重要，前一种是收集资料的工作，后一种是总结心得的工作。待到一定时候，笔记积累多了，便可分类归纳，这便是文章的雏形了。

这四到，不仅互相关联，而且互相促进。一九二八年至一九三三年，我在上海中医院校任教时，由于教学须编讲义，写稿须找数据，只好多读多看，勤记勤想，因此在中医理论方面提高较快。

转益多师　不耻下问

韩愈说：“古之学者必有师，师者所以传道、授业、解惑也。”又说：“巫医乐师百工之人，不耻相师。”求师问业，原是中医的良好传统。我早年幸遇名师王香岩先生，经他传道、授业、解惑，为我以后的学业奠定了基础。王师擅长治疗温热病，我学习的基本上是叶派学说。迨至壮年入蜀，接触到不同的学术流派，不同的环境、民情风俗、用药习惯等等，对我理论和临床的提高起了一定的作用。如江浙医生用乌、附，大率几分至钱许，而川蜀医用乌、附，常用三四钱，甚至有用两许大剂者。解放后到了北京，北京是政治、经济、文化的中心，名医云集，因此得与四方名医时相过从，各出所学，互相切磋，获益良多。

古人为学，提倡“读万卷书，行万里路”，这话很有道理。司马迁能写成“究天人之际，通古今之变，成一家之言”的《史记》，一来由于“天下遗文往事，靡不毕集太史公”，掌握了大量文献资料，同时他“二十而南游江淮，上会稽，探禹穴，窥九疑，浮于沅湘，北涉汶泗……西征巴蜀以南，南略邛、笮、昆明”，历览天下名山大川，积累了丰富的生活经验和创作经验，这也是一个重要的原因。我国版图辽阔，地理环境、自然条件、风俗习惯、发病特点等，各地有所不同，在长期的发展中，逐渐形成了具有地方特色的用药习惯、医学流派等，这是由来已久了。如《素问·异法方宜论》即曾评论“五方”的发病，治疗的差别，提出“杂合以治，各得其所宜”的主张。因此，多向各地医药同行学习，吸收他们的长处，不但不耻相师，还要转益多师，不囿于门户之见，也是克服局限性，取得不断进步的一个重要方法。我自己曾从“行万里路”中学到了不少东西，故有深切的体验。

老前辈读书多，经验丰富，并有某种专长，向他们请教，得益甚多。同辈亦可互相研讨，交流经验。

例如，裘吉生老中医自订疏肝和胃散，治肝胃气痛疗效可靠，方用沉香曲、香附、甘松、延胡、降香、九香虫、刺猬皮、瓦楞子、左金丸、甘蔗汁、生姜汁。我向裘老索方，他即告我，以后我用此方治神经性胃痛、胃溃疡胃痛，均有疏肝和胃，行气止痛之功，但不宜于虚证。解放后，我长期与蒲辅周老中医一起工作，蒲老临床经验丰富，治病颇有把握，我向他学习了不少东西。

各地中青年中医，与我联系者颇多，对于中青年医生，我总是满腔热忱地希望他们能继承发扬祖国医学，对他们的请教尽量做到有问必答，有信必复，同时也虚心学习他们的长处，认真听取他们的意见。例如，我在一九七九年曾写了“银翘散的研讨”一文，寄给北京中医学院研究生连建伟同学，请他毫不客气地提出修改意见，结果他果然提出了自己的一些看法，我根据他的意见，对文章中的某些不足之处作了修改。有时遇到疑难病症，我也常常主动邀请连建伟同学一起研究治疗方案，做到集思广益。

努力实践　逐步提高

从前有人说，学习中医要有“十年读书，十年临证”的工夫，读书是掌握理论知识，临证是运用理论与实践。如不掌握一定的基本理论作为实践的根本，比如初学皮毛，辄尔悬壶，以人命为尝试，难免“学医人费”之讥；反之，如有了一定的理论基础，而没有实践经验，纸上谈兵，又易误事，而且理论水平也难于真正提高。青藤书屋有一副对联，写道：“读不如行，使废读将何以行；蹶方长智，然屡蹶讵云能智。”这说出了读书和临床两者之间的辩证关系。

理论、实践是一个反复循环、不断提高的过程，要不断总结临床经验，包括失败的经验。我从前曾写过一篇“肺病失治记”，总结了自己的失败经验。善于总结失败的经验，可以取得教训，使失败成为成功之母，避免“屡蹶”。正反两个方面的经验积累多了，业务水平也就提高了，对理论知识的感受也深刻了。医学理论必须时时和临床相印证，体会才能深刻。自愧数十年来疑难大病治愈不多。但每当运用理论于临床，取得预期的疗效时，便感到由衷的高兴。如我曾治疗粒细胞性白血病有 2 例得到缓解，肝硬化腹水有 1 例根本治愈，高血压、消化性溃疡病治愈较多等等，反过来，对我的理论水平也有不同程度的提高。我院曾与首都医院协作，临床研究门脉性肝硬化腹水（即鼓胀）之治疗规律，经过临床实践，我深深感到用泄水峻剂，如大戟、芫花、甘遂之类，虽能水去腹小，但不久又复膨脝，反复施用，元气大伤，终至不救。由此体验，益信朱丹溪《格致余论》的一段话，为至当不易之论。丹溪说：“医不察病起于虚，急于取效，病者苦于胀急，喜行利药以求一时之快，不知宽得一日半日，其肿益甚。病邪甚矣，真气伤矣!”故治此证必须“和肝补脾，殊为切当”。

近年我曾用赞化血余丹治愈阳痿 1 例。患者李某，广西梧州某厂工人，患阳痿已数年，伴有腰酸腿软，心悸失眠等症，来信要求处方。我分析病情，认为系心肾两亏，拟赞化血余丹加减，并改为汤剂。他照方服用月余，诸症消失，一九八〇年四月间来信道谢。

赞化血余丹，方用血余、熟地各 24 克，首乌（牛乳拌蒸）、核桃肉、苁蓉、茯苓、小茴香、巴戟、杜仲、菟丝子、鹿角胶（炒球）、当归、枸杞各 12 克，人参 6 克。照方十倍量，炼蜜为丸，每丸 9～15 克，饭前服。功能补气血，乌须发，壮形体。此方补而不峻，滋而不腻，有补气血、益肝肾之效。因历用有效，故附记于此。

长期以来，我还结合临床，努力学习西医知识，以为他山之助。在《新编经验方》等书中，尝试结合西医学理，说明中医方剂的使用，虽然做得不够好，但我一直认为中西医应互相学习，取长补短，共同为人民服务。

自从一九二四年杭州三三医社出版了我先师遗著《医学体用》后，至今我已先后编写了中医书籍十多本。已出版的有《养生琐言》《诊断与治疗》《仲圭医论汇选》《食物疗病常识》《肺肾胃病研讨集》《中医经验处方集》《中国小儿传染病学》《中医温病概要》《临床实用中医方剂学》《医学碎金录》《新编经验方》共十二本。近年来，我又编写了《论医选集》《中医内科临证方汇》二本，共三十余万言，其他论文、医案三十余篇。我年虽老迈，但在有生之年，愿为祖国的四化事业，为祖国医学的发扬光大，不断努力，不断前进。

附小诗一首，借以自勉：

满目医林气象新，姚黄魏紫竞芳馨。

神功共赞金篦术，奇效还夸玉函经。

病翮何须嗟濩落，奋飞尚拟向青冥。

欣逢四化千秋业，指路遥看北辰星。

中医研究院广安门医院主任医师沈仲圭